Werkzeugmaschinen

Vorwort zur 2. Auflage

Nach einer Vielzahl positiver und konstruktiver Rezensionen zum Lehr- und Übungsbuch Werkzeugmaschinen durch Fachkollegen ist es sinnvoll, die zweite Auflage herauszugeben.

Die Grundstruktur, die allgemeinen Anklang bei den Lehrenden auf dem Gebiet des Werkzeugmaschinenbaus fand, wurde beibehalten. Auch die allgemeingültigen Grundlagen zu Klassifizierung, Auslegung und Anwendung der funktionsbestimmenden Baugruppen wurden in ihrer Darstellung im Wesentlichen nicht verändert. Besonders bei der Beschreibung ausgeführter Werkzeugmaschinen wurden neue Beispiele eingefügt. Um die wissenschaftliche Vollständigkeit bei noch angewendeten Funktionsprinzipien weitestgehend zu erhalten, sind auch etwas ältere Ausführungen von Maschinen und ihren Baugruppen im Buch vorhanden.

Ziel des Autors ist es, den Studierenden an Hoch- und Fachhochschulen ein Lern- und Übungsbuch in die Hand zu geben, mit dessen Hilfe sie sich in die Materie der Werkzeugmaschinen einarbeiten können. Angesprochen werden die Studiengänge Maschinenbau und Wirtschaftsingenieurwesen sowie artfremde Fachrichtungen mit produktionstechnischen Anteilen. Das Buch eignet sich auch als Lehrbuch an Berufsakademien und in der Technikerausbildung an Fachschulen.

Dabei wurden unzulässige Vereinfachungen vermieden. Besonderer Wert wird auf übersichtliche Skizzen zu Prinzipien, eindeutige Diagramme und nachvollziehbare mathematische Beschreibung physikalisch-technischer Zusammenhänge gelegt. Zahlreiche Beispiele verdeutlichen den theoretischen Sachverhalt und ermöglichen ein erfolgreiches Selbststudium. Dadurch eignet es sich besonders als Hilfsmittel für Maschinenbauer und Fertigungstechniker.

Gemeinsam mit dem Verlag wurde an der Verbesserung der Qualität der Bilder und der Verständlichkeit des Textes gearbeitet. Dafür vielen Dank dem Lektorat. Frau Imke Zander und Herr Thomas Zipsner haben mit viel Geduld und praktischer Unterstützung zum Gelingen der neuen Auflage beigetragen. Mein besonderer Dank gilt den Herren Prof. Dr.-Ing. Ulrich Göpfert (Fachhochschule Vorarlberg in Dornbirn, Österreich) und

Gerhard Beuscher (Goldenberg Berufskolleg, Hürth) für ihre kritische Durchsicht der ersten Auflage sowie Herrn Prof. Dipl.-Ing. Ulrich Rascher (Hochschule für angewandte Wissenschaften, München) für seine Ausarbeitungen, die in wesentlichen Teilen in den Abschnitt „2.3.6 Abnahme von Werkzeugmaschinen" eingeflossen sind.

Für das Bereitstellen von Bildmaterial möchte ich mich bei den beteiligten Firmen ausdrücklich bedanken.

Burgstädt, im März 2012 *Andreas Hirsch*

Inhaltsverzeichnis

1 Einleitung 1
   1.1 Definition und Klassifizierung der Werkzeugmaschinen 1
   1.2 Fertigungsverfahren und Werkzeugmaschine 5
   1.3 Bedeutung der Werkzeugmaschinen-Industrie 6
   Literaturverzeichnis 7

2 Anforderungen an und Beurteilung von Werkzeugmaschinen 9
   2.1 Fertigungsverfahren 11
      2.1.1 Spanende Verfahren 11
      2.1.2 Zerteilende Verfahren 40
      2.1.3 Umformende Verfahren 43
   2.2 Fertigungskosten 48
   2.3 Beurteilung und Abnahme von Werkzeugmaschinen 54
      2.3.1 Geometrische Genauigkeit und ihre Messung 56
      2.3.2 Statische Steifigkeit und ihre Messung 59
      2.3.3 Thermisches Verhalten und seine Messung 60
      2.3.4 Dynamisches Verhalten und seine Messung 61
      2.3.5 Auswirkungen der Maschineneigenschaften
            auf die Werkstückqualität 63
      2.3.6 Abnahme von Werkzeugmaschinen 75
   Literaturverzeichnis 81

3 Baugruppen spanender Werkzeugmaschinen 83
   3.1 Aufbau der Werkzeugmaschinen aus Baugruppen 83

3.2	Gestellbauteile	84
	3.2.1 Ausführung von Gestellen	84
	3.2.2 Statisches Verhalten von Gestellbauteilen	88
	3.2.3 Dynamisches Verhalten von Gestellbauteilen	93
3.3	Führungen	97
	3.3.1 Allgemeiner Aufbau	98
	3.3.2 Funktionsprinzipien zum Trennen der Führungsflächen	104
3.4	Antriebe	137
	3.4.1 Einteilung, Aufgaben, Anforderungen	137
	3.4.2 Hauptantriebe zur Erzeugung rotatorischer Bewegungen	140
	3.4.3 Hauptantriebe zur Erzeugung translatorischer Bewegungen	165
	3.4.4 Nebenantriebe zur Erzeugung translatorischer Bewegungen	172
3.5	Baugruppe „Hauptspindel"	192
	3.5.1 Allgemeines	192
	3.5.2 Gestaltung	193
	3.5.3 Lagerung	204
	Literaturverzeichnis	221
4	**Ausgeführte spanende Werkzeugmaschinen**	223
4.1	Bewegungsstruktur spanender Werkzeugmaschinen	223
4.2	Bohrmaschinen	232
	4.2.1 Ständerbohrmaschine	232
	4.2.2 Radialbohrmaschine	234
	4.2.3 Tiefbohrmaschine	236
	4.2.4 Koordinatenbohrmaschine (Lehrenbohrwerke)	240
4.3	Drehmaschinen	240
	4.3.1 Leit- und Zugspindel-Drehmaschine	240
	4.3.2 NC-Schrägbett-Futter- und Stangenteildrehmaschine (Drehzelle)	243
	4.3.3 Senkrecht-(Karussell-)Drehmaschine	246
	4.3.4 Drehautomaten	249
	4.3.5 Frontdrehmaschinen und Überkopf-(Pick-up-)Drehmaschinen	252
4.4	Fräsmaschinen	254
	4.4.1 Konsolfräsmaschinen	255
	4.4.2 Kreuztisch- und Kreuzbettfräsmaschinen	259
	4.4.3 Bettfräsmaschinen	260

		4.4.4 NC-Waagerecht- oder Senkrecht-Bearbeitungszentrum und Fertigungszellen	263
	4.5	Spanende Werkzeugmaschinen mit translatorischer Schnittbewegung	271
		4.5.1 Hobelmaschinen	271
		4.5.2 Stoßmaschinen	273
		4.5.3 Nutenzieh- und -stoßmaschinen	275
		4.5.4 Räummaschinen	275
	4.6	Schleifmaschinen	278
		4.6.1 Universal-Außen- und Innenrundschleifmaschine	279
		4.6.2 CNC-Außenrundschleifmaschine mit CBN- oder Diamantscheiben	284
		4.6.3 Futterteilschleifmaschine	287
		4.6.4 Flachschleifmaschine	289
		4.6.5 Spitzenlos-Außenrundschleifmaschinen	291
	4.7	Verzahnmaschinen	294
		4.7.1 Einteilung und notwendige Bewegungen bei spanenden Verzahnmaschinen	294
		4.7.2 Wälzstoßmaschinen	300
		4.7.3 Wälzfräsmaschinen	309
		4.7.4 Zahnradschabmaschinen	322
		4.7.5 Zahnradschleifmaschinen	324
		4.7.6 Wälzhonmaschinen	334
	Literaturverzeichnis		336
5	**Baugruppen schneidender und umformender Werkzeugmaschinen**		339
	5.1	Gestelle schneidender und umformender Werkzeugmaschinen	339
	5.2	Stößelführungen	344
	5.3	Antriebe schneidender und umformender Werkzeugmaschinen	344
		5.3.1 Hauptantriebe weggebunder Maschinen	347
		5.3.2 Hauptantriebe energiegebundener Maschinen	357
		5.3.3 Hauptantriebe kraftgebundener Maschinen	359
		5.3.4 Nebenantriebe (Ziehkissen, Niederhalter und Ausstoßer)	362
	5.4	Handhabeeinrichtungen	367
	5.5	Sicherheitseinrichtungen an schneidenden und umformenden Werkzeugmaschinen	371
	Literaturverzeichnis		378

6	**Ausgeführte schneidende und umformende Werkzeugmaschinen**		379
	6.1 Weggebundene Maschinen		379
	6.1.1 Exzenterpressen		379
	6.1.2 Kurbelpressen		382
	6.1.3 Kniehebelpressen		388
	6.2 Energiegebundene Maschinen		392
	6.2.1 Hämmer		392
	6.2.2 Spindelpressen		395
	6.3 Kraftgebundene Maschinen		398
	6.3.1 Hydraulische Pressen		398
	6.3.2 Hydraulische Gesenkbiegepressen		399
	6.3.3 Hydraulische Scheren		404
	6.4 Schneid- und Umformanlagen		406
	6.4.1 Großteil-Transferpresse		406
	6.4.2 Hydraulische Pressenstraße für die Blechteilefertigung		407
	6.4.3 Schneidautomat		408
	Literaturverzeichnis		410
7	**Abtragende Werkzeugmaschinen**		411
	7.1 Erodiermaschinen		412
	7.1.1 Senkerodiermaschinen		413
	7.1.2 Schneiderodiermaschinen		415
	7.2 Laserbearbeitungsmaschinen		418
	7.3 Wasserstrahlschneidanlagen		424
	Literaturverzeichnis		429
Bildquellenverzeichnis			431
Sachwortverzeichnis			435

Einleitung

1.1 Definition und Klassifizierung der Werkzeugmaschinen

Werkzeugmaschinen gehören neben Werkzeugen, Vorrichtungen, Mess- und Prüfmitteln zu den Betriebsmitteln (Abb. 1.1). Sie sind notwendig, um eine Fertigung im Bereich der Produktionstechnik zu realisieren.

Die Abgrenzung der Werkzeugmaschinen gegenüber anderen produzierenden Maschinen z. B. Verarbeitungsmaschinen ist nicht ganz eindeutig. Legt man zu Grunde, dass mit einem Werkzeug ein Werkstück bearbeitet wird, so ist das für eine Werkzeugmaschine immer zutreffend. Aber auch auf anderen Maschinen wird mit Werkzeugen gearbeitet (z. B. Brot geschnitten) und diese Maschinen sind keine Werkzeugmaschinen. Auch die Einschränkung auf eine bestimmte Gruppe von Fertigungsverfahren bringt keine eindeutige Aussage. Trennende und beschneidende Maschinen gibt es auch zur Buchherstellung. Ei-

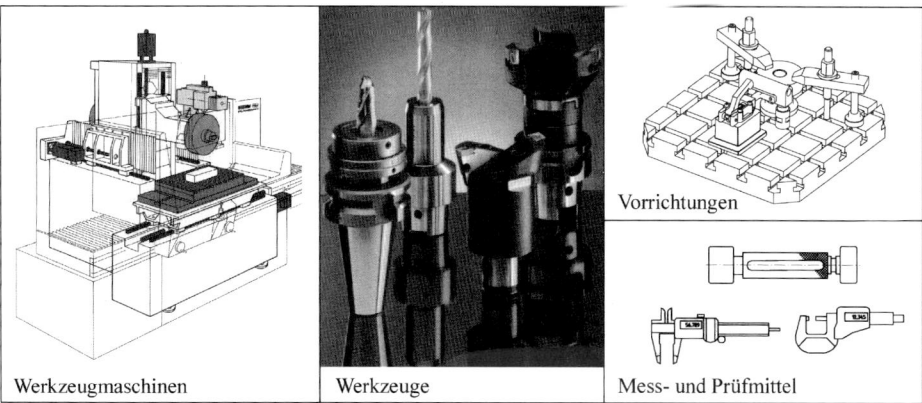

Abb. 1.1 Betriebsmittel: Werkzeugmaschinen, Werkzeuge, Vorrichtungen, Mess- und Prüfmittel

ne Festlegung, was unter einem Werkstück verstanden wird, hilft hier weiter. Die auf einer Werkzeugmaschine hergestellten Werkstücke sind keine Halbzeuge (Urformmaschinen) und keine Verbrauchsgüter (Verarbeitungsmaschinen), sondern in der Regel Teile von Baugruppen, die in Maschinen, Werkzeugen und anderen Investitionsgütern, aber auch Automobilen, Flugzeugen u. Ä. eingebaut werden.

Nach DIN 69 651 [1] ist eine Werkzeugmaschine definiert als:
Mechanisierte und mehr oder weniger automatisierte Fertigungseinrichtung, die durch relative Bewegung zwischen Werkstück und Werkzeug eine vorgegebene Form am Werkstück oder eine Veränderung einer vorgegebenen Form an einem Werkstück erzeugt.

Auch unter Beachtung dieser Definition sind die Grenzen fließend und auf unterschiedliche Auffassungen in verschiedenen Ländern muss hingewiesen werden.

Werkzeugmaschinen lassen sich nach verschiedenen Gesichtspunkten klassifizieren [2]. Bedeutsam ist die Einteilung nach den Fertigungsverfahren (Abb. 1.2) und nach dem Automatisierungsgrad. Des Weiteren wird die Lage der Hauptbewegung, der Gestellaufbau, die Form des Werkstückes oder des Werkstücksortimentes u. A. zum Klassifizieren genutzt.

In Abb. 1.3 wird an ausgewählten Beispielen die Klassifizierung bei spanenden Werkzeugmaschinen aufgezeigt. Dabei erkennt man die Vielzahl der möglichen Kombinationen und die wahlweise Benutzung unterschiedlicher Kriterien wie: realisiertes Fertigungsverfahren, Wirkprinzip des Antriebes, Aufbau der Maschine, Lage der Hauptbewegung, bearbeitbares Werkstück u. a.

Eine ähnliche Vorgehensweise kann man bei der Klassifizierung schneidender und umformender Werkzeugmaschinen anwenden. Die große Anzahl von möglichen Ausführungen wird in Abb. 1.4 an ausgewählten Beispielen demonstriert. Bezüglich der Klassifizierung abtragender Werkzeugmaschinen wird auf Kap. 7 verwiesen.

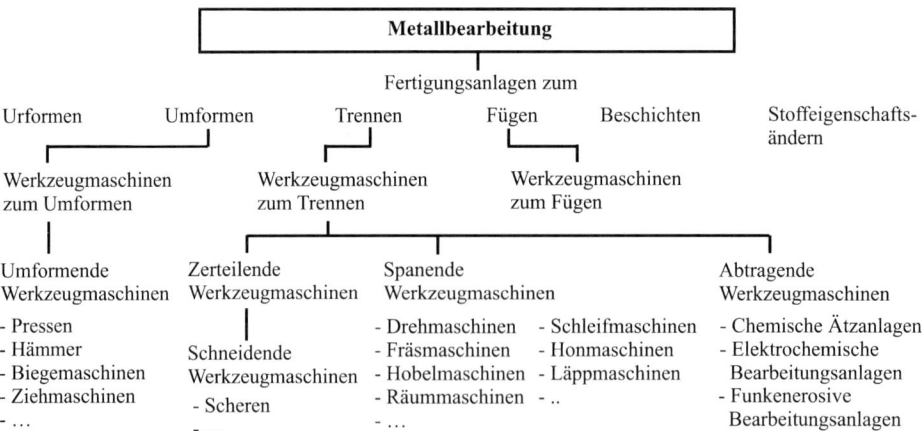

Abb. 1.2 Klassifizierung von Fertigungsanlagen und Werkzeugmaschinen nach den Fertigungsverfahren unter Beachtung der DIN 69 651 [1]

1.1 Definition und Klassifizierung der Werkzeugmaschinen

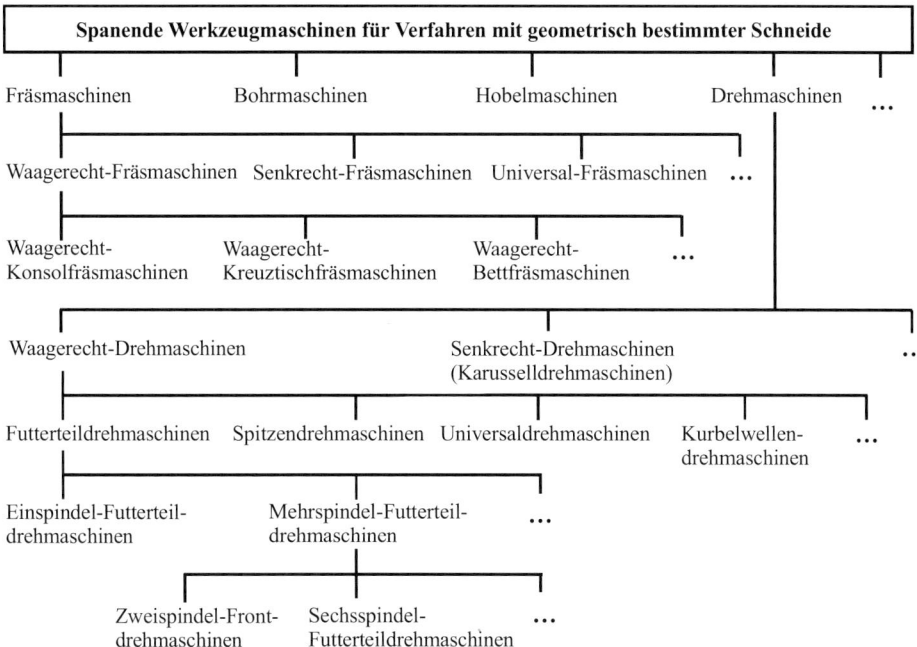

Abb. 1.3 Beispiele zur Klassifizierung und Bezeichnung von spanenden Werkzeugmaschinen unter Beachtung des Maschinenaufbaus

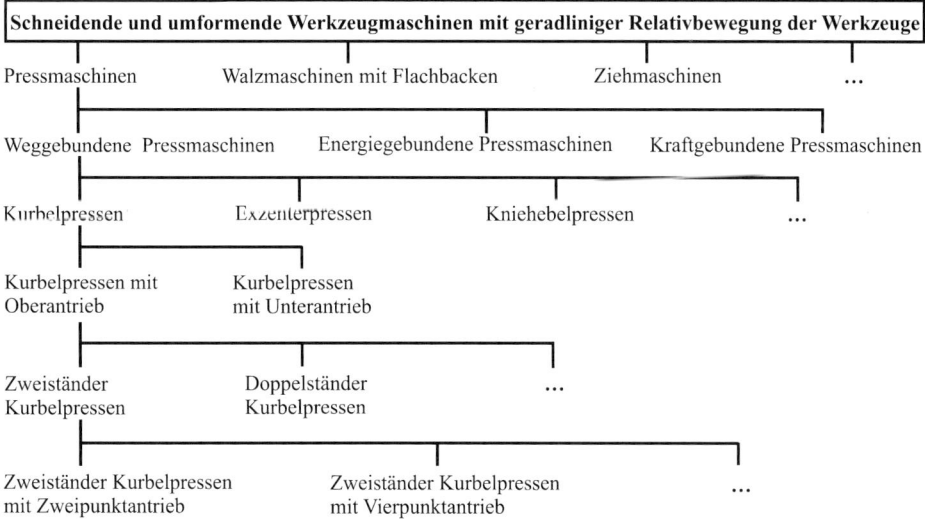

Abb. 1.4 Beispiele zur Klassifizierung und Bezeichnung umformender Werkzeugmaschinen unter Beachtung des Maschinenaufbaus

Neben diesen technischen Bezeichnungen der Werkzeugmaschinen werden kommerzielle Bezeichnungen der Maschinen durch die Hersteller- und Vertriebsfirmen verwendet. Sie beruhen auf den technischen Bezeichnungen oder sind Firmennamen, Abkürzungen, Phantasienamen und Anderes. In der Regel werden diese Maschinenbezeichnungen mit einer Ziffer oder Ziffernfolge versehen, die eine oder mehrere technische Kenngrößen oder eine laufende Nummer repräsentieren.

Können auf einer Maschine mehrere Fertigungsverfahren realisiert werden, wird in der Bezeichnung der Maschinen die Bezeichnung des Fertigungsverfahrens (z. B. „Dreh-") durch den Ausdruck „Bearbeitungs-" oder „Fertigungs-" ersetzt.

Die Bezeichnung und Klassifizierung der Werkzeugmaschinen erfolgt weiterhin unter Darstellung und Berücksichtigung der angewandten Steuerungs- und Automatisierungstechnik (Abb. 1.5). Bezüglich des Automatisierungsgrades unterscheidet man besonders bei spanenden Werkzeugmaschinen zwischen:

Maschine: Sie besitzt Antriebe für die Haupt- und Vorschubbewegung. Die Abfolge der Bewegungen, ihre Größe sowie der Werkstück- und Werkzeugwechsel werden in der Regel durch den Maschinenbediener gesteuert bzw. ausgeführt. Der Bediener muss demzufolge permanent an der Maschine anwesend sein. Ausnahmen sind z. B. Revolverdrehautomaten mit mechanischer Steuerung.

NC-Maschine: Ergänzend zu den Antrieben für die Haupt- und Vorschubbewegung besitzt die NC-Maschine eine numerische Steuerung (NC: numerical control). Diese steuert im Wesentlichen die Positionierung der Werkzeuge zum Werkstück sowie die Abfolge der Schnitt-, Vorschub-, Anstell- und Zustellbewegungen und überwacht verschiedene Maschinenfunktionen. Damit ist die Anwesenheit des Bedieners während der unmittelbaren Bearbeitung des Werkstückes nicht notwendig. Der Werkstückwechsel erfolgt von Hand. Werkzeuge können auch in Revolverköpfen oder ähnlichen Aufnahmen vorhanden sein.

Zentrum: Zusätzlich zu den Komponenten einer NC-Maschine ist das Zentrum mit einem Werkzeugspeicher und einem Werkzeugwechsler ausgerüstet. Der Automatisierungsgrad der Maschine wird damit erhöht und die komplexe Bearbeitung eines Werkstückes

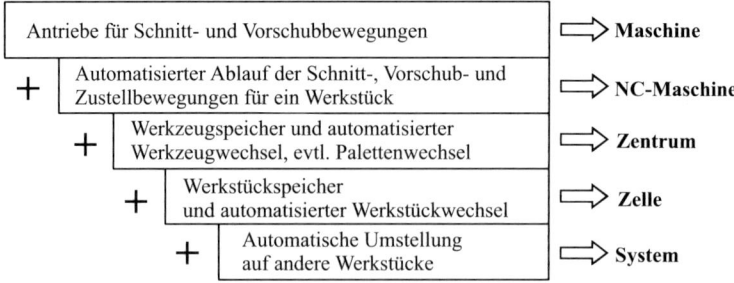

Abb. 1.5 Klassifizierung der Werkzeugmaschinen nach dem Automatisierungsgrad

ermöglicht. Der Werkstückwechsel wird manuell vorgenommen oder Paletten mit aufgespannten Werkstücken werden automatisiert gewechselt.

Zelle: Wird ein Zentrum mit Werkstückspeicher und Werkstückwechsler erweitert, spricht man von einer Zelle, die aus einer oder mehreren Maschinen bestehen kann. Sie ermöglicht die Bearbeitung einer Serie gleicher oder ähnlicher Werkstücke ohne Eingriff des Bedieners. Somit ist ein bedienerarmer Betrieb, der Pausendurchlauf bzw. eine teilweise oder eine vollständige bedienerlose Schicht realisierbar. Die Maschinensteuerung muss mit den peripheren Einrichtungen verknüpft werden. Überwachungseinrichtungen und integrierte Messeinrichtungen sind notwendig.

System: Werden mehrere Fertigungsmaschinen gleichen oder unterschiedlichen Automatisierungsgrades über ein Werkstückflusssystem, die Werkzeuglogistik, verschiedene Ver- und Entsorgungseinrichtungen sowie über die automatische Fertigungssteuerung verbunden, spricht man von einem System. Das System als höchste Form der Automatisierung umfasst mehrere Erscheinungsformen z. B. Fließstraßen, Taktstraßen und Flexible Fertigungssysteme. Mit letzterem ist die ungetaktete Fertigung verschiedener Werkstücke möglich, einzelne Maschinen können sich ersetzen und/oder ergänzen und die Umstellung auf ein anderes Werkstück erfolgt bedienerlos innerhalb des vorgesehenen Teilesortimentes. Ein Leitrechner übernimmt die Steuerung der Fertigung und stellt die notwendigen Daten für die Systemkomponenten bereit.

1.2 Fertigungsverfahren und Werkzeugmaschine

Aufbau und periphere Einrichtungen einer Werkzeugmaschine werden durch die auf der Maschine zu realisierenden Fertigungsverfahren bestimmt. Die Werkstück- und Werkzeugaufnahme, die relativen Bewegungen in Größe, Richtung und Genauigkeit sowie die dabei zu überwindenden Kräfte und Momente werden direkt aus dem Fertigungsverfahren ermittelt. Unter Beachtung der zu fertigenden Stückzahlen, der Flexibilität bezüglich des Werkstücksortimentes und des gewünschten Automatisierungsgrades können Varianten des Maschinenaufbaus erstellt werden. Ihre Bewertung nach technischen und wirtschaftlichen Gesichtspunkten erlaubt die jeweils günstigste Variante auszuwählen (Abb. 1.6).

Die Anforderungen an die geometrische und kinematische Genauigkeit, die statische Steifigkeit, das dynamische und thermische Verhalten der Werkzeugmaschine sind im Zusammenhang mit den entsprechenden Belastungen und dem Maschinenaufbau aus der geforderten Werkstückqualität abzuleiten. Hierbei sollte man beachten, dass jede gefertigte Fläche von der geometrisch idealen Form abweicht. Dies ist zwangsläufig dadurch bedingt, dass die Bewegungen zwischen Werkstück und Werkzeug in der Maschine nicht ideal ausgeführt werden, die Verfahren immer auf endlichen Abläufen basieren und die Werkzeuge auch nur mit einer bestimmten Qualität herstellbar sind. Diese sich am Werkstück abbildenden Fehler sollten im zulässigen Bereich liegen.

Abb. 1.6 Allgemeiner Zusammenhang zwischen Verfahren, Maschine und Fehlern am Werkstück

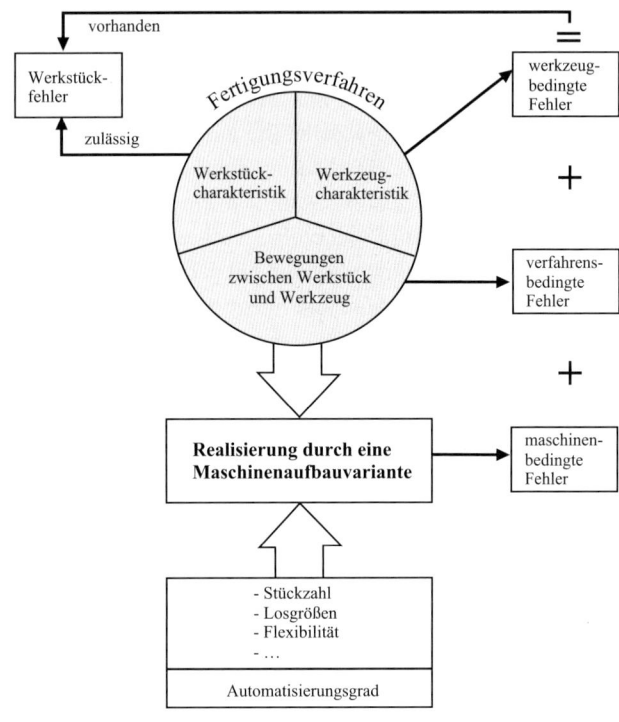

1.3 Bedeutung der Werkzeugmaschinen-Industrie

Der Werkzeugmaschinenbau hat eine hervorzuhebende Bedeutung für die Volkswirtschaft von Industrieländern. Mit Hilfe von Werkzeugmaschinen wird die Herstellung aller anderen Investitionsgüter (Maschinen, Anlagen u. a.) und vieler Verbrauchsgüter möglich. Eine leistungsstarke Werkzeugmaschinenbranche, die produktive und ausreichend genaue Maschinen zur Verfügung stellt, ermöglicht vorteilhaftes Produzieren vielfältiger Erzeugnisse. Erwähnt werden muss in diesem Zusammenhang auch, dass Werkzeugmaschinen die einzigen Maschinen sind, die sich selbst reproduzieren.

Innovationen auf den Gebieten der Fertigungstechnik und ihre Umsetzung in Werkzeugmaschinen lassen diese Art Maschinen auch zu einem begehrten Exportartikel des jeweiligen Landes werden. Dabei haben sich, wie in Abb. 1.7 dargestellt, typische werkzeugmaschinenherstellende und -importierende Länder herausgebildet.

Die deutschen Werkzeugmaschinen-Unternehmen sind überwiegend mittelständig geprägt. Sie erwirtschaften wertmäßig einen Weltmarktanteil von knapp unter 19 % und stellen damit nach China (ca. 21 %) die meisten Werkzeugmaschinen her. Von den in Deutschland hergetellten Werkzeugmaschinen werden ca. 70...75 % exportiert. Aktuelle Zahlen werden regelmäßig durch den Verband der Deutschen Werkzeugmaschinenfabriken e. V. (VDW) veröffentlicht [3]. Eine Auflistung der deutschen Werkzeugmaschinenhersteller und ihrer Produkte ist in [4] enthalten.

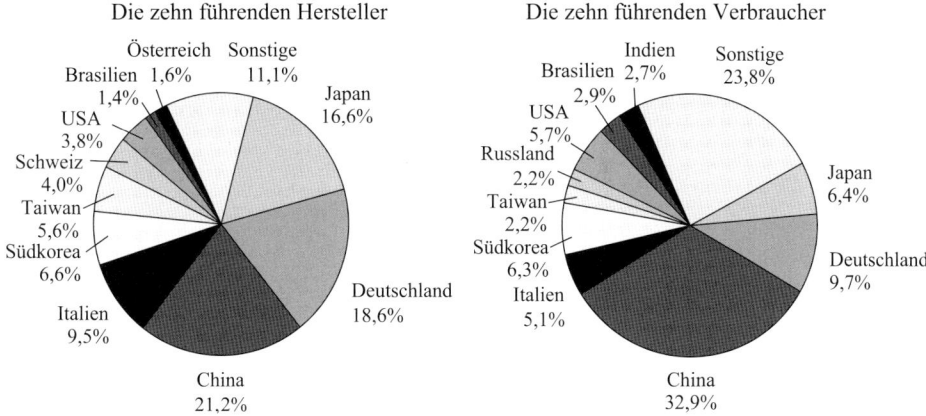

Abb. 1.7 Weltmarktanteile der Werkzeugmaschinen-Industrie ausgewählter Staaten [4] (Mittelwerte 2009–2010 nach Angaben des VDW auf Basis von Euro)

Der deutsche Maschinen- und Anlagenbau, zu dem die Werkzeugmaschinenindustrie zählt, erwirtschaftet mit einer Exportquote von über 60% einen wesentlichen Teil der positiven deutschen Außenhandelsbilanz und realisiert damit ca. 20% des Welthandels in diesem Bereich.

Literaturverzeichnis

1. DIN (Deutsche Norm) 69 651 Werkzeugmaschinen für die Metallbearbeitung (ersatzlos zurückgezogener Entwurf). Beuth, Berlin (1981/82)
2. Küttner, K.-H., Beitz, W. (Hrsg.): Dubbel, Taschenbuch für den Maschinenbau. Springer, Berlin, Heidelberg u. a. (2011)
3. Verein Deutscher Werkzeugmaschinenfabriken e.V. (Hrsg.): Deutsche Werkzeugmaschinenindustrie Daten und Fakten 2009 bzw. Ausgabe 2010, Frankfurt am Main (2010) bzw. (2011)
4. Verein Deutscher Werkzeugmaschinenfabriken e.V. (Hrsg.): Werkzeugmaschinen und Fertigungssysteme aus Deutschland – Bezugsquellenverzeichnis, 25. Ausgabe. Frankfurt am Main (2009)

2 Anforderungen an und Beurteilung von Werkzeugmaschinen

Die Forderungen an eine Werkzeugmaschine und ihre Beurteilung bilden eine Einheit. Der Aufbau, die technischen Daten und die Ausstattung mit Automatisierungseinrichtungen werden im Wesentlichen durch den Anwender und dem von ihm auf der Maschine zu verwirklichenden Prozess bestimmt.

Das oder die zur Anwendung kommenden Fertigungsverfahren, die Werkstückabmessungen und -stückzahlen bestimmen die Gestaltung der Baugruppen und die Gesamtkonstruktion. Dabei wird zunehmend nur so viel „Funktionalität" wie notwendig eingebaut, um eine wirtschaftliche Fertigung auf diesen Maschinen zu ermöglichen. Kundenabhän-

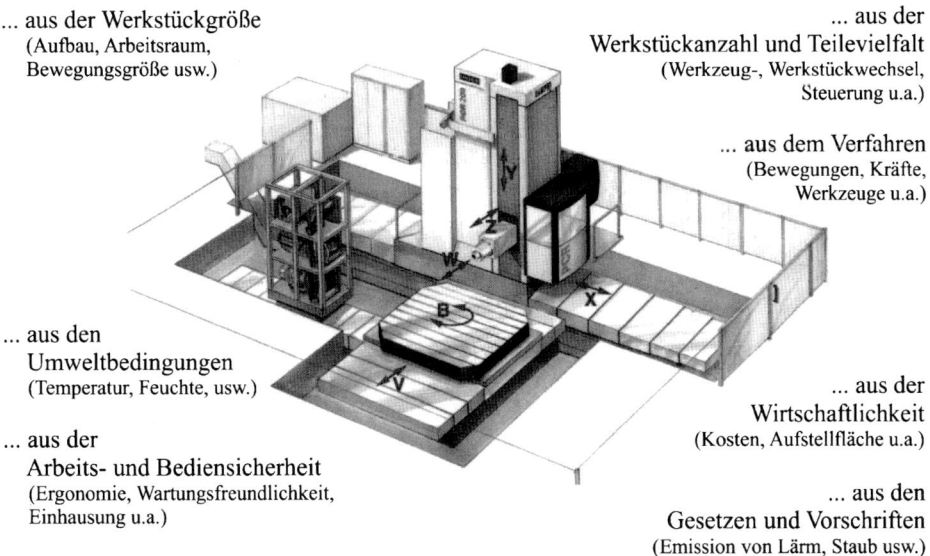

Abb. 2.1 Anforderungen an Werkzeugmaschinen (Quelle Bild: UNION, Chemnitz)

Tab. 2.1 Bewegungsprinzip Beurteilung von Werkzeugmaschinen

	Theoretisch-rechnerisch	Praktisch-experimentell
Beurteilung technischer Einsatzgrößen	Bewegungsabläufe, einschließlich Kollisionsbetrachtungen	*Größen der Werkstück- und Werkzeugaufspannflächen, des Arbeitsraumes, der möglichen Bewegungen und Einstellungen*
	Dynamisches Verhalten von Regel- und Steuermechanismen	*Realisierung von Drehzahlen, Geschwindigkeiten, Beschleunigungen, Abläufen, Positionierbewegungen u. a.*
		Leistungs-Drehmomenten-Drehzahl-Verhalten
Beurteilung technischer Eigenschaften	Verformungsverhalten bei statischer, dynamischer und thermischer Beanspruchung von Baugruppen und Maschinen	*Herstell- und Montagegenauigkeit von Baugruppen und Maschine (Form- und Lageabweichungen funktionsbestimmender Flächen)*
		Genauigkeit von Bewegungen, hinsichtlich der relativen Lage der Baugruppen untereinander (geometrische Genauigkeit) und des Bewegungsablaufes (Bahngenauigkeiten, Positioniergenauigkeit)
	Wirkungsgradberechnung	*Verformungsverhalten bei statischer, dynamischer und thermischer Beanspruchung von Baugruppen und Maschinen Probewerkstück, Leistung und Wirkungsgrad*
Beurteilung der Einsatzfähigkeit	*Prozessfähigkeit, Wartungsfreundlichkeit, Zuverlässigkeit, Ergonomie, Arbeits- und Bediensicherheit, Design*	
	Schnittstellen zu anderen Prozessen und Maschinen, Möglichkeit des Einsatzes von Zusatzbaugruppen und der Integration von Verfahren	
Beurteilung des Umweltverhaltens	*Staub-, Lärm-, und Ölnebelentwicklung, elektrische Emissionen, anfallende Verbrauchsstoffe, Entsorgung, Maschinenrecycling*	
Beurteilung ökonomischer Daten	Preis, Aufstellfläche, Energie- und Medienverbrauch, Wartungskosten	
	Produktivität (Geschwindigkeiten, Zerspanungsleistungen, Span-zu-Span-Zeiten u. a.)	

gig ist ein analoger Prozess also auf einer hochflexiblen, automatisierten, in ein Fertigungssystem eingebundenen Maschine oder auf einer zugeschnittenen „low cost"-Maschine realisierbar. Die technischen Parameter aus dem Fertigungsverfahren können dabei die Gleichen sein. In Abb. 2.1 sind einige wesentliche Anforderungen genannt.

Die umfassende Beurteilung der Werkzeugmaschine beinhaltet eine Vielzahl von Gesichtspunkten, die aus den verschiedensten Anwendungen und Betrachtungswinkeln resultieren. Mit Tab. 2.1 wird versucht, diese Kriterien möglichst umfassend darzustellen. Die kursiv gedruckten Eigenschaften sind im Wesentlichen durch den Maschinenhersteller beeinflussbar.

In den folgenden Abschnitten werden einige der wichtigsten und grundlegenden Zusammenhänge zu den Anforderungen an und zur Beurteilung von Werkzeugmaschinen dargestellt.

2.1 Fertigungsverfahren

Im Abschn. 1.1 wurde die Einteilung der Fertigungsverfahren nach DIN 8580 dargestellt und darauf aufbauend eine Möglichkeit der Systematisierung der Werkzeugmaschinen. Abgeleitet aus den auf den Maschinen zur Anwendung kommenden Verfahren sollen im Folgenden die Grundlagen zur Bestimmung von technischen Anforderungen aus den fertigungstechnischen Größen hergeleitet werden. Umfassende und weiterführende Ausführungen sind [1] und [2] zu entnehmen.

2.1.1 Spanende Verfahren

Die Zerspanungstechnik beinhaltet die gezielte Formgebung von Werkstücken durch Anwendung spanender Verfahren und Fertigungsmittel. Dabei wird die geometrische Gestaltänderung der Werkstücke durch Abtrennen von Werkstoffteilchen auf mechanischem Weg erzeugt und durch einen oder mehrere Schneidkeile am Werkzeug verwirklicht. Sind diese Schneidkeile des Werkzeugs geometrisch eindeutig zu beschreiben, spricht man von geometrisch bestimmter Schneide, ansonsten von geometrisch unbestimmter Schneide.

Die allgemeingültigen Zusammenhänge für die Fertigungsverfahren mit geometrisch bestimmter Schneide lassen sich anschaulich am Verfahren „Drehen" erläutern.

Zur Beschreibung der Verfahren sind die Begriffe in der DIN 6580 [3] so festgelegt, dass sie für alle Bereiche der spanenden Fertigung angewendet werden können. Man bezieht sich dabei auf einen einzelnen betrachteten Schneidenpunkt und ein ruhend gedachtes Werkstück.

Kinematik des Zerspanungsvorganges
- Die *Schnittbewegung* ist die Bewegung zwischen Werkstück und Werkzeug, die eine einmalige Spanabnahme bewirkt. Charakterisiert durch die momentane Richtung – *Schnittrichtung* –, durch die momentane Geschwindigkeit – *Schnittgeschwindigkeit* v_c – und durch den zurückgelegten Weg des Schneidenpunktes in Schnittrichtung – *Schnittweg*.
- Die *Vorschubbewegung* ist die Bewegung zwischen Werkstück und Werkzeug, die eine fortgesetzte Spanabnahme bewirkt. Charakterisiert durch die momentane Richtung – *Vorschubrichtung* –, durch die momentane Vorschubgeschwindigkeit – *Vorschubgeschwindigkeit* v_f – und durch den zurückgelegten Weg des Schneidenpunktes in Vorschubrichtung – *Vorschubweg*.

Die durch die Vektoren der Schnitt- und Vorschubgeschwindigkeit (Abb. 2.2) aufgespannte Ebene wird als *Arbeitsebene* bezeichnet.

Als *Wirkbewegung* wird die resultierende Bewegung aus Schnittbewegung und gleichzeitig wirkender Vorschubbewegung bezeichnet.

Neben diesen Bewegungen sind weitere für eine spanende Fertigung notwendig, die nicht unmittelbar an der Spanbildung beteiligt sind:

Abb. 2.2 Kinematik des Zerspanungsvorganges (nach DIN 6580)

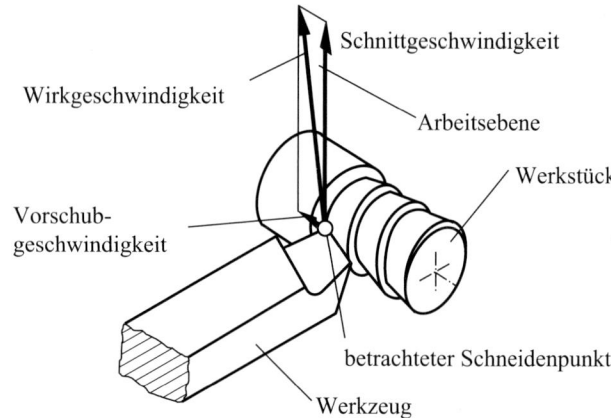

- Die *Zustellbewegung* als die Bewegung zwischen Werkstück und Werkzeug, die die Dicke der abzunehmenden Schicht bestimmt,
- die *Anstellbewegung* als die Bewegung, mit der Werkstück und/oder Werkzeug vor der Bearbeitung zueinander positioniert werden,
- die *Nachstellbewegung* als die Korrekturbewegung zwischen Werkstück und Werkzeug (z. B. Verschleißausgleich).

Die an der Werkzeugmaschine einzustellenden fertigungstechnischen Parameter werden als Schnittgrößen (Abb. 2.3) bezeichnet und sind

- zur Realisierung der Schnittbewegung die Drehzahl n oder (Doppel-)Hubzahl n_{DH},
- zur Realisierung der Vorschubbewegung der Vorschub f entweder als unabhängige Geschwindigkeit einer Baugruppe in m/min oder als abhängige Geschwindigkeit von der Drehzahl in mm/Umdrehung oder Hubzahl in mm/Hub,
- zur Realisierung der Zustellbewegung die Schnitttiefe a_p.

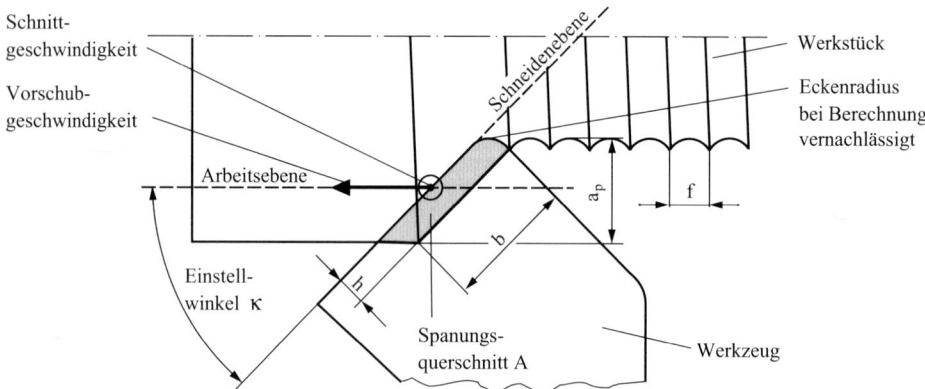

Abb. 2.3 Schnitt- und Spanungsgrößen beim Drehen

Aus diesen Schnittgrößen lassen sich die *Spanungsgrößen* (Abb. 2.3) ableiten, welche in der Spanungszone wirksam sind. Man sollte sie nicht verwechseln mit den Abmessungen der entstehenden Späne, die durch *Spangrößen* charakterisiert werden.

- Die *Spanungsbreite b* ist die Breite des abzunehmenden Materials senkrecht zur Schnittrichtung und gemessen in der Schneidenebene.
- Die *Spanungsdicke h* ist die Dicke des abzunehmenden Materials senkrecht zur Schnittrichtung und gemessen senkrecht zur Schneidenebene.
- Der *Spanungsquerschnitt A* ist der Querschnitt des abzunehmenden Materials.

Der geometrische Zusammenhang zwischen Schnitt- und Spanungsgrößen wird über den Einstellwinkel κ hergestellt. Er ist der Winkel zwischen Arbeits- und Schneidenebene (wird durch Schnittrichtung und Hauptschneide des Werkzeuges aufgespannt).

$$b = \frac{a_\mathrm{p}}{\sin \kappa} \quad \text{(Spanungsbreite)} \quad (2.1)$$

$$h = f \cdot \sin \kappa \quad \text{(Spanungsdicke)} \quad (2.2)$$

$$A = a_\mathrm{p} \cdot f \quad \text{(Spanungsquerschnitt)} \quad (2.3)$$

Schneidkeilgeometrie

Als *Schneidkeil* wird der Teil des Werkzeuges bezeichnet, an dem der Span entsteht. In Abb. 2.4 sind am Beispiel eines vereinfacht dargestellten Drehmeißels die wichtigsten Flächen und Schneiden (Schnittlinien, der den Keil begrenzenden Flächen) eingezeichnet. Zum Erreichen guter Oberflächen am Werkstück und akzeptabler Standzeiten des Werkzeugs sind die Haupt- und Nebenschneide mit Fasen versehen. Die Hauptschneide ist immer die Schneide, auf deren Länge die Spanungsbreite gemessen wird.

Für die Bezeichnung der Winkel am Schneidkeil werden in DIN 6581 [4] zwei Koordinatensysteme beschrieben und darin die Winkel definiert. Zum Verständnis der folgenden

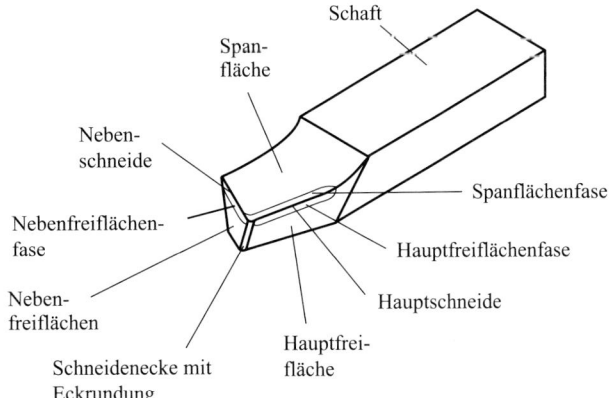

Abb. 2.4 Flächen und Schneiden am Drehmeißel (vereinfacht)

Abb. 2.5 Winkel am Schneidkeil (vereinfacht)

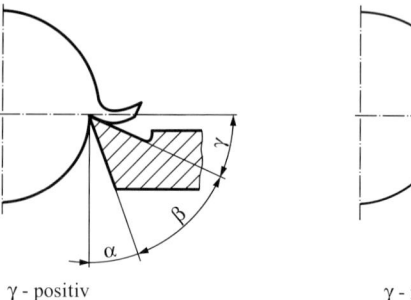
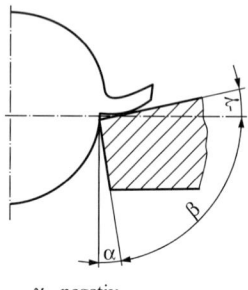

γ - positiv   γ - negativ

Betrachtungen genügt die Darstellung in Abb. 2.5. Zu beachten ist dabei, dass die Summe aus den drei eingezeichneten Winkel immer 90° ergibt.

Der Freiwinkel α beeinflusst die Größe des Keilwinkels. Er wird möglichst klein gehalten, um die Stabilität des Werkzeugs nicht zu sehr zu schwächen.

Der Keilwinkel β beeinflusst vor allem die Schneidfähigkeit der Werkzeugschneide. Wird dieser Winkel klein gehalten, dringt er mit geringerer Kraft in das Werkstück ein. Nachteilig ist hierbei die schlechte Wärmeabfuhr, die damit verbundene erhöhte Temperatur der Schneide und deren erhöhter Verschleiß sowie die Gefahr des Einhakens der Schneide.

Der Spanwinkel γ beeinflusst maßgeblich die Spanbildung, den Spanablauf und somit auch die Zerspankraft. Ein großer Spanwinkel (der Keilwinkel wird zwangsläufig klein) bewirkt geringere Zerspankraft und gutes Ablaufen des Spanes. Wählt man diesen Winkel klein, im Extremfall negativ (Hartmetallschneiden), ergibt sich eine mehr schabende Wirkung, die Bruchgefahr an der Schneide nimmt deutlich ab und der Verschleiß verlagert sich von der eigentlichen Schneidkante weg in Richtung Spanfläche, was zu längeren Standzeiten führen kann.

Spanbildung

Der Schneidkeil des Werkzeugs dringt unter Wirkung der Zerspankraft in das Werkstück ein. Bei einer kontinuierlichen plastischen Verformung werden dabei Späne erzeugt. Abhängig von der Struktur des zu zerspanenden Werkstoffes kann man in den vier Bereichen (A, B, C, D) der Spanbildung (Abb. 2.6) unterschiedliche dominierende Prozesse beobachten.

Im Bereich A geht die Struktur des Werkstoffes durch Scheren in die Struktur des Spanes über (*Scherspan*). Bei spröden Werkstoffen (Grauguss) kommt es zum Abreißen des Werkstoffes (*Reißspan*). Bei verformungsfähigen Werkstoffen (Stahl, Aluminium) tritt die Trennung erst kurz vor der Schneidkante (Bereich B) ein. Beginnt der Werkstoff in diesem Bereich zu fließen, dann entsteht eine sogenannte Fließschicht (Bereich C), die die Scherschichten verbindet und somit zum *Fließspan* führt. Ist die Fließschicht nicht sonderlich ausgeprägt und die gescherte Spanstruktur lamellenartig, spricht man vom *Lamellenspan*. Die entstehenden Spanstrukturen sind im Wesentlichen abhängig von der Verformbarkeit

2.1 Fertigungsverfahren

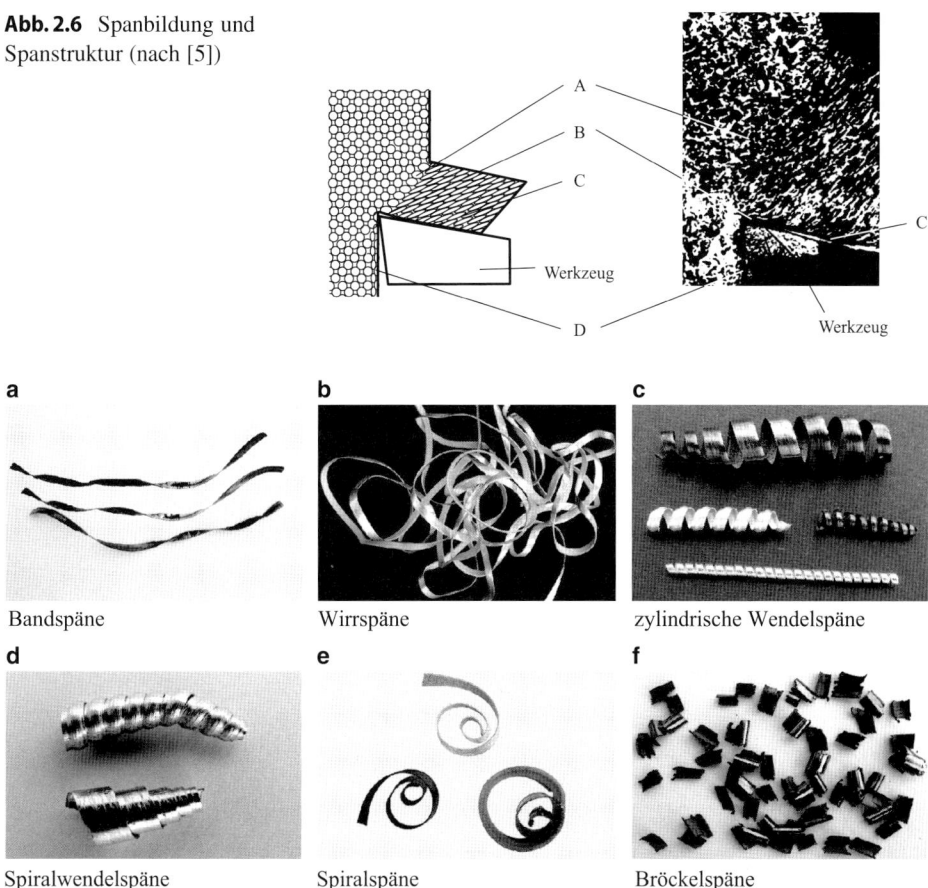

Abb. 2.6 Spanbildung und Spanstruktur (nach [5])

Abb. 2.7 Spanformen geordnet nach den Spanarten. **a–d** Fließspäne, **e** Scherspan, **f** Reißspan (Bröckelspan)

und der Festigkeit des Werkstoffes (Abb. 2.7). Im Randbereich D der Schnittfläche ist der Werkstoff des Werkstücks erhöhter Kraftwirkung ausgesetzt und die Gefügestruktur verfestigt sich (Verfestigungszone).

Die äußere Gestalt des Spanes – Spanform genannt – wird darüber hinaus durch die Schneidkeilgeometrie (z. B. Spanwinkel), durch die Zerspanungsbedingungen (z. B. Schnittgeschwindigkeit, Spanungsdicke) und zusätzliche Maßnahmen (z. B. Spanleitstufen) beeinflusst. Die Charakterisierung erfolgt nach dem Stahl-Eisen-Prüfblatt 1178-69 [6].

Verschleiß und Standzeit

Wird die Wirksamkeit der Schneide durch Abnutzung der Frei- und Spanflächen eingeschränkt, so spricht man von Verschleiß des Werkzeugs. Die Auswirkungen sind:

- ein Anwachsen der Zerspankräfte, bei gleichzeitiger Veränderung der Verhältnisse zwischen Schnitt-, Vorschub- und Passivkraft,
- eine Erhöhung der Temperatur in den Spanbildungszonen und am Werkzeug, was wiederum zu erhöhtem Verschleiß führt,
- eine veränderte Spanform durch die neue Schneidkeilgeometrie,
- eine in der Regel verschlechterte Oberflächenqualität am Werkstück und größere Verfestigungstiefe gegen Standzeitende.

Als Ursachen gelten die Reibvorgänge in der Kontaktzone, die bei hoher mechanischer und thermischer Beanspruchung auftreten. Sie rufen hervor:
- Mechanische Beschädigungen der Schneidkante (Ausbrüche, Querrisse, Kammrisse, plastische Verformungen),
- Adhäsion (Abscherung von Pressschweißstellen),
- Diffusion (bei gegenseitiger Löslichkeit von Werkzeug- und Werkstoffbestandteilen),
- mechanischen Abrieb (harte Bestandteile im Werkstückwerkstoff lösen Schneidstoffteilchen heraus),
- Verzunderung (Bildung von Oxyden an der Werkzeugschneide, die bei mechanischer Beanspruchung ausbrechen).

Diese Verschleißformen überlagern sich und sind zum Teil nicht voneinander trennbar. Zur Messung des Verschleißes werden deshalb die sichtbaren Auswirkungen herangezogen (Abb. 2.8).
- Kolkverschleiß auf der Spanfläche
- Freiflächenverschleiß an der Hauptfreifläche
- Oxydationsverschleiß an der Nebenfreifläche

Wobei als *Verschleißmessgrößen* definiert sind:
- an der Freifläche   die Verschleißmarkenbreite   VB in mm
- an der Spanfläche   die Kolktiefe   KT in mm
                       der Kolklippenbreite   KL in mm
                       die Kolkbreite   KB in mm

Abb. 2.8 Verschleiß am Schneidkeil

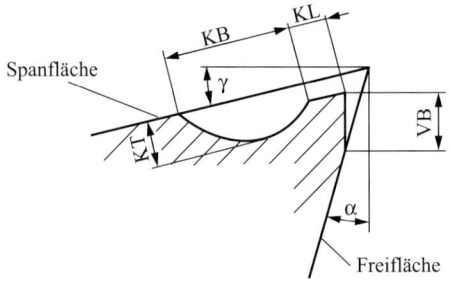

2.1 Fertigungsverfahren

Als Standzeit eines Werkzeuges wird nun die Zeit verstanden, die das Werkzeug vom Scharfschliff bis zum Erreichen eines maximal zulässigen Verschleißkriteriums mit dem Werkstück im Eingriff ist und Zerspanungsarbeit leistet. Diese Zeit kann man auch als Standweg, Standstückzahl u. a. ausdrücken.

Das Verschleißkriterium kann der quantitative zulässige Wert einer am Werkzeug messbaren Verschleißmessgröße sein. Genutzt wird auch ein aus mehreren solchen Größen abgeleiteter Wert. Eine zulässige Werkstückeigenschaft (z. B. Rauheit) wird oft dann zur Standzeitbegrenzung gewählt, wenn der Werkzeugverschleiß nicht oder nur mit unvertretbaren Aufwand messbar ist bzw. diese Werkstückeigenschaft sich nicht unmittelbar aus dem Werkzeugverschleiß ableitet.

Schneidstoffe

Werkstoffe, aus denen die Schneide besteht und die somit direkt an der Spanbildung beteiligt sind, werden als Schneidstoffe bezeichnet. Aufgrund der Beanspruchung beim Zerspanungsprozess sollten sie große Härte, Zähigkeit, Verschleiß-, Druck- und Biegefestigkeit besitzen und diese Eigenschaften auch bei hohen Temperaturen und schnellen Temperaturwechseln beibehalten.

Die Einteilung der Schneidstoffe erfolgt oft in

Unlegierte und legierte Werkzeugstähle: Der Einsatz von Werkzeugen aus diesen Schneidstoffen beschränkt sich auf Verfahren mit niedrigen Schnittgeschwindigkeiten und daraus resultierender geringer Wärmeentwicklung (z. B. Sägeblätter, Feilen, Gewindebohrer).

Schnellarbeitsstähle: Durch karbidbildende Legierungselemente verbessern sich die Warmhärte (etwa bis 600 °C), Zähigkeit und Anlassbeständigkeit. Durch unterschiedlichste Legierungszusammensetzung und Wärmebehandlung ergeben sich verschiedenste Eigenschaften, die eine breitgefächerte Anwendung ermöglichen (z. B. Dreh- und Hobelmeißel, Spiral- und Gewindebohrer, Reibahlen, Räumwerkzeuge, Fräser). Durch Beschichten der Aktivteile von Werkzeugen aus Schnellarbeitsstahl hat sich die Leistungsfähigkeit besonders hinsichtlich der Standzeit weiter steigern lassen.

Gegossene Hartlegierungen: Werkzeuge aus diesem Schneidstoff werden gegossen und anschließend geschliffen. Sie bestehen aus einer Eisen-Nickel-Kobalt-Legierung mit verschiedenen Karbidbildnern und haben gegenüber den Schnellarbeitsstählen eine verbesserte Warmhärte. Ihre Verbreitung erfolgte überwiegend in den USA (Stellit).

Hartmetalle (gesintert): Im pulverförmigen Zustand wird einem Metallkarbid bzw. einem Metallkarbidgemisch im Allgemeinen Kobalt zugesetzt und es danach durch Sintern sowie anschließendem Schleifen geformt. Die Einführung der Hartmetalle führte zu einer erheblichen Leistungssteigerung im Zerspanungsprozess und erforderte Werkzeugmaschinen mit wesentlich höheren Drehzahlen, Antriebsleistungen, steiferen Gestellen und Führungen. Durch Variation der Gemischkomponenten lassen sich bestimmte Eigenschaften (z. B. große Zähigkeit, extreme Warmhärte) erzeugen.

Die gesinterten Hartmetalle werden an fast allen spanenden Werkzeugen mit großem Erfolg eingesetzt. Superharte Beschichtungen (z. B. mit Aluminiumoxid) erweitern das Einsatzgebiet.

Schneidkeramik: Der Schneidkörper wird ähnlich wie Hartmetall durch Sintern, aber auf der Basis von Aluminiumoxid oder Siliziumnitrid hergestellt. Hervorzuheben sind die gegnüber Hartmetall hohe Warmhärte und ausgezeichnete Verschleißfestigkeit, die hohe Schnittgeschwindigkeiten (über 1000 m/min) ermöglichen. Die Empfindlichkeit der Schneidkeramik gegenüber Schlag und Schwingung sowie rasche Temperaturänderung ist beim Einsatz zu beachten.

Superharte Schneidstoffe: Unter diesem Begriff werden üblicherweise Schneidstoffe mit einer Vickershärte von mehr als 50.000 N/mm² zusammengefasst: Natürlicher oder synthetischer Diamant, hartes Bornitrid, Verbundschneidstoffe (beschichtete Hartstoffe), Mischschneidstoffe. Werkzeuge aus diesen Schneidstoffen sind aufgrund der entstehenden Kosten extremen Einsatzbedingungen vorbehalten. Die Anwendung erfolgt bei Zerspanungsaufgaben, die mit anderen Schneidstoffen nicht gelöst werden können, oder bei beachtlichen Produktivitätssteigerungen, die die notwendigen erhöhten Maschineneigenschaften rechtfertigen.

Kräfte am Schneidkeil

Am Schneidkeil und damit an der Wirkstelle zwischen Werkstück und Werkzeug wird die Zerspanungsarbeit geleistet. Sie besteht zum größten Teil aus Verformungsarbeit sowie aus Trenn- und Reibarbeit. Bilanziert man die umgesetzten Energien, so stellt man fest, dass der überwiegende Teil der Zerspanungsarbeit in Wärme überführt wird. Sie äußert sich als Erwärmung von Werkzeug, Werkstück und Maschine, als Strahlung an die Umgebung, konvergiert in den Kühlschmierstoff oder wird in den Spänen abgeführt.

Die Zerspanungsarbeit bewirkt Kräfte an den Span- und Freiflächen. Die Resultierende aus diesen Flächenkräften wird Zerspankraft genannt. Sie liegt im Raum und wird auf das Werkzeug wirkend, im Schwerpunkt des Spanungsquerschnittes angreifend, definiert. Natürlich wirkt eine gleich große Gegenkraft auf das Werkstück.

Für die Analyse und Berechnung dieser komplexen Kraft ist es vorteilhaft, sie in Komponenten in Richtung der Zerspanungsbewegungen (Abb. 2.9) zu zerlegen:

Schnittkraft F_c (c – cut – zerspanen)
  Zerspankraftkomponente in Richtung der Schnittgeschwindigkeit
Schnittnormalkraft F_{cn}
  Zerspankraftkomponente rechtwinklig zur Schnittkraft in der Arbeitsebene
Vorschubkraft F_f (f – feed – Vorschub)
  Zerspankraftkomponente in Richtung der Vorschubgeschwindigkeit
Vorschubnormalkraft F_{fn}
  Zerspankraftkomponente rechtwinklig zur Vorschubkraft in der Arbeitsebene
Passivkraft F_p
  Zerspankraftkomponente rechtwinklig auf der Arbeitsebene

2.1 Fertigungsverfahren

Abb. 2.9 Zerspankraft und ihre Komponenten beim Drehen

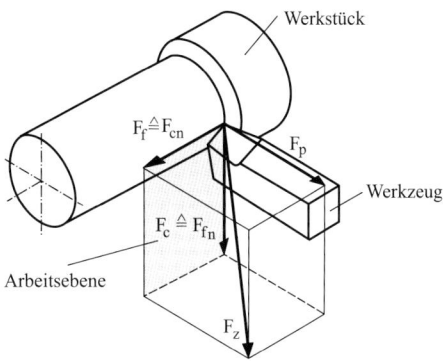

Bei Verfahren, bei denen die Vorschubgeschwindigkeit rechtwinklig zur Schnittgeschwindigkeit verläuft (z. B. Drehen), entspricht die Vorschubnormalkraft der Schnittkraft und die Schnittnormalkraft der Vorschubkraft.

Der Betrag der Schnittkraft ist im Normalfall um das 3…5-fache höher als der der anderen Zerspankraftkomponenten und sie ist im Zusammenwirken mit der Schnittgeschwindigkeit die leistungsbestimmende Kenngröße. Messungen ergaben, dass sich die Schnittkraft proportional dem Spanungsquerschnitt A verhält. Mit einem Proportionalitätsfaktor (spezifische Schnittkraft k_c) kann man den werkstoffabhängigen Zerspanungwiderstand je mm² Spanungsfläche berücksichtigen.

$$F_c = A \cdot k_c = b \cdot h \cdot k_c \tag{2.4}$$

Durch Kienzle [7] wurde diese spezifische Schnittkraft vielfach gemessen und ihre Abhängigkeit von der Spanungsdicke h untersucht. Stellt man beiden Größen im doppeltlogarithmischen Diagramm dar, ist die lineare Abhängigkeit zwischen ihnen deutlich erkennbar (Abb. 2.10). Zur mathematischen Beschreibung dieser Geraden muss neben der Steigung z ein Punkt auf der Geraden bekannt sein. Kienzle entschied sich für den Spanungsquer-

Abb. 2.10 Schnittkraftgerade

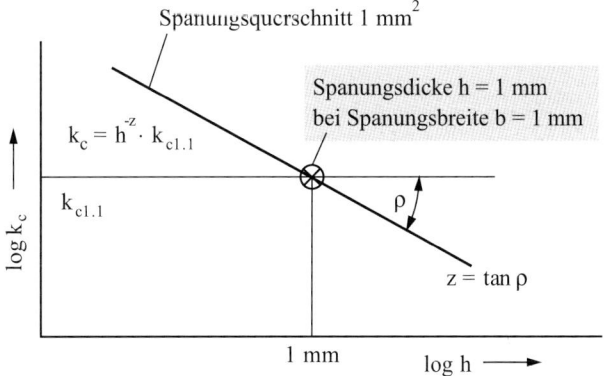

schnitt 1 mm², der aus 1 mm Spanungsdicke und 1 mm Spanungsbreite resultiert.

$$k_c = h^{-z} \cdot k_{c1.1} \tag{2.5}$$

Die auf diesen Querschnitt bezogene Größe der Schnittkraft heißt Hauptwert der spezifischen Schnittkraft $k_{c1.1}$ und definiert im Zusammenwirken mit dem Anstiegswert z den Zerspanungswiderstand eines Werkstoffs (Tab. 2.2).

Neben den bisher beschrieben Einflüssen auf die Größe der Schnittkraft werden nach [1] Korrekturfaktoren zur Berücksichtigung des Spanwinkels, des Schneidstoffes, der Schnittgeschwindigkeit und des Verschleißes eingeführt. Für die Abschätzung der Zerspankräfte, -momente und -leistungen zur Auslegung und Anwendung von Werkzeugmaschinen sollte besonders der Verschleiß des Werkzeugs als Verschleißkorrekturfaktor K_V beachtet werden. Sein Einfluss kann zur Belastungserhöhung um bis zu 50% und mehr führen.

Tab. 2.2 Zerspankraftkennwerte beim Drehen [1]

Werkstoff	Werkstoffnummer	$1-z$	$k_{c1.1}$ N/mm²	$1-x$	$k_{f1.1}$ N/mm²	$1-y$	$k_{p1.1}$ N/mm²
E295 (St 50)	1.0050	0,74	1990	0,2987	351	0,5089	274
E360 (St 70)	1.0070	0,70	2260	0,3835	364	0,5067	311
C15	1.0401	0,78	1820	0,1993	333	0,4648	260
C45E (Ck 45)	1.1191	0,86	2220	0,3248	343	0,5244	263
C60E (Ck 60)	1.1221	0,82	2130	0,2877	347	0,5870	250
15CrMo5	1.7262	0.83	2290	0,2488	290	0,4430	232
16MnCr5	1.7131	0.74	2100	0,3024	391	0,5410	324
17CrNi6	1.5919	0.70	2260	0,2750	326	0,5352	247
20MnCr5	1.7147	0.75	2140	0,3190	337	0,47780	246
30CrNiMo8	1.6580	0.80	2600	0,3844	355	0,5657	255
34CrMo4	1.7220	0.79	2240	0,3190	337	0,3715	237
37MnSi5	1.5122	0.80	2260	0,3622	259	0,7432	277
42CrMo4	1.7225	0.74	2500	0,3295	334	0,5239	271
51CrV4	1.8159	0.74	2220	0,2345	317	0,616	315
EN-GJL-200 (GGL-20)	EN-JL1030	0.75	1020	0,3010	240	0,5400	178
EN-GJL-250 (GGL-25)	EN-JL1040	0.74	1160	0,3020	251	0,5410	190
EN-GJS-600-3 (GGG-60)	EN-JS1060	0.83	1480	0,2400	290	0,5657	240

2.1 Fertigungsverfahren

Für die weiteren Anwendungen sind folgende Aussagen brauchbar (nach [8] mit empfohlenen maximalen Verschleißmarkenbreiten nach [9]):

- Schnittkraft F_c
  Erhöhung etwa 2...5% je 0,1 mm Freiflächenverschleißmarkenbreite VB

Schnellarbeitsstahl	$VB_{max} = 1{,}4$ mm	$\Rightarrow$	$K_v = 1{,}7$
Hartmetall	$VB_{max} = 0{,}7$ mm	$\Rightarrow$	$K_v = 1{,}35$
Schneidkeramik	$VB_{max} = 0{,}3$ mm	$\Rightarrow$	$K_v = 1{,}15$

- Vorschubkraft F_f
  Erhöhung etwa 10% je 0,1 mm Freiflächenverschleißmarkenbreite VB

Schnellarbeitsstahl	$VB_{max} = 1{,}4$ mm	$\Rightarrow$	$K_v = 2{,}4$
Hartmetall	$VB_{max} = 0{,}7$ mm	$\Rightarrow$	$K_v = 1{,}7$
Schneidkeramik	$VB_{max} = 0{,}3$ mm	$\Rightarrow$	$K_v = 1{,}3$

- Passivkraft F_p
  Erhöhung etwa 12% je 0,1 mm Freiflächenverschleißmarkenbreite VB

Schnellarbeitsstahl	$VB_{max} = 1{,}4$ mm	$\Rightarrow$	$K_v = 2{,}68$
Hartmetall	$VB_{max} = 0{,}7$ mm	$\Rightarrow$	$K_v = 1{,}84$
Schneidkeramik	$VB_{max} = 0{,}3$ mm	$\Rightarrow$	$K_v = 1{,}36$

Die Schnittkraft kann damit berechnet werden nach

$$F_c = b \cdot h^{1-z} \cdot k_{c1.1} \cdot K_V . \tag{2.6}$$

Analoge Gesetzmäßigkeiten lassen sich für die Vorschubkraft,

$$F_f = b \cdot h^{1-x} \cdot k_{f1.1} \cdot K_V \tag{2.7}$$

mit dem Hauptwert der spezifischen Vorschubkraft $k_{f1.1}$ und dem Anstiegswert x und für die Passivkraft

$$F_p = b \cdot h^{1-y} \cdot k_{p1.1} \cdot K_V \tag{2.8}$$

mit dem Hauptwert der spezifischen Passivkraft $k_{p1.1}$ und dem Anstiegswert y beschreiben. Aus diesen Komponenten kann die Zerspankraft F_z errechnet werden.

$$F_z = \sqrt{F_c^2 + F_f^2 + F_p^2} \tag{2.9}$$

Zerspanungsleistung

Diese für die Auslegung der Werkzeugmaschine wichtige Größe ergibt sich aus der Zerspankraft und der Zerspanungsgeschwindigkeit aller im Eingriff befindlichen Schneiden. Betrachtet man die Zerlegung der Zerspanungsgrößen entsprechend den an der Maschine (Drehen) realisierten rechtwinklig zueinander stehenden Bewegungen in Schnitt-, Vorschub- und Passivrichtungen, zeigt sich, dass die Zerspanungsleistung hauptsächlich durch die Schnittleistung bestimmt wird.

$$P_z = F_z \cdot v_z = F_c \cdot v_c + F_f \cdot v_f + F_p \cdot v_p \approx F_c \cdot v_c \qquad (2.10)$$

Begründet ist dies durch die Verhältnisse zwischen Schnitt- und Vorschubkraft $F_c \approx 3 \cdot F_f$ sowie zwischen Schnitt- und Vorschubgeschwindigkeit $v_c > v_f$ und die Tatsache, dass in Passivrichtung keine Geschwindigkeit auftritt.

In den folgenden Abschnitten werden die allgemeingültigen zerspanungstechnischen Zusammenhänge an den speziellen Fertigungsverfahren untersetzt und damit die Voraussetzungen für das Verständnis der spanenden Werkzeugmaschinen geschaffen.

Spanende Verfahren mit geometrisch bestimmter Schneide

Geometrisch bestimmte (definierte) Schneide bedeutet im Zusammenhang mit spanenden Verfahren, dass die Flächen und Winkel am Werkzeug reproduzierbar nachgearbeitet werden können.

Drehen

Beim Drehen ist das Werkstück mit der Hauptspindel über die Werkstückaufnahme (Futter, Spannzange, Mitnehmerspitze) verbunden und führt eine Rotation (die Schnittbewegung) aus. Die in der Regel einschneidigen Werkzeuge sind in Werkzeughaltern oder Revolverköpfen aufgenommen und werden über verschiedene Schlitten translatorisch bewegt (Vorschubbewegung). Das Positionieren des Werkzeuges zum Werkstück erfolgt ebenfalls mit Hilfe dieser Schlitten. Man unterscheidet Längs- und (Quer-)Plandrehen sowie Kombinationen daraus. Die Größe der auftretenden Zerspankräfte und die Zerspanungsleistung lassen sich nach den Gl. (2.6) bis (2.10) berechnen.

Fräsen

Beim Fräsen ist das Werkstück mit dem Maschinentisch über die Werkstückaufnahme (Vorrichtung) verbunden. Die in der Regel mehrschneidigen Werkzeuge sind in der Hauptspindel aufgenommen und rotieren mit dieser (Schnittbewegung). Sowohl Maschinentisch als auch Hauptspindel können über verschiedene translatorisch und/oder rotatorisch bewegte Schlitten die Vorschubbewegung und das Positionieren des Werkzeuges zum Werkstück ausführen. Bezüglich der Richtung von Schnitt- und Vorschubgeschwindigkeit unterscheidet man Gleich- und Gegenlauffräsen (Abb. 2.11). Die Einteilung in Stirn- und Umfangsfräsen erfolgt unter fertigungstechnischen Gesichtspunkten, ist aber für die Zerspankraftberechnung ohne Bedeutung.

2.1 Fertigungsverfahren

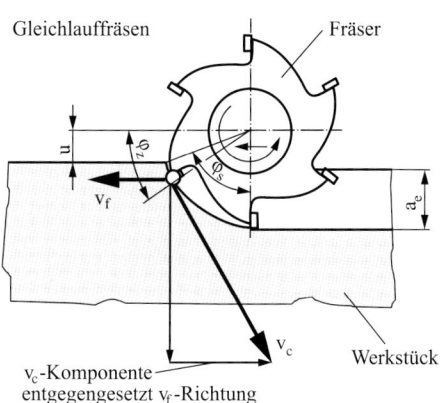
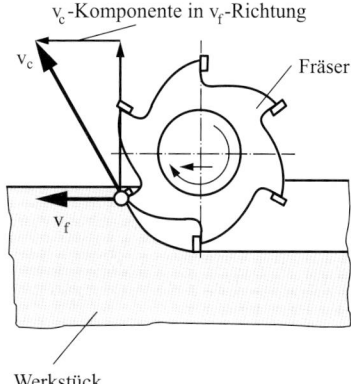

Abb. 2.11 Gleich- und Gegenlauffräsen

An jeder Schneide des Fräsers treten die Zerspankraft und ihre Komponenten auf. Dabei ändert sich die Spanungsdicke h in Abhängigkeit vom Winkel φ_z. Für die Berechnung der Kräfte wird eine mittlere Spanungsdicke h_m definiert (Abb. 2.12).

- Beim Stirnfräsen

$$h_m = \frac{114{,}6}{\varphi_s} \cdot f_z \cdot \frac{a_e}{D} \cdot \sin \kappa \tag{2.11}$$

$$b = \frac{a_p}{\sin \kappa} \tag{2.12}$$

- Beim Umfangsfräsen mit $\kappa = 90°$ (zylindrisch angeordnete Fräserschneiden)

$$h_m = \frac{114{,}6}{\varphi_s} \cdot f_z \cdot \frac{a_e}{D} \tag{2.13}$$

$$b = a_p \tag{2.14}$$

Den für die Berechnung notwendigen Schnittbogenwinkel φ_s ermittelt man nach:

$$\varphi_s = \varphi_2 - \varphi_1 = \arccos\left(1 - \frac{2(u + a_e)}{D}\right) - \arccos\left(1 - \frac{2u}{D}\right) \tag{2.15}$$

Vergleicht man die Verhältnisse beim Stirnfräsen mit denen beim Längsdrehen, lassen sich folgende Zusammenhänge herleiten

$$F_{cz}^F = b \cdot h_m^{1-z} \cdot k_{c1.1}^D \cdot K_V \quad \text{(Schnittkraft pro Schneide)} \tag{2.16}$$

$$F_{cnz}^F = F_f^D = b \cdot h_m^{1-x} \cdot k_{f1.1}^D \cdot K_V \quad \text{(Schnittnormalkraft pro Schneide)} \tag{2.17}$$

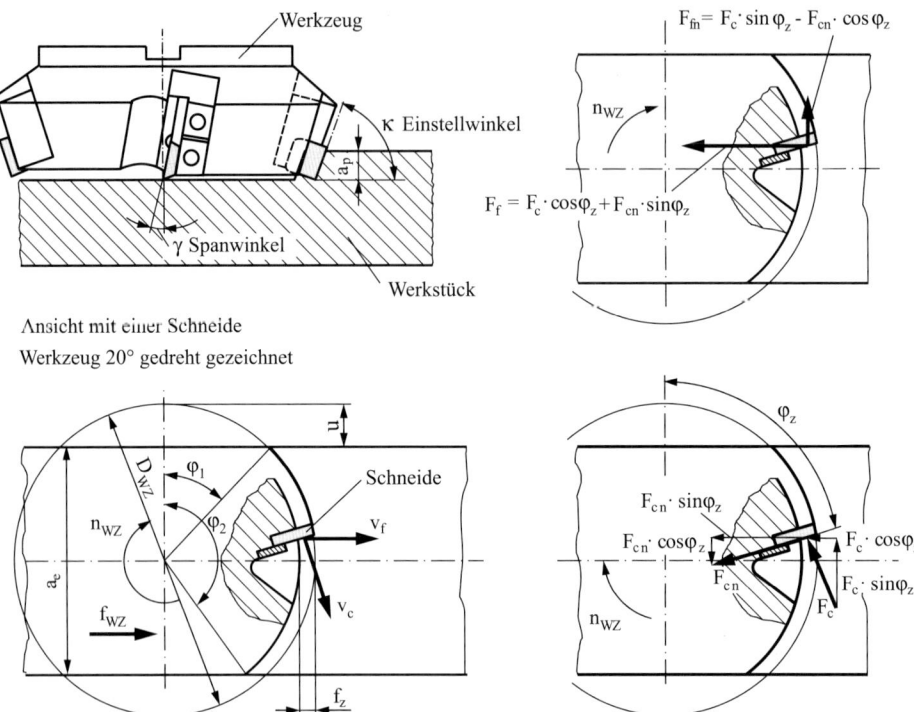

Abb. 2.12 Zerspankraftkomponenten beim Fräsen

$$F_{fz}^F = F_{cz}^F \cdot \cos\varphi_z + F_{cnz}^F \cdot \sin\varphi_z \quad \text{(Vorschubkraft pro Schneide)} \tag{2.18}$$

$$F_{fnz}^F = F_{cz}^F \cdot \sin\varphi_z - F_{cnz}^F \cdot \cos\varphi_z \quad \text{(Vorschubnormalkraft pro Schneide)} \tag{2.19}$$

$$F_{pz}^F = b \cdot h_m^{1-y} \cdot k_{p1.1}^D \cdot K_V \quad \text{(Passivkraft pro Schneide)} \tag{2.20}$$

mit einem Schnittbogenwinkel der Schneide φ_z im Bereich $\varphi_1 \leq \varphi_z \leq \varphi_2$

Die ermittelten Kräfte sind mittlere Werte, da mit einer gemittelten Spanungsdicke gerechnet wird.

Beim Umfangsfräsen ist diese Betrachtungsweise unter Beachtung der Gl. (2.13) und (2.14) analog möglich.

Die Schnittleistung errechnet sich als Produkt von Schnittgeschwindigkeit und Summe aller Schnittkräfte (entspricht der Umfangskraft am Fräser) der im Eingriff befindlichen Schneiden z_{iE}.

$$P_c^F = v_c \cdot \sum_{z=1}^{z_{iE}} F_{cz}^F = v_c \cdot F_U \quad \text{(Schnittleistung)} \tag{2.21}$$

mit dem ganzzahligen Anteil der Schneidenzahl im Eingriff $z_{iE} = 1 + \text{INT}[(\varphi_s \cdot z)/360°]$.

Bohren und Senken

Beim Bohren ist das Werkstück in der Werkstückaufnahme (Vorrichtung) aufgenommen und fest oder beweglich mit dem Maschinentisch verbunden. Die Werkzeuge sind in der Regel zweischneidig (aber auch ein- und mehrschneidig), werden in der Hauptspindel aufgenommen und rotieren mit dieser (Schnittbewegung). Die Vorschubbewegung wird durch direkte Translation der Hauptspindel in Richtung ihrer Achse oder der sie tragenden Baugruppen erzeugt.

Sowohl Maschinentisch als auch Hauptspindel können über verschiedene translatorisch und/oder rotatorisch bewegte Schlitten das Positionieren des Werkzeugs zum Werkstück ausführen.

An den überwiegend zweischneidigen Werkzeugen wirken jeweils die Zerspankraftkomponenten (Abb. 2.13). Wendet man die vom Drehen bekannten Gleichungen zur Beschreibung des Spanungsquerschnittes an, so ergibt sich (für das Aufbohren)

$$h = f_z \cdot \sin \kappa \quad \text{und} \quad b = \frac{D - d}{2 \sin \kappa} \quad \text{mit dem Einstellwinkel } \kappa = \tfrac{1}{2}\delta. \tag{2.22}$$

Die Berechnungen der Schnittkraft und der Vorschubkraft pro Schneide beim Aufbohren erfolgt mit ausreichender Genauigkeit nach:

$$F_{cz}^{B} = b \cdot h^{1-z} k_{c1.1}^{D} \cdot K_{V} \quad \text{(Schnittkraft pro Schneide)} \tag{2.23}$$

$$F_{fz}^{B} = b \cdot h^{1-x} k_{f1.1}^{D} \cdot K_{V} \quad \text{(Vorschubkraft pro Schneide)} \tag{2.24}$$

Beim Bohren ins Volle muss der Einfluss der Querschneide auf die Größe der Kräfte berücksichtigt werden. Dies ist gewährleistet bei Verwendung der Zerspankraftkennwerte für das Bohren nach Tab. 2.3.

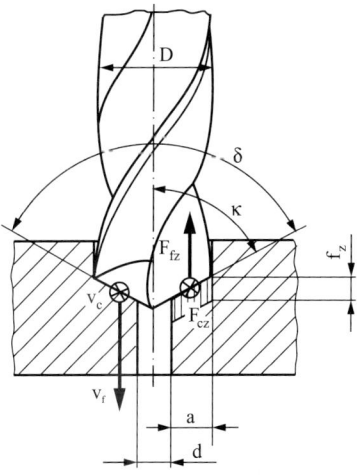
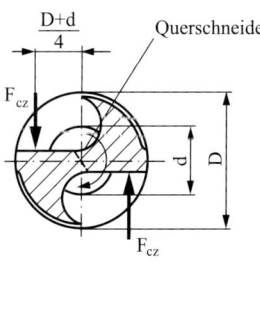

Abb. 2.13 Zerspankraftkomponenten beim Bohren

Tab. 2.3 Zerspankraftkennwerte beim Bohren ins Volle [10]

Werkstoff	R_m N/mm²	$1-z$	$k_{c1.1}$ N/mm²	$1-x$	$k_{f1.1}$ N/mm²
18CrNi8	600	0,82 ± 0,04	2690 ± 230	0,55 ± 0,06	1240 ± 160
42CrMo4	1080	0,86 ± 0,06	2720 ± 420	0,71 ± 0,04	2370 ± 230
100Cr6	710	0,72 ± 0,03	2780 ± 220	0,56 ± 0,07	1630 ± 300
46MnSi4	650	0,85 ± 0,04	2390 ± 250	0,62 ± 0,02	1360 ± 100
C60E (Ck 60)	850	0,87 ± 0,03	2200 ± 200	0,57 ± 0,03	1170 ± 100
E295 (St 50)	560	0,82 ± 0,03	1960 ± 160	0,71 ± 0,02	1250 ± 70
16MnCr5	560	0,83 ± 0,03	2020 ± 200	0,64 ± 0,03	1220 ± 120
34CrMo4	610	0,80 ± 0,03	1840 ± 150	0,64 ± 0,03	1460 ± 140

Die Berechnung der Passivkraft ist beim Bohren nicht sinnvoll, da sich die Anteile entsprechend der Schneidenanordnung in der Regel aufheben.

Die für das Bohren genannten Zusammenhänge lassen sich unter Beachtung der unterschiedlichen Spitzenwinkel analog auf die Berechnungen beim Senken übertragen.

Die Bestimmung der Größe des Drehmomentes und der Schnittleistung beim Bohren und Senken erfolgt nach

$$M = z \cdot F_{cz} \cdot \frac{D+d}{4}, \tag{2.25}$$

$$P_c = M \cdot 2 \cdot \pi \cdot n_{WZ}. \tag{2.26}$$

Beispiel 2.1

Eine Welle aus E 360 soll in einem Schnitt von Durchmesser 200 mm auf Durchmesser 194 mm gedreht werden. Es steht ein Drehmeißel mit Hartmetallschneide (Einstellwinkel 45°, Spanwinkel 8°) zur Verfügung. Der Werkzeughersteller empfiehlt einen Vorschub von 0,63 mm/Umd bei einer Schnittgeschwindigkeit von 95 m/min. Welche Kräfte und Leistungen wirken an der Schneide a) im arbeitsscharfen Zustand und b) nach Bildung einer Verschleißmarkenbreite von 0,7 mm?

▶ **Lösung** Die gestellte Fertigungsaufgabe ist durch das Verfahren Längsdrehen lösbar. Dabei ergibt sich aus der halben Durchmesserdifferenz die Schnitttiefe

$$a = (200\,\text{mm} - 194\,\text{mm})/2 = 3\,\text{mm}.$$

Aus ihr kann unter Beachtung des Einstellwinkels die Spanungsbreite berechnet werden:

$$b = \frac{a}{\sin \kappa} = \frac{3\,\text{mm}}{\sin 45°} = 4{,}243\,\text{mm}$$

Die Spanungsdicke wird aus dem Vorschub und dem Einstellwinkel: bestimmt

$$h = f \cdot \sin \kappa = 0{,}63\,\text{mm} \cdot \sin 45° = 0{,}4455\,\text{mm}$$

zu a) Für den arbeitsscharfen Zustand wird $K_V = 0$ gesetzt. In der Tab. 2.2 können die für E 360 gültigen spezifischen Werte der Schnitt-, Vorschub- und Passivkraft mit ihren Anstiegen abgelesen und damit die Zerspankraftkomponenten berechnet werden:

$$F_c = b \cdot h^{1-z} \cdot k_{c1.1} = 4{,}243\,\text{mm} \cdot 0{,}4455^{0{,}7}\,\text{mm} \cdot 2260\,\text{N/mm}^2 = 5{,}445\,\text{kN}$$

$$F_f = b \cdot h^{1-x} \cdot k_{f1.1} = 4{,}243\,\text{mm} \cdot 0{,}4455^{0{,}3837}\,\text{mm} \cdot 364\,\text{N/mm}^2 = 1{,}132\,\text{kN}$$

$$F_p = b \cdot h^{1-y} \cdot k_{p1.1} = 4{,}243\,\text{mm} \cdot 0{,}4455^{0{,}5067}\,\text{mm} \cdot 311\,\text{N/mm}^2 = 0{,}876\,\text{kN}$$

Die Zerspankraft wäre somit

$$F_z = \sqrt{F_c^2 + F_f^2 + F_p^2}$$
$$= \sqrt{(5{,}445\,\text{kN})^2 + (1{,}132\,\text{kN})^2 + (0{,}876\,\text{kN})^2} = 5{,}63\,\text{kN}\,.$$

Mit Hilfe der Schnittkraft und der Schnittgeschwindigkeit lässt sich die Schnittleistung bestimmen:

$$P_c = F_c \cdot v_c = 5{,}445\,\text{kN} \cdot 95\,\frac{\text{m}}{\text{min}} = \frac{5{,}445 \cdot 10^3\,\text{N} \cdot 95\,\text{m}}{60\,\text{s}} = 8{,}621\,\text{kW}$$

Für die Berechnung der Vorschubleistung ist die Kenntnis der Vorschubkraft und der Vorschubgeschwindigkeit, welche sich aus Vorschub und Werkstückdrehzahl

$$n_{WS} = \frac{v_c}{\pi \cdot d_m} = \frac{v_c}{\pi \cdot \frac{1}{2}(d_1 + d_2)}$$
$$= \frac{95\,\text{m} \cdot 2}{\text{min} \cdot \pi \cdot (200 + 194) \cdot 10^{-3}\,\text{m}} = 153{,}5\,\text{min}^{-1}$$

ergibt, notwendig:

$$v_f = f \cdot n_{WS} = 0{,}63\,\frac{\text{mm}}{\text{Umd}} \cdot 153{,}5\,\frac{\text{Umd}}{\text{min}} = 96{,}7\,\frac{\text{mm}}{\text{min}}$$

$$P_f = F_f \cdot v_f = \frac{1{,}132 \cdot 10^3\,\text{N} \cdot 96{,}7 \cdot 10^{-3}\,\text{m}}{60\,\text{s}} = 1{,}824\,\text{W}$$

Man erkennt deutlich, wie verhältnismäßig gering die Vorschubleistung gegenüber der Schnittleistung ist. Eine Passivleistung existiert nicht. Die Zerspanungsleistung wird somit überwiegend durch die Schnittleistung bestimmt.

$$P_z = P_c + P_f = 8{,}621\,\text{kW} + 0{,}001824\,\text{kW} = 8{,}623\,\text{kW}$$

zu b) Der angenommene Verschleiß wird durch den Korrekturfaktor in der Schnitt-, Vorschub- und Passivkraftberechnung berücksichtigt.

Schnittkraft $\quad K_V = 1{,}35, \quad F_{cV} = 1{,}35 \cdot F_c, \quad F_{cV} = 7{,}35\,\text{kN}$

Vorschubkraft $\quad K_V = 1{,}7, \quad F_{fV} = 1{,}70 \cdot F_f, \quad F_{fV} = 1{,}92\,\text{kN}$

Passivkraft $\quad K_V = 1{,}35, \quad F_{pV} = 1{,}84 \cdot F_p, \quad F_{pV} = 1{,}61\,\text{kN}$

Zerspankraft $\quad F_{zV} = \sqrt{F_{cV}^2 + F_{fV}^2 + F_{pV}^2} -$

$\qquad\qquad\qquad = \sqrt{(7{,}35\,\text{kN})^2 + (1{,}92\,\text{kN})^2 + (1{,}61\,\text{kN})^2} = 7{,}77\,\text{kN}$

Schnittleistung $\quad P_{cV} = F_{cV} \cdot v_c = 7{,}35\,\text{kN} \cdot 95\,\dfrac{\text{m}}{\text{min}} = 11{,}64\,\text{kW}$

Vorschubleistung $\quad P_{fV} = F_{fV} \cdot v_f = 1{,}92\,\text{kN} \cdot 96{,}7\,\dfrac{\text{mm}}{\text{min}} = 3{,}094\,\text{W}$

Zerspanungsleistung $\quad P_{zV} = P_{cV} + P_{fV} = 12{,}3\,\text{kW} + 0{,}003\,\text{kW} = 12{,}3\,\text{kW}$

Beispiel 2.2

Ein Werkstück (Breite × Länge = 230 mm × 600 mm) aus Ck 60 soll in einem Schnitt überfräst werden, um seine Höhe 103,5 mm auf 100 mm zu verkleinern. Es steht ein Messerkopf (Durchmesser $D = 250$ mm) mit $z = 14$ Hartmetallschneiden (Einstellwinkel $\kappa = 45°$, Spanwinkel 8°) zur Verfügung. Der Werkzeughersteller empfiehlt eine Schnittgeschwindigkeit v_c von 120 m/min bei einem Vorschub f_z von 0,3 mm/Zahn.

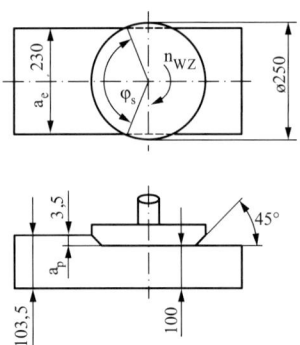

Zu bestimmen sind bei angenommener arbeitsscharfen Schneide
a) die mittleren Kräfte je Schneide
b) die auf den Fräser wirkenden Kräfte in Vorschub-, Vorschubnormal- und Passivrichtung

2.1 Fertigungsverfahren

c) die auf den Fräser wirkende Umfangskraft und das daraus resultierende Drehmoment
d) die Vorschubleistung und die Schnittleistung.

▶ **Lösung** Die gestellte Fertigungsaufgabe ist durch das Verfahren Stirnfräsen lösbar. Es ergeben sich die Zerspanungsgrößen

$$a_p = (103{,}5 - 100)\,\text{mm} = 3{,}5\,\text{mm},$$

$$b = \frac{a_p}{\sin \kappa} = \frac{3{,}5\,\text{mm}}{\sin 45°} = 4{,}95\,\text{mm},$$

$$a_e = 230\,\text{mm}.$$

Nimmt man einen symmetrischen Schnitt (Fräsermitte über Mitte der Werkstückbreite) an, bestimmt sich der Schnittbogenwinkel φ_s zu $\varphi_s = 2 \cdot \arcsin(a_e/D) = 133{,}8°$.

Damit kann die mittlere Spanungsdicke berechnet werden:

$$h_m = \frac{114{,}6}{\varphi_s} f_z \cdot \frac{a_e}{D} \sin \kappa = \frac{114{,}6}{133{,}8} \cdot 0{,}3\,\text{mm} \cdot \frac{230\,\text{mm}}{250\,\text{mm}} \cdot \sin 45° = 0{,}1672\,\text{mm}$$

Für die Bestimmung der Zerspankraft und ihrer Komponenten werden aus Tab. 2.1 die Zerspankraftkenngrößen abgelesen, die am Drehmeißel ermittelt wurden:

$$k_{c1.1}^D = 2130\,\text{N/mm}^2, \quad k_{f1.1}^D = 347\,\text{N/mm}^2, \quad k_{p1.1}^D = 250\,\text{N/mm}^2,$$

$$1-z = 0{,}82, \quad 1-x = 0{,}2877, \quad 1-y = 0{,}5870.$$

zu a) Zerspankraftkomponenten in Schnittrichtung und rechtwinklig dazu
Schnittkraft je Schneide

$$F_{cz}^F = b \cdot h_m^{1-z} \cdot k_{c1.1}^D = 4{,}95\,\text{mm} \cdot 0{,}1672^{0{,}82}\,\text{mm} \cdot 2130\,\text{N/mm}^2 = 2432\,\text{N},$$

Schnittnormalkraft je Schneide

$$F_{cnz}^F = b \cdot h_m^{1-x} \cdot k_{f1.1}^D = 4{,}95\,\text{mm} \cdot 0{,}1672^{0{,}2877}\,\text{mm} \cdot 347\,\text{N/mm}^2 = 1027\,\text{N},$$

Passivkraft je Schneide

$$F_{pz}^F = b \cdot h_m^{1-y} \cdot k_{p1.1}^D = 4{,}95\,\text{mm} \cdot 0{,}1672^{0{,}587}\,\text{mm} \cdot 250\,\text{N/mm}^2 = 433\,\text{N},$$

Zerspankraft je Schneide

$$F_z = \sqrt{F_c^2 + F_{cn}^2 + F_p^2} = \sqrt{(2432\,\text{N})^2 + (1027\,\text{N})^2 + (433\,\text{N})^2} = 2675\,\text{N}.$$

Zur Berechnung der Zerspankraftkomponenten je Schneide in Vorschubrichtung und rechtwinklig dazu ist es notwendig, den Schnittbogenwinkel jeder Schneide im Eingriff zu kennen. Dafür soll die Stellung des Fräsers zum Werkstück entsprechend Skizze angenommen werden.

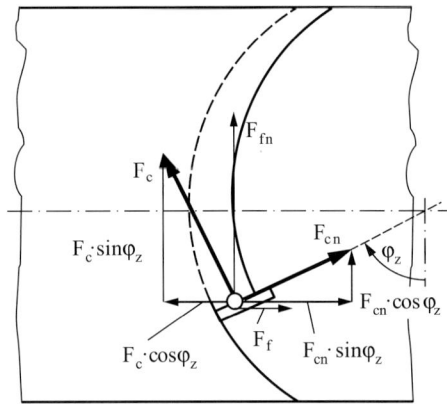

$$\varphi_1 = \arccos \frac{a_e}{D} = \arccos \frac{230 \text{ mm}}{250 \text{ mm}} = 23°$$

$$\varphi_2 = \varphi_1 + \frac{360°}{z} = 23° + \frac{360°}{14} = 48{,}7°$$

$$\varphi_3 = \varphi_2 + \frac{360°}{z} = 48{,}7° + \frac{360°}{14} = 74{,}4°$$

usw.

In der folgenden Tabelle mit Ergebnissen bedeutet ein negatives Vorzeichen, dass die Kraft gegen die Vorschubrichtung wirkt.

	Vorschubkraft je Schneide $F_{fz}^F = F_{cz}^F \cdot \cos \varphi_z + F_{cnz}^F \cdot \sin \varphi_z$	Vorschubnormalkraft je Schneide $F_{fnz}^F = F_{cz}^F \cdot \sin \varphi_z - F_{cnz}^F \cdot \cos \varphi_z$
$\varphi_1 = 23°$	2640 N	5 N
$\varphi_2 = 48{,}7°$	2377 N	1149 N
$\varphi_3 = 74{,}4°$	1643 N	2066 N
$\varphi_4 = 100{,}1°$	585 N	2574 N
$\varphi_5 = 125{,}8°$	−590 N	2573 N
$\varphi_6 = 151{,}5°$	−1647 N	2063 N

Zur Kontrolle der Rechnung kann nach folgender Gleichung für jede Schneide die Zerspankraft bestimmt werden.

$$F_z = \sqrt{F_f^2 + F_{fn}^2 + F_p^2}$$

2.1 Fertigungsverfahren

Unter Berücksichtigung der Passivkraft muss $F_z = 2675\,\text{N}$ bei beliebigen φ sein (Rundungsungenauigkeiten beachten). Zum Beispiel bei φ_1

$$F_z = \sqrt{F_f^2 + F_{fn}^2 + F_p^2} = \sqrt{(2640\,\text{N})^2 + (5\,\text{N})^2 + (433\,\text{N})^2} = 2675\,\text{N}.$$

zu b) Durch Addieren der an den einzelnen Schneiden in die bestimmte Richtung wirkenden Kräfte erhält man die auf den Fräser wirkende Kraft.
Vorschubkraft

$$F_f^F = \cdot \sum_{z=1}^{z_{iE}} F_{fz}^F = (2640 + 2377 + 1643 + 585 - 590 - 1647)\,\text{N} = 5008\,\text{N}$$

Vorschubnormalkraft

$$F_{fn}^F = \cdot \sum_{z=1}^{z_{iE}} F_{fnz}^F = (5 + 1149 + 2066 + 2574 + 2573 + 2063)\,\text{N} = 10.430\,\text{N}$$

Passivkraft

$$F_p^F = \cdot \sum_{z=1}^{z_{iE}} F_{pz}^F = 6 \cdot 433\,\text{N} = 2598\,\text{N}$$

Diese errechneten Kräfte sind Momentankräfte, die genau in dem Augenblick wirken, wenn der Fräser zum Werkzeug wie angenommen steht. Da sich die Winkellage der einzelnen Schneiden ständig ändert und die Schneidenzahl im Eingriff wechselt, werden die Kräfte zwischen einem Maximal- und einem Minimalwert schwanken.

zu c) Die Umfangskraft ergibt sich als Produkt der Zähnezahl im Eingriff und der mittleren Schnittkraft pro Zahn.

$$F_U = z_{iE} \cdot F_{cz}^F = 6 \cdot 2432\,\text{N} = 14.590\,\text{N}$$

Diese Umfangskraft bestimmt mit dem Radius des Messerkopfes das Drehmoment

$$M = F_U \cdot \tfrac{1}{2} D = 14.590\,\text{N} \cdot 0{,}125\,\text{m} = 1824\,\text{Nm}.$$

Auch diese Umfangskraft und das Drehmoment sind während der Schnittbewegung nicht konstant.

zu d) Für die Berechnung der Vorschubleistung ist die Kenntnis der Vorschubgeschwindigkeit notwendig, welche beim Fräsen im Zusammenhang mit der Werkzeugdrehzahl, der Schneidenzahl des Fräsers und dem Vorschub pro Zahn steht.

$$n_{WZ} = \frac{v_c}{\pi \cdot D} = \frac{120\,\text{m}}{\pi \cdot 0{,}25\,\text{m} \cdot \text{min}} \approx 153\,\text{min}^{-1}$$

$$v_f = f_z \cdot n_{WZ} \cdot z = 0{,}3\,\text{mm} \cdot 153\,\text{min}^{-1} \cdot 14 = 642{,}6\,\frac{\text{mm}}{\text{min}}$$

$$P_f = v_f \cdot F_f^F = 642{,}6\,\frac{10^{-3} \cdot \text{m}}{60\,\text{s}} \cdot 5008\,\text{N} = 53{,}6\,\text{W}$$

Die Schnittleistung ergibt sich aus dem Produkt der Schnittgeschwindigkeit und der am Fräser wirkenden Umfangskraft

$$P_c = v_c \cdot F_U = 120\,\frac{\text{m}}{60\,\text{s}} \cdot 14.590\,\text{N} = 29{,}18\,\text{kW}\,.$$

Beispiel 2.3

Eine Bohrung von 30 mm Durchmesser soll in ein Werkstück aus E 295 eingebracht werden. Die Fertigung erfolgt in zwei Stufen. Erstens Vorbohren ins Volle mit 10 mm Durchmesser und zweitens Aufbohren auf 30 mm. Als Werkzeuge stehen zweischneidige Spiralbohrer aus Schnellarbeitsstahl mit Spitzenwinkel 118° und entsprechendem Durchmesser zur Verfügung. Als Zerspanungsbedingungen wurden festgelegt:

Bei Durchmesser 10 mm:
Schnittgeschwindigkeit 48 m/min und Vorschub $f = 0{,}04$ mm/Umd

Bei Durchmesser 30 mm:
Schnittgeschwindigkeit 80 m/min und Vorschub $f = 0{,}10$ mm/Umd

Berechnet werden sollen jeweils die Schnittkräfte pro Schneide, die Schnittmomente und die Vorschubkräfte am Bohrer sowie die notwendigen Schnittleistungen.

▶ **Lösung** Entsprechend den Gl. (2.22) bis (2.26) ergeben sich mit Schneidenzahl $z = 2$, Spitzenwinkel $\delta = 118°$ und den Zerspanungskennwerten für das Vorbohren nach Tab. 2.3 (Maximalwerte verwendet) und das Aufbohren nach Tab. 2.2:

		Vorbohren $d = 0$ $D = 10\,\text{mm}$	Aufbohren $d = 10\,\text{mm}$ $D = 30\,\text{mm}$
Spezifische Schnittkraft	$k_{c1.1}$	2120 N/mm²	1990 N/mm²
Anstiegswert	$1-z$	0,85	0,74
Spezifische Vorschubkraft	$k_{f1.1}$	1320 N/mm²	351 N/mm²
Anstiegswert	$1-x$	0,73	0,2987
Einstellwinkel	$\kappa = \frac{1}{2}\delta$	59°	59°

2.1 Fertigungsverfahren

		Vorbohren $d = 0$ $D = 10$ mm	Aufbohren $d = 10$ mm $D = 30$ mm
Schnitttiefe	$a_p = \frac{1}{2}(D-d)$	5 mm	10 mm
Spanungsbreite	$b = a_p / \sin \kappa$	5,833 mm	11,67 mm
Vorschub pro Schneide	$f_z = f/z$	0,02 mm	0,05 mm
Spanungsdicke	$h = f_z \cdot \sin \kappa$	0,01714 mm	0,04286 mm

Mit diesen Zerspanungswerten können die erforderlichen Kräfte, Momente und Leistungen berechnet werden.

		Vorbohren $d = 0$ $D = 10$ mm	Aufbohren $d = 10$ mm $D = 30$ mm
Schnittkraft pro Schneide	$F_{cz} = b \cdot h^{1-z} \cdot k_{c1.1}$	0,390 kN	2,258 kN
Schnittmoment	$M = z \cdot F_{cz} \cdot \frac{1}{4}(D+d)$	1,95 Nm	45,16 Nm
Vorschubkraft pro Schneide	$F_{fz} = b \cdot h^{1-y} \cdot k_{f1.1}$	0,3956 kN	1,599 kN
Vorschubkraft am Bohrer	$F_f = z \cdot F_{fz}$	0,7912 kN	3,198 kN
Bohrerdrehzahl (errechnet)	$n_{WZ} = v_c / (\pi \cdot D)$	1528 min^{-1}	849 min^{-1}
Bohrerdrehzahl (gewählt)	lt. Tab. 3.2	1400 min^{-1}	900 min^{-1}
Schnittleistung	$P_c = M \cdot 2 \cdot \pi \cdot n_{WZ}$	0,286 kW	4,256 kW

Spanende Verfahren mit geometrisch unbestimmter Schneide

Die spanenden Verfahren mit geometrisch unbestimmter Schneide kann man unterteilen in Verfahren mit gebundenem (z. B. Schleifen, Honen) oder ungebundenem Korn (z. B. Läppen). Bei Letzterem ist ein Abschätzen der benötigten Kräfte und Leistungen aus Erfahrungswerten üblich. Aufgrund seiner Bedeutung innerhalb des Werkzeugmaschinenbaus soll hier das Verfahren Schleifen näher betrachtet werden.

Gegenüber der Bearbeitung mit geometrisch bestimmter Schneide stellt das Verfahren Schleifen besondere Anforderungen an die Maschinen:

- Die Schnittgeschwindigkeiten liegen wesentlich höher und erfordern im Zusammenhang mit den eingesetzten Schleifscheibendurchmessern höhere Drehzahlen. Dies wiederum macht entsprechende Schutzeinrichtungen für den Fall des Bruches der Schleifscheiben notwendig.
- Die Vorschubbeträge und -geschwindigkeiten sowie die Zustellbeträge sind kleiner und erfordern feinfühlige Mechanismen zu ihrer Realisierung.
- Die durch das Schleifen zu schaffenden Werkstückqualitäten bezüglich Maßhaltigkeit, Form- und Lagegenauigkeit sowie Oberflächenrauigkeit erfordern ausgezeichnete geo-

metrische Genauigkeiten und gutes statisches, dynamisches und thermisches Verhalten der Maschinen.
- Verfahrensbedingt ist in die Schleifmaschinen in der Regel eine Abrichteinrichtung integriert.
- Die Schleiftemperaturen machen eine intensive Kühlung nahe an der Schnittzone erforderlich. Diese bindet außerdem die Späne und den entstehenden Abrieb. Der hohe Kühlschmierstoffbedarf und dessen Reinigung erfordern entsprechende Anlagen.

Verfahrensvarianten

Man unterscheidet abhängig von der zu bearbeitenden Werkstückfläche (Ebene oder Zylindermantelfläche) *Plan-* (Flach-) und *Rundschleifen*.

Beim Planschleifen kann die Schleifscheibenachse senkrecht zur zu bearbeitenden Fläche stehen – *Stirnschleifen* – oder waagerecht zu ihr liegen – *Umfangsschleifen*. Außerdem ist zum Aufspannen die Verwendung eines Werkstücktisches mit Längsvorschub – *Längsschleifen* – oder eines Rundtisches möglich (Abb. 2.14).

Beim Rundschleifen muss man nach der Flächenart zwischen *Außenrund-* und *Innenrundschleifen* und zwischen Schleifen mit Werkstückspannung (z. B. zwischen Spitzen, Futter oder Gleitschuhen) und *spitzenlosem Schleifen* unterscheiden. Diese Verfahren werden bei Werkzeugbreiten größer der Breite der herzustellenden Fläche in *Einstechschleifen* und ist diese Bedingung nicht erfüllt in *Längsschleifen* unterteilt (Abb. 2.15 und 2.16).

Kinematik des Schleifens

Die bei den einzelnen Verfahrensvarianten notwendigen Bewegungen wurden in Abb. 2.14 bis 2.16 eingezeichnet. Ein Vergleich mit dem Verfahren Fräsen zeigt deutlich die Analogien. Auch die Bewegungsverhältnisse zum Gleich- und Gegenlaufschleifen sind analog realisierbar.

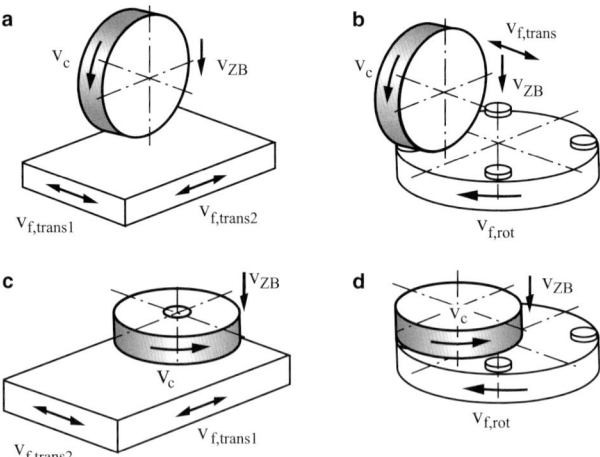

Abb. 2.14 Planschleifen. **a** Umfangsschleifen mit Längstisch, **b** Umfangsschleifen mit Rundtisch, **c** Stirnschleifen mit Längstisch, **d** Stirnschleifen mit Rundtisch

2.1 Fertigungsverfahren

Bei dem Verfahren Schleifen führt immer das Werkzeug (die Schleifscheibe) die rotatorische Schnittbewegung aus. Die Drehzahl n_S der Schleifscheibe berechnet sich aus der Schnittgeschwindigkeit v_c und dem Durchmesser der Schleifscheibe d_S.

$$n_S = \frac{v_c}{\pi \cdot d_S} \tag{2.27}$$

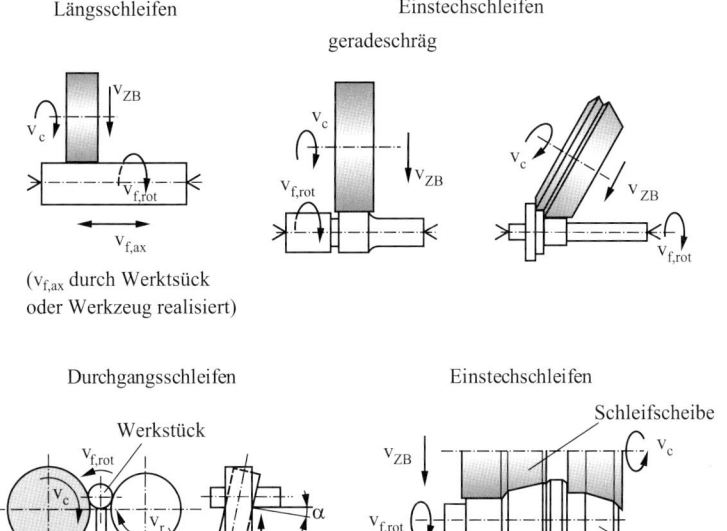

Abb. 2.15 Außenrundschleifen

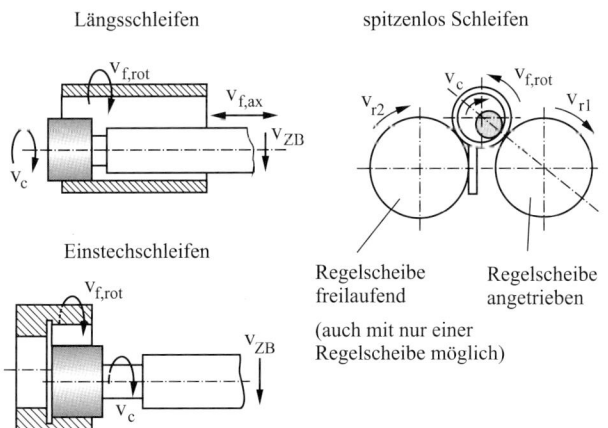

Abb. 2.16 Innenrundschleifen

Hinsichtlich der Vorschubbewegung muss man die oben dargestellten Varianten unterscheiden.

Beim Rundschleifen wird abhängig vom zu bearbeitenden Werkstückdurchmesser d_{WS} die rotatorische Vorschubgeschwindigkeit $v_{f,rot}$ durch die Werkstückdrehzahl n_{WS} erzeugt.

$$n_{WS} = \frac{v_{f,rot}}{\pi \cdot d_{WS}} \quad (2.28)$$

Die Zustellgeschwindigkeit führt in der Regel der Werkzeugträger aus. Sie hat wesentlichen Einfluss auf die entstehende Werkstückoberflächenqualität. Man unterscheidet
- Eilzustellung bis zum Eingriff zwischen Werkstück und Schleifscheibe,
- Schruppzustellung für den zügigen Abtrag eines großen Teiles des Aufmaßes,
- Schlichtzustellung für die Ausprägung der Form- und Lagegenauigkeit und der Oberflächenrauheit beim Schleifen mit Messsteuerung,
- Ausfunken ohne Zustellung zum Abklingen der Verspannungen zwischen Werkstück und Werkzeug beim Schleifen ohne Messsteuerung.

Für das Außenrund-Längsschleifen wird weiterhin der Längsvorschub benötigt. Er kann als Doppelhubzahl $n_{DH,WS}$ des Maschinentisches angegeben werden und berechnet sich aus der axialen Vorschubgeschwindigkeit $v_{f,ax}$ und dem zurückzulegenden Hub (Werkstücklänge l_{WS}, An- und Überlaufweg l_{an}, $l_{über}$).

$$n_{DH,WS} = \frac{v_{f,ax}}{l_{WS} + l_{an} + l_{über}} \quad (2.29)$$

Für das Planschleifen sind analoge Betrachtungen möglich.

Schleifscheiben, Schneidkeilgeometrie, Verschleiß

Schleifscheiben gibt es in verschiedensten geometrischen Formen. Außerdem kann die zum Eingriff kommende Werkzeugfläche durch entsprechendes Abrichten der Bearbeitungsaufgabe angepasst werden.

Die Eigenschaften der Schleifscheibe werden durch das Schleifmittel und das Bindemittel bestimmt. Das Schleifmittel kann natürlichen Ursprunges sein (z. B. Sandstein, Quarz, Naturkorund) oder synthetisch hergestellt werden (z. B. Elektrokorund, Silizium-, Borkarbid, kubisches Bornitrid, Diamant). Durch die Festigkeit und den Verschleißwiderstand beeinflusst das Schleifmittel wesentlich die Schleifscheibeneigenschaften. Die Körnung des Schleifmittels wird durch Aussieben in den Bereichen grob, mittel fein und sehr fein erzeugt. Das Bindemittel (z. B. Keramik, Kunstharz, Gummi, Metalle, mineralische Bindemittel) hält die Schleifkörner in der Schleifkörperform. Der Härtegrad des Bindemittels ist ein Maß für den Widerstand gegen Herausbrechen der Schleifkörner und im Wesentlichen abhängig vom eingesetzten Bindemittel und der Gefügestruktur. Man unterscheidet geschlossene (62% des Kornvolumens) bis offene Gefüge (2% des Kornvolumens). Besonders für das Schleifen weicher Werkstoffe sind offene Gefüge für die Aufnahme und Freigabe des Schleifspanes wichtig.

Abb. 2.17
Schleifkorn und Verschleiß

a 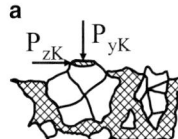  b  c

Die Schneidkeilgeometrie des einzelnen Kornes ist weitgehend undefiniert und verändert sich während des Schleifprozesses. Negative Spanwinkel treten häufig auf.

Als Verschleißformen muss man unterscheiden
- den Anfangsverschleiß, gekennzeichnet durch das Ausbrechen von beschädigten oder gelockerten ganzen Schleifkörnern nach dem Abrichtvorgang,
- den mikrogeometrischen Verschleiß am Schleifkorn während des Schleifprozesses als
  – Abnutzen am Schleifkorn (Druckerweichung) (Abb. 2.17a),
  – Absplittern von kleineren und großen Schleifkornteilen (Abb. 2.17b),
  – Ausbrechen kompletter stumpfer Schleifkörner (Abb. 2.17c),
- das Zusetzen der Schleifscheibe mit Spänen und Scheibenabrieb (besonders bei der Bearbeitung weicher Werkstoffe),
- den makrogeometrischen Verschleiß der Schleifscheibe auf der Basis des Schleifkornausbruches, der sichtbar wird durch
  – Profiländerung quer zur Scheibe,
  – Welligkeit auf dem Scheibenumfang.

Abrichten

Abhängig von den Verschleißformen der Schleifscheibe lassen sich Standzeitkriterien definieren, nach deren Erreichen die Scheibe abgerichtet werden muss. Solche Standzeitkriterien sind unzulässige Form- und Lageabweichungen am Werkstück, unzulässige Rauheit, erhöhte Schleifkräfte und Motorleistung sowie auftretende Schwingungen zwischen Werkstück und Schleifscheibe (Rattern).

Zum Abrichten verwendet man Einkorndiamante, mit Diamant beschichtete Abrichtscheiben und Profilrollen oder Ähnliches (Abb. 2.18). Die Abrichteinrichtungen, wie Einkorndiamant oder Abrichtscheiben, ermöglichen das Profilieren der Schleifscheibe mit Hilfe von zwei NC-Achsen.

Allgemein üblich ist, dass der Abrichtbetrag automatisch durch Zustellen der Schleifscheibe korrigiert wird.

Kräfte und Leistungen beim Schleifen

Die Lage der Schneiden des Schleifkornes ist nicht eindeutig bekannt. Deshalb werden die Schleifkräfte mittig wirkend in der Schleifzone angenommen. Die Richtungen der Kräfte werden analog dem Fräsen aus den Bewegungen abgeleitet. In Abb. 2.19 ist dies für Umfangsschleifen und Planschleifen beispielhaft dargestellt.

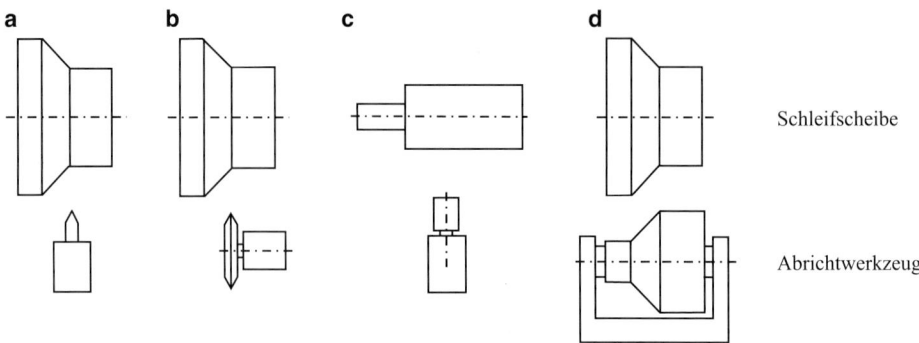

Abb. 2.18 Abrichtprinzipien. **a** Einkorndiamant; Diamant beschichtet: **b** Kegelscheibe, **c** Topfscheibe, **d** Profilrolle

Abb. 2.19 Kräfte beim Rund- und Planschleifen

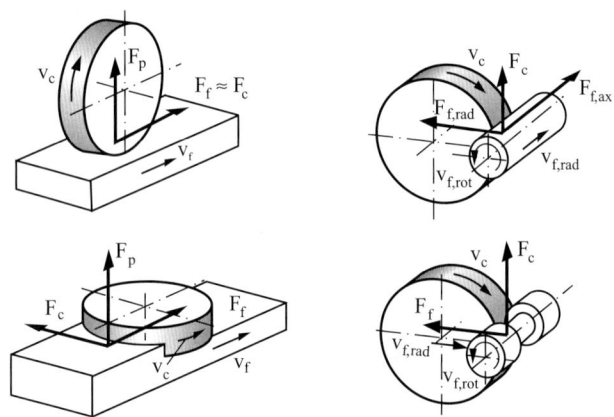

Für die Berechnung der Kräfte ist problematisch, dass
- die Schneidenform, das heißt die Winkel an der Schneide unbekannt sind,
- die Anzahl der im Eingriff stehenden Schneiden schwer bestimmbar ist,
- die Spanungsdicke und -breite sehr klein sind und damit nicht im Gültigkeitsbereich für die Linearität der spezifischen Schnittkraft liegen.

In der Literatur finden sich verschiedene Ansätze für die Schleifkraftberechnung. Um die Kienzle-Gl. (2.4) entsprechend Abschn. 2.1.1 auch hier zu verwenden, schlägt Preger [11] die folgenden Vorgehensweise vor.

Für die auftretende Spanungsdicke h_m wird ein Mittelwert bestimmt. Dieser errechnet sich aus dem effektiven Kornabstand $\lambda_{K,\text{eff}}$, dem Verhältnis zwischen Schnittgeschwindigkeit v_c und Vorschubgeschwindigkeit v_f, der Schnitttiefe a_e und dem Schleifscheibendurchmesser d_S. Der effektive Kornabstand kann aus dem Diagramm in Abb. 2.20 abgelesen werden.

2.1 Fertigungsverfahren

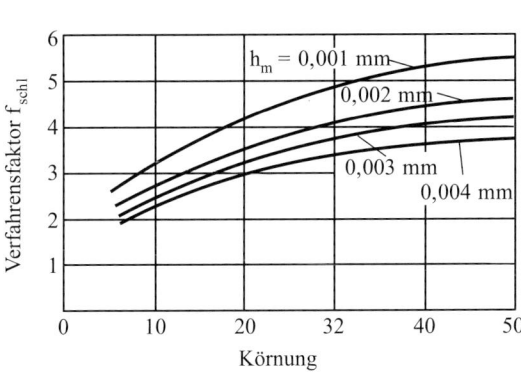
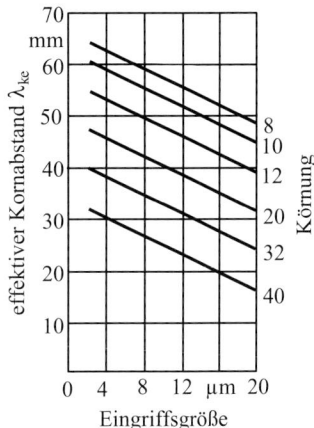

Abb. 2.20 Diagramme zum Bestimmen des effektiven Kornabstandes und des Verfahrensfaktors Schleifen [1]

$$h_m = \frac{\lambda_{K,\text{eff}} \cdot v_f}{v_c} \sqrt{\frac{a_e}{d_S}} \quad \text{für ebene Werkstückenoberflächen} \quad (2.30)$$

Bei gekrümmten Werkstückoberflächen ist außerdem der Werkstückdurchmesser d_{WS} zu beachten (+ für Außenrund- und − für Innenrundschleifen).

$$h_m = \frac{\lambda_{K,\text{eff}} \cdot v_f}{v_c} \sqrt{a_e \left(\frac{1}{d_S} \pm \frac{1}{d_{WS}} \right)} \quad (2.31)$$

Auch die im Eingriff befindliche Schneidenzahl $z_{iE,m}$ wird mit Hilfe des effektiven Kornabstandes bestimmt und dabei der wirksame Schnittbogenwinkel φ_S der Schleifscheibe berücksichtigt.

$$z_{iE,m} = \frac{\varphi_S}{360°} \cdot \frac{\pi \cdot d_S}{\lambda_{K,\text{eff}}} \quad (2.32)$$

$$\text{mit} \quad \varphi_S = \arccos\left(\frac{d_S - a_e}{d_S}\right) \quad \text{für ebene Werkstückoberflächen} \quad (2.33)$$

$$\text{und} \quad \varphi_S \approx \frac{360°}{\pi} \sqrt{\frac{a_e}{d_S \left(1 \pm \frac{d_S}{d_{ws}}\right)}} \quad \text{für gekrümmte Werkstückoberflächen} \quad (2.34)$$

Die Änderung der spezifischen Schnittkraft aufgrund der geringen Spanungsdicken wird mit einem Verfahrensfaktor Schleifen f_{Schl} berücksichtigt. Analog Gl. (2.5) ergibt sich die mittlere spezifische Schnittkraft beim Schleifen zu

$$k_{cm} = h_m^{-z} \cdot k_{c1.1} \cdot f_{\text{Schl}} . \quad (2.35)$$

Der Verfahrensfaktor Schleifen f_{Schl} kann aus dem Diagramm in Abb. 2.20 ermittelt werden.

Setzt man die schleifspezifische Gl. (2.35) in die Schnittkraftgleichung nach Kienzle ein, ergibt sich die Schnittkraft $F_{c,\text{Schl}}$, die tangential am Schleifkörper wirkt.

$$F_{c,\text{Schl}} = b \cdot h_m^{1-z} \cdot k_{c1.1} \cdot f_{\text{Schl}} \cdot z_{\text{iE,m}} \qquad (2.36)$$

Das Produkt aus Schnittkraft und Schnittgeschwindigkeit v_c ist die Schleifleistung P_{Schl}, aus welcher unter Beachtung des Wirkungsgrades die Antriebsleistung für den Schleifscheibenantrieb berechnet wird.

$$P_{\text{Schl}} = F_{c,\text{Schl}} \cdot v_c \qquad (2.37)$$

2.1.2 Zerteilende Verfahren

Aus der Gruppe der zerteilenden Verfahren soll hier nur das Scherschneiden (Abb. 2.21) betrachtet werden, da es einen häufigen Anwendungsfall darstellt. Keilschneiden, Reißen und Brechen werden in Werkzeugmaschinen seltener angewandt.

Für die Maschinenauslegung ist die Schneidkraft F_s in ihrer Größe sowie ihr Verhalten über den Weg von Interesse. Bei der Schneidkraftberechnung werden die Länge der Schnittlinie l, die Blechdicke s und der Schneidwiderstand des Werkstoffes k_s (Tab. 2.4) berücksichtigt.

Weitere Einflüsse wie Schärfe der Schneiden, Größe des Scheidspaltes, Oberflächengüte des Stempels und der Schneidplatten sowie die Art der Schmierung bleiben unberücksichtigt.

$$F_s = l \cdot s \cdot k_s \qquad (2.38)$$

Bei unbekanntem Schneidwiderstand ist eine Abschätzung unter Verwendung der Zugfestigkeit R_m des Werkstoffes möglich. Für ein Verhältnis von Stempeldurchmesser zu Blechdicke größer 2 gilt

$$k_s = (0{,}65 \ldots 0{,}9) \cdot R_m \qquad (2.39)$$

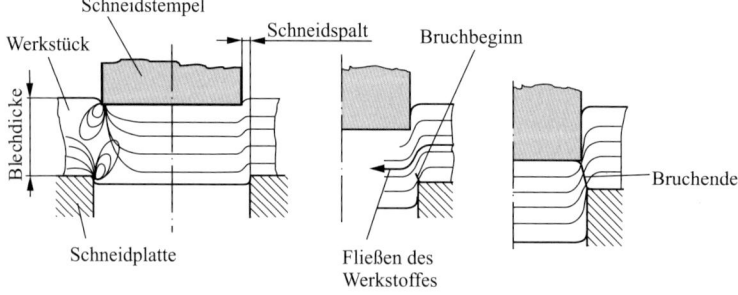

Abb. 2.21 Schneidprozess

Tab. 2.4 Schneidwiderstand ausgewählter Werkstoffe [12]

Werkstoff	Schneidwiderstand k_s in [N/mm²]
Stahlblech:	
DC01, DC03, DC04	250…320
Trafoblech 0,5 % C	250…300
S235JR	250
C 10	280…340
C 20	320…380
C 50	550…650
C 100	800
Federstahl	1200…1500
Nichtrostende Stähle:	
Austenitisch	450…600
Ferritisch	400…550
Al 99,5 weich	70
Al Mn weich	100
Al Mg 3…7	140…250
Al Cu Mg kalt ausgehärtet	320
Messing Ms 60	300…600
Ms 63 federhart	450…600
Neusilber	300…500
Kupfer weich geglüht	180…220
Kupfer hart gewalzt	270…400
Kunststoffe:	
PVC weich	25…40
PVC hart	70…100

Dabei ist für Stahlblech mit kleinen Zugfestigkeiten der größere Wert und für größere Zugfestigkeiten der kleiner Wert zu verwenden.

Der Reibungsanteil gegenüber der Trennkraft steigt mit kleinerem Lochstempeldurchmesser. Diese Tatsache kann man durch die Anwendung modifizierter Schneidwiderstände nach Tab. 2.5 berücksichtigen.

Für die Maschinenauswahl in der Hochleistungsschneidtechnik wird die dynamische Kraft verwendet. Sie berücksichtigt die beim Auftreffen des Stempels auf das Material auftretenden Kräfte. In der Tab. 2.6 sind Auftreffaktoren a in Abhängigkeit von der Auftreffgeschwindigkeit und dem Streckgrenzenverhältnis R_e/R_m ablesbar.

$$F_{\text{dyn}} = a \cdot F_s \tag{2.40}$$

Tab. 2.5 Erhöhter Schneidwiderstand beim Lochen mit kleinen Stempeln [13]

Lochstempeldurchmesser	Erhöhter Schneidwiderstand
$(1{,}5 \ldots 2)\,d$	$k'_s \approx R_m$
$(1 \ldots 1{,}5)\,d$	$k'_s \approx 1{,}5 R_m$
$(0{,}7 \ldots 1)\,d$	$k'_s \approx 2 R_m$

R_m – Zugfestigkeit
R_e – Streckgrenze

Tab. 2.6 Auftrefffaktor [14]

v_a [m/s]	R_e/R_m 0,4	0,5	0,6	0,8	1,0
0,1	1,02	1,1	1,2	1,5	1,8
0,3	1,05	1,2	1,35	1,65	2,0
0,5	1,1	1,26	1,45	1,92	2,5*
0,7	1,2	1,44	1,72	2,5*	3,6*
0,9	1,4	1,65	2,0	2,85*	4,0*

*Anwendung nicht empfohlen

Die Minderungen der Schneidkraft durch versetzte Stempel oder geneigte Schneiden sowie Einflüsse der Abstreifkraft sind in [12] ausführlich dargestellt und sollen hier nur erwähnt werden.

Zum Bestimmen der Schneidarbeit ist es notwendig, dass man den Verlauf der Schneidkraftgröße über den Schneidweg h_s kennt. Zwei typische Schneidkraftverläufe sind in Abb. 2.22 dargestellt. Die schraffierten Flächen stellen die Schneidarbeit dar.

$$W_s = F_s \cdot h_s \cdot k \tag{2.41}$$

Der Korrekturfaktor k berücksichtigt, dass die Schneidkraft über den Schneidweg nicht konstant ist. Man setzt für stanztechnisch harten Werkstoff 0,3 und für stanztechnisch weichen Werkstoff 0,5 ein.

Abb. 2.22 Schneidkraftverlauf und Schneidarbeit

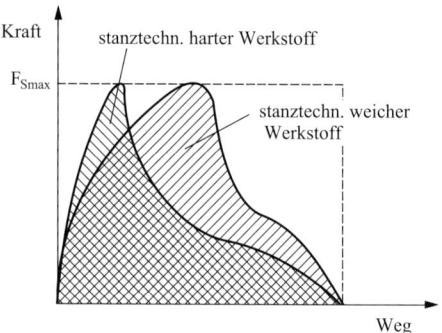

2.1.3 Umformende Verfahren

Die DIN 6582 unterteilt die umformenden Verfahren nach den im Werkstück überwiegend auftretenden Spannungen während des Umformvorganges [15].

Zur Definition der Anforderungen an die Umformmaschine ist es wichtig, den Verlauf der Größe der Umformkraft über dem Umformweg, die daraus resultierende Arbeit und erforderliche Leistung zu kennen. Dieser Kurvenverlauf ist stark verfahrensabhängig. In den folgenden Abschnitten sollen einige ausgewählte Umformverfahren unter diesem Gesichtspunkt betrachtet werden. Die gewählte Einteilung erfolgt dabei in Blechumformen und Massivumformen.

Blechumformen

Unter blechumformenden Verfahren versteht man im Wesentlichen Tiefziehen, Kragenziehen, Streckziehen, Drücken und Biegen. Ausführlich sind die Berechnungen der notwendigen Kräfte in [14] dargestellt. Besondere Bedeutung für die Auslegung blechumformender Werkzeugmaschinen haben die Verfahren Tiefziehen und Biegen. Auf diese soll im Folgenden näher eingegangen werden.

Tiefziehen

Beim Tiefziehen wird der Werkstoff eines Blechzuschnittes durch einen Stempel in eine Werkzeugöffnung gezogen, so dass ein Napf entsteht. Dabei werden Teile des Werkstoffes gebogen und andere verdrängt (gedehnt und gestaucht) (Abb. 2.23). Zum Vermeiden von Falten in den Einzugszonen des Werkstoffes ist der Blechzuschnitt in diesen Bereichen durch einen Niederhalter einzuspannen. Die hier wirkende Kraft darf ein Nachfließen des Werkstoffes aber nicht verhindern.

Durch entsprechende Werkzeuggestaltung und Wahl von Verfahrenskenngrößen erreicht man, dass die Wandstärke des gezogenen Napfes und die des Blechzuschnittes

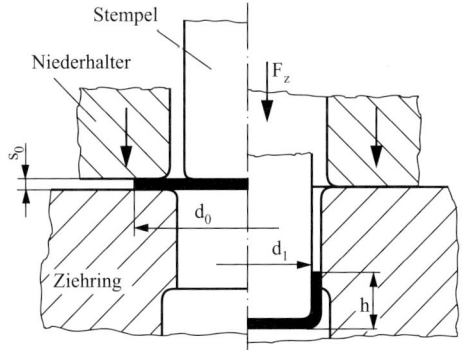 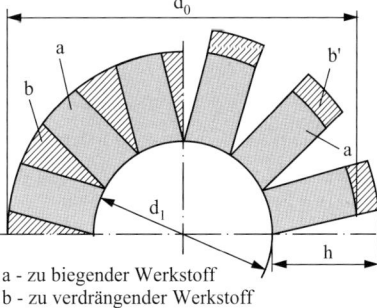

Abb. 2.23 Tiefziehen: Werkzeug und Materialausnutzung

Abb. 2.24 Schaubild des Tiefziehkraftverlaufes

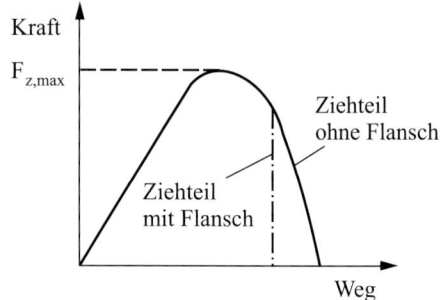

gleich groß sind. Somit ergibt sich die Höhe h aus dem Verhältnis der Durchmesser d_0 und d_1.

$$h = \frac{d_0^2 - d_1^2}{4 d_1} \qquad (2.42)$$

Die notwendige Ziehkraft F_z (Abb. 2.24) entsteht aus der Kraft für den verlustfreien Umformvorgang plus Kraftanteilen aus der Reibung an Ziehringrundung und Niederhalter sowie der Biegung an der Ziehringrundung. Die Kraftanteile aus Reibung und Biegung kann man durch einen Umformwirkungsgrad η_F berücksichtigen. Er liegt bei dünnwandigen Tiefziehteilen bei 0,5 und bei dickwandigen bei 0,7.

Näherungsweise lässt sich unter Beachtung des Umformwirkungsgrades die maximale Ziehkraft $F_{z,max}$ nach Gl. (2.43) berechnen. Darin werden die geometrischen Verhältnisse durch den Ausgangsdurchmesser d_0, den Ziehdurchmesser d_1 und die Blechdicke s_0 sowie die Werkstoffeigenschaften durch die Ausgangsfestigkeit R_m berücksichtigt.

$$F_{z,max} \approx \pi \cdot (d_1 + s_0) \cdot s_0 \left[1{,}43 \frac{R_m}{\eta_F} \left(\ln \frac{d_0}{d_1} - 0{,}25 \right) \right] \qquad (2.43)$$

Für die Maschinenauswahl ist neben Größe und Verlauf der Ziehkraft auch die Kraft des Niederhalters zu berücksichtigen. Nähere Ausführungen hierzu [13].

Biegen

Für die überschlägige bis zur präzisen Berechnung der Biegekraft gibt es vielfältige Aussagen in der Literatur. Für einen Biegevorgang ohne Prägeanteil (gebogenes Teil federt um einen kleinen Betrag wieder auf) kann man mit ausreichender Genauigkeit nach Gl. (2.44) rechnen. Berücksichtigt werden darin

- der zu biegende Querschnitt mit der Biegelänge b und der Dicke des Teiles s,
- der Auflagenabstand w,
- die Werkstoffqualität mit der Festigkeit R_m,
- die Biegekrafterhöhung bei w/s-Verhältnissen größer 10 durch den Biegebeiwert C entsprechend Abb. 2.25.

$$F_b = C \frac{b \cdot s^2 \cdot R_m}{w} \qquad (2.44)$$

Abb. 2.25 Biegebeiwert nach [13]

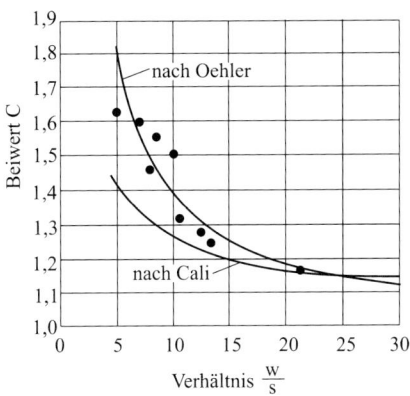

Abb. 2.26 Werkzeuggestaltung beim Biegen mit Prägen

Variante:
Radiusvergrößerung
s < 1,5 mm
$r_u = r_i + 1{,}08\,s$; $e = 0{,}08\,s$

Variante:
abgesetzter Biegestempel
s ≥ 1,5 mm
$r_u = r_i + 1{,}1\,s$; $e = 0{,}1\,s$

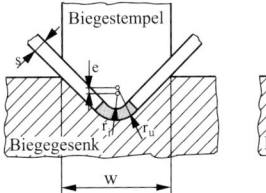 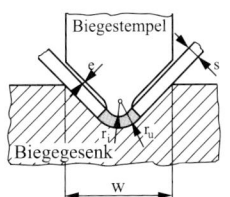

Zum Vermeiden des Rückfederns beim Biegen kann man beispielsweise die Biegezone nach dem Biegevorgang prägen. Dazu gestaltet man die Werkzeuge mit einer Radiusvergrößerung oder verwendet abgesetzte Biegestempel (Abb. 2.26).

$$F_b = \frac{1}{2} r_1 \cdot \pi \cdot b \cdot R_m (1{,}4 + e) \tag{2.45}$$

Der Verlauf der Biegekraft entspricht dann dem in Abb. 2.27 dargestellten.

Die für den Biegevorgang notwendige Arbeit kann mit ausreichender Genauigkeit aus dem Produkt von maximaler Biegekraft $F_{b,max}$ und Biegeweg s_b unter Berücksichtigung des Verfahrensfaktors k_b berechnet werden.

$$W_b = F_{b,max} \cdot s_b \cdot k_b \tag{2.46}$$

Für das Biegen ohne Prägen wird der Verfahrensfaktor 0,6 gewählt. Der Anteil des Prägens muss entsprechend des folgenden Abschnitts berücksichtigt werden.

Abb. 2.27 Umformkraftverlauf und Umformarbeit beim Biegen mit Endkraft (vereinfacht)

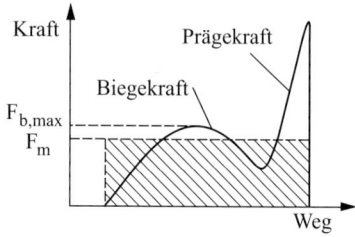

Massivumformen

In diesem Abschnitt sollen als ausgewählte Beispiele die Verfahren Stauchen, Strangpressen, Fließpressen und Prägen betrachtet werden. In Abb. 2.28 sind schematisch die Verfahren und die Verläufe der Umformkraft über dem Umformweg dargestellt.

Berechnen kann man die maximal auftretende Umformkraft $F_{U,max}$ aus der Kraft zur plastischen Formänderung (ausgedrückt als Formänderungsfestigkeit k_f) und einem ideellen Kraftanteil (ausgedrückt als Fließwiderstand p_n), der die vorhandenen Reibkräfte berücksichtigt. Für die Bestimmung der erforderlichen Umformarbeit muss die Fläche unter der Umformkraft über den Stößelweg bzw. dem Umformgrad ermittelt werden. Hierfür gibt es verfahrensabhängige Kennzahlen, die diese Flächenanteile beachten.

Man erkennt, dass eine sehr verfahrensspezifische Ermittlung notwendig wird. Sie ist für unterschiedliche Genauigkeitsanforderungen in der Literatur dargestellt [14]. Zum allgemeinen Verständnis der Anforderungen an die dargestellten Umformmaschinen soll die

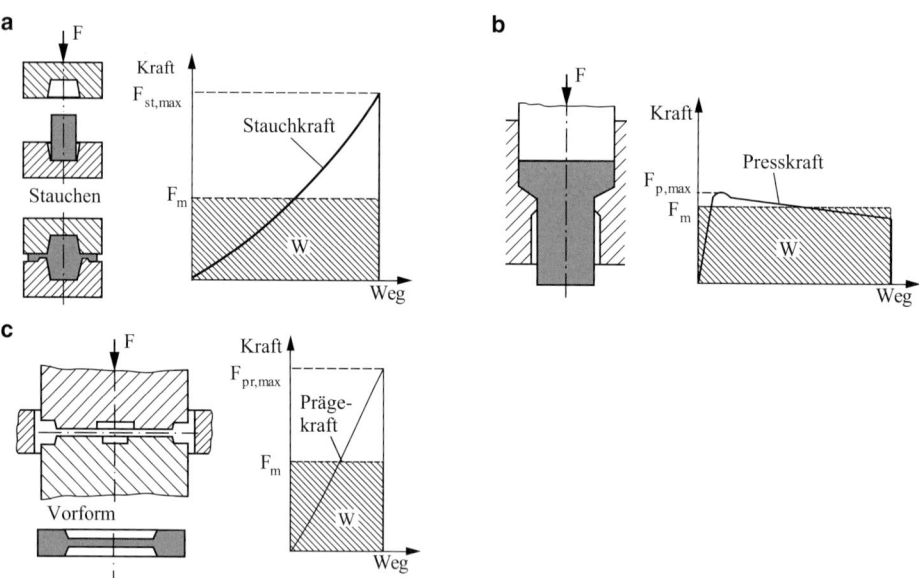

Abb. 2.28 Verfahrensprinzip, Umformkraftverlauf und Umformarbeit bei verschiedenen Massivumformverfahren (vereinfacht). **a** Stauchen, **b** Stangpressen, **c** Prägen

Abb. 2.29 Beispiel für die Änderung der Formänderungsfestigkeit k_f eines Werkstoffs in Abhängigkeit vom Formänderungsgrad φ

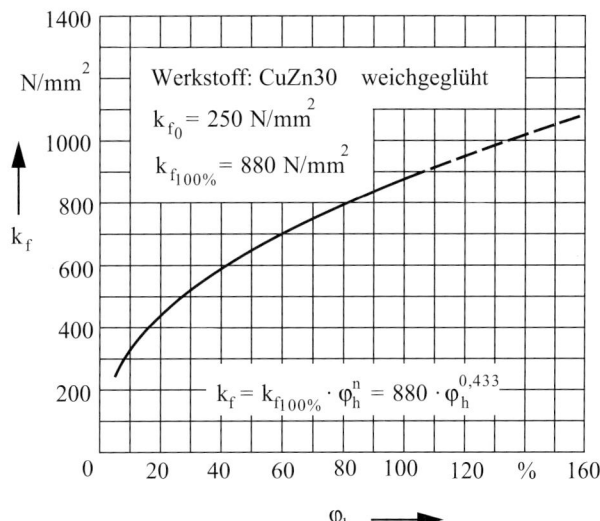

Vorgehensweise beispielhaft erläutert werden. Dabei ist zu beachten, dass zur Maschinenauslegung eine geringe Genauigkeit der Kraft- und Arbeitsbestimmung notwendig ist.

Kaltverformung
Wird ein Werkstoff im kalten Zustand plastisch verformt, so tritt eine Verfestigung des Werkstoffes ein, die abhängig vom Formänderungsgrad φ ist. Das prinzipielle Verhalten des Werkstoffes wird in experimentell ermittelten Fließkurve erfasst. Für die Berechnung der Umformkraft ist dabei die Formänderungsfestigkeit k_f am Ende des Umformvorganges von Bedeutung (Abb. 2.29).

Warmverformung
Die bei der Kaltverformung beschriebenen Effekte treten bei über Rekristallisationstemperatur erwärmten Werkstücken nicht auf. Die Formänderungsfestigkeit wird hier bestimmt in Abhängigkeit von der Formänderungsgeschwindigkeit und der vorhandenen Temperatur.

Formänderungswiderstand
Im Formänderungswiderstand k_w werden die Formänderungsfestigkeit k_f und der Fließwiderstand p_n zusammengefasst. Diese Größe mit der Maßeinheit N/mm² stellt die notwendige Kraft am Ende des Umformvorganges bezogen auf die wirkende Umformfläche dar.

$$k_w = k_{f1} + p_n \tag{2.47}$$

Der Fließwiderstand lässt sich für rotationssymmetrische Werkstücke mit ausreichender Genauigkeit berechnen aus dem Reibwert μ, dem Verhältnis zwischen Durchmesser d_1

und Höhe h_1 des Werkstückes nach der Umformung und der Formänderungsfestigkeit nach

$$p_n = \frac{1}{3} \cdot \mu \cdot k_{f1} \cdot \frac{d_1}{h_1}. \qquad (2.48)$$

Der Formänderungswiderstand ist somit

$$k_w = k_{f1} \left(1 + \frac{1}{3} \cdot \mu \cdot \frac{d_1}{h_1}\right). \qquad (2.49)$$

Bei asymmetrischen Werkstücken erfasst man den Fließwiderstand mit Hilfe des Formänderungswirkungsgrades η_F. Darin sind experimentell ermittelte verfahrensspezifische Gegebenheiten berücksichtigt.

$$k_w = \frac{k_{f1}}{\eta_F} \qquad (2.50)$$

Umformkraft

Die Umformkraft am Ende des Umformvorganges F_{U1} berechnet sich nun als Produkt zwischen Formänderungswiderstand und wirksamer Werkstückfläche A_1.

$$F_{U1} = k_w \cdot A_1 \qquad (2.51)$$

Umformarbeit

Mit ausreichender Genauigkeit lässt sich die Umformarbeit W_U als Produkt von Umformkraft (in Abb. 2.28 als F_{max} dargestellt) und Umformweg s unter Beachtung eines Verfahrensfaktors k_U bestimmen. Der Verfahrensfaktor reduziert die maximale Umformkraft auf eine mittlere, über den Umformweg konstante Kraft (in Abb. 2.28 als F_m dargestellt).

$$W_U = F_{U1} \cdot s \cdot k_U \qquad (2.52)$$

Für die näher betrachteten Verfahren wählt man als Verfahrensfaktors k_U beim Stauchen 0,6, beim Strangpressen 1, beim Fließpressen 0,5…0,7 und beim Prägen 0,5.

2.2 Fertigungskosten

Die Fertigungskosten (Abb. 2.30) sind Bestandteil der Herstellkosten und damit beeinflussen sie die Selbstkosten eines Unternehmens.

Untersucht man die Fertigungskosten mit dem Ziel, Fertigungsvarianten aus der Sicht der Fertigungstechnik zu vergleichen, ist eine Einteilung in Fertigungslohnkosten und Fertigungsgemeinkosten sinnvoll. Dabei ist darauf zu achten, dass nur direkt der Maschine zuzuordnende Kostensätze und keine Pauschalkostensätze genutzt werden. Man verwendet bekannte oder abgeschätzte Lohnkostensätze s in Euro/Zeit (für Maschineneinrichter s_{tr}, für Maschinenbediener s_{te}) und Maschinenkostensätze k_{hMa} in Euro/Zeit. Letzere beinhalten üblicherweise die Werkzeugkosten K_W, die hier separat betrachtet wer-

Abb. 2.30 Einordnung der Fertigungskosten (vereinfacht)

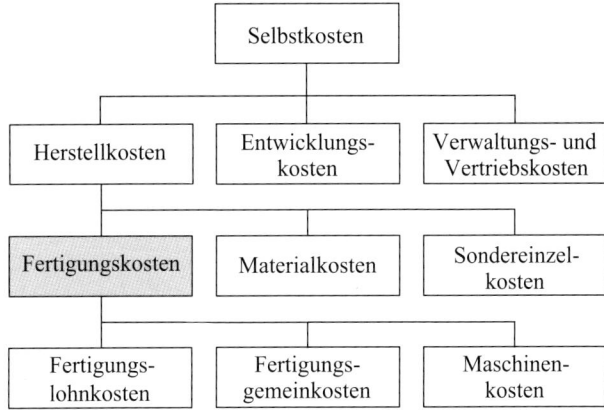

den sollen. Zur Vereinfachung werden Mehrmaschinenbedienung und Lohnnebenkosten nicht berücksichtigt.

Die für die Fertigung eines Werkstücks notwendigen Zeiten werden wie folgt berücksichtigt:

t_h Hauptzeit in Zeit/Stück, Zeit in der Werkstück und Werkzeug miteinander in Eingriff stehen

t_r Rüstzeit in Zeit/Los, Zeit für die Neueinstellung der Maschine bei Wechsel zu einem neuen Werkstücklos

t_n Nebenzeiten in Zeit/Stück, Zeit für die Werkstückwechsel innerhalb eines Loses, Zustellungen, Rücklauf u. ä. ohne Werkzeugwechselzeit

t_{wzw} Werkzeugwechselzeit in Zeit, Summe der Zeit für alle Werkzeugwechsel für die Fertigung eines Werkstücks

Die anteiligen Werkzeugkosten K_W in Euro können aus dem Anschaffungswert D, der Nachschliffanzahl g, den Nachschliffkosten d_a, der Standzeit T_h wie folgt berechnet werden:

$$K_W = \frac{D + g \cdot d_a}{(g+1) \cdot T} \cdot t_h \qquad (2.53)$$

Unter Berücksichtigung der Werkzeugwechselkosten (Maschinen- und Lohnkosten in der Werkzeugwechselzeit) ergeben sich die Fertigungskosten K_F in Euro/Stück für ein Werkstück auf einer bestimmten Werkzeugmaschine zu

$$K_F = (k_{hMa} + s_{tr}) \cdot \frac{t_r}{m} + (k_{hMa} + s_{te}) \cdot t_n + (k_{hMa} + s_{te}) \cdot t_h$$
$$+ (k_{hMa} + s_{te}) \cdot t_{wzw} + K_W. \qquad (2.54)$$

Dabei ist m die Stückzahl pro Los. Durch Umstellung der Gleichung folgt

$$K_F = (k_{hMa} + s_{tr}) \cdot \frac{t_r}{m} + (k_{hMa} + s_{te}) \cdot (t_h + t_n + t_{wzw}) + K_W. \qquad (2.55)$$

Untersucht man diese Gleichung mit dem Ziel der Kostenreduzierung, so ergeben sich aus fertigungstechnischer Sicht folgende Aussagen, die in ihrem Zusammenwirken zum Teil widersprüchlich sind:

k_{hMa} ⇓ Für den Maschinenhersteller heißt dies kostengünstige Konstruktion und nur so viel Funktionalität wie der Nutzer benötigt. Beim Anwender sind interessant Kosten für Aufstellflächen, Energie-, Schmier- und Kühlstoffverbrauch, Wartungskosten usw. Achtung, eine billige Maschine kann, wenn sie bestimmte technische Parameter nicht realisiert, zum Kostenrisiko werden.

s ⇓ Aus fertigungstechnischer Sicht lässt sich der Lohnkostensatz überwiegend nur durch Mehrmaschinenbedienung senken.

t_h ⇓ Die Verringerung der Hauptzeit kann, bei sonst optimal gewählten Zerspanungsbedingungen, über eine Steigerung der Schnittgeschwindigkeit erreicht werden. Dies hat zur Folge, dass bei Verwendung gleicher Werkzeuge die Standzeit sinkt und damit die Werkzeugwechsel- und -wartungskosten steigen, oder dass bei Verwendung von Werkzeugen, die für höhere Schnittgeschwindigkeiten geeignet sind, die Beschaffungskosten steigen.
Auch ist zu beachten, ob die gewählte Werkzeugmaschine die höheren Schnittgeschwindigkeiten realisieren kann.

t_n ⇓ Bei vorgegebener Werkstückform ist eine Senkung der Nebenzeiten durch günstige Schnittaufteilung, schnelle Zu- und Anstellbewegungen sowie optimale Werkzeugwahl (Minimale An- und Ausschnittwege) möglich.

t_r ⇓
t_{wzw} ⇓ Niedrige Rüst- und Werkzeugwechselzeiten sind verbunden mit qualifiziertem und motiviertem Personal und können maschinenseitig unterstützt werden durch Bedienerfreundlichkeit, NC-Steuerung und flexible Fertigungstechnik. Alle diese Bedingungen erhöhen in der Regel die Kosten.

m ⇑ Die Losgröße kann nicht beliebig vergrößert werden, dies hätte große und damit teure Lagerbestände zur Folge. Sie wird durch eine kostenoptimierte Fertigungsorganisation vorgegeben.

T ⇑ und K_W ⇓
Hohe Standzeit bedeutet entweder geringe Schnittgeschwindigkeit (also t_h groß) oder ein in der Regel teueres Werkzeug. Es ist also ein Optimum zwischen Werkzeugkosten, Werkzeugwechselkosten und Kostensenkung in der Hauptzeit zu finden.

Aus diesen komplexen Zusammenhängen lassen sich einige vereinfacht darstellen.

In Abb. 2.31 sind qualitativ die mit der Erhöhung der Schnittgeschwindigkeit steigenden Werkzeugkosten, die dabei sinkenden hauptzeitrelevanten Kosten und die von Schnittgeschwindigkeit unabhängigen und damit konstanten Kosten für Rüst- und Nebenzeiten eingezeichnet. Die Addition der Kurven ergibt den Verlauf der Fertigungskosten als Funktion der Schnittgeschwindigkeit. Deutlich zu erkennen ist ein Kostenminimum bei der kostenoptimalen Schnittgeschwindigkeit.

Trotz steigender Kosten für die Maschinen bei höheren Schnittgeschwindigkeiten durch den Aufwand für die Realisierung der schnelleren Bewegungen, der dazu notwen-

2.2 Fertigungskosten

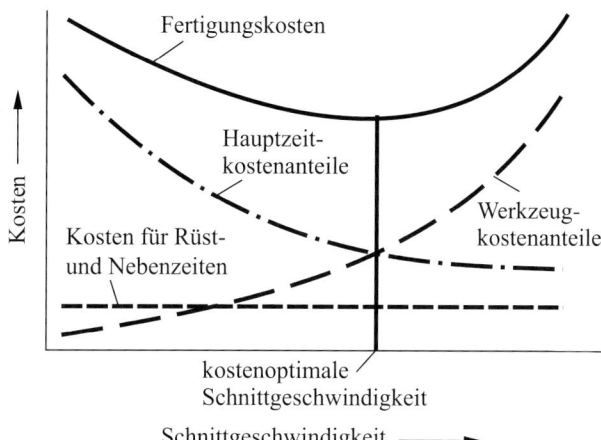

Abb. 2.31 Kostenoptimale Schnittgeschwindigkeit

digen Steuerungs-, Regelungs- und Antriebstechnik sowie der Sicherungstechnik, sinken die Hauptzeitkosten schneller als die Werkzeugkosten steigen.

Außerdem hält der Trend zu kostengünstigen Werkzeugen mit verbessertem Standzeitverhalten bei erhöhten Schnittgeschwindigkeiten an. Im Ergebnis dessen verschiebt sich die kostenoptimale Schnittgeschwindigkeit zu immer größeren Werten, was kontinuierlich zu höheren Drehzahlen und Vorschubgeschwindigkeiten an Werkzeugmaschinen führt.

Sind die Spanungsgrößen, Schnitttiefe und Vorschub veränderlich, können sie zur Kostenoptimierung herangezogen werden. Je größer die Schnitttiefe, um so geringer sind die Fertigungskosten pro Zerspanungsvolumen. In Abhängigkeit von der Schnittgeschwindigkeit gibt es ein Minimum. Beim Vorschub gibt es eine ähnliche Tendenz (Abb. 2.32). Diese kann aber oft nicht genutzt werden, da die erforderliche Oberflächenqualität des Werkstücks oder die Maschinenstabilität Grenzen setzen.

Im Zusammenhang mit den Fertigungskosten ist auch die Frage nach günstigen Bedingungen für den technologischen Prozess zu stellen. Unter Berücksichtigung von Spanungsdicken-Spanungsbreiten-Verhältnissen sind hierzu Aussagen aus Sicht der Zerspanungstechnik und der eingesetzten Maschine möglich.

Da die Fertigungskosten nicht nur vom Zerspanungsprozess und den Maschinenparametern bestimmt werden, gibt man Bereiche der Zerspanungsgrößen an. In Abb. 2.33 wird beispielhaft der Nutzungsbereich eines Schneidplättchens für ein Drehwerkzeug aufgezeigt.

Aufbauend auf solche Empfehlungen von Werkzeugherstellern, kann man unter Berücksichtigung der Werkstück- und der Maschinendaten technologische Nutzungsbereiche definieren, deren Grenzen charakterisiert werden durch (Abb. 2.34)
- eine für die Fertigung günstige Spanform (Entsorgung),
- den an der Maschine einstellbaren Vorschubbereich, der mit dem Einstellwinkel κ des Werkzeugs den Bereich der möglichen Spanungsdicken vorgibt,
- eine gewünschte maximale Rautiefe unter Beachtung der Schneidengeometrie und einer nicht zu überschreitenden Spanungsdicke (Vorschub),

Abb. 2.32 Fertigungskosten und Vorschub

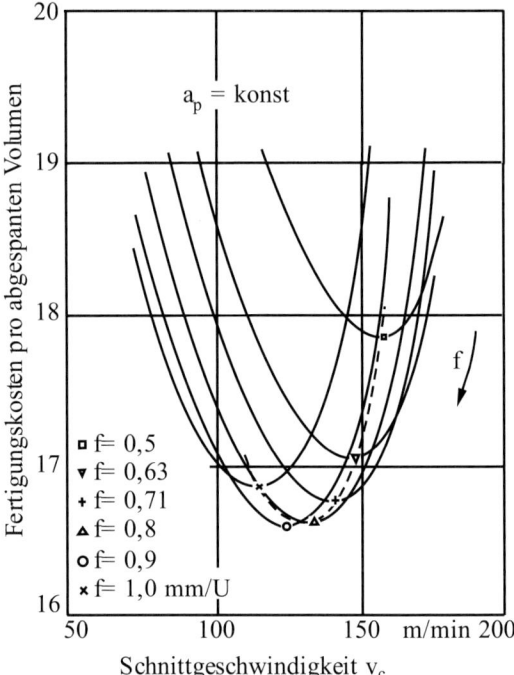

Abb. 2.33 Spanformempfehlung (gültig für einen bestimmten Werkstückwerkstoff, einen Schneidstoff, eine Scheidplättchenform und eine Schnittgeschwindigkeit, Darstellung vereinfacht)

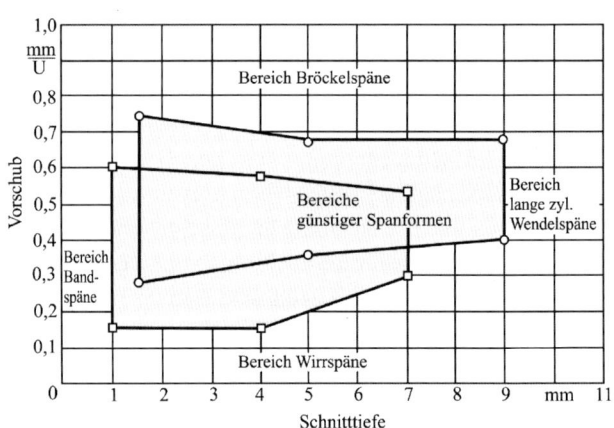

2.2 Fertigungskosten

Abb. 2.34 Technologischer Nutzungsbereich begrenzt durch Maschinen-, Werkzeug- und Werkstückparameter

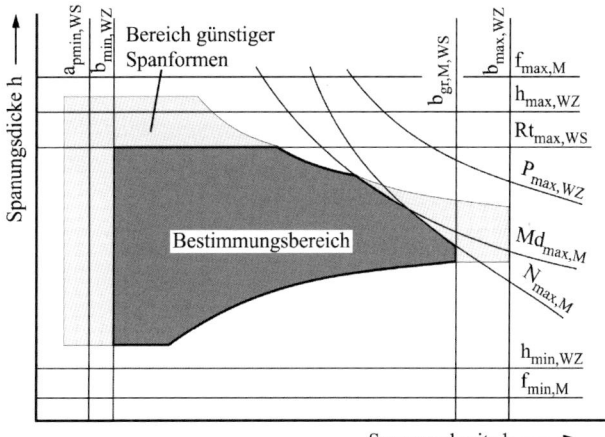

Abb. 2.35 Fertigungskosten als Funktion von Vorschub und Schnittgeschwindigkeit

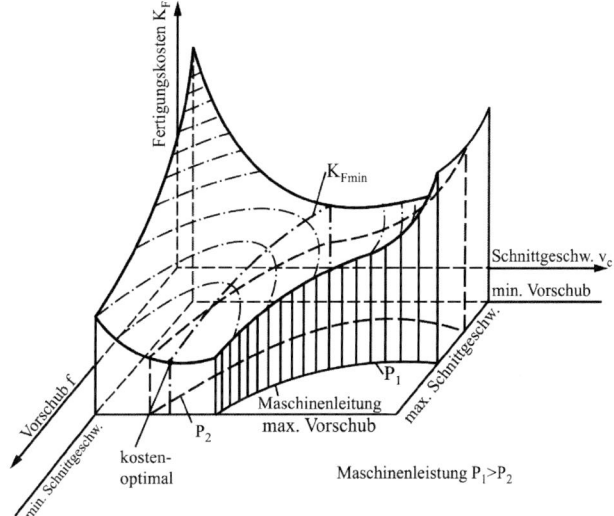

- eine minimale Spanungsbreite, die für die Zerspanung notwendig ist und eine maximale, die aufgrund der Schneidenlänge nicht überschritten werden kann,
- eine Obergrenze für die Spanungsdicke, die sich ergibt durch die Gestaltung von Werkstück, Maschine und Werkstoff,
- das kleinste Aufmaß am Werkstück, welches als Untergrenze der Spanungsdicke gelten kann.

Die maximale am Werkzeug zur Verfügung stehende Schnittleistung, das maximale Hauptantriebsmoment und die Nachgiebigkeit der Maschine stellen weitere Grenzen dar.

Untersucht man die Zerspanungsbedingungen hinsichtlich des Einflusses der Schnittgeschwindigkeit auf die Fertigungskosten, zeigt sich das in Abb. 2.35 dargestellte Verhalten. Abhängig vom gewählten Vorschub ist das Fertigungskostenminimum bei unterschiedlichen Schnittgeschwindigkeiten zu erwarten.

2.3 Beurteilung und Abnahme von Werkzeugmaschinen

Die Beurteilung von Werkzeugmaschinen erfolgt in unterschiedlichen Situationen und mit verschiedenen Zielstellungen durch deren Hersteller und den Nutzer (Abb. 2.36). Der Vorgang wird als Abnahme bezeichnet, und die dabei geltenden Regeln werden in Abnahmebedingungen festgelegt.

Durch den Hersteller wird zum Zwecke der Gewinnung von Erkenntnissen zur weiteren Erzeugnisverbesserung und der Qualitätsüberwachung in der Fertigung und Montage die Erprobung und messtechnische Beurteilung von Mustermaschinen, Maschinenbaugruppen und Serienmaschinen durchgeführt. Mit dem Ziel des Qualitätsnachweises, entsprechend den Vertragsbedingungen, ist eine Beurteilung der Werkzeugmaschine durch den Nutzer im Beisein bzw. unter Regie des Werkzeugmaschinenverkäufers vorzunehmen. Nach festzulegenden Einsatzzeiten erfolgt durch den Maschinennutzer eine Qualitätserfassung, um Entscheidungen über den weiteren Einsatz, anliegende Reparaturen bzw. die Aussonderung der Maschine treffen zu können.

Alle diese Bewertungen von Werkzeugmaschinen müssen, um marktwirksam zu sein, aus der Sicht des Anwenders (kundenorientiert) erfolgen. Das eigentliche Ziel ist, zu

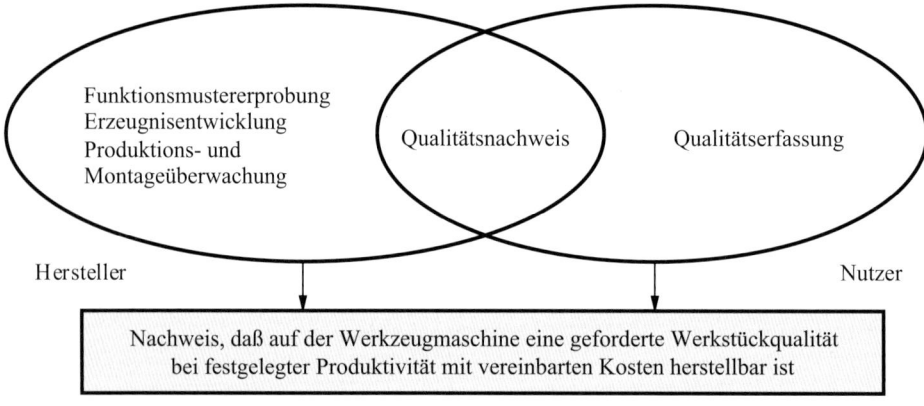

Abb. 2.36 Beurteilung von Werkzeugmaschinen

2.3 Beurteilung und Abnahme von Werkzeugmaschinen

zeigen, dass eine geforderte Werkstückqualität bei hoher Produktivität mit niedrigsten Kosten auf der Maschine realisiert werden kann. Zur Beurteilung dienen technische Parameter, die aufgrund der zu realisierenden Fertigungsbedingungen festgelegt sind, wie Drehzahlbereich, Leistung der Haupt- und Vorschubantriebe, Wirkungsgrad, Größe der Vorschubwege, des Arbeitsraumes und Möglichkeit der Anwendung von Zusatzeinrichtungen u. a. Werden diese Parameter von der Maschine erfüllt, ist eine Bewertung weiterer Maschineneigenschaften möglich.

Im Zusammenhang mit eventuell notwendigen Verkettungseinrichtungen, den einzusetzenden Werkzeugen, der Aufstellfläche und dem Preisangebot ist die erste wirtschaftliche Einschätzung durchführbar. Zur weiteren Differenzierung der Maschinen sind Eigenschaften wie Ergonomie, Umweltverträglichkeit (Lärm, Emissionen, Entsorgung), Zuverlässigkeit der Baugruppen (Listenfirmen), Arbeitssicherheit bzw. Bediensicherheit, Design heranzuziehen.

Die Komplexität des Problems wird durch die Vielfalt der Kriterien und ihre gegenseitigen Abhängigkeiten deutlich. Eine zufriedenstellende Lösung ist nur durch eine gute Abstimmung zwischen Hersteller und Käufer der Maschine möglich. Wobei die umfassende Beurteilung der Werkzeugmaschinen im produzierenden Einsatz erfolgt (Abb. 2.37).

Das Verhalten der Werkzeugmaschine bei Nutzung ihrer technischen Parameter bestimmt besonders die Produktivität und Qualität einer Fertigung. Als Beurteilungskriterien gelten die geometrische Genauigkeit, die Positioniergenauigkeit, das statische, das thermische und das dynamische Verhalten der Maschine.

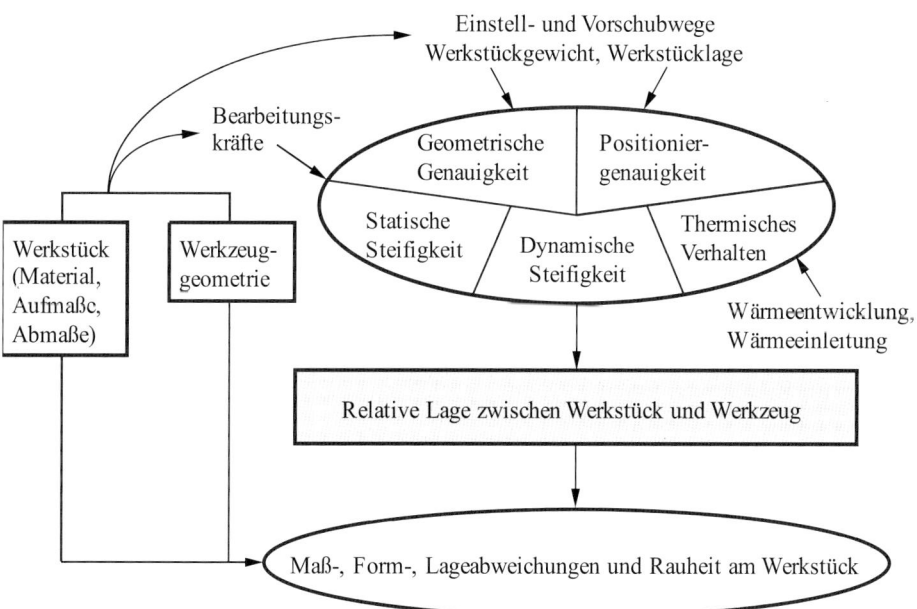

Abb. 2.37 Maschineneigenschaften – Werkstückoberfläche

Bei spanender und spanloser Formgebung wird die entstehende Werkstückoberfläche überwiegend durch die relative Lage zwischen Werkstück und Werkzeug und die geometrische Form des Werkzeugs erzeugt. Während letzteres maschinenunabhängig ist, wird die relative Lage maßgeblich durch oben genannte Maschineneigenschaften bestimmt. Ihre einzelnen Komponenten sind Konstanten oder Funktionen (z. T. nichtlinear) der Baugruppenstellung, der Vorschublage, des Werkstückgewichtes, der Werkstücklage, der statischen und dynamischen Belastung sowie des thermischen Verhaltens.

2.3.1 Geometrische Genauigkeit und ihre Messung

Die geometrische Genauigkeit ist eine Werkzeugmaschinen-Kenngröße, die die Fertigungs- und Montagequalität der unbelasteten (keine Bearbeitungskräfte) Maschine beurteilt. Man versteht darunter
- die Form- und Lageabweichungen von Werkstück- und/oder Werkzeugaufnahmeflächen,
- die relative Lage zwischen Werkstück- und Werkzeugaufnahme bei einer definierten Stellung der Maschinenbaugruppen zueinander und bei deren Veränderung durch mögliche Vorschub- und Einstellbewegungen.

Der Einfluss von Gewichtskräften (Werkstück, Baugruppen) hinsichtlich der Verschiebung sowie der Verdrehung des Aufspannortes ist bei vielen Maschinenarten mit zu beachten.

In DIN-Empfehlungen und VDI-Richtlinien [16] und [17] sind mögliche Messungen mit Messaufbau, -bedingungen und Auswertehinweise beschrieben (Abb. 2.38). Ziel ist, eine vorgegebene Abweichung hinsichtlich ihrer absoluten Größe nicht zu überschreiten. Dabei wird die Lage der Abweichung zur Idealen überwiegend nicht vorgeschrieben, so dass eigentlich nur eine Gut-Schlecht-Prüfung vorliegt, keine Messung. Diese Vorgehensweise lässt die Einordnung der Maschine in eine bestimmte Güteklasse zu. Die Nutzung der Ergebnisse zur Berechnung zu erwartender Abweichungen am Werkstück ist nicht möglich. Für anspruchsvolle Fertigungsaufgaben wird deshalb vorgeschlagen, die relativen Lagen zwischen Werkstück- und Werkzeugaufnahme als Funktion der möglichen Vorschub- und Einstellbewegungen zu messen und mathematisch darzustellen, um sie ggf. für Korrektursteuerungen, für den gezielten Maschineneinsatz bzw. für eine Vorausbestimmung der Abweichungen am Werkstück nutzen zu können.

Direkt auf die Qualität der herzustellenden Werkstückoberfläche wirken sich die drei möglichen relativen Verdrehungen zwischen Werkstück- und Werkzeugaufnahme während der Vorschubbewegung aus. Ihre Änderung kann mit dem in Abb. 2.39 dargestellten Messaufbau ermittelt werden. Man bezeichnet dabei
- die Drehung um die x-Achse als „Rollen",
- die Drehung um die y-Achse als „Stampfen",
- die Drehung um die z-Achse als „Gieren".

2.3 Beurteilung und Abnahme von Werkzeugmaschinen

G7	Rundlauf des Innenkegels der Arbeitsspindel a_1 nahe an der Spindelnase a_2 in einem Abstand von 300 mm von der Spindelnase	a_1 a_2		Meßständer Feinzeiger nach DIN 879 Teil 1 Prüfdorn	Prüfdorn einsetzen. Meßständer mit Feinzeiger aufsetzen. Meßbolzen des Feinzeigers bei a_1 am Prüfdorn anlegen, Spindel drehen und Anzeige ablesen. Prüfung bei a_2 wiederholen. 5.6.1.2.3	a_1 0,01 mm a_2 0,02 mm	a_1 .... a_2 ....
G8	Rechtwinkligkeit der Achse der Arbeitsspindel zur Aufspannfläche a in Querebene b in Längsebene	a 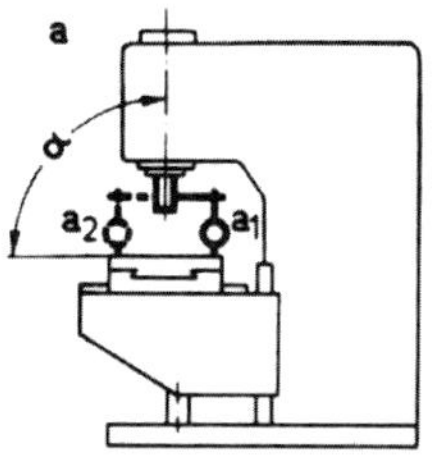 b 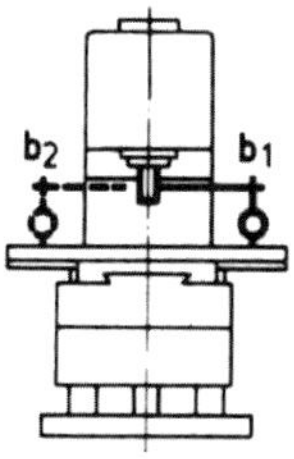		Umschlagarm Feinzeiger nach DIN 879 Teil 1 Prüfdorn	Konsole, Längs- und Querschlitten in Mittenstellung geklemmt. Umschlagarm mit Feinzeiger an der Spindel (Prüfdorn) befestigen. Meßbolzen des Feinzeigers in Querebene bei a_1 an die Aufspannfläche anstellen und Anzeigeänderung nach Umschlag bei a_2 ablesen. Danach Prüfung in Längsebene bei b_1 und b_2 vornehmen. 5.5.1.2.1 5.5.1.2.4.2	a 0,025 mm für 300 mm $\alpha \leq 90°$ b 0,025 mm für 300 mm (300 mm = Abstand zwischen den abzutastenden Punkten a_1, a_2 und b_1, b_2)	a .... b .... Abstand: ....

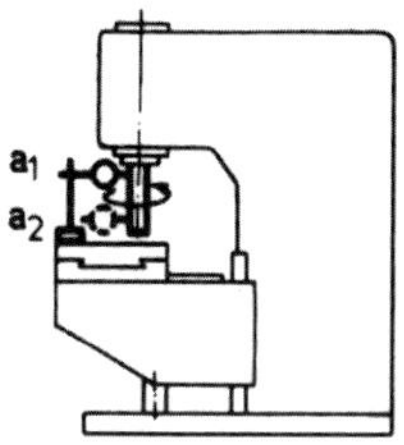

Abb. 2.38 Auszug aus DIN 8615, Teil 2 [18]

Der Drehwinkel berechnet sich nach

$$\delta \widehat{x} = \arctan\left(\frac{\mathrm{MW}_1 - \mathrm{MW}_2}{A}\right) \quad \Rightarrow \quad \delta \widehat{x} - \frac{\mathrm{MW}_1 - \mathrm{MW}_2}{A}. \tag{2.56}$$

Hierbei ist berücksichtigt, dass der Abstand der Messstellen A wesentlich größer als die Messwerte MW_1 und MW_2 ist.

Bei den Überlegungen zur geometrischen Genauigkeit sollten natürlich auch die Einflüsse bewegter Werkstück- evtl. auch Werkzeugmassen auf die relative Lage der Baugruppen mit einbezogen werden. Besonders bei Maschinen in Konsolbauweise rufen zusätzliche Massen und deren Verschiebung andere Lagen zwischen Werkstück- und Werkzeugaufnahme hervor. Ein möglicher Messaufbau ist in Abb. 2.40 gezeigt. Dabei wurde die Tischseite mittig mit einem Drittel des zulässigen Werkstückgewichtes belastet.

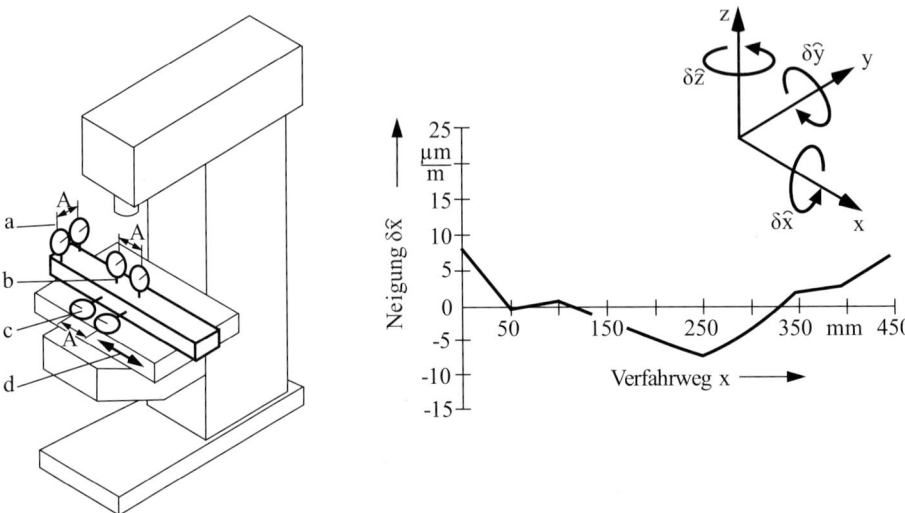

Abb. 2.39 Messprinzip zur Ermittlung von Neigungen (nach DIN-V 9602-1). a – Rollen, b – Stampfen, c – Gieren, d – Verfahrrichtung

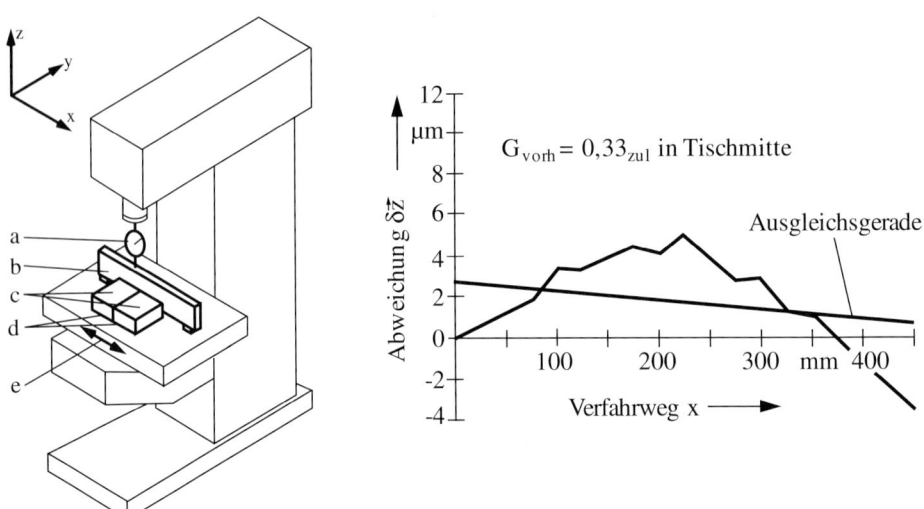

Abb. 2.40 Messprinzip zur Ermittlung des Einflusses der Werkstückmasse (nach DIN-V 9602-1). a – Messtaster, b – Lineal, c – Laststück, d – elastische Auflage, e – Vorschubrichtung

2.3.2 Statische Steifigkeit und ihre Messung

Unter dem Begriff der *statischen Steifigkeit* c_{stat}, der in vielen Bereichen des Maschinenbaus Anwendung findet, wird der Quotient aus erzeugter Belastungsänderung δF und daraus resultierender Lageänderung δf verstanden. Kehrwert der Steifigkeit ist die *Nachgiebigkeit* N_{stat}.

$$c_{\text{stat}} = \frac{\delta F}{\delta f} = \frac{1}{N_{\text{stat}}} \qquad (2.57)$$

Im oben genannten Sinne ist die statische Steifigkeit einer Werkzeugmaschine definiert als:

Quotient aus der Kraft- bzw. Momentenänderung und der daraus resultierenden Änderung der relativen Lage zwischen Werkstück- und Werkzeugaufnahme. Die Belastung muss dabei zwischen Werkstück- und Werkzeugaufnahme (bei Umformmaschinen zwischen Maschinentisch und Stößel) wirken.

Bezieht man die Steifigkeiten auf ein kartesisches Koordinatensystem, so lassen sich (entsprechend den sechs Freiheitsgraden im Raum)
- für die Belastung, drei Kräfte in und drei Momente um die Koordinatenachsen, und
- für die Verlagerung, drei Verschiebungen in und drei Verdrehungen um die Koordinatenachsen,

beschreiben.

Für eine Werkzeugmaschine besteht die statische Steifigkeitsmatrix demzufolge aus sechsunddreißig Steifigkeitswerten (Gl. (2.58)).

$$\begin{vmatrix} c_{F_x\vec{x}} & c_{F_y\vec{x}} & c_{F_z\vec{x}} & c_{M_x\vec{x}} & c_{M_y\vec{x}} & c_{M_z\vec{x}} \\ c_{F_x\vec{y}} & c_{F_y\vec{y}} & c_{F_z\vec{y}} & c_{M_x\vec{y}} & c_{M_y\vec{y}} & c_{M_z\vec{y}} \\ c_{F_x\vec{z}} & c_{F_y\vec{z}} & c_{F_z\vec{z}} & c_{M_x\vec{z}} & c_{M_y\vec{z}} & c_{M_z\vec{z}} \\ c_{F_x\widehat{x}} & c_{F_y\widehat{x}} & c_{F_z\widehat{x}} & c_{M_x\widehat{x}} & c_{M_y\widehat{x}} & c_{M_z\widehat{x}} \\ c_{F_x\widehat{y}} & c_{F_y\widehat{y}} & c_{F_z\widehat{y}} & c_{M_x\widehat{y}} & c_{M_y\widehat{y}} & c_{M_z\widehat{y}} \\ c_{F_x\widehat{z}} & c_{F_y\widehat{z}} & c_{F_z\widehat{z}} & c_{M_x\widehat{z}} & c_{M_y\widehat{z}} & c_{M_z\widehat{z}} \end{vmatrix}_{\text{stat}} = \begin{vmatrix} \frac{F_x}{\vec{x}} & \frac{F_y}{\vec{x}} & \frac{F_z}{\vec{x}} & \frac{M_x}{\vec{x}} & \frac{M_y}{\vec{x}} & \frac{M_z}{\vec{x}} \\ \frac{F_x}{\vec{y}} & \frac{F_y}{\vec{y}} & \frac{F_z}{\vec{y}} & \frac{M_x}{\vec{y}} & \frac{M_y}{\vec{y}} & \frac{M_z}{\vec{y}} \\ \frac{F_x}{\vec{z}} & \frac{F_y}{\vec{z}} & \frac{F_z}{\vec{z}} & \frac{M_x}{\vec{z}} & \frac{M_y}{\vec{z}} & \frac{M_z}{\vec{z}} \\ \frac{F_x}{\widehat{x}} & \frac{F_y}{\widehat{x}} & \frac{F_z}{\widehat{x}} & \frac{M_x}{\widehat{x}} & \frac{M_y}{\widehat{x}} & \frac{M_z}{\widehat{x}} \\ \frac{F_x}{\widehat{y}} & \frac{F_y}{\widehat{y}} & \frac{F_z}{\widehat{y}} & \frac{M_x}{\widehat{y}} & \frac{M_y}{\widehat{y}} & \frac{M_z}{\widehat{y}} \\ \frac{F_x}{\widehat{z}} & \frac{F_y}{\widehat{z}} & \frac{F_z}{\widehat{z}} & \frac{M_x}{\widehat{z}} & \frac{M_y}{\widehat{z}} & \frac{M_z}{\widehat{z}} \end{vmatrix} \qquad (2.58)$$

Hauptsteifigkeiten werden die Steifigkeiten genannt, bei denen Belastungsort und Belastungsrichtung mit dem Messort und der Messrichtung der Verlagerung übereinstimmen. Ist dies nicht der Fall bezeichnet man sie als Nebensteifigkeiten.

In der DIN-Vornorm 8602 [17] wird diese Betrachtungsweise an senkrecht und waagerecht Konsolfräsmaschinen erläutert.

Für die Messung des statischen Verhaltens (Abb. 2.41) wird die Belastung zwischen Werkstück- und Werkzeugaufnahme zweckmäßigerweise durch hydraulische Zylinder, durch mechanisch beanspruchte Kraftmessbügel mit Stellschrauben oder unter Umständen auch mit Gewichten aufgebracht. Beachtet werden sollten dabei

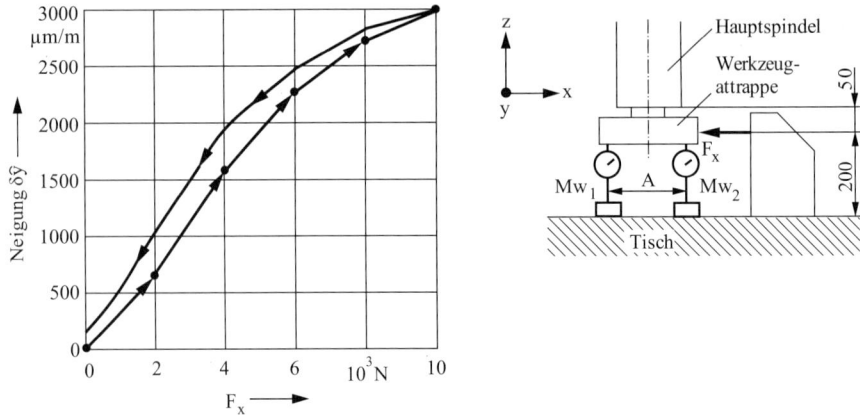

Abb. 2.41 Beispiel einer Messung der statischen Steifigkeit (nach DIN V 8602-1)

- Nichtlinearitäten aufgrund des Einflusses von Gestellverbindungen,
- Umkehrspannen zwischen Belastung und Entlastung,
- Abhängigkeiten der Steifigkeit von der Baugruppenstellung.

2.3.3 Thermisches Verhalten und seine Messung

Das thermische Verhalten einer Werkzeugmaschine beschreibt die Reaktion der Maschine auf äußere und innere Wärmequellen. Besonders den Auswirkungen auf die relative Lage zwischen Werkstück und Werkzeug, als dem qualitätsbestimmenden Merkmal, wird dabei große Aufmerksamkeit geschenkt. Der Messaufbau ist dem bei Messung der geometrischen Genauigkeit ähnlich. Im Prinzip ist die Erfassung des Temperatureinflusses auf alle sechs Freiheitsgrade möglich. Ein vorgeschlagenes Messprinzip wird in Abb. 2.42 gezeigt.

Die äußeren Wärmequellen
- Temperaturschichtungen in der Werkhalle,
- Wärmestrahlung von Heizungen, durch Fenster und von anderen Maschinen,
- Temperatur- und Wärmestrahlungsänderungen über der Fertigungszeit

sind vom Maschinenbetreiber, besonders bei hochgenauen Fertigungen, zu vermeiden bzw. gering zu halten.

Innere Wärmequellen, z. B.
- Erwärmung elektrischer und elektronischer Bauelemente,
- Reibungswärme an Führungen, Lagern, Zahnrädern, Riemen, Kupplungen und anderen mechanischen Elementen,
- Erwärmung hydraulischer Bauelemente und des Öls,
- Wärmeabgabe vom Prozess (heiße Späne, Temperaturänderung des Kühlschmierstoffes),

sind durch den Maschinenkonstrukteur zu vermeiden bzw. gering zu halten oder außerhalb der Maschine anzuordnen. Sind diese Maßnahmen nicht durchführbar, können durch ther-

2.3 Beurteilung und Abnahme von Werkzeugmaschinen

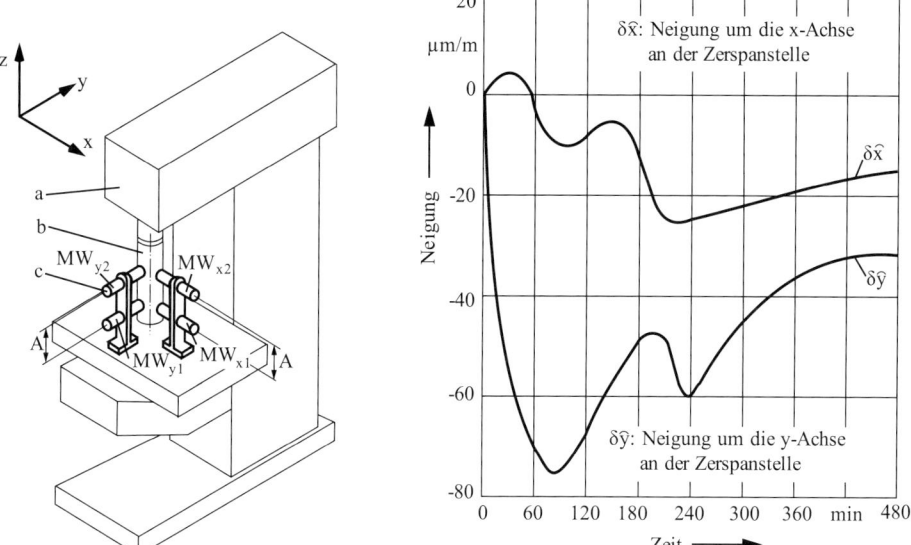

Abb. 2.42 Beispiel einer Messung des thermischen Verhaltens (nach DIN V 8602-1). a – Temperaturmessstelle, b – Messdorn, c – Messtaster

misch-symmetrische Konstruktion oder temperaturkonstante Auslegung (geregelte Kühlung/Heizung) die Auswirkungen auf die Fertigungsqualität in zulässigen Grenzen gehalten werden.

In sogenannten Thermozellen werden die Reaktionen der Maschinen auf diese thermischen Belastungen gemessen und Maßnahmen zu deren Minimierung erprobt.

Besonders bei Universalmaschinen, mit stark wechselnden Fertigungsbedingungen, ist es kaum möglich über eine längere Zeit eine thermische Stabilität (sogenannte Beharrungstemperatur) zu erreichen. Zwar werden sich nach Einschalten der Maschine, mit einem relativ schnellen Temperaturanstieg auch die thermisch-bedingten Verlagerungen schnell einstellen, aber bei unterschiedlicher Beanspruchung wird die Temperatur an den Erzeugungsstellen schwanken und ihre mechanischen Auswirkungen werden sich zeitlich versetzt zeigen. Temperaturregelung an deren Entstehungsstelle bzw. das Ausgleichen der Bauteilverlagerung durch temperaturabhängig gesteuerte NC-Achsen haben sich hier bewährt.

2.3.4 Dynamisches Verhalten und seine Messung

Dynamische Beanspruchungen der Werkzeugmaschinen erfolgen durch innere und äußere Erreger. Diese können vielfältig sein.

Die inneren Erregerquellen sind durch den Maschinenhersteller auszuschließen, möglichst gering zu halten bzw. durch Dämpfer und ähnliche Einrichtungen in ihren Auswirkungen auf ein vertretbares Maß zu begrenzen. Die im Fertigungsprozess auftretenden dynamischen Kräfte sollten durch den Maschinenanwender gering gehalten werden. Ausgewuchtete Werkzeuge, Schneideneingriffsfrequenz nicht konstant bzw. außerhalb der Eigenfrequenzen der Maschine, „sanfte" Anschnitte und ähnliche Maßnahmen gehören dazu.

Analog zur statischen Steifigkeit ist die Definition des Belastungs-Verformungs-Verhaltens bei zeitlich periodisch sich ändernder Belastung möglich. Der Quotient aus Kraft- und Verformungsamplituden wird dynamische Steifigkeit genannt. Diese Kenngröße kann nur unter Beachtung der Erregerfrequenz, der Wirkrichtung der Belastung und der Richtung der Verformung angegeben werden.

$$c_{\mathrm{dyn}} = \hat{F}/\hat{f} = 1/N_{\mathrm{dyn}} \qquad (2.59)$$

Sie gibt Auskunft über das Verhalten der Werkzeugmaschine im Zerspanungs-, Schneid- oder Umformprozess, welche immer mit dem Auftreten dynamischer Belastungen verbunden sind.

Beeinflusst werden vor allem die Oberflächenrauheit der Werkstücke, der Verschleiß der Werkzeuge sowie die Stabilität des Prozesses.

Wird eine Werkzeugmaschine mit einem Messaufbau ähnlich Abb. 2.41 versehen, aber mit dynamischen Kräften belastet, kann man die auftretenden Verformungsamplituden (als Beschleunigungen) mit Schwingungsaufnehmern messen. Die gemessenen Amplituden schwanken in Abhängigkeit von der Erregerfrequenz. Für Werkzeugmaschinen, die in der Regel als ein Mehrmassensystem zu verstehen sind, ergibt sich das Frequenzspektrum analog Abb. 2.43. Man erkennt deutlich mehrere Eigenfrequenzen. Befinden sich in der Werkzeugmaschine Erregerquellen mit diesen Frequenzen oder erzeugt der Fertigungsprozess solche Frequenzen, kommt es zu Resonanzerscheinungen, die ein Arbeiten mit der Maschine unmöglich machen können.

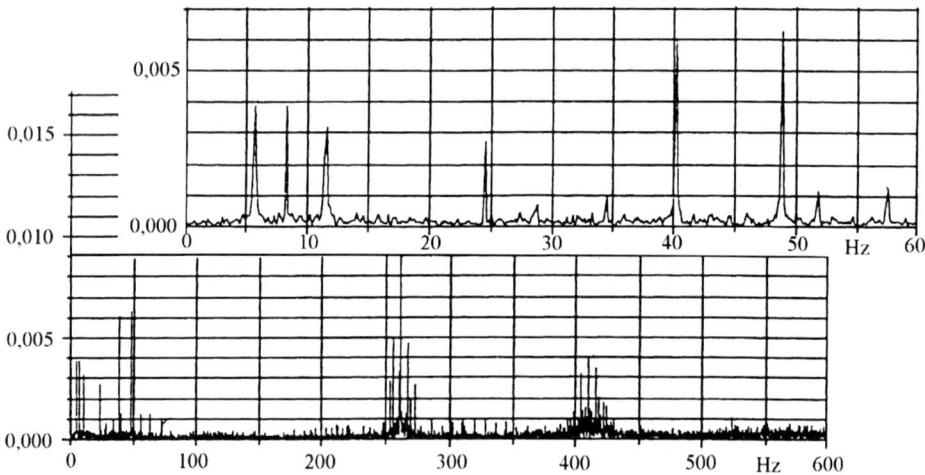

Abb. 2.43 Torsionsfrequenzspektrum eines Drehmaschinenantriebes

2.3 Beurteilung und Abnahme von Werkzeugmaschinen

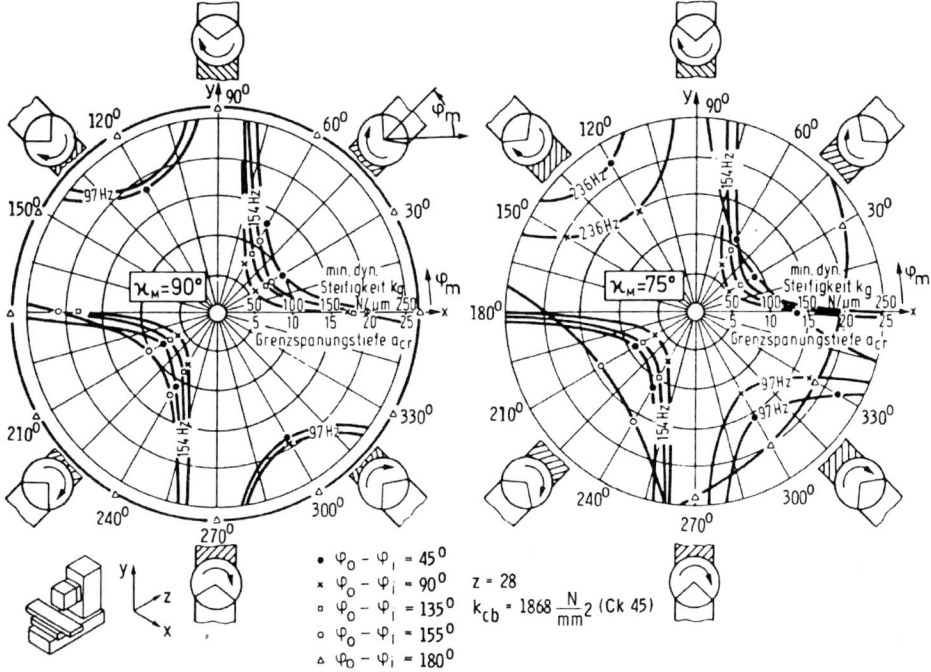

Abb. 2.44 Grenzspanungstiefe einer Fräsmaschine [19]

Das dynamische Verhalten wird beeinflusst durch die geometrische Konstruktion der Gestellbauteile, den verwendeten Werkstoff, die Verbindungstellen zwischen den Maschinenbaugruppen und die Gestaltung der Antriebe einschließlich ihrer Steuerung. Aussagen hierzu erfolgen in den entsprechenden folgenden Abschnitten.

Da dynamische Eigenschaften immer abhängig von der erregten Masse, der Steifigkeit, der Dämpfung und der Erregung sind, unterscheidet sich das Verhalten einer Maschine im Fertigungsprozess gegenüber dem Verhalten im unbelasteten Zustand. Es sind deshalb z. B. Messungen während der Zerspanung notwendig.

In Abb. 2.44 sind Untersuchungsergebnisse von einer Fräsmaschine dargestellt. Man erkennt Bereiche in denen nur mit geringer Schnitttiefe (Grenzschnitttiefe) gearbeitet werden kann. Oberhalb dieses Grenzwertes neigt die Maschine zu Schwingungen, die die Oberflächenqualität des Werkstücks, die Standzeit der Werkzeuge sowie den Verschleiß der Maschine negativ beeinflussen.

2.3.5 Auswirkungen der Maschineneigenschaften auf die Werkstückqualität

Wie beschrieben, bilden sich die Maschineneigenschaften im Zusammenhang mit der Werkzeuggeometrie am Werkstück ab. Maß-, Form- und Lageabweichungen sowie die Rauheit der bearbeiteten Flächen werden beeinflusst. Dabei stellt die relative Lage zwischen Werkstück und Werkzeug eine Hilfsgröße dar, die die mathematische Verbindung zwischen Maschineneigenschaften und Werkstückoberfläche ermöglicht (Abb. 2.37).

Will man diese Zusammenhänge zur Beurteilung der Maschineneigenschaften hinsichtlich ihrer Auswirkungen auf die Werkstückqualität nutzen, sind folgende Voraussetzungen notwendig:
1. Definition eines „Fehlerkoordinatensystems", mit dessen Hilfe die Abweichungen von den relativen Solllagen zwischen Werkstück- und Werkzeugaufnahme beschrieben werden können,
2. mathematische Formulierung zum Zusammenfassen der aus verschiedenen Ursachen resultierenden relativen Lagen,
3. Festlegung der zu betrachtenden Werkstückabweichungen im Zusammenhang mit der Auswahl zu berücksichtigender Maschineneigenschaften,
4. mathematische Formulierung des Zusammenhanges zwischen Werkstückabweichungen und relativen Lagen zwischen Werkstück- und Werkzeugaufnahme,
5. Messung und mathematische Formulierung der relativen Lage zwischen Werkstück- und Werkzeugaufnahme in Abhängigkeit von den Maschineneigenschaften.

Aufgrund der oben gezeigten Komplexität dieser Problematik können die Zusammenhänge nur verfahrens- und maschinenabhängig erläutert werden. Im Folgenden sind sie am Beispiel des Stirnfräsens auf einer Senkrecht-Konsolfräsmaschine mit Querschieber beschrieben.

Zu 1.
Das „Fehlerkoordinatensystem" wird so definiert (Abb. 2.45), dass
- die Koordinatenbezeichnungen denen des Maschinenkoordinatensystems entsprechen. +Z-Richtung: in die Hauptspindel hinein, +X-Richtung: von links nach rechts (Hauptvorschubrichtung), Y-Richtung so, dass sich ein mathematisch positives Koordinatensystem ergibt (Rechte-Hand-Regel),
- der Koordinatenursprung in der fertigungstechnischen Arbeitsebene liegt, also in der Ebene, die am Werkstück als Fläche während der zu untersuchenden Bearbeitung entsteht,
- das Werkstück bzw. seine Aufspannfläche als „feststehende" Basis betrachtet wird, zu der sich das Werkzeug bzw. seine Einspannflächen relativ verlagern.

Unter einer positiven relativen Lage zwischen Werkstück- und Werkzeugaufnahme wird verstanden (Abb. 2.46):
- eine Verschiebung, die das Werkzeug in positive Koordinatenrichtung ausführt,
- eine Drehung, die das Werkzeug um die Koordinatenachse im Uhrzeigersinn (Rechtsdrehung) bei Blick in die Koordinatenrichtung ausführt.

Zu 2.
Diese relativen Lagen sind Konstanten oder Funktionen (z. T. nichtlinear) der Baugruppenstellung, der Vorschubrichtung, des Werkstückgewichts, der Werkstücklage, der stati-

2.3 Beurteilung und Abnahme von Werkzeugmaschinen

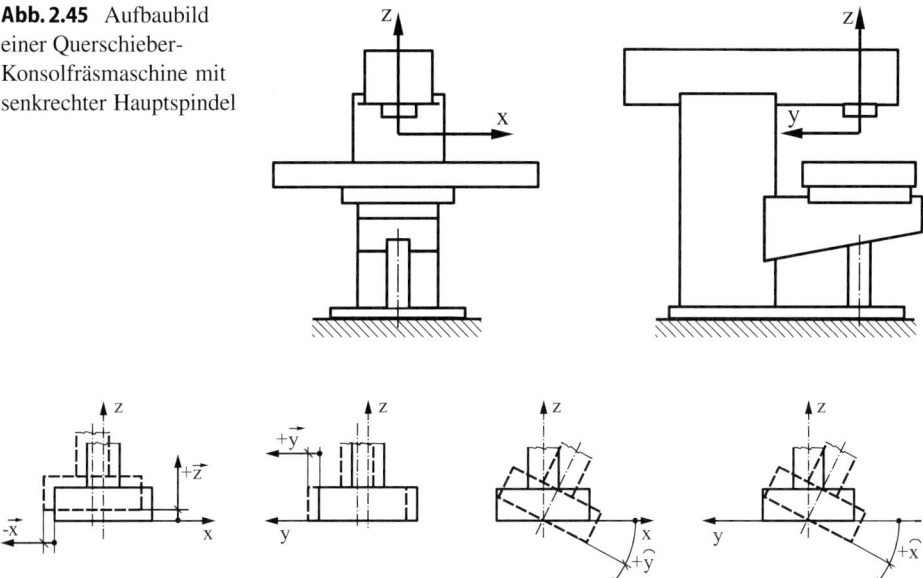

Abb. 2.45 Aufbaubild einer Querschieber-Konsolfräsmaschine mit senkrechter Hauptspindel

Abb. 2.46 Richtung und Vorzeichen der relativen Lagen zwischen Werkstück und Werkzeug am Beispiel des Stirnfräsens

schen und dynamischen Belastung sowie des thermischen Verhaltens. Für das gewählte Beispiel „Stirnfräsen auf einer Konsolfräsmaschine" geht man von der Annahme konstanter Temperatureinflüsse und eines dynamisch stabilen Prozesses aus.

Die relative Lage zwischen Werkstück und Werkzeug kann für jeden Zeitpunkt des Fertigungprozesses mit einem 6-zeiligen Vektor mathematisch beschrieben werden:

$$\begin{Bmatrix} \vec{x} \\ \vec{y} \\ \vec{z} \\ \hat{x} \\ \hat{y} \\ \hat{z} \end{Bmatrix} = \begin{Bmatrix} \vec{x} \\ \vec{y} \\ \vec{z} \\ \hat{x} \\ \hat{y} \\ \hat{z} \end{Bmatrix}_{\text{Mitte}} + \begin{Bmatrix} \vec{x} \\ \vec{y} \\ \vec{z} \\ \hat{x} \\ \hat{y} \\ \hat{z} \end{Bmatrix}_{\text{Vorschub}} + \begin{Bmatrix} \vec{x} \\ \vec{y} \\ \vec{z} \\ \hat{x} \\ \hat{y} \\ \hat{z} \end{Bmatrix}_{\text{Massen}} + |N|_{\text{stat}} \cdot \begin{Bmatrix} F_x \\ F_y \\ F_z \\ M_x \\ M_y \\ M_z \end{Bmatrix}_{\text{Bearb}} \quad (2.60)$$

Der Vektor der relativen Lage zwischen Werkstück und Werkzeug nach Gl. (2.60) berechnet sich aus
- dem Vektor, der die geometrischen Genauigkeiten bei definierter Stellung aller Baugruppen (Tisch in Maschinenmitte) repräsentiert,
- dem Vektor, mit dem die geometrischen Genauigkeiten als Funktionen der Baugruppenbewegungen (Vorschub- und Einstellbewegungen) dargestellt werden,

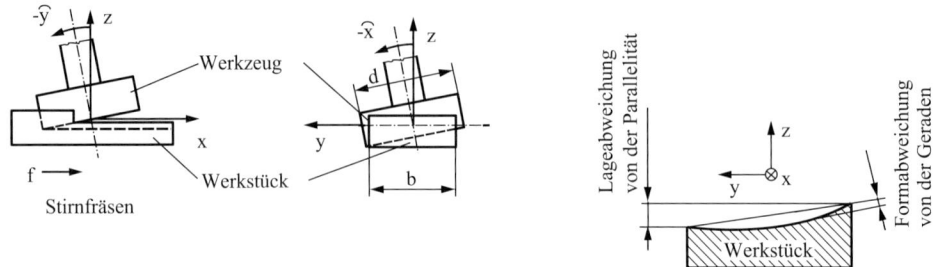

Abb. 2.47 Auswirkung der Änderung der relativen Lage zwischen Werkstück und Werkzeug auf die Werkstückoberfläche am Beispiel des Stirnfräsens

- dem Vektor, der die Abhängigkeiten der geometrischen Genauigkeiten von der Werkstückmasse, ihrer Lage und Bewegung in der Maschine beinhaltet,
- einem Vektor, der sich ergibt aus der Nachgiebigkeitsmatrix und den wirkenden Bearbeitungskräften.

Zu 3.

Betrachtet werden sollen Maß-, Form- oder Lageabweichungen an einer gefrästen Fläche, die mit einem Messerkopf und X-Vorschub in einem Schnitt hergestellt wird. Ursachen dieser Fehler sind Abweichungen von der Sollage zwischen Werkstück- und Werkzeugaufnahme, die durch die geometrische Genauigkeit und statische Steifigkeit der Maschine bedingt sind. Sie wirken wie folgt (Abb. 2.47):

- Die x- und y-Verschiebung sowie die z-Verdrehung ergeben keine Maß-, Form- oder Lageabweichungen an der gefrästen Fläche (es sind Verlagerungen in Richtung von flächenbildenden Bewegungen).
- Eine z-Verschiebung erzeugt eine Maßabweichung, wenn sie über den Vorschubweg konstant ist, und Form- und Lageabweichungen in Vorschubrichtung, wenn sie über den Vorschubweg nicht konstant ist.
- Eine x-Verdrehung erzeugt eine Lageabweichung quer zur Vorschubrichtung, wenn sie über den Vorschubweg konstant ist, und Form- und Lageabweichungen in Vorschubrichtung, wenn sie über den Vorschubweg nicht konstant ist.
- Eine y-Verdrehung erzeugt eine Formabweichung quer zur Vorschubrichtung, wenn sie über den Vorschubweg konstant ist, und Form- und Lageabweichungen in Vorschubrichtung, wenn sie über den Vorschubweg nicht konstant ist.

Zu 4.

Um die Werkstückabweichungen aus den relativen Lagen zwischen Werkstück und Werkzeug berechnen zu können, bestimmt man für festgelegte Werkstückoberflächenpunkte die Abweichung des Schneidenpunktes aus seiner Sollage WSWZ.

$$\overline{\mathrm{WSWZ}}_{l_y} = \vec{z} - \sqrt{\left(\frac{D_{\mathrm{WZ}}}{2}\right)^2 - (l_y)^2} \cdot \sin \widehat{y} \mp l_y \cdot \sin \widehat{x} \quad (2.61)$$

Dabei gilt + für den Punkt A und − für den Punkt B entsprechend Abb. 2.48.

2.3 Beurteilung und Abnahme von Werkzeugmaschinen

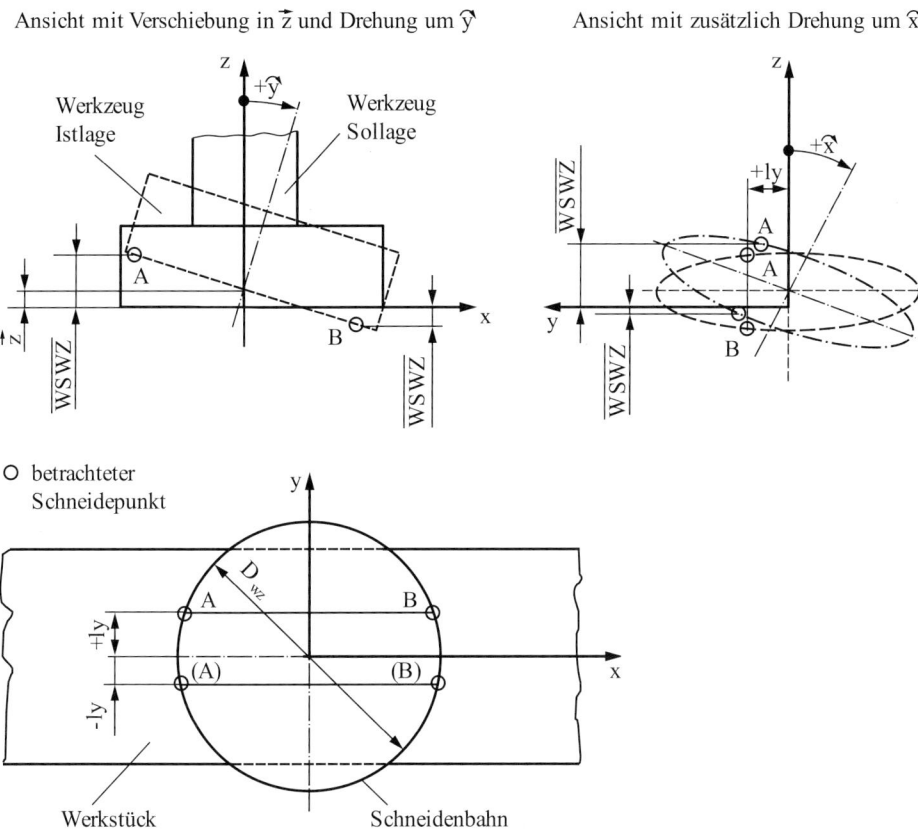

Abb. 2.48 Geometrische Zusammenhänge zur Berechnung der Abweichung zwischen Ist- und Solllage für einen Schneidenpunkt beim Stirnfräsen

Mit dieser Gleichung kann jeder Oberflächenpunkt am Werkstück unter Beachtung der Werkstück- und Werkzeuggeometrie berechnet werden. Aus der sich ergebenden Oberflächenstruktur lassen sich nach den Regeln der Messtechnik die Maß-, Form- oder Lageabweichungen bestimmen.

Zu 5.
Messtechnisch und mathematisch zu erfassen sind bei dem gewählten Bearbeitungsfall „Stirnfräsen" die relativen Lagen: z-Verschiebung, x- und y-Verdrehung in Abhängigkeit von der geometrischen Genauigkeit und der statischen Steifigkeit, denn nur sie haben Auswirkungen auf die Maß-, Form- und Lageabweichungen der gefrästen Fläche. Wobei aufgrund der im Beispiel festgelegten Bearbeitungsbedingungen nur der Vorschub in x-Richtung während der Zerspanung benutzt wird. Die anderen Baugruppenpositionen wurden fest eingestellt.

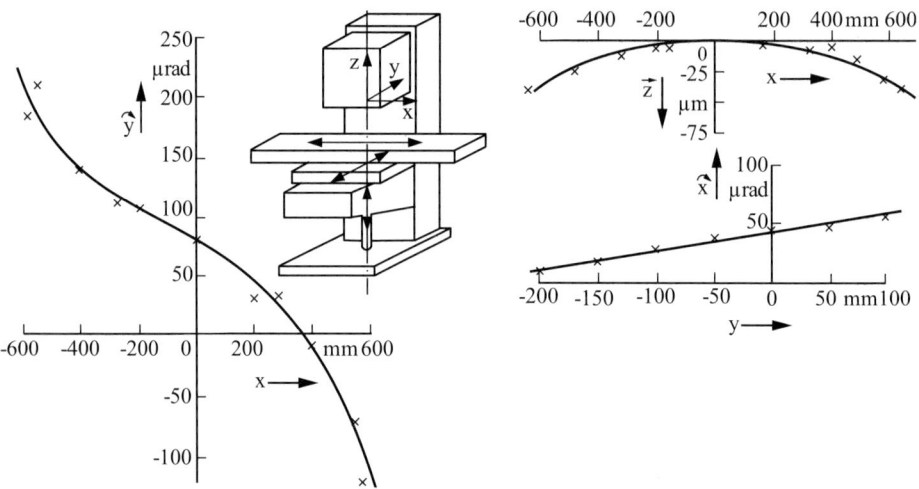

Abb. 2.49 Gemessene geometrische Genauigkeiten

Mit dem Messaufbau nach Abb. 2.38 ergab sich an der untersuchten Maschine:
1. *Messung:* Ermittlung der Rechtwinkligkeit zwischen Werkstückaufnahme (Tischoberfläche) und Werkzeugeinspannfläche (Rotationsachse der Hauptspindel) bei definierter Stellung der Baugruppen.

$$\left\{ \begin{matrix} \widehat{x} \\ \widehat{y} \end{matrix} \right\}_{\text{geo,Mitte}} = \left\{ \begin{matrix} 45\,\mu\text{rad} \\ 87\,\mu\text{rad} \end{matrix} \right\} \qquad (2.62)$$

2. *Messung*: Ermittlung der Änderung des Abstandes zwischen Werkstückaufnahme (Tischoberfläche) und Werkzeugeinspannfläche (Stirnanlagefläche am Hauptspindelflansch) und der Änderung der Rechtwinkligkeit zwischen Werkstückaufnahme (Tischoberfläche) und Werkzeugeinspannfläche (Rotationsachse der Hauptspindel) bei den möglichen Einstellbewegungen und der genutzten Vorschubbewegung. An der untersuchten Maschine ergab sich (Abb. 2.49):

$$\left\{ \begin{matrix} \vec{z} \\ \widehat{x} \\ \widehat{y} \end{matrix} \right\}_{\text{geo,Vorschub}} = \left\{ \begin{matrix} -0{,}08 \cdot 10^{-3} \frac{\mu\text{m}}{\text{mm}^2} x^2 & \ldots & 0 \cdot z \\ \ldots & 0{,}2 \frac{\mu\text{rad}}{\text{mm}} y & \ldots \\ -7{,}5 \cdot 10^{-7} \frac{\mu\text{rad}}{\text{mm}^3} x^3 & -7 \cdot 10^{-5} \frac{\mu\text{rad}}{\text{mm}^2} y^2 & \ldots \end{matrix} \right\} \qquad (2.63)$$

Aufgrund ihres geringen Betrages wurden die mit … gekennzeichneten Messergebnisse vernachlässigt.

3. *Messung*: Beim Aufspannen des Werkstückes verändert sich bei Konsolmaschinen entscheidend die relative Lage zwischen Werkstück und Werkzeug. Es treten Änderungen der $\widehat{x}$-Verdrehung und $\widehat{y}$-Verdrehung als Funktionen der Werkstückmasse, der Lage des Werkstücks auf dem Tisch und der Lage des gemeinsamen Schwerpunktes von Tisch und Werkstück auf.

2.3 Beurteilung und Abnahme von Werkzeugmaschinen

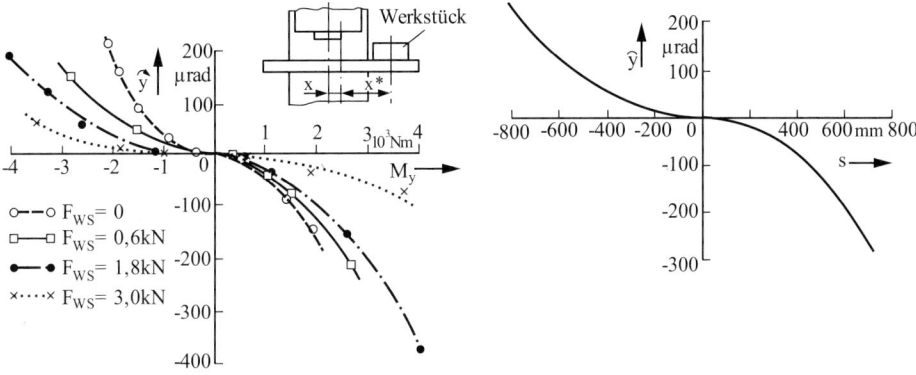

Abb. 2.50 Messergebnisse zum Einfluss der Gewichtskräfte von Werkstück und Maschinentisch bei X-Vorschub auf die relative Lage

In Auswertung der Messergebnisse nach Abb. 2.50 lassen sich diese Eigenschaften mathematisch wie folgt beschreiben:

$$\begin{Bmatrix} \widehat{x} \\ \widehat{y} \end{Bmatrix}_{F_{\text{WS}}} = \begin{Bmatrix} -16 \frac{\mu\text{rad}}{\text{kN}} F_{\text{WS}} - 0{,}03 \frac{\mu\text{rad}}{\text{mm}} x^* \\ -12 \cdot 10^{-6} \frac{\mu\text{rad}}{\text{mm}^3} s^3 \end{Bmatrix} \tag{2.64}$$

mit x^*-Abstand in x-Richtung zwischen Werkstückschwerpunkt und Tischschwerpunkt und

$$s = x + x^* \bigg/ \left(\frac{F_{\text{Ti}}}{F_{\text{WS}}} + 1 \right)$$

4. Messung: Erfassen der statischen Steifigkeit.
Berücksichtigt werden sollen die statischen Anteile der Bearbeitungskräfte an der Zerspanungsstelle. Dabei zeigte es sich, dass die Momente, die durch die Verschiebung der Kräfte in den Koordinatenursprung (Abstand der Arbeitsebene zu Hauptspindelanlagefläche und Abstand der Schneiden zur Fräserachse) entstehen, vernachlässigt werden können.

$$\begin{Bmatrix} \vec{z} \\ \widehat{x} \\ \widehat{y} \end{Bmatrix}_{\text{stat}} = \begin{vmatrix} -2{,}5 \frac{\mu\text{m}}{\text{kN}} & +12{,}7 \frac{\mu\text{m}}{\text{kN}} & +10{,}7 \frac{\mu\text{m}}{\text{kN}} \\ — & -43{,}6 \frac{\mu\text{rad}}{\text{kN}} & -16{,}3 \frac{\mu\text{rad}}{\text{kN}} \\ -34{,}9 \frac{\mu\text{rad}}{\text{kN}} & — & — \end{vmatrix} \cdot \begin{Bmatrix} F_x \\ F_y \\ F_z \end{Bmatrix} \tag{2.65}$$

Darin bedeuten „—" geringe Nachgiebigkeit (vernachlässigt).
Unter den genannten Bedingung wurden an der Maschine die Verlagerungen als Funktionen der statischen Belastungen gemessen (Abb. 2.51) und als Nachgiebigkeiten mathematisch formuliert. Die auftretenden Umkehrspannen können bei diesem Anwendungsfall vernachlässigt werden. Erwartete Nichtlinearitäten durch den Fugeneinfluss hielten sich in zu vernachlässigenden Grenzen.

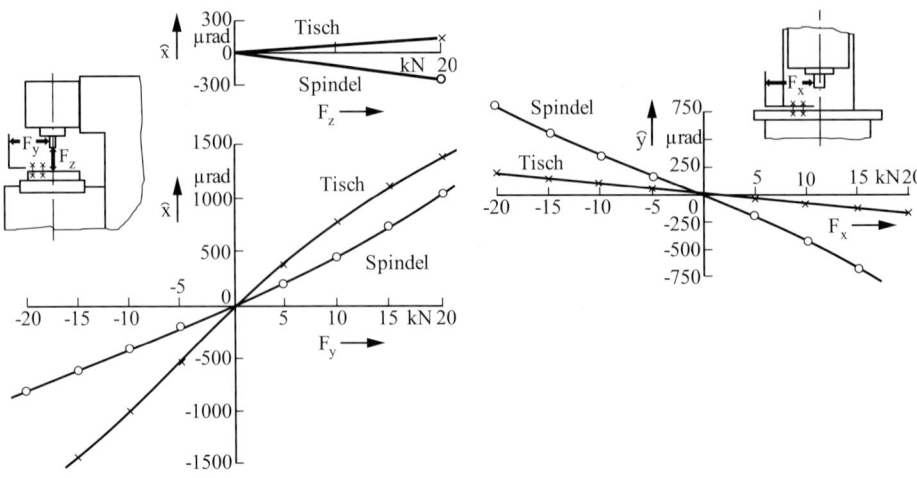

Abb. 2.51 Gemessene Funktionen der statischen Nachgiebigkeit

Mit den geschaffenen Voraussetzungen 1. bis 5. können für bekannte Zerspanungsbedingungen die relative Lage zwischen Werkstück- und Werkzeugaufnahme für jeden Schneidenpunkt und bei jeder Vorschubsituation berechnet werden. Man erhält damit die zu erwartende Werkstückoberfläche (vergleiche Beispiel 2.4).

Die aufgezeigten Zusammenhänge können für andere Bearbeitungsverfahren und Maschinen in analoger Weise hergeleitet werden. Als Nutzungsmöglichkeiten ergeben sich

- Definition zulässiger relativer Lagen zwischen Werkstück und Werkzeug bei vorgegebener Werkstückqualität, um zulässige Abweichungen an der Werkzeugmaschine festzulegen, die als Qualitätskriterium für alle Formen der Abnahme verwendet werden,
- Auswahl von Maschinen und Festlegung von fertigungstechnischen Parametern, um eine geforderte Werkstückqualität zu erreichen,
- Berechnung zulässiger relativer Lagen zwischen Werkstück und Werkzeug aus vorgegebenen Werkstückqualitäten, um Anforderungen an die geometrische Genauigkeit und die statische Steifigkeit für die Konstruktion von Werkzeugmaschinen-Baugruppen definieren zu können.

Beispiel 2.4

Auf der dargestellten Querschieber-Konsolfräsmaschine mit senkrechter Hauptspindel soll ein Werkstück (Breite × Länge × Höhe = 300 mm × 450 mm × 200 mm, Werkstoff St 50, $\rho = 7{,}85\,\text{g/cm}^3$) mit einem Stirnfräser (Messerkopf, Durchmesser: 400 mm) überfräst werden. Das Werkstück ist dabei auf die Tischmitte gespannt und so positioniert, dass sich der Fräsermittelpunkt auf der Mitte der Werkstückbreite (symmetrischer Schnitt) bewegt. Der Vorschub des Maschinentisches erfolgt in X-Richtung.

2.3 Beurteilung und Abnahme von Werkzeugmaschinen

Die Zerspanungsbedingungen wurden so gewählt, dass sich im Vollschnitt die Bearbeitungskräfte im Maschinenkoordinatensystem bezogen auf das Werkzeug von $F_x = -3\,\text{kN}$, $F_y = -5\,\text{kN}$, $F_z = 3\,\text{kN}$ ergeben.

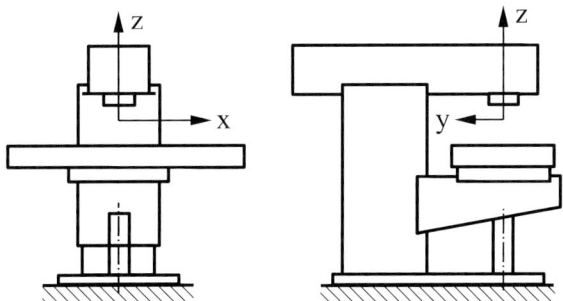

Die statische Steifigkeit, dargestellt in Form der statischen Nachgiebigkeitsmatrix, ist:

$$\left. \begin{vmatrix} N_{\vec{z}} \\ N_{\widehat{x}} \\ N_{\widehat{y}} \end{vmatrix} \right|_{\text{stat}} = \left. \begin{vmatrix} -2{,}5\,\frac{\mu m}{kN} \cdot |F_x| & 13\,\frac{\mu m}{kN} \cdot F_y & 11\,\frac{\mu m}{kN} \cdot F_z \\ 0 & -44\,\frac{\mu rad}{kN} \cdot F_y & -16\,\frac{\mu rad}{kN} \cdot F_z \\ -35\,\frac{\mu rad}{kN} \cdot F_x & 0 & 0 \end{vmatrix} \right|_{\text{stat}}$$

Die geometrische Genauigkeit der Maschine wurde in Form der relativen Lage zwischen Werkstück- und Werkzeugaufnahme ermittelt:

$$\begin{Bmatrix} \vec{z} \\ \widehat{x} \\ \widehat{y} \end{Bmatrix} = \begin{Bmatrix} - \\ 45\,\mu\text{rad} \\ 87\,\mu\text{rad} \end{Bmatrix}_{\substack{\text{geo,}\\ \text{Mitte}}} + \begin{Bmatrix} -8 \cdot 10^{-5}\,\frac{\mu m}{mm^2}x^2 \\ 0{,}2\,\frac{\mu rad}{mm}y - 16\,\frac{\mu rad}{kN}F_{\text{ws}} - 0{,}03\,\frac{\mu rad}{mm}x^* \\ -12 \cdot 10^{-6}\,\frac{\mu rad}{mm^3}s^3 \end{Bmatrix}_{\substack{\text{geo,Vorschub,}\\ \text{WS-Gewicht}}}$$

Die aufgrund der Maschineneigenschaften zu erwartende Werkstückoberfläche ist zu berechnen.

▶ **Lösung** Es ist zweckmäßig, die Werkstückoberfläche mit einem Linienraster zu versehen, in dessen Schnittpunkten die relativen Lagen zwischen Werkstück und Werkzeug berechnet werden. Dabei ist zu berücksichtigen, dass im Anschnittbereich ein kontinuierlicher Bearbeitungskraftanstieg und im Ausschnittbereich ein kontinuierlicher Bearbeitungskraftabfall vorhanden sind. Während der Bearbeitung wird durch den Vorschub eine kontinuierliche Masseverlagerung auftreten, die zur Konsolschwenkung führt.

Alle anderen Einflüsse sind entweder konstant oder ändern sich kontinuierlich. Aus diesen Gründen wird das dargestellte Raster gewählt.

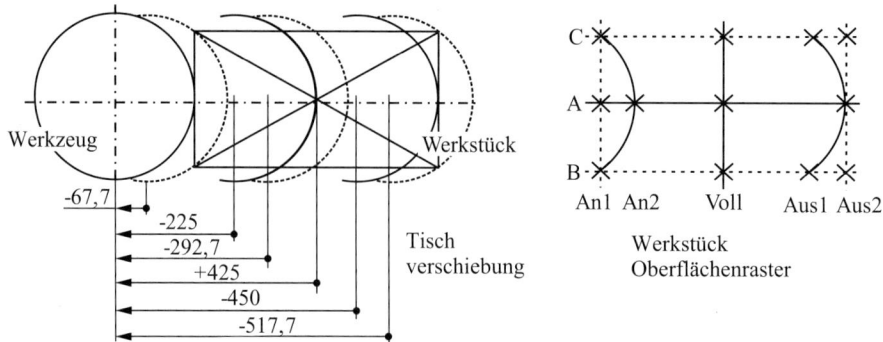

Als Werkstückgewichtskraft wird gesetzt: $F_{WS} = (300 \cdot 450 \cdot 200) \, \text{mm}^3 \cdot 7{,}85 \, \text{g/cm}^3 \cdot 9{,}81 \, \text{m/s}^2 \approx 2 \, \text{kN}$

Die Werkstückaufspannung ergibt: $x^* = 0$, $y = 0$, $x = s$ entspricht der X-Verschiebung des Tisches.

Berechnung für Schnitt A-A: Allgemein gilt

$$\overline{\text{WSWZ}} = \vec{z} - \frac{D_{WS}}{2} \sin \widehat{y} \, .$$

Anschnitt 1: Tisch 425 mm nach rechts: $x = 425 \, \text{mm}$, Bearbeitungskräfte $\to 0$

$$\overline{\text{WSWZ}}_{An1} = -8 \cdot 10^{-5} \frac{\mu \text{m}}{\text{mm}^2} (425 \, \text{mm})^2$$
$$- 0{,}2 \, \text{m} \cdot \sin \left[87 \, \mu\text{rad} - 12 \cdot 10^{-6} \frac{\mu\text{rad}}{\text{mm}^3} (425 \, \text{mm})^3 \right]$$
$$= \underline{\underline{+152 \, \mu\text{m}}}$$

Anschnitt 2: Tisch $(425 - 67{,}7)$ mm nach rechts: $x = 357{,}3 \, \text{mm}$, Bearbeitungskräfte $\to$ maximal

$$\overline{\text{WSWZ}}_{An2} = -8 \cdot 10^{-5} \frac{\mu\text{m}}{\text{mm}^2} (357{,}3 \, \text{mm})^2 - 2{,}5 \frac{\mu\text{m}}{\text{kN}} (|-3 \, \text{kN}|)$$
$$+ 13 \frac{\mu\text{m}}{\text{kN}} (-5 \, \text{kN}) + 11 \frac{\mu\text{m}}{\text{kN}} (3 \, \text{kN})$$
$$- 0{,}2 \, \text{m} \cdot \sin \left[87 \, \mu\text{rad} - 12 \cdot 10^{-6} \frac{\mu\text{rad}}{\text{mm}^3} (357{,}3 \, \text{mm})^3 - 35 \frac{\mu\text{rad}}{\text{kN}} (-3 \, \text{kN}) \right]$$
$$= \underline{\underline{+21 \, \mu\text{m}}}$$

2.3 Beurteilung und Abnahme von Werkzeugmaschinen

Vollschnitt: Tisch $(425 - 225)$ mm nach rechts: $x = 200$ mm,
Bearbeitungskräfte → maximal

$$\overline{WSWZ}_{Voll} = -8 \cdot 10^{-5} \frac{\mu m}{mm^2} (200 \text{ mm})^2 - 2{,}5 \frac{\mu m}{kN} (|-3 \text{ kN}|)$$
$$+ 13 \frac{\mu m}{kN} (-5 \text{ kN}) + 11 \frac{\mu m}{kN} (3 \text{ kN})$$
$$- 0{,}2 \text{ m} \cdot \sin\left[87 \, \mu\text{rad} - 12 \cdot 10^{-6} \frac{\mu \text{rad}}{mm^3} (200 \text{ mm})^3 - 35 \frac{\mu \text{rad}}{kN} (-3 \text{ kN})\right]$$
$$= \underline{\underline{-62 \, \mu m}}$$

Ausschnitt: Tisch $(425 - 450)$ mm nach rechts: $x = -25$ mm,
Bearbeitungskräfte → maximal

$$\overline{WSWZ}_{Aus1} = -8 \cdot 10^{-5} \frac{\mu m}{mm^2} (-25 \text{ mm})^2 - 2{,}5 \frac{\mu m}{kN} (|-3 \text{ kN}|)$$
$$+ 13 \frac{\mu m}{kN} (-5 \text{ kN}) + 11 \frac{\mu m}{kN} (3 \text{ kN})$$
$$- 0{,}2 \text{ m} \cdot \sin\left[87 \, \mu\text{rad} - 12 \cdot 10^{-6} \frac{\mu \text{rad}}{mm^3} (-25 \text{ mm})^3 - 35 \frac{\mu \text{rad}}{kN} (-3 \text{ kN})\right]$$
$$= \underline{\underline{-78 \, \mu m}}$$

Berechnung für die Schnitte B-B $(-)$ und C-C $(+)$: Allgemein gilt

$$\overline{WSWZ} = \vec{z} - \sqrt{\left(\frac{D_{WS}}{2}\right)^2 - \left(\frac{B_{WS}}{2}\right)^2} \sin \widehat{y} \mp \frac{B_{WS}}{2} \sin \widehat{x} \, .$$

Anschnitt 1: Tisch $(425 \text{ mm} - 67{,}7)$ mm nach rechts: $x = 357{,}3$ mm,
Bearbeitungskräfte → maximal

$$\overline{WSWZ}_{An1} = -8 \cdot 10^{-5} \frac{\mu m}{mm^2} (357{,}3 \text{ mm})^2 - 2{,}5 \frac{\mu m}{kN} (|-3 \text{ kN}|)$$
$$+ 13 \frac{\mu m}{kN} (-5 \text{ kN}) + 11 \frac{\mu m}{kN} (3 \text{ kN})$$
$$- 0{,}132 \text{ m} \cdot \sin\left[87 \, \mu\text{rad} - 12 \cdot 10^{-6} \frac{\mu \text{rad}}{mm^3} (357{,}3 \text{ mm})^3 - 35 \frac{\mu \text{rad}}{kN} (-3 \text{ kN})\right]$$
$$\mp 0{,}15 \text{ m} \cdot \sin\left[45 \, \mu\text{rad} - 16 \frac{\mu \text{rad}}{kN} (2 \text{ kN}) - 44 \frac{\mu \text{rad}}{kN} (-5 \text{ kN}) - 16 \frac{\mu \text{rad}}{kN} (3 \text{ kN})\right]$$

$$\underline{\underline{\overline{WSWZ}_{An1}^{B-B} = -30 \, \mu m}} \quad \text{und} \quad \underline{\underline{\overline{WSWZ}_{An1}^{C-C} = +25 \, \mu m}}$$

Vollschnitt: Tisch $(425 - 292{,}7)$ mm nach rechts: $x = 132{,}3$ mm, Bearbeitungskräfte $\to$ maximal

$$\overline{\text{WSWZ}}_{\text{Voll}} = -8 \cdot 10^{-5} \frac{\mu\text{m}}{\text{mm}^2} (132{,}3\,\text{mm})^2 - 2{,}5 \frac{\mu m}{\text{kN}} (|-3\,\text{kN}|)$$
$$+ 13 \frac{\mu\text{m}}{\text{kN}} (-5\,\text{kN}) + 11 \frac{\mu\text{m}}{\text{kN}} (3\,\text{kN})$$
$$- 0{,}132\,\text{m} \cdot \sin\left[87\,\mu\text{rad} - 12 \cdot 10^{-6} \frac{\mu\text{rad}}{\text{mm}^3} (132{,}3\,\text{mm})^3 - 35 \frac{\mu\text{rad}}{\text{kN}} (-3\,\text{kN})\right]$$
$$\mp 0{,}15\,\text{m} \cdot \sin\left[45\,\mu\text{rad} - 16 \frac{\mu\text{rad}}{\text{kN}} (2\,\text{kN}) - 44 \frac{\mu\text{rad}}{\text{kN}} (-5\,\text{kN}) - 16 \frac{\mu\text{rad}}{\text{kN}} (3\,\text{kN})\right]$$

$$\underline{\underline{\overline{\text{WSWZ}}_{\text{Voll}}^{B-B} = -90\,\mu\text{m}}} \quad \text{und} \quad \underline{\underline{\overline{\text{WSWZ}}_{\text{Voll}}^{C-C} = -35\,\mu\text{m}}}$$

Ausschnitt 1: Tisch $(425 - 450)$ mm nach rechts: $x = -25$ mm, Bearbeitungskräfte $\to$ maximal

$$\overline{\text{WSWZ}}_{\text{Aus1}} = -8 \cdot 10^{-5} \frac{\mu\text{m}}{\text{mm}^2} (-25\,\text{mm})^2 - 2{,}5 \frac{\mu m}{\text{kN}} (|-3\,\text{kN}|)$$
$$+ 13 \frac{\mu\text{m}}{\text{kN}} (-5\,\text{kN}) + 11 \frac{\mu m}{\text{kN}} (3\,\text{kN})$$
$$- 0{,}132\,\text{m} \cdot \sin\left[87\,\mu\text{rad} - 12 \cdot 10^{-6} \frac{\mu\text{rad}}{\text{mm}^3} (-25\,\text{mm})^3 - 35 \frac{\mu\text{rad}}{\text{kN}} (-3\,\text{kN})\right]$$
$$\mp 0{,}15\,\text{m} \cdot \sin\left[45\,\mu\text{rad} - 16 \frac{\mu\text{rad}}{\text{kN}} (2\,\text{kN}) - 44 \frac{\mu\text{rad}}{\text{kN}} (-5\,\text{kN}) - 16 \frac{\mu\text{rad}}{\text{kN}} (3\,\text{kN})\right]$$

$$\underline{\underline{\overline{\text{WSWZ}}_{\text{Aus1}}^{B-B} = -91\,\mu\text{m}}} \quad \text{und} \quad \underline{\underline{\overline{\text{WSWZ}}_{\text{Aus1}}^{C-C} = -35\,\mu\text{m}}}$$

Ausschnitt 2: Tisch $(425 - 517{,}7)$ mm nach rechts: $x = -92{,}7$ mm, Bearbeitungkräfte $\to 0$

$$\overline{\text{WSWZ}}_{\text{Aus2}} = -8 \cdot 10^{-5} \frac{\mu\text{m}}{\text{mm}^2} (-92{,}7\,\text{mm})^2$$
$$- 0{,}132\,\text{m} \cdot \sin\left[87\,\mu\text{rad} - 12 \cdot 10^{-6} \frac{\mu\text{rad}}{\text{mm}^3} (-92{,}7\,\text{mm})^3\right]$$
$$\mp 0{,}15\,\text{m} \cdot \sin\left[45\,\mu\text{rad} - 16 \frac{\mu\text{rad}}{\text{kN}} (2\,\text{kN})\right]$$

$$\underline{\underline{\overline{\text{WSWZ}}_{\text{Aus2}}^{B-B} = -16\,\mu\text{m}}} \quad \text{und} \quad \underline{\underline{\overline{\text{WSWZ}}_{\text{Aus2}}^{C-C} = -12\,\mu\text{m}}}$$

Ergebnis:

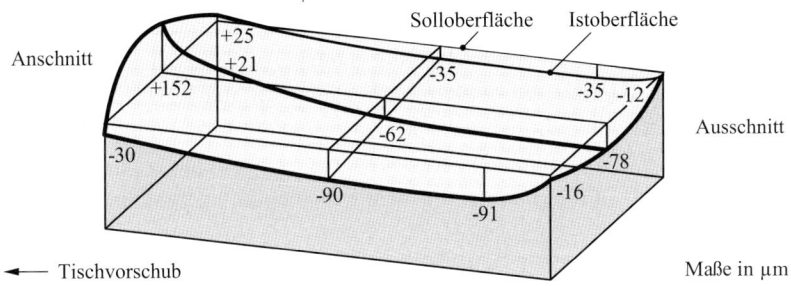

2.3.6 Abnahme von Werkzeugmaschinen

Unter Abnahme einer Werkzeugmaschine versteht man den Nachweis ihrer Funktionsfähigkeit und Qualität.

Auch heute noch basieren die Abnahmebedingungen auf Überlegungen von Schlesinger [20]. Sein Verdienst besteht darin, dass er Regeln aufstellte, mit deren Hilfe man Maschinen eines Typs beurteilen kann. Er geht dabei von dem Grundsatz aus, dass Eigenschaften der Maschine zu messen sind, die die Werkstückqualität bestimmen. Die angewendeten Messmethoden und -geräte sowie die zulässigen Abweichungen haben sich in den vergangenen Jahrzehnten gewandelt, das Ziel und viele Grundregeln werden heute noch angewendet.

Die wesentlichsten Bestandteile der Abnahme sind:

Die Arbeitsgüte: Eigenschaft der Werkzeugmaschine, die ausdrückt mit welcher Qualität und mit welcher Produktivität ein Werkstück bzw. Werkstücksortiment auf der Maschine hergestellt werden kann.

Die Herstellgüte: Eigenschaft der Werkzeugmaschine, die ausdrückt mit welcher Qualität die Maschinenbaugruppen hergestellt und montiert wurden und wie sie sich im Zusammenspiel verhalten. Wesentliche Teile der Herstellgüte sind Voraussetzung für eine entsprechende Arbeitsgüte.

Die Arbeitsgüte wird ermittelt durch das Herstellen eines oder einer Serie von Probewerkstücken.

Bei Einzweckmaschinen ist dies in der Regel gut realisierbar und damit ein eindeutiger, wenig manipulierbarer Qualitätsnachweis möglich. Er sollte immer angestrebt werden und wenn nicht vollständig durchführbar, dann wenigstens stichprobenartig erfolgen. Die Festlegung des Probewerkstückes sowie der daran zu realisierenden Arbeitsoperationen, die nachzuweisende Werkstückqualität und die dabei einzustellenden produktivitätsbestimmenden Zerspanungsbedingungen werden in den Vertragsverhandlungen zwischen Käufer und Hersteller der Maschine im Lasten- und Pflichtenheft festgeschrieben.

Für *Universalmaschinen* gibt es Vorschläge zu Probewerkstücken, die eine Vielzahl von möglichen Operationen an einem Werkstück zulassen und damit einen Qualitätsüberblick ermöglichen (z. B. VDI/DGQ 3441 ff [21]). Eine vollständige Testung wäre aber sehr material- und zeitaufwändig und ist deshalb nicht sinnvoll. Der Qualitätsnachweis sollte neben dem Probewerkstück durch den Nachweis der Herstellgüte ergänzt werden. Auch hier werden Probewerkstück, Bearbeitungsbedingungen und vorzunehmende Messungen der Herstellgüte vertraglich festgelegt.

Die Herstellgüte wird ermittelt durch die Messung der verschiedenen Maschineneigenschaften, die sich auf die Werkstückqualität und die Produktivität auswirken (vgl. vorherige Kapitel).

Die Abnahme von Werkzeugmaschinen stellt den Abschluss des Auftrages dar. Sie kann in verschiedenen Stufen eingeteilt z. B. als Vorabnahme und Endabnahme erfolgen. Bei kompakten Serienmaschinen kann die Abnahme vom Maschinenhersteller im Lieferwerk vorgenommen werden. Bei der Übergabe an den Kunden erhält dieser oft nur eine Einweisung zur Bedienung und Wartung. Bei größeren Maschinen, insbesondere bei kundenspezifischen Anpassungen, wird in vielen Fällen eine spezielle Maschinenabnahme vereinbart, die beim Maschinenhersteller oder beim Anwender durchgeführt wird. Kann eine Maschine im vollen Umfang erst beim Kunden aufgebaut werden, so wird die Abnahme auch hier durchgeführt. In jedem Fall stellt die Maschinenabnahme zunächst eine qualitätssichernde Maßnahme dar. Sie dient aber auch dazu, den Stand zum Zeitpunkt der Übergabe an den Kunden festzuhalten.

Normen für die Werkzeugmaschinenabnahme

Für die Prüfung von Werkzeugmaschinen sind die ISO-Normen 230 (siehe Tab. 2.7) anzuwenden. Häufig werden auch noch die VDI/DGQ-Richtlinie 3441 und folgende sowie DIN-Normen und Werksnormen eingesetzt. Im Amerika und in Asien sind eigene Normen gültig, die zum Teil nicht direkt vergleichbar mit den ISO-Normen sind.

Struktur der Maschinenprüfung

Die Vorgehensweise soll am Beispiel der spanenden Werkzeugmaschinen erläutert werden. Mit Hilfe einer Struktur wird gezeigt, wie die Arbeitsgenauigkeit, die Zuverlässigkeit und weitere Eigenschaften einer Maschine beurteilt werden können. Werden die einzelnen Prüfungen systematisch aufeinander aufgesetzt, so ist es auch möglich, die Grenzen der Maschine zu ermitteln.

Aufstellung der Maschine

Die korrekte Ausrichtung der Maschine auf den Aufstellelementen bzw. zum Fundament wird überprüft, um die Maschinengeometrie damit nicht zu beeinflussen.

2.3 Beurteilung und Abnahme von Werkzeugmaschinen

Tab. 2.7 ISO-Normen für die Prüfung von Werkzeugmaschinen

ISO 230-1	Prüfregeln für Werkzeugmaschinen – Teil 1: Geometrische Genauigkeit von Maschinen, die ohne Last oder unter Schlichtbedingungen arbeiten
ISO 230-2	Prüfregeln für Werkzeugmaschinen – Teil 2: Bestimmung der Positioniergenauigkeit und der Wiederholpräzision der Positionierung von numerisch gesteuerten Achsen
ISO 230-3	Prüfregeln für Werkzeugmaschinen – Prüfung des thermischen Verhaltens
ISO 230-4	Prüfregeln für Werkzeugmaschinen – Teil 4: Kreisformprüfungen für numerisch gesteuerte Werkzeugmaschinen
ISO 230-5	Prüfregeln für Werkzeugmaschinen – Teil 5: Bestimmung der Geräuschemission
ISO 230-6	Prüfregeln für Werkzeugmaschinen – Teil 6: Bestimmung der Positioniergenauigkeit an Körper- und Flächendiagonalen (Prüfung der Diagonal-Verschiebung)
ISO 230-7	Prüfregeln für Werkzeugmaschinen – Teil 7: Geometrische Genauigkeit von Rotationsachsen
ISO 230-9	Prüfregeln für Werkzeugmaschinen – Teil 9: Abschätzung der Messunsicherheit bei Prüfungen von Werkzeugmaschinen nach der Normenreihe ISO 230; grundlegende Gleichungen

Messung der geometrischen Genauigkeit der Maschine

Die Basis für die Genauigkeit der Fertigung ist die Geometrie der Maschine. Wesentliche Bestandteile dieser Prüfung sind:

- Geradlinigkeit von Achsbewegungen
- Lage bzw. Winkligkeit der Achsen zueinander
- Lage der Werkstückspannfläche zu den Achsen
- Rund- und Planlauf der Hauptspindel
- Lage der Hauptspindelachse zu den Vorschubachsen

Es ist darauf zu achten, dass die geometrische Genauigkeit sowohl bei verschiedenen Achspositionen als auch unter verschiedenen Lastbedingungen (z. B. Werkstückgewicht) erhalten bleibt.

Messung der Positioniergenauigkeit einzelne Achsen

Ist die Geometrie der Maschine entsprechend der Vorgaben ausgeführt, so wird im nächsten Schritt das Positionierverhalten der Vorschubachsen geprüft. Folgende drei Größen sind hier von Bedeutung:

- Positionsabweichung
- Umkehrspanne
- Positionsstreubreite

Mit der Positionsabweichung wird der systematische Fehler beim Anfahren einer Position beschrieben. Die Umkehrspanne zeigt das Verhalten beim Positionieren aus positiver und aus negativer Richtung auf. Die Positionsstreubreite gibt die Wiederholgenauigkeit beim

Erreichen des Zielwertes an. Durch eine statistische Auswertung der einzelnen Messung wird die Positionsunsicherheit ermittelt (VDI/DGQ 3441).

Bei der Prüfung des Positionierverhaltens wird jede Vorschubachse einzeln untersucht. Die Maschine befindet sich dabei im Kaltzustand und die Messung der Position erfolgt nach dem Erreichen der Position. Damit handelt es sich um eine statische Prüfung. Alle weiteren Achsen der Maschine verändern bei dieser Messung ihre Lage nicht. Eine räumliche Messung wird in der Regel nicht durchgeführt. Eine Vergleichbarkeit verschiedener Normen ist nicht immer gegeben. Geprüft wird die Positioniergenauigkeit mit Vergleichsmaßstäben oder mit Laserinterferometern.

Statische und dynamische Steifigkeit der Maschine

Für die genaue Messung der statischen und der dynamischen Steifigkeit einer Werkzeugmaschine sind aufwändige Versuche notwendig. Die dynamische Steifigkeit kann zum Beispiel mit Hilfe der experimentellen Modalanalyse ermittelt werden. Im Rahmen einer Maschinenabnahme wird diese in der Regel nicht realisiert. Bearbeitungstests an Probewerkstücken sollen indirekt die Maschinenqualität bzgl. der statischen und dynamischen Steifigkeit nachweisen.

Dynamisches Verhalten von Vorschubachsen

Bei bestimmten Bearbeitungsschritten müssen die einzelnen Vorschubachsen mit wechselnden Geschwindigkeiten bewegt werden. Um nichtlineare Bahnen (z. B. Kreisbögen) abzufahren, macht es sich erforderlich, dass die beteiligten Vorschubachsen unterschiedliche, auf einander abgestimmte Geschwindigkeiten realisieren. Erwartet wird, dass bei konstant hohen Vorschubgeschwindigkeiten nur geringe Geometrieabweichungen

Abb. 2.52 Kugelmaßstab mit integriertem Längenmessgerät für Kreisformtest (Werkbild: HEIDENHAIN)

2.3 Beurteilung und Abnahme von Werkzeugmaschinen

Abb. 2.53 Kreisformtest mit Hilfe eines Kreuzgitter-Messgerätes (Werkbild: HEIDENHAIN)

am Werkstück erkennbar sind. Dabei ist neben der entsprechenden und exakten Achsgeschwindigkeit auch das Beschleunigungs- und Ruckverhalten von Bedeutung. Man spricht vom dynamischen Verhalten der Achsen.

Die Prüfung des dynamischen Verhaltens einzelner Achsen ist mit entsprechend hohem Aufwand, geeigneter Messtechnik und speziell qualifiziertem Personal möglich und wird in der Regel nicht bei der Abnahme realisiert. Das Zusammenspiel der einzelnen Achsen bei gleichzeitiger Beurteilung des dynamischen Verhaltens ist mit geringerem Aufwand möglich. Weit verbreitet ist der Kreisformtest (Abb. 2.52), bei dem zwei lineare Achsen interpolierend einen Kreis abfahren. Hierzu gibt es einfache Messmittel, mit denen die Kreisformbewegung erfasst und mit Hilfe eines Rechners (Abb. 2.53) aufgezeichnet wird. Die Auswertesoftware ermöglicht die schnelle Beurteilung der Maschine. Dieses Verfahren kann auch vom Maschinenanwender zur regelmäßigen Überprüfung der Maschine eingesetzt werden. Weiterhin werden zur dynamischen Beurteilung auch Probewerkstücken hergestellt. Entsprechende geometrisch definierte Werkstücke mit den zugehörigen Testprogrammen stehen zur Verfügung und können ggf. den speziellen Anforderungen eines Unternehmens angepasst werden.

Thermisches Verhalten

Den Einfluss von Erwärmungs- und Abkühlprozessen beim Betrieb von Werkzeugmaschinen auf deren Arbeitsgenauigkeit erfasst man in der Regel durch die Bearbeitung mehrere Werkstücke. Damit wird auch der zum Teil starken Prozessabhängigkeit dieses Verhaltens Rechnung getragen. Bei Maschinen für die Serienbearbeitung werden häufig Abnahmen mit einer Tages- oder Schichtproduktion mit anschließender Auswertung durchgeführt.

Vergleichende Messungen der geometrischen Genauigkeit nach längerem Stillstand der Maschine und nach deren Betrieb können wertvolle Hinweise zum thermischen Verhalten liefern.

Technische Verfügbarkeit

Eine besondere Bedeutung für eine sichere Produktion ist die technische Verfügbarkeit einer Maschine. Die Maschine muss zu einem bestimmten Prozentsatz (häufig zwischen 95% und 98%) der geplanten Einsatzzeit technisch einsatzbereit sein. Im Rahmen von Maschinenabnahmen werden für einen vertraglich festgelegten Zeitraum die Ausfallzeiten für planmäßige oder außerplanmäßige Wartungs- und Instandhaltungsmaßnahmen vom Maschinenanwender festgehalten und dann die technische Verfügbarkeit ermittelt.

Geräuschprüfung

Werkzeugmaschinen werden in der Regel von Personal betreut und bedient. Damit kann das von der Maschine abgegebene Geräusch die Gesundheit der Mitarbeiter beeinträchtigen. Entsprechende Grenzwerte der jeweiligen Nationen sind einzuhalten. Die Prüfung dazu findet überwiegend beim Hersteller statt und wird dann von ihm für den Leerlauf garantiert. Die Berücksichtigung von Einflüssen, die aus dem Bearbeitungsprozess resultieren, können durch den Maschinenhersteller nur bei exakter Definition berücksichtigt werden.

Elektromagnetische Verträglichkeit

Die Prüfung der Elektromagnetischen Verträglichkeit wird im Rahmen einer Maschinenabnahme nicht durchgeführt. Durch den Einbau entsprechend geprüfter, CE-konformer Komponenten garantiert der Maschinenhersteller im Allgemeinen die Elektromagnetische Verträglichkeit und bringt das CE-Kennzeichen an.

Dichtigkeitsprüfung an Kabinen

Besitzt die Maschine dichte Kabinen zur Gewährleistung der Arbeitssicherheit und der Umweltverträglichkeit ist deren Dichtheit entsprechend zu prüfen. Dies kann im Rahmen einer Maschinenabnahme nur stichpunktartig durchgeführt werden. In der Regel erfolgen diese Prüfungen vom Maschinenhersteller im Rahmen der werksinternen Abnahme.

Sonstige Prüfungen

Zur kompletten Beurteilung einer Maschine kann der Umfang der Prüfungen vereinbarungsgemäß beliebig erweitert werden und unter Umständen im Rahmen der Maschinenabnahme mit für den Anwender wichtigen Punkten ergänzt werden. Bestimmte sicherheitsrelevante Prüfungen (z. B. Not-Aus-Funktionen, Bruchsicherheit von Scheiben, etc.) werden vom Maschinenhersteller in speziellen Typprüfungen durchgeführt und sind damit nicht Bestandteil einer Maschinenabnahme.

Zur Beurteilung einer Maschine gehören weiterhin ergonomische Aspekte und die Bedienbarkeit. Zum Beispiel auch die NC-Steuerung, die vom Personal beherrscht und datentechnisch in vorhandene Systeme integriert werden muss.

Literaturverzeichnis

1. Klocke, F., König, W.: Fertigungsverfahren, Band 1 bis 5. VDI, Düsseldorf (1995–2008)
2. Krist, T.: Formeln und Tabellen Zerspanungstechnik. Vieweg & Sohn, Braunschweig/Wiesbaden (1996)
3. DIN (Deutsche Norm) 6580 Begriffe der Zerspantechnik; Bewegungen und Geometrie des Zerspanvorganges. Beuth, Berlin (1985)
4. DIN (Deutsche Norm) 6581 Begriffe der Zerspantechnik; Bezugssystem und Winkel am Schneidkeil des Werkzeuges. Beuth, Berlin (1985)
5. Vieregge, G.: Zerspanung der Eisenwerkstoffe, Stahleisen-Bücher, Band 16. Stahleisen, Düsseldorf (1970)
6. Stahl-Eisen-Prüfblatt 1178-69 Zerspanversuche, Spanbeurteilungstafel, Prüfblätter des Vereins Deutscher Eisenhüttenleute. Stahleisen, Düsseldorf (1969)
7. Kienzle, O., Victor, H.: Spezifische Schnittkräfte bei der Metallbearbeitung. Werkstattstechnik und Maschinenbau, Heft 5, Berlin 47 (1957)
8. Degner, W., Lutze, H., Smejkal, E.: Spanende Formung: Theorie, Berechnung, Richtwerte. Hanser, München, Wien (1993)
9. Hommel, B.: Spannungsverhältnisse im Bereich der spanenden Endbearbeitung und deren Einfluß auf Kräfte, Rauheit und Standzeit. Dissertation B, TH Karl-Marx-Stadt (1982)
10. Spur, G., Stöferle, T.: Handbuch der Fertigungstechnik Band 3/1 und 3/2 Spanen. Hanser, München, Wien (1979)
11. Preger, K.-T.: Zerspanungstechnik. Vieweg & Sohn, Braunschweig/Wiesbaden (1997)
12. Hellwig, W.: Spanlose Fertigung: Stanzen. Vieweg+Teubner, Wiesbaden (2009)
13. König, W.: Fertigungsverfahren, Band 5: Blechumformung. VDI, Düsseldorf (1995)
14. Tschätsch, H., Dietrich, J.: Praxis der Umformtechnik. Vieweg+Teubner, Wiesbaden (2010)
15. DIN (Deutsche Norm) 6582 Fertigungsverfahren Umformen; Einordnung, Unterteilung, Alphabetische Übersicht. Beuth, Berlin (1988)
16. DIN (Deutsche Norm) 8605 ff. Werkzeugmaschinen, Abnahmebedingungen. Beuth, Berlin (1976)
17. DIN-V (Deutsche Norm) 9602 Verhalten von Werkzeugmaschinen unter statischer und thermischer Beanspruchung (ersatzlos zurückgezogene Vornorm). Beuth, Berlin (1990)
18. DIN (Deutsche Norm) 8615, Teil 2: Fräsmaschinen mit senkrechter Spindel und in der Höhe verstellbarer Konsole, Abnahmebedingungen. Beuth, Berlin (1979)
19. Weck, M.: Werkzeugmaschinen, Messtechnische Untersuchungen und Beurteilung, Band 4, S.175. VDI, Düsseldorf (1990)
20. Schlesinger, G.: Prüfbuch für Werkzeugmaschinen. G.W. den Boer, Middelburg (1927)
21. VDI Gesellschaft Produktionstechnik (Hrsg.): VDI/DGQ 3441 ff. Statistische Prüfung der Arbeits- und Positioniergenauigkeit von Werkzeugmaschinen, VDI-Handbuch Betriebstechnik Teil 3. Beuth, Berlin (1977)

3 Baugruppen spanender Werkzeugmaschinen

3.1 Aufbau der Werkzeugmaschinen aus Baugruppen

Die vielfältigen, in einer Werkzeugmaschine zu realisierenden Funktionen führen zu einem komplexen Aufbau derselben. Um den Entwicklungs- und Fertigungsprozess solcher multifunktionalen Einrichtungen zu beherrschen und effektiv zu gestalten, sind Werkzeugmaschinen aus Baugruppen aufgebaut. Hinsichtlich der rationellen Fertigung wird dies besonders bei modular aufgebauten Serien von Maschinen deutlich. Diese erlauben den Maschinenherstellern gezielt auf Kundenwünsche einzugehen und damit Sondermaschinen aus größeren Serien von Modulen effizient zu bauen (Abb. 3.1).

Die Aufteilung der Werkzeugmaschine in Baugruppen erfolgt nach den Kriterien: Funktion, Fertigung, Montage und anderen.

Hinsichtlich der zu erfüllenden Funktionen sind folgende Baugruppen zu unterscheiden, dargestellt am Beispiel eines Waagerecht-Bearbeitungszentrums (Abb. 3.2):

- Maschinenaufstellung einschließlich Fundament
- Gestellbauteile, wie Betten, Ständer, Schlitten, Traversen, Tische u. a.
- Führungen für Tische, Schlitten, Stößel u. Ä.
- Hauptspindelbaugruppe
- Antriebsbaugruppen
- Werkzeug- und Werkstückaufnahme
- Steuerung und Bedienteile einschließlich Sicherheitseinrichtungen
- Automatisierungsbaugruppen, wie Werkzeug- oder Werkstückwechsel- und -speicher-Einrichtungen
- Baugruppen für Ver- und Entsorgung (z. B. für Kühlschmierstoff, Späne, Dämpfe)
- Maschineneinhausung und -verkleidung

Einige typische und für die Funktion der Werkzeugmaschine bestimmende Baugruppen werden im Weiteren besprochen.

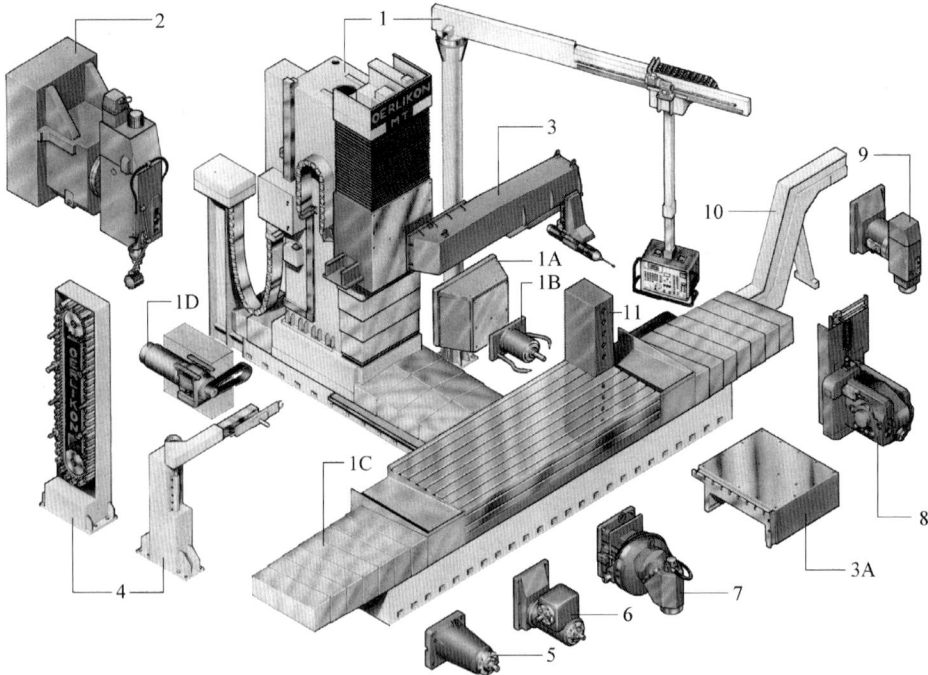

Abb. 3.1 Modulbauweise einer Werkzeugmaschine (Werkbild: OERLIKON) 1 – Ständer, 1A – Spindelstock, 1B – Horizontalspindel, 1C – Tischbett mit Führungsbahnabdeckung, 1D – Frässpindelmotor, 2 – Vertikalfräskopf, 3 – Arm für Kopierfühler, 3A – Modellaufspanntisch, 4 – Werkzeugwechsler, 5 – Spindelverlängerung, 6 – Fräskopf mit 2 Spindeln, 7 – Indexierbarer Universalfräskopf, 8 – CNC-Fräskopf, 9 – Vertikalfräskopf, 10 – Spänetransporteinrichtung, 11 – Werkzeugablage

3.2 Gestellbauteile

Aufgabe der Gestellbauteile ist die Aufnahme und Sicherung der gegenseitigen Lage der Werkzeugmaschinen-Baugruppen bei allen Betriebsbedingungen. Sie gewährleisten damit wesentlich die Genauigkeit und das Leistungsvermögen der Maschine. Gutes statisches, dynamisches und thermisches Verhalten sind dafür Voraussetzungen. Um dabei eine hohe Wirtschaftlichkeit zu erreichen, ist bei der Gestaltung weiterhin auf kostengünstige Fertigung und Montage sowie effektiven Materialeinsatz zu achten.

3.2.1 Ausführung von Gestellen

Hinsichtlich des Kraftflusses in der Maschine unterscheidet man Gestelle mit offener oder geschlossener Bauweise. Dem Vorteil einer guten Zugänglichkeit bei offenen Ge-

3.2 Gestellbauteile

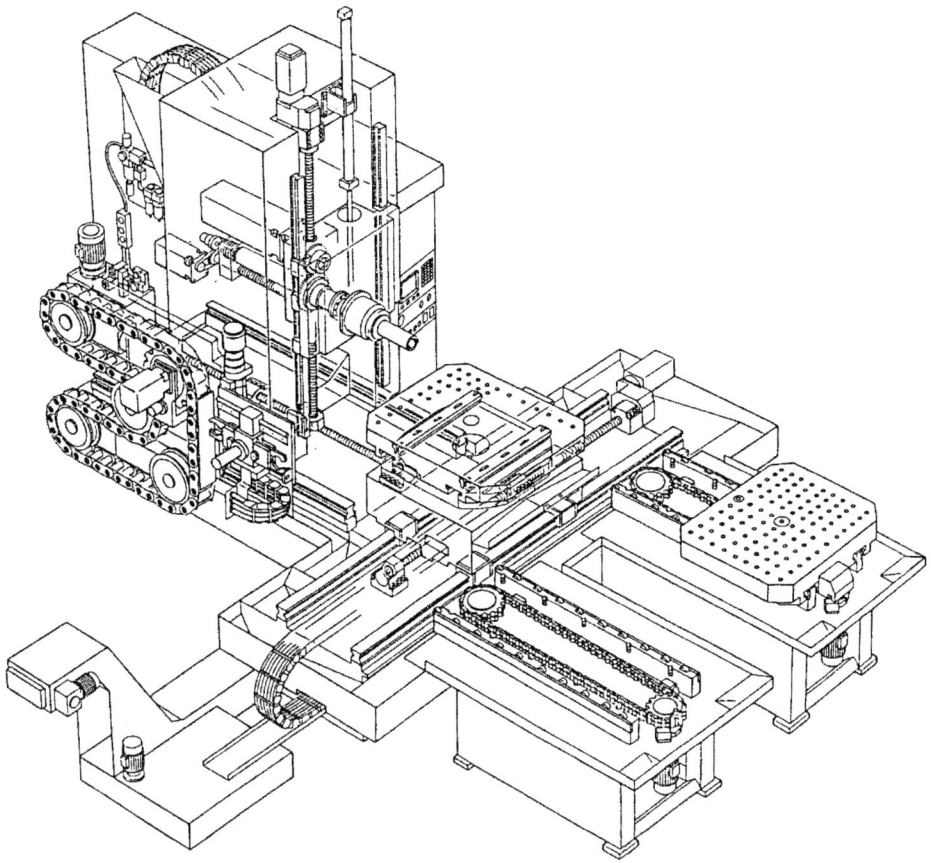

Abb. 3.2 Funktionsbaugruppen einer Werkzeugmaschine (Werkbild: HECKERT)

stellen steht die Aufbiegung der Struktur beim Wirken von Bearbeitungskräften gegenüber (Abb. 3.3).

Prinzipiell werden Gestellelemente als Guss- (metallische und nichtmetallische Werkstoffe) oder Schweißkonstruktionen ausgeführt. Die Bezeichnung „Verbundkonstruktion" steht für Kombinationen aus verschiedenen Gusswerkstoffen, aus Guss- und Schweißkonstruktion sowie der Verwendung von Gestein und Metall in einer Gestellbaugruppe.

Zur Beurteilung der Gestellausführung zieht man die Gestaltungsfreiheiten und die Kosten der Fertigungstechnologien sowie die dazu zur Verfügung stehenden Werkstoffe mit ihren Eigenschaften (Abb. 3.4) heran.

So sind Stahlschweißkonstruktionen gegenüber Gusskonstruktionen (Eisen) bei geringen Stückzahlen kostengünstiger in der Herstellung, lassen Änderungen leichter zu, haben bei gleicher Steifigkeit geringe Masse und können gezielt mit guter Kontaktdämpfung aus-

Abb. 3.3 Offene und geschlossene Gestellbauweise (Beispiele nach Werkbildern von Boley und AEG Elotherm)

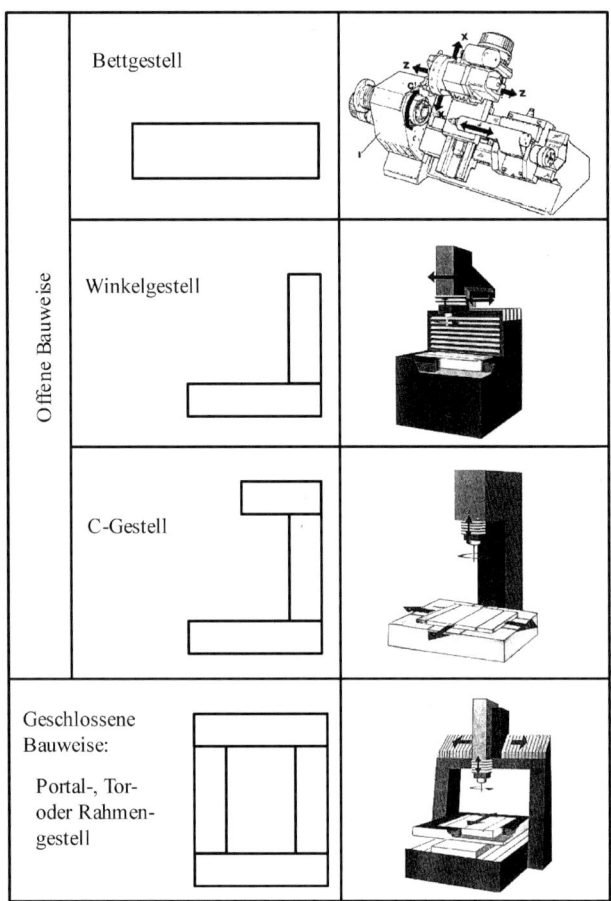

gestattet werden. Nachteilig wirken sich die notwendige Glühbehandlung sowie Kosten für Schweißvorrichtung und Vorbereitung der Teile aus (Abb. 3.5).

Die Verwendung von Mineralguss gegenüber Eisenwerkstoffen für Gusskonstruktionen ergibt kurze Fertigungszeiten, saubere Gussflächen, verbesserte Materialdämpfung (6...10 mal besser als Grauguss), geringe Wärmeleitfähigkeit und größere Konstruktionsfreiheit. Demgegenüber stehen höhere Fertigungs- und Materialkosten.

Verbundkonstruktionen dienen in der Regel dazu, vorteilhafte Materialeigenschaften der Verbundpartner auszunutzen und deren Nachteile zu kompensieren.

Gestellwerkstoffe

Als metallische Werkstoffe für Gusskonstruktionen werden Grauguss, legiertes Gusseisen, modifiziertes Gusseisen und Leichtmetall verwendet.

Nichtmetallische Werkstoffe für Gusskonstruktionen sind Beton, Mineralguss (auch Polymerbeton genannt) und Kunststoffe. Unter Mineralguss versteht man Epoxydharz

3.2 Gestellbauteile

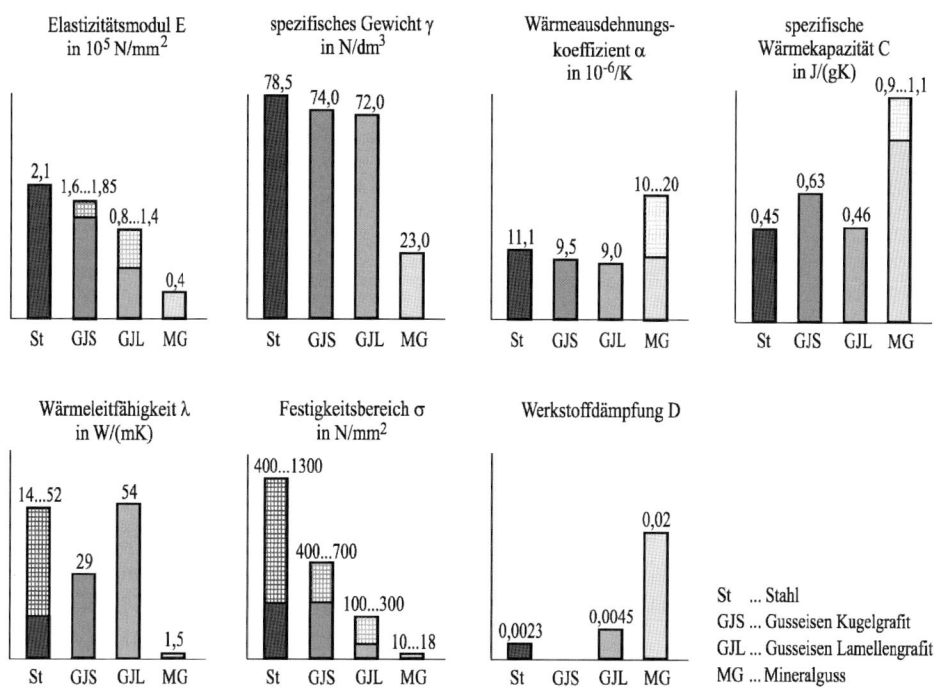

Abb. 3.4 Ausgewählte Eigenschaften von typischen Gestellwerkstoffen

St ... Stahl
GJS ... Gusseisen Kugelgrafit
GJL ... Gusseisen Lamellengrafit
MG ... Mineralguss

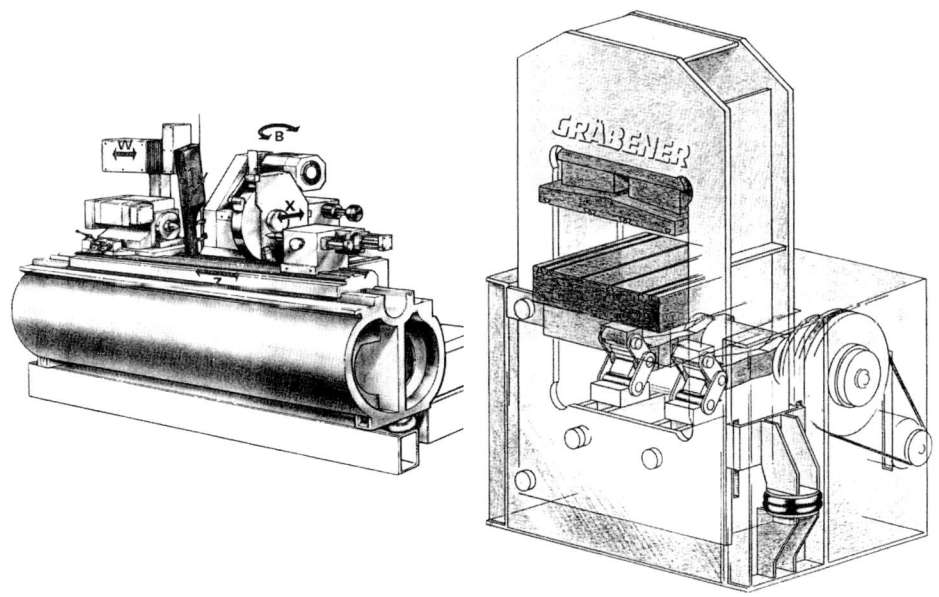

Abb. 3.5 Werkzeugmaschinengestell (gegossen, geschweißt) (Werkbild: Schaudt, Gräbener)

Abb. 3.6 Gestellbauteile aus Mineralguss (Werkbild: Studer, Schweiz). **a** ausgegossene Schweißkonstruktion für ein Flachbett, **b** Schrägbett mit eingegossener Aufnahme für eine separate Führungsbaugruppe, **c** Träger mit direkt eingegossenen Führungsleisten

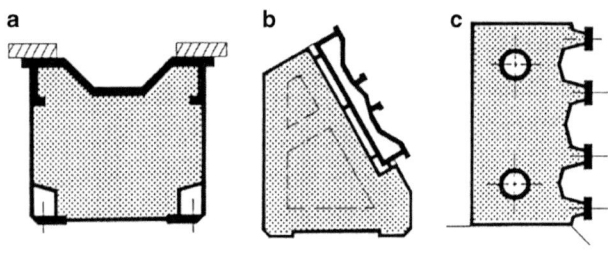

mit mineralischen Füllstoffen (z. B. Kieselsteine). Kunststoffe kommen als Faserverbundwerkstoffe zum Einsatz. Hierbei unterscheidet man: Kunststoff mit Carbonfaser (CFK), Kunststoff mit Glasfaser (GFK), Kunststoff mit Aramidfaser (AFK).

Werkstoff für Schweißkonstruktionen ist überwiegend Baustahl, aber auch verschiedene Leichtmetalle kommen zum Einsatz.

Für Schraubkonstruktionen können sowohl Stahl, Stahlguss, Leichtmetalle sowie Gestein und nichtmetallische Gusswerkstoffe verwendet werden.

Für den Leichtbau sind erste Einsatzfälle von geschäumten Metallen (Aluminium-, Magnesiumlegierungen) zu beobachten.

Bei Verwendung von Mineralguss für Gestellbauteile unterscheidet man drei Ausführungen, die alle als Verbundkonstruktionen bezeichnet werden können (Abb. 3.6):

- Eine Schweiß- oder Gusskonstruktion wird mit Mineralguss ausgegossen. Dabei ist das Stahl- bzw. Gussgestell weitestgehend geschlossen und besitzt notwendige Befestigungsflächen oder Führungsbahnen.
- Ein in der Regel geschweißtes Gerippe wird mit Mineralguss umgossen. Dieses Gerippe trägt die notwendigen Befestigungsflächen oder Führungsbahnen. Zusätzliche Eingießteile können vorhanden sein.
- Das Gestellbauteil wird ähnlich einem Graugussteil in einem Stück gegossen. Notwendige Befestigungselemente werden als Eingießteile eingegossen. Sie sind separat im Mineralguss angeordnet.

Die beiden letztgenannten Ausführungen benötigen eine Gussform zur Herstellung des Gestellbauteiles.

In Abb. 3.7 und 3.8 sind für Mineralguss ausgewählte Konstruktionsprinzipien zum Anbringen von Führungsbahnen und der Ausführung von Eingießteilen dargestellt.

3.2.2 Statisches Verhalten von Gestellbauteilen

Die im Kraftfluss liegenden Verbindungsstellen und Gestellbauteile sind im Wesentlichen verantwortlich für das statische Verhalten (vgl. 2.3.2) der Werkzeugmaschine. Ursachen für statische Verformungen sind wirkende Kräfte (Schnittkräfte, Gewichte) sowie Mo-

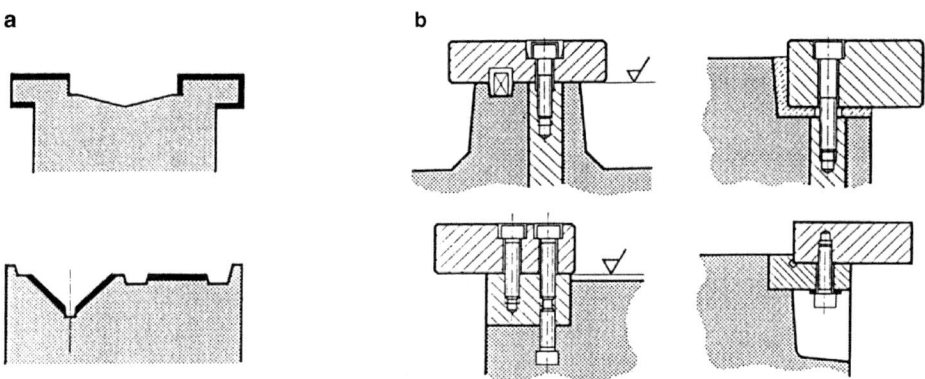

Abb. 3.7 Befestigung von **a** aufgeklebten, **b** verschraubten Führungsleisten in Gestellbauteilen aus Mineralguss. (Werkbild: Studer, Schweiz)

Abb. 3.8 Eingießteile für Befestigungsaufgaben in Gestellbauteilen aus Mineralguss. (Werkbild: Studer, Schweiz)

mente und das elastische Verhalten der Werkstoffe. Das statische Verhalten beeinflusst hauptsächlich die am Werkstück entstehenden Maß-, Form- und Lageabweichungen.

Für ein Gestellbauteil definiert man entsprechend der Beanspruchung Zug/Druck-, Biege- und Torsionssteifigkeit (Abb. 3.9).

$$\text{Statische Steifigkeit} = \frac{\text{Änderung der Belastung}}{\text{Änderung der Verformung}} \left[\frac{N}{\mu m}\right] \quad \text{oder} \quad \left[\frac{Nm}{\mu rad}\right]$$

Die Belastung und die Verformung werden an gleicher Stelle in gleicher Richtung gemessen.

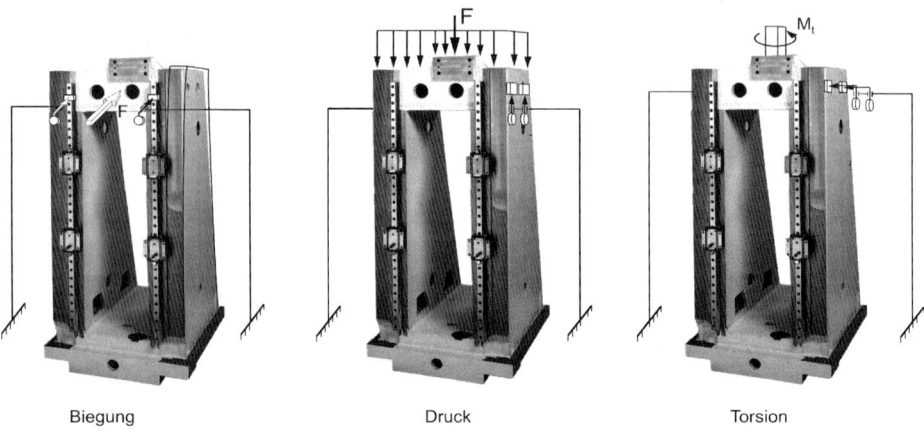

Abb. 3.9 Beispiele für Steifigkeiten eines Maschinenständers (Foto: Auerbach Werkzeugmaschinen)

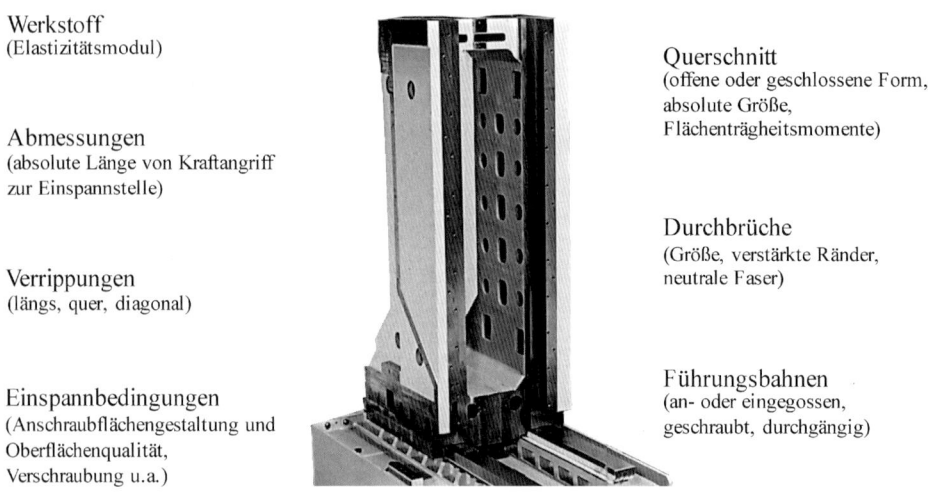

Werkstoff
(Elastizitätsmodul)

Abmessungen
(absolute Länge von Kraftangriff zur Einspannstelle)

Verrippungen
(längs, quer, diagonal)

Einspannbedingungen
(Anschraubflächengestaltung und Oberflächenqualität, Verschraubung u.a.)

Querschnitt
(offene oder geschlossene Form, absolute Größe, Flächenträgheitsmomente)

Durchbrüche
(Größe, verstärkte Ränder, neutrale Faser)

Führungsbahnen
(an- oder eingegossen, geschraubt, durchgängig)

Abb. 3.10 Einflussgrößen auf die statische Steifigkeit eines Maschinenständers (Quelle Foto: Burkhardt + Weber)

Einflussgrößen der Gestellbauteile auf die statische Steifigkeit sind (Abb. 3.10)
- der gewählte Werkstoff bezüglich seines Elastizitäts- bzw. Gleitmoduls,
- die Abmessungen zwischen Einspannstelle und Belastungsangriff,
- die Querschnittsform und -abmessungen (Trägheitsmoment I und I_T) einschließlich Verrippungen, Verstrebungen und Durchbrüchen,
- die Einspannbedingungen durch Kontaktflächen-, Verschraubungs- und Führungsanschlussgestaltung.

3.2 Gestellbauteile

Besonders bei der Gestaltung von Gestellquerschnitten und Kontaktstellen kann der Konstrukteur Einfluss auf das statische Verhalten des Gestellbauteiles nehmen.

Ausführung der Querschnittsform

Grundsätzlich differenziert man zwischen offenen und geschlossenen Querschnitten, da diese sich unterschiedlich gegenüber verschiedenen Beanspruchungen verhalten.

- Die Biegesteifigkeit eines geschlossenen und auch die eines offenen Querschnittes wird beeinflusst durch die dritte Potenz der äußeren Profilabmessung und linear durch die Wandstärke.
- Die Torsionssteifigkeit wird bei geschlossenem Querschnitt beeinflusst durch die dritte Potenz der äußeren Profilabmessung und linear durch Wandstärke und bei offenem Querschnitt durch die dritte Potenz der Wandstärke sowie linear durch die äußeren Profilabmessungen.

Daraus folgt, dass

- bei überwiegender Biegebeanspruchung der Gestelle möglichst gedrungen konstruiert werden muss,
- bei überwiegender Torsionsbeanspruchung stets geschlossene Querschnitte zu verwenden sind.

Der Vergleich verschiedener Querschnittsformen mit gleicher Querschnittsfläche in Tab. 3.1 zeigt die unterschiedliche Widerstandsfähigkeit gegenüber Biege- bzw. Torsionsbeanspruchung.

Gestaltung von Verrippungen

Das Anordnen von Verrippungen in Gestellbauteilen dient der Beseitigung von Schwachstellen und der Vermeidung von Querschnittsverzerrungen. Eine günstige Gestaltung zeichnet sich vorrangig durch relativ große Erhöhung der Biege- und Torsionssteifigkeit bei geringem Fertigungs- und Materialeinsatz aus.

Tab. 3.1 Vergleich verschiedener Flächenträgheitsmomente

Querschnitt (Flächeninhalt konstant)	29 × 100	⌀80 / ⌀100	65 × 100 (Wand 10)	I-Profil 100 × 110 (Wand 10)
Bezogenes polares Trägheitsmoment	1,00	8,74	5,78	0,19
Bezogenes äquatoriales Trägheitsmoment	1,00	1,20	1,45	2,33

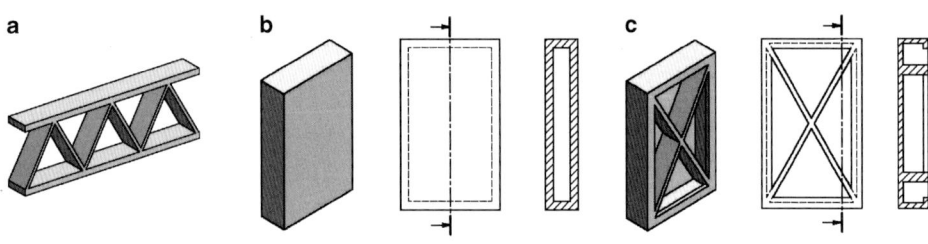

Abb. 3.11 Verrippung von Gestellbauteilen (Träger)

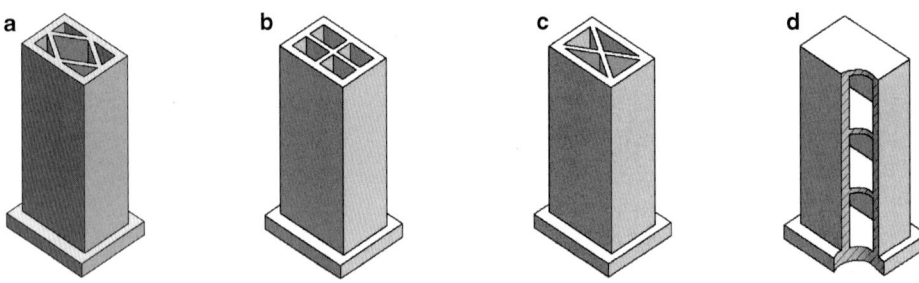

Abb. 3.12 Verrippung von Gestellbauteilen (Ständer)

Bewährt haben sich (Abb. 3.11)
a) bei Trägern enge Schrägverrippung (Diagonalverrippung) mit dicken Gurten und dünnen Rippen zum Erreichen einer großen Biege- und Torsionssteifigkeit,
b) für Platten geschlossene Kastenformen,
c) Platten mit Diagonalverrippungen, wobei auf hohe Rippen mit verdicktem Rand geachtet werden sollte

und bei Ständerbaugruppen (Abb. 3.12)
a) Rhomboidverrippungen aus durchgehenden Längsrippen, diese verhindern Querschnittsverzerrungen und erhöhen das äquatoriale Trägheitsmoment,
b) Längsverrippungen zur Erhöhung der Biegesteifigkeit,
c) diagonale Längsrippen zur Erhöhung der Torsionssteifigkeit,
d) Querverrippungen zur Erhöhung der Torsionssteifigkeit.

An einer Vielzahl von Gestellbauteilen sind Führungsbahnen angebracht. Eine möglichst durchgängige Gestaltung sowie weitgehende Abstützung am Gestellbauteil führt zu einem günstigen Verformungsverhalten.

In der folgenden Tab. 3.2 sind Ständer mit gleichen Außenabmessungen, aber unterschiedlicher Verrippung, mit und ohne Kopfplatte bezüglich ihres Verhaltens bei Biege- und Torsionsbeanspruchung dargestellt. Mit der Angabe der bezogenen Steifigkeiten (Quotient aus Steifigkeit und Ständermasse) erhält man eine Aussage zur Materialausnutzung.

3.2 Gestellbauteile

Tab. 3.2 Vergleich der Biege- und Torsionssteifigkeit verschieden gestalteter Ständer

	O.K.P	O.K.P	O.K.P	M.K.P	O.K.P	M.K.P	O.K.P	M.K.P
Verhältnis der Torsions-Steifigkeit	1 : 0,06	1 : 0,09	1 : 0,15	1 : 0,5	1 : 0,65	1 : 0,8	1 : 1,15	1 : 1,26
$\frac{\text{Torsionssteif.}}{\text{Gewicht}}$	0,06	0,07	0,10	0,5	0,6	0,7	0,8	
Verhältnis der Biegesteifigkeit	1 : 1	1 : 1,13	1 : 1,14	1 : 1	1 : 1,21		1 : 1,32	
$\frac{\text{Biegesteif.}}{\text{Gewicht}}$	1	0,9	0,76	1	0,9		0,81	

(O. K. P = Ohne Kopfplatte; M. K. P = Mit Kopfplatte; M_T = Angriffsstelle des Torsionsmoments; F an Kopfplatte, Höhe h)

Gestaltung von Durchbrüchen

Durchbrüche in Gestellbauteilen verursachen überwiegend eine erhebliche Verringerung der Torsionssteifigkeit. Sind sie nicht vermeidbar, sollten folgende Maßnahmen zur Abschwächung ihrer Auswirkungen eingehalten werden:
- bei Biegebeanspruchung möglichst in Nähe der neutralen Faser anordnen
- Abmessungen der Durchbrüche klein halten
- Wulstverstärkung und umlaufende Stege anbringen

3.2.3 Dynamisches Verhalten von Gestellbauteilen

Gestellbauteile, also massebehaftete Teile mit endlicher Steifigkeit, können durch Wechselkräfte, aber auch einmaligen Stoß (dynamische Störgrößen) zu Schwingungen angeregt werden. Ursachen für Wechselkräfte bei Werkzeugmaschinen sind:
- Unwuchten umlaufender Massen (Kraft steigt quadratisch mit Winkelgeschwindigkeit an)
- Zahneingriffskräfte z. B. durch Rundlauf-, Teilungs-, Zahnformfehler
- Wälzlager aufgrund ihrer Geometrie (Wälzen des Wälzkörpers durch Belastungszone) oder Formfehler der Ringe bzw. Wälzkörper
- Riemengetriebe durch Formfehler der Riemenscheiben oder Strukturfehler der Riemen

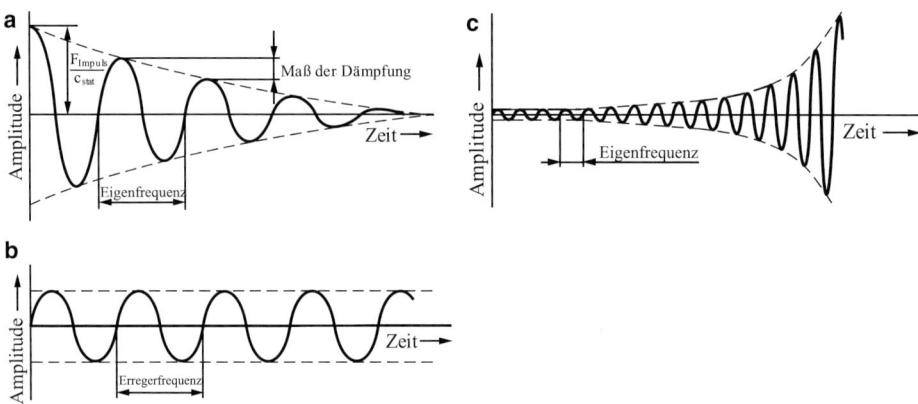

Abb. 3.13 Schwingungsarten an Werkzeugmaschinen. **a** Freie (gedämpfte) Schwingung (Eigenschwingung), **b** Erzwungene (fremderregte) Schwingung, **c** Selbsterregte Schwingung

- Hydraulikpumpen durch periodisch schwankende Fördercharakteristiken
- Wechselkräfte aus Zerspanungsvorgang, hervorgerufen durch ungleiches Aufmaß, unterbrochene Schnitte, Schneideneingrifffrequenz, Lamellierung der Späne u. a.

Diese Schwingungen beeinflussen die Genauigkeit des Werkstückes (Rauheit, Welligkeit) und setzen die Standzeit der Werkzeuge und Leistungsfähigkeit der Maschine herunter.

An Werkzeugmaschinen unterscheidet man aufgrund ihrer Ursachen und Eigenschaften drei Schwingungsarten (Abb. 3.13): freie gedämpfte Schwingungen, fremderregte Schwingungen und selbsterregte Schwingungen.

Die *freie gedämpfte Schwingung* entsteht durch einmalige impulsartige Krafteinwirkung (z. B. bei Pressen), die eine Verformung der Gestellbauteile entsprechend ihrer statischen Steifigkeit erzeugt. Danach schwingt die Maschine mit einer ihrer Eigenfrequenzen in der dazugehörigen Schwingungsform. Aufgrund der Systemdämpfung nimmt die Amplitude der Schwingung kontinuierlich ab.

Für die Anwendung der Maschine von Vorteil wäre demzufolge eine hohe statische Steifigkeit (kleine Erstverformung) und große Dämpfung (kurze Ausschwingzeiten).

Periodisch wirkende Wechselkräfte, die im Antrieb der Werkzeugmaschine oder durch den Zerspanvorgang entstehen können bzw. von außerhalb auf die Maschine übertragen werden, erzeugen *erzwungene Schwingung*. Die Maschinenstruktur schwingt mit der Frequenz des Erregers. Für diese Schwingungsart ist die dynamische Steifigkeit definiert.

$$\text{Dynamische Steifigkeit} = \frac{\text{Amplitude der Erregerkraft}}{\text{Amplitude der erzwungenen Schwingung}} \left[\frac{N}{\mu m}\right]$$

Die Amplitude der Schwingung ist abhängig von der Größe der Erregerkraft, der statischen Steifigkeit, Masse und Dämpfung sowie der Erregerfrequenz. Besonders, wenn diese in der Nähe einer Eigenfrequenz der Maschine liegt (Resonanz), kann die Amplitude der erzwungenen Schwingung sehr groß werden und damit einen Einsatz der Maschine unmöglich machen. Neben dem Beseitigen bzw. Isolieren der Fremdschwingung sind gute statische Steifigkeit, hohe Dämpfung und von der Erregerfrequenz stark abweichende Eigenfrequenzen der Maschine für ihren sicheren Betrieb notwendig.

Bei *selbsterregter Schwingung* entstehen innere Wechselkräfte (also keine Verursachung von außen), die die Maschine zu Schwingungen in einer ihrer Eigenfrequenzen anregen. Zum Beispiel erzeugt eine Inhomogenität in der Schleifscheibenstruktur eine Schnittkraftschwankung, die als freie gedämpfte Schwingung abklingt und sich dabei auf der Schleifscheibe abbildet. Kommt diese veränderte Schleifscheibenoberfläche wieder mit dem Werkstück in Kontakt, so wirkt sie selbsterregend auf das System. Da dies mit der eingeprägten Eigenfrequenz erfolgt, wird aus dem Zerspanungsprozess Energie zur Schwingungsrealisierung in Resonanz verwendet. Man kann sich vorstellen, dass bei ungenügender Dämpfung und unveränderten Systembedingungen es zur schnellen Vergrößerung der Schwingungsamplituden kommt. Wird der Prozess nicht unterbrochen, kann dies zur Zerstörung von Werkstück oder Werkzeug führen. Vermindern kann man das Auftreten selbsterregter Schwingungen durch günstige Schnittbedingungen (Erregungen aus dem Prozess sollen bezüglich ihrer Frequenz nicht in der Nähe von Eigenfrequenzen liegen) und durch Veränderung der Steifigkeiten im Prozess (Variation von Vorschüben und Drehzahlen).

Einflussgrößen auf die dynamische Steifigkeit

Für ein gedämpftes schwingungsfähiges Ein-Masse-System gilt die Bewegungsgleichung:

$$m\ddot{x} + k\dot{x} + c(x_{\text{stat}} + x_{\text{dyn}}) = F_{\text{stat}} + F_{\text{dyn}}. \tag{3.1}$$

Darin werden die Massenkraft als Produkt von Masse und Beschleunigung mit $m\ddot{x}$, die Dämpfungskraft als Produkt von Dämpfung und Geschwindigkeit mit $k\dot{x}$ und die Federkräfte als Produkt von Steifigkeit und Weg mit $c(x_{\text{stat}} + x_{\text{dyn}})$ dargestellt (Abb. 3.14).

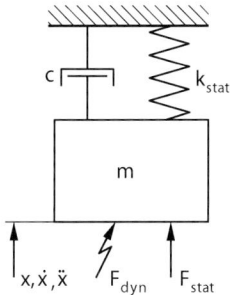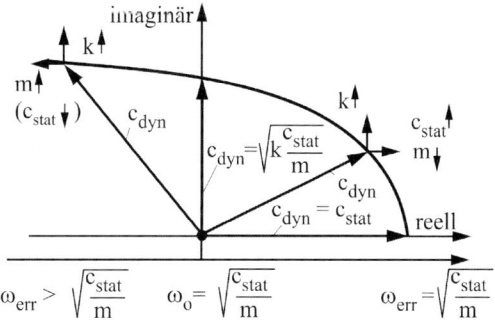

Abb. 3.14 Modell und Ortskurve des Ein-Massen-Schingers mit Dämpfung

Unter Berücksichtigung der folgenden Transformationsgleichungen lässt sich die Differentialgleichung (3.6) herleiten:

$$F(t) = \hat{F} \cdot e^{j\omega t} \tag{3.2}$$

$$x(t) = \hat{x} \cdot e^{j(\omega t + \varphi)} \tag{3.3}$$

$$\dot{x}(t) = \hat{x}(j\varpi) \cdot e^{j(\omega t + \varphi)} \tag{3.4}$$

$$\ddot{x}(t) = \hat{x}(j\varpi)^2 \cdot e^{j(\omega t + \varphi)} \tag{3.5}$$

In ihr werden, abhängig von der Kreisschwingungsfrequenz ω und der Phasenverschiebung φ zwischen Anregung und Reaktion des Systems, die realen und imaginären Anteile der Bewegung dargestellt. Diese Gleichung ist Basis zur Darstellung des Frequenzganges als Ortskurve, aus der sich anschaulich mögliche Maßnahmen zur Erhöhung der dynami-

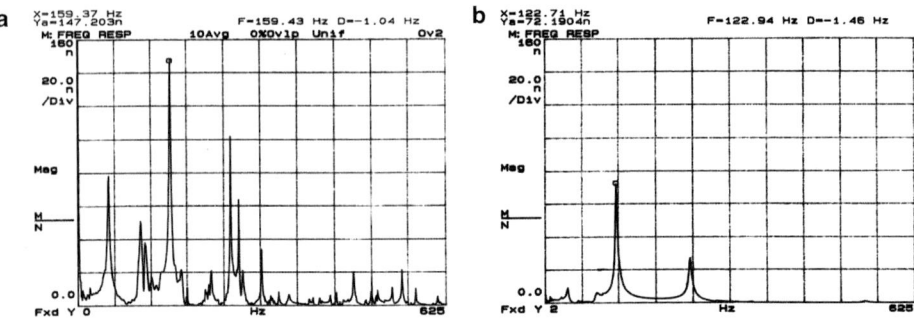

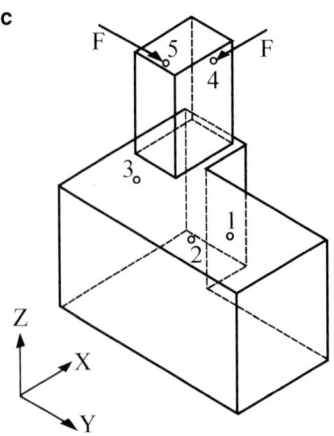

Abb. 3.15 Untersuchung des Dämpfungsverhalten einer Gestellkonstruktion. (Werkbild: ACO) Nachgiebigkeitsfrequenzgänge der Schweißkonstruktion. **a** ungefüllt, **b** mit Mineralguss ausgegossen, **c** Aufbau des Gestelles mit Lage der Erregerstelle und des Messpunktes

schen Steifigkeit ableiten lassen.

$$i = c - m\omega^2 + j \cdot k \cdot \omega \tag{3.6}$$

Soll im Bereich unterhalb der Eigenfrequenz die Maschine betrieben werden, ergibt sich die Verbesserung der dynamischen Steifigkeit durch größere statische Steifigkeit, geringere Masse und erhöhte Dämpfung. Diese Bauweise wird als steifer Leichtbau bezeichnet.

Ist der Einsatz der Maschine oberhalb der Eigenfrequenz vorgesehen, wird die dynamische Steifigkeit verbessert durch größere Masse und Dämpfung (steifer Schwerbau). Die statische Steifigkeit müsste hier eigentlich verringert werden. Dies steht aber im Widerspruch zur allgemeingültigen Forderung nach gutem statischen Verhalten. Konstruktive Maßnahmen zur Verbesserung der dynamischen Steifigkeit sind folglich vom Verhältnis zwischen Erregerfrequenz und Eigenfrequenz abhängig.

Ein gutes Dämpfungsverhalten ist für das dynamische Verhalten immer von Vorteil. Beeinflusst werden kann es durch
- die Wahl des Werkstoffes. Werkstoffe mit guter innerer Dämpfung sind: Grauguss mit Lamellengraphit (Werkstoffdämpfung ca. 10–20% der Gesamtdämpfung), Mineralguss (Abb. 3.15) und geschäumte Metalle,
- die konstruktive Gestaltung von Verbindungsstellen, z. B. kann bei geschweißten Gestellen die Kontaktdämpfung ca. 80–90% der Gesamtdämpfung betragen,
- die Integration von Dämpfungselementen in die Maschine.

3.3 Führungen

Man unterscheidet
- nach der freien Bewegung: Rund- und Geradführung
- nach der Querschnittsform:
  Rechteck: Flachführung
  Dreieck: V-, Dach-, Schwalbenschwanzführung
  Kreis: Säulenführung
  sowie Kombinationen daraus
- nach der Art der Führungsflächentrennung:
  Gleitführungen: mit hydrodynamischem, hydrostatischem, aerostatischem Gleitprinzip sowie mit magnetischer Flächentrennung
  Wälzführungen: mit begrenztem oder unbegrenztem Verschiebeweg und nach der Form der Wälzelemente (Kugel, Zylinder u. a.)

Ein Führungssystem, welches in der Lage ist abhebende Kräfte aufzunehmen, wird als geschlossen bezeichnet. Ist dies nicht der Fall, dann spricht man von offener Führung.

Führungssysteme die zum Positionieren verwendet werden, d. h. sie sind während der Bearbeitung am Werkstück feststehend oder geklemmt, werden Verstellführung genannt. Im Gegensatz dazu bezeichnet man als Bewegungsführungen solche Systeme, die eine Vorschub- oder Schnittbewegung ausführen.

Aufgabe einer Führung in Werkzeugmaschinen ist es, die exakte Realisierung *einer Bewegung* zuzulassen, d. h. fünf Freiheitsgrade zu binden und einen nicht.

Es ergeben sich damit Forderungen an Führungen wie
- zwangfreier Lauf (Bewegen ohne Verkanten),
- Lagesicherung des bewegten Bauteils in allen Stellungen,
- hohe Bewegungsgleichförmigkeit und Führungsgenauigkeit,
- günstiges Reibungsverhalten und hohe Verschleißfestigkeit,
- gutes statisches, dynamisches und thermisches Verhalten,
- hohe Wirtschaftlichkeit (einfache Fertigung, Montage und Wartung).

3.3.1 Allgemeiner Aufbau

Die Anordnung der Führungsflächen lässt sich auf geometrische Grundformen zurückführen (Abb. 3.16). Für eine effiziente Fertigung und problemlose Montage sollte darauf geachtet werden, dass es nach Möglichkeit zu keiner Mehrfachbestimmung von Freiheitsgraden zwischen feststehendem und bewegtem Teil der Führung kommt. Solche Überbestimmungen haben immer Einstell- bzw. Anpassarbeiten zur Folge.

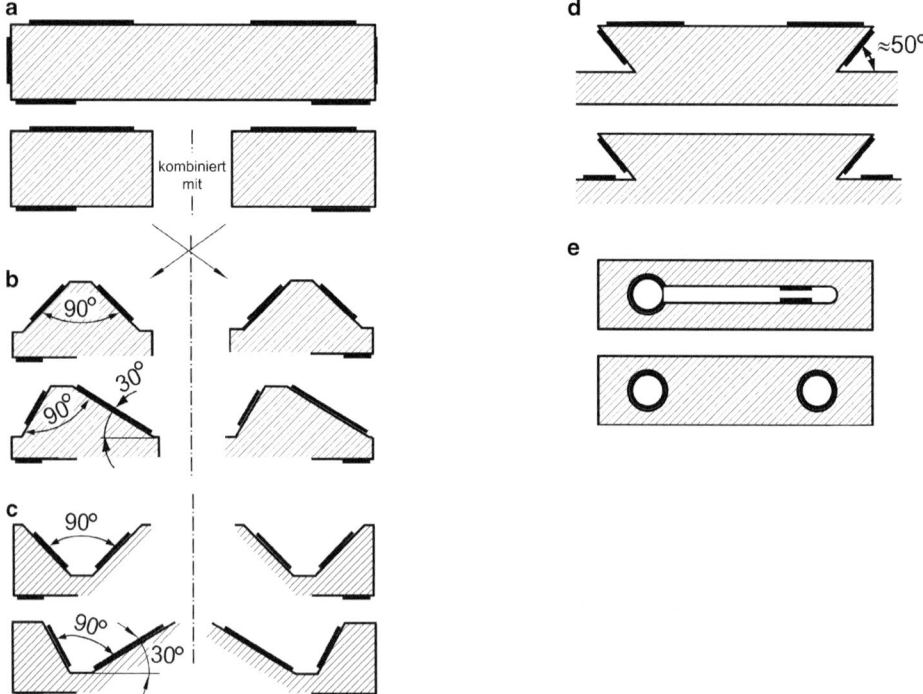

Abb. 3.16 Beispiele für geometrische Grundformen von Führungssystemen. **a** Flachführung, **b** Dachführung, **c** V-Führung, **d** Schwalbenschwanzführung, **e** Säulenführung

Führungssysteme, die aus flachen, zueinander parallel oder rechtwinklig angeordneten Führungsflächen bestehen – Rechteckführung – werden aufgrund ihrer einfachen Fertigung und Prüfung sowie ihres günstigen und gut auszulegenden statischen Verhaltens bevorzugt eingesetzt. Dabei wird die große Führungsflächenanzahl und die aufwändige Spieleinstellung bzw. -nachstellung bewusst in Kauf genommen.

Die Anordnung der Führungsflächen als Dach- oder V-Führung hat einen selbstständigen Nachstell- und Zentriereffekt zur Folge. Die Fertigung ist aufgrund der nicht rechtwinklig bzw. parallel zueinander liegenden Flächen aufwändig. Je nach Lage der Führungsflächen sammeln sich Öl und Späne in der Führung oder fallen herunter.

Die Schwalbenschwanzführung besitzt als geschlossenes Führungssystem die geringste Anzahl von Führungsflächen und ist damit in ihrer Herstellung günstig. Als Nachteile sind notwendige Anpassarbeiten und die relativ geringe sowie unsymmetrische Steifigkeit zu nennen.

Geradführungen

Am Beispiel einer Rechteckführung mit Umgriff (Abb. 3.17) sollen im Weiteren die wichtigsten Begriffe und allgemeinen Grundsätze der Auslegung einer Geradführung erläutert werden.

An einem Gestellelement befinden sich zwei Führungsschienen. Sie sind so ausgebildet, dass sie die Tragführungs-, Seitenführungs- und Umgriffführungsflächen dieses Bauteiles darstellen. Diese Führungsflächen haben im Zusammenspiel mit den entsprechenden Führungsflächen am Schlitten die Aufgaben:
- Tragführung: 3 Freiheitsgrade des Schlittens zu bestimmen (Verschiebung in z-Richtung, Drehung um die x- und y-Achse)
- Seitenführung: 2 Freiheitsgrade des Schlittens zu bestimmen (Verschiebung in y-Richtung, Drehung um die z-Achse)

  Mit Hilfe von Einstellelementen ist es möglich, das Spiel in der Seitenführung einzustellen. Werden diese Elemente auf einer Seite angeordnet, ist nur eine unsymmetrische Einstellung möglich.
- Umgriffführung: Ein Abheben des Schlittens zu vermeiden und damit die Führung zu schließen (geschlossenes Führungssystem)

  Das notwendige Spiel in z-Richtung wird erzeugt durch eingepasste Umgriffleisten, Umgriffleisten mit Druckleiste oder mit Beilagen.

Der Quotient aus geführter Länge und geführter Breite wird als Führungsverhältnis l/b bezeichnet. Um das Verkannten des Schlittens weitgehend zu vermeiden, sollte $l/b > 1,3 \ldots 1,5$ sein. In diesem Zusammenhang müssen die Begriffe Breit- und Schmalführung genannt werden. Verwendet man, wie in Abb. 3.17 dargestellt, die äußeren Führungsflächen für die Gestaltung der Seitenführung, so spricht man von einer Breitführung. Unter Beachtung eines gewählten Führungsverhältnisses ergibt sich dabei die maximale erforderliche Führungslänge. Vorstellbar ist aber auch
- beide Seitenführungsflächen an eine Führungsschiene zu legen (A),
- die Seitenführungsflächen an den Innenseiten der Führungsschienen anzuordnen (B),
- separate Flächen (C) für die Seitenführung zu schaffen.

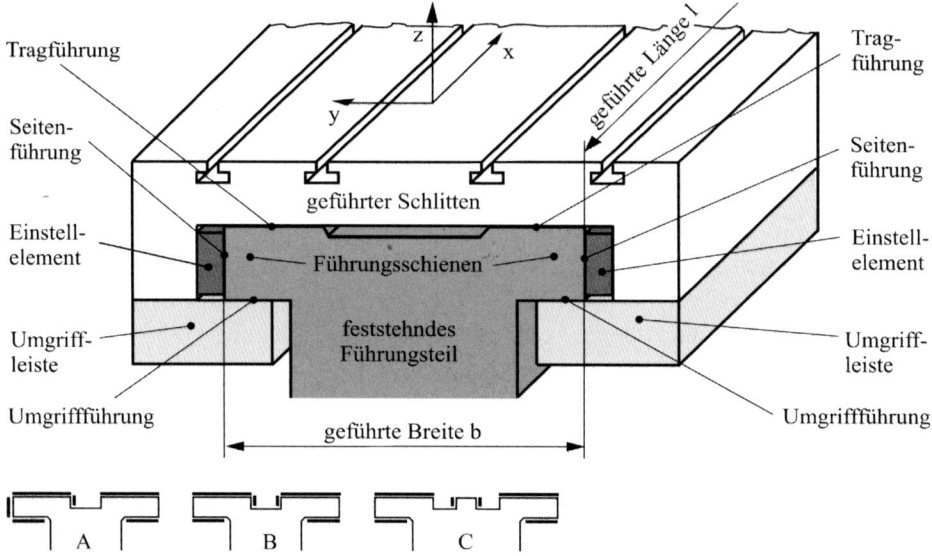

Abb. 3.17 Grundsätzlicher Aufbau einer Geradführung als Rechteck- und Breitführung. A–C – Beispiele der Anordnung der Seitenführung zum Erreichen kleiner Führungsbreiten (Schmalführung)

Alle diese Maßnahmen hätten eine kleinere maximal erforderliche Führungslänge zur Folge oder ergeben Führungsverhältnisse größer den Mindestforderungen, was sich positiv auf die Genauigkeit und die erforderlichen Verschiebekräfte auswirkt.

Als Einstellelemente für die notwendige Spieleinstellung in der Seitenführung haben sich Druck- oder Keilleisten bewährt. Ihr Aufbau ist sehr vielfältig (Abb. 3.18). Druckleisten besitzen einen über die Länge konstanten rechteckigen Querschnitt und werden mit Hilfe von Zug- und Druckschrauben (Zugschraubenanzahl um 1 größer) zur Gegenführungsfläche positioniert. Keilleisten sind mit Neigung 1 : 20 bis 1 : 100 versehen und die Einstellung des Führungsspiels erfolgt durch Verschieben.

Bei geschlossenen Führungssystemen ist das Spiel zwischen Trag- und Umgriffführung (Abb. 3.19) einzustellen. Als prinzipielle Varianten haben sich bewährt:
- Einpassen bei der Montage auf der Basis entsprechender Toleranzgestaltung an Führungsschiene und Schlitten
- Anordnen von Druckleisten oder Keilleisten im Umgriff
- Anpassen bei Montage durch Verwenden von Beilagen

Rundführungen

Die Realisierung der Drehbewegung von Drehtischen (senkrechte Drehachse), aber auch von Hauptspindeln bei Senkrechtdrehmaschinen wird oft als Rundführung bezeichnet. Gegenüber Hauptspindellagerungen (vgl. Abschn. 3.5) bestehen wesentliche konstruktive Unterschiede.

3.3 Führungen

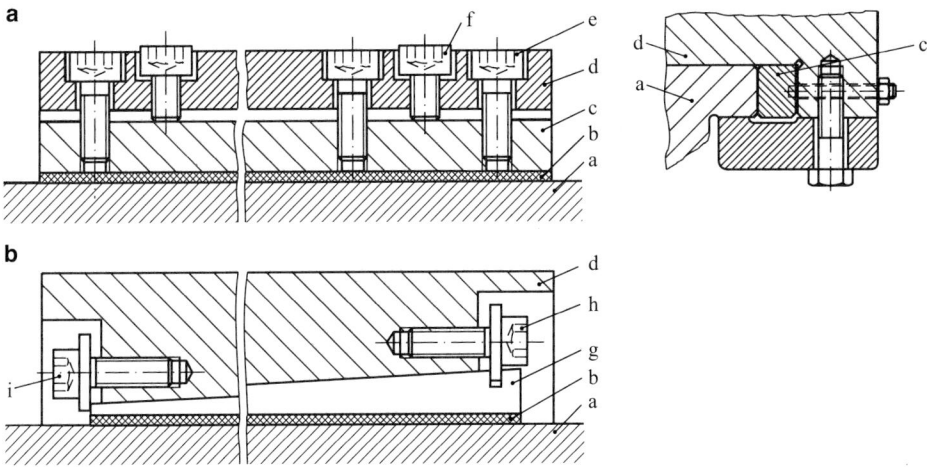

Abb. 3.18 Beispiele für den Aufbau von Einstellelementenen (überwiegend angewandt in der Seitenführung) **a** Druckleiste, **b** Keilleiste. a – Führungsschiene, b – Gleitbelag, c – Druckleiste, d – Schlitten, e – Zugschraube, f – Druckchraube, g – Keilleiste, h – Einstellschraube, i – Konterschraube

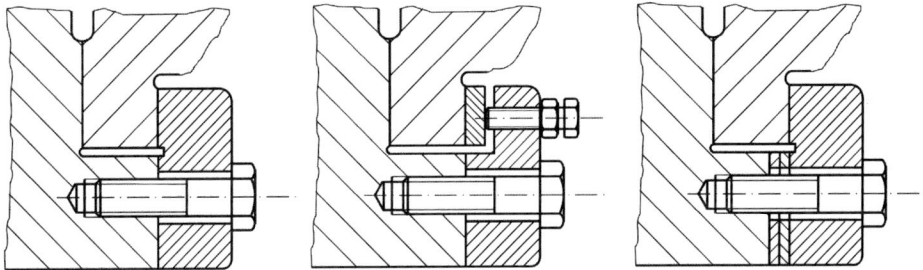

Abb. 3.19 Gestaltung der Spieleinstellung in der Umgriffführung

Unabhängig von der Art der Führungsflächentrennung (Gleit- oder Wälzführung) unterscheidet man nach der Anordnung der Führungsflächen für die Aufnahme der axialen und radialen Kräfte und nach der Ausbildung des Zapfens (Abb. 3.20).

Allgemein ist für den Aufbau anzustreben:
- ausreichend starke Dimensionierung der Aufspannplatte
- kleiner Abstand zwischen Aufspannfläche und axialer Führungsfläche
- großer Führungsdurchmesser für axiale Kraftaufnahme
- evtl. Selbstzentrierung durch kegelige Führungsflächen
- Zapfen vermeiden, er führt immer zu Anpassarbeiten

Die Gestaltung ohne Zapfen als offenes Führungssystem ist für Beanspruchungen ohne abhebende bzw. kippende Kräfte möglich. Je nach Größe der Kippmomente ist ein kurzer

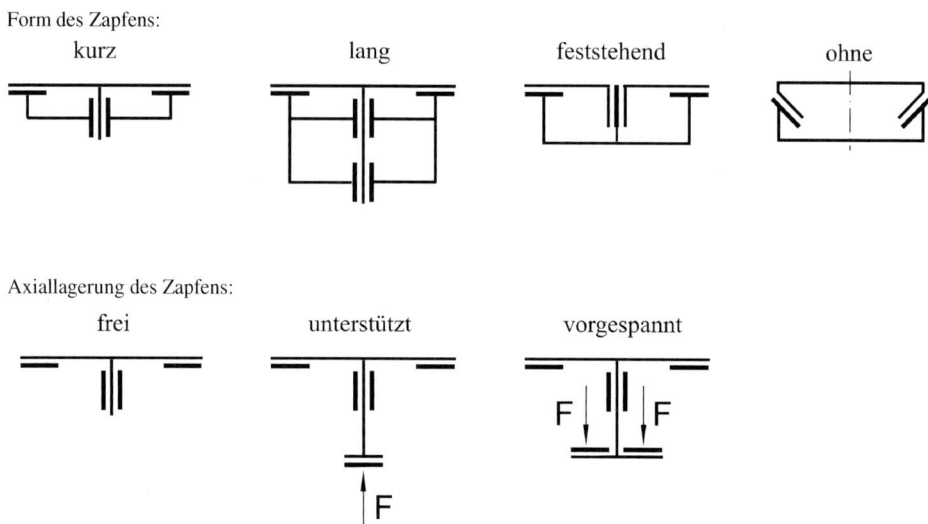

Abb. 3.20 Grundsätzlicher Aufbau von Rundführungen

oder langer Zapfen vorzusehen. Abhebende Beanspruchungen können durch Umgriffe oder in der Regel einfacher durch Vorspannen des Zapfens aufgenommen werden. Ist die Gefahr des Durchbiegens des Tisches gegeben, sollte der Zapfen unterstützt werden. Vorspannen und Unterstützen des Zapfens können sich in ein und derselben Maschine notwendig machen.

Führungsbahnschutz

Bei der überwiegenden Zahl von Werkzeugmaschinen ist es notwendig die Führungen abzudecken bzw. durch entsprechende Maßnahmen vor Beschädigen, Verschmutzen und dem Eindringen von Schmutz zu schützen. Ziel dabei ist es, die Funktion der Führung mit der notwendigen Genauigkeit und Lebensdauer zu sichern. Weiterhin kann es notwendig sein, diese Abdeckungen zum staufreien Transport der Späne und des Kühlschmierstoffes zu nutzen. Einige prinzipielle konstruktive Ausführungen sind in Abb. 3.21 dargestellt. Kombinationen einzelner Prinzipien in einer Konstruktion sind unter Umständen notwendig. Die Bewertung dieser Varianten ist aus den Anforderungen im konkreten Einsatzfall abzuleiten und sollte berücksichtigen

- die Dichtwirkung gegen Späne, Kühlschmierstoff, Stäube,
- die Verträglichkeit mit heißen Spänen, dem Kühlschmierstoff und dem Führungsbahnschmierstoff,
- die Stabilität gegen mechanische Belastung (z. B. Begehbarkeit),
- den Aufwand für Reinigung und die Wirkung auf den Spänetransport.

In Abb. 3.22 ist die bewährte Ausführung einer Teleskopabdeckung dargestellt.

3.3 Führungen

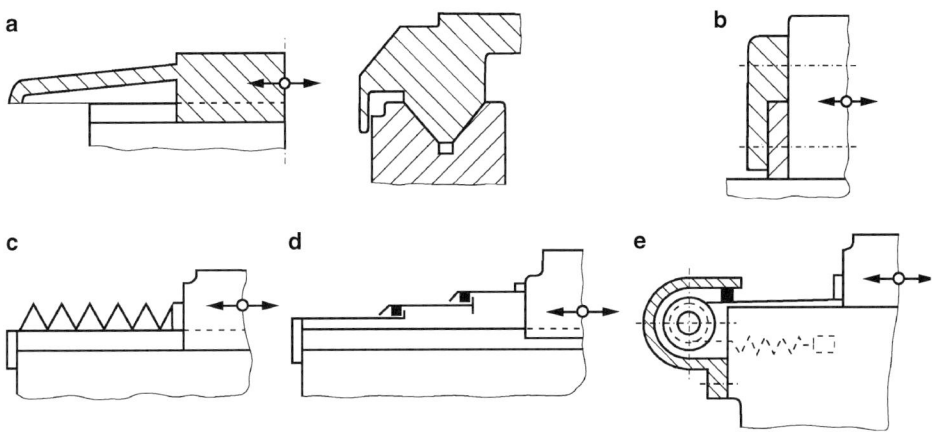

Abb. 3.21 Grundsätzliche Aufbauvarianten des Führungsbahnschutzes. **a** Schutz durch die konstruktive Gestaltung des bewegten Bauteils, **b** Abstreifer, **c** Faltenbalgabdeckung, **d** Teleskopabdeckung, **e** Stahlbandabdeckung

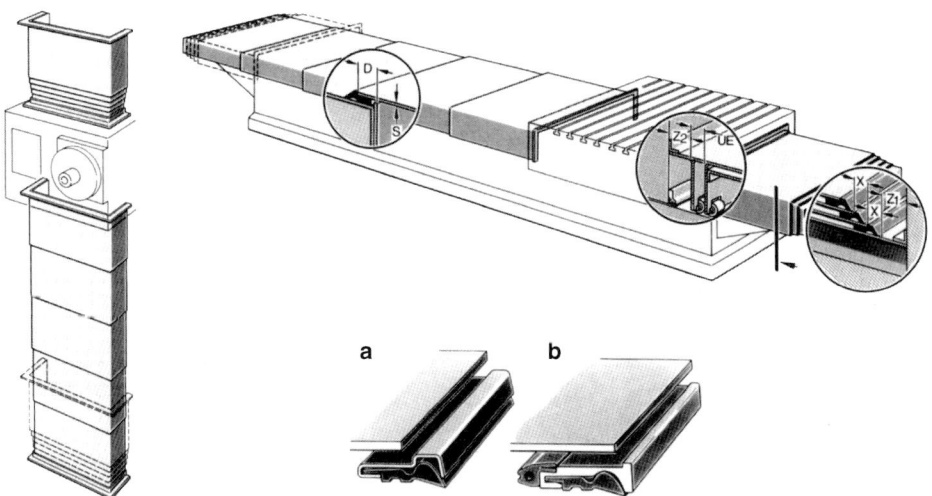

Abb. 3.22 Beispiel einer Teleskopabdeckung mit Rollen. (Werkbild: Kabelschlepp). **a** mit auswechselbarer Abstreiflippe und integriertem Dämpfungsprofil, **b** mit aufvulkanisierter Abstreiflippe und Edelstahl-Schutzleiste vor heißen Spänen

3.3.2 Funktionsprinzipien zum Trennen der Führungsflächen

Wichtig für die Auswahl des Funktionsprinzips sind neben den notwendigen Aufwändungen die technischen Eigenschaften (Tab. 3.3)
- Start- und Bewegungsreibung und der davon abhängige Verschleiß
- vorhandene statische Steifigkeit und Dämpfung

Bei hydrodynamischen Führungen ist aufgrund der Festkörperreibung im Startbereich und der Mischreibung im Arbeitsbereich immer mit verhältnismäßig hohem Verschleiß zu rechnen. Vorteilhaft sind das ausgezeichnete Dämpfungsverhalten, die gute statische Steifigkeit sowie die geringen Herstell- und Betriebskosten.

Führungen, die auf hydrostatischem oder aerostatischem Wirkprinzip arbeiten, zeichnen sich aus durch extrem kleine Reibwerte auch bei kleinen Geschwindigkeiten und sind theoretisch verschleißfrei. Ihre statische Steifigkeit und Dämpfung sind als ausreichend einzuschätzen und werden durch entsprechende Regler wesentlich verbessert. Die Führungsgenauigkeit ist extrem hoch. Die Kosten für Herstellung und Betrieb liegen zum Teil wesentlich über denen hydrodynamischer Führungen.

Zu den Wälzführungen lässt sich allgemein sagen, dass sie geringe Reibwerte bei ausgezeichneter Tragfähigkeit und guter Genauigkeit erreichen. Vielfältige Gestaltungsmöglichkeiten und eine große Anzahl als Kaufteile erhältlicher Komponenten und kompletter

Tab. 3.3 Eigenschaften wichtiger Funktionsprinzipien von Führungen

Führungsart / Reibkoeffizient	Bewegungsreibkoeffizient μ_K	Startreibkoeffizient μ_P	Statische Steifigkeit	Dämpfung
Gleitführung mit hydrodynamischer Schmierung (Mischreibungsgebiet)[3]				
• Werkstoffpaarung Guss / Guss (Stahl)	0,1 ... 0,2[1]	$\mu_P \gg \mu_K$	Gut	Sehr gut
• Werkstoffpaarung Plast / Guss (Stahl)	0,05 ... 0,1[1]	$\mu_P > \mu_K$	Gut	Sehr gut
Gleitführung mit hydrostatischer Schmierung (Flüssigkeitsreibung)	0,001 ... 0,0001[2]	$\mu_P = \mu_K$	Gut ... hoch[4]	Sehr gut[5]
Wälzführung	0,01 ... 0,0001[2]	$\mu_P \approx \mu_K$	Hoch	Schlecht

[1] Reibkoeffizient stark abhängig von Geschwindigkeit
[2] Reibkoeffizient nahezu unabhängig von Geschwindigkeit
[3] Reibkoeffizientgröße weitgehend von Anzahl und Anordnung der Gleitelemente (Mischreibungsgebiet) im Führungssystem abhängig
[4] Steifigkeit abhängig von eingesetzter Drossel, am Besten bei geregelter Drossel
[5] Dämpfung sehr gut quer zur Führungsrichtung, in Führungsrichtung extrem niedrig

3.3 Führungen

Systeme lassen unterschiedlichste Eigenschaften und Anwendungen zu. Problematisch sind die ungenügenden Dämpfungswerte vorgespannter Wälzführungssysteme. Der Einbau von sogenannten Dämpfungsschlitten bzw. die Kombination mit einer Gleitführung können hier Abhilfe schaffen.

Gleitführung mit hydrodynamischer Schmierung

Bei diesem Prinzip wird Öl überwiegend drucklos den Führungsflächen über das kürzere Führungsteil zugeführt. Mit Beginn einer Relativgeschwindigkeit zwischen den Führungsflächen wird aufgrund von Haftkräften Schmierstoff in den Führungsspalt gezogen. Dabei ist die wirksame Menge wesentlich von der Relativgeschwindigkeit abhängig. Es baut sich ein Schmierfilm auf, welcher durch seinen hydrodynamischen Druck (Abb. 3.23) das geführte Bauteil trägt. Der maximale Druck entsteht dabei kurz vor dem engsten Teil des Schmierspaltes. Im Schmierkeil unterscheidet man zwei Strömungen:

- die Druckströmung, die entsteht durch das Herausdrücken des Öles aus dem Schmierspalt aufgrund der Kraft F
- die Gleitströmung, die durch das Mitreißen des Öles aufgrund der Relativgeschwindigkeit zwischen den Gleitflächen entsteht

Aus ihnen resultiert die in Abb. 3.23 angegebene Strömungsgeschwindigkeit.

Der Zusammenhang zwischen Reibung und Geschwindigkeit lässt sich gut am Stribeck-Diagramm erläutern. Zu Beginn der Bewegung muss die zwischen den Teilen wirkende Haftreibung überwunden werden. Der sich mit zunehmender Geschwindigkeit aufbauende hydrodynamische Schmierkeil führt von überwiegend Festkörperreibung über das Gebiet der Mischreibung zur Flüssigkeitsreibung. Hier ist eine vollständige Trennung der Bauteile durch den Schmierfilm vorhanden und der Reibwiderstand am geringsten.

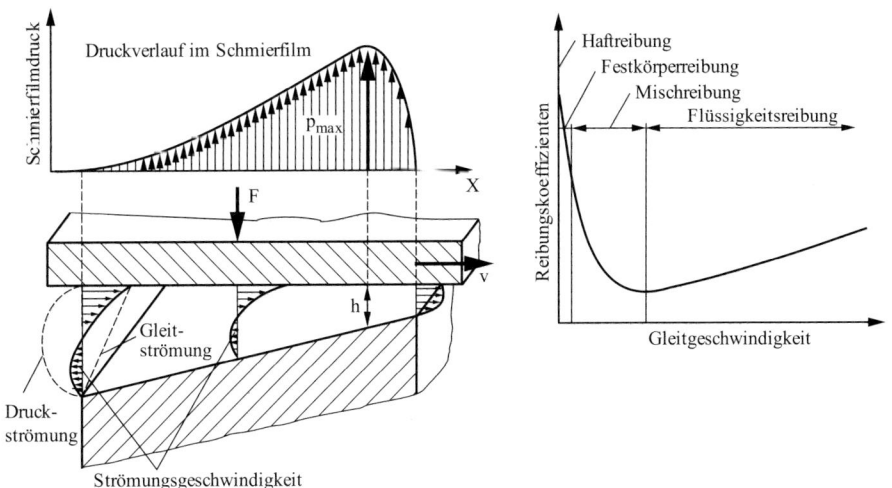

Abb. 3.23 Prinzip der hydrodynamischen Schmierung und Stribeck-Diagramm

Eine weitere Erhöhung der Geschwindigkeit führt zu größerer Reibung im Schmierstoff, was einen Anstieg des Reibwertes zur Folge hat.

Aufgrund der in Werkzeugmaschinen benötigten Geschwindigkeiten arbeiten die meisten Führungssysteme im Gebiet der Mischreibung. Damit verbunden sind als Nachteile:
- ungünstiges Reibungsverhalten (bei Kunststoffeinsatz günstiger)
- Auftreten von Verschleiß
- geringe Bewegungsgleichförmigkeit bei kleinen Geschwindigkeiten (Stick-Slip-Effekt)
- keine Spielfreiheit

Trotz dieser Nachteile sind hydrodynamische Gleitführungen aufgrund
- des geringen Fertigungs-, Montage- und Wartungsaufwandes,
- des ausreichend guten statischen Verhaltens,
- der ausgezeichneten Dämpfungseigenschaften

weit verbreitet.

Stick-Slip-Effekt

Besonders negativ für die Anwendung der hydrodynamischen Gleitführung in Werkzeugmaschinen ist das Auftreten von Stick-Slip-Effekten. Dieses sogenannte Ruckgleiten (Abb. 3.24) kann bei kleinen Gleitgeschwindigkeiten im Bereich der Mischreibung entstehen und ist gekennzeichnet durch periodisches Haften und Gleiten des Schlittens auf der Führungsbahn. Um den Schlitten in Bewegung zu setzen, muss die Haftreibung überwunden werden. Der dazu notwendige Antrieb besitzt eine endliche Steifigkeit (im Modell als Zugfeder dargestellt) und wird durch die zur Überwindung der Haftreibung notwendigen

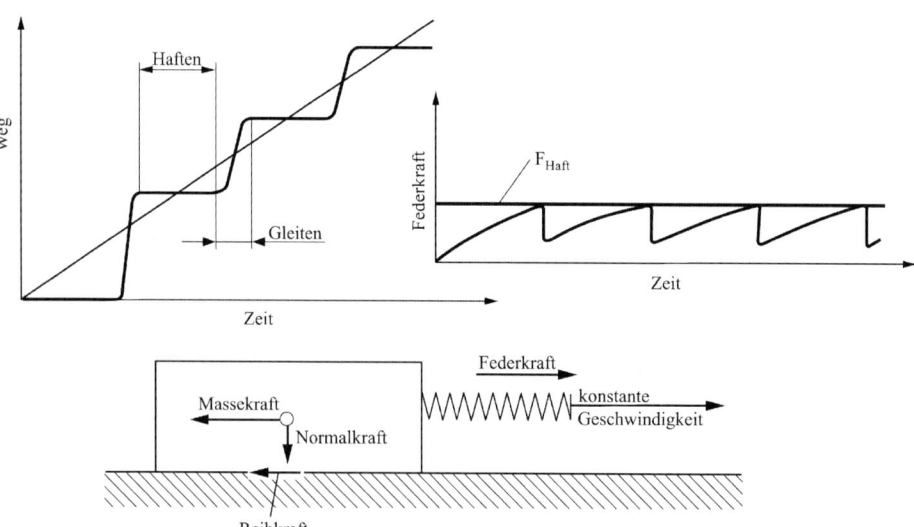

Abb. 3.24 Modell zum Stick-Slip-Effekt

Kraft gespannt. Überwindet diese Kraft die Haftreibung, bewegt sich der Schlitten auf der Führungsbahn. Die Reibung geht in Mischreibung über und nimmt somit ab. Das hat zur Folge, dass der Schlitten beschleunigt (Gleitruck) und die Feder entspannt wird. Fällt die Größe der Federkraft unter die zu überwindende Reibkraft, bleibt der Schlitten erneut stehen und der geschilderte Zyklus wiederholt sich.

Bedingung für das Auftreten des beschriebenen Stick-Slip-Effektes ist das Verringern der Reibkraft beim Erhöhen der Geschwindigkeit, also ein negativer Anstieg der Stribeck-Kurve (vgl. Abb. 3.23). Der Kurvenverlauf ist abhängig von der Werkstoffpaarung und lässt sich durch die Wahl des Schmierstoffes, der Oberflächenstruktur der Gleitflächen und der Schmiertaschengestaltung beeinflussen. Des Weiteren kann die Neigung zum Stick-Slip-Effekt verringert werden durch hohe statische Steifigkeit des Vorschubantriebes und geringe zu bewegende Massen.

Werkstoffe und Bearbeitung

Für die Auswahl der Werkstoffpaarung gilt, dass die Werkstoffhärte des einfacher herzustellenden bzw. des kleineren Führungsteiles etwas niedriger als die Härte des Gegenwerkstoffs gewählt wird. Bewährt haben sich Paarungen aus

- Guss (meist Grauguss) ⇒ Guss
- Guss (meist Grauguss) ⇒ Stahl (gehärtet)
- Kunststoff ⇒ Guss (meist Grauguss)
- Kunststoff ⇒ Stahl (gehärtet)

Besonders bei hohen Anforderungen an das Führungssystem sind die Kombinationen mit Kunststoffen auf Epoxidharzbasis im Einsatz. Dies resultiert aus den ausgezeichneten Gleiteigenschaften und der relativ einfachen Verarbeitung.

Der Kunststoff wird mit einer Stärke von ca. 2...3 mm auf vorgearbeitete Führungsflächen (grob bearbeitet mit Bearbeitungsrillen von ca. 0,5 mm Tiefe) aufgegossen, aufgespachtelt oder aufgeklebt.

Gießen: Das kürzere Bauteil wird zur Führungsfläche ausgerichtet. Durch den Einsatz entsprechender Vorrichtungen werden die auszugießenden Spaltgrößen eingestellt.

Die Führungsfläche des längeren Bauteiles wird mit einem Trennmittel benetzt, so dass der Kunststoff nicht an ihr haftet. Der Kunststoffbelag wird in dünnflüssigem Zustand eingegossen. Dabei ist darauf zu achten, dass keine Hohlräume entstehen. Unter Umständen sind Entlüftungsbohrungen vorzusehen. Während des Aushärtens des Kunststoffes schrumpft dieser bei einer Dicke von 3 mm um ca. 0,1 mm und erzeugt damit das notwendige Führungsspiel (Abb. 3.25).

Aufspachteln und Abformen: Auf die zukünftigen Führungsflächen des kürzeren Bauteils wird der pastenartige Kunststoff aufgetragen und danach auf eine Schablone, die das Führungsgegenteil verkörpert, oder direkt auf das Führungsgegenteil aufgesetzt. Durch entsprechende Vorrichtungen werden der Abstand und die Lage der beiden Teile zueinander bestimmt und somit die Kunststoffführungsfläche abgeformt. Der Kunststoff härtet aus und erzeugt durch Schrumpfen das Führungsspiel (Abb. 3.26).

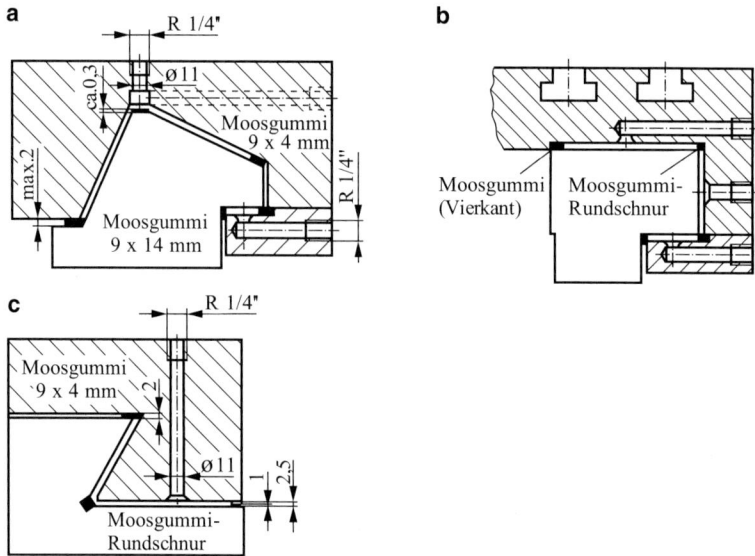

Abb. 3.25 Gießen von Kunststoffführungen [1]. **a** Prismenführung, **b** Flachführung mit Umgriff, **c** Schwalbenschwanzführung

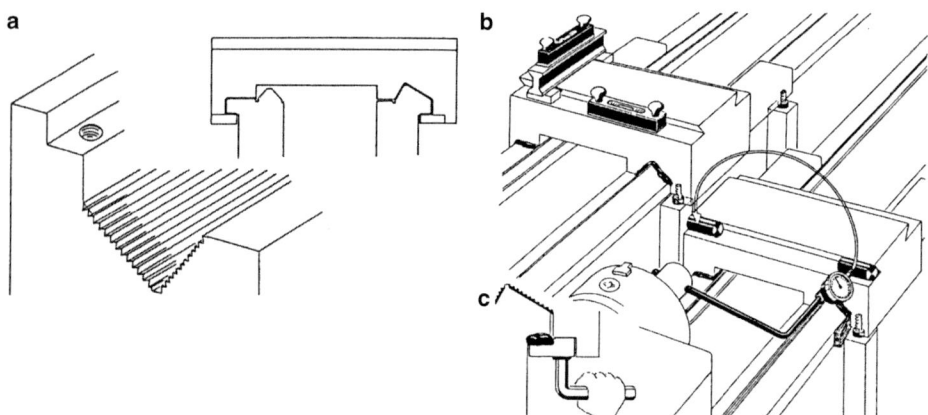

Abb. 3.26 Anwendungsbeispiel für das Beschichten einer Führung in Spachteltechnik [1]. **a** Führungssystem mit vorbereiteten Schlittenflächen, **b** Ausrichten des aufgesetzten und beschichteten Schlittens mit Hilfe von Wasserwaage und Umschlagarm, **c** Anbringen der beschichteten Umgriffleisten

3.3 Führungen

Sowohl beim Gießen als auch beim Aufspachteln können mit Hilfe von Einlegeteilen oder durch nachträgliches Einarbeiten die Schmiertaschen erzeugt werden.

Ist der Kunststoff ausgehärtet (ca. 6…24 h) erfolgt in der Regel ein Entgraten und Schaben der Kunststofffläche, bevor die Führung eingefahren wird. Das Schaben hat dabei das Ziel, Oberflächenstrukturen zu schaffen, die die Bildung von Schmierkeilen unterstützen.

Mit einer durch Umfangsschleifen hergestellten metallischen Führungsbahnfläche als Gleitpartner zur Kunststoffführungsbahn erreicht man kleine Reibungskoeffizienten im unteren Geschwindigkeitsbereich. Im Gegensatz zu einer Grauguss-Grauguss-Kombination, die eine steil abfallende Reibwertcharakteristik besitzt, zeichnet sich die Kunststoff-

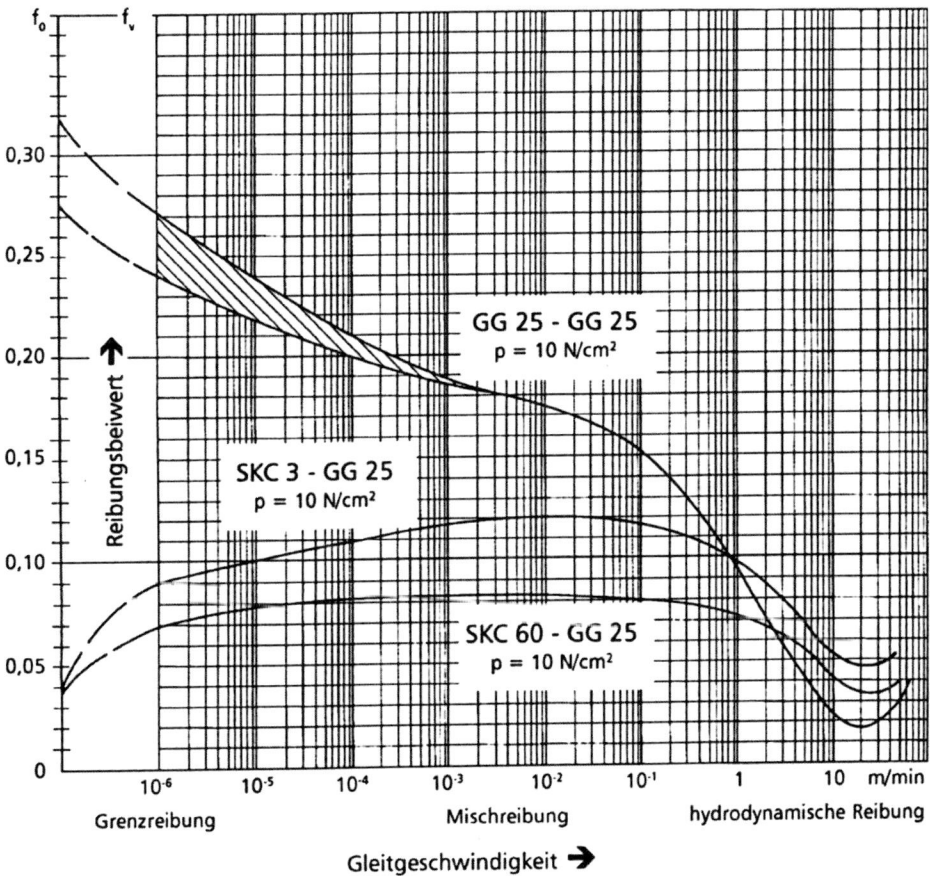

Abb. 3.27 Stribeck-Diagramm für die Paarungen: Grauguss–Grauguss (GG 25–GG 25) und Kunststoff–Grauguss (SKC 3–GG 25 bzw. SKC 60–GG 25) bei Verwendung von Öl (Shell Tonna T68) als Schmierstoff [2]

Grauguss-Paarung durch ansteigende Reibwerte im Mischreibungsgebiet aus (Abb. 3.27). Daraus resultiert eine geringere Stick-Slip-Neigung.

Sind beide Führungsflächen metallisch, ergeben die Bearbeitungsverfahren „Stirnschleifen" oder „Stirnfräsen" am kürzeren und „Umfangsschleifen" am längeren Führungsteil gute Führungseigenschaften. Durch Schaben der kleineren Flächen erreicht man höhere Tragfähigkeit und Genauigkeit. Zu steilem Abfall des Reibungsbeiwertes mit zunehmender Gleitgeschwindigkeit und damit unerwünschter Stick-Slip-Neigung führt die Bearbeitung des feststehenden und des bewegten Führungsteiles durch Umfangschleifen, da sich infolge der (in Bewegungsrichtung liegenden) Schleifrillen keine Schmierkeile ausbilden können.

Schmierung und Ölnuten

Die Schmierung erfolgt mit legierten Mineralölen hoher Viskosität ca. $(30\ldots80) \cdot 10^{-3}\,\text{Ns/m}^2$. Diese sogenannten Gleitbahnöle sind mit speziellen Zusätzen für kleinere Haftreibungskoeffizienten bei niedrigen Gleitgeschwindigkeiten (gegen Stick-Slip-Effekt) und zur Verbesserung des Verschleißverhalten versehen (Abb. 3.28). Auf ihre Verträglichkeit mit dem Kühlschmierstoff ist zu achten.

Die ausreichende und ständige Schmierölzuführung realisieren Impulsschmieranlagen. Für die sichere Funktion einer hydrodynamischen Führung ist die richtige Gestaltung der Schmiernuten wichtig. Sie sollten grundsätzlich quer zur Verfahrrichtung angeordnet sein und eine größtmögliche Breite der Führungsbahn überdecken. Besonders unmittelbar an den Enden der geführten Baugruppe ist jeweils eine Schmiernut anzuordnen. Bei längeren Schlitten und bei kleinen Schlittenwegen sind Zwischennuten erforderlich. Die Kanten

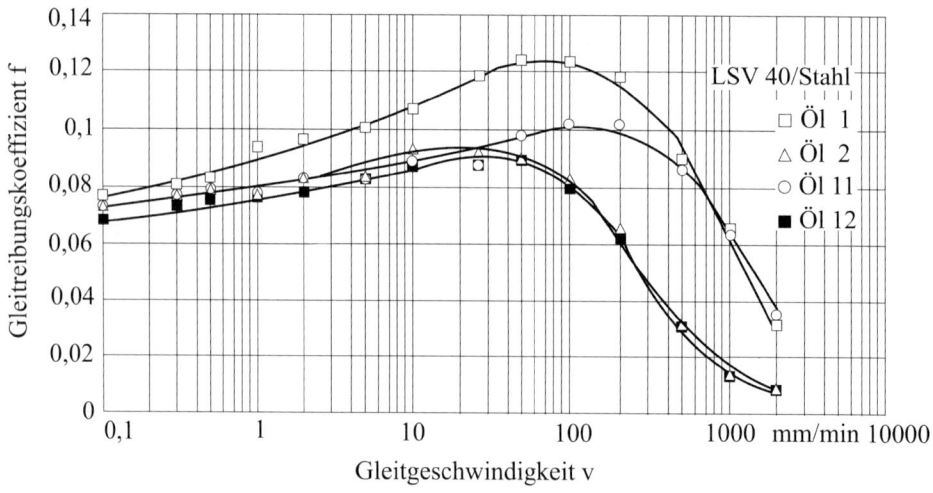

Abb. 3.28 Einfluss der Ölqualität auf die Reibwerte hydrodynamischer Führungssysteme [2]

3.3 Führungen

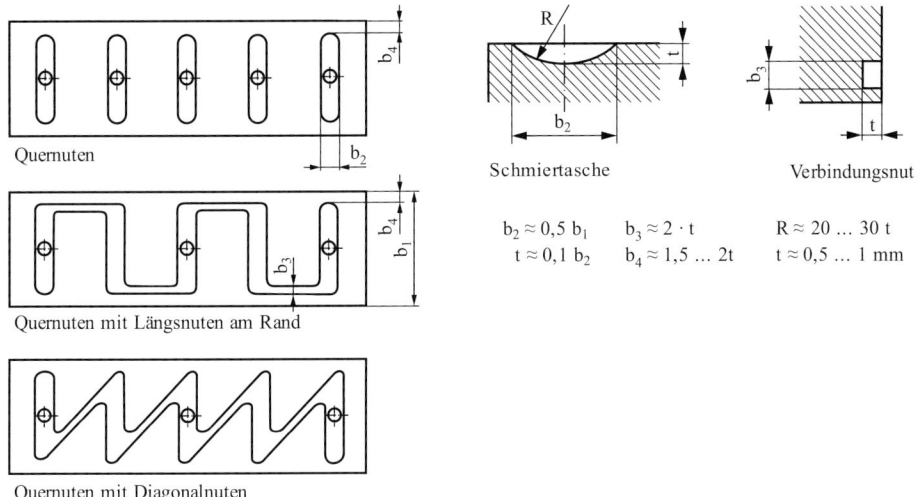

Abb. 3.29 Schmiernutengestaltung bei hydrodynamischer Schmierung

sollten zur Unterstützung der hydrodynamischen Schmierkeilbildung gut abgerundet ausgeführt werden. Drei Prinzipien der Anordnung sind in Abb. 3.29 dargestellt:

- *separate Quernuten* mit je einer Ölzuführung: Der erhöhte Aufwand für die Ölzuführung ist gerechtfertigt durch die vorteilhafte, über die gesamte Nutlänge entstehende Schmierkeilbildung.
- *Quernuten mit längs am Rand angeordneten Verbindungsnuten*: In den Zonen der Verbindungsnuten wird eine Schmierkeilbildung verhindert. Der geringere Aufwand für die Ölzuführung hat ungünstigeres Reibungsverhalten zur Folge.
- *Quernuten mit diagonal angeordneten Verbindungsnuten*: Die Verbindungsnuten unterbrechen den hydrodynamischen Schmierkeil und erzeugen damit ein ungünstiges Reibungsverhalten.

Abweichend davon sind die in Abb. 3.30 dargestellten Schmiernuten der V-Flach-Führung praktisch ausgeführt.

Berechnung nach [3]

Die Berechnung der im Schmierkeil wirkenden tribologischen Kräfte ist umfangreich, mit einer Vielzahl von Annahmen verbunden und stark abhängig von den momentan im Führungsspalt auftretenden Bedingungen.

Eine vereinfachte Berechnung des Führungssystemes beruht auf der Überprüfung der Flächenpressung der Gleitpartner. Es wird angenommen, dass die Führungsbahnen starr und die Gleitflächen makrogeometrisch eben sind.

Unter diesen Bedingungen ist die Berechnung einer mittleren und einer maximalen Flächenpressung möglich.

a

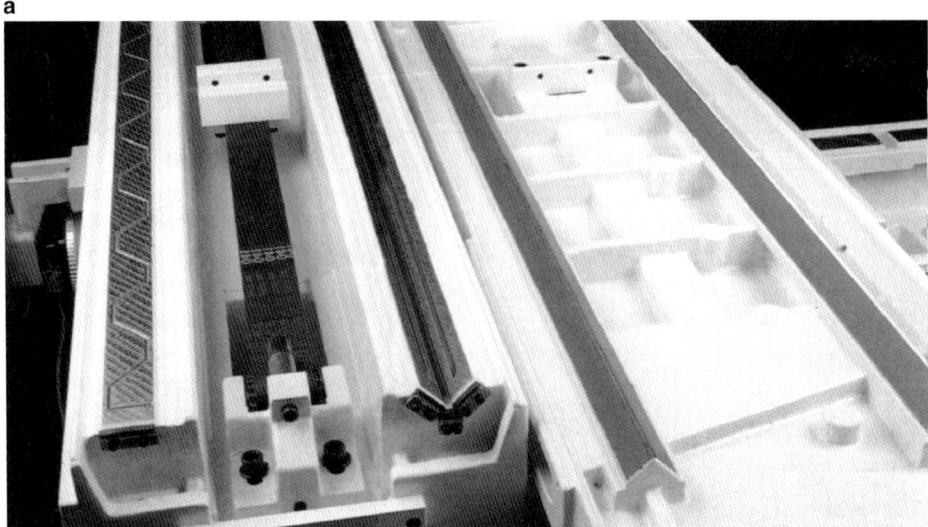

b

Abb. 3.30 Hydrodynamische V-Flach-Führung ohne Umgriff. **a** bewegte Führungsbahnen beschichtet, Gegenbahnen geschliffen und von Hand gemustert. (Werkbild: Geibel & Hotz), **b** unbeschichtete, geschliffene und eingeschabte Führungsbahnen. (Werkbild DANOBAT)

Entwurfsrechnung

Die Berechnung der *mittleren Flächenpressung* wird benötigt in der Phase des Entwurfs der Führung. Hier sind Abmessungen wie geführte Länge und Gleitflächenbreite noch weitestgehend unbekannt und die Belastungen werden sowohl über die Führungsbahnbreite als auch über die Führungsbahnlänge als konstant angenommen. Mit Hilfe der statischen Gleichgewichtsbedingungen $\sum F_Y = 0$, $\sum F_Z = 0$, $\sum M_X = 0$ lassen

3.3 Führungen

Abb. 3.31 Belastungen an einem Führungssystem (vereinfacht)

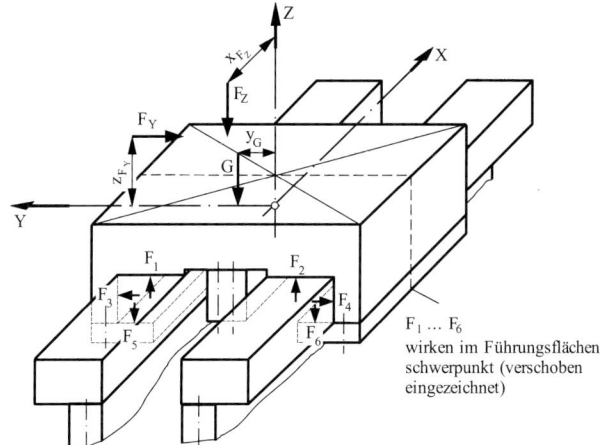

$F_1 \ldots F_6$ wirken im Führungsflächenschwerpunkt (verschoben eingezeichnet)

sich die Auflagekräfte F_i (Abb. 3.31) aus den auftretenden äußeren Belastungen bei einer angenommenen geführten Breite bestimmen. Die mittlere Flächenpressung p_m ist der Quotient aus Auflagekraft F_i und scheinbarer Kontaktfläche A_i, welche sich aus dem Produkt von Gleitflächenbreite b_i und geführter Länge l ergibt.

$$p_m = \frac{F}{A_i} = \frac{F_i}{b_i \cdot l} \tag{3.7}$$

Zu beachten ist bei der Anwendung dieser Gleichung, dass die rechtwinklig zur Kraft liegenden Flächen wirksam werden. Für beliebig schräge Gleitflächen sind unter Beachtung gleicher Kontaktverformungen reduzierte Breiten zu berechnen (Abb. 3.32).

Sind in der Entwurfsphase die Auflagekraft und die geführte Länge bekannt, kann für eine gewählte zulässige Flächenpressung die erforderliche Gleitflächenbreite bestimmt werden.

$$b_{i,\mathrm{erf}} = \frac{F_i}{p_{m,\mathrm{zul}} \cdot l} \tag{3.8}$$

Aufgrund der vielen in der Entwurfsphase angenommenen Vereinfachungen sollte $p_{m,\mathrm{zul}} \approx 0{,}1 \cdot p_{\mathrm{zul}}$ gewählt werden.

Nachrechnung

Die *maximale Flächenpressung* $p_{\max}$ wird zur Nachrechnung einer konstruierten Führung verwendet. Die geometrischen Größen der Führung sowie ihre Belastung durch Kräfte und Momente müssen bekannt sein. Weiterhin wird der Verlauf der Flächenpressung resultierend aus der Momentenbelastung über die Führungsbahnbreite konstant und über die Führungsbahnlänge linear angenommen. Die äußeren Kräfte führen zu einer Momentenbelastung des Führungssystemes, welche als Summen dieser Momente $\sum M_y$ und $\sum M_z$ berechnet werden.

Tab. 3.4 Definition von Verlagerungsfällen zur Berechnung der maximalen Flächenpressung bei hydrodynamischen Führungen

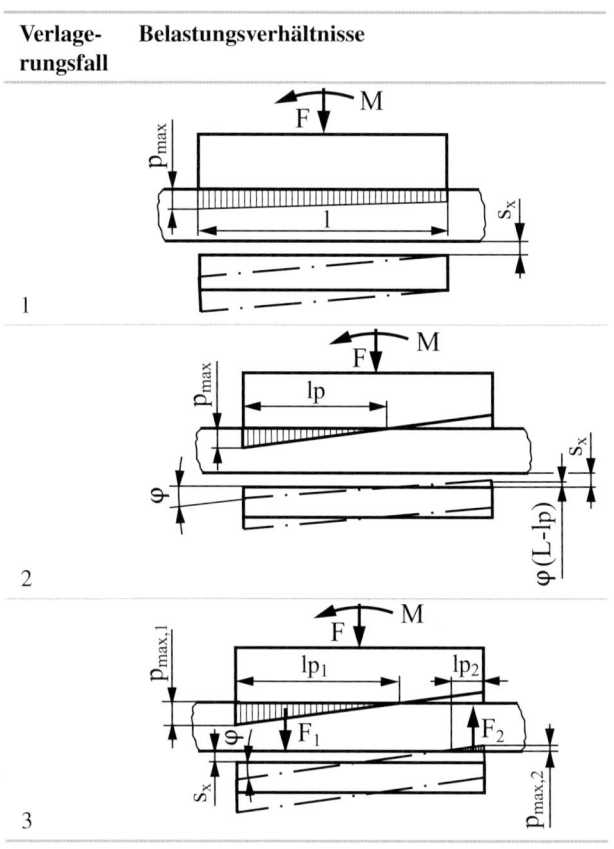

Sie bewirken maximale Flächenpressungen an den Enden der Schlittenführungen und führen zu Verlagerungen des geführten Schlittens. Man unterscheidet die Auswirkungen nach der Größe der Belastungskennzahl η in drei Verlagerungsfälle (Tab. 3.4).

$$\eta_i = \frac{M_i}{F_i \cdot l} \tag{3.9}$$

Die Wirkung des Momentes M_y auf die Gleitflächen I und II ist abhängig von der Führungsflächenanordnung und der Richtung des äußeren Momentes. Ist die Aufteilung der Momente auf zwei Führungsbahnen notwendig, verwendet man reduzierte Führungsbahnbreiten entsprechend Abb. 3.32 (reduzierte Führungsbahnbreiten b_{Ar} und b_{Br} für verschiedene Querschnitte).

$$M_{y,I} = M_y \frac{b_{Ar}}{b_{Br} + b_{Ar}} \tag{3.10}$$

$$M_{y,II} = M_y = \frac{b_{Br}}{b_{Ar} + b_{Br}} \tag{3.11}$$

3.3 Führungen

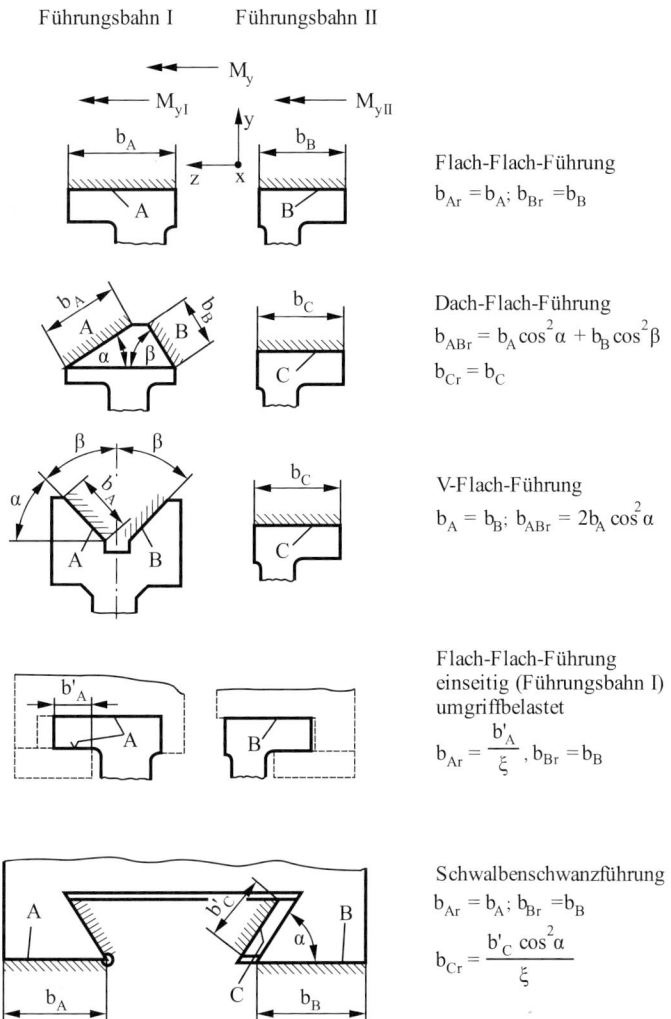

Abb. 3.32 Reduzierte Führungsbahnbreiten

Die maximale Flächenpressung bestimmt sich in Abhängigkeit vom Verlagerungsfall nach
- Verlagerungsfall 1:

$$\eta \leq \frac{1}{6} \qquad p_{\max} = p_\mathrm{m} \cdot (1 + 6\eta) \qquad (3.12)$$

- Verlagerungsfall 2:

$$\frac{1}{6} < \eta \leq \frac{1}{2} \qquad p_{\max} = p_\mathrm{m} \cdot \frac{1}{1{,}5\,(0{,}5 - \eta)} \qquad (3.13)$$

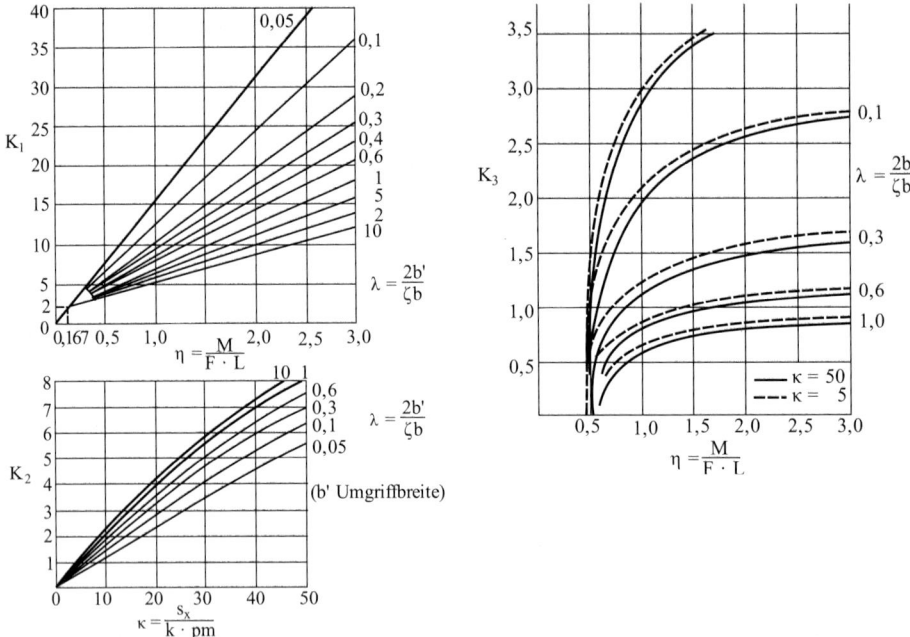

Abb. 3.33 Diagramme zum Bestimmen der Berechnungsfaktoren für die maximale Flächenpressung hydrodynamischer Führungssysteme [3]

- Verlagerungsfall 3:

$$\eta > \frac{1}{2} \quad p_{max} = p_m \cdot (K_1 + K_2) \tag{3.14}$$

- im Umgriff

$$p_{max, U} = p_{max} \cdot K_3 \tag{3.15}$$

Die Werte für die Faktoren K_1, K_2 und K_3 sind den Diagrammen (Abb. 3.33) zu entnehmen.

$$p_{max} \leq s \cdot p_{zul} \tag{3.16}$$

Die errechneten maximalen Werte der Flächenpressung p_{max} dürfen *zulässige Werte* p_{zul} unter Berücksichtigung einer Sicherheit s von etwa 2 ... 3 nicht überschreiten.

Als Richtwerte für die zulässige Flächenpressung p_{zul} bei Verwendung eines Kunststoffgleitbelages gilt beispielsweise
- bei üblichen Vorschub- und Eilganggeschwindigkeiten bis ca. 5 N/mm² nach [2] und (15 ... 2) N/mm² nach [1]
- bei langsamen und intermittierenden Bewegungen bis ca. 10 N/mm² nach [2] und (100 ... 10) N/mm² nach [1]

3.3 Führungen

Berechnung der Reibkraft

Für die Dimensionierung des Antriebes der Vorschubachse muss die auftretende Reibkraft bekannt sein.

Man berechnet die Reibkraft F_R als Produkt des Reibungsbeiwertes μ (z. B. Abb. 3.27) und der senkrecht auf die Führungsfläche wirkenden Normalkraft F_N

$$F_R = \mu \cdot F_N \tag{3.17}$$

oder bei Flüssigkeitsreibung unter Berücksichtigung der relativen Gleitgeschwindigkeit v_{rel}, der dynamischen Ölviskosität $\eta_{Öl}$, der Spalthöhe h und der Größe der relativ zueinander bewegten Führungsbahnflächen A

$$F_R = A \cdot \eta_{Öl} \cdot \frac{v_{rel}}{h} \tag{3.18}$$

Gleitführung mit hydrostatischer Schmierung

Bei diesem Führungsprinzip sind in die Gleitflächen des kürzeren Führungsteiles Öltaschen eingearbeitet, die von Stegen umgeben werden. Der unter erhöhtem Druck zugeführte Ölstrom entweicht durch den entstehenden Führungsspalt h nach den freien Seiten. Der Führungsspalt entspricht einer Drosselstelle, so dass in der Öltasche ein Überdruck p_T gegenüber dem Atmosphärendruck entsteht. Über die Stegbreite fällt der Taschendruck auf Null ab, wenn das Öl an den äußeren Stegseiten frei abfließen kann. Der Öldruck muss so groß sein, dass die Führungsflächen voneinander getrennt werden. Das geführte Bauteil „schwimmt" auf dem Öl.

Die Führung arbeitet im Gebiet der Flüssigkeitsreibung und ist somit überwiegend verschleißfrei. Die auftretenden Reibkräfte sind gering und es kann eine hohe Bewegungsgleichförmigkeit bei gutem statischem Verhalten erreicht werden. Zu beachten ist die geringe Dämpfung in Bewegungsrichtung. Weiterhin entstehen relativ großer Fertigungs-, Montage- und Wartungsaufwand sowie hohe Kosten für die Ölversorgung.

Aufbau und Konstruktion

Die Öltaschen sind grundsätzlich im kürzeren Führungsteil anzuordnen. Dabei sind mindestens zwei Öltaschen je Führungsbahn notwendig, um außermittige Kräfte und Momente aufnehmen zu können. Mit einer größeren Anzahl von Öltaschen können Welligkeiten der Führungsbahnen besser ausgeglichen werden. Als Empfehlung werden 4 bis 8 Öltaschen angegeben.

Die *Öltaschenform* (Abb. 3.34) wählt man so, dass ein ausreichendes hydraulisches Druckfeld zur Verfügung steht. Dabei ist zu beachten, dass bei Öldruckausfall eine große Stegfläche gute Notlaufeigenschaften (geringere Flächenpressung) garantiert. Als Gestaltungsrichtwerte gelten für die Öltaschentiefe 0,5 ... 5 mm und damit etwa 10- bis 100mal größer als die Spalthöhe. Scharfkantige Ränder der Öltaschen sind zu vermeiden, da sie den Ölfilm im Führungsspalt beeinflussen können.

Abb. 3.34 Prinzip der hydrostatischen Gleitführung und Öltaschenformen. **a** eine Längsnut, **b** parallele Längsnuten, **c** Ringnut

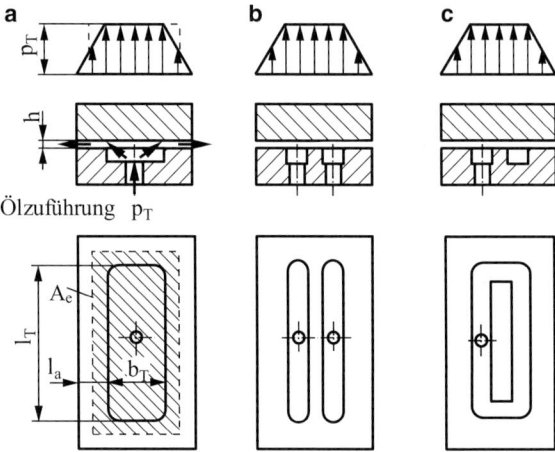

Abb. 3.35 Öltaschentypen bei hydrostatischen Gleitführungen

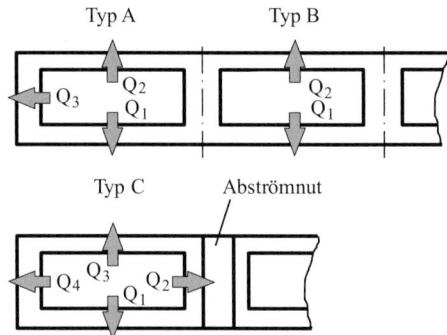

Hinsichtlich der Abströmmöglichkeiten des Öles unterscheidet man *Öltaschentypen* (Abb. 3.35).

- Randtasche (Typ A): Abströmen des Öles über die beiden Längsstege und den Quersteg am Rand der Führungsfläche
- Mitteltasche (Typ B): Abströmen des Öles über die beiden Längsstege
- Randtasche mit Abströmnut (Typ C): Abströmen des Öles über zwei Längs- und zwei Querstege

Bei der Anordnung mehrerer Öltaschen in einer Reihe sollte nach jeder zweiten Öltasche ein freier Rand vorhanden sein oder eine Abströmnut vorgesehen werden.

Ölversorgungssysteme

Das Ölversorgungssystem muss eine gleichzeitige und voneinander unabhängige Versorgung mehrerer Öltaschen gewährleisten. Die gegenseitige Beeinflussung der einzelnen Öltaschendrücke sollte vermieden werden. Man unterscheidet (Abb. 3.36)

- „Eine Pumpe je Öltasche"
  Die einzelnen Pumpen liefern einen unabhängigen Förderstrom, der durch ein Maximaldruckventil abgesichert wird. Die Pumpenleistung wird vollständig ausgenutzt und

3.3 Führungen

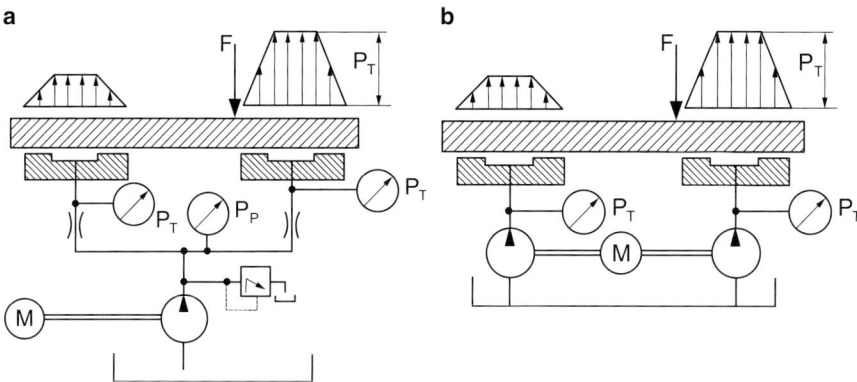

Abb. 3.36 Ölversorgungssysteme hydrostatischer Führungen. **a** Gemeinsame Pumpe und je Öltasche eine Drossel, **b** Eine Pumpe je Öltasche

es werden große Tragfähigkeit und Steifigkeit erreicht. Der Aufwand für die Pumpen ist erheblich und kann nur zum Teil durch Mehrstrompumpen gemindert werden. Spalthöhe und Steifigkeit der Führung sind abhängig von der Temperatur.

- „Gemeinsame Pumpe und je Öltasche eine Konstantdrossel" (Blenden oder Kapillaren)
An den Konstantdrosseln liegt stets der gleiche Eingangsdruck (Pumpendruck) an. Er wird durch die Pumpe und ein entsprechendes Überdruckventil gesichert. Damit sind Spalthöhe und Steifigkeit unabhängig von der Temperatur. Das System ist gegenüber dem vorher genannten mit geringerem Aufwand verbunden. Nachteilig wirkt sich aus, dass ein Teil der Pumpenleistung durch die Drosseln verloren geht (Erwärmung) und das System insgesamt an Steifigkeit verliert. In der Praxis wird es häufig im Zusammenhang mit einer entsprechenden Vorlast eingesetzt. Dadurch können ausreichende Steifigkeiten erreicht werden.
- „Gemeinsame Pumpe und je Öltasche eine Regeldrossel"
Das Ölversorgungssystem arbeitet wie das vorher beschriebene, aber mit dem Unterschied, dass die Konstantdrosseln durch Regeldrosseln ersetzt werden. In diesen wird in den meisten Ausführungen der Drosselwiderstand in Abhängigkeit von Öltaschendruck geregelt. Es kann eine theoretisch unendlich große Steifigkeit erreicht werden. Dies resultiert daraus, dass durch den Einsatz der Regler in einem bestimmten Bereich bei Belastungsänderung keine Ölspaltänderung erfolgt. Dem Aufwand für die Regeldrosseln und die nicht voll nutzbare Pumpenleistung (Verlust in Drosseln) stehen die genannten Vorzüge entgegen.

Als Konstantdrosseln (Abb. 3.37) kommen Blenden oder Kapillaren zur Anwendung. Bei Blenden wirken sich die schwierige Fertigung und die Neigung zum Verstopfen nachteilig aus. Kapillaren können bei kleinem Innendurchmesser kurz gehalten werden, was allerdings auch hier die Verstopfungsgefahr erhöht. Bei größeren Innendurchmessern müssen

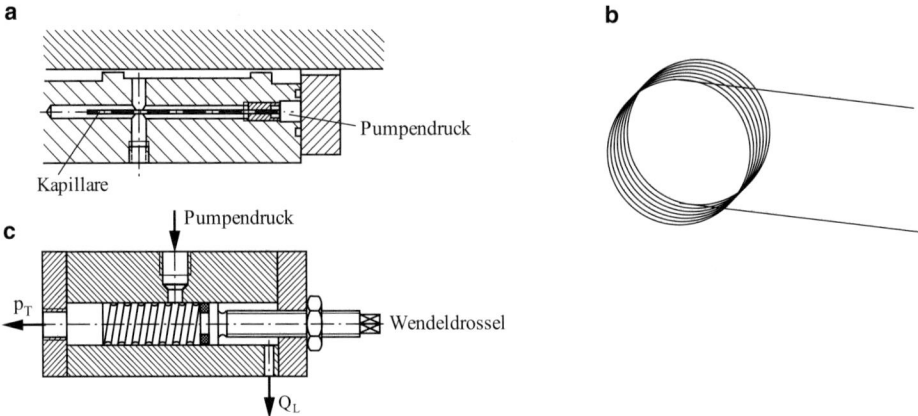

Abb. 3.37 Konstantdrosseln. **a** kurze Kapillare, **b** Kapillarspirale, **c** einstellbare Wendeldrossel

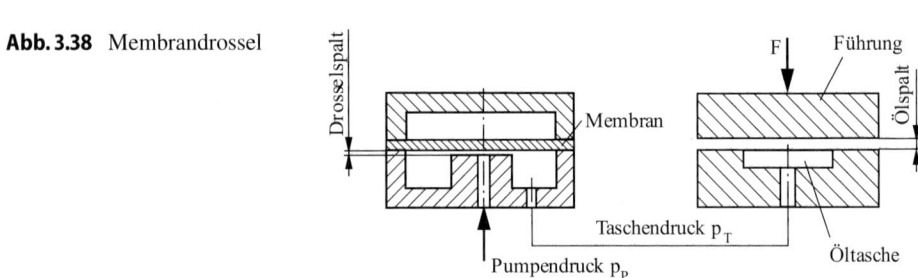

Abb. 3.38 Membrandrossel

die Kapillaren länger gestaltet werden, um die notwendige Drosselwirkung zu erreichen. Ausführungen in Form von Kapillarenspiralen oder einstellbaren Wendeldrosseln kommen zum Einsatz.

Als Vertreter der Regeldrosseln sollen die Membrandrossel und der *Progressiv-Mengen-Regler* (PM-Regler) dargestellt werden.

Bei der *Membrandrossel* (Abb. 3.38) wird bei Zunahme des Taschendrucks p_T, aufgrund zunehmender Belastung F und damit verbundener Verkleinerung des Spaltes der Führung, die Membran der Drossel angehoben und somit der Drosselspalt vergrößert. Dies führt dazu, dass eine größere Ölmenge durch die Drossel fließen kann und die Spaltänderung in der Führung kompensiert wird.

Beim *Progressiv-Mengen-Regler* [4] (Abb. 3.39) ist die öltaschenseitige Membranfederfläche aufgeteilt in die Fläche A_2, auf die der gedrosselte Zuführdruck p_2 wirkt, und die Fläche A_3, die mit dem Taschendruck p_3 beaufschlagt wird. Durch die Rückführung des Taschendruckes auf die Fläche A_3 kann bei geeigneter Auslegung erreicht werden, dass der Durchfluss proportional zum Taschendruck ansteigt bzw. abfällt. Diese als Kaufteile erhältlichen PM-Regler besitzen gegenüber Kapillaren den Vorteil größerer Steifigkeit bei reduziertem Ölbedarf, niedrigerem notwendigen Pumpendruck und somit kleineren Pumpen- und Motorleistungen.

3.3 Führungen

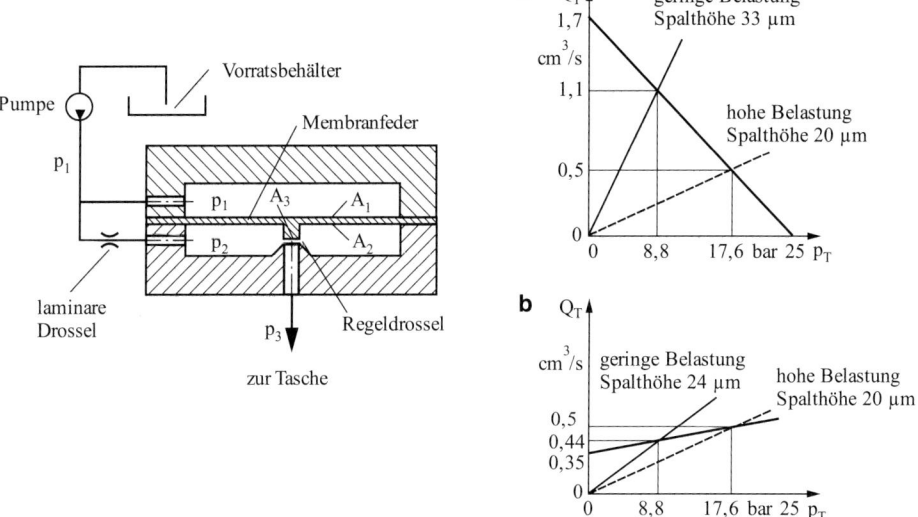

Abb. 3.39 Aufbau des Progressiv-Mengen-Reglers (nach Werkbild: HYPROSTATIK) sowie Kennlinie für **a** Konstantdrossel und **b** PM-Regler

Konstruktive Ausführung

Häufig angewendet werden Flachführungen mit Umgriff, wobei die Seitenführungen innen oder außen angeordnet sein können. Der Verzicht auf den Umgriff ist in der Regel nur bei großen Vorlasten und geregelten Drosseln möglich.

Bei der Ölrückführung unterscheidet man äußere und innere Ölrückführung. Im ersten Fall fließt das Öl aus dem Führungsspalt offen ab und wird aus Auffangrinnen durch Abflusskanäle zum Hauptbehälter zurückgeführt. Es besteht Verschmutzungsgefahr für das Öl und eine ständige Ölreinigung muss vorhanden sein. Bei der *inneren Ölrückführung* wird durch elastische Dichtungen das Öl durch spezielle Rückflusskanäle zum Hauptbehälter geleitet. Die Verschmutzungsgefahr wird wesentlich verringert, so dass der Aufwand für die Ölreinigung sinkt.

Die Anforderungen an den Schmierstoff sind bei hydrostatischer Gleitführung nicht so hoch wie bei hydrodynamischen Führungen. Oft werden unlegierte Mineralöle mittlerer Viskosität verwendet. Da sich bei Funktion der Führung die Führungsflächen nicht berühren, ist die Werkstoffpaarung nicht von so entscheidender Bedeutung auf die Führungseigenschaften. Ausreichende Notlaufeigenschaften erreicht man mit typischen Gestellwerkstoffen z. B. die Kombinationen Grauguss/Grauguss oder Grauguss/Stahl.

Hohe Anforderungen bestehen hinsichtlich der Makrogeometrie der Führungsflächen (hohe Ebenheit und Parallelität), um annähernd konstante Führungsspaltgrößen zu sichern. Die Führungsflächen werden meist durch Schleifen (bedingt auch Feinfräsen) bearbeitet und die Führungsflächen am kürzeren Führungsteil zum Teil eingeschabt.

Bewährte Führungsspaltgrößen liegen im Bereich von
- $h_{\min} \approx (30 \ldots 50)\,\mu\text{m}$, bei kleinen und mittleren Werkzeugmaschinen
- $h_{\min} \approx (50 \ldots 80)\,\mu\text{m}$, bei großen Werkzeugmaschinen

Berechnung

Die Berechnung wird in Anlehnung an [3] dargestellt. Weiterführende Literatur ist unter [5] aufgeführt.

Bei der Berechnung einer hydrostatischen Führung wird von den Verhältnissen an einer Öltasche als der kleinsten Einheit eines solchen Systems ausgegangen.

Die Kraft, die an einer Tasche erzeugt wird (Taschenkraft F_T), berechnet sich als Produkt aus dem hydrostatischen Taschendruck p_T und der effektiven Taschenfläche A_e.

$$F_T = p_T \cdot A_e \qquad (3.19)$$

Als effektive Taschenfläche A_e wird die Fläche bezeichnet (Abb. 3.34), über die der volle Taschendruck p_T angenommen wird. Sie besteht aus der eigentlichen Taschenfläche (Öltaschenbreite b_T mal Öltaschenlänge l_T) und Teilen der Stege, über denen das Öl abströmt. Unter der Annahme, dass über die Abströmlänge l_A ein linearer Druckabfall auftritt, kann man für die effektive Taschenfläche A_e abhängig vom Öltaschentyp wie folgt definieren

$$\text{Öltaschentyp A} \qquad A_e = (b_T + l_A) \cdot \left(l_T + \frac{3 \cdot l_A}{2}\right) \qquad (3.20)$$

$$\text{Öltaschentyp B} \qquad A_e = (b_T + l_A) \cdot l_T \qquad (3.21)$$

$$\text{Öltaschentyp C} \qquad A_e = (b_T + l_A) \cdot (l_T + l_A) \qquad (3.22)$$

Für die Entwurfsrechnung gibt man einen Taschendruck p_T von $(0{,}4 \ldots 1)\,\text{N/mm}^2$ vor und dimensioniert die Taschen und Stege so, dass die erzeugte Taschenkraft größer ist als die auf diese Tasche bezogenen äußeren Gewichtskräfte.

Zur Auslegung des hydrostatischen Führungssystemes gehört die Dimensionierung des Ölversorgungssystemes. Hier sind hydraulische Gesetzmäßigkeiten anzuwenden.

Der sich aufbauende Taschendruck ergibt sich als Produkt von Taschenwiderstand R_T und dem durch die Tasche abfließenden Förderstrom Q_T

$$p_T = R_T \cdot Q_T \qquad (3.23)$$

Unter Beachtung der Ölviskosität η und der geometrischen Abmessungen am Ölspalt (Ölspalthöhe h, Ölspaltlänge l, Abströmlänge l_A, Ölspaltbreite b) kann der hydraulische Widerstand eines stationär durchströmten, planparallelen Spaltes wie folgt berechnet werden:

$$R_T = \frac{p_T}{Q_T} = \eta \cdot \frac{12 \cdot l}{b \cdot h^3} \qquad (3.24)$$

3.3 Führungen

Diese Gleichung gilt für einen stationär durchströmten, planparallelen Spalt mit $h \ll l$ und unendlicher Breite b_T. Diese Bedingungen sind an hydrostatischen Führungen nur bedingt gegeben. Zum Beispiel treten in den Öltaschenecken zweidimentionale Strömungen auf und die Abströmverhältnisse der Taschentypen sind verschieden. Dies wird berücksichtigt durch die Einführung des Widerstandsbeiwertes k_R.

$$R_T = \eta \cdot \frac{1}{k_R \cdot h^3} \qquad (3.25)$$

Für die einzelne Taschentypen (Abb. 3.35) ist der Widerstandsbeiwert

Öltaschentyp A $\qquad k_{R,A} = \dfrac{0{,}5 \cdot b_T + l_T - l_A}{6 \cdot l_A} \qquad (3.26)$

Öltaschentyp B $\qquad k_{R,B} = \dfrac{l_T}{6 \cdot l_A} \qquad (3.27)$

Öltaschentyp C $\qquad k_{R,C} = \dfrac{b_T + l_T - 2 \cdot l_A}{6 \cdot l_A} \qquad (3.28)$

Abhängig vom Ölversorgungssystem berechnet sich der Taschendruck und ggf. der Drosseldruck entsprechend der Gl. (3.29) und (3.32).

- System „Eine Pumpe pro Öltasche"
  Annahme: Im Arbeitsbereich fördert die Pumpe einen konstanten Ölstrom.
  Es gilt für die Durchflussmengen von Pumpe Q_P und Tasche Q_T die Kontinuitätsgleichung

$$p_T = R_T \cdot Q_P . \qquad (3.29)$$

- System „Gemeinsame Pumpe und je Öltasche eine Konstantdrossel"
  Annahme: Durch Auswahl der Pumpe und bei Wirken des Druckbegrenzungsventiles liegt an den Drosseln der konstante Pumpendruck an.
  Die Ölströme durch die Drossel Q_{Dr} und durch die Öltasche Q_T ergeben sich bei bekannten Drücken und Widerständen für die Drossel R_{Dr} sowie für die Öltasche R_T

$$Q_{Dr} = \frac{p_P - p_T}{R_{Dr}} ; \qquad (3.30)$$

$$Q_T = \frac{p_T}{R_T} . \qquad (3.31)$$

Auch hier muss die Kontinuitätsgleichung erfüllt werden und zwar für die Durchflussmengen von Drossel Q_{DR} und Tasche Q_T

$$p_{Dr} = \frac{p_P}{\frac{R_{Dr}}{R_T} + 1} . \qquad (3.32)$$

- System „Gemeinsame Pumpe und je Öltasche eine Regeldrossel"
  Es gelten die Beziehungen wie bei Systemen mit Konstantdrossel. Zu beachten ist, dass Drosselwiderstand und Taschendruck über die Eigenschaften der Drossel (Drosselkonstante k_{Dr}, Steifigkeit der Drossel c_{Dr}, Spalthöhe der Drossel h_0) miteinander verknüpft sind

$$R_{Dr} = \frac{2}{k_{Dr}} \cdot \frac{1}{\left(h_0 + \frac{p_T}{c_{Dr}}\right)^3} \,. \tag{3.33}$$

Für die sichere Funktion der hydrostatischen Führung ist eine genügend große statische Steifigkeit erforderlich. Für eine Öltasche ist diese definiert als Quotient aus Belastungsänderung und Ölspaltänderung

$$c_{stat,T} = \frac{\Delta F}{\Delta h} \,. \tag{3.34}$$

Bei der Berechnung ist zu beachten, dass für die statische Steifigkeit aufgrund der hydraulischen Verhältnisse keine lineare Abhängigkeit zwischen Taschenkraft und Ölspalt besteht. Es ist daher unter Umständen notwendig im vorgesehenen Arbeitsbereich mehrere Zustände mit den Gl. (3.35) bis (3.38) zu berechnen, um ein Aussage treffen zu können.
- System „Eine Pumpe pro Tasche"

$$F = \frac{12 \cdot \eta \cdot Q_p \cdot l_A \cdot b_T \cdot K_A}{h^3} \tag{3.35}$$

bzw.

$$h = \sqrt[3]{\frac{6 \cdot \eta \cdot Q_P \cdot l_A \cdot b_T \cdot K_A}{F}} \tag{3.36}$$

- System „Gemeinsame Pumpe und je Öltasche eine Vordrossel"

$$F = \frac{p_p \cdot b_T \cdot l_T \cdot k_F}{(R_{Dr} \cdot l_T \cdot h^3)/(12\eta \cdot l_A) + 1} \tag{3.37}$$

bzw.

$$h = \sqrt[3]{\frac{6 \cdot \eta \cdot p_p \cdot l_A \cdot b_T \cdot K_A - 6 \cdot F \cdot \eta \cdot l_A}{F \cdot R_{Dr} \cdot l_T}} \tag{3.38}$$

Bei Führungssystemen mit Umgriffen aber auch in der Seitenführung wird die Steifigkeit beeinflusst durch das abhängige und zueinander entgegengesetzte Wirken der hydrostatischen Schmierspalte. Beispielsweise sind Steifigkeitserhöhung in der Tragführung durch Wahl des Flächen- und Spaltverhältnisses im angegebenen Bereich möglich:

Flächenverhältnis $\quad \varphi = \dfrac{A_{e,\,Umgriff}}{A_{e,\,Tragführung}} \approx 0{,}5 \tag{3.39}$

Spaltverhältnis $\quad \lambda = \dfrac{h_{Umgriff}}{h_{Tragführung}} \approx 0.8\ldots 1 \tag{3.40}$

3.3 Führungen

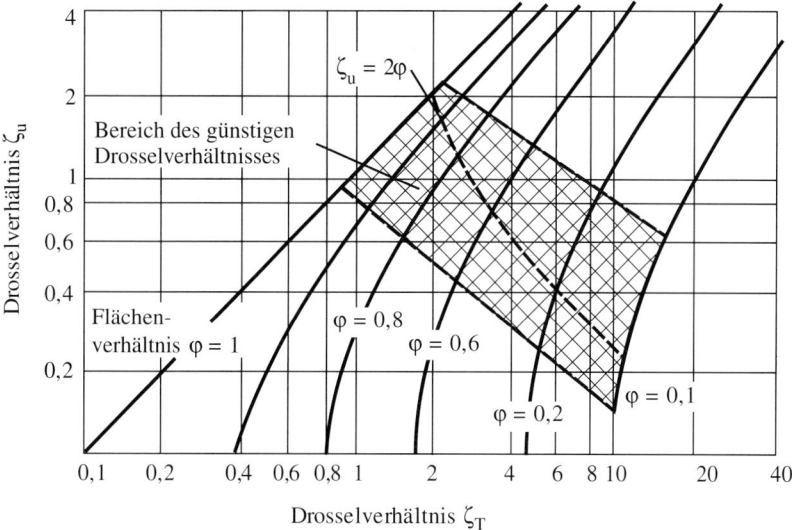

Abb. 3.40 Günstige Drosselverhältnisse bei hydrostatischen Tragführungen mit Umgriff

Bei der Anwendung des Systems „Gemeinsame Pumpe und je Öltasche eine Konstantdrossel" ist die erreichbare Steifigkeit maßgeblich abhängig vom Drosselverhältnis ζ, also dem Quotienten aus hydraulischem Vordrossel- und Taschenwiderstand in der Umgriffführung ζ_U und der Tragführung ζ_T

$$\zeta_U = \frac{R_{Dr,U}}{R_{T,U}}; \qquad \zeta_T = \frac{R_{Dr,T}}{R_{T,T}}. \tag{3.41}$$

In Abhängigkeit vom Flächenverhältnis γ können aus dem Diagramm in Abb. 3.40 günstige Drosselverhältnisse bestimmt werden. Für Kapillaren als Konstantdrosseln berechnet sich der Drosselwiderstand aus der Kapillarlänge l_K, dem Kapillarradius r_K und der Ölviskosität

$$R_{Dr} = \frac{8 \cdot \eta \cdot l_K}{\pi \cdot r_K^4}. \tag{3.42}$$

Nachdem das hydrodynamische Führungssystem ausgelegt ist, kann dessen Leistungsbedarf bestimmt werden. Man unterscheidet die Reibleistung im Ölfilm, die durch den Schlittenantrieb aufgebracht werden muss und die Pumpenleistung P_p, die zur Funktion des Schmiersystems notwendig ist. Beide Leistungen stellen im Sinne des Wirkungsgrades der Werkzeugmaschine Verlustleistungen dar.

Die Reibleistung im Ölfilm P_R wird bestimmt durch die Schlittengeschwindigkeit v_{Sch}, die Summe der Stegflächen A_R, die Spalthöhe h und die Ölviskosität $\eta_{Öl}$. Dieser Leistungsanteil ist in der Regel sehr klein

$$P_R = A_R \cdot \eta_{Öl} \cdot \frac{v_{Sch}^2}{h}. \qquad (3.43)$$

Die Pumpenleistung wird berechnet als Produkt von Pumpendruck p_P und Förderstrom Q_P unter Berücksichtigung des Wirkungsgrades der Pumpe η_p

$$P_p = \frac{Q_p \cdot p_p}{\eta_p} \qquad (3.44)$$

Durch geringe Spalthöhe und zähe Öle kann die Pumpenleistung klein gehalten werden. Dies erfordert jedoch höheren Pumpendruck.

Wälzführungen

Bei diesem Führungsprinzip werden die Führungsflächen durch Wälzkörper voneinander getrennt. Die Wälzkörper erzeugen eine punkt- bzw. linienförmige Berührung zu den Führungsflächen und sind so gestaltet, dass bei Bewegung der Führungspartner überwiegend Rollreibung entsteht. Die Wälzkörper (Kugeln, Zylinder) werden in Wälzelementen aufgenommen. Eine Wälzführung besteht in der Regel aus mehreren Wälzelementen meist gleicher Bauart und einer oder mehreren gehärteten Führungsschienen, auf denen die Wälzkörper abwälzen.

Man unterscheidet die Wälzführungen nach den eingesetzten Wälzelementen in Führungen aufgebaut aus Einzelelementen und aus Kompaktführungselementen.

Einzelelemente können ausgeführt sein
- ohne Wälzkörperumlauf (für begrenzte Verschiebewege)
  Die Wälzkörper werden in einem Käfig aus Kunststoff oder Messing gehalten. Daraus lassen sich beispielsweise folgende Führungssysteme aufbauen
    – Flachkäfigführung als offene oder geschlossene Führungen
      Bei geschlossenen Führungen erzeugt man die Vorspannung über Druckschrauben oder Keilleisten (Abb. 3.41).
    – Zylinderkäfigführung (Abb. 3.42)
- mit Wälzkörperumlauf (für unbegrenzte Verschiebewege)
  Die Rückführung der Wälzkörper erfolgt z. B. innerhalb der eingesetzten Wälzlager, über einen Rückführungskanal bzw. gebunden an Ketten.
    – Wälzelemente als wälzgelagerte Laufrollen (für Vorschubschlitten selten geeignet (Abb. 3.43))
    – Wälzführung mit Rollenumlaufschuhen (Abb. 3.44) direkt am Schlitten angeschraubt oder über Keilschuhe einstellbar
    – Wälzführung mit Kugelhülse (Abb. 3.45)
      Zu beachten ist, dass sowohl beim Einsatz von zwei und besonders von vier Kugelhülsen das System mehrfach überbestimmt ist.

3.3 Führungen

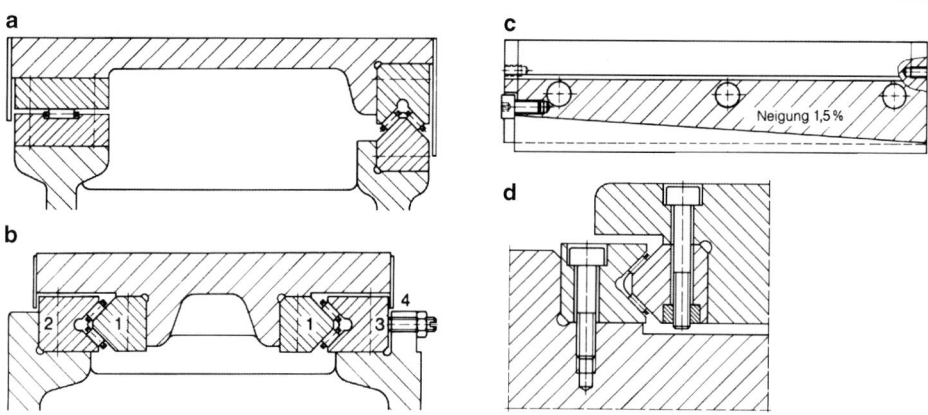

Abb. 3.41 Flachkäfigführungen (Werkbild: INA) **a** offene Führung, **b** geschlossene Führung mit Druckleiste (1 – Führungsschienen, 2 – Gegenschienen, 3 – Zustellführungsschiene, 4 – Druckschrauben), **c** Keilleiste, **d** Befestigung der Führungsschienen

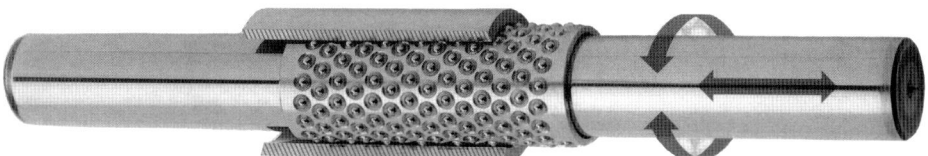

Abb. 3.42 Führungswelle mit Kugelkäfig (Werkbild: ROSA, Italien)

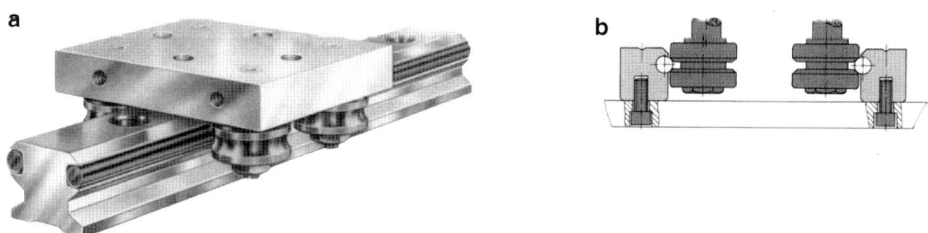

Abb. 3.43 Laufrollenführung. **a** mit einer Rollschiene (Werkbild: INA), **b** mit getrennter Rollschiene. (Werkbild: NADELLA)

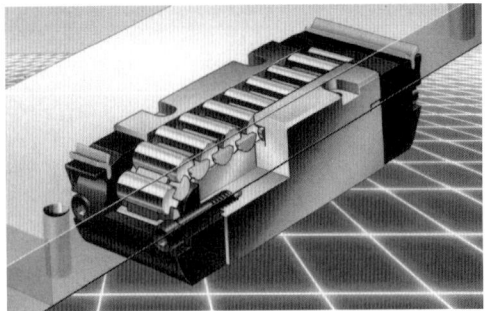
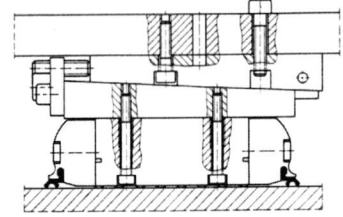

Abb. 3.44 Rollenumlaufschuhe. (Werkbild: INA)

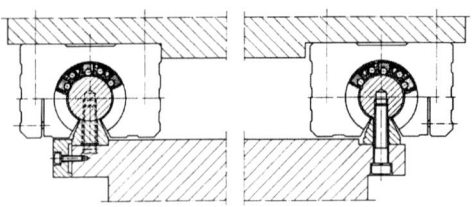
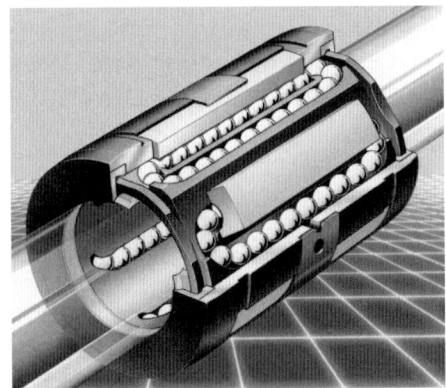

Abb. 3.45 Führungssystem mit Kugelhülsen. (Werkbild: INA)

Einzelelemente binden jeweils nur ein bis drei Freiheitsgrade. Um einen Schlitten zu führen sind deshalb immer mehrere solcher Elemente notwendig. Nach der Querschnittsform dieser Führungssysteme kann man auch hier Flach-, Dach-, V-, Zylinderführung und Kombinationen unterscheiden.

Aufgrund der Anordnung mehrerer Einzelelemente treten in der Regel Überbestimmungen auf, deren Auswirkungen durch eng tolerierte Fertigung der Befestigungsflächen und einzuhaltende Montagevorschriften beherrscht werden. Für eine geschlossene Führung mit Flachkäfigkugelelementen gilt die dargestellte Montagefolge (Abb. 3.41b):

- Führungsschienenpaar (1) auf dem bewegten Teil montieren und auf Parallelität kontrollieren
- feste Gegenschiene (2) montieren
- Zustellführungsschiene (3) montieren, jedoch nicht festziehen, damit diese Schiene zugestellt werden kann
- Führung in Längsrichtung einschieben, Käfige zwischen die Führungsschienen einschieben und in Führungsrichtung positionieren

3.3 Führungen

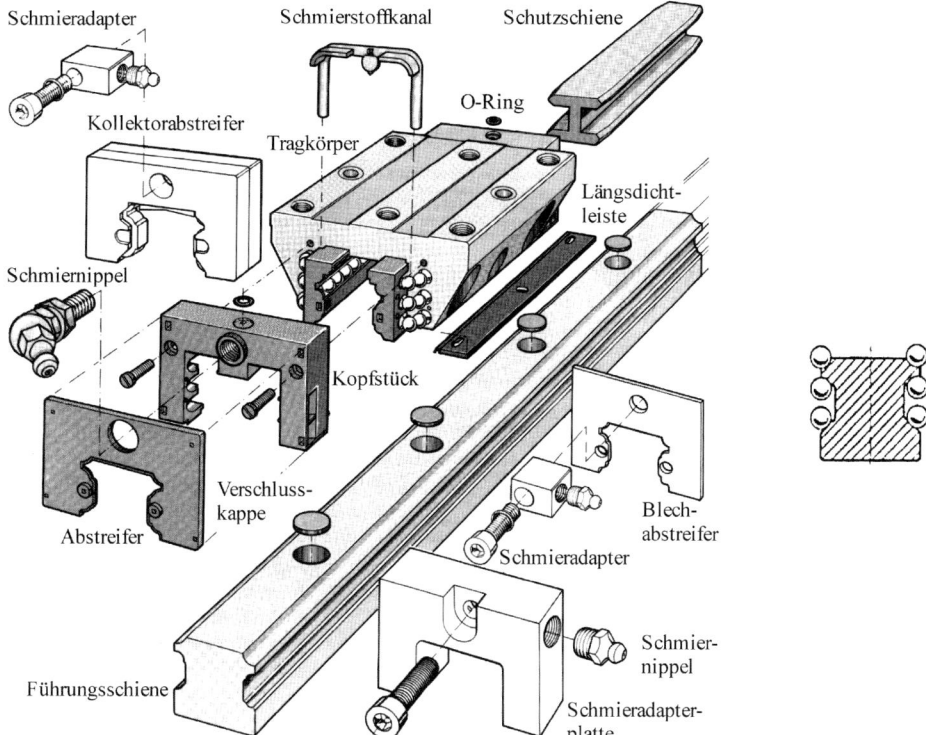

Abb. 3.46 Bauteile einer Kompaktführung mit 6 Umlaufsystemen. (Werkbild: INA)

- Zustellführungsschiene (3) mit Druckschrauben (4) spielfrei einstellen bzw. vorspannen
- Abstreifer und Endstücke montieren

In Werkzeugmaschinen haben Wälzführungssysteme bestehend aus Kompaktführungselementen und entsprechenden Führungsschienen besondere Bedeutung erlangt.

Die Kompaktführungselemente gibt es als
- Kugelumlaufeinheiten mit zwei, vier oder sechs Umlaufsystemen (Abb. 3.46)
- Rollenumlaufeinheiten mit vier Umlaufsystemen

Ein komplettes Kompaktwälzführungssystem (Abb. 3.47) besteht in der Regel aus zwei Führungsschienen und vier Umlaufeinheiten (zwei Führungswagen pro Schiene). Zwischen den Umlaufeinheiten können zusätzlich Dämpfungseinheiten angeordnet sein. Sie dienen der Verbesserung des sonst eher schlechten Dämpfungsverhaltens des Wälzführungssystemes.

Zum Aufbau eines Führungswagens (Abb. 3.46) gehören
- die Wälzelemente (Kugeln oder Rollen),
- die Tragkörper zur Befestigung des Führungswagens am geführten Bauteil und die Umlaufschuhe zur Aufnahme der Wälzelemente. Beide Teile sind aus Stahl und besitzen gehärtete und geschliffene Laufbahnen und Anschlagflächen.

Abb. 3.47 Kompaktwälzführungssystem. (Werkbild: INA)

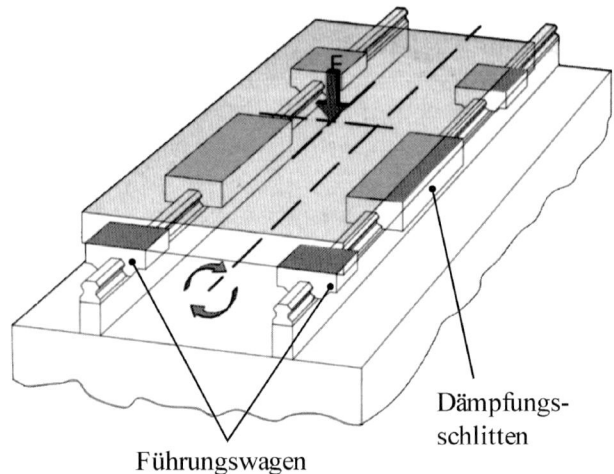

Dämpfungsschlitten
Führungswagen

- Funktionselemente zur Sicherung der Schmierung der wälzenden Teile,
- Elemente zur Abdichtung des Führungswagens und Abstreifer zum Reinigen der Führungsflächen.

Die Führungsschienen werden aus Stahl gefertigt und besitzen gehärtete und geschliffene Laufbahnen.

Kompaktführungssysteme werden in unterschiedlichen Genauigkeiten und Vorspannungsklassen angeboten. Mit der Größe der Vorspannung steigen Steifigkeit, Führungsgenauigkeit und Momentbelastbarkeit. Die Dämpfung bleibt unverändert. Aufgrund der Anforderungen in Werkzeugmaschinen werden in der Regel Führungselemente der höchsten Genauigkeit und der Vorspannklasse V3 (Vorspannungsgröße 10% von statischer Tragzahl) eingesetzt.

Zum Erzielen einer hohen Steifigkeit und Belastbarkeit des gesamten Führungssystemes ist besonderer Wert auf eine passgenaue und steife Montage der Führungswagen und der -schienen gegenüber den Gestellbauteilen zu legen. Die Einbauvorschriften der Hersteller hinsichtlich der Form- und Lagetoleranzen der Aufnahmeflächen sind unbedingt einzuhalten.

Die Befestigung der Führungsschienen und -wagen erfolgt durch Verschraubung mit den Bauteilen. Die Tragkörper der Führungswagen werden beidseitig gegen definierte Anschlagflächen abgestützt oder verstiftet (Abb. 3.48). Bei den Führungsschienen sollte eine als Referenzseite und die zweite als Folgeseite ausgeführt sein.

Als Elemente zur Lagefestlegung der Führungsteile dienen Anpressschrauben, Keilleisten, Anpressplatten, Spannstifte und das Ausgießen mit Kunstharzen.

Drei Varianten der Lagefestlegung der Führungsteile sind in Abb. 3.49 vorgestellt:
- Schlittenführung mit zwei Festlagern
  Jeder Führungswagen ist zur Anschlagseite hin ausgerichtet. Führungsschienen durch Ausgießen der Nuten mit Kunstharz fixiert, bei großen Schienenabständen sind Wärmedehnungen von Maschinenbett und Schlitten zu beachten.

3.3 Führungen

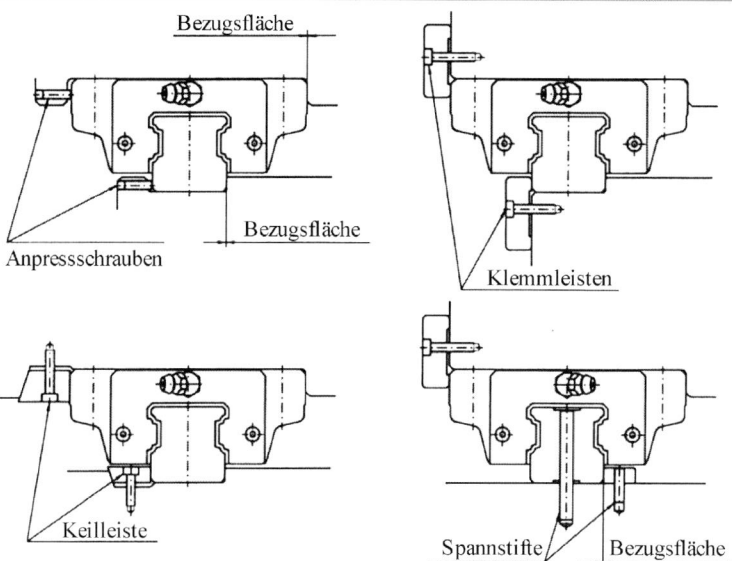

Abb. 3.48 Führungswagen- und Führungsschienenbefestigung. (Werkbild: SKF)

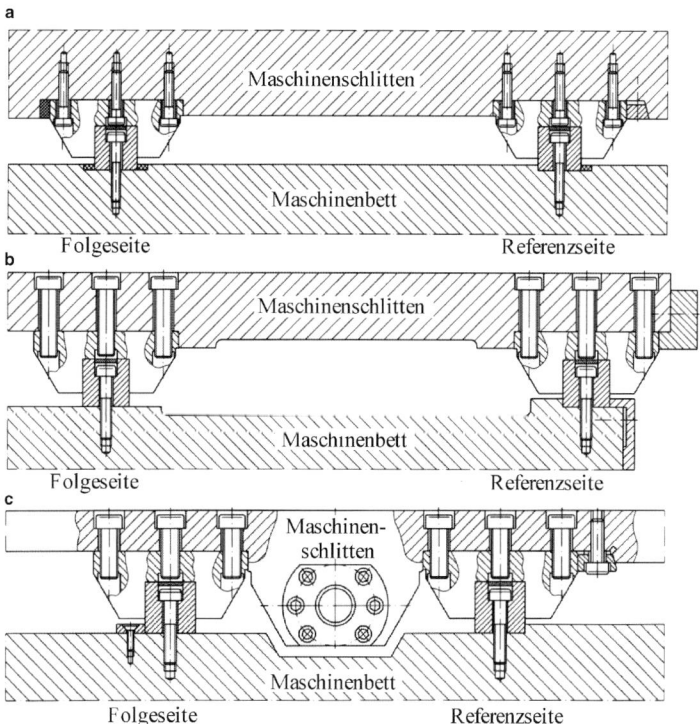

Abb. 3.49 Kompaktführungssysteme. **a** mit zwei Festlagern, **b** mit einem Fest- und einem Loslager, **c** als Stützlagerung. (Werkbild: INA)

- Schlittenführung mit Fest- und Loslager
  Führungsschiene und Schlitten der Festlagerseite sind jeweils durch Anpressplatten fixiert, auftretende Wärmedehnungen bereiten hier durch Loslagerseite meist keine Schwierigkeiten.
- Schlittenführung mit zwei Stützlagern
  Jeder Führungswagen ist zu einer Anschlagseite hin ausgerichtet. Die Führungsschienen der Referenzseite ist am Maschinenbett ausgerichtet und die Führungsschiene der Folgeseite auf der Gegenseite mit Hilfe von Anschlägen fixiert.

Auch bei diesen Führungen ist eine sorgfältige Montage für den sicheren Betrieb notwendig. Von [6] werden folgende Montageschritte angegeben:
- Alle Anschlagflächen mit Öl leicht einölen.
- Die Profilschiene mit dem Führungswagen auf der gesäuberten und staubfreien Oberfläche des Maschinenbettes leicht anschrauben.
- Anziehen der Anpressschrauben, bis die Schiene an der Anschlagfläche des Maschinenbettes anliegt.
- Die Befestigungsschrauben mit einem Drehmomentenschlüssel mit gefordertem Moment anziehen.
- Montage der zweiten Profilschiene in gleicher Weise.
- Den Tisch vorsichtig auf die vorher positionierten Führungswagen setzen. Die Befestigungsschrauben einsetzen und leicht anziehen.
- Anpressschrauben so lange anziehen, bis der Führungswagen an der Anschlagfläche des Tisches anliegt.
- Die Befestigungsschrauben an den Führungswagen der Referenzführung mit dem Drehmomentenschlüssel anziehen.
- Vorsichtiges Anziehen der Befestigungsschrauben an den Führungswagen der gegenüberliegenden Führung. Dabei sollte die Leichtgängigkeit der Führung durch Verschieben des Tisches von Hand geprüft werden.

Zur Verbesserung der Dämpfung von Kompaktführungen dienen Dämpfungsschlitten. Ihr Grundkörper besteht aus ungehärtetem Stahl. Alle Flächen, die die Führungsschiene umgeben, sind mit Kunststoffgleitbelag versehen. Im Betriebszustand trennt ein definierter, ölgefüllter Spalt den Dämpfungsschlitten von der Führungsschiene. Die Spaltgröße wird im Bereich der elastischen Einfederung (etwa $20\ldots30\,\mu$m) gewählt. Die Dämpfungsschlitten werden separat mit Öl versorgt, wobei der Ölbedarf etwa dem eines Führungswagens entspricht (Abb. 3.50). Die Anordnung mehrerer Führungswagen ergibt zwar höhere Tragfähigkeit, die Dämpfung kann damit aber nicht erhöht werden.

Für die sichere Funktion und entsprechende Lebensdauer des Kompaktführungssystemes ist eine ausreichende Schmierung notwendig. Fett- oder Ölschmierung kann eingesetzt werden. Entsprechende Ausführung der Führungswagen und Schmiermittel-Dosiereinheiten werden durch die Hersteller der Kompaktführungen angeboten.

3.3 Führungen

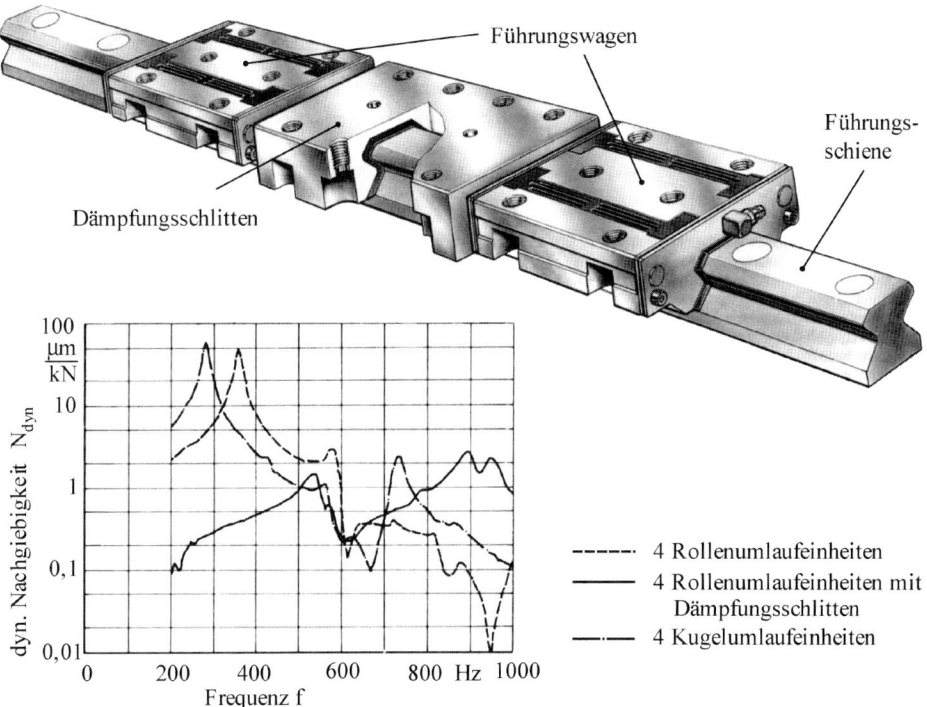

Abb. 3.50 Aufbau und Einfluss von Dämpfungsschlitten auf das dynamische Verhalten von Kompaktführungen. (Werkbild: INA)

Abb. 3.51 Modell zur Berechnung der Belastung der Führungsschlitten

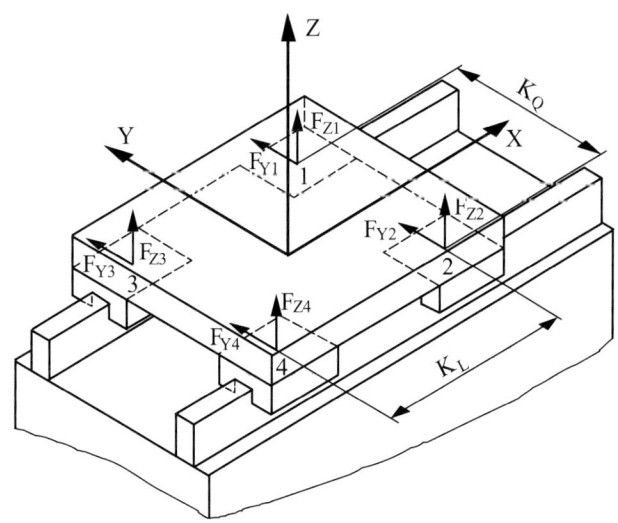

Auslegung und Berechnung

Wälzführungssysteme können hinsichtlich Lebensdauer (unter Berücksichtigung von Belastung und Geschwindigkeit), Steifigkeit und Genauigkeit berechnet werden. Auch die Abschätzung der thermischen und dynamischen Eigenschaften ist bei Kenntnis des Aufbaus und entsprechender Kennwerte der Wälzelemente möglich.

Für den Entwurf einer wälzenden Werkzeugmaschinenführung eignet sich die Lebensdauerberechnung auf Basis der dynamischen Tragzahl. In Anlehnung an [6] ist dabei wie folgt vorzugehen:

Die wirkenden äußeren Kräfte und Momente werden auf den Ursprung des Koordinatensystemes (Mitte des Führungssystemes) zusammengefasst.

$$F_Y = \sum F_{iY} \tag{3.45}$$

$$F_Z = \sum F_{iZ} \tag{3.46}$$

$$M_X = \sum M_{iX} - \sum F_{iY} \cdot z_{Fi} + \sum F_{iZ} \cdot y_{Fi} \tag{3.47}$$

$$M_Y = \sum M_{iY} + \sum F_{iX} \cdot z_{Fi} - \sum F_{iZ} \cdot x_{Fi} \tag{3.48}$$

$$M_Z = \sum M_{iZ} - \sum F_{iX} \cdot z_{Fi} + \sum F_{iY} \cdot x_{Fi} \tag{3.49}$$

Diese zusammengefassten Belastungen können jetzt in äußere Belastungen der Umlaufelemente umgerechnet werden (Abb. 3.51). Druck-Zug-Kräfte:

$$F_{Z1} = \frac{F_Z}{4} - \frac{M_Y}{2 \cdot K_L} + \frac{M_X}{2 \cdot K_Q} \tag{3.50}$$

$$F_{Z2} = \frac{F_Z}{4} - \frac{M_Y}{2 \cdot K_L} - \frac{M_X}{2 \cdot K_Q} \tag{3.51}$$

$$F_{Z3} = \frac{F_Z}{4} + \frac{M_Y}{2 \cdot K_L} + \frac{M_X}{2 \cdot K_Q} \tag{3.52}$$

$$F_{Z4} = \frac{F_Z}{4} + \frac{M_Y}{2 \cdot K_L} - \frac{M_X}{2 \cdot K_Q} \tag{3.53}$$

Bei der Berechnung der Seiten-Kräfte sollte man davon ausgehen, dass nur eine Führungsschiene als „Referenzseite" die Seitenkräfte aufnimmt.

$$F_{Y1} \quad \text{bzw.} \quad F_{Y2} = \frac{F_Y}{4} + \frac{M_Z}{K_L} \tag{3.54}$$

$$F_{Y3} \quad \text{bzw.} \quad F_{Y4} = \frac{F_Y}{4} - \frac{M_Z}{K_L} \tag{3.55}$$

Dabei sind die Summen für Kräfte und Momente vorzeichenrichtig einzusetzen!

3.3 Führungen

Bei Werkzeugmaschinen sind in der Regel die wirkenden Bearbeitungs- und Gewichtskräfte sowie die dabei zu realisierenden Geschwindigkeiten stark schwankend. Sie treten mit unterschiedlichen Zeitanteilen auf. Für die Lebensdauerberechnung der Kompaktführung ist deshalb die Bestimmung der an den einzelnen Führungsschlitten wirkenden bewerteten Kräfte in Seiten- F_{Yb} und Zug-Druck-Richtung F_{Zb} sowie der bewerteten Geschwindigkeiten $\bar{v}$ (Quelle: INA) erforderlich:

$$F_{Yb} = \sqrt[p]{\frac{q_1 \cdot v_1 \cdot F_{Y1}^p + q_2 \cdot v_2 \cdot F_{Y2}^p + \cdots + q_i \cdot v_i \cdot F_{Yi}^p}{q_1 \cdot v_1 + q_2 \cdot v_2 + \cdots + q_i \cdot v_i}} \quad (3.56)$$

$$F_{Zb} = \sqrt[p]{\frac{q_1 \cdot v_1 \cdot F_{Z1}^p + q_2 \cdot v_2 \cdot F_{Z2}^p + \cdots + q_i \cdot v_i \cdot F_{Zi}^p}{q_1 \cdot v_1 + q_2 \cdot v_2 + \cdots + q_i \cdot v_i}} \quad (3.57)$$

$$\bar{v} = \frac{q_1 \cdot v_1 + q_2 \cdot v_2 + \cdots + q_i \cdot v_i}{100} \quad (3.58)$$

In den Gl. (3.56) bis (3.58) sind berücksichtigt: die Zeitanteile an der Wirkungsdauer q_i in%, die wirksamen Geschwindigkeiten v_i und Kräfte F_i sowie die Unterschiede zwischen Punkt- und Linienberührung mit Hilfe des Lebensdauerfaktors p ($p = 3$ bei Kugelumlaufeinheiten, $p = 10/3$ bei Rollenumlaufeinheiten).

Die äquivalente Belastung P wird als Summe der Absolutwerte der Seiten- und der Zug-Druck-Kräfte berechnet

$$P = |F_{Yb}| + |F_{Zb}|. \quad (3.59)$$

Zum Einschätzen der Lebensdauer einer Kompaktführung betrachtet man das am stärksten belastete Führungselement. Nach DIN 636, Teil 2, sollte die dynamische äquivalente Belastung 50% der dynamischen Tragzahl C nicht überschreiten. Unter Einhaltung dieser Bedingung kann aus entsprechenden Herstellerkatalogen das Führungselement ausgewählt werden

$$P \leq 0{,}5 \cdot C. \quad (3.60)$$

Die Überprüfung bereits ausgewählter Führungselemente erfolgt durch die Berechnung der Lebensdauer sowie die Prüfung der statischen Tragsicherheit und der Steifigkeit.

Die nominelle Lebensdauer in Betriebsstunden wird mit einer Erlebenswahrscheinlichkeit von 90% erreicht. Die äquivalente Belastung und die äquivalente Verfahrgeschwindigkeit $\bar{v}$ (auch als Produkt von Anzahl Doppelhübe je Minute $n_{\text{osz.}}$ und Hublänge H in Meter der oszillierenden Bewegung ausgedrückt) sind darin berücksichtigt:

$$L_n = \frac{1666}{\bar{v}} \cdot \left(\frac{C}{P}\right)^p \quad (3.61)$$

$$L_n = \frac{833}{H \cdot n_{\text{osz.}}} \cdot \left(\frac{C}{P}\right)^p \quad (3.62)$$

Die statische Tragsicherheit S_0 ist die Sicherheit gegenüber bleibender Verformung im Wälzkontakt und besonders wichtig bei den Belastungsfällen:

- dauernde oder kurzzeitige stoßartige Belastung bei stillstehenden Führungskomponenten,
- dauernde Belastung bei mit niedriger Geschwindigkeit bewegtem Schlitten,
- zusätzliche hohe Stoßbelastung zu einer mit normaler Dauerlast beanspruchten bewegten Führung.

Die statische Tragsicherheit S_0 berechnet sich als Quotient der statischen Tragzahl C_0 und der äquivalenten Belastung P_0 für das am höchsten beanspruchte Führungselement

$$S_0 = \frac{C_0}{P_0} \quad \text{mit} \quad P_0 = F_{\max}. \tag{3.63}$$

Aufgrund der in Werkzeugmaschinen geforderten Genauigkeit wird die statische Tragsicherheit nicht unter 4 gewählt.

Zur Überprüfung einer geforderten Steifigkeit des Führungssystemes muss man die Steifigkeiten der einzelnen Führungselemente (Abb. 3.52) getrennt nach Druck/Zugkräften und Seitenkräften aus Herstellerangaben ermitteln. Kennt man die wirksamen Kräfte an

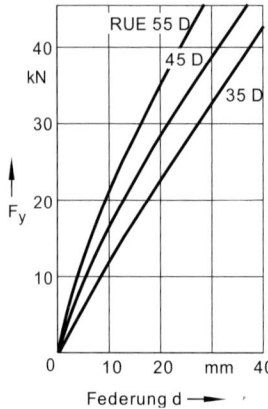
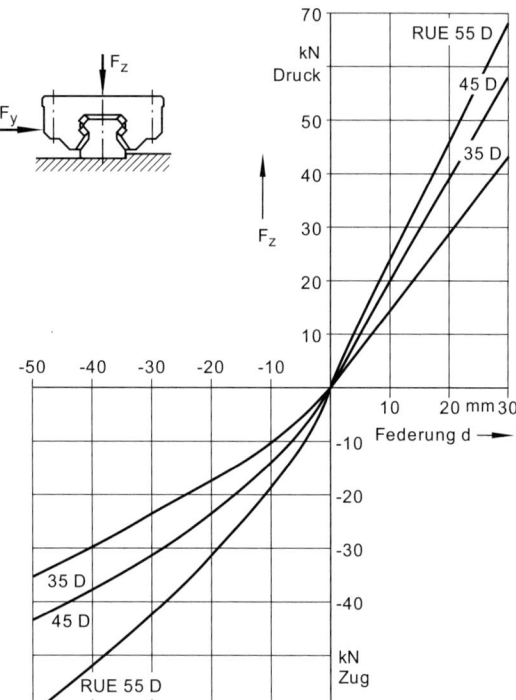

Abb. 3.52 Steifigkeiten eines Führungswagens [6]

den Führungselementen (Gl. (3.50) bis (3.55)) kann man die Verformungswerte der einzelnen Führungselemente bestimmen und damit die Änderung der Schlittenlage berechnen. Sie ist im Zusammenhang mit den Belastungen ein Ausdruck der Steifigkeit des Führungssystemes. Dabei werden die Verformungen des Maschinenbettes, der Kontaktstellen und Verschraubungen von Führungsschienen und -wagen sowie des geführten Bauteils nicht beachtet.

3.4 Antriebe

3.4.1 Einteilung, Aufgaben, Anforderungen

An Werkzeugmaschinen sind eine Vielzahl von Antrieben vorhanden. Man unterscheidet dabei nach maschinenspezifischen Haupt- und Nebenantrieben sowie verschiedenen Hilfsantrieben (Tab 3.5). Letztere fungieren als bewegungserzeugende Elemente für den Kühlmittelfluss, die Schmierung, die Hydraulik, die Werkzeug- oder Werkstückspannung sowie deren Transport und vieles andere mehr.

Hauptantrieb

Der Hauptantrieb ist bei Maschinen für die spanende Bearbeitung verantwortlich für die Realisierung der Schnittbewegung und damit für die einmalige Spanabnahme (auch als Hauptbewegung bezeichnet).

Nebenantrieb

Der Nebenantrieb (früher auch als Vorschubantrieb bezeichnet) ist bei spanenden Maschinen verantwortlich für die Erzeugung der Vorschubbewegung, also der Aufrechterhaltung der Spanabnahme sowie anderer Bewegungen, die durch diese Achse ausgeführt werden müssen (z. B. Positionieren, Zustellen, Messbewegungen, Teile der Bewegungen für den Werkzeug- oder Werkstücktransport).

Produktivitätsbestimmende Baugruppen bei einer Werkzeugmaschine sind vor allem der Haupt- und der Nebenantrieb. Deren Eigenschaften müssen bei der Maschinenentwicklung bzw. bei der Maschinenanwendung gut mit den fertigungstechnischen Erfordernissen abgestimmt werden. Aufgrund der Bedeutung dieser Antriebe werden im Weiteren ihr Aufbau und ihre Wirkungsweise näher betrachtet.

Tab. 3.5 Einteilung von Werkzeugmaschinenantrieben

Hauptantriebe	Nebenantriebe	Hilfsantriebe
Erzeugt die Schnittbewegung und ermöglicht damit die einmalige Spanabnahme	Erzeugt die Vorschubbewegung und erhält damit die Spanabnahme aufrecht	Werkzeug- bzw. Werkstückwechsel, Kühlmittelpumpe, Hydraulikantrieb, Positionierantriebe ohne Vorschub, Kontroll- bzw. Messbewegung

Die zu realisierenden Bewegungen können vielfältige Eigenschaften besitzen. In Abhängigkeit vom Fertigungsverfahren
- wird die Bewegung durch das Werkstück und/oder das Werkzeug ausgeführt,
- ist die Bewegung rotierend oder translatorisch,
- erfolgt sie mit konstanter oder veränderlicher Geschwindigkeit,
- und verlaufen sie kontinuierlich oder schrittweise.

Zur Erzeugung der Haupt- und Nebenbewegungen in Werkzeugmaschinen dienen überwiegend Elektromotoren. Die von ihnen bereitgestellten Drehzahlen und Drehmomente können direkt oder nach Umformung mittels mechanischer, hydraulischer oder pneumatischer Elemente an der Bearbeitungsstelle zur Anwendung kommen (Abb. 3.53). Ziel dabei ist eine Anpassung der Motorbewegung und der Motordrehmomente an die Bewegungsform und -größe sowie den notwendigen Momentenbedarf, welche aus den Anforderungen des zu realisierenden Bearbeitungsprozesses resultieren.

Die Nebenantriebe kann man, nach ihrer Stellung zu den Hauptantrieben, in abhängige und unabhängige einteilen.

Abhängiger Nebenantrieb bedeutet, dass entsprechend dem auf der Maschine zu realisierenden Fertigungsverfahren die Vorschubbewegung in direktem Zusammenhang mit der Schnittbewegung (dem Hauptantrieb) steht. Solche Verfahren sind zum Beispiel

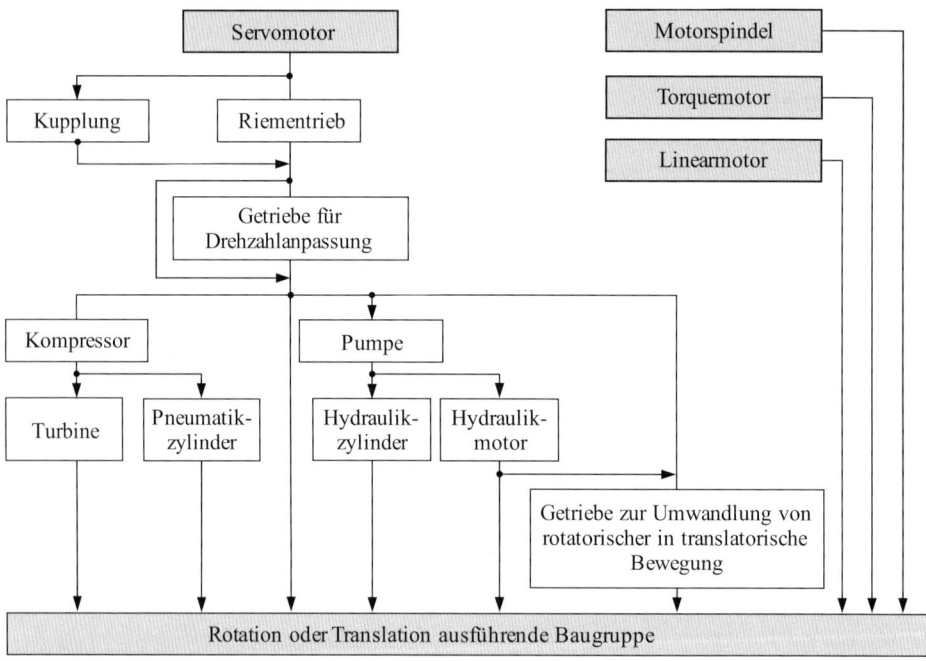

Abb. 3.53 Varianten der Bewegungserzeugung in Haupt- und Nebenantrieben von Werkzeugmaschinen mit elektrischen Primärantrieb

3.4 Antriebe

- „Drehen" und „Bohren" mit der Vorschubeinstellung an der Maschine in „mm pro Umdrehung der Hauptspindel"
- „Hobeln" mit der Vorschubeinstellung an der Maschine in „mm pro Doppelhub des Werkzeugträgers"

Diese Abhängigkeit der Vorschubbewegung von der Hauptantriebsbewegung kann in Werkzeugmaschinen nach folgenden drei Varianten ausgeführt werden (Abb. 3.54)

- Die Hauptbewegung wird durch Energieumwandlung im Motor und dem sich anschließenden Hauptantrieb erzeugt und steht zum Beispiel als Drehzahl an der Hauptspindel zur Verfügung. Diese Bewegung wird dem Nebengetriebe zugeführt und damit in die notwendige Vorschubbewegung umgewandelt.
- Eine zweite Möglichkeit besteht darin, dass eine andere Welle des Hauptgetriebes zum Antrieb des Nebengetriebes genutzt wird. Bedingung dabei ist, dass die Übersetzung zwischen Hauptspindel und dieser Welle konstant, also nicht schaltbar, ist.
- Eine weitere Variante ist die Verwendung eines separaten Motors für den Antrieb des Nebengetriebes. Zur Erzeugung der Abhängigkeit zwischen der Haupt- und Vorschubbewegung ist eine NC-Steuerung notwendig.

Unabhängiger Nebenantrieb bedeutet, dass entsprechend dem auf der Maschine zu realisierenden Fertigungsverfahren die Vorschubbewegung in keinem direkten Zusammenhang mit der Schnittbewegung (dem Hauptantrieb) steht. Solche Verfahren sind zum Beispiel

- „Fräsen" mit der Vorschubeinstellung an der Maschine in „mm pro Minute"
- „Rundschleifen" mit der Vorschubeinstellung an der Maschine in „mm pro Umdrehung des Werkstückes".

Auch die Erzeugung der unabhängigen Vorschubbewegung ist prinzipiell in drei Varianten (Abb. 3.55) ausführbar.

- Die Bewegung einer beliebigen Welle des Hauptgetriebes wird dem Nebengetriebe zugeführt und in die notwendige Vorschubbewegung umgewandelt. Drehzahländerungen im Hauptgetriebe, die sich auf diese beliebige Welle auswirken, sind bei der Schaltung des Vorschubgetriebes zu berücksichtigen.

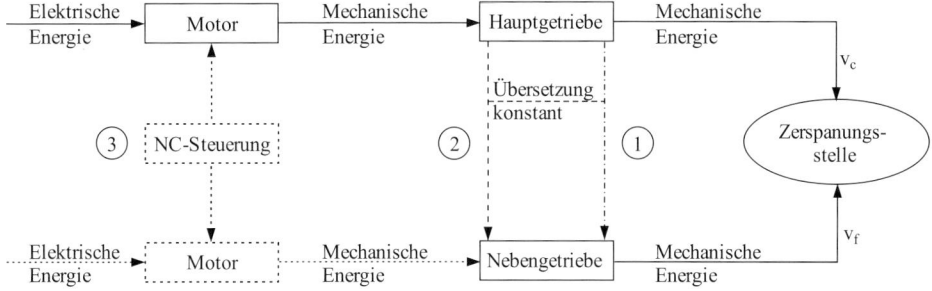

Abb. 3.54 Energiefluss zur Erzeugung eines abhängigen Vorschubs. v_c – Schnittgeschwindigkeit, v_f – Vorschubgeschwindigkeit

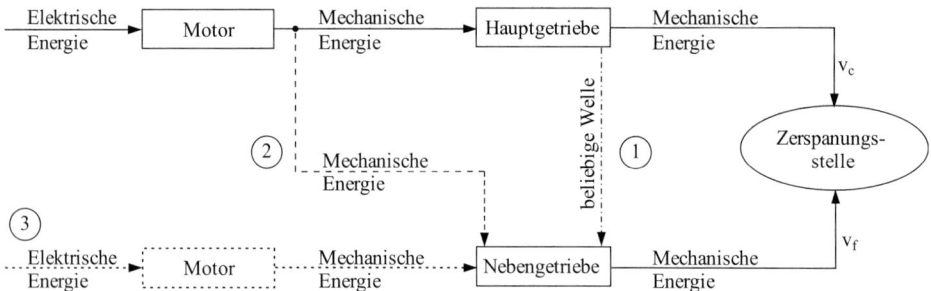

Abb. 3.55 Energiefluss zur Erzeugung eines unabhängigen Vorschubs v_c – Schnittgeschwindigkeit, v_f – Vorschubgeschwindigkeit

- Eine zweite Möglichkeit besteht darin, dass der Energiefluss nach dem Motor in das Haupt- und Nebengetriebe verzweigt wird.
- Eine weitere Variante ist die Verwendung eines separaten Motors für den Antrieb des Nebengetriebes.

Allgemein kann man folgende Forderungen an Haupt- und Nebenantriebe von Werkzeugmaschinen aus ihren Aufgaben ableiten:

- Erzeugung von Drehzahlen oder linearen Bewegungen mit Geschwindigkeiten, die aus fertigungstechnischen Forderungen resultieren
- Die Größe der Abweichungen von diesen geforderten Bewegungen müssen in einem zulässigen Rahmen bleiben.
- Sichere Übertragung geforderter Leistungen und Drehmomente auf die bewegungsausführenden Baugruppen.
- Hoher Wirkungsgrad bei der Bewegungserzeugung und -übertragung. Besonders im Hauptantrieb, da hier der größte Leistungsanteil benötigt wird.
- In vielen Anwendungsfällen sollte der Bewegungsablauf gleichförmig erfolgen. Ein ruhiger Lauf mit einer geringen Geräuschemission ist anzustreben.
- Kleine Abmessungen und geringe Massenträgheitsmomente sind hinsichtlich des Platzbedarfes und der energetischen Verhältnisse günstig.
- Die Größen der Schnittbewegung und des Vorschubes sollten sich schnell und unkompliziert ändern lassen.
- Bei Maschinen, die in Verbindung mit Automatisierungseinrichtungen stehen, ist ein Anfahren definierter Lagen sowohl im Vorschub- als auch im Hauptantrieb wichtig.
- Geringe Herstell- und Betriebskosten sind anzustreben.

3.4.2 Hauptantriebe zur Erzeugung rotatorischer Bewegungen

Zur Darstellung des Aufbaus sowie der Eigenschaften der Antriebe werden in den technischen Dokumentationen von Werkzeugmaschinen *Drehzahlbild*, *Getriebeplan*, *Leistungs-Drehzahl-* und *Drehmomenten-Drehzahl-Diagramm* benutzt (Abb. 3.56).

3.4 Antriebe 141

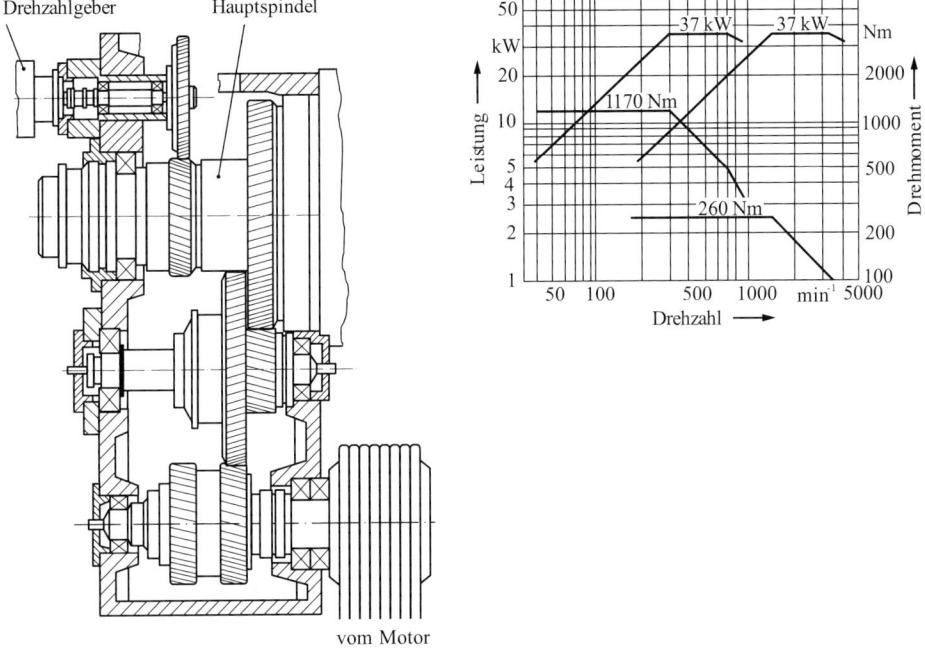

Abb. 3.56 Hauptgetriebeaufbau und Leistungs-, Momenten-Drehzahl-Diagramm einer Drehmaschine. (Werkbild: Niles Chemnitz)

Drehzahlbild

Im Drehzahlbild (vgl. Beispiel 3.1) werden die Wellen des Antriebes, beginnend bei der Motorwelle bis zur Hauptspindel, als parallele Geraden mit gleichem Abstand dargestellt. Auf ihnen werden die Drehzahlen mit logarithmischer Teilung aufgetragen. Verbindungen zwischen den Wellen symbolisieren die Übersetzungen zwischen ihnen. Definiert ist die Übersetzung als Quotient von Antriebsdrehzahl und Abtriebsdrehzahl. Aus dem Drehzahlbild ist demzufolge die Anzahl der Wellen und die Größe der Übersetzungen zwischen den Wellen ersichtlich.

Getriebeplan

Im Getriebeplan werden mit Hilfe einfacher Symbole (Beispiele in Abb. 3.57) die im Hauptgetriebe verwendeten Maschinenelemente und ihre funktionelle Lage zueinander dargestellt.

Zur Anpassung der Motordrehzahlen und -drehmomente werden Übersetzungen i verwendet, die aus Riemen- und Zahnradstufen bestehen. Entsprechend der Definition der Übersetzung als Verhältnis zwischen Antriebs- und Abtriebsdrehzahl und bei bekannten Zähnezahlen z der Zahnräder sowie bekannten Durchmessern D der Riemenscheiben gilt

$$i = \frac{n_{An}}{n_{Ab}} = \frac{z_{Ab}}{z_{An}} = \frac{D_{Ab}}{D_{An}} \qquad (3.64)$$

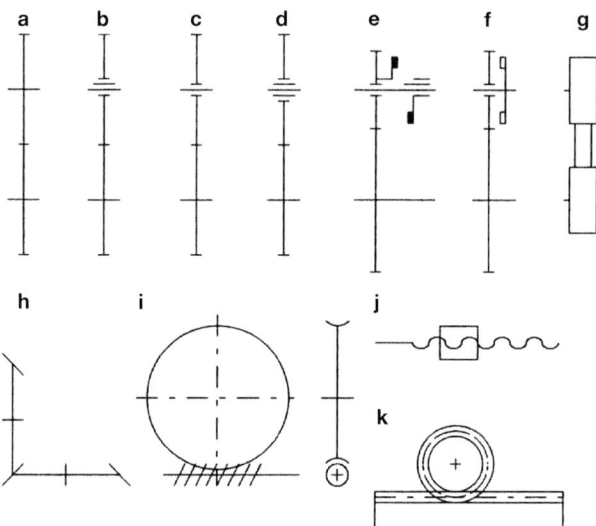

Abb. 3.57 Ausgewählte Symbole für Getriebepläne. Übersetzungen mit Stirnzahnrädern. **a** als Festräder, **b** mit einem Schieberad, **c** mit einem Losrad, **d** mit Freilauf, **e** Losrad, geschalten mit formschlüssigen Kupplung, **f** Losrad, geschalten mit kraftschlüssigen Kupplung, **g** Riemenübersetzung, **h** Kegelradübersetzung, **i** Schnecke-Schneckenrad-Übersetzung. Umwandlung rotatorischer Bewegung in lineare durch **j** Spindel und Mutter, **k** Ritzel und Zahnstange

Durch Kombination dieser Elemente mit verschiedenen Welle-Nabe-Verbindungen und Kupplungen ergeben sich Getriebegruppen, aus denen ein Hauptgetriebe aufgebaut werden kann. Um den spezifischen Anforderungen dieser Getriebeart Rechnung zu tragen, werden hauptsächlich Getriebegruppen mit zwei und drei Übersetzungsmöglichkeiten (Getriebegruppenstufenzahl) eingesetzt. In Abb. 3.58 sind wichtige Beispiele unter Verwendung der Symbole für Getriebepläne dargestellt.

Bei der Auslegung von rotatorischen Hauptantrieben sollten folgende spezifische Regeln eingehalten werden:

- In den einzelnen Getriebestufen sollten vom Motor beginnend zur Hauptspindel die Übersetzungen größer werden, so dass schnell laufende Zwischenwellen entstehen. Sie ermöglichen bei gleicher Leistungsübertragung eine minimale Dimensionierung.
- Möglichst viele Elemente auf schnell laufenden Wellen anordnen, um den oben genannten Effekt des Kleinbaus auszunutzen.
- Nicht mehr als drei Übersetzungen zwischen zwei Wellen anordnen. Ein sich sonst ergebender größerer Lagerabstand bedingt größere Wellendurchmesser, um die Durchbiegung der Wellen am Zahneingriff in zulässigen Grenzen zu halten.
- Die Motordrehzahl sollte nach Möglichkeit so gewählt werden, dass keine Übersetzungen ins Schnelle notwendig werden.
- Allgemein bewährt haben sich die Übersetzungen zwischen zwei Wellen bei Zahnradstufen im Bereich von $1/1{,}25 \leq i \leq 4$ und bei Riemenübersetzungen im Bereich von $i \leq 10$.

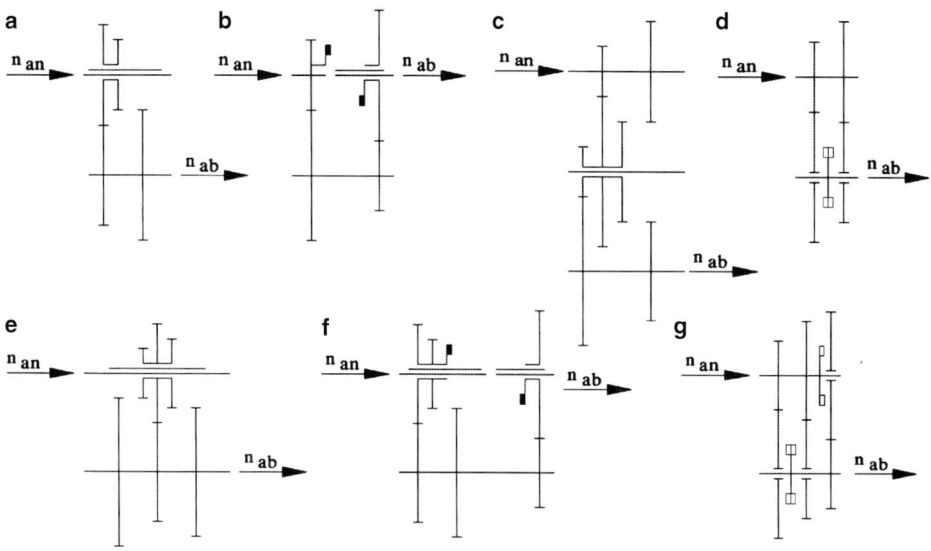

Abb. 3.58 Typische Getriebegruppen für Werkzeugmaschinenhauptgetriebe. Getriebegruppen für eine Drehzahlbereichsverdopplung: **a** Zwei-Rad-Schiebeblock, **b** Einfaches Vorgelege, **c** Losradkonstruktion, **d** Kupplungsgetriebe. Getriebegruppen für eine Drehzahlbereichsverdreifachung, **e** Drei-Rad-Schiebeblock, **f** Doppelt-parallelgeschaltenes Vorgelege, **g** Kupplungsgetriebe

- Die zu schaltenden Räder oder Kupplungen sollten bei Übersetzungen größer 1,25 auf der getriebenen Welle und bei Übersetzungen kleiner 1/1,25 auf der treibenden Welle angeordnet werden, um Rücktriebe ins Schnelle zu vermeiden.
- Für eine einfache und hohen Anforderungen genügende Gestaltung der Hauptspindel ist es günstig, mit einer nichtschaltbaren Übersetzung diese Baugruppe anzutreiben. Die Verwendung einer sogenannten *Konstanten* am Ende des Hauptgetriebes kann demzufolge vorteilhaft sein.
- In Hauptantrieben von Werkzeugmaschinen kommen überwiegend gehärtete und geschliffene Zahnräder zum Einsatz. Räder, die durch axiales Verschieben geschaltet werden, sind geradverzahnt oder maximal mit einem Schrägungswinkel von ca. 15° zu versehen. Konstante Übersetzungen sollten schrägverzahnt ausgeführt werden.
- Für Hüllgetriebestufen kommen Riemen aller Arten zum Einsatz. Bei Flach-, Keil- und Keilrippenriemen ist der auftretende Schlupf zu berücksichtigen. Zahnriemen besitzen diesen Nachteil nicht, können aber bei hohen Drehzahlen eine störende Lärmquelle darstellen.
- Das Schalten von Hauptgetrieben mittels kraftschlüssiger Kupplungen hat den Vorteil, dass eine Änderung der Drehzahl unter Last möglich wird. Nachteilig ist der schlechte Wirkungsgrad solcher Getriebe aufgrund des Schlupfes und der sich immer im Eingriff befindenden Zahnradpaare.
- Die allgemeinen Auslegungsvorschriften für Maschinenelemente sind einzuhalten. Besonders bei schnelllaufenden Hauptantrieben ist die zulässige Umfangsgeschwindig-

keit (abhängig von der Oberflächenqualität bis ca. 30 m/s und die Entstehung von Geräuschen (Einzelüberdeckungsgrad und/oder Gesamtüberdeckungsgrad sind ganzzahlig zu wählen) ein Entwurfskriterium.

Leistungs-Drehzahl- und Drehmomenten-Drehzahl-Diagramm

Das Leistungs-Drehzahl- und das Drehmomenten-Drehzahl-Diagramm zeigen die funktionellen Abhängigkeiten zwischen zur Verfügung stehenden Leistungen sowie Drehmomenten und den Hauptspindeldrehzahlen.

Die aus den zu realisierenden Fertigungsverfahren abgeleiteten Forderungen (vgl. 2.1.1) beinhalten Werte für die minimale und maximale Drehzahl sowie das Leistungs- und Drehmomentenverhalten an der Hauptspindel. Prinzipiell können diese technischen Daten gestuft oder stufenlos bereitgestellt werden. Man spricht von gestuften und von stufenlosen Antrieben.

Gestufte rotatorische Hauptantriebe

Bei gestuften rotatorischen Hauptantrieben werden durch den Elektromotor eine oder mehrere separate Drehzahlen zur Verfügung gestellt. Diese können in einem Getriebe den geforderten Hauptspindeldrehzahlen angepasst werden. Dabei erfolgt die Stufung nach einer geometrischen Reihe. Die Drehzahlwerte und ihre zulässigen Abweichungen (elektrisch und mechanisch) sind nach DIN 804 [7] genormt. Die geometrische Stufung hat gegenüber einer arithmetischen Stufung den Vorteil, dass die relative Änderung der Schnittgeschwindigkeit beim Schalten von einer Drehzahl auf eine benachbarte konstant und nur vom Stufensprung abhängig ist. Die Gesamtstufenzahl ergibt sich aus dem Produkt der einzelnen Getriebegruppenstufenzahlen.

Die Wahl eines kleinen Stufensprunges bedeutet für den Anwender geringe mögliche Abweichungen von der gewünschten, fertigungstechnisch notwendigen Schnittgeschwindigkeit (Drehzahl). Für den Aufbau des Hauptgetriebes ergibt sich eine erforderliche feinere Stufung, also ein höherer Aufwand an Übersetzungen, Schalteinrichtungen und demzufolge höhere Kosten. Die Anzahl der eingesetzten mechanischen Elemente kann durch die Anwendung polumschaltbarer Motoren reduziert werden. Nachteilig ist dabei, dass diese Motoren unterschiedliche Leistungen bei den einzelnen Drehzahlen abgeben und demzufolge Leistungssprünge beim Umschalten von einer Hauptspindeldrehzahl zu einer anderen auftreten können.

Stufenlos stellbare rotatorische Hauptantriebe

Stufenlos stellbare rotatorische Hauptantriebe, bei denen die Drehzahl zwischen einem Minimal- und einem Maximalwert stufenlos einstellbar ist, kann man auf der Basis mechanischer Stellglieder, hydraulischer Baugruppen oder mit Hilfe stufenlos stellbarer elektrischer Motoren realisieren.

3.4 Antriebe

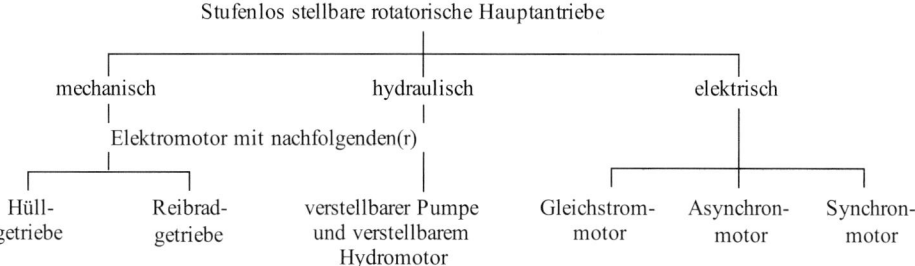

Die Eigenschaft solcher Hauptantriebe, ihre Drehzahl während des Prozesses stufenlos zu verändern, beinhaltet als Vorteile

- das Konstanthalten der Schnittgeschwindigkeit bei sich änderndem Durchmesser (in der Regel ist das der Werkstückdurchmesser)
- die exakte Einstellung der optimalen Schnittgeschwindigkeit.

Zu beachten ist, dass für solche Hauptantriebe die Drehzahlen nach DIN 804 [7] nicht gelten.

Mechanisch stufenlos stellbare rotatorische Hauptantriebe

Als Elemente zur stufenlosen Drehzahlstellung werden im Wesentlichen Hüllgetriebe und Reibradgetriebe mit stufenlos veränderlichen Wirkdurchmessern eingesetzt. Ihr prinzipieller Aufbau ist in Abb. 3.59 dargestellt.

Bei stufenlos stellbaren Hüllgetrieben wird durch axiales Verschieben der kegelförmig gestalteten Riemenscheibenhälften der wirksame Durchmesser einer Scheibe vergrößert (bzw. verkleinert), während der andere verkleinert (bzw. vergrößert) wird. Dadurch ist es möglich die Übersetzung im Bereich von

$$\frac{d_{An,\,min}}{d_{Ab,\,max}} \leq i \leq \frac{d_{An,\,max}}{d_{Ab,\,min}} \tag{3.65}$$

stufenlos einzustellen. Der Drehzahstellbereich dieser Getriebe liegt in der Größenordnung bis ca. 10 und berechnet sich nach

$$s_{nn} = \frac{n_{Ab,\,max}}{n_{Ab,\,min}} = \frac{n_{An} \cdot \frac{d_{An,\,max}}{d_{Ab,\,min}}}{n_{An} \cdot \frac{d_{An,\,min}}{d_{Ab,\,max}}} = \frac{d_{An,\,max}}{d_{Ab,\,min}} \cdot \frac{d_{An,\,min}}{d_{Ab,\,max}}. \tag{3.66}$$

Hüllgetriebe gibt es als kaufbare Einheiten für bestimmte Drehzahl-Momenten-Bereiche. Die Stellung kann von Hand oder elektrisch angetrieben erfolgen. Das Übertragungselement ist entweder ein Riemen (Auftreten von Schlupf) oder eine formschlüssige Kette.

Bei Reibradgetrieben wird der wirksame Durchmesser bei zylindrischen Scheiben durch radiales Verschieben einer Scheibe zur anderen oder bei kegelförmigen Scheiben durch Verschieben eines Übertragungselementes erreicht. Die Berechnung von Übersetzung und Stellbereich erfolgt analog den Gl. (3.65) und (3.66).

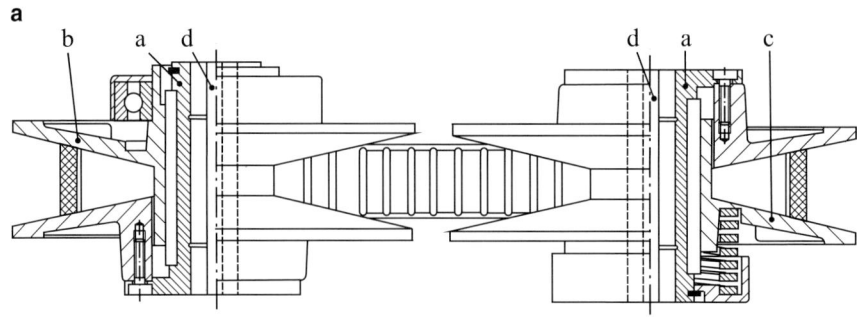

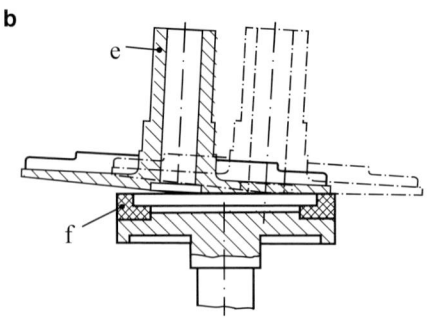

Abb. 3.59 Beispiele stufenlos stellbarer mechanischer Getriebe. **a** – Hüllgetriebe mit a – Hauptnabe, b – und c – verschiebbare Scheibenhälften, d – Passfedernut (nach Werkbild: Bergers). **b** – Reibradgetriebe mit e – treibende Scheibe mit hochglanzpolierter Reibfläche, f – Reibring der Abtriebsscheibe aus verschleißarmem Material

Hydraulisch stufenlos stellbare rotatorische Hauptantriebe

Mit Hilfe einer elektrisch angetriebenen, stellbaren Pumpe erzeugt man einen einstellbaren Ölstrom, der einem Hydraulikmotor zugeführt wird, dessen Schluckvolumen auch eingestellt werden kann. Durch Veränderung des von der Pumpe zugeführten und des im Motor benötigten Ölstromes pro Umdrehung wird dessen Drehzahl gestellt.

Der Drehzahlstellbereich solcher Anordnungen liegt zwischen 20...100 und berechnet sich nach

$$s_{nn} = s_{\text{Förder, Pumpe}} \cdot s_{\text{Schluck, Motor}}. \tag{3.67}$$

Sowohl mechanische als auch hydraulisch stufenlos stellbare Antriebe besitzen gegenüber elektrisch stufenlos stellbaren Antrieben schlechtere Wirkungsgrade, sind mit mechanischem Verschleiß behaftet, z. T. Geräusch- und Schwingungserzeuger sowie unerwünschte Wärmequellen. Da die erreichbaren Stellbereiche für Werkzeugmaschinen in der Regel zu klein sind, werden gestufte Getriebe zur Bereichsvervielfältigung nachgeschalten bzw. polumschaltbare Motoren verwendet. Die Aufwändungen für die Regelung der Drehzahl sind beachtlich. Ihre Anwendung erfolgt aus diesen Gründen nur dann, wenn der Einsatz elektrischer Antriebe aus Sicherheits- und unter Umständen Kostengründen nicht günstig ist.

Der Entwurf des Gesamtantriebes erfolgt nach ähnlichen Überlegungen wie bei elektrisch stufenlosem Aufbau. Aus diesem Grund wird auf seine Erläuterung verzichtet.

Elektrisch stufenlos stellbare rotatorische Hauptantriebe

Mit dem Fortschreiten der Entwicklungen in der Antriebs- und Steuerungstechnik haben sich elektrisch stufenlos stellbare Antriebe als Hauptantriebe für spanende Werkzeugmaschinen durchgesetzt. Nach verschiedenen Entwicklungsetappen werden bei NC-Maschinen hauptsächlich eingesetzt

- gesteuerte und geregelte Gleichstrommotoren bei großen erforderlichen Drehmomenten und Leistungen sowie Drehzahlen unter $4500\,\text{min}^{-1}$,
- gesteuerte und geregelte Asynchronmotoren bei hohen Drehzahlen sowie bis zu mittleren Leistungen und Drehmomenten.

Die Motorarten beschränken sich im Wesentlichen auf

- Gleichstrommotoren, bei denen die Drehzahlstellung durch Veränderung der Ankerspannung oder/und Veränderung des magnetischen Flusses erfolgt,
- Asynchronmotoren, bei denen durch Variieren der anliegenden Wechselstromfrequenz die Drehzahl geändert wird.

Diese Motoren gibt es als

- Standardmotoren (preisgünstig, kurze Lieferzeiten, für einfache Aufgaben in Werkzeugmaschinen gut brauchbar)
- Getriebemotoren (schnelllaufende, kleinbauende Motoren mit angepasstem Getriebe, welches durch Drehzahlreduzierung zu einem größeren Moment führt)
- spezielle Hauptantriebsmotoren (teure, auf die Anforderungen in Werkzeugmaschinen zugeschnittene Motoren, die oft in Zusammenarbeit zwischen Motor- und Maschinenhersteller angepasst werden)
- Bausatzmotoren (Abb. 3.60) (Rotorwicklung und Stator werden dem Maschinenhersteller geliefert und dieser komplettiert mit einer Hauptspindel als Rotorwelle und entsprechenden Lagern das Ganze zu einem Antrieb)

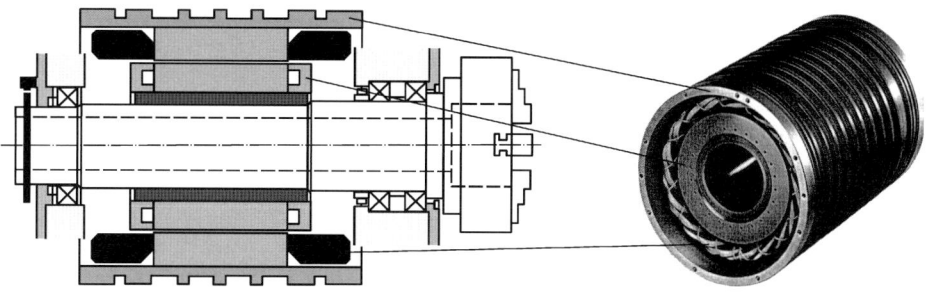

Abb. 3.60 Bausatzspindelmotor. (Werkbild: INDRAMAT)

Dabei haben die Asynchronmotoren gegenüber Gleichstrommotoren wesentliche Vorteile
- der Drehzahlstellbereich ist sehr groß, z. B. Drehzahl (0,0001 bis 9000) min^{-1}
- der Bereich konstanter Leistung ist groß
- die Dynamik und der Rundlauf sind ausgezeichnet
- die Überlastbarkeit ist bei allen Motordrehzahlen extrem
- eine Netzrückspeisung ist möglich
- die Motoren sind wartungs- und verschleißfrei

Tab. 3.6 Variationsmöglichkeiten der Ausführungen von elektrisch stufenlos stellbaren Hauptantrieben

	Variante 1	**Variante 2**	**Variante 3**
Antrieb durch	Gleichstrom- oder Asynchronmotor	Asynchron- oder Synchronmotor	Asynchron- oder Synchronmotor
Übersetzung zur	Drehmomentenerhöhung und Stellbereichsvergrößerung	Drehmomentenerhöhung	Keine
Antrieb der Hauptspindel	– über Riemen, direkt oder querkraftfrei – über Zahnrad – direkt –	– über Riemen, direkt oder querkraftfrei – über Zahnrad – direkt –	Motorspindel
Anordnung der Hauptspindel in der Maschine	Direkt im Gestell oder als Hülsenspindel	Direkt im Gestell oder als Hülsenspindel	Hülsenspindel

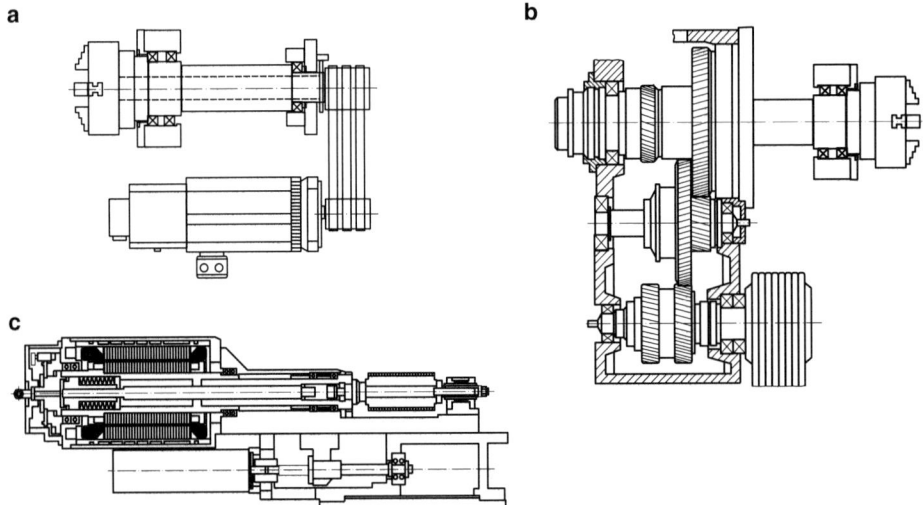

Abb. 3.61 Varianten von Hauptantrieben. **a** mit konstanter Übersetzung, **b** mit Schaltgetriebe (Drehmaschine), **c** Motorspindel (Wälzfräsmaschine)

3.4 Antriebe

Drei Aufbauprinzipien für Hauptantriebe mit stufenlos stellbarem Elektromotor haben sich durchgesetzt (Tab. 3.6, Abb. 3.61)

Variante 1: Elektromotor mit nachgeschaltetem Vervielfältigungsgetriebe sowie mit oder ohne konstante Übersetzung auf die Hauptspindel

Variante 2: Elektromotor mit nachgeschalteter konstanter Übersetzung zur Hauptspindel

Variante 3: Elektromotor als Motorspindel (Rotor des Motors ist gleichzeitig Hauptspindel), hierbei ist C-Achsfähigkeit (die Hauptspindeldrehung ist als NC-Achse nutzbar) ohne Zusatzkomponenten gegeben

Für die Anwendung solcher Motoren ist die Kenntnis einiger wichtiger Kenngrößen und Zusammenhänge notwendig. Diese sind zwischen Gleichstrom- und Asynchronmotoren etwas verschieden und sollen deshalb getrennt erläutert werden.

Gleichstrommotor

Diese Motoren können in verschiedenen Drehzahlbereichen betrieben werden (Abb. 3.62). Durch die einstellbare Größe der Spannung und der Stromstärke ist ab einer minimalen Drehzahl n_{min} bis zur *Nenndrehzahl* n_{nenn} eine stufenlose Drehzahlstellung bei konstantem Moment (*Nennmoment* $M_{d,\,nenn}$) möglich. Dieser Bereich wird *Ankerstellbereich* $s_{nn,\,A}$ genannt.

$$s_{nn,\,A} = \frac{n_{nenn,\,Mot}}{n_{min,\,Mot}} \qquad (3.68)$$

Oberhalb der Nenndrehzahl bis zur Maximaldrehzahl n_{max} ist die Motordrehzahl bei konstanter Leistung (*Nennleistung* P_{nenn}) wählbar. Der Bereich heißt *Feldstellbereich* $s_{nn,\,F}$.

$$s_{nn,\,F} = \frac{n_{max,\,Mot}}{n_{nenn,\,Mot}} \qquad (3.69)$$

Bei Nenndrehzahl kann dem Motor das Nenndrehmoment und die Nennleistung abverlangt werden. Es gilt

$$P_{nenn,\,Mot} = M_{d,\,nenn,\,Mot} \cdot 2 \cdot \pi \cdot n_{nenn,\,Mot}. \qquad (3.70)$$

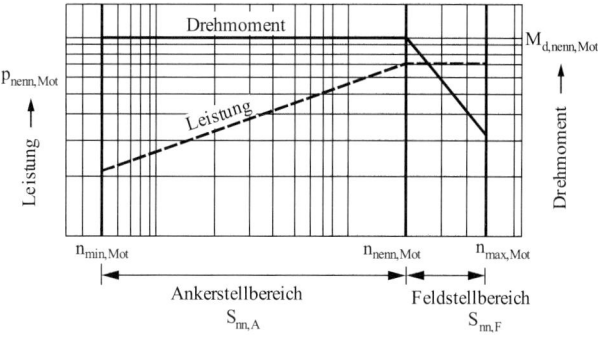

Abb. 3.62 Kenngrößen eines stufenlos stellbaren Gleichstrommotors

Für andere Drehzahlen kann bei Beachtung der konstanten Nennleistung im Feldstellbereich (Gl. (3.71)) bzw. des konstanten Nenndrehmoments im Ankerstellbereich (Gl. (3.72)) die jeweils unbekannte Größe berechnet werden.

$$M_{d,\,\text{Mot}} = \frac{P_{\text{nenn, Mot}}}{2 \cdot \pi \cdot n_{\text{Mot}}} \qquad (3.71)$$

$$P_{\text{Mot}} = M_{d,\,\text{nenn, Mot}} \cdot 2 \cdot \pi \cdot n_{\text{Mot}} \qquad (3.72)$$

Diese Nenngrößen des Motors gelten für die Betriebsart *Dauerbetrieb* (S1). Sie ist für Werkzeugmaschinen-Hauptantriebe oft nicht relevant. Während der Positionierbewegungen, dem Werkzeug- und Werkstückwechsel sowie anderen Zeiten kann der Hauptantrieb stillgesetzt werden oder es wird die Motorleistung nicht 100%ig abverlangt. Unter diesen Bedingung kann man ausgehen von

Kurzzeitbetrieb (S2)   30 min

Aussetzbetrieb (S6) mit z. B. Spieldauer 10 min bei 64% Einschaltdauer oder Spieldauer 30 s bei 33% Einschaltdauer.

Andere Betriebsarten sind vorstellbar. Dabei sind die zu Verfügung stehenden Leistungen und Drehmomente um einen vom Motorhersteller angegebenen Faktor (z. B. f_{S2}) erhöht.

Oft ist es auch zulässig, den Motor schneller als mit Maximaldrehzahl zu betreiben. Diese erhöhte Drehzahl wird wesentlich durch die mechanischen Beanspruchungen des Motors (Belastung der Lager und Bürsten sowie Fliehkraftwirkungen auf die Rotorwicklung) begrenzt. In dem oberhalb der Maximaldrehzahl vorhandenen Stellbereich fällt die zur Verfügung stehende Leistung ab.

Asynchronmotor

Sein prinzipielles Verhalten ähnelt dem des Gleichstrommotors. Ein Bereich konstanter Leistung (Abb. 3.63) ist zwischen Nenn- und Maximaldrehzahl vorhanden. Auch die Aussagen zu den Betriebsarten und der erhöhten Drehzahl treffen zu. Anders ist sein Verhalten unterhalb der Nenndrehzahl. Hier kann die Drehzahl stufenlos bis zu einer Drehzahl „Null" gestellt werden. Bei entsprechender Elektronik ist ein Halten des Rotors bei Stillstand möglich. Damit ergibt sich ein unendlich großer Stellbereich s_{nn} zwischen minimaler und maximaler Drehzahl.

$$s_{\text{nn, M=konst}} = \frac{n_{\text{nenn, Mot}}}{n_{\text{min, Mot}}} = \frac{n_{\text{nenn, Mot}}}{0} = \infty \qquad (3.73)$$

Die Ansteuerung der Motoren kann mit analogen oder digitalen Signalen erfolgen. Letzteres hat besonders bei positionsgeregelten Antrieben deutliche Vorteile.

Im Zusammenwirken mit der entsprechenden Steuerungstechnik (Abb. 3.64) sind erreichbar

- großer Drehzahlstellbereich mit hoher Drehzahlgenauigkeit
- großer Drehzahlstellbereich mit konstanter Leistung (3,3...6) und mit – im Vergleich zu Gleichstrommotoren – deutlich höherem Drehmoment bei gleicher Baugröße

3.4 Antriebe

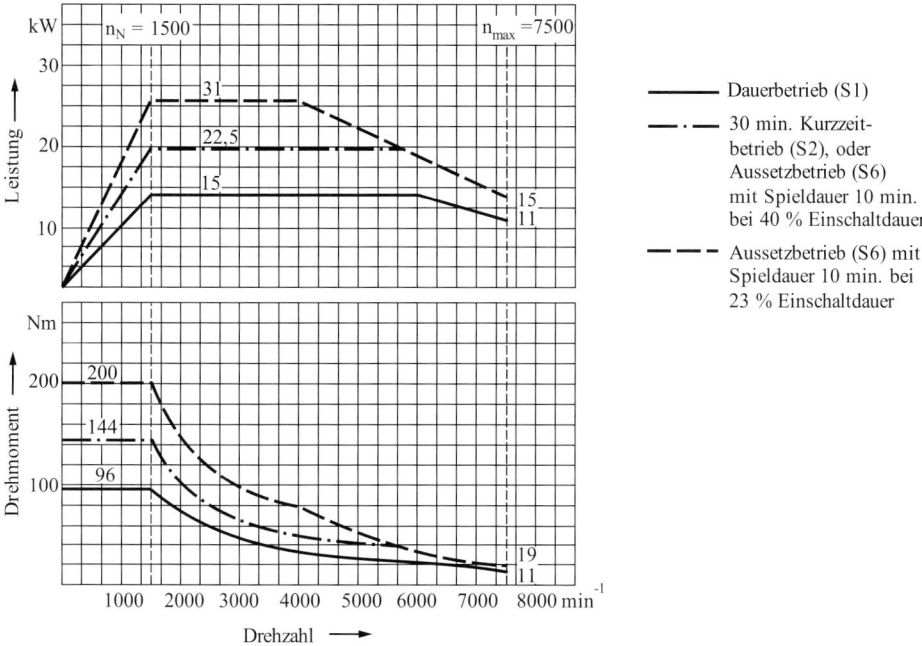

Abb. 3.63 Drehmomenten-Leistungsverhalten eines Asynchron-Hauptspindelmotors. (Werkbild: INDRAMAT)

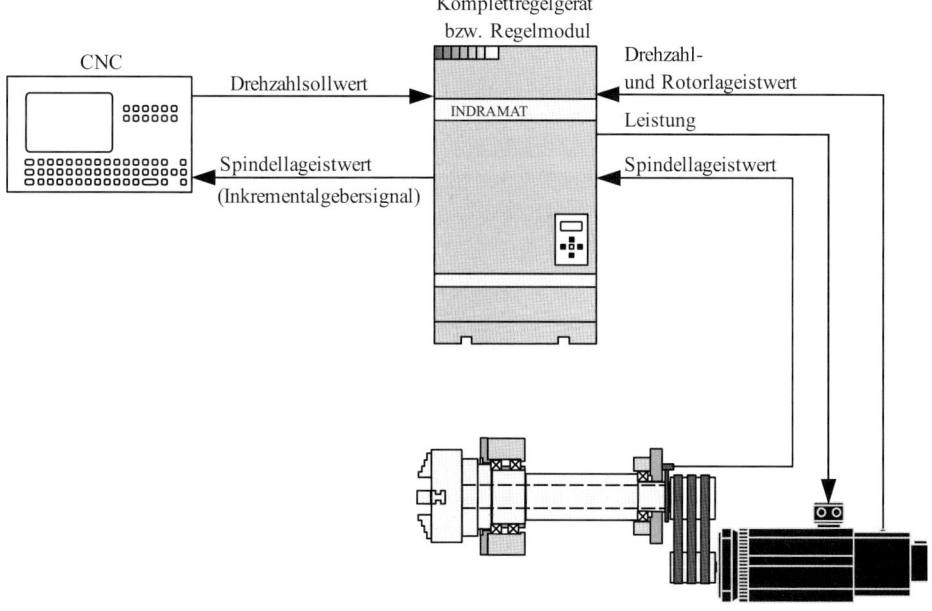

Abb. 3.64 Kompletter Hauptantrieb mit Steuerung, Asynchronmotor, Riemenübersetzung und Hauptspindel für eine CNC-Drehmaschine (nach Werkbild: INDRAMAT)

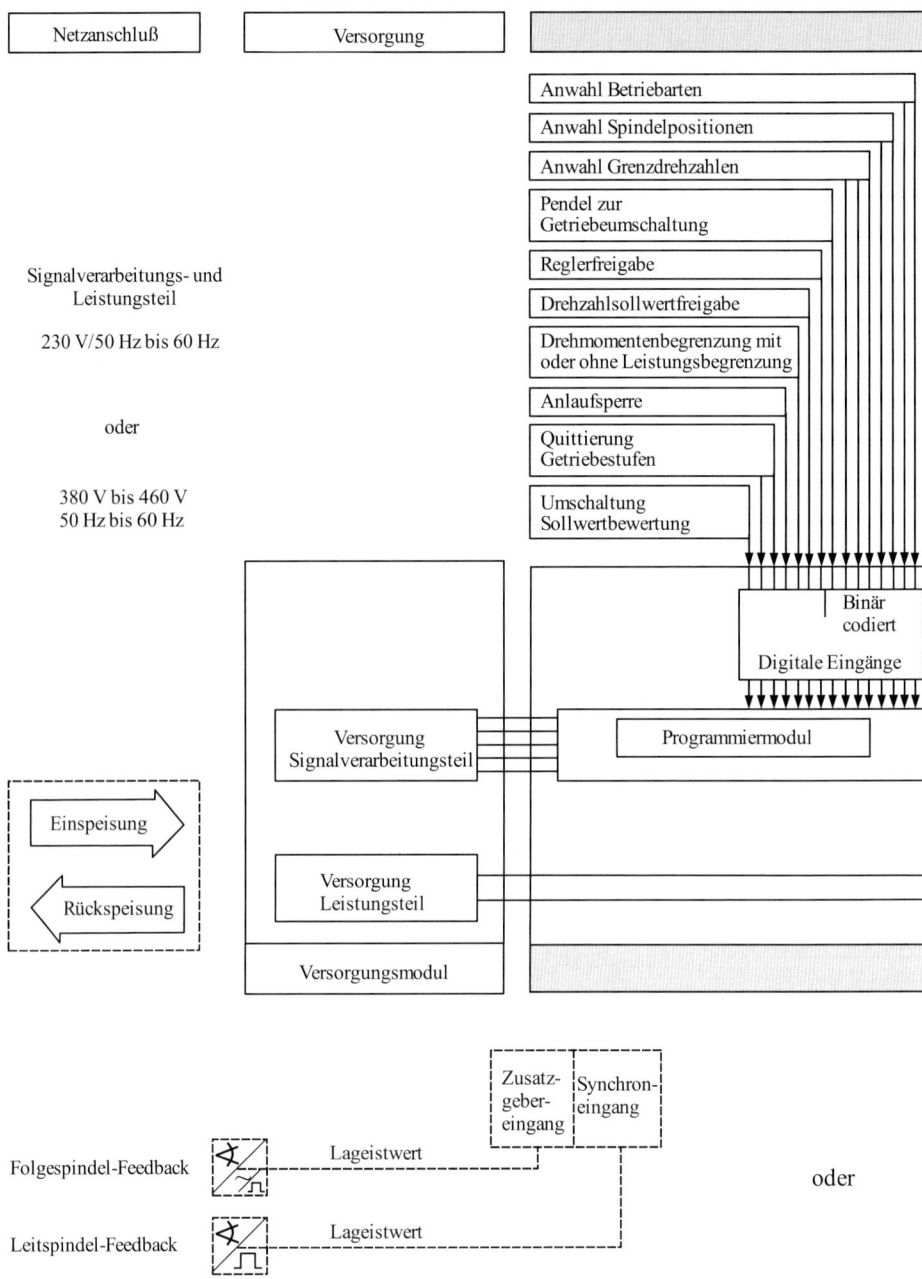

Abb. 3.65 Blockschaltbild eines Werkzeugmaschinen-Antriebs mit Asynchronmotor (nach Werkbild: INDRAMAT)

3.4 Antriebe

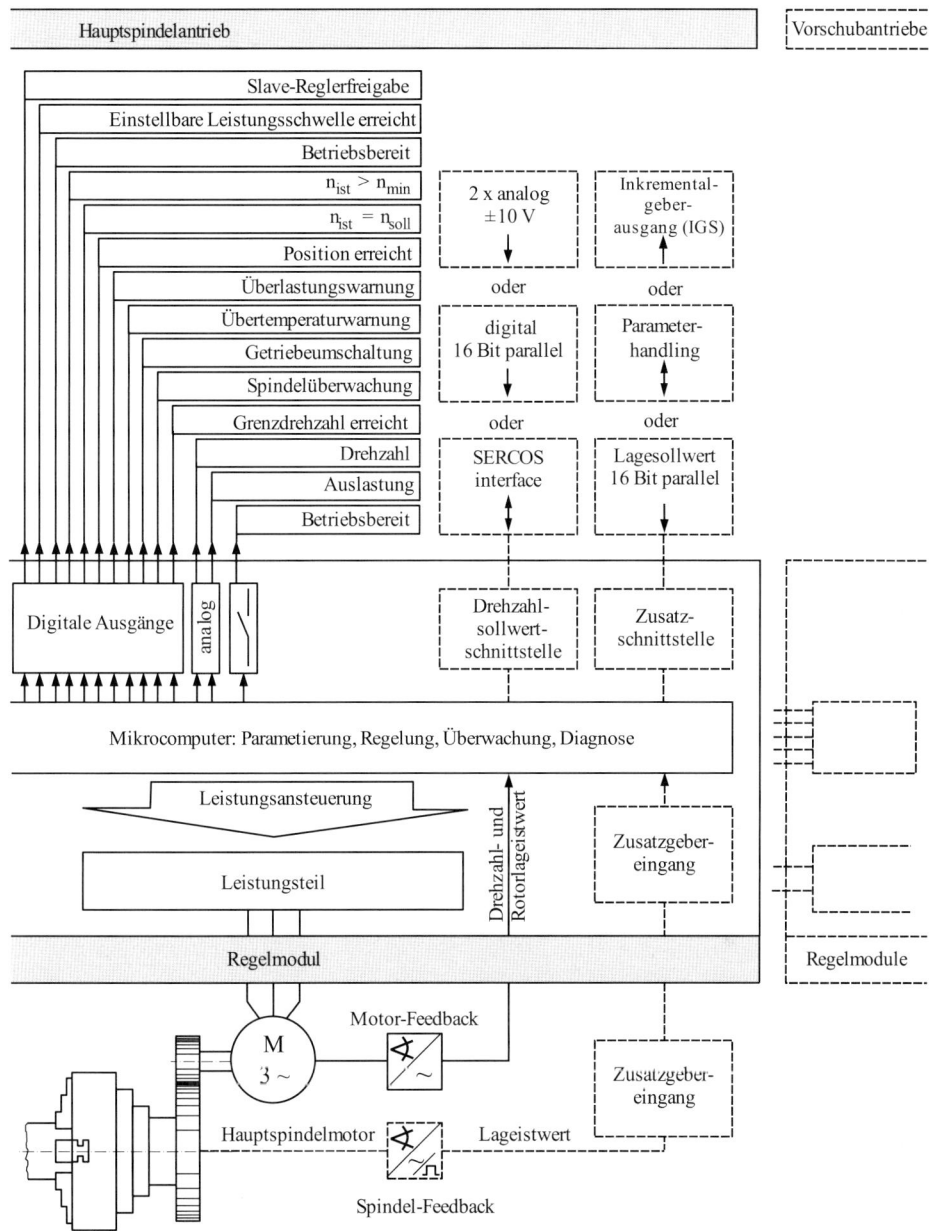

Abb. 3.65 Fortsetzung

- hohe Dynamik und ausgezeichneter Rundlauf
- hohe kurzzeitige Überlastbarkeit bei allen Drehzahlen
- maximales Drehmoment steht auch bei Stillstand zur Verfügung
- hochauflösende Messung der Rotorlage mit einer Auflösung von bis zu 2 Millionen Teilen pro Umdrehungen
- Netzdirektanschluss und Netzrückspeisung

Diese Technik wird direkt auf die Anforderungen spanender Werkzeugmaschinen zugeschnitten (Abb. 3.65). Die für einen leistungsfähigen und sicheren Betrieb notwendigen Funktionen können durch die Steuerung mit dem Betrieb des Antriebes verknüpft werden. Gleichzeitig bietet der digital angesteuerte Asynchronmotor durch die Messung von Winkellage, Strom und Spannung über der Zeit die Möglichkeit den Antriebszustand zu überwachen. Ohne zusätzliche Komponenten sind messbar

- Lage, Winkelgeschwindigkeit (Drehzahl), Winkelbeschleunigung der Motorwelle,
- momentanes Drehmoment und momentane Leistung sowie ihr Verhalten über der Zeit.

Vorgehensweise beim Entwurf eines stufenlos stellbaren elektrischen Hauptantriebs

Da sich die Methoden zum Entwurf eines Hauptantriebs mit Gleichstrom- oder Asynchronmotor sehr ähnlich sind, gelten die folgenden Ausführungen für beide Motorarten.

- 1. Schritt: Festlegen eines geeigneten Motors
  Bei der Motorauswahl sollte, unter Berücksichtigung der Vorteile des Asynchronmotors, mit dieser Motorart begonnen werden und erst, wenn keine geeignete Lösung entsteht, auf Gleichstrommotoren zurückgegriffen werden. Zu beachten ist, dass
    - die Nennleistung des Motors um den Wirkungsgrad größer sein muss als die an der Hauptspindel zu realisierende Leistung

$$P_{\text{nenn, Mot}} \geq P_{\text{erf, Hsp}} : \eta \qquad (3.74)$$

    - die Stellbereiche des Motors mit konstanter Leistung und/oder konstantem Drehmoment gleich oder größer den an der Hauptspindel geforderten sind

$$s_{\text{nn, M=konst, Mot}} \geq s_{\text{nn, M=konst, Hsp}} \qquad (3.75)$$

$$s_{\text{nn, P=konst, Mot}} \geq s_{\text{nn, P=konst, Hsp}} \qquad (3.76)$$

  Ist dies nicht der Fall, muss ein Vervielfältigungsgetriebe eingesetzt werden.
    - die maximale Drehzahl des Motors möglichst oberhalb der maximalen Hauptspindeldrehzahl liegt, damit keine Übersetzung ins Schnelle notwendig wird
- 2. Schritt: Berechnen der Übersetzungen zwischen Motor und Hauptspindel
  Die für den Maschinenhersteller günstigste Antriebslösung ist eine Motorspindel. Sie ist in der Regel platzsparend, einfach montierbar und als Zukaufteil nicht mit Fertigungs- und Entwicklungsaufwand verbunden. Für viele Anwendungsfälle bieten Motorspindeln aber keine zufriedenstellenden Lösungen, so dass die Antriebskonzepte

3.4 Antriebe

nach den Prinzipien a) und b) (Abb. 3.61) verwirklicht werden müssen. Für diese gelten die folgenden Aussagen.

- Sind die Bedingungen nach den Gl. (3.75) und (3.76) erfüllt, muss die Nenndrehzahl des Motors so übersetzt werden, dass sich daraus die Eckdrehzahl der Hauptspindel ergibt. Die entstehende Getriebestufe wird als konstante Übersetzung bezeichnet.

$$i_{konst} = \frac{n_{nenn, Mot}}{n_{eck, Hsp}} \qquad (3.77)$$

- Sind die Gl. (3.75) und (3.76) nicht erfüllt, wird ein Vervielfältigungsgetriebe notwendig. Dessen erforderliche Stufenzahl g_{erf}, also die Anzahl notwendiger verschiedener Übersetzungen zwischen Motor und Hauptspindel, berechnet sich nach

$$g_{erf} = \frac{\log\left(s_{nn, gef, Hsp}\right)}{\log\left(s_{nn, vorh, Mot}\right)} \qquad (3.78)$$

Die errechnete Stufenzahl muss ganzzahlig gerundet werden. Eine aufgerundete Stufenzahl hat Bereichsüberschneidungen, eine abgerundete Lücken im konstanten Drehmomenten- oder Leistungsverlauf zur Folge. In der Regel sollte der Motorstellbereich nicht mehr als drei (Ausnahme vier) mal vervielfältigt werden, um die Vorteile der elektrisch stufenlos stellbaren Antriebe zu erhalten.

Die Bestimmung der notwendigen Übersetzungen erfolgt bei $g_{gew} = 2$ nach

$$i_1 = \frac{n_{nenn, Mot}}{n_{eck, Hsp}} \qquad i_3 = \frac{n_{max, Mot}}{n_{max, Hsp}} \qquad (3.79)$$

und bei $g_{gew} = 3$ nach

$$i_1 = \frac{n_{nenn, Mot}}{n_{eck, Hsp}} \qquad i_3 = \frac{n_{max, Mot}}{n_{max, Hsp}} \qquad i_2 = \sqrt{i_1 \cdot i_3}. \qquad (3.80)$$

Beispiel 3.1

Für ein Bearbeitungszentrum, welches zum Fräsen und Bohren gehäuseförmiger Werkstücke eingesetzt werden soll, ist der Hauptantrieb zu entwerfen.

Geforderte Drehzahlen an der Hauptspindel von 0 bis ca. $n_{max, Hsp} = 6000 \text{ min}^{-1}$. Wobei ab einer Drehzahl $n_{eck, Hsp} = 900 \text{ min}^{-1}$ an der Hauptspindel eine Leistung P_{Hsp} von ca. 36 kW vorhanden sein soll.

Zur Verfügung steht ein Asynchronmotor einschließlich Steller mit folgenden Daten:

Nennleistung bei Dauerbetrieb S1	$P_{nenn, Mot}$	45 kW
Nenndrehzahl	$n_{nenn, Mot}$	2500 min^{-1}
Maximaldrehzahl bei Nennleistung	$n_{max, Mot}$	5000 min^{-1}

Leistungsabfall auf 85% ($f_{red} = 0{,}85$) bei erhöhter Drehzahl	$n_{erh,\,Mot}$	6500 min^{-1}
bei 30 min. Kurzzeitbetrieb S2 erhöht sich die Motorleistung im gesamten Drehzahlbereich um 20%	f_{S2}	1,2

Bestimmen Sie bzw. stellen Sie dar
a) die Größen der an der Hauptspindel geforderten Drehzahl-Stellbereiche,
b) das Leistungs- und Drehmomenten-Drehzahl-Verhalten des Motors,
c) mehrere Lösungen für Drehzahlbild und Getriebeplan für ein notwendiges Vervielfältigungsgetriebe sowie die daraus entstehenden Leistungs-Drehzahl- und Drehmomenten-Drehzahl-Verhältnisse an der Hauptspindel

▶ Lösung

zu a) Die Eckdrehzahl an der Hauptspindel beträgt 900 min^{-1}, da ab dieser Drehzahl eine geforderte Leistung konstant zur Verfügung stehen soll. Daraus folgt geforderter Stellbereich konstanter Leistung an der Hauptspindel

$$s_{nn,\,P=konst,\,Hsp} = \frac{n_{max,\,Hsp}}{n_{eck,\,Hsp}} = \frac{6000\text{ min}^{-1}}{900\text{ min}^{-1}} = 6{,}6\bar{6}$$

geforderter Stellbereich mit konstantem Drehmoment an der Hauptspindel

$$s_{nn,\,M=konst,\,Hsp} = \frac{n_{eck,\,Hsp}}{n_{min,\,Hsp}} = \frac{900\text{ min}^{-1}}{0\text{ min}^{-1}} = \infty$$

zu b) Die Drehzahl-Stellbereiche des Motors sind
Stellbereich mit konstanter Leistung

$$s_{nn,\,P=konst,\,Mot} = \frac{n_{max,\,Mot}}{n_{nenn,\,Mot}} = \frac{5000\text{ min}^{-1}}{2500\text{ min}^{-1}} = 2$$

Stellbereich mit konstantem Drehmoment

$$s_{nn,\,M=konst,\,Mot} = \frac{n_{nenn,\,Mot}}{n_{min,\,Mot}} = \frac{2500\text{ min}^{-1}}{0\text{ min}^{-1}} = \infty$$

3.4 Antriebe

Für die Darstellung des Leistungs- und Drehmomenten-Drehzahlverhalten des Motors werden berechnet

– das Nenndrehmoment bei Dauerbetrieb S1 und für die Motordrehzahlen bis $2500\,\mathrm{min}^{-1}$

$$M_{d,\,\mathrm{nenn,\,Mot}} = \frac{P_{\mathrm{nenn,\,Mot}}}{2\cdot\pi\cdot n_{\mathrm{nenn,\,Mot}}} = \frac{45\,\mathrm{kW}}{2\cdot\pi\cdot 2500\,\mathrm{min}^{-1}}$$

$$= \frac{45\cdot 10^3\,\mathrm{Nm}\cdot 60\,\mathrm{s}}{\mathrm{s}\cdot 2\cdot\pi\cdot 2500} = 171{,}9\,\mathrm{Nm}$$

– das Drehmoment bei Kurzzeitbetrieb S2 und für die Motordrehzahlen bis $2500\,\mathrm{min}^{-1}$

$$M_{d,\,\mathrm{nenn,\,S2,Mot}} = M_{d,\,\mathrm{nenn,\,Mot}} \cdot f_{S2} = 171{,}9\,\mathrm{Nm}\cdot 1{,}2 = 206{,}3\,\mathrm{Nm}$$

– die Motorleistung bei Kurzzeitbetrieb S2 und Nenndrehzahl

$$P_{\mathrm{nenn,\,S2,Mot}} = P_{\mathrm{nenn,\,Mot}} \cdot f_{S2} = 45\,\mathrm{kW}\cdot 1{,}2 = 54\,\mathrm{kW}$$

– die Motorleistung bei einer Drehzahl im Bereich konstanten Drehmoments ($n_{\mathrm{gew,\,Mot}} = 125\,\mathrm{min}^{-1}$) bei den verschiedenen Einschaltarten

$$P_{125,\mathrm{Mot}} = 2\cdot\pi\cdot n_{\mathrm{gew,\,Mot}} \cdot M_{d,\,\mathrm{nenn,\,Mot}}$$

$$= \frac{2\cdot\pi\cdot 125\cdot 171{,}9\,\mathrm{Nm}}{60\,\mathrm{s}} = 2{,}25\,\mathrm{kW}$$

$$P_{125,\mathrm{S2,Mot}} = 2\cdot\pi\cdot n_{\mathrm{gew,\,Mot}} \cdot M_{d,\,\mathrm{nenn,\,S2,Mot}}$$

$$= \frac{2\cdot\pi\cdot 125\cdot 206{,}3\,\mathrm{Nm}}{60\,\mathrm{s}} = 2{,}7\,\mathrm{kW}$$

Mit diesen Werten kann das Motordiagramm im Bereich konstanten Drehmoments gezeichnet werden. Man verwendet dazu ein doppelt logarithmisch geteiltes Koordinatensystem, damit alle Abhängigkeiten als Geraden sichtbar sind.

Für den Bereich konstanter Leistung ist zu bestimmen

– der Drehmomentenabfall bis zur Maximaldrehzahl bei den verschiedenen Einschaltdauern

$$M_{d,\,5000,\,\mathrm{Mot}} = \frac{P_{\mathrm{nenn,\,Mot}}}{2\cdot\pi\cdot n_{\mathrm{max,\,Mot}}}$$

$$= \frac{45\,\mathrm{kW}}{2\cdot\pi\cdot 5000\,\mathrm{min}^{-1}} = \frac{45\cdot 10^3\,\mathrm{Nm}\cdot 60\,\mathrm{s}}{\mathrm{s}\cdot 2\cdot\pi\cdot 5000} = 85{,}94\,\mathrm{Nm}$$

$$M_{d,\,5000,\mathrm{S2,\,Mot}} = \frac{P_{\mathrm{nenn,\,S2,\,Mot}}}{2\cdot\pi\cdot n_{\mathrm{max,\,Mot}}}$$

$$= \frac{54\,\mathrm{kW}}{2\cdot\pi\cdot 5000\,\mathrm{min}^{-1}} = \frac{54\cdot 10^3\,\mathrm{Nm}\cdot 60\,\mathrm{s}}{\mathrm{s}\cdot 2\cdot\pi\cdot 5000} = 103{,}1\,\mathrm{Nm}$$

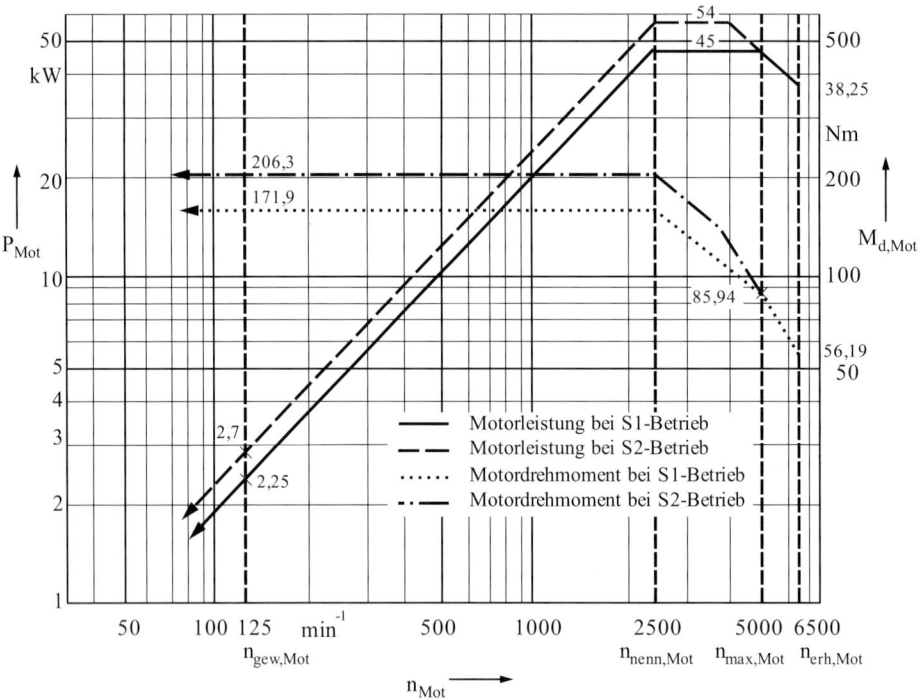

Für den Bereich erhöhter Drehzahlen $n_{mot} = (5000 \ldots 6500)\,\text{min}^{-1}$ werden berechnet

– der Leistungs- und Drehmomentenabfall bei Dauerbetrieb S1

$$P_{6500,\text{Mot}} = P_{\text{nenn, Mot}} \cdot f_{\text{red}} = 45\,\text{kW} \cdot 0{,}85 = 38{,}25\,\text{kW}$$

$$M_{d,6500,\text{Mot}} = \frac{P_{6500,\text{Mot}}}{2 \cdot \pi \cdot n_{\text{erh, Mot}}} = \frac{38{,}25\,\text{kW}}{2 \cdot \pi \cdot 6500\,\text{min}^{-1}}$$

$$= \frac{38{,}25 \cdot 10^3\,\text{Nm} \cdot 60\,\text{s}}{\text{s} \cdot 2 \cdot \pi \cdot 6500} = 56{,}19\,\text{Nm}$$

– der Leistungs- und Drehmomentenabfall bei Kurzzeitbetrieb S2

$$P_{6500,\text{S2, Mot}} = P_{\text{nenn, S2, Mot}} \cdot f_{\text{red}} = 54\,\text{kW} \cdot 0{,}85 = 45{,}9\,\text{kW}$$

$$M_{d,6500,\text{S2,Mot}} = \frac{P_{6500,\text{S2,Mot}}}{2 \cdot \pi \cdot n_{\text{erh, Mot}}} = \frac{45{,}9\,\text{kW}}{2 \cdot \pi \cdot 6500\,\text{min}^{-1}}$$

$$= \frac{45{,}9 \cdot 10^3\,\text{Nm} \cdot 60\,\text{s}}{\text{s} \cdot 2 \cdot \pi \cdot 6500} = 67{,}43\,\text{Nm}$$

3.4 Antriebe

zu c) Durch Gegenüberstellung der Stellbereiche von Motor und Hauptspindel ermittelt man, ob ein Vervielfältigungsgetriebe benötigt wird.

Dabei ergibt der Vergleich in diesem Beispiel, dass die Stellbereiche konstantem Moments von Motor und Hauptspindel gleich sind. Der Motor kann also diesen geforderten Hauptspindel-Drehzahlbereich abdecken.

Für die Stellbereiche konstanter Leistung zeigt sich, dass

$$s_{nn, P=konst, Hsp} = 6{,}\bar{6} > s_{nn, P=konst, Mot} = 2$$

ist.

Somit ist ein Vervielfältigungsgetriebe mit der Stufenzahl

$$g^*_{err} = \frac{\log\left(s_{nn, P=konst, Hsp}\right)}{\log\left(s_{nn, P=konst, Mot}\right)} = \frac{\log\left(6{,}\bar{6}\right)}{\log(2)} = 2{,}737$$

notwendig.

Durch Auf- oder Abrunden dieses Wertes entstehen unterschiedliche Lösungsvarianten für das benötigte Getriebe und damit auch für die an der Hauptspindel zur Verfügung stehenden Leistungen.

zu c.1) In einer ersten Variante für das Vervielfältigungsgetriebe wird davon ausgegangen, dass an der Hauptspindel oberhalb der Eckdrehzahl 900 min^{-1} die Leistung von 36 kW bei Dauerbetrieb ohne Einschränkungen vorhanden sein soll. Um dies zu erreichen ist die errechnete Stufenzahl auf eine ganze Zahl aufzurunden.

$$g^*_{gew} = 3$$

Drei verschiedene Übersetzungen zwischen Motor und Hauptspindel sind zu realisieren. Ihre erste Wahl sollte nach folgenden Überlegungen erfolgen.

– Um den Übergang vom Bereich konstanten Drehmoments zum Bereich konstanter Leistung an der Hauptspindel analog dem Motor zu realisieren, ist die Motor-Nenndrehzahl auf Hauptspindel-Eckdrehzahl zu übersetzen

$$i_1 = \frac{n_{nenn, Mot}}{n_{eck, Hsp}} = \frac{2500 \text{ min}^{-1}}{900 \text{ min}^{-1}} = 2{,}7\bar{7}$$

– Mit der maximalen Drehzahl der Motors muss die maximale Drehzahl der Hauptspindel erzeugt werden

$$i_3 = \frac{n_{max, Mot}}{n_{max, Hsp}} = \frac{5000 \text{ min}^{-1}}{6000 \text{ min}^{-1}} = \frac{1}{1{,}2} = 0{,}8\bar{3}$$

– Die zweite Übersetzung ist in der Regel so zu wählen, dass die Überdeckungsbereiche symmetrisch ausfallen. Unter Beachtung einer logarithmischen Bewertung der Drehzahlstellbereiche gilt

$$i_2 = \sqrt{i_3 \cdot i_1} = \sqrt{2{,}7\bar{7} \cdot 0{,}8\bar{3}} = 1{,}521$$

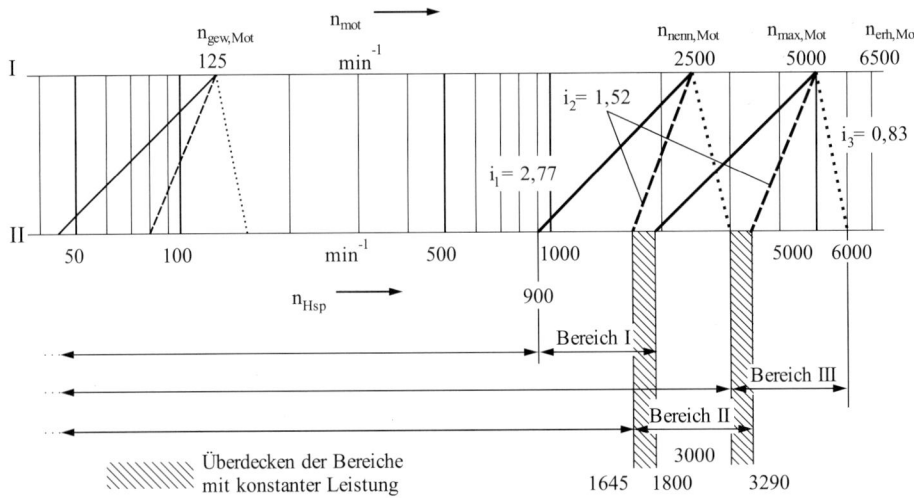

Die berechneten Übersetzungen liegen im zulässigen Bereich für eine einstufige Zahnradpaarung. Sie können also direkt ins Drehzahlbild übernommen werden. Die charakteristischen Drehzahlen sind für den Bereich 1

$$n_{\text{eck, Hsp}} = n_{\text{B1,min, Hsp}} = \frac{n_{\text{nenn, Mot}}}{i_1} = \frac{2500\,\text{min}^{-1}}{2{,}7\bar{7}} = 900\,\text{min}^{-1}$$

$$n_{\text{B1,max, Hsp}} = \frac{n_{\text{max, Mot}}}{i_1} = \frac{5000\,\text{min}^{-1}}{2{,}7\bar{7}} = 1800\,\text{min}^{-1}$$

für den Bereich 2

$$n_{\text{B2, min, Hsp}} = \frac{n_{\text{nenn, Mot}}}{i_2} = \frac{2500\,\text{min}^{-1}}{1{,}521} = 1645\,\text{min}^{-1}$$

$$n_{\text{B2, max, Hsp}} = \frac{n_{\text{max, Mot}}}{i_2} = \frac{5000\,\text{min}^{-1}}{1{,}521} = 3290\,\text{min}^{-1}$$

für den Bereich 3

$$n_{\text{B3,min, Hsp}} = \frac{n_{\text{nenn, Mot}}}{i_3} = \frac{2500\,\text{min}^{-1}}{0{,}8\bar{3}} = 3000\,\text{min}^{-1}$$

$$n_{\text{max, Hsp}} = n_{\text{B3,max, Hsp}} = \frac{n_{\text{max, Mot}}}{i_3} = \frac{5000\,\text{min}^{-1}}{0{,}8\bar{3}} = 6000\,\text{min}^{-1}$$

Die drei Übersetzungen lassen sich z. B. als Dreiradschiebeblock oder als Kupplungsgetriebe mit drei Zahnradpaaren verwirklichen. Dies ist in den folgenden Getriebeplänen dargestellt.

Besonders die Variante B, ausgerüstet mit elektrisch schaltbaren Kupplungen, wäre für eine automatisierte Lösung geeignet. Ihr Nachteil besteht darin, dass die

3.4 Antriebe

immer im Eingriff stehenden Zahnräder sowie eventuell vorhandene Restdrehmomente der Kupplungen ungewollte Wärme, Geräusche und einen schlechteren Wirkungsgrad als die Schieberadlösung erzeugen. Eine automatisierte Drehzahlschaltung bei Variante A soll durch Verschieben des Schieberadblockes mit Hilfe von zwei hydraulischen Zylindern durchgeführt werden.

Variante A

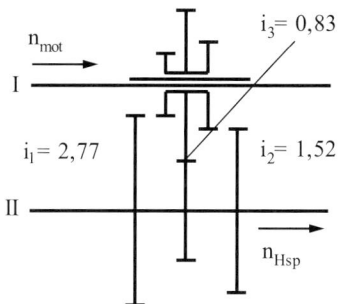

Variante B

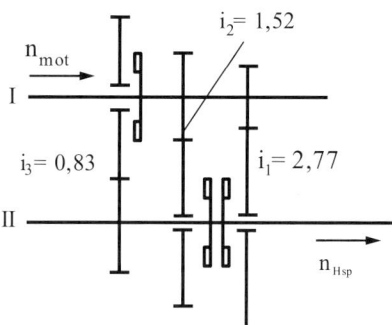

Unter Vernachlässigung der möglichen Drehzahlüberhöhung des Motors und unter Beachtung eines gewählten Getriebewirkungsgrades von $\eta = 0{,}85$ ergibt sich an der Hauptspindel in den Bereichen konstanter Leistung

$$P_{\text{eck, Hsp}} = P_{\text{nenn, Mot}} \cdot \eta = 45\,\text{kW} \cdot 0{,}85 = 38{,}25\,\text{kW}$$

Mit $M_{\text{d, Hsp}} = (P_{\text{eck, Hsp}})/(2 \cdot \pi \cdot n_{\text{Hsp}})$ können für die Hauptspindeldrehzahlen im Bereich konstanter Leistung die vorhandenen Drehmomente errechnet werden.

n_{Hsp} in min^{-1}	900	1645	1800	3000	3290	6000
$M_{\text{d, Hsp}}$ in Nm	405,8	222,0	202,9	121,7	111,0	60,9

Die Leistungsverläufe in den Bereichen mit konstantem Moment werden mit Hilfe einer angenommenen Hauptspindeldrehzahl (hier $n_{\text{Hsp}} = 200\,\text{min}^{-1}$) und dem entsprechenden Drehmoment nach $P_{\text{Hsp}} = 2 \cdot \pi \cdot n_{\text{Hsp}} \cdot M_{\text{d, Hsp}}$ berechnet.

$M_{\text{d, Hsp}}$ in Nm	405,8	222,0	121,7
P_{Hsp} in kW	8,52	4,65	2,55

Man erkennt, dass die Forderung nach konstanter maximaler Leistung an der Hauptspindel realisiert ist. Nachteilig sind sicherlich die sich ergebenden großen Überdeckungen der Drehzahlbereiche zwischen Bereich I und II sowie II und III. Ein Motor mit kleinerem Bereich konstanter Leistung wäre hier ausreichend. Will man den Motor beibehalten, sollte geprüft werden, welche der folgenden Maßnahmen zu einer Eigenschaftsverbesserung im Sinne einer breiteren Anwendung der Maschine führt.

a) Verschiebung der Eckdrehzahl zu kleineren Werten. Verbunden ist damit die Erhöhung des Drehmomentes im unteren Drehzahlbereich an der Hauptspindel.

b) Verschiebung der maximalen Hauptspindeldrehzahl zu größeren Werten, was einer Erweiterung des Drehzahlstellbereiches mit konstanter Leistung gleich kommt.

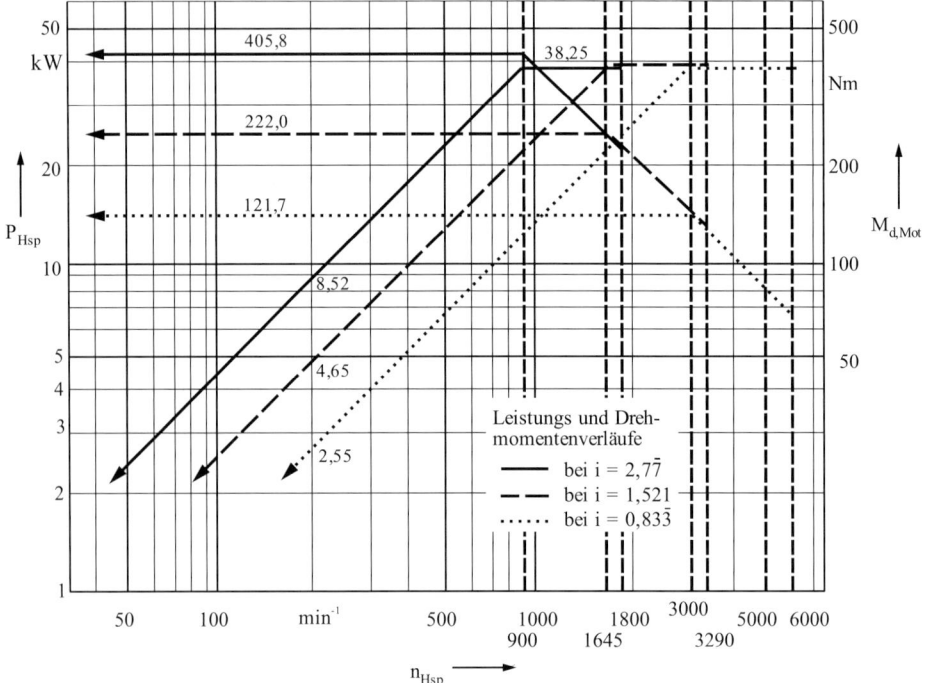

zu c.2) In der zweiten Variante wird versucht mit einem zweistufigen Vervielfältigungsgetriebe auszukommen. Hintergründe dafür sind, dass
– die Überdeckungsbereiche in der ersten Variante zu groß sind und dem Anwender keinen Nutzen bringen
– die Drehzahlüberhöhung des Motors und seine erhöhte Leistungsabgabe bei Kurzzeitbetrieb ausgenutzt werden sollen
– der Wegfall einer Zahnradstufe zu Kosteneinsparungen beim Maschinenhersteller führen.

Die erste Übersetzung wird wie in Varinte c.1 bestimmt. Bei der Berechnung der zweiten Übersetzung ist jetzt von der erhöhten Motordrehzahl und der maximalen Hauptspindeldrehzahl auszugehen.

$$i_2 = \frac{n_{erh, Mot}}{n_{max, Hsp}} = \frac{6500 \text{ min}^{-1}}{6000 \text{ min}^{-1}} = 1{,}08\bar{3}$$

3.4 Antriebe

Im Drehzahlbild werden alle charakteristischen Motordrehzahlen, die zwei Übersetzungen und die daraus resultierenden Hauptspindeldrehzahlen anzugeben.

n_{Mot} in min^{-1}	2500	5000	6500
n_{Hsp} in min^{-1} bei $i = 2{,}777$	900	1800	2340
n_{Hsp} in min^{-1} bei $i = 1{,}083$	2308	4616	6000

Die Getriebepläne sind verhältnismäßig einfach und ähnlich der Lösung c.1. Für die Darstellung des Leistungs-Drehzahl- und Drehmomenten-Drehzahl-Verhalten an der Hauptspindel werden folgende Werte berechnet
Eckleistung bei S1-Betrieb

$$P_{\text{eck, Hsp}} = P_{\text{nenn, Mot}} \cdot \eta = 45\,\text{kW} \cdot 0{,}85 = 38{,}29\,\text{kW}$$

Eckleistung bei S2-Betrieb

$$P_{\text{eck, S2,Hsp}} = P_{\text{nenn, S2,Mot}} \cdot \eta = 54\,\text{kW} \cdot 0{,}85 = 45{,}9\,\text{kW}$$

Leistung bei S1-Betrieb und erhöhter Drehzahl

$$P_{6500,\text{Hsp}} = P_{6500,\text{Mot}} \cdot \eta = 38{,}25\,\text{kW} \cdot 0{,}85 = 32{,}51\,\text{kW}$$

Leistung bei S2-Betrieb und erhöhter Drehzahl

$$P_{6500,\text{S2,Hsp}} = P_{6500,\text{S2,Mot}} \cdot \eta = 45{,}9\,\text{kW} \cdot 0{,}85 = 39\,\text{kW}$$

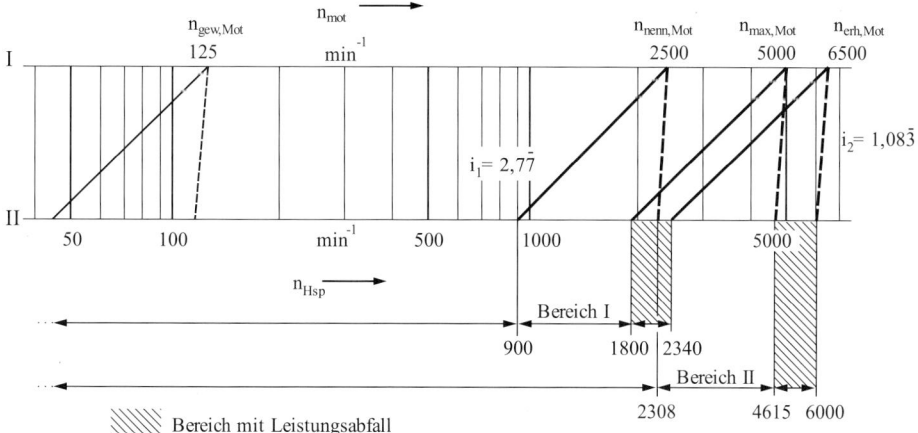

Variante A Variante B

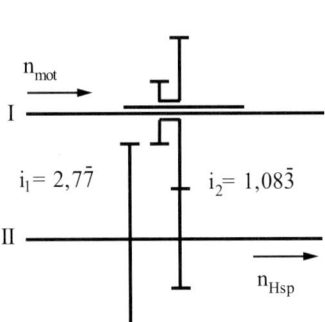
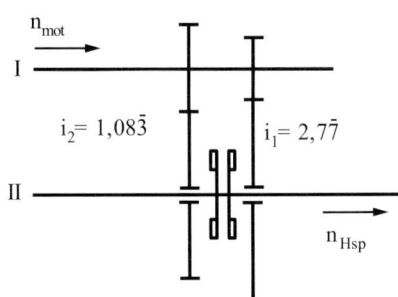

Außerdem ist die Berechnung der zu diesen Leistungen gehörenden Drehmomente unter Beachtung der zwei Übersetzungen und den daraus resultierenden Hauptspindeldrehzahlen notwendig.

P_{Hsp} in kW	38,25	45,9	38,25	45,9	32,51	39
n bei $i = 2{,}777$ in min^{-1}	900	900	1800	1800	2340	2340
$M_{d,Hsp}$ in Nm	405,8	487	202,9	243,5	132,7	159,2
n bei $i = 1{,}083$ in min^{-1}	2308	2308	4616	4616	6000	6000
$M_{d,Hsp}$ in Nm	158,3	189,9	79,2	94,96	51,74	62,07

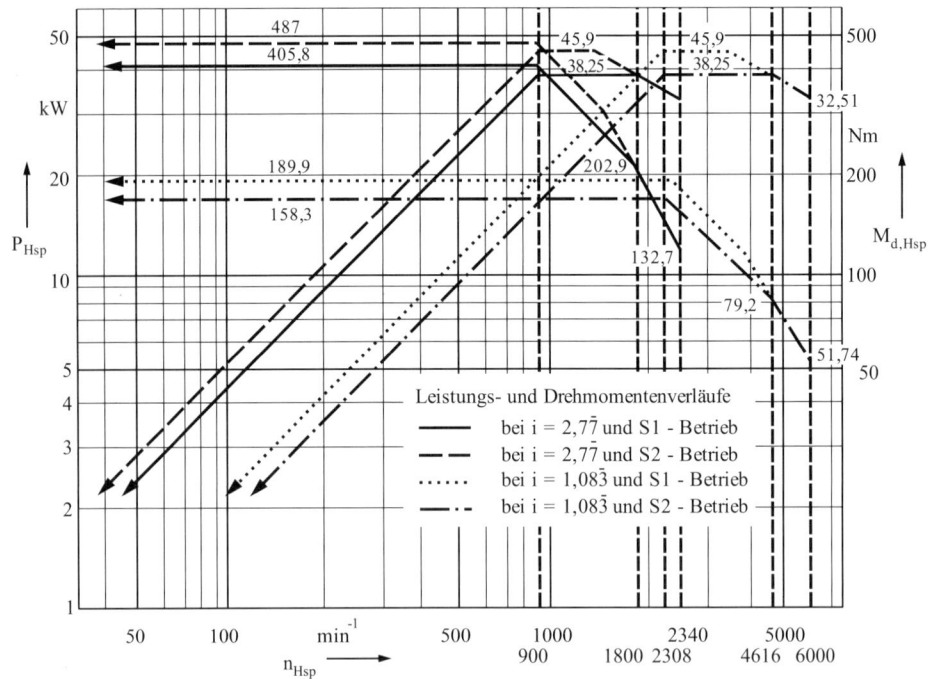

Im vorstehenden Diagramm ist der Leistungseinbruch bei den Hauptspindeldrehzahlen $(1800\ldots 2308)\,\text{min}^{-1}$ und nach der Drehzahl $4615\,\text{min}^{-1}$ erkennbar. Es zeigt sich aber, dass durch die höhere zur Verfügung stehende Leistung im S2-Betrieb die Forderung nach mindestens 35 kW Hauptspindelleistung oberhalb $900\,\text{min}^{-1}$ immer erfüllt ist. Die gezeigte Lösung c.2 ist deshalb sowohl aus Hersteller- als auch aus Anwendersicht günstig.

3.4.3 Hauptantriebe zur Erzeugung translatorischer Bewegungen

Hauptantriebe zur Erzeugung translatorischer Bewegungen in spanenden Werkzeugmaschinen werden überwiegend für die Verfahren Hobeln, Stoßen, Ziehen und Räumen benötigt. Die Hubzahl bestimmt sich aus der Schnittgeschwindigkeit und dem zu realisierenden Hubweg. Spezielle Anforderungen an solche Antriebe sind
- Erzeugen einer möglichst konstanten Geschwindigkeit über den Arbeitshub, d.h. konstante Schnittgeschwindigkeit und somit gleichmäßige Oberflächenqualität
- Ausführen des Rückhubes mit höherer Geschwindigkeit als beim Arbeitshub, um damit die Nebenzeiten zu verkürzen
- Realisieren eines Bewegungsablaufes so, dass keine Stöße und zu große Beschleunigungen in den Umkehrpunkten entstehen

Ausführungen dieser Hauptantriebe gibt es auf Basis hydraulischer und mechanischer Elemente. Pneumatik wird aufgrund ihrer Eigenschaften (Kompressibilität) nicht eingesetzt.

Hydraulische translatorische Hauptantriebe werden u. a. bei Räum- und Ziehmaschine angewandt. Vorteilhaft sind die hohen realisierbaren Kräfte bei geringem Platzbedarf sowie die Möglichkeiten die Geschwindigkeit und Kräfte abhängig vom Weg beliebig einstellen zu können. Im Normalfall sind hydraulische Antriebe in der Anschaffung und im Betrieb teurer als mechanische.

Elektromechanische translatorische Hauptantriebe bestehen aus einem Elektromotor, dessen Drehzahl über ein Getriebe angepasst werden kann und aus einem Getriebe, das die Rotation in eine Translation umwandelt. Dies können sein
- Schraubgetriebe ausgeführt als (m Modul, g Gangzahl) (Abb. 3.66)
  - Wälzschraubtrieb mit Gewindesteigung h_{Gew}
  - Trapez- oder Flachgewindespindel/Mutter-System mit Gewindesteigung h_{Gew}
  - Schnecke/Zahnstangen-System mit Schneckensteigung $h_{\text{Sch}} = \pi \cdot m \cdot g$
  - Schnecke/Schneckenzahnstangen-System mit Schneckensteigung $h_{\text{Sch}} = \pi \cdot m \cdot g$

Die Berechnung der Hubgeschwindigkeit v_{Hub} erfolgt aus der Antriebsdrehzahl n unter Beachtung der Steigung h

$$v_{\text{Hub}} = n \cdot h_{\text{Gew/Sch}} \tag{3.81}$$

Mit dieser Art Getrieben sind variable Hublängen und gleichförmige Bewegungen einfach zu realisieren. Verwendet man als Antrieb stufenlos stellbare Elektromotoren, können über die Steuerung beliebige Beschleunigungs-Weg-Verläufe ohne mechanische Eingriffe ausgeführt werden. Einiger Aufwand ist hinsichtlich Spielausgleich und Verschleißminderung bei den drei letztgenannten Ausführungen zu treiben.

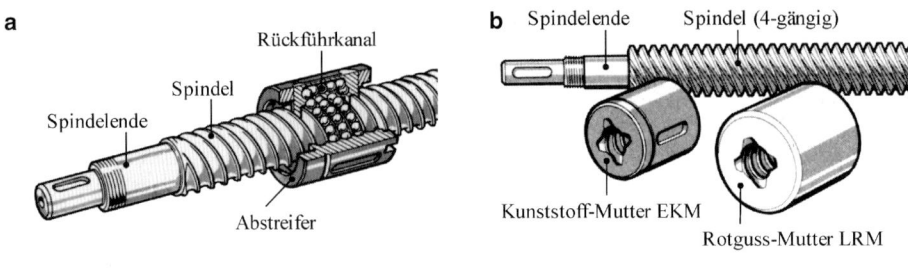
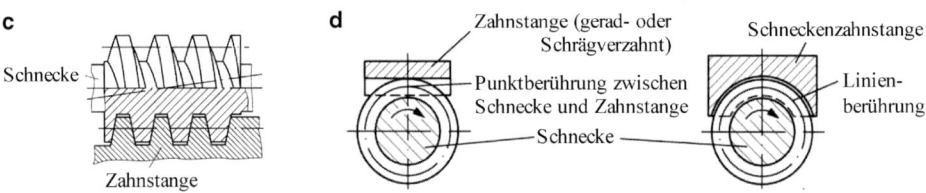

Abb. 3.66 Umwandlungsgetriebe. **a** Wälzschraubtrieb, **b** Gewindespindel/Mutter-System (Werkbild: NEFF) Schnecke/Zahnstangen-System, **c** mit prismatischer Zahnstange und **d** mit Schneckenzahnstange

- Zahnstangengetriebe ausgeführt als (Abb. 3.67)
  - Ritzel/Zahnstangen-System, z. B: Hobelmaschinen
  Die Berechnung der Hubgeschwindigkeit v_{Hub} erfolgt aus der Antriebsdrehzahl n und des wirksamen Ritzelumfanges, der sich aus dem Teilkreisdurchmesser d_0 des Ritzels berechnet

$$v_{Hub} = n \cdot d_0 \cdot \pi \qquad (3.82)$$

Die Eigenschaften dieses Getriebes sind ähnlich denen von Schraubgetrieben. Nachteilig kann sich die niedrigere Bewegungsgleichförmigkeit und -genauigkeit sowie der auftretende Zahneingriffsstoß auswirken.
- Kurbelgetriebe ausgeführt als (Abb. 3.68)
  - Schubkurbel
  - schwingende Kurbelschleife
  - Kurbelschwinge

Diese im Aufbau einfache Art von Getrieben erzeugen bei konstanter Antriebsdrehzahl eine über den Hub nicht konstante Geschwindigkeit. Vorteilhaft ist besonders bei schwingenden Kurbelschleifen, dass als Arbeitshub ein Bereich mit annähernd gleicher Geschwindigkeit und als Rückhub ein Bereich mit größerer Geschwindigkeit genutzt werden kann.

Abb. 3.67 Ritzel/Zahnstangen-System

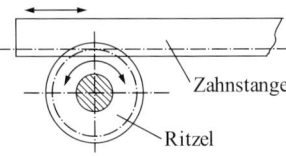

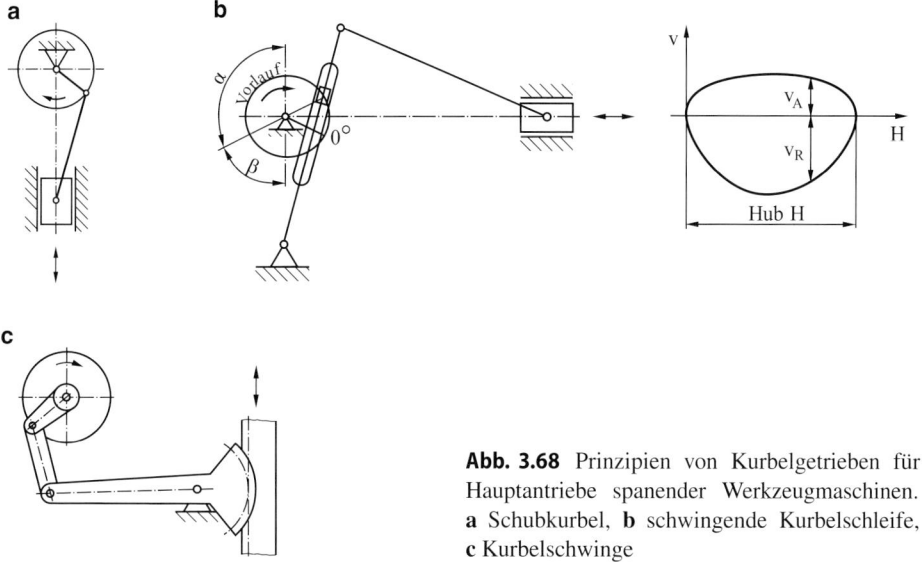

Abb. 3.68 Prinzipien von Kurbelgetrieben für Hauptantriebe spanender Werkzeugmaschinen. **a** Schubkurbel, **b** schwingende Kurbelschleife, **c** Kurbelschwinge

Konstante Hubgeschwindigkeit bzw. ein beliebig gewolltes Verhalten über den Hubweg lässt sich mit Hilfe stufenlos stellbarer elektrischer Antriebe und entsprechender Steuerung erzeugen. Bei den in Abb. 3.68 dargestellten mechanischen Getrieben sind die Hublage und die Hubgröße nur begrenzt einstellbar. Die bei diesen Getrieben geltenden Gesetzmäßigkeiten werden im Abschn. 5.3 näher dargestellt.

Der Einsatz konstruktiv anders aufgebauter Umwandlungsgetriebe ist vorstellbar.

Beispiel 3.2

Für eine Räummaschine ist der Hauptantrieb zu entwerfen (Motordrehzahlwahl, Drehzahlbild, Getriebeplan). Geforderte Werte sind die Geschwindigkeit des Räumkopfes von 1,25...8 m/min stufenlos stellbar für den Arbeitshub und von 21 m/min für den Rückhub. Zur Verfügung steht ein stufenlos stellbares mechanisches Getriebe mit einem Stellbereich von 4, kleinster zulässiger Abtriebsdrehzahl 300 min^{-1}, größter zulässiger Abtriebsdrehzahl 3000 min^{-1} und den Extremübersetzungen von 2 und 1/2.

Aufgrund der zu erwartenden Bearbeitungs- und Beschleunigungskräfte wurde ein Rollengewindetrieb mit Durchmesser 135 mm und Steigung 15 mm ausgewählt.

▶ **Lösung**

1. Erforderliche Drehzahlen der Gewindespindel

$$\text{Arbeitshub} \quad n_{\text{erf, Arb}} = \frac{v}{h} = \frac{(1{,}25\ldots8)\,\text{m}}{15\,\text{min} \cdot \text{min}} = 83{,}\bar{3}\ldots533{,}\bar{3}\,\text{min}^{-1}$$

$$\text{Rückhub} \quad n_{\text{erf, Rück}} = \frac{v}{h} = \frac{(21)\,\text{m}}{15\,\text{min} \cdot \text{min}} = (1400)\,\text{min}^{-1}$$

2. Vergleich des erforderlichen mit dem vorhandenen Stellbereich und festlegen der Stufenzahl

$$\text{Stellbereich für Arbeitshub} \quad s_{n,\,erf,\,Arb} = \frac{n_{erf,\,Arb,\,max}}{n_{erf,\,Arb,\,min}}$$

$$= \frac{533{,}\bar{3} \cdot \min}{83{,}\bar{3} \cdot \min} = 6{,}4 > 4 = s_{n,\,vorh,\,getr}$$

$$\text{erforderliche Stufenzahl} \quad g_{err} = \frac{\ln(s_{n,\,erf,\,Arb})}{\ln(s_{n,\,vorh,\,getr})} = \frac{\ln(6{,}4)}{\ln(4)} = 1{,}339$$

$$\text{gewählt} \quad g_{gew} = 2$$

3. Bestimmung der Motordrehzahl
Beachtet man, dass die kleinste (300 min^{-1}) und die größte zulässige Abtriebsdrehzahl (3000 min^{-1}) des mechanisch stufenlos stellbaren Getriebes nicht unter- bzw. überschritten werden dürfen, ergibt sich mit den möglichen Extremübersetzungen von 2 und 1/2 des eingesetzten Getriebes der Bereich möglicher Motordrehzahlen von 600 min^{-1} bis 1500 min^{-1}.

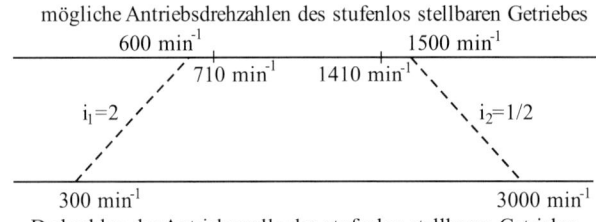

$$\text{minimale Motordrehzahl} \quad n_{Mot,\,min} = 2 \cdot 300 \min^{-1} = 600 \min^{-1}$$

$$\text{maximale Motordrehzahl} \quad n_{Mot,\,max} = \tfrac{1}{2} \cdot 3000 \min^{-1} = 1500 \min^{-1}$$

$$\text{gewählt} \quad n_{mot} = 1410 \min^{-1}$$

4. Drehzahlbild
Mit der gewählten Motordrehzahl ergeben sich als Abtriebsdrehzahlen des mechanisch stufenlos stellbaren Getriebes.
Die notwendigen Übersetzungen von der Welle II zur Gewindespindel werden wie folgt berechnet und da sie größer als 4 sind aufgeteilt

$$\text{für die minimale Drehzahl} \quad i_{1,\,ges} = 8{,}46 = 4 \times 2{,}115$$

$$\text{für maximale Drehzahl} \quad i_{2,\,ges} = 5{,}2875 = 4 \times 1{,}322$$

$$\text{für den Rückhub} \quad i_{Rück} \approx 1$$

3.4 Antriebe

Dabei wird die Erzeugung der Drehzahl für den Rückhub so gewählt, dass ein Umgehen des mechanisch stufenlos stellbaren Getriebes möglich wird. Hierbei ist die Drehrichtung zu beachten!

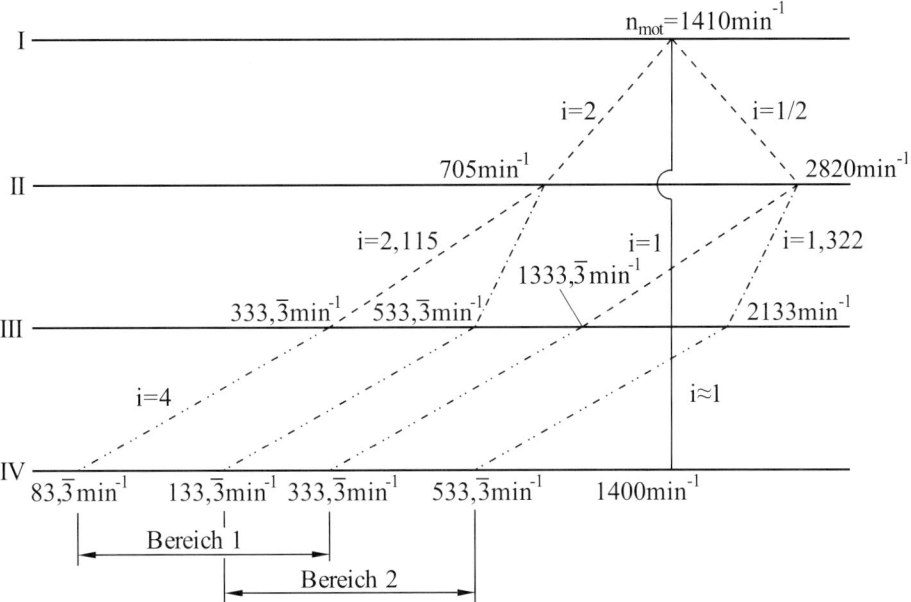

5. Getriebeplan

Im Getriebeaufbau muss beachtet werden, dass die zwei Übersetzungen zum Erzeugen des Arbeitshubes getrennt vom Rückhub schaltbar sind und keine Rücktriebe ins Schnelle auftreten. Eine mögliche Lösung ist im Folgenden dargestellt.

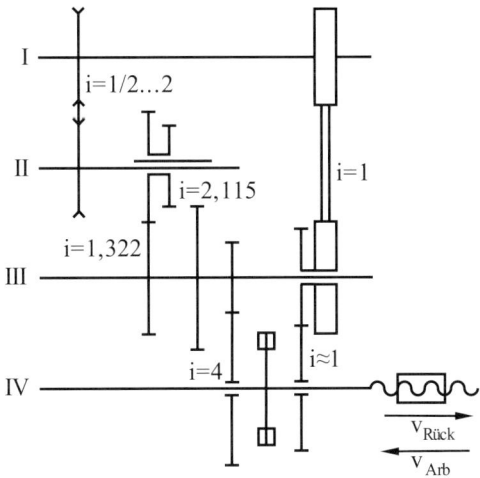

Beispiel 3.3

Für einen waagerecht angeordneten Werkzeugmaschinentisch (Bearbeitungslängen bis 8 m) ist der Antrieb (Übersetzungen, Zähnezahlen) entsprechend den Grundsätzen für Hauptantriebe zu entwerfen. Die Geschwindigkeit des Tisches soll im Bereich von (6 ... 60) m/min stufenlos einstellbar sein. Zur Verfügung steht ein Gleichstrommotor mit Ankerstellbereich (50 ... 1500) min^{-1} und Feldstellbereich bis 3000 min^{-1}. Für das Erzeugen der geradlinigen Bewegung wurde ein Zahnstangen-Ritzel-Getriebe ausgewählt. Dabei soll der Modul 6 mm betragen.

▶ **Lösung**

1. Erforderliche Drehzahlen des Ritzels

Zum Bestimmen der erforderlichen Drehzahlen am Ritzel benötigt man dessen Durchmesser. Dazu wird aus konstruktiven Gründen (Lagerung der Ritzelwelle) für das Ritzel ein kleinster Teilkreisdurchmesser $d_{0,\mathrm{min}}$ von 200 mm vorgegeben. Unter Beachtung des erforderlichen Moduls m ergibt sich die Zähnezahl des Ritzels zu

$$z_\mathrm{R} = \frac{d_{0,\mathrm{min}}}{m} = \frac{200\,\mathrm{mm}}{6\,\mathrm{mm}} = 33{,}3$$

Gewählt wird die Zähnezahl des Ritzels mit 34 und damit ergibt sich der Teilkreisdurchmesser des Ritzels

$$d_0 = z_\mathrm{R} \cdot m = 34 \cdot 6\,\mathrm{mm} = 204\,\mathrm{mm}$$

Mit diesem Durchmesser ist die Berechnung der erforderlichen Ritzeldrehzahlen möglich

$$n_{\mathrm{erf,R}} = \frac{v}{\pi \cdot d_0} = \frac{(6 \ldots 60)\,\mathrm{m}}{\pi \cdot 204\,\mathrm{mm} \cdot \mathrm{min}} = (9{,}3 \ldots 93)\,\mathrm{min}^{-1}$$

2. Prinzip des Antriebes

Für Hobelmaschinen dieser Größe erfolgt der Tischantrieb über zwei schrägverzahnte Zahnstangen-Ritzel-Getriebe. Das hat den Vorteil, dass außermittige Kräfte besser aufgenommen werden können. Des Weiteren sind in der Regel mehrere Untersetzungen der Motordrehzahl vorhanden, um das größte Drehmoment an den Ritzeln mit einer vertretbaren Motorgröße erzeugen zu können. Die Zahnräder des Getriebes sind schrägverzahnt und werden so angeordnet, dass sich ihre Axialkräfte je Welle aufheben. Damit Teilungsfehler in den Zahnstangen, den Ritzeln und den Getrieberädern nicht zum Drängen an den Zahnrädern der Antriebswelle führen ist diese Welle schwimmend gelagert. Teilungsunterschiede in den beiden Antriebssträngen werden durch axiales Verschieben der Antriebswelle ausgeglichen.

Der Antrieb muss ein möglichst hohes Drehmoment erzeugen. Aus diesem Grund sollte der Ankerstellbereich des Motors genutzt werden. Ist dieser für die Realisierung des geforderten Stellbereiches ausreichend groß, kann man die oberen Drehzahlen dieses

3.4 Antriebe

Bereiches anwenden und somit die installierte Motorleistung ausnutzen. Die dadurch notwendig werdenden größeren Übersetzungen sind in der Regel vertretbar.

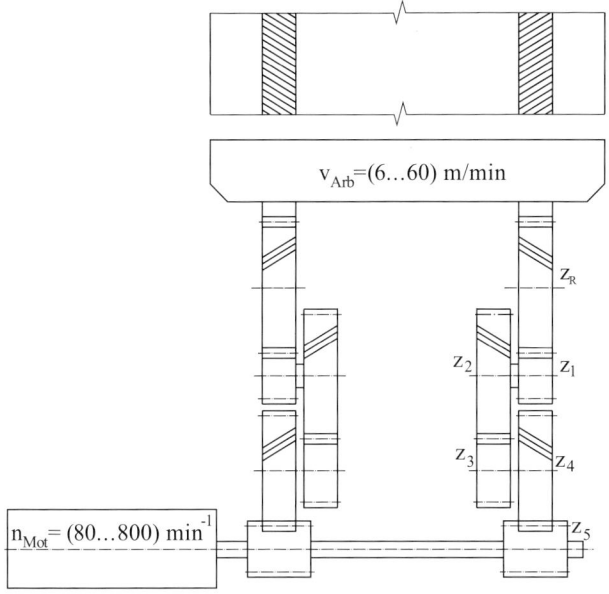

3. Vergleich der Stellbereiche

Der erforderliche Stellbereich für den Tischhub kann aus den erforderlichen Ritzeldrehzahlen berechnet werden

$$s_{n,\text{erf},R} = \frac{n_{\text{erf},R,\max}}{n_{\text{erf},R,\min}} = \frac{93 \cdot \min}{9{,}3 \cdot \min} = 10$$

Der vorhandene Ankerstellbereich (kleinste Drehzahl bis Nenndrehzahl des Motors) ist

$$s_{n,\text{Anker},M} = \frac{n_{\text{Anker},M,\max}}{n_{\text{Anker},M,\min}} = \frac{1500 \cdot \min}{50 \cdot \min} = 30 > s_{n,\text{erf},R}$$

Daraus folgt, dass nur eine konstante Übersetzung zwischen Motor- und Ritzelwelle notwendig ist. Unter Beachtung der obigen Hinweise werden als Kompromiss die Motordrehzahlen $(80\ldots 800)\ \min^{-1}$ verwendet.

4. Getriebeplan mit Übersetzungen und Zähnezahlen

Im zu entwerfenden Getriebe muss die folgende Gesamtübersetzung realisiert werden

$$i_{\text{ges}} = \frac{n_{\text{Antr},\max}}{n_{\text{erf},R,\max}} = \frac{800 \cdot \min}{93 \cdot \min} = 8{,}602$$

Diese Gesamtübersetzung soll hier in drei gleich große Teilübersetzungen aufgeteilt werden (andere Aufteilungen sind möglich)

$$i_1 = i_2 = i_3 = \sqrt[3]{i_{\text{ges}}} = 2{,}05$$

Mit den folgenden Gleichungen werden die Zähnezahlen der Getrieberäder bestimmt. Ausgangspunkt ist die Zähnezahl des Ritzels bzw. eine gewählte Zähnezahl für das jeweils kleine Zahnrad je Getriebestufe. In solchen nicht geschalteten Getrieben sollte man vermeiden, dass gleiche Zähne in gleichen Zahnlücken wälzen. Das heißt, die Zähnezahlen wälzender Zahnräder sollten keinen gleichen Teiler besitzen. Um diese Forderung zu berücksichtigen, erfolgt die Wahl der Zähnezahl etwas abweichend von den errechneten Werten.

$$z_1 = \frac{z_R}{i_1} = \frac{34}{2{,}05} \approx 17 \quad \text{ungünstig, gewählt} \quad z_1 = 18$$

gewählt $\quad z_3 = 18 \quad z_2 = z_3 \cdot i_2 = 18 \cdot 2{,}05 \approx 36 \quad$ ungünstig, gewählt $\quad z_2 = 37$

gewählt $\quad z_5 = 18 \quad z_4 = z_5 \cdot i_3 = 18 \cdot 2{,}05 \approx 36 \quad$ ungünstig, gewählt $\quad z_4 = 37$

Die Wahl der Zähnezahlen sollte man überprüfen, indem ausgehend von der Motordrehzahl die Tischgeschwindigkeiten berechnet werden.

$$\begin{aligned} v &= \pi \cdot z_R \cdot m \cdot n_{\text{mot}} \cdot \frac{z_5}{z_4} \cdot \frac{z_3}{z_2} \cdot \frac{z_1}{z_R} \\ &= \pi \cdot 34 \cdot 6\,\text{mm} \cdot (80 \ldots 800)\frac{1}{\text{min}} \cdot \frac{18}{37} \cdot \frac{18}{37} \cdot \frac{18}{34} = (6{,}42 \ldots 64{,}2)\frac{\text{m}}{\text{min}} \end{aligned}$$

Die errechneten Geschwindigkeiten des Tisches weichen von den geforderten ab. Es muss jetzt geprüft werden, ob diese Abweichung durch Verschieben der Motordrehzahlen oder durch Ändern der Zähnezahlen korrigiert werden soll. Vorstellbar ist auch, dass man den geforderten Stellbereich der Tischgeschwindigkeit aufgrund des vorhandenen Motorstellbereiches vergrößert.

3.4.4 Nebenantriebe zur Erzeugung translatorischer Bewegungen

Nebenantriebe, die eine rotatorische Bewegung erzeugen sind in spanenden Maschinen selten vorhanden. Ihre Gestaltung und Auslegung erfolgt analog der für translatorische Bewegung.

Aufgaben, Anforderungen und Klassifizierung

Auch bei diesen Antrieben gelten die allgemeinen Aussagen der vorherigen Abschnitte. Spezielle Aufgaben der Nebenantriebe sind

- das Erzeugen der Vorschubbewegung, die in der Regel auch die Werkstückkontur bestimmt
- das Erzeugen der Positionier-, Zustellbewegung und evtl. Teile der Werkstückwechselbewegungen
- die Absicherung des Leistungs- und Drehmomentenbedarfs für diese Bewegung

3.4 Antriebe

Erforderlich dazu sind Antriebe mit
- großen Stellbereichen (Schleichgang bis Eilgang)
- feinfühliger Einstellung der Bewegungen
- ruckfreiem Geschwindigkeitsverlauf (auch bei Schleichgang)
- günstigem Beschleunigungsverhalten im gesamten Stellbereich (linear), geringe Trägheitsmomente der zu bewegenden Maschinenbauteile
- hoher statischer und dynamischer Antriebssteifigkeit, hoher geometrischer und kinematischer Genauigkeit, hoher erster Eigenfrequenz der mechanischen Übertragungselemente.

Als Antrieb werden überwiegend elektrische Motoren eingesetzt. Dabei muss man Direktantriebe (Linearmotor) und Antriebe bestehend aus Rotationsmotoren (Gleichstrom-, Synchron-, Asynchron-, Schrittmotor) mit nachfolgendem Anpassungsgetriebe (Drehzahl und Drehmoment) und Umwandlungsgetriebe (Zahnstangen-, Spindel/Mutter-, Kurbel- und Kurvenscheiben-Getriebe) unterscheiden.

Die Umwandlungsgetriebe haben die Aufgabe die vom Motor erzeugte rotatorische Bewegung in eine entsprechende lineare Bewegung umzuwandeln. Die Anpassungsgetriebe untersetzen die Motordrehzahlen bzw. vervielfältigen den Drehzahlstellbereich auf die für den Nebenantrieb notwendige Größe. Dabei erfolgt auch das Anpassen der Drehmomente.

Hydraulische Motoren als Nebenantriebe sind in spanenden Werkzeugmaschinen selten vorhanden.

Nebenantriebe mit Linearmotoren

Linearmotoren unterscheidet man nach ihrer Wirkungsweise in synchron, asynchron, bürstenkommutiert und Reluktanzmotoren [9]. Nach dem Aufbau lassen sie sich wie in Abb. 3.69 dargestellt klassifizieren. Für Werkzeugmaschinen-Nebenantriebe haben bürs-

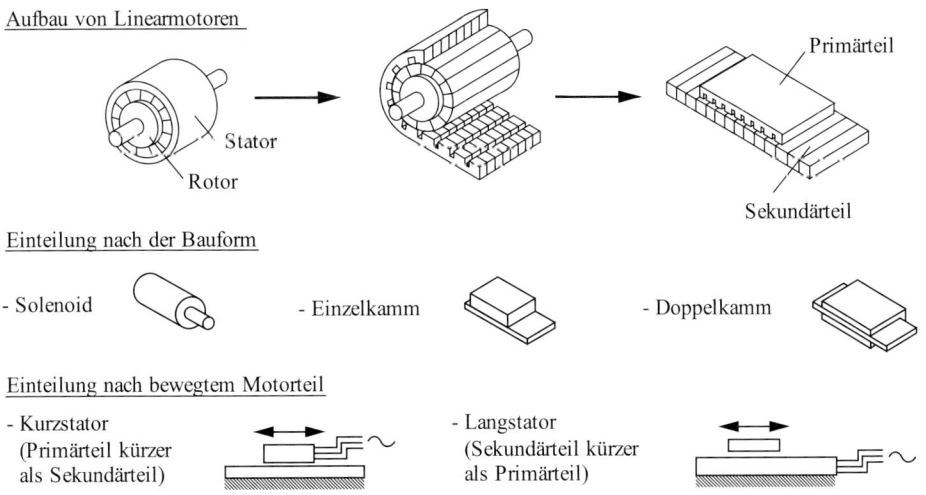

Abb. 3.69 Aufbau und Klassifizierung von Linearmotoren

tenkommutierte (Bürsten als Verschleißteil) und Reluktanz-Linearmotoren (noch nicht ausgereift) sowie Aufbau mit Langstator (hohe Kosten) wenig Bedeutung. Synchron- und Asynchronmotoren in Doppelkamm- und Einzelkammausführungen werden bevorzugt.

Das Funktionsprinzip soll am Beispiel des Asynchron-Linearmotors erläutert werden.

Dieser Linearmotor entspricht der Abwicklung vom Ständer einschließlich Ständerwicklung und Läufer eines Asynchronmotors, wobei der feststehende Teil den Läufer und der bewegliche Teil den Stator darstellt. Anstelle des magnetischen Drehfeldes wird ein lineares Wanderfeld erzeugt, das sich mit Synchrongeschwindigkeit bewegt. Die Wirkungsweise beruht auf dem Induktionsprinzip. Zwischen den Polpaaren des Ständers (Induktor genannt) befindet sich im elektromagnetischen Wanderfeld die Reaktionsschiene (bestehend aus elektrisch leitfähigem Material). Die in der Reaktionsschiene induzierten Spannungen rufen elektrische Ströme hervor, deren Magnetfelder in Wechselwirkung mit dem Wanderfeld des Induktors eine Kraft erzeugen, welche zwischen Primär- und Sekundärteil wirkt.

Gegenüber Antrieben mit Umwandlungsgetrieben (z. B. Kugelrollspindeln) ergeben sich Vorteile durch

- den Wegfall des evtl. notwendigen Anpassungs- und Umwandlungsgetriebes
- sehr hohe Beschleunigungswerte (bis $450 \, m/s^2$)
- sehr hohe Verfahrgeschwindigkeiten (bis $300 \, m/s$)
- hohe Positioniergenauigkeiten (Antrieb spielfrei)

Der schlechte Wirkungsgrad, resultierend aus Leistungsverlusten durch hohe Erwärmung der Reaktionsschiene, kann mit der Anwendung von Synchron-Linearmotoren vermieden werden (vgl. Tab. 3.7).

Bei der Auswahl von Linearmotoren sollte man neben der kraft- und leistungsbezogenen Berechnung beachten, dass

- das Primärteil des Motors offen oder gekapselt und mit Kühlsystem ausgeführt werden kann
- das Sekundärteil des Motors aus einem Stück oder aus aneinandergereihten Teilen besteht
- die Schnittstelle zur Steuerung entsprechend den Möglichkeiten der CNC-Steuerung gewählt werden muss (z. B. SERCOS oder analog)
- man für den Betrieb ein Antriebsregelgerät mit entsprechender Antriebssoftware benötigt
- zum Antriebssystem ein entsprechendes Längenmesssystem (absolut, inkremental) gehört

Bei Verwendung von inkrementalen Messsystemen sind Sensoren notwendig, die die Startlage des bewegten Motorteiles erkennen. In der Regel verwendet man ein oder mehrere Hallsensoren, welche die Pollage des Primärteiles erfassen. Referenzpunktschalter und -auswertung sowie Sicherheitsendschalter sollten für einen sicheren Betrieb integriert sein.

3.4 Antriebe

Tab. 3.7 Aufbau und Eigenschaften von Synchron- und Asynchron-Linearmotoren [10] und [11]

	Synchron-Linearmotor	Asynchron-Linearmotor
Aufbau	Primärteil, Sekundärteil, Nord-Süd-Nord-Permanentmagnete	Primärteil, Sekundärteil, Kurzschlussstäbe
Kraft	Kraft-Masse-Verhältnis 50–100% höher im Vergleich zum Asynchronmotor	Mehr Strom/Kraft benötigt wegen zusätzlichem Magnetisierungsstrom
Erwärmung	Geringe Erwärmung des Sekundärteils	Erwärmung des Sekundärteils durch Magnetisierungsstrom
Messsystem	Absolute Pollage wird beim Einschalten benötigt	Inkrementelles Messsystem ausreichend
Anziehungskräfte	Anziehungskräfte sind permanent vorhanden (Montage, Verschmutzung)	Anziehungskräfte nur während des Betriebs wirksam
Regelung	Einfachere Regelstruktur, kürzere Abtastintervalle im Vergleich zum Asynchronmotor möglich	Aufwändige Regelung (Feldorientierung mit Flussmodell des Motors)
Störeffekte	Positionsabhängige Kraftwelligkeit, einfach zu kompensieren	Lastabhängige Kraftwelligkeit, reduzierte Kräfte bei höheren Geschwindigkeiten
Kosten	Teuere Selten-Erden-Magnete im Sekundärteil, im Vergleich zum Asynchronmotor kleinere Motor- und Umrichterbaugröße	Billigeres Sekundärteil ergibt Preisvorteil bei langen Verfahrwegen

Das Längenmesssystem und die Auswerteelektronik müssen hinsichtlich der maximal erreichbaren Geschwindigkeit miteinander abgestimmt werden. Das Produkt aus Eingabefrequenz der Auswerteelektronik f_{Elekt} (z. B. 400 kHz) und die Signalperiode des Messsystems P_{Mess} in mm muss gleich oder größer der zu realisierenden Geschwindigkeit v_{max} sein.

$$v_{max} = P_{Meß} \cdot f_{Elekt} \tag{3.83}$$

Abb. 3.70 Modell zum Einfluss der Maschinensteifigkeit auf die Lagegenauigkeit des Schlittens

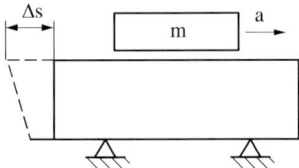

Bei der konstruktiven Gestaltung von Linearachsen in Werkzeugmaschinen unter Verwendung von Linearmotoren sollten folgende Hinweise beachtet werden.
- Für eine gute Maschinenkinematik sind die bewegten Massen zu minimieren.
- Das gegenseitige Beeinflussen von Achsen muss möglichst gering gehalten werden. Dazu sind gekoppelte Achsen und kinematische Ketten zu vermeiden. Ungünstig sind auch lange, sich während des Betriebs ändernde Auskraglängen.
- Aufgrund der hohen Beschleunigungskräfte F_a bei direkten Linearantrieben wirkt sich die statische Steifigkeit des Maschinengrundkörpers $c_{\text{Grundkörper}}$ deutlich auf die Lagegenauigkeit des Schlittens aus (Abb. 3.70).

$$\Delta s = \frac{m \cdot a}{c_{\text{Grundkörper}}} \tag{3.84}$$

- Bezüglich der dynamischen Auslegung sollte man die Einzelsteifigkeiten und Massen so wählen, dass Eigenfrequenzen nicht unter 200 Hz auftreten. Die veränderlichen Werkstückmassen sind zu beachten.

Von Seiten der Motorhersteller gibt man die dynamische Laststeifigkeit (Abb. 3.71) der Linearmotoren an. Sie beschreibt die Steifigkeit gegenüber einer mechanischen Störkraft (Bearbeitungskräfte) und wird beeinflusst durch die Maschinenkonstruktion und die Antriebseinstellung in Abhängigkeit von den bewegten Massen.

Die Führung des Schlittensystemes erfolgt in der Regel durch Kompaktführungen. Je nach Motoranordnung muss diese Führung auch die Anziehungskräfte zwischen Primär- und Sekundärteil aufnehmen. Außerdem muss die Führung einen möglichst konstanten Abstand zwischen Primär- und Sekundärteil gewährleisten. Änderungen dieses Abstan-

Abb. 3.71 Dynamische Laststeifigkeit von Synchron-Linearmotoren nach [11]

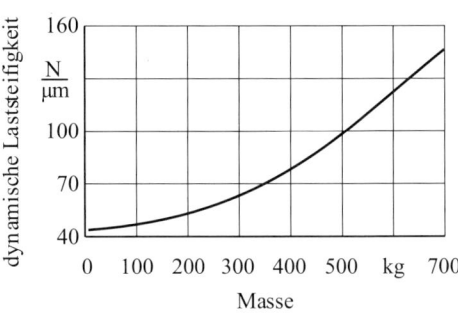

3.4 Antriebe

Abb. 3.72 Diagramm der Abhängigkeit der Anziehungskraft vom Luftspalt

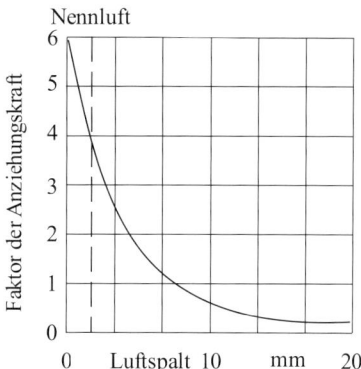

Abb. 3.73 Varianten der Motoranordnung Doppelkamm mit **a** doppelten bzw. **b** einfachem Sekundärteil, gekoppelte Primärteile auf **c** einem bzw. **d** getrennten Sekundärteilen

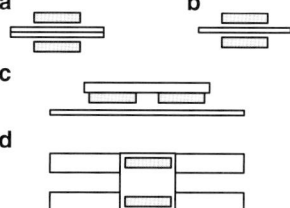

des haben großen Einfluss auf die Größe der Anziehungskräfte (Abb. 3.72) und damit der Führungsgenauigkeit. Im Bereich der Nennluft ist der Funktionsverlauf annähernd linear.

Durch entsprechende Anordnung mehrerer Motoren kann man die Kraft in Bewegungsrichtung erhöhen bzw. verteilen (Abb. 3.73).

Die konstruktive Anordnung von Primär- und Sekundärteil im Schlittensystem ist immer im Zusammenhang mit der Anordnung der Führungselemente und des Messsystems zu sehen. Die vorstellbaren Varianten werden nach den Kriterien
- Durchbiegung bzw. Kippung des Schlittens, Steifigkeit des Systems
- Größe des Einbauraumes, besonders Einbauhöhe
- Anordnung und Schutz des Messsystems
- Montage und Zugänglichkeit

bewertet. Bewährte Konstruktionen sind in Abb. 3.74 dargestellt.

Dimensionierung

Bei der Dimensionierung muss man die Kennlinie des Motors mit dem geforderten Kraft-Geschwindigkeits-Verlauf in Übereinstimmung bringen. Die Motorkennlinie ist abhängig von der Motorwicklung und der Zwischenkreisspannung und für den speziellen Linearmotor aus Herstellerangaben ersichtlich (Abb. 3.75).

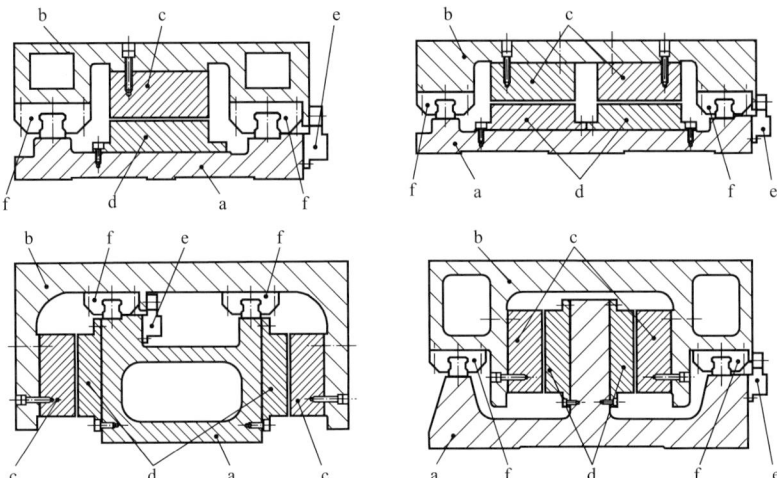

Abb. 3.74 Konstruktive Gestaltung von Linearachsen mit Linearmotor (nach Werkbild: Indramat) a – Maschinenbett, b – Schlitten, c – Primärteil, d – Sekundärteil, e – Messsystem, f – Kompaktführung

Abb. 3.75 Kennlinie eines Synchron-Linearmotors

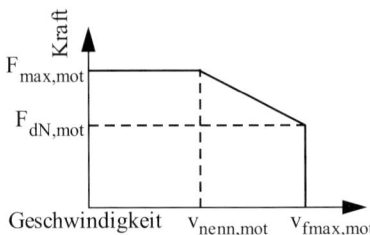

Die Motorkennlinie wird gekennzeichnet durch
- Dauernennkraft $F_{dN,\,mot}$
- Spitzenkraft $F_{max,\,mot}$
- Geschwindigkeiten $v_{nenn,\,mot}$, $v_{fmax,\,mot}$

Als Anwendungsdaten stehen dem gegenüber
- Effektivkraft F_{eff}
- Maximalkraft F_{max}
- Geschwindigkeiten v

Die Auswahl erfolgt nach folgenden Kriterien
- Einhalten der erforderlichen Spitzenkraft $F_{max} \leq F_{max,\,mot}$
- Einhalten der Dauernennkraft des Motors $F_{eff} \leq F_{dF,\,mot}$
- Einhalten der maximalen kraftabhängigen Geschwindigkeiten
  $v_{max}(F) \leq v_{max,\,mot}(F_{mot})$

Die größte vom Motor aufzubringende Kraft (Maximalkraft F_{max}) tritt in der Regel während der Beschleunigungsphase auf. Bei bestimmten Anwendungen kann aber die erforderliche Beschleunigungskraft F_a kleiner als die maximal wirkende Bearbeitungskraft F_B

sein. Außerdem ist es möglich, dass sowohl Beschleunigungs- als auch Bearbeitungskraft gleichzeitig wirksam werden. Unter Berücksichtigung dieses allgemeinen Falles sowie der zu überwindenden Gewichtskraft F_G bei vertikaler Bewegungsrichtung und der Reibungskräfte F_R gilt

$$F_{\max} = F_a + F_R + F_G + F_B \tag{3.85}$$

Bei der Berechnung der wirksamen Reibungskräfte ist die Reibung in den Führungen und die Reibung F_{Zus} an mitlaufenden Abdeckungen und Ähnlichem zu beachten. Die Reibungskraft in der Führung ergibt sich aus dem Reibungskoeffizienten μ und der wirkenden Normalkraft, die hervorgerufen wird durch Massekräfte $(m \cdot g)$ und die Anziehungskraft F_{Anz} zwischen Primär- und Sekundärteil

$$F_R = (m \cdot g + F_{Anz}) \cdot \mu + F_{Zus} \tag{3.86}$$

Für die Prüfung der ausreichenden Größe der Dauernennkraft des Motors ist die Berechnung der Effektivkraft F_{eff} über einen typischen Bearbeitungszyklus erforderlich. Charakteristisch bei spanenden Werkzeugmaschinen-Nebenantrieben ist hierbei ein prismatischer Verlauf der Kraft über der Zeit (Abb. 3.76, siehe Beispiel 3.4).

$$F_{eff} = \sqrt{\frac{\sum \left(F_i^2 \cdot t_i\right)}{t_{ges}}} \tag{3.87}$$

Die Auswahl und Dimensionierung des Vorschubmoduls erfolgt weiterhin nach der benötigten Spitzen- und der benötigten Dauerleistung des Linearantriebes.

Die Spitzenleistung P_{Sp} tritt in der Regel während der Beschleunigungs- oder Bremsphasen auf. Unter Umständen kann gleichzeitig die Bearbeitungskraft wirksam sein. Die

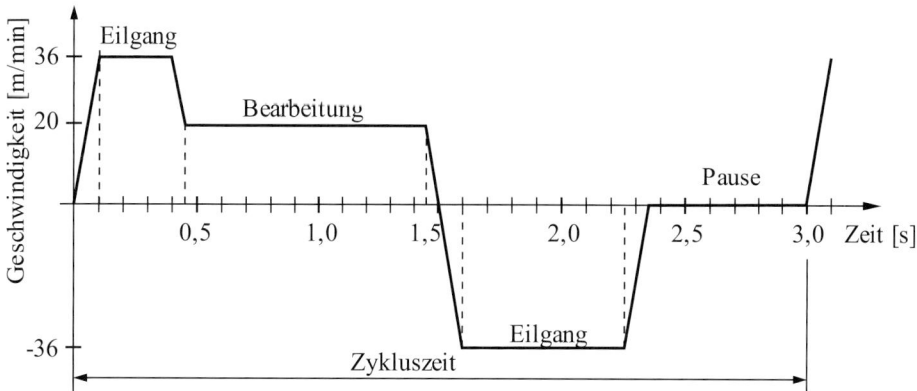

Abb. 3.76 Typisches Geschwindigkeits-Zeit-Verhalten eines Nebenantriebes bei spanenden Werkzeugmaschinen

sich so ergebende maximale Kraft F_{max} wird mit der zu dieser Kraft gehörenden Geschwindigkeit v_{erf} multipliziert. Die Berücksichtigung der elektrischen Verluste des Motors erfolgt mit Hilfe des Wirkungsgrades $\eta_{Mot, Sp}$ bzw. der elektrische Spitzenverlustleistung $P_{Verlust, Sp}$.

$$P_{Sp} = \frac{F_{max} \cdot v_{erf}}{\eta_{Mot, Sp}} = F_{max} \cdot v_{erf} + P_{Verlust, Sp} \qquad (3.88)$$

Die Dauerleistung P_D entspricht der mittleren Leistung des Motors und berechnet sich aus der Effektivkraft F_{eff} und der mittleren Geschwindigkeit v_{mittel}. Die elektrischen Motorverluste werden über den Wirkungsgrad $\eta_{Mot, D}$ bzw. die elektrische Dauerverlustleistung $P_{Verlust, D}$ berücksichtigt.

$$P_D = \frac{F_{eff} \cdot v_{mittel}}{\eta_{Mot, D}} = F_{eff} \cdot v_{mittel} + P_{Verlust, D} \qquad (3.89)$$

Beispiel 3.4

(nach [11]) Für eine horizontal angeordnete Schlittenachse eines Bearbeitungszentrums ist die Maximal- und die Effektivkraft zur Auswahl des Linearantriebes zu berechnen. Realisiert werden soll der im Abb. 3.76 dargestellte Geschwindigkeitsverlauf. Hierbei ist eine Gesamtmasse von 500 kg bei Beschleunigungen bis 6 m/s² zu bewegen. Als wirkende Kräfte sind anzunehmen: Anziehungskraft zwischen Primär- und Sekundärteil 15 kN, Reibung an der Abdeckung 50 N, maximale Bearbeitungskraft 2 kN. Die Reibung in der vorgesehenen Wälzführung soll mit einem Koeffizient von 0,02 berücksichtigt werden.

▶ **Lösung** Reibungskraft nach Gl. (3.86)

$$F_R = \left(500\,\text{kg} \cdot 9{,}81\,\frac{\text{m}}{\text{s}^2} + 15.000\,\text{N}\right) \cdot 0{,}02 + 50\,\text{N} = 448\,\text{N}$$

Maximalkraft nach Gl. (3.85) (bei horizontaler Bewegung $F_G = 0$)

$$F_{max} = 3000\,\text{N} + 448\,\text{N} + 2000\,\text{N} = 5448\,\text{N}$$

$$\text{mit} \quad F_a = 500\,\text{kg} \cdot 6\,\frac{\text{m}}{\text{s}^2} = 3000\,\text{N}$$

Zur Bestimmung der notwendigen Effektivkraft muss man die Kräfte während der verschiedenen Geschwindigkeitsphasen kennen. Entsprechend des Geschwindigkeitsverlaufs sind dies

3.4 Antriebe

Zeit	t_i	Geschwindigkeitsphase	Kräfte	F_i	$F_i^2 t_i$
0–0,1 s	0,1 s	Beschleunigen auf Eilgang	$F_a + F_R$	3448 N	1.188.870 N²s
0,1–0,4 s	0,3 s	Bewegung im Eilgang	F_R	448 N	60.211 N²s
0,4–0,45 s	0,05 s	Abbremsen	$-F_a + F_R$	−2552 N	325.635 N²s
0,45–1,45 s	1,0 s	Bearbeiten	$F_{Arb} + F_R$	2448 N	5.992.704 N²s
1,45–1,5 s	0,05 s	Abbremsen auf Stillstand	$-F_a + F_R$	−2552 N	325.635 N²s
1,5–1,6 s	0,1 s	Beschleunigen auf negativen Eilgang	$-F_a + -F_R$	−3448 N	1.188.870 N²s
1,6–2,25 s	0,65 s	Negativer Eilgang	$-F_R$	−448 N	130.458 N²s
2,25–2,35 s	0,1 s	Abbremsen	$F_a + -F_R$	2552 N	651.270 N²s
2,35–3,0 s	0,65 s	Stillstand		0 N	0 N²s

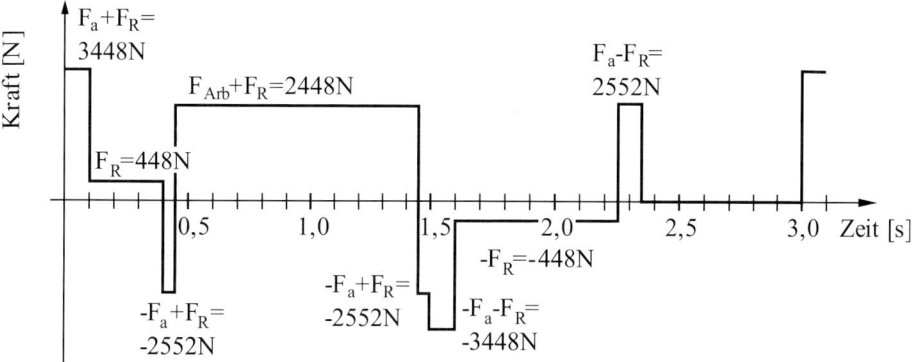

Mit den in der Tabelle aufgeführten Werten ergibt sich nach Gl. (3.92) die Effektivkraft zu:

$$F_{eff} = \sqrt{\frac{(1.188.870 + 60.211 + 325.635 + 5.992.704 + 325.635 + 1.188.870 + 130.458 + 651.270)\,N^2s}{3\,s}}$$

$$F_{eff} = 1.813\,N$$

Auf der Basis der ermittelten Daten für F_{max}, F_{eff} und der notwendigen Geschwindigkeiten kann die entsprechende Motor-Regelgeräte-Kombination aus den Herstellerkatalogen bestimmt werden.

Nebenantriebe mit rotatorischen Motoren

Die Auswahl der Motoren und die Auslegung eventuell notwendiger konstanter Übersetzungen bzw. Vervielfältigungsgetriebe erfolgt analog der Vorgehensweise bei Hauptantrieben. Auch hier unterscheidet man gestufte und stufenlos stellbare Antriebe. In der

Regel ist über dem Stellbereich ein konstantes Moment notwendig. Ist aufgrund der Wirkungsweise des Motors kein Stillstandsmoment vorhanden und keine Selbsthemmung im Getriebe vorhanden, sind Bremseinrichtungen erforderlich.

Die für Nebenantriebe eingesetzten Motoren sind in der Regel spezielle Ausführungen, die an die Anforderungen spanender Werkzeugmaschen angepasst sind.

Gleichstromservomotor

Das Funktionsprinzip ist analog dem eines herkömmlichen Gleichstrommotors. Die Erregung erfolgt mit hochenergetischen Dauermagneten großer Stabilität. Die gewünschten Eigenschaften werden mit Hilfe von Kompensationswicklung, kleinem Ankerdurchmesser und Blechung des Jochrings erreicht. Um gute Beschleunigungseigenschaften zu erzielen gibt es Sonderbauformen mit verringerter Masse der sich drehenden Teile durch

- stabförmigen Rotor (Wicklung aufgeklebt)
- korbförmige, eisenlose Ankerwicklung zwischen Stator und feststehendem Magnetkern
- scheibenförmigen Rotor (Kupferleiter aufgeklebt)

Für Nebenantriebe werden sogenannte Langsamläufer bevorzugt. Sie besitzen gute dynamische Eigenschaften durch

- geringes Trägheitsmoment und hohes Beschleunigungsmoment
- hohe Drehmomente auch bei niedrigen Drehzahlen
- ruhigen Lauf auch bei kleinsten Drehzahlen
- gute Aufnahme der Verlustwärme mit Hilfe der Wärmespeicherkapazität des Läufers
- sehr hohen Wirkungsgrad bedingt durch die Dauermagneterregung

Schrittmotor

Gebräuchlich sind Permanentmagnetschrittmotoren. Sie bestehen aus einem lamellierten Stator, der mehrere räumlich versetzte Pole mit je einer Spule trägt. Die Polenden können in Längsrichtung gezahnt sein. Der Rotor besteht aus einem in axialer Richtung magnetisierten Permanentmagnet, dessen Pole 2 Zahnkränze (Polschuhe) aus Weicheisen bilden. Die Verzahnung der Polschuhe ist so angeordnet, dass einem Zahn des einen Polschuhs jeweils eine Zahnlücke des anderen Polschuhes gegenübersteht (Abb. 3.77).

Der Permanentmagnetschrittmotor funktioniert aufgrund der Wechselwirkung zwischen Kräften, die durch Magnetisierung des Rotors und Stromfluss durch die Statorspulen entstehen. Die Wicklung des Stators besteht aus 2 voneinander unabhängigen Teilwicklungen, die auf jeweils 4 der 8 Hauptpole verteilt sind. Das schrittweise Weiterschalten des Rotors erfolgt durch Stromumkehr in den beiden Teilwicklungen.

Vorteilhaft für bestimmte Nebenantriebe sind

- das schrittgenaue Positionieren (kein Regelkreis mit Messsystem erforderlich),
- die Einsparung von Schrittgetrieben.

Nachteilig können sich das begrenzte Beschleunigungsvermögen sowie die Möglichkeit des Auftretens starker Schwingungen und großer Beschleunigungsmomente im Bereich der Eigenfrequenz auswirken.

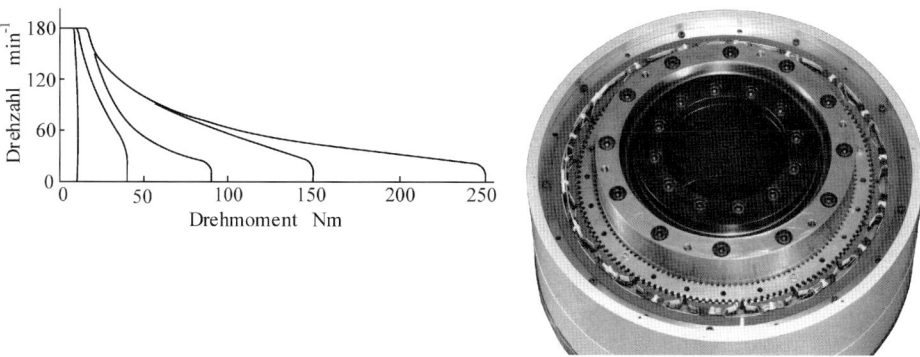

Abb. 3.77 Geöffneter Schrittmotor mit Ansicht von Rotor und Stator und Drehmomenten-Drehzahlverhalten verschiedener Ausführungen dieser Motoren. (Werkbild: NSK-RHP)

Drehstrommotoren

Ausgeführt als analog bzw. digital gesteuerte Asynchron-Servoantriebe bestehend aus Versorgungs- und Regelmodul sowie dem eigentlichen Servomotor (Abb. 3.78). Die Motoren zeichnen sich aus durch

- Drehzahlstellbereich beginnend bei $0\,\mathrm{min}^{-1}$ bis ca. $6000\,\mathrm{min}^{-1}$
- hohes Drehmoment über den gesamten Stellbereich aufgrund des Wegfall der elektromagnetischen Kommutierung
- gute Dynamik in Folge hohe Verdrehsteifigkeit und günstiges Drehmomenten-Trägheitsmomenten-Verhältnis
- Überlastbarkeit besonders in den Beschleunigungsphasen ist durch gutes Wärmeabstrahlvermögen gewährleistet
- Integration von Haltebremsen für den spannungslosen Zustand ist möglich

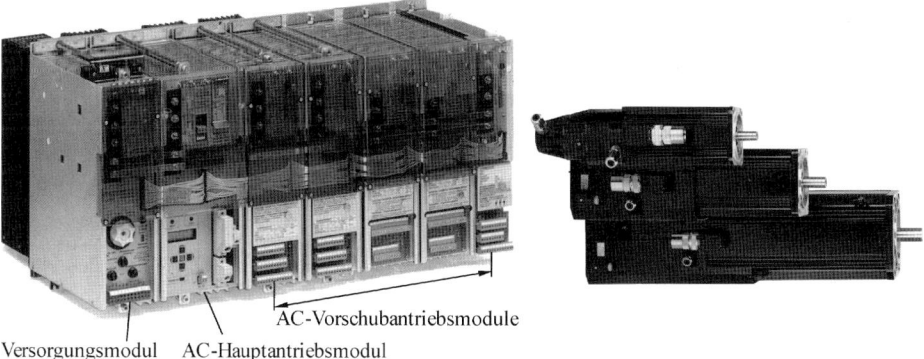

Abb. 3.78 AC-Servoantrieb bestehend aus Servomotor, Versorgungs- und Regelmodul. (Werkbild: Indramat)

Weitere vorteilhafte Eigenschaften sind mit der Anwendung digitaler Technik verbunden. Der AC-Servomotor ist mit einer antriebsinternen Lageregelung mit einer Auflösung von 1/2.000.000 Umdrehungen ausgerüstet. Damit sind feinste Zustellungen, hohe Positionierwiederholgenauigkeit ohne zusätzlichen Lagegeber oder Linearmaßstab an der Maschine realisierbar. Die Berücksichtigung der Parameter von in den Antrieb integrierten Übertragungselementen (z. B. Getriebeübersetzungen oder Spindelsteigungen) und die Verrechnung von Korrekturwerten (Steigungsfehler, Durchbiegung, Temperaturgang) sind möglich.

Anpassungsgetriebe

Alle in Hauptantrieben verwendeten Getriebearten sind in Vorschubantrieben vorstellbar. Außerdem gibt es typische Nebengetriebe. Ihr Wirkungsgrad ist in der Regel niedriger als bei Getrieben für Hauptantriebe, was man aufgrund der geringen zu übertragenden Leistungen akzeptiert.

Eingesetzt werden:
- Zahnradgetriebe, ausgeführt als konstante Übersetzungen oder als gestufte Schaltgetriebe mit Schieberadblöcken bzw. mit Hilfe von Kupplungen geschaltet. Die maximalen Übersetzungen je Zahnradstufe sollten 6 nicht überschreiten. Wird Spielfreiheit im Getriebe aufgrund von Vor- und Rücklauf benötigt, muss man entsprechenden Aufwand treiben.
- Zahnriemengetriebe für konstante Übersetzungen sind eine kostengünstige Lösung. Große Achsabstände und gute Dämpfung sind realisierbar. Für die Zahnriemenspannung muss entsprechender Aufwand getrieben werden.
- Sondergetriebe in Nebenantrieben werden ausschließlich für gestufte Stellbereiche angewendet. Ihr Einsatz ist nur noch zu vertreten, wenn sie gegenüber stufenlos stellbaren Lösungen die Anforderungen an den Antrieb kostengünstiger erfüllen. Typische Ausführungen sind Wechselräder-, Mäander-, Norton- und Ziehkeilgetriebe (Abb. 3.79).
- Planeten- und Cycloidengetriebe (Wellradgetriebe) zur Erzeugung einer konstanten Übersetzung direkt nach dem Motor sind gebräuchlich.

Umwandlungsgetriebe

In Nebenantrieben spanender Werkzeugmaschinen werden überwiegend die folgenden Umwandlungsgetriebe (Abb. 3.66) eingesetzt.
- Ritzel/Zahnstangengetriebe (gerad- oder schrägverzahnt) zur Übertragung großer Kräfte bei theoretisch unbegrenztem Verfahrweg. Für einen ruhigen Lauf sind große Ritzeldurchmesser notwendig.
- Schnecke/Zahnstangengetriebe, die aufgrund der großen möglichen Übersetzung hohe Kräfte in Bewegungsrichtung übertragen können. Auch hier ist der Verfahrweg theoretisch unbegrenzt. Die Winkelstellung der Schnecke gegenüber der Zahnstange erlaubt eine kurze und damit steife Lagerung der Schnecke.
- Spindel/Muttergetriebe ausgeführt mit Trapezgewinde und hydrodynamischer Schmierung für große Kräfte, kleine Geschwindigkeiten und mittlere Genauigkeiten. Durch

3.4 Antriebe

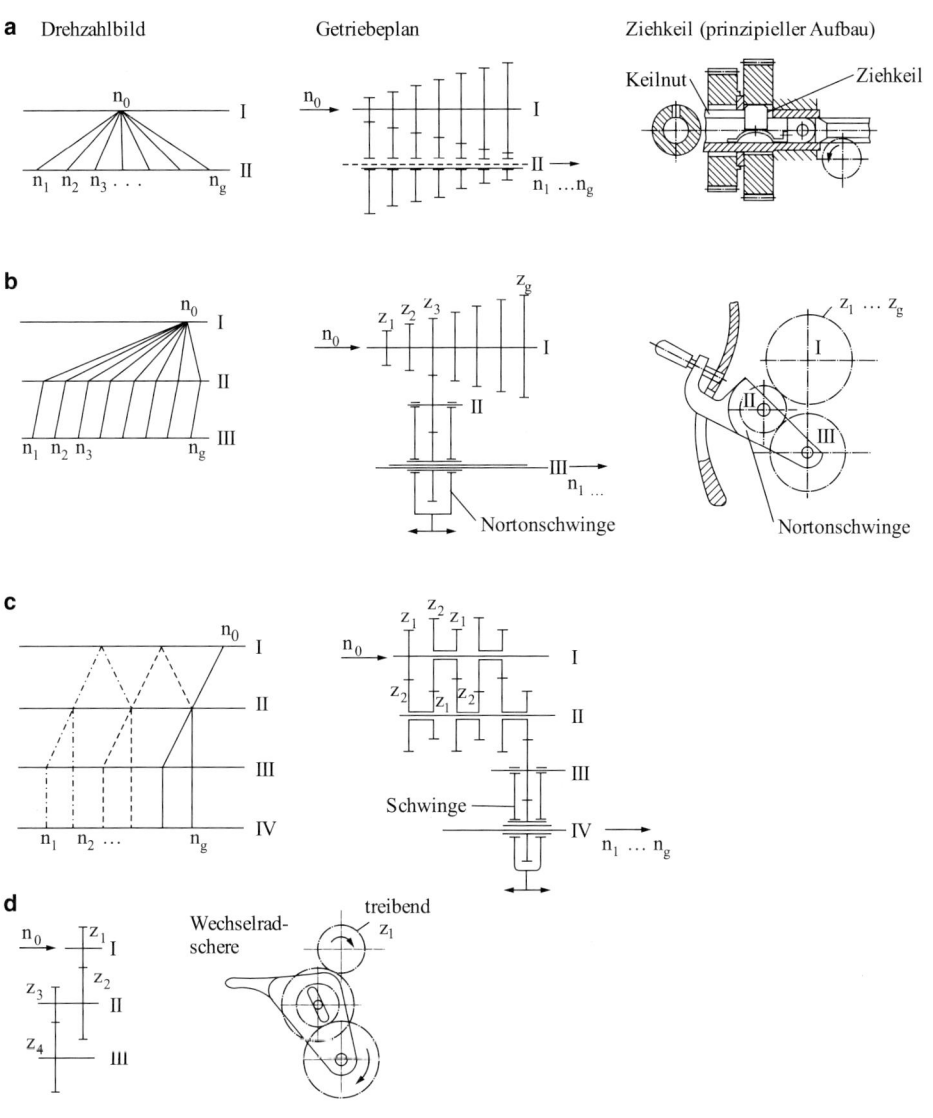

Abb. 3.79 Typische Nebengetriebe. **a** Ziehkeilgetriebe, **b** Nortongetriebe, **c** Mäandergetriebe, **d** Wechselrädergetriebe

den Einsatz hydrostatischer Schmiersysteme kann der Einsatzbereich bezüglich höherer Geschwindigkeiten und ausgezeichneter Genauigkeit (Spielfreiheit) erweitert werden.
- Spindel/Muttergetriebe ausgeführt mit Wälzelementen (Kugel, Rollen) zwischen Spindel und Mutter, als Kugel- bzw. Rollenumlauftriebe bezeichnet, sind die am häufigsten in spanenden Werkzeugmaschinen eingesetzten Umwandlungsgetriebe.

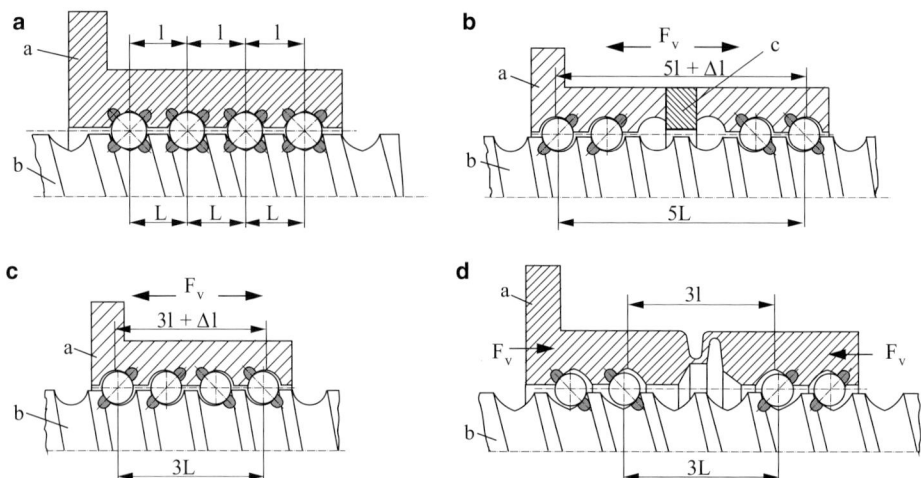

Abb. 3.80 Erzeugung der Vorspannung bei Wälzschraubtrieben. (Werkbild: THK) **a** – eine Mutter und Kugeln mit Übermaß, **b** – zwei gegeneinander verspannte Muttern mit Beilage, so dass sich eine X- oder O-Anordnung ergibt, **c** – eine Mutter mit Steigungsverschiebung, **d** – eine Mutter mit Steigungsverschiebung und „axial elastischem" Aufbau (a – Mutter, b – Spindel, c – Zwischenring)

Aufgrund ihrer Bedeutung soll im Folgendem auf Kugelumlauftriebe näher eingegangen werden. Die Nutzung der Rollreibung als Funktionsprinzip bewirkt einen ausgezeichneten Wirkungsgrad ($\eta = 0{,}95\ldots0{,}99$), geringen Verschleiß sowie keinen Stick-Slip-Effekt. Bei entsprechender Fertigungsgenauigkeit sind hohe Übertragungsgleichförmigkeit, geringe Geräusche, Leichtgängigkeit und hohe Verfahrgeschwindigkeiten erreichbar. Die Genauigkeit wird durch Genauigkeitsklassen nach DIN 69051 (C5, C7 ($\pm\,0{,}05$ mm/300 mm), C10 ($\pm 0{,}21$ mm/300 mm)) ausgedrückt. Ähnlich wie bei Lagerungen kann man durch Vorspannen der Wälzelemente (Abb. 3.80) zwischen Mutter und Spindel die Steifigkeit verbessern und Spielfreiheit erreichen. Für die Lagerung der Spindel muss, um entsprechende Genauigkeiten und Steifigkeiten zu erreichen, ein gewisser Aufwand getrieben werden. Verfahrweglängen bis ca. 4 m sind ohne Abstützung der Spindel realisierbar.

Auswahl und Dimensionierung

In Nebenantrieben spanender Werkzeugmaschinen werden Wälzschraubtriebe oft in Kombination mit einer konstanten Übersetzung (Riementrieb oder Zahnradstufe) und einem stufenlos stellbaren Motor eingesetzt. Für den Aufbau entsprechend Abb. 3.81 soll die Auslegung dargestellt werden.

1. Schritt: Auswahl des Wälzschraubtriebes

Hierbei sind zwei charakteristische Größen festzulegen: Die Steigung des Wälzschraubtriebes unter Berücksichtigung der daraus resultierenden erforderlichen Drehzahlen der Spindel und die erforderliche dynamische bzw. statische Tragzahl des Wälz-

3.4 Antriebe

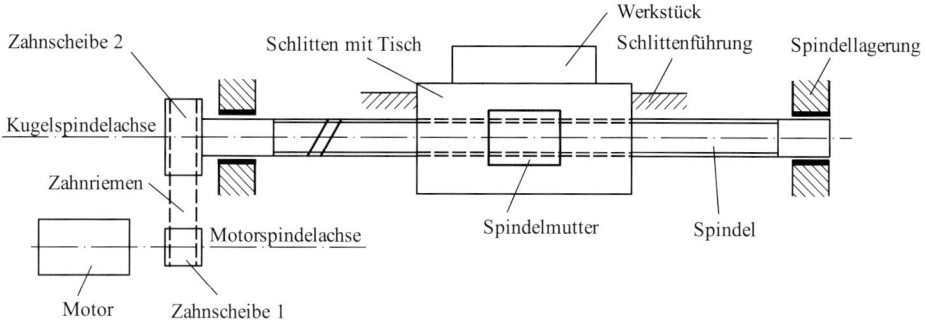

Abb. 3.81 Nebenantrieb aufgebaut aus Motor, konstanter Übersetzung, Spindel-Mutter-Getriebe

schraubtriebes. Beide Größen sind zum Teil von einander abhängig und aus Herstellerkatalogen ersichtlich.

Die dynamische Tragzahl C in kN ist die äquivalente Axialbelastung $F_{ä,\,ax}$ in kN, bei der 90% einer Gruppe gleicher Kugelgewindetriebe bei unabhängiger Bewegung eine Lebensdauer L von 10^6 Umdrehungen erreichen. Die Dynamik der Bewegung und der Kräfte wird durch einen Belastungsfaktor f_B (1,0–1,2 bei stoßfreier, leichtgängiger und 1,2–1,5 bei normaler Bewegung sowie 1,5–2,5 bei Bewegung mit Stößen und Schwingungen) berücksichtigt.

$$L = \left[\frac{C}{f_B \cdot F_{ä,\,ax}} \right] 10^6 \text{ Umdrehungen} \tag{3.90}$$

Für die Umrechnung der Lebensdauer L_h in Betriebsstunden in h benötigt man die Hubgröße l_H in mm, die Hubzahl n_H in min^{-1} und die angenommene Steigung p_{Sp} der Spindel in mm.

$$L_h = \frac{L \cdot p_{Sp}}{2 \cdot l_H \cdot n_H \cdot 60} \tag{3.91}$$

Bei großer axialer Stoßbelastung oder Traglast auf einem ruhenden oder fahrenden Gewindetrieb ist die statische Tragzahl zur Auswahl mit heranzuziehen bzw. zu prüfen. Der statische Sicherheitsfaktor f_s als Quotient aus statischer Tragzahl C_0 in kN und maximaler Axialkraft F_{ax} in kN sollte bei normaler Bewegung mindestens 1–2 und beim Auftreten von Stößen und Schwingungen 2–3 betragen.

$$f_s \leq \frac{C_0}{F_{ax}} \tag{3.92}$$

Die Beanspruchung der Spindel erfolgt auch auf Druck und somit auf Knickung. In der Regel muss die Knicksicherheit nach Euler nur bei extremen Längen geprüft werden. Ist der Wälzschraubtrieb ausgewählt sollte man prüfen, ob er mit der gewünschten Genauigkeit, Länge und Schmierung im Zusammenhang mit der maximale Drehzahl zur Verfügung steht. Die Dichtungsart und die Form der Spindelmutter sind festzulegen.

2. Schritt: Festlegen der Spindellagerung und Überprüfen der biegekritischen Drehzahl

Man geht im Allgemeinen davon aus, dass Wälzschraubtriebe ca. 20% unterhalb der biegekritischen Drehzahl betrieben werden. Damit soll vermieden werden, dass es zu unerwünschten Resonanzschwingungen kommt. Besonders bei langen bzw. nur einseitig gelagerten Spindeln ist eine Prüfung der biegekritischen Drehzahl erforderlich. Die noch zulässige Betriebsdrehzahl n_{zul} in min^{-1} berechnet sich aus dem Kerndurchmesser d_K in mm der Spindel, der freien Spindellänge l_{Sp} in mm und einem Beiwert k_{La}, der die Lageranordnung bzw. Einspannart (Abb. 3.82, 3.83) berücksichtigt.

$$n_{zul} = \frac{k_{La} \cdot d_K \cdot 10^7}{l_{Sp}^2} \qquad (3.93)$$

3. Schritt: Motordimensionierung und -auswahl sowie Festlegen der notwendigen konstanten Übersetzung

Die Auswahl des Motors erfolgt über das aufzubringende Motordrehmoment, welches größer sein muss als das stationäre Lastmoment und das nicht stationäre Beschleunigungsmoment.

Für einen Nebenantrieb mit Spindel/Muttergetriebe und einer konstanten Übersetzung zwischen Motor und Spindel ist der folgende Berechnungsweg üblich.

Das *maximale stationäre Lastmoment* M_L (maßgebend für Motorerwärmung) berücksichtigt die notwendigen Drehmomente zur Überwindung der Reibungskräfte F_R in der Schlittenführung, der Gewichtskräfte F_G und der maximalen Vorschubkraft F_f aus der Zerspanung. Diese Kräfte wirken über die Steigung der Spindel p_{Sp} und müssen durch ein entsprechendes Drehmoment überwunden werden. Dabei muss die Übersetzung i der evtl. vorhandenen Zahnradstufe oder des Riementriebes, deren Wirkungsgrad $\eta_{Über}$ und der Wirkungsgrad η_{SpMu} des Spindel/Muttergetriebes beachtet werden.

$$M_L = \frac{(F_R + F_G + F_f) \cdot p_{Sp}}{2\pi \cdot \eta_{Über} \cdot \eta_{SpMu} \cdot i} \qquad (3.94)$$

Die Reibungskraft F_R der Schlittenführung muss alle auf die Führung wirkenden Normalanteile der Gewichtskräfte des Schlittens $G_{Schl, N}$ und des Werkstückes $G_{WS, N}$ sowie der Bearbeitungskräfte $F_{Bearb, N}$ berücksichtigen. $\mu_{Führ}$ ist der Reibungskoeffizient der Führung.

$$F_R = (G_{Schl, N} + G_{WS, N} + F_{Bearb, M}) \cdot \mu_{Führ} \qquad (3.95)$$

Bei der Auswahl des Motors sollte das so berechnete maximale stationäre Lastmoment unter Berücksichtigung der Einschaltdauer 80% des Kurzzeitbetriebsmomentes des Motors nicht überschreiten.

Das *nicht stationäre Beschleunigungsmoment* M_B des Motors (maßgebend für die Hochlaufzeit) wird unter der Annahme gleichförmiger Beschleunigung berechnet. Es ergibt sich als Produkt des auf die Motorwelle bezogenen Massenträgheitsmoment J_{ges}

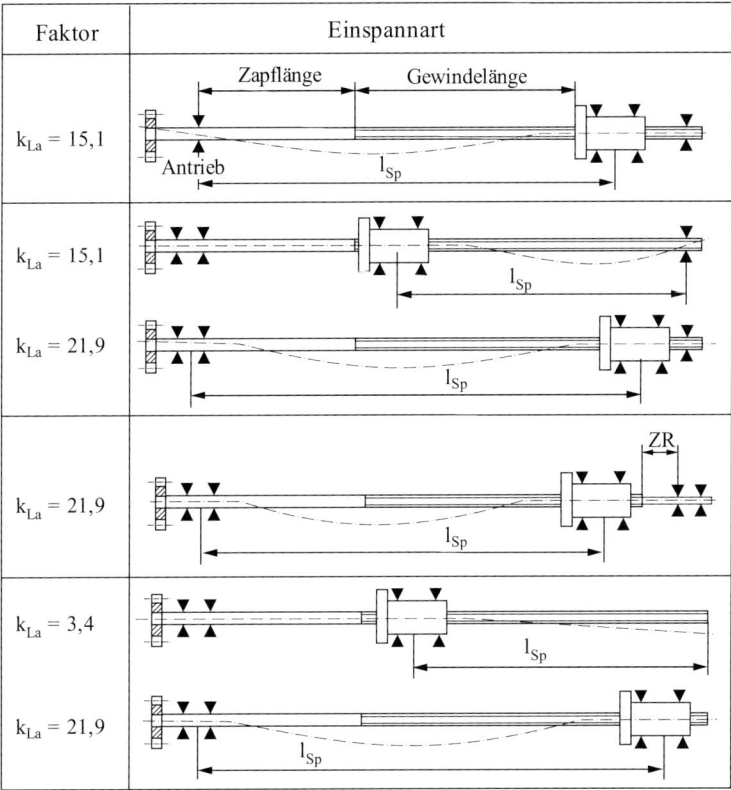

Abb. 3.82 Beispiele für Lageranordnung und dazugehörenden Beiwert [14]

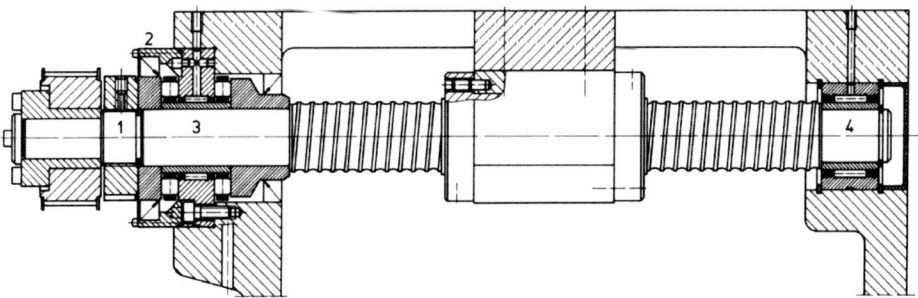

Abb. 3.83 Ausgeführte Lagerungen eines Wälzschraubtriebes in einer NC-Drehmaschine. (Werkbild: INA) 1 – Nutmutter, 2 – Dichtung, 3 – Radial-Nadel-Axial-Zylinderrollenlager, 4 – Nadellager

aller zu beschleunigenden Komponenten und der Winkelbeschleunigung a_{Mot} an der Motorwelle. Diese Beschleunigung ist die Änderung der Winkelgeschwindigkeit ($2\pi \Delta n$) bezogen auf die Hochlaufzeit Δt.

$$M_B = J_{\text{ges}} \cdot a_{\text{Mot}} = J_{\text{ges}} \cdot \frac{2 \cdot \pi \cdot \Delta n}{\Delta t} \qquad (3.96)$$

Das durch den Motor zu beschleunigende Massenträgheitsmoment beinhaltet die Massenträgheitsmomente
- der Rotor- und Wellenmasse des Motors J_{Mot}
- der sich auf der Motorwelle befindenden Zahnrad- oder der Riemenscheibemasse J_1
- der sich auf der Spindel befindende Zahnrad- oder die Riemenscheibemasse J_2
- der Masse der Gewindespindel J_{Sp}
- der Masse der Spindelmutter J_{Mu}, des Schlittens J_{Schl} und des Werkstückes J_{WS}

Wird ein Riementrieb verwendet, kann in der Regel die Masse des Riemens vernachlässigt werden. Zu beachten ist weiterhin, dass die Massenträgheitsmomente nach der Zahnrad- oder Riemenstufe um die Übersetzung i reduziert werden müssen.

$$J_{\text{ges}} = J_{\text{Mot}} + J_1 + \left(J_2 + J_{\text{Sp}} + J_{\text{Mu}} + J_{\text{Schl}} + J_{\text{WS}}\right) \frac{1}{i^2} \qquad (3.97)$$

Für um ihre Symmetrieachse rotierende zylindrische Körper berechnet sich das Massenträgheitsmoment J_{Zyl} aus Masse m, Innen- d_i und Außendurchmesser d_a des Körpers nach:

$$J_{\text{Zyl}} = \frac{1}{8} m (d_a^2 - d_i^2) \qquad (3.98)$$

Für linear bewegte Körper mit der Masse m ergibt sich das Massenträgheitsmoment J_{lin} unter Beachtung der Spindelsteigung p_{Sp} zu

$$J_{\text{lin}} = m \left(\frac{p_{\text{Sp}}}{2 \cdot \pi}\right)^2 \qquad (3.99)$$

Das so berechnete Beschleunigungsmoment sollte 85% des Maximaldrehmomentes des Motors nicht überschreiten. Bei der Prüfung dieser Größe sind die geforderten und möglichen Drehzahlen zu vergleichen.

Kennt man den zeitlichen Verlauf der aus dem Zerspanungsprozess resultierenden Vorschubkraft und der notwendigen Beschleunigungskräfte für einen bestimmten Zeitabschnitt t_{ges} ist die Berechnung des *Effektivmomentes* möglich.

$$M_{\text{eff}} = \sqrt{\frac{1}{t_{\text{ges}}} \cdot \sum M_i^2 \cdot t_i} \qquad (3.100)$$

Bei der Überprüfung des ausgewählten Motors sollte das Effektivmoment 95% des Stillstandsdauerdrehmomentes des Motors nicht überschreiten.

3.4 Antriebe

Abb. 3.84 Nebenantrieb für einen Spindelstock. (Werkbild: Butler Newall). a – Maschinenständer, b – Spindelstock, c – Motor, d – Kupplung, e – Spindellagerung, f – Spindel, g – Spindelmutter, h – Gegengewicht

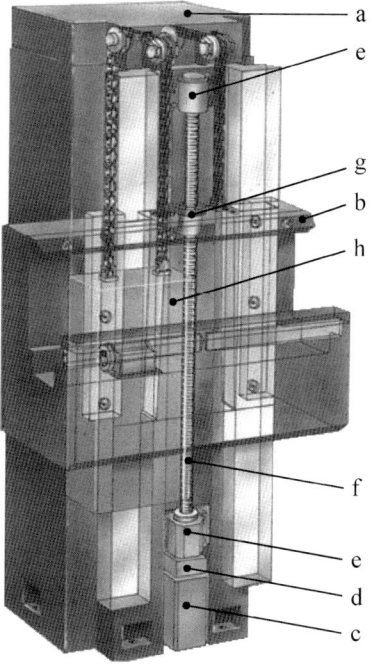

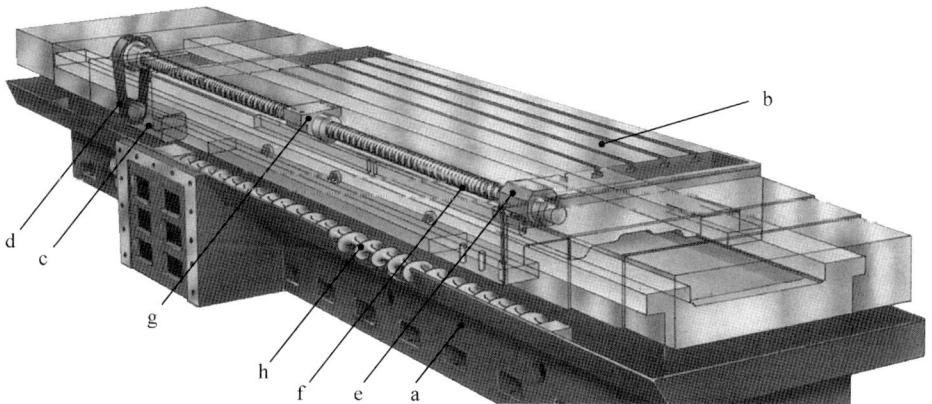

Abb. 3.85 Nebenantrieb für den Tisch einer Bettfräsmaschine. (Werkbild: Butler Newall) a – Maschinenbett, b – Maschinentisch, c – Motor, d – Zahnriementrieb, e – Spindellagerung, f – Spindel, g – Spindelmutter, h – Späneförderer

Ist der Stellbereich des Motors kleiner als der vom Nebenantrieb geforderte, kann ein Schaltgetriebe zur Vervielfachung des Motorstellbereiches notwendig werden. Die Auslegung erfolgt dabei analog der im Abschn. 3.4.2 beschriebenen Vorgehensweise bei stufenlos stellbaren Hauptantrieben.

Zwei ausgeführte Nebenantriebe sind in Abb. 3.84 und 3.85 dargestellt.

3.5 Baugruppe „Hauptspindel"

3.5.1 Allgemeines

Als Hauptspindel wird bei spanenden Werkzeugmaschinen die letzte Welle des Hauptantriebes bezeichnet. Sie steht in direkter Verbindung zum Werkstück oder Werkzeug bzw. zu deren Aufnahmen. Die Hauptspindelbaugruppe schließt die Umbauteile ein und besteht demzufolge aus (Abb. 3.86)
- dem eigentlichen Bauteil „Hauptspindel"
- den Lagern zur radialen und axialen Lagebestimmung und Kraftweiterleitung
- den Dichtungen
- den auf der Hauptspindel angeordneten Elementen zu ihrem Antrieb
- der Werkzeug- bzw. Werkstückaufnahmeflächen

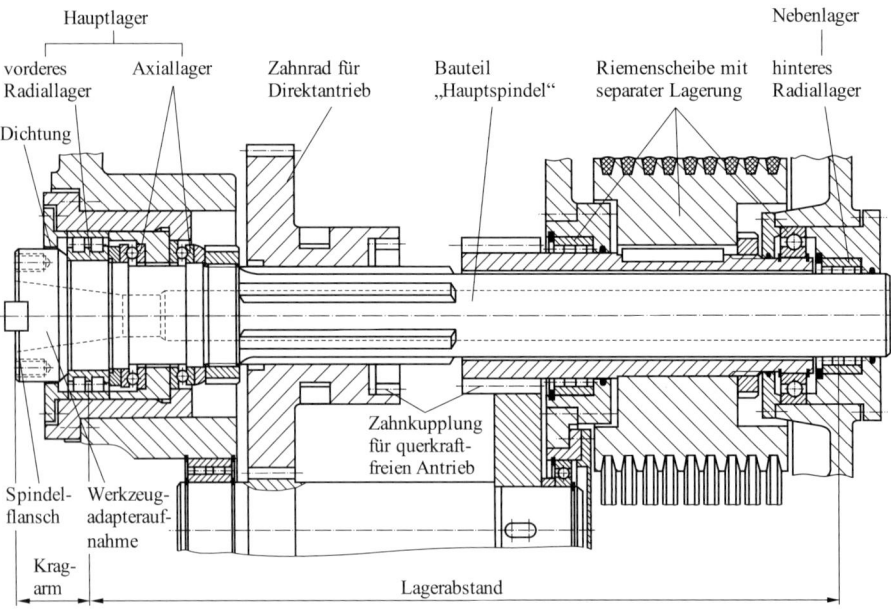

Abb. 3.86 Prinzip des Aufbaus der Baugruppe „Hauptspindel"

3.5 Baugruppe „Hauptspindel"

- eventuell einer Pinole zur axialen Verschiebung der Hauptspindel
- den möglichen Elementen zur Steuerung und Automatisierung, wie z. B. Werkzeugspanneinrichtungen, Kühlmittelzuführung, Messfühler.

Aufgrund des großen Einflusses auf den Zerspanungsvorgang und die Werkstückqualität werden der Konstruktion, Fertigung und Montage von Hauptspindeln besondere Aufmerksamkeit gewidmet.

Die Anforderungen an diese Baugruppe sind

- Ausführen einer geforderten Rotation in einem bestimmten Drehzahlbereich und Übertragung dieser Bewegung auf ein Werkstück oder Werkzeug
- Aufnahme und Weiterleitung der für die Bearbeitung notwendigen Kräfte und Momente (Zerspanungs-, Gewichts- und Fliehkräfte) von der Werkstück- oder Werkzeugaufnahme in das Gestell bzw. zum Antriebselement
- Aufnahme der dazu notwendigen Spannzeuge
- Sicherung der gewollten Lage des Werkstücks bzw. Werkzeugs auch unter statischen, dynamischen und thermischen Beanspruchungen.

Für die Gestaltung der Hauptspindelbaugruppe gelten folgende allgemeingültigen Regeln

- Die Hauptspindel ist hinsichtlich des Durchmessers abgesetzt aufzubauen. Dabei sollte an der Werkstück- bzw. Werkzeugaufnahmeseite der größte Durchmesser vorhanden sein.
- Die Hauptspindel ist in der Regel zweifach radial zu lagern. Drei Lagerstellen sind aufgrund der dann vorhandenen Überbestimmung zu vermeiden. (Ausnahme Dämpfungslager) Eine Lagerstelle kann aus mehreren kombinierbaren Lagern bestehen.
- Der Abstand zwischen Spindelflansch und dem vorderen Radiallager (*Kragarm*) ist klein zu halten, damit beim Wirken radialer Kräfte eine geringe Verlagerung des Spindelflansches erreicht wird.
- Das Axiallager ist nach dem vorderen Radiallager anzuordnen. Man erreicht einen kurzen Kragarm und geringe Auswirkung der Wärmedehnung der Spindel auf die Flanschlage.

Die Kombination aus vorderem Radiallager und Axiallager wird als Hauptlager bezeichnet. Seiner Auslegung ist hinsichtlich Genauigkeit und Steifigkeit besondere Aufmerksamkeit zu widmen, da hier wesentlich die Qualität der zu fertigenden Werkstücke bestimmt wird.

3.5.2 Gestaltung

Bauteil „Hauptspindel"

Die Hauptspindel wird hinsichtlich der zu realisierenden Steifigkeit und Genauigkeit dimensioniert. Eine Durchmesserabstufung vom Spindelflansch in Richtung Nebenlager hat sich auch bezüglich der Montage bewährt. Ausgangspunkt der Auslegung ist oft das Festlegen der Aufnahmeflächen für Werkstück- oder Werkzeugadapter.

Als Spindelwerkstoffe werden überwiegend vergütbare Stähle eingesetzt, die sich aufgrund ihres hohen E-Moduls und der erreichbaren Verschleißfestigkeit bewährt haben.

Die Anwendungen von Verbundwerkstoffen (glasfaserverstärkte Kunststoffe) und Guss (Grauguss mit Kugelgraphit) sind bisher Einzelfällen vorbehalten.

Die Gestaltung des Spindelkopfes richtet sich nach der vorgesehenen Werkzeug- oder Werkstückaufnahme und ist in Normen festgelegt. Beispiele einiger typischer Ausführungen sind in Abb. 3.87 bis 3.90 dargestellt.

Die Innenkontur der Hauptspindel wird bestimmt durch
- die Aufnahme der Werkzeugspanneinrichtungen (z. B. bei Frässpindeln) (Abb. 3.91),
- die Zuführeinrichtungen von Medien (z. B. Kühlschmierstoff, Luft),
- die Einrichtungen zum Zuführen von Stangenmaterial oder einzelnen Werkstücken.

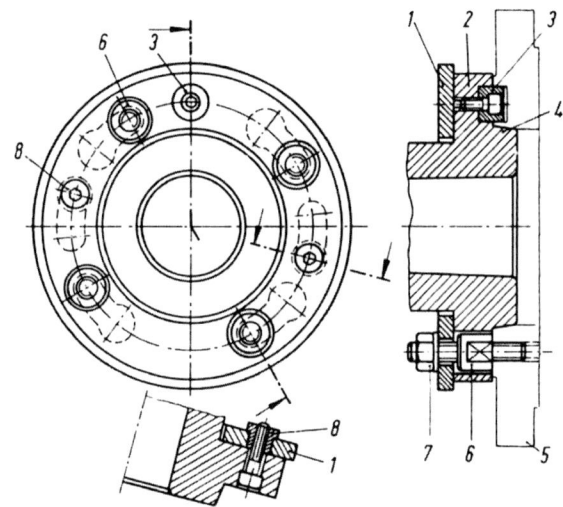

Abb. 3.87 Drehspindelkopf DIN 55022 [12]. 1 – Bajonettscheibe, 2 – Spindelflansch, 3 – Mitnehmer, 4 – Kurzkegel, 5 – Flansch des Futters, 6 – Bolzen, 7 – Bundmutter, 8 – Führungsbuchse der Bajonettscheibe

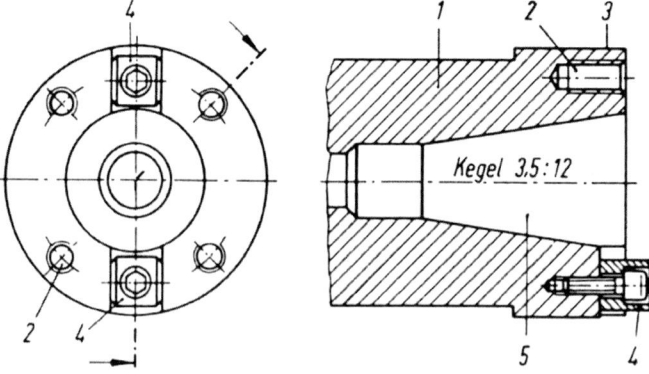

Abb. 3.88 Frässpindelkopf mit Steilkegel DIN 2079. 1 – Spindelkopf, 2 – Befestigungsgewinde für Messerkopf, 3 – Zentrierzylinder, 4 – Mitnehmersteine, 5 – Steilkegel

3.5 Baugruppe „Hauptspindel"

Abb. 3.89 Kegelstumpf für die Schleifscheibenaufnahme.
1 – Aufnahmeflansch, 2 – Gegenflansch, 3 – Auswuchtkörper,
4 – Schleifscheibe, 5 – weiche Zwischenlage

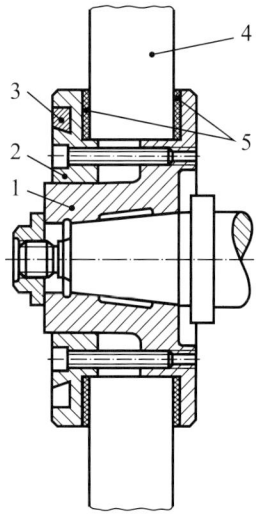

Abb. 3.90 Bohrspindelkopf mit Morsekegel. 1 – Morsekegelschaft des Werkzeuges, 2 – Aufnahmekegel der Spindel, 3 – Auswerfernut

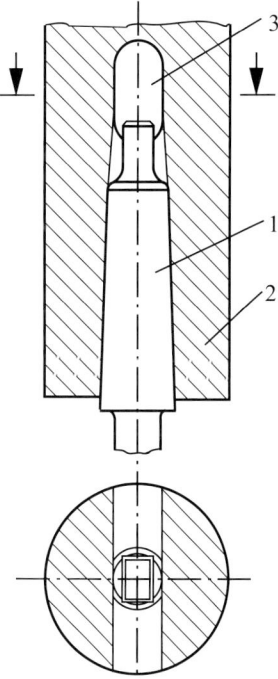

Abb. 3.91 Werkzeugspanner für Hohlschaftkegelwerkzeuge (ohne Schraffur, nach Werkbild: RÖHM). 1 – Drehdurchführung für Kühlschmiermittel, 2 – Anschlüsse für Luft, 3 – feststehendes Gehäuse, 4 – Lösekolben, 5 – axial bewegliches Gehäuse, 6 – Spindelentlastung, 7 – Spannkolben, 8 – Anschluss Hubkontrolle, 9 – Federpaket, 10 – Zugstange, 11 – Zugstangenverlängerung, 12 – Öffnungskegelhülse, 13 – Spannbolzen, 14 – Konterschraube, 15 – Segmentspannzange, 16 – Spindel, 17 – Hohlschaftkegelwerkzeug

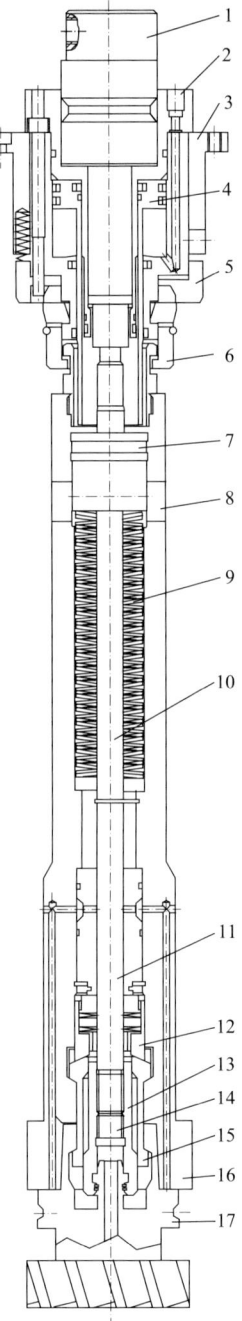

3.5 Baugruppe „Hauptspindel"

Bei der Gestaltung des Außendurchmessers sollten folgende Regeln berücksichtigt werden

- Abstufung des Durchmessers vom Hauptspindelflansch ausgehend gestalten
- Bei der Wahl des Verhältnisses Innen- zu Außendurchmesser die Minderung der Biegesteifigkeit beachten $d_i \leq 0{,}5\, d_a$ reduziert die Steifigkeit um 6,5%, die Masse um 25% $d_i \leq 0{,}7\, d_a$ reduziert die Steifigkeit um 25%, die Masse um 50%
- Bei Drehzahlen größer $5000\,\text{min}^{-1}$ sollten Masseanhäufungen an großen Durchmessern (z. B. bei der Dichtung am Spindelflansch) vermieden werden. Die auftretenden Fliehkräfte können zu unzulässigen Verformungen führen.
- Der kleinste Hauptspindeldurchmesser ist am Nebenlager. Anhaltspunkt zur Bestimmung kann der Innendurchmesser des Lagers sein, welches die erforderliche Tragfähigkeit des Hauptlagers erreicht (eigentlich Auslegung nach Genauigkeit und Steifigkeit und nicht nach Tragfähigkeit).

Lagerung

Nach der Aufnahme der Lagerung im Gestellbauteil unterscheidet man die in Abb. 3.92 dargestellten Varianten. Unabhängig davon können die Lagerungen nach dem Binden der Freiheitsgrade in Fest-, Los- und Stützlager eingeteilt werden (Abb. 3.93). Solch eine Lagerung kann aus mehreren Lagern bestehen. Besonders Lagerungen mit zwei Stützlagerungen verändern ihre Eigenschaften bei Temperaturschwankungen, da Welle und Gehäuse unterschiedlich auf Wärmeeintrag reagieren.

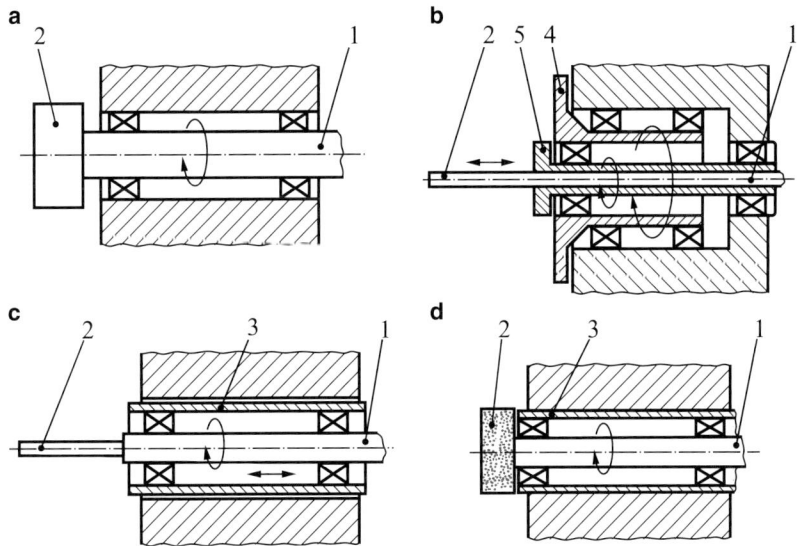

Abb. 3.92 Aufnahme der Lagerung im Gestellbauteil. **a** direkt im Gestell, **b** doppelte Hohlspindel, **c** axial verschiebbare Pinole, **d** Hülsenspindel. 1 – Hauptspindel, 2 – Werkzeug- bzw. Werkstückaufnahme, 3 – Spindelhülse, 4 – äußere Hohlspindel mit Planscheibe, 5 – innere Hohlspindel

Abb. 3.93 Lagerung der Hauptspindel mit **a** Festlagerung im Hauptlager und Loslagerung im Nebenlager sowie mit **b** zwei Stützlagerungen, **c** mögliche Anordnung eines Dämpfungslagers

Die Anordnung von drei radialen Lagerstellen ist in der Regel zu vermeiden. Die dritte Lagerung führt immer zu einer Überbestimmung der Hauptspindel und damit zu erhöhten Belastungen der Lager und ihrer Umbauteile. Diese kann nur in vertretbarer Größe gehalten werden durch verbesserte Fertigungsgenauigkeit, Anpassarbeiten während der Montage oder bewusst gestaltete Elastizitäten. Die letztgenannte Möglichkeit wird bei der Anordnung von Dämpfungslagern (Abb. 3.93) genutzt. Hierbei wird ein Radiallager an der Stelle des Schwingungsbauches der Spindelschwingungsform mit der unerwünschten Frequenz angeordnet. Die Aufnahme dieses Lagers im Gehäuse wird so gestaltet, dass kleine Bewegungen oder Federwege mit großer Dämpfung (Reibung) zurückgelegt werden können. Damit kann das dynamische Verhalten von Hauptspindeln gezielt verbessert werden.

Die radiale Steifigkeit am Spindelflansch ist im Wesentlichen abhängig von den Hauptspindeldurchmessern, dem Werkstoff der Spindel, der Steifigkeit der Lagerung und der Größe von Kraglänge und Lagerabstand. Um geringe Verformung am Spindelflansch beim Wirken radialer Kräfte zu erreichen, sollte der Kragarm möglichst klein gehalten werden. Der Lagerabstand muss optimiert werden.

Zur Bewertung der Verformung am Spindelflansch werden die statische Steifigkeit c und ihr Kehrwert die statische Nachgiebigkeit N definiert. Die belastende Kraft F wirkt radial am Spindelflansch und die daraus resultierende Verformung f wird an gleicher Stelle in gleicher Richtung gemessen.

$$c = \frac{1}{N} = \frac{F}{f} \qquad (3.101)$$

Die am Spindelflansch auftretende Verlagerung (Abb. 3.94) setzt sich zusammen aus den Anteilen
- Biegung des Bauteiles „Hauptspindel" f_{Sp} bei Beachtung des Elastizitätsmodules E des Spindelwerkstoffes und der Flächenträgheitsmomente im Bereich der Kraglänge I_a und im Bereich des Lagerabstandes I_l
- radiale Verformung des Hauptlagers f_{HL} bei Beachtung der radialen Lagersteifigkeit c_{HL}
- radiale Verformung des Nebenlagers f_{NL} bei Beachtung der radialen Lagersteifigkeit c_{NL}

3.5 Baugruppe „Hauptspindel"

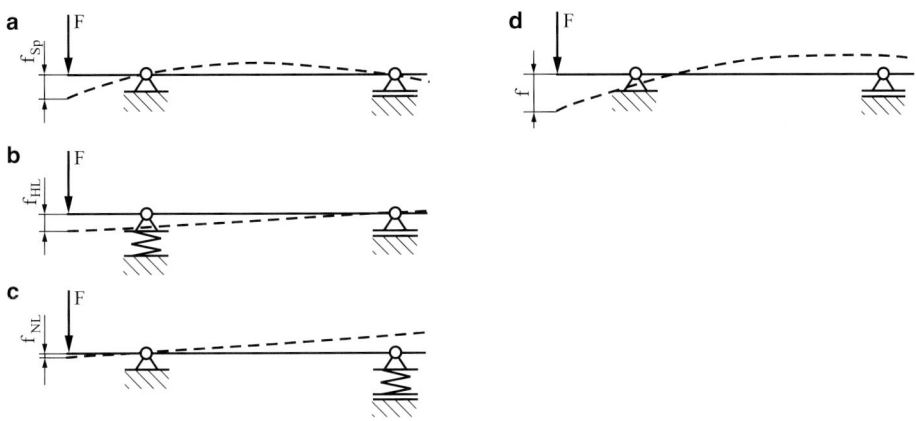

Abb. 3.94 Modell zur Definition der radialen statischen Steifigkeit und der Nachgiebigkeitsanteile bei Hauptspindeln. **a** Biegung des Bauteiles „Hauptspindel", **b** Verformung des Hauptlagers, **c** Verformung des Nebenlagers, **d** Zusammenfassung der Anteile

Außerdem sind die Kraglänge a und der Lagerabstand l zu berücksichtigen.

$$f = f_{\text{Sp}} + f_{\text{HL}} + f_{\text{NL}} \tag{3.102}$$
$$= F \cdot \frac{a^2}{3E}\left(\frac{a}{I_a} + \frac{l}{I_l}\right) + \frac{F}{c_{\text{HL}}}\left(\frac{a+l}{l}\right)^2 + \frac{F}{c_{\text{NL}}}\left(\frac{a}{l}\right)^2$$

Setzt man Gl. (3.107) in die Gleichung zur Definition der Nachgiebigkeit ein, erhält man

$$N = \frac{f}{F} = \frac{a^3}{3EI_a} + \frac{a^2 \cdot l}{3EI_l} + \left(\frac{a+l}{l}\right)^2 \cdot \frac{1}{c_{\text{HL}}} + \left(\frac{a}{l}\right)^2 \cdot \frac{1}{c_{\text{NL}}}. \tag{3.103}$$

Bei dieser Betrachtungsweise werden vernachlässigt: die Steifigkeit der Umbauteile, der Fugen, einer evtl. vorhandenen Pinole, der Gestellbauteile und die Schubverformung der Spindel.

Unter der Zielstellung kleiner Nachgiebigkeit lassen sich folgende Schlussfolgerungen ableiten, die bereits bei den Gestaltungshinweisen beachtet wurden
- der Einfluss der vorderen Lagerstelle ist gegenüber dem der hinteren Lagerstelle größer – Steifigkeit möglichst groß wählen
- die Kraglänge minimieren
- ein großes Trägheitsmoment im Bereich der Kraglänge anstreben
- den Lagerabstand optimieren.

Um den optimalen Lagerabstand zu bestimmen, müssen die Extremwerte der Nachgiebigkeitsgleichung (3.103) geprüft werden. Zur Vereinfachung dieser Gleichung nutzt man, dass der Kragarm a gegenüber dem Lagerabstand l klein sein soll und das Trägheitsmoment im Bereich des Kragarmes größer als im Bereich des Lagerabstandes gestaltet ist. Daraus folgt, dass $a^3/(3EI_a)$ viel kleiner als $(a^2 \cdot l)/(3EI_l)$ ist und vernachlässigt werden kann. Somit vereinfacht sich Gl. (3.103) zu:

$$\frac{f}{F} = 0 = \frac{a^2 \cdot l}{3EI_l} + \left(\frac{a}{l} + 1\right)^2 \cdot \frac{1}{c_{HL}} + \left(\frac{a}{l}\right)^2 \cdot \frac{1}{c_{NL}} \quad (3.104)$$

oder

$$\frac{f}{F} = \frac{a^2 \cdot l}{3EI_l} + \frac{1}{c_{HL}} \left(\frac{a^2}{l^2} + 2\frac{a}{l} + 1\right) + \frac{1}{c_{NL}} \frac{a^2}{l^2} \quad (3.105)$$

Durch Differenzieren nach dl und Nullsetzen erhält man

$$0 = \frac{d\frac{f}{F}}{dl} = \frac{a^2}{3EI_l} + \frac{1}{c_{HL}} \left(-2\frac{a^2}{l^3} - 2\frac{a}{l^2}\right) - \frac{2}{c_{NL}} \frac{a^2}{l^3} \quad (3.106)$$

Nach Auflösen der Klammern und durch Umstellen der Gleichung ergibt sich

$$0 = \frac{a^2}{3EI_l} - \frac{2a^2}{c_{HL}l^3} - \frac{2a}{c_{HL}l^2} - \frac{2}{c_{NL}} \frac{a^2}{l^3} \quad (3.107)$$

$$0 = \frac{l^3}{6EI_l} - \frac{1}{c_{HL}} - \frac{l}{c_{HL}a} - \frac{1}{c_{NL}} \quad (3.108)$$

$$l^3 - \frac{6EI_l}{c_{HL}a}l - 6EI_l \left(\frac{c_{HL} + c_{NL}}{c_{NL} \cdot c_{HL}}\right) = 0 \quad (3.109)$$

Unter den üblichen Bedingungen bei Hauptspindeln spanender Werkzeugmaschinen kann das l/a-Verhältnis zwischen 2 und 5 gewählt werden. Bei der Wahl des Lagerabstandes größer als optimal ist mit einem relativ flachem Abfall der Steifigkeit (vgl. Kurve mit $b = 0$ in Abb. 3.95) zu rechnen.

Besteht das Hauptlager aus zwei und mehr Lagerstellen, die die radialen Kräfte aufnehmen, kann man einen Abstand zwischen diesen Lagern definieren. Untersuchungen in [15] (Abb. 3.95) haben gezeigt, dass der Abstand so klein wie möglich gehalten werden sollte.

Antrieb

Für den Antrieb der Hauptspindeln gibt es als prinzipielle Lösungen
- den Direktantrieb (Hauptspindel ist gleichzeitig Rotor)
- die direkt auf der Hauptspindel befestigten Übertragungselemente (Abb. 3.96) (Zahnrad, Riemenscheibe), die die Spindel mit zusätzlichen Axial- und Radialkräften beanspruchen
- die querkraftfreie Konstruktionen, die entweder mit Hilfe von Kupplungen (Abb. 3.97) oder Welle-Naben-Verbindungen (Abb. 3.86) nur ein Drehmoment von einem separat gelagerten Antriebselement auf die Hauptspindel übertragen

3.5 Baugruppe „Hauptspindel"

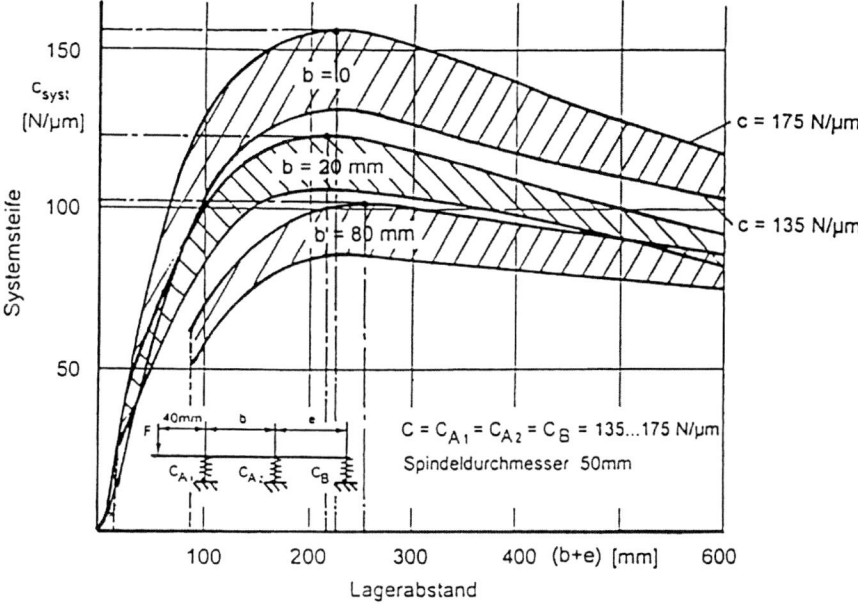

Abb. 3.95 Hauptspindelsteifigkeit bei dreifach radialer Lagerung in Abhängigkeit von den Lagerabständen [15]

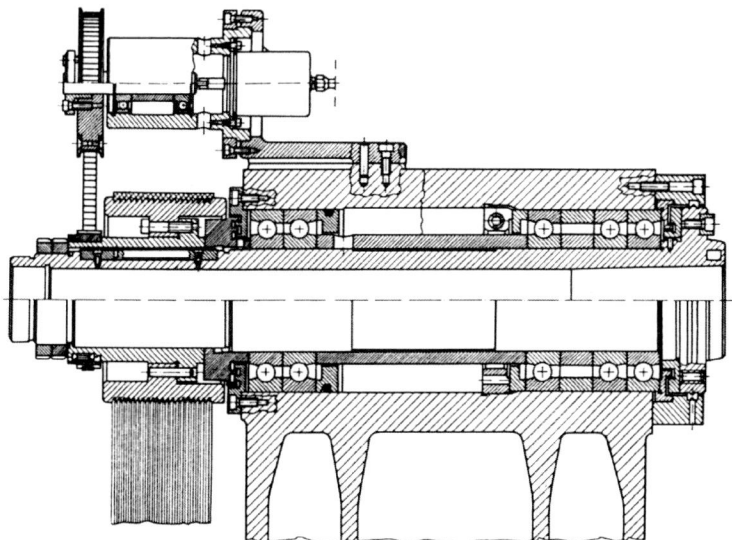

Abb. 3.96 Drehspindel mit direkt auf der Hauptspindel befestigter Riemenscheibe und Anordnung des Drehwinkelgebers zur Nutzung der Hauptspindel als NC-Achse. (Werkbild: SZIM Budapest)

Abb. 3.97 Beispiele ausgeführter Hauptspindeln. (Werkbild: Heckert)

Bei der Anwendung von direkt auf der Hauptspindel befestigten Übertragungselementen sollte man darauf achten, dass die Verformungen der Spindel (hervorgerufen durch die radialen Antriebskräfte) nur Fehler 2. Ordnung am Werkstück entstehen lassen.

Dichtungen

Die Aufgabe der Dichtungen am Haupt- und Nebenlager ist zum Einen das Vermeiden des Eindringens von Verunreinigungen und zum Anderen des Austretens von Schmiermittel. Prinzipiell unterscheidet man als Ausführungsarten schleifende Dichtungen (z. B. Radialwellendichtring) oder berührungsfreie Dichtungen (Abb. 3.98 und 3.99). Ihre Funktion beruht auf der Drosselwirkung enger oder langer Spalte zum Teil mit Entspannungsräumen oder auf Basis von Flüssigkeitssperren, die durch Fliehkraftwirkungen aufgebaut werden können. Berührende Dichtungen können Anwendung finden solange die vom Hersteller angegebenen zulässigen Relativgeschwindigkeiten an der Berührungsstelle nicht überschritten werden.

Besonderen Einfluss auf die Eigenschaften von Hauptspindeln haben deren Lagerungen. Sie sollen deshalb im Weiteren genauer dargestellt werden.

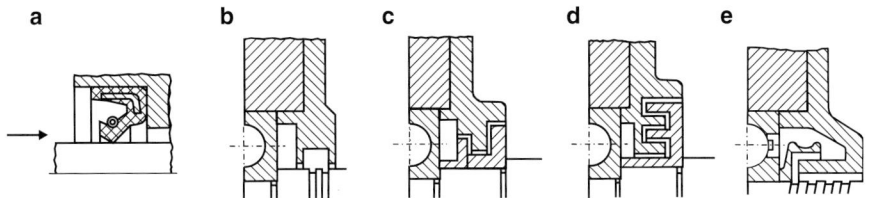

Abb. 3.98 Prinzipien berührender und berührungsloser Dichtungen. **a** Radialwellendichtring, **b** Spaltdichtung, **c** axiale und, **d** radiale Labyrinthdichtung, **e** Gewindewellendichtung

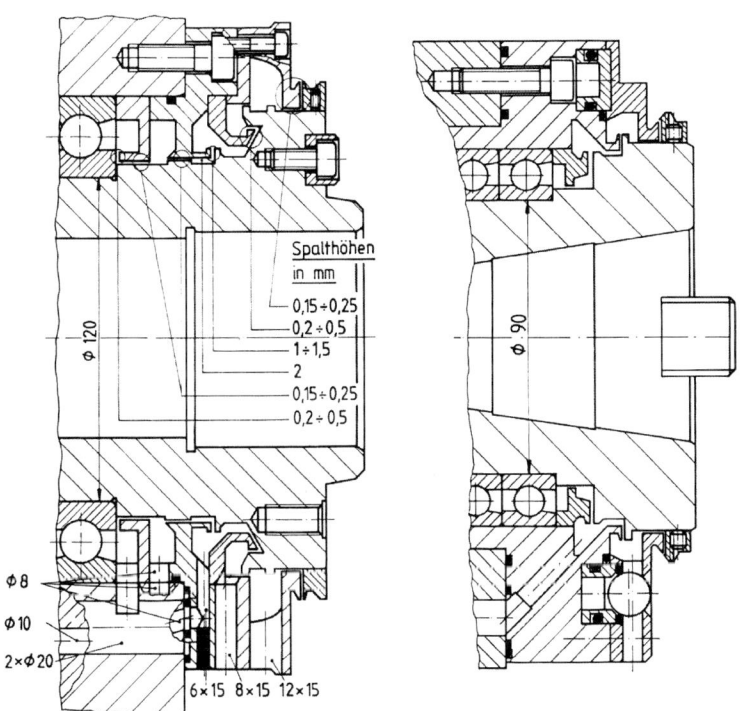

Abb. 3.99 Beispiele zur konstruktiven Gestaltung der Dichtungen am Hauptlager [13]. **a** Hauptspindel eines Bearbeitungszentrums, horizontale Lage, Öleinspritzschmierung, max. Drehzahl 15.000 min^{-1}, **b** Hauptspindel eines Bearbeitungszentrums horizontale Lage, Fettschmierung, max. Drehzahl 6300 min^{-1}

3.5.3 Lagerung

Die Einteilung der Hauptspindeln nach den Lagerprinzipien (Kontakt zwischen feststehendem und rotierendem Lagerelement) in wälz-, gleit- und magnetgelagerte zeigt Tab. 3.8. In ihr sind auch die möglichen Freiheiten des Anwenders bei der Auslegung angedeutet.

Die Eigenschaften der Lagerprinzipien sind analog denen entsprechender Führungsprinzipien (weiterführende Literatur unter [18]).

Zirka 90% aller Werkzeugmaschinen-Hauptspindeln sind wälzgelagert. Dies resultiert aus

- den für viele Einsatzfälle ausreichenden Eigenschaften der Wälzlager
- der relativ einfachen Einstellung des Lagerspiels, Einlaufzeit unerheblich
- einer verhältnismäßig einfachen Auswahl und Dimensionierung aus einer Vielzahl von Möglichkeiten, die zum Teil auf den Einsatzfall zugeschnitten sind
- der Bereitstellung der Lager durch Zulieferer mit Übernahme von Gewährleistung
- der Möglichkeit der Demontage und des Austauschs im Havariefall
- vertretbaren Kosten

Nur, wenn geforderte Eigenschaften wie Genauigkeit, Laufruhe, Dämpfung oder Drehzahlkennwert mit Wälzlagerkonstruktionen nicht realisierbar sind, wird auf hydrodynamische, hydrostatische, aerostatische Gleitlager bzw. Magnetlager zurückgegriffen.

Die in der Tab. 3.9 angegebenen Werte verdeutlichen die Leistungsfähigkeit der verschiedenen Lagerungen. Der maximal erreichbare Drehzahlkennwert stellt eine Grenze dar, die den mittleren Lagerdurchmesser und die Drehzahl im Zusammenhang betrachtet. Es ist sicher vorstellbar, dass mit einem kleinen Wellendurchmesser höhere Drehzahlen einfacher als bei großem Wellendurchmesser realisierbar sind.

Tab. 3.8 Einteilung der Hauptspindeln nach der Kontaktart in der Lagerung

Wälzgelagerte Hauptspindeln	Gleitgelagerte Hauptspindeln	Magnetgelagerte Hauptspindeln
Auswahl der Wälzkörper Form der Wälzkörper Material der Wälzkörper Richtung der Kraftübertragung	Auswahl des Fluids Ölbasis (hydrodynamisch, hydrostatisch) Luftbasis (aerostatisch)	Nutzung der Sensorik, Steuerungs- und Regelungstechnik
Kombination der Anordnung Fest- und Loslager Stützlager	Auswahl von Regelungs- und Überwachungseinrichtungen	
Nutzung der Schmierverfahren Lebensdauer-Fett-Schmierung Öl-Minimalmengenschmierung Öl-Kühlschmierung	Auswahl der Schmierstoffversorgung	

Tab. 3.9 Drehzahlkennwerte verschiedener Lagerprinzipien

Lagerart	Drehzahlkennwert $n \times d_m$ in mm/min	
	Ausgeführte Spindeln	Versuchswerte
Wälzlager	$2{,}5 \times 10^6$	3×10^6
Hydrodynamische Gleitlager	$0{,}8 \times 10^6$	2×10^6
Hydrostatische Gleitlager	$1{,}3 \times 10^6$	2×10^6
Magnetlager		4×10^6

Wälzlagerungen

Den schon genannten Vorteilen des Einsatzes von Wälzlagern müssen als Nachteile der Montageaufwand, die Schwingungs- und Stoßempfindlichkeit, das schlechte Dämpfungsverhalten und die durch die Wälzlager selbst angeregten Schwingungen gegenüber gestellt werden.

Die Anordnung der Wälzlager erfolgt so, dass radiale und axiale Kräfte sicher in das Gehäuse übertragen werden. In der Regel durch zweifache radiale Lagerung und Anordnung der Axiallagerung möglichst nach dem vorderen Radiallager oder integriert in dieses (vgl. Abb. 3.86). In der Tab. 3.10 sind typische Bauformen von Wälzlagern für Hauptspindeln spanender Werkzeugmaschinen mit ihren Einsatzgebieten dargestellt.

Bei Verwendung von reinen Radiallagern sind diese mit Axiallagern zu kombinieren. Besonders für schwere Werkzeugmaschinen (großes Drehmoment, niedrige Drehzahlen) haben sich zweireihige Zylinderrollenlager in Kombination mit zwei Axialkugellagern bewährt. Der Einsatz von Kegelrollenlagern ist besonders beim Wirken von großen axialen Kräften aus einer Richtung vorteilhaft.

Mit Wälzlagern, die sowohl axiale als auch radiale Kräfte aufnehmen können, ist die Gestaltung der Lagerung als Los- und als Festlager möglich. Man unterscheidet X-, O-, Tandem-Anordnung sowie Kombinationen davon. Damit sind in der Regel mittlere bis hohe Drehzahlen bei mittleren bis kleinen Kräften realisierbar. Besonders Schrägkugellager, die aufgrund ihrer typischen Kunstruktions- und Qualitätsmerkmale als Spindellager bezeichnet werden, eignen sich für den Einsatz in Hauptspindel-Lagerungen. Entscheidend ist hier der Drehzahlkennwert. Beste Werte erreichen sogenannte Hybridlager. Sie sind aufgebaut aus Wälzlagerringen aus Stahl, relativ kleinen Kugeln aus Keramik und Käfigen aus Kunststoff bzw. Messing. Durch die geringe spezifische Masse der Keramikkugeln lassen sich die Fliehkräfte reduzieren und somit höhere Drehzahlen bei gleichem Durchmesser erreichen.

Eine Übersicht möglicher Wälzlagerkombinationen zur Lagerung von Hauptspindeln spanender Werkzeugmaschinen gibt Tab. 3.11. Wälzlager besitzen ein nicht lineares Steifigkeitsverhalten. Ursache dafür sind die Veränderungen in den Kontaktstellen zwischen

Tab. 3.10 Beispiele typischer Wälzlager für Hauptspindeln (α – Kontaktwinkel)

	Radial-	Axial-	
	Rillenkugellager mittlere Radialkräfte kleine Axialkräfte hohe Drehzahlen keine Spieleinstellung	**Rillenkugellager** mittlere Axialkräfte mittlere Drehzahlen einfache Spieleinstellung	
	Schrägkugellager mittlere Radialkräfte kleine Axialkräfte sehr hohe Drehzahlen einfache Spieleinstellung	**Schrägkugellager** mittlere Axialkräfte kleine Radialkräfte hohe Drehzahlen einfache Spieleinstellung	
	Zylinderrollenlager (ein- oder zweireihig) große Radialkräfte mittlere Drehzahlen aufwändige Spieleinstellung	**Zylinderrollenlager** große Axialkräfte niedrige Drehzahlen einfache Spieleinstellung	
	Kegelrollenlager große Radialkräfte mittlere Axialkräfte mittlere Drehzahlen einfache Spieleinstellung		

Wälzelemeten und Lagerringen. Die bei kleinen Belastungen vorhandene Punkt- bzw. Linienberührung bildet sich bei höheren Belastungen zum Flächenkontakt mit größerer Steifigkeit aus. Nach dem Modell der hertzschen Flächenpressung kann die radiale Verformung in μm spielfreier Lager nach den folgenden Gleichungen berechnet werden.

$$f_{\text{rad}} = 5{,}85 \frac{F_{\text{rad}}^{\frac{2}{3}}}{(i \cdot z)^{\frac{2}{3}} \cdot d_K^{\frac{2}{3}}} \qquad \text{für Kugellager} \qquad (3.110)$$

$$f_{\text{rad}} = 2{,}6 \frac{F_{\text{rad}}^{0{,}9}}{(i \cdot z)^{0{,}9} \cdot l_R^{0{,}8}} \qquad \text{für Rollenlager} \qquad (3.111)$$

Dabei ist F_{rad} die Radialkraft in daN, i die Anzahl Wälzkörperreihen, z die Anzahl Wälzkörper je Reihe, d_K der Kugeldurchmesser in mm und l_R die tragende Rollenlänge in mm.

3.5 Baugruppe „Hauptspindel"

Tab. 3.11 Typische Wälzlageranordnungen bei spanenden Werkzeugmaschinen

Hauptlager		Nebenlager	
Zylinderrollenlager, doppelreihig			
	Axialrillenkugellager		Zylinderrollenlager
	Axialschrägkugellager		O-Anordnung (Schrägkugellager)
	Axialzylinderrollenlager		Zylinderrollenlager
Kegelrollenlager			
	Einzellager		Einzellager
	O-Anordnung		Einzellager
	X-Anordnung		Einzellager
	T-Anordnung		T-Anordnung
Schrägkugellager			
	Einzellager		Einzellager
	O-Anordnung		Einzellager
	X-Anordnung		Einzellager
	T-Anordnung		Einzellager
	T-O-Anordnung		O-Anordnung
	T-T-Anordnung		T-Anordnung
	T-O-T-Anordnung		O-Anordnung

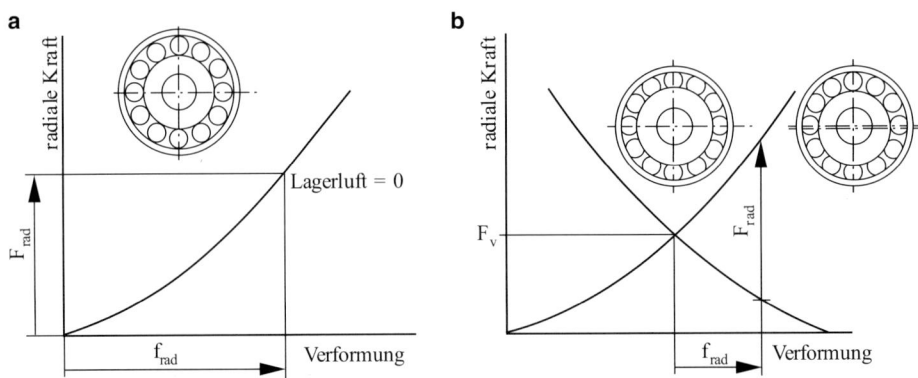

Abb. 3.100 Kraft-Verformungs-Diagramm. **a** Verformung am spielfreien Wälzlager (Lagerluft 0) bei radialer Belastung, **b** Verformung am vorgespannten Wälzlager (negative Lagerluft) bei radialer Belastung

Für ein spielfreies Lager ergibt sich die in Abb. 3.100 dargestellte Verformung in Abhängigkeit von der radialen Kraft. Durch Vorspannen (negatives Spiel) der Lager kann der Arbeitspunkt aus dem unteren Bereich mit hoher Nachgiebigkeit in den oberen Bereich mit höherer Steifigkeit verschoben werden. Mit dem Aufbringen der Vorspannkraft wird die Welle allseitig eingespannt. Ähnlich wie bei einer vorgespannten Schraubverbindung ruft die Betriebskraft ein zusätzliches Belasten der Wälzkörper in Lastrichtung und ein Entlasten der gegenüberliegenden Wälzkörper hervor. Gegenüber einer Wälzlagerung ohne Vorspannung reduziert sich die Wellenverlagerung.

Die Einstellung der notwendigen Vorspannung kann durch entsprechende Konstruktionselemente (Abb. 3.101) erfolgen. Sie verschieben in der Regel einen Wälzlagerring relativ zum anderen oder weiten diesen auf einem kegligen Sitz. Beim Einsatz von Spindellagern kann man diese mit einer gewünschten Vorspannung vom Hersteller beziehen. Die Stirnflächen der Lagerringe werden so geschliffen, dass bei einem Einbau auf Block die gewünschte Vorspannung entsteht. Einbaulage und -richtung sind am Wälzlager angegeben (Abb. 3.102). Wichtig für den richtigen Einbau ist weiterhin die Angabe der Lage des radialen Schlages. Um einen möglichst genauen Lauf der Spindel zu erhalten, sollte der radiale Schlag von Haupt- und Nebenlagerung in gleicher Richtung liegen und zwischen Welle und Innenring sowie Gehäuse und Außenring nach Möglichkeit entgegengesetzt.

Für die Lebensdauer der Wälzlagerung ist die Schmierung besonders wichtig. Sie soll direkten metallischen Kontakt (vermindern von Reibung, Verschleiß, Geräusch) und Korrosion in der Lagerung verhindern. Die Lagerschmierung kann aber auch für das Reinigen und die Wärmeabfuhr aus der Lagerstelle verwendet werden.

Kostengünstig und wartungsfrei sind sogenannte Lebensdauerschmierungen mit Schmierfetten. Die Lagerstelle wird bei der Montage mit Fett gefüllt und gewährleistet danach über die vorgesehene Lebensdauer (10.000–20.000 h) den Betrieb.

3.5 Baugruppe „Hauptspindel"

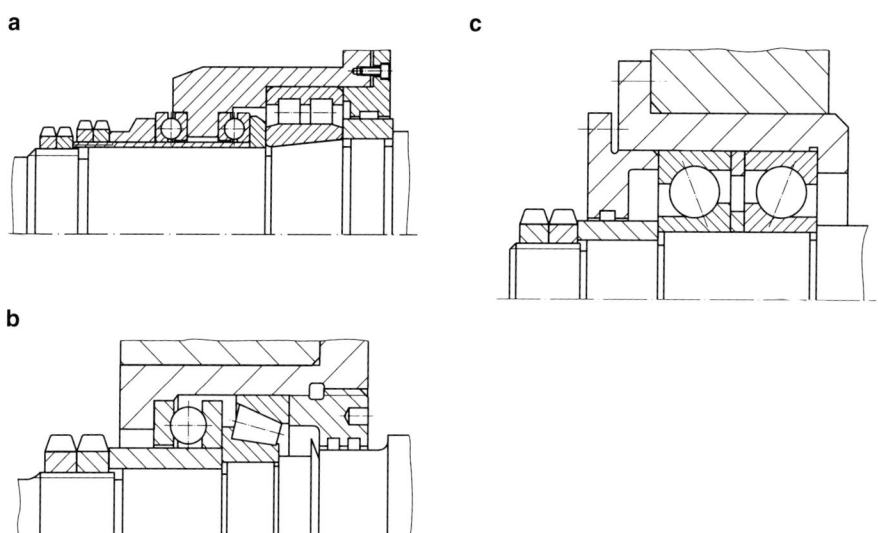

Abb. 3.101 Spieleinstellung. **a** am Zylinderrollenlager mit konischer Bohrung durch axiales Verschieben des Innenringes, **b** am Kegelrollenlager durch axiales Verschieben des Außenringes, **c** bei Schrägkugellagern durch relatives axiales Verschieben von Innen- oder/und Außenring (hier Außenring bei angepassten Scheiben)

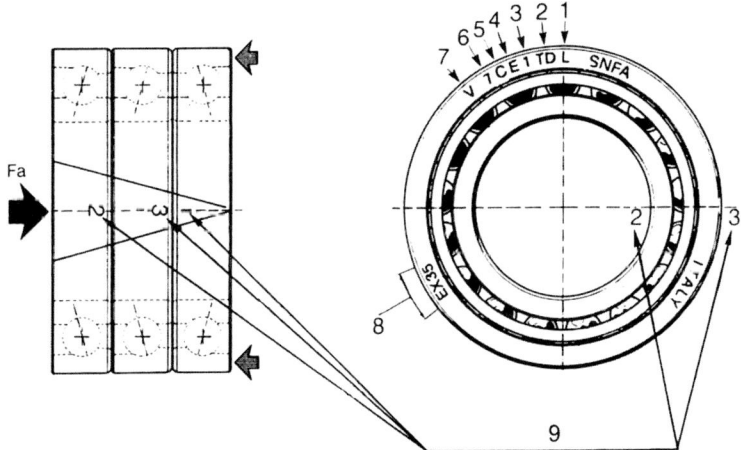

Abb. 3.102 Kennzeichnung eines Paketes von Spindellagern. Codierung auf der Stirnseite: 1 – Vorspannung, 2 – Paarung, 3 – Kontaktwinkel, 4 – Käfigführung, 5 – Käfigwerkstoff, 6 – Genauigkeit, 7 – Produktionsjahr, 8 – Baureihe Angaben auf der Mantelfläche: „V" Position der Lager in der Gruppe und Richtung der Axialkraft. 9 – am Innen- und Außenring Größe und Lage der Nennmaßabweichung. (Werkbild: SNFA)

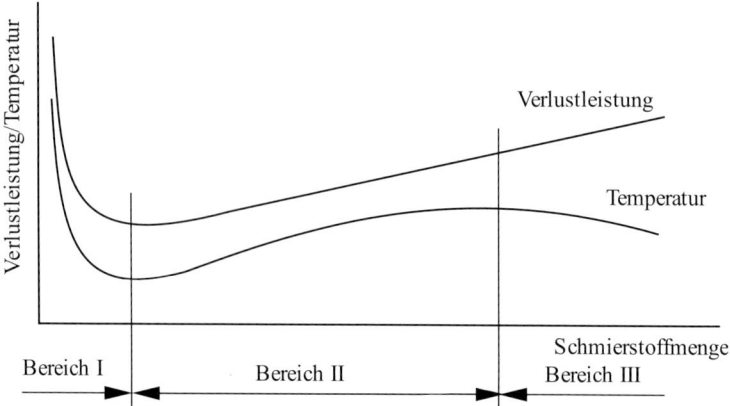

Abb. 3.103 Verlustleistung und Temperatur einer Lagerstelle in Abhängigkeit von der zugeführten Schmierstoffmenge

Alle anderen auf Ölbasis beruhenden Schmiersysteme sind mit höherem Aufwand verbunden. Nach der Ölmenge unterscheidet man

- Normalmengenschmierung
- Öl-Kühlschmierung
- Öl-Minimalmengenschmierung

Die Unterschiede dieser Schmierungsarten lassen sich mit Hilfe des Diagrammes in Abb. 3.103 erklären. Im Bereich I reicht die zugeführte Schmiermittelmenge nicht aus, um die Gleitflächen vollständig voneinander zu trennen. Es ist sowohl Festkörper als auch Flüssigkeitsreibung vorhanden.

Am Ende des Bereiches I kommt es zur kleinsten Verlustleistung und der niedrigsten Temperatur. Die Schmiermittelmenge in der Lagerstelle ist optimal. Es tritt keine Festkörperreibung auf und es ist kein Schmierstoff zu viel an der Wirkstelle. Unter diesen Bedingungen arbeitet die Öl-Minimalmengenschmierung. Sie ist hinsichtlich des Wirkungsgrades, des Schmierstoffbedarfes und somit des Umweltschutzes anzustreben. Allerdings besitzt sie keine Reserven bei Schmierstoffausfall bzw. Änderung der Betriebsbedingungen. Die Anlagen zur Schmierstoffaufbereitung und -zuführung sind kostenintensiv.

Diesem Minimum schließen sich Bereich II und III an. Die Schmiermittelmenge ist ausreichend um die Wälz- und Gleitpartner vollständig voneinander zu trennen. Allerdings muss ein Teil des Schmiermittels durch die Lagerstelle gefördert bzw. durchgewalkt werden, der nicht unmittelbar zur Funktion notwendig ist. Die dazu notwendige Leistung stellt einen Verlust (sogenannte Planschverluste) dar, erhöht die Temperatur und senkt den Wirkungsgrad. Im Bereich II arbeitet die Normalmengenschmierung, welche als betriebssichere und kostengünstige Variante anzustreben ist.

Wird die zugeführte Schmiermittelmenge weiter erhöht, kommt es dazu, dass die durch das Öl abgeführte Wärmemenge größer wird als die durch die Planschverluste im Lager erzeugte. Hochbeanspruchte Lagerungen können somit gekühlt werden. Dieser Effekt im

Bereich III wird bei der Öl-Kühlschmierung ausgenutzt. Die bei dieser Schmierungsart auftretenden großen Verluste werden in Kauf genommen, wenn andere Lösungen versagen.

Berechnung und Lagerauswahl

Für den Entwurf einer wälzgelagerten Hauptspindel schlägt Kluge [15] folgende Vorgehensweise vor.

- Aus den auf der Maschine zu realisierenden fertigungstechnischen Aufgaben sind die Anforderungen an die Hauptspindel hinsichtlich des Drehzahlbereiches und der axialen und radialen Kräfte (drehzahlabhängig) am Spindelflansch zu bestimmen.
- Mit dem abgeschätzten Kragarm-Lagerabstand-Verhältnis ($a/l \approx 0{,}4\ldots 0{,}3$) können die Lagerkräfte (drehzahlabhängig) bestimmt werden.
- Für ausgewählte Lagerarten und -anordnungen bestimmt man jetzt unter Beachtung der dynamischen und ggf. statischen Tragzahl den *kleinsten erforderlichen Lagerdurchmesser*.
- Für die ausgewählten Lagerarten und -anordnungen kann man abhängig von der maximal erforderlichen Hauptspindeldrehzahl und unter Beachtung der Schmierung einen *maximal möglichen Lagerdurchmesser* aus dem Lagerkatalog bestimmen.

Ist der kleinste erforderliche Lagerdurchmesser größer als der maximal mögliche, kann die gewählte Lagerarten und -anordnung praktisch nicht realisiert werden.

Ergibt sich ein Durchmesser oder Durchmesserbereich zwischen kleinsten erforderlichem und maximal möglichem Lagerdurchmesser kann auf dieser Basis die konstruktive Gestaltung begonnen werden.

Sinnvollerweise sollte man mit den bekannten Aufnahmeflächen für das Werkzeug- oder Werkstückadaptersystem beginnen. Unter Beachtung der vorderen Dichtung kann das Hauptlager angeordnet werden und damit werden die ungefähren Größen der Hauptspindeldurchmesser und des Kragarmes bekannt. Mit den statischen Steifigkeitswerten der ausgewählten Lager kann jetzt der optimale Lagerabstand bestimmt werden. Die endgültige konstruktive Gestaltung muss nun folgen.

Für die Nachrechnung der Hauptspindeln werden die statische Steifigkeit und die Genauigkeit am Spindelflansch aufgrund von Lagergenauigkeit, Fertigungs- und Montagetoleranzen herangezogen. Dynamisch kann die Berechnung der Biegeeigenfrequenzen und Schwingungsformen erforderlich werden.

Beispiele ausgeführter Konstruktionen

Die Lagerung der Hauptspindel einer Drehmaschine (Abb. 3.104) für mittlere bis hohe Drehzahlen und großer radialer und axialer Steifigkeit ist aufgebaut aus

- einem Hauptlager, bestehend aus einem zweireihigen Zylinderrollenlager mit kegliger Bohrung und einem zweireihigen Schrägkugellagern
- einem Nebenlager, bestehend aus einem zweireihigen Zylinderrollenlager mit kegliger Bohrung

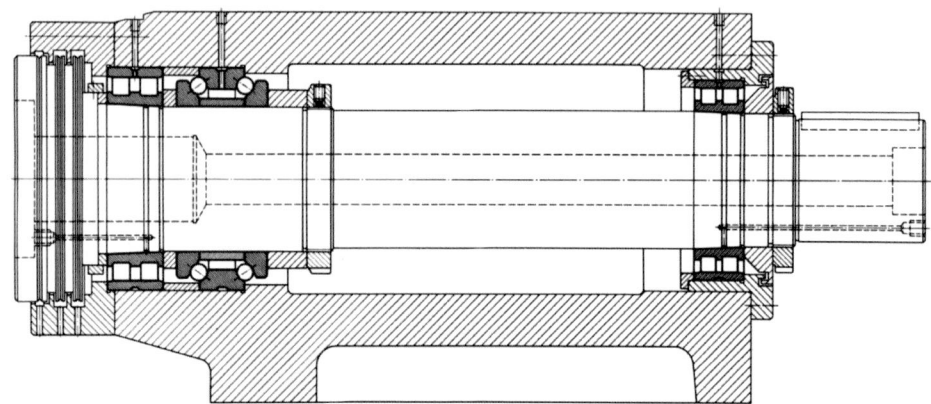

Abb. 3.104 Beispiel einer ausgeführten Drehspindel. (Werkbild: FAG)

Beide Zylinderrollenlager sind direkt auf der Spindel angeordnet und ihre Lagerluft wird über Nutmuttern eingestellt. Auch die Axiallager befinden sich direkt auf der Hauptspindel. Ihre Vorspannung wird mit der gleichen Nutmutter erzeugt, die im vorderen Zylinderrollenlager das negative Spiel einstellt. Somit ist keine getrennte Spieleinstellung möglich. Haupt- und Nebenlager werden im Gehäuse direkt aufgenommen. Diese Vorgehensweise garantiert eine hohe Steifigkeit der Lagerung in radialer Richtung. Die dargestellte Konstruktion ist mit einer Ölschmierung versehen.

Die Gestaltung der Lagerung einer senkrecht angeordneten Fräsmaschinenspindel ist aus Abb. 3.105 erkennbar. Das Hauptlager besteht aus drei Schrägkugellagern die in Tandem-O-Anordnung als Festlager der Hauptspindel wirken. Als Nebenlager wurde ein Rillenkugellager eingesetzt. Es ist auf der Hauptspindel axial festgelegt und in der Pinole gegen das Hauptlager mit Hilfe von Federn vorgespannt. Damit wirkt es als Loslager und hat auch bei Temperaturschwankungen (Dehnen oder Schrumpfen der Spindel) gleiche Vorspannung.

Die Riemenscheibe für den Antrieb der Spindel ist auf einer Keilprofilwelle befestigt. Diese Welle wurde separat im Gehäuse gelagert (zwei Schrägkugellager in O-Anordnung) um keine Querkräfte auf die Hauptspindel zu übertragen und das axiale Verschieben von Pinole und Spindel zu ermöglichen.

Die Lagerung der Fräsmaschinenhauptspindel in Abb. 3.106 wurde auf der Basis von zwei Stützlagerungen ausgeführt. Um hohe radiale und einseitig axiale Kräfte aufzunehmen, wurde das Hauptlager aus drei gleichgerichteten Spindellagern aufgebaut. Das Nebenlager besteht aus zwei gleichgerichteten Spindellagern. Sowohl wellen- als auch gehäuseseitig sind vorderes und hinteres Stützlager über lange Hülsen miteinander verbunden. Über die Mutter am Spindelende und die Tolerierung der Hülsen, Abstandsringe und Lagerringe werden die Lager in O-Anordnung gegeneinander verspannt und gleichzeitig die negative Lagerluft eingestellt. Die Frässpindel ist konzipiert für mittlere Schnittkräfte und Drehzahlen bis $6.000\,\text{min}^{-1}$.

3.5 Baugruppe „Hauptspindel"

Abb. 3.105 Beispiel einer ausgeführten Frässpindel. (Werkbild: FAG)

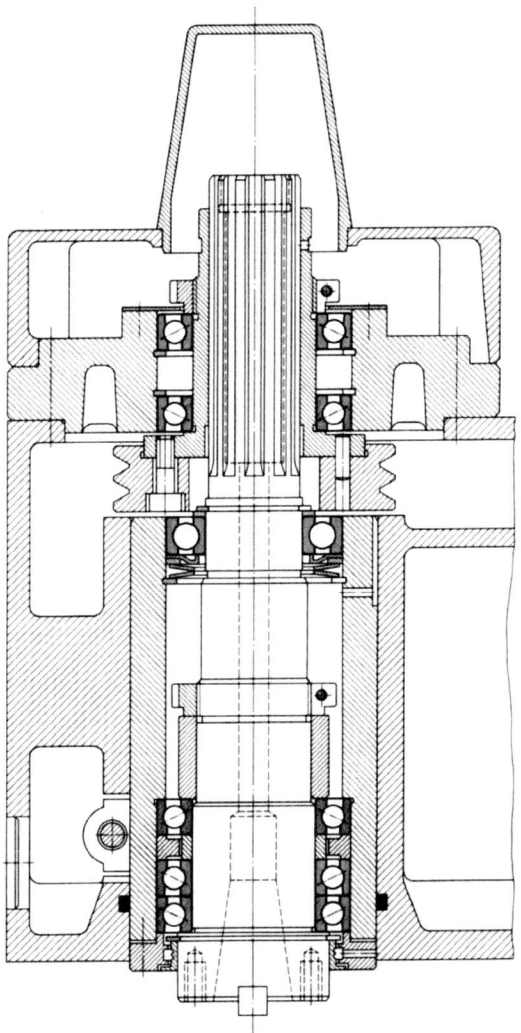

Gleitlagerung mit hydrodynamischer Schmierung

Die Funktion ist analog hydrodynamischen Führungen und lässt sich gut am Beispiel eines kreiszylindrischen Gleitlagers (Abb. 3.107) erläutern. Im Stillstand liegen die Lagerflächen aneinander. Mit Beginn der Drehung wälzt aufgrund der vorhandenen Haftreibung die Welle an der Lagerschale nach oben. Überschreitet die Gewichtskraft die vorhandene Reibkraft gleitet die Welle an der Lagerschale nach unten. Dieser instabile Prozess kann sich besonders bei niedrigen Drehzahlen mehrfach wiederholen. Dabei entsteht hoher Verschleiß an der Lagerschale und dem Wellenzapfen. Steigt die Drehzahl der Welle soweit an, dass Schmierstoff zwischen die Lagerschale und den Zapfen gezogen wird, bildet sich der hydrodynamische Schmierkeil aus und die Welle schwimmt auf dem Ölfilm

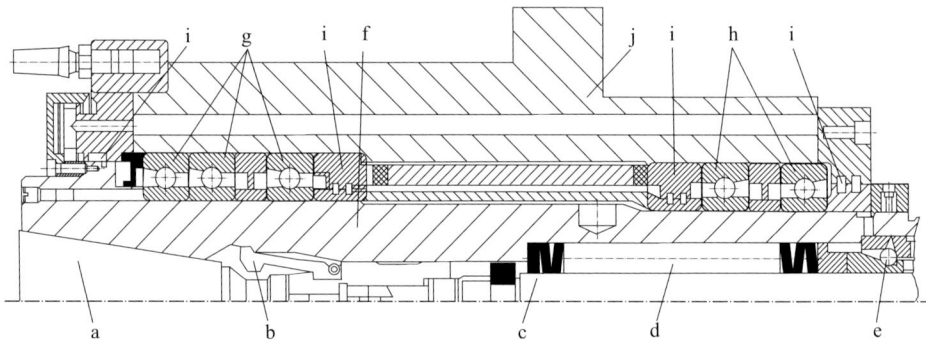

Abb. 3.106 Beispiel einer ausgeführten Frässpindel (Werkbild: Heckert). a – Steilkegel des Werkzeuges, Werkzeugspannung: b – Hebel, c – Zugstange, d – Federpaket, e – Anschluss des Entspannmechanismus, Hauptspindel: f – Bauteil Hauptspindel, g – Hauptlager und h – Nebenlager beide in Triblex-O-Tandem-Anordnung, i – berührungslose Dichtung, j – Spindelhülse

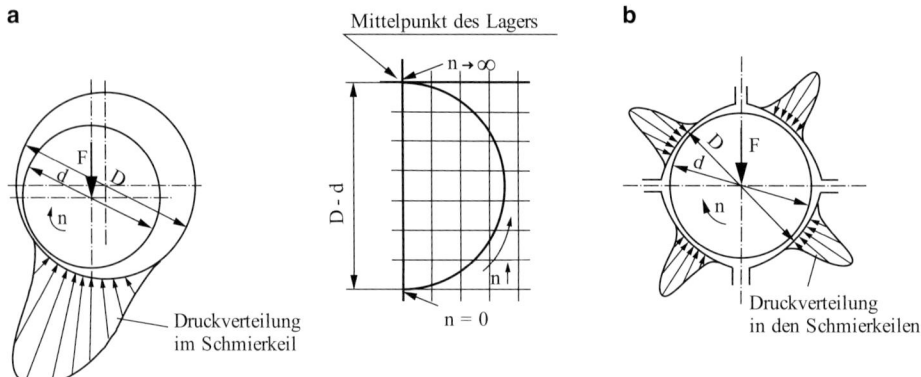

Abb. 3.107 Druckaufbau in einem **a** kreiszylindrischen hydrodynamischen Lager, Gümbelscher Halbkreis und Druckaufbau in einem **b** Mehrflächengleitlager

auf. Während dieser als stabil zu bezeichneten Phase bewegt sich mit steigender Drehzahl der Wellenmittelpunkt annähernd auf einem Halbkreis (Gümbelscher Halbkreis) zur Lagermitte. Die momentane Wellenposition ist demzufolge abhängig von Belastung und Drehzahl.

Dieser Nachteil, der sich aus der Form des hydrodynamischen Schmierspaltes (Krümmungsunterschied der Gleitflächen von Lagerzapfen und Lagerschale) ergibt, wird bei Mehrflächengleitlager (Abb. 3.108) beseitigt. Die Lagerschalen solcher Gleitlager werden so gestaltet, dass am Umfang verteilt mehrere Schmierkeile bei entsprechender Drehzahl entstehen müssen. Dies geschieht durch in die Lagerschale eingearbeitete Schmiertaschen, definierte Verformung der Lagerschale bzw. durch Anordnen von kippbaren Gleitschuhen.

3.5 Baugruppe „Hauptspindel"

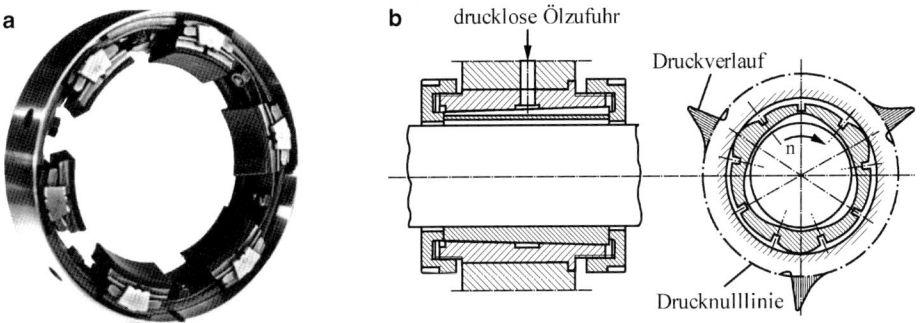

Abb. 3.108 Aufbau von Mehrflächengleitlagern. **a** Kippsegmentlager (Werkbild: FAG), **b** Mackensen-Lager mit definierter Verformung der Lagerschale

Aufgrund der dargestellten Funktionsweise sind hydrodynamische Lager besonders für Anwendungen geeignet, bei denen mit annähernd konstanter Drehzahl über längere Zeit gearbeitet wird. Jedes Stillsetzen der Spindel führt zu erhöhtem Verschleiß. In Beschaffung und Betrieb sind hydrodynamische Gleitlager kostengünstig. Die Schmierstoffversorgung ist unproblematisch. Hauptanwendungsgebiet dieser Art Lagerungen sind Schleif- und Feinbearbeitungsmaschinen.

Die Ausführung kann als Radial- oder Axiallager erfolgen. Durch Anordnen der Gleitflächen unter einem Winkel zur Spindeldrehachse ist die Gestaltung von Stützlagerungen möglich.

Als Werkstoff für die Lagerung werden folgende Kombinationen angewendet
- Wellenzapfen: Stahl oder mit Kunststoff (CFK) beschichtet
- Lagerkörper: Stahl, Gusseisen, Bronze, Kunststoff

Die Auslegung erfolgt nach strömungstechnischen Gesetzmäßigkeiten und ist ausführlich in [16] erläutert.

Die in Abb. 3.109 dargestellte hydrodynamisch gelagerte Hauptspindel ist für Drehzahlen bis 2.500 min^{-1} ausgelegt. Die radiale statische Steifigkeit beträgt 100 N/μm und es werden Laufgenauigkeiten kleiner 1 μm erreicht. Gewählt wurde eine Stützlageranordnung mit einem vorderen und einem hinteren in O-Anordnung angestelltem hydrodynamischen Gleitlager. Über ein Tellerfederpaket wird im Betrieb eine gleichmäßige axiale Vorspannung zwischen diesen Lagern erzeugt. Dies ist für den Ausgleich von thermischen Dehnungen und zum Erzeugen einer ausreichenden Steifigkeit notwendig. Während des Anlaufes dieser Lagerung wird die Vorspannung durch Verschieben eines Hydraulikkolbens aufgehoben. Die Lagerflächen müssen zueinander Spiel besitzen, damit sich der hydrodynamische Schmierkeil aufbauen kann. Nach ca. einer Sekunde ist dieser Zustand erreicht und die Vorspannung wird automatisch zugeschaltet.

Die dargestellte Spindellagerung für eine Feinbohrmaschine besitzt eine Besonderheit. Beim Zurückfahren des Ausbohrmeißels muss dieser von der Werkstückoberfläche abgehoben werden, um die Bildung von Riefen zu vermeiden. Dazu ist ein drittes Gleitlager

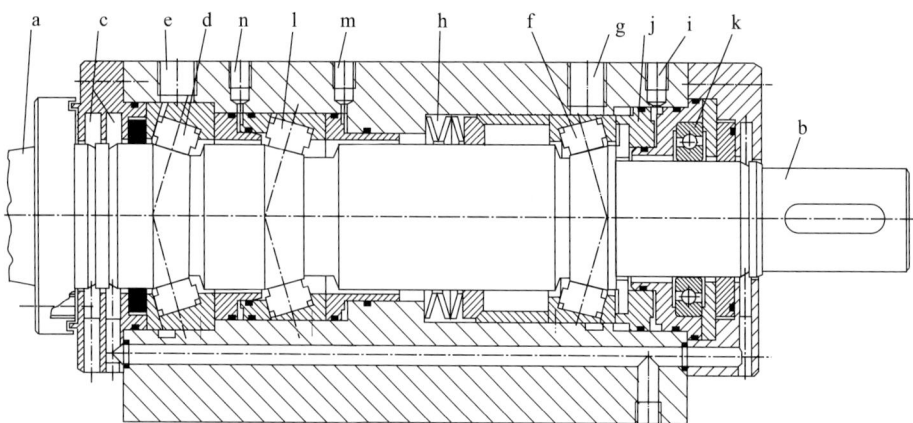

Abb. 3.109 Hauptspindel einer Feinbohrmaschine mit hydrodynamischer Lagerung (Werkbild: FAG). a – Hauptspindel, Werkzeugseite, b – Hauptspindel, Antriebsseite, c – Dichtung, d – vorderes Gleitlager, e und g – Ölzuführung, f – hinteres Gleitlager, h – Vorspannung, i – Ölzuführung für Entlastungskolben j, k – Wälzlager, l – Gleitlager mit Exzentrizität, m – Ölzuführung für Betrieb und, n – Ölzuführung für Entlastung des Gleitlagers l

(Hilfslager) nach dem vorderen Lager angeordnet. Die wellenseitigen Gleitflächen dieses Lagers sind außermittig. Mit Hilfe hydraulischer Kolben am Hilfslager und an der rechten Lagerstelle wird die Welle axial so weit verschoben, dass das linke Lager entlastet und das Hilfslager wirksam wird. Da der Exzenterradius und die Bohrmeißelschneide in einer Ebene liegen, rotiert der Bohrmeißel auf einem kleineren Radius.

Gleitlagerung mit hydrostatischer Schmierung

Bei hydrostatischen Gleitlagern werden die Lagerteile durch von außen erzeugten Öldruck voneinander getrennt. Erst danach kann das Lager in Betrieb genommen werden. Diese Lager arbeiten im Gebiet der Flüssigkeitsreibung und sind damit auch bei geringer Drehzahl überwiegend verschleißfrei.

Je nach Anordnung der Lagerflächen (Abb. 3.110) mit den notwendigen Öltaschen unterscheidet man Radiallager (zylindrische Lagerflächen) und Axiallager. Der Aufbau von Stützlagern (Aufnahme radialer und axialer Lagerkräfte über keglige oder sphärische Lagerflächen) ist möglich.

Die Ölversorgungssysteme sind analog denen bei hydrostatischen Führungen aufgebaut. Bevorzugt werden vier Öltaschen am Umfang der Lagerschale eingearbeitet.

Die Anordnung von Ölrücklaufnuten zwischen den Öltaschen der Lagerschalen ist möglich. Sie ermöglichen, dass das Öl sowohl axial als auch radial abströmen kann. Vorteilhaft ist dies für eine bessere Wärmeabfuhr aus dem Lager (durch größeren Ölstrom). Gleichzeitig werden Ausgleichsströmungen in Umfangsrichtung zwischen den Taschen vermieden. Allerdings ist die Steifigkeit durch die Ölrücklaufnuten gemindert.

3.5 Baugruppe „Hauptspindel"

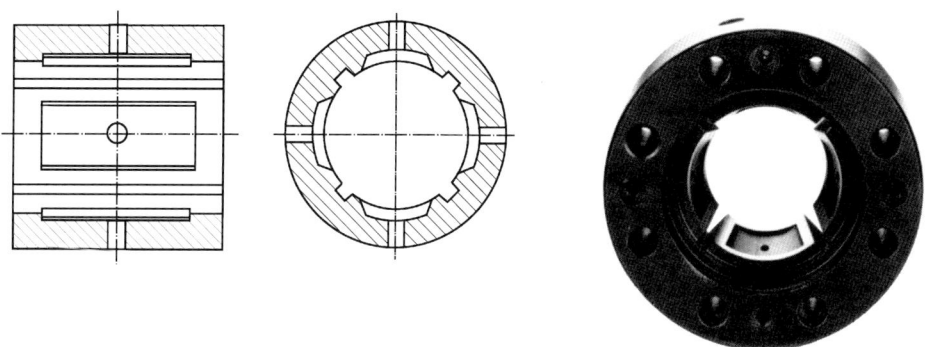

Abb. 3.110 Aufbau der Lagerschale eines hydrostatischen Gleitlagers (Radiallager)

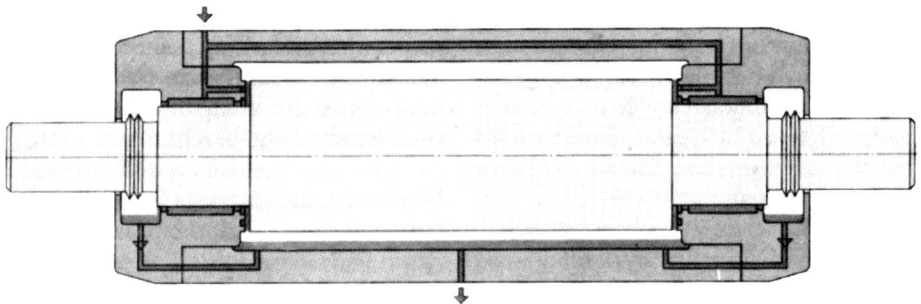

Abb. 3.111 Hydrostatisch gelagerte Spindel für eine Universal-Schleifmaschine (Werkbild: FAG)

Die eingesetzten Werkstoffe sind für die Wellen Stahl und Kunststoff (CFK) sowie für den Lagerkörper Stahl, Gusseisen und Kunststoff. Da im Betrieb kein direkter Kontakt zwischen Lagerschale und -zapfen besteht, ist die Verschleißfestigkeit und Oberflächenqualität nicht besonders zu beachten. Allerdings muss großer Wert auf Parallelität der Lagerflächen zueinander und die Vermeidung hydrodynamischer Effekte aufgrund von ungewollter Schmierkeilbildung gelegt werden.

Die Berechnung und Auslegung erfolgt nach analogen Gesetzen wie bei hydrostatischen Führungen, die in [17] weiterführend dargestellt sind.

Die in Abb. 3.111 dargestellte Spindellagerung ist für eine Schleifmaschine mit hohen Drehzahlen und mittleren Belastungen vorgesehen. Sowohl das vordere Lager als auch das hintere sind als hydrostatisches Radiallager mit einseitig wirkendem Axiallager ausgebildet. Als Ölversorgungssystem wird „Gemeinsame Pumpe mit Konstantdrossel je Öltasche" angewendet. Die Drosseln befinden sich in den äußeren Lagerbuchsen bzw. -scheiben, so dass nur eine Bohrung für Ölzuführung erforderlich wird. Das aus den Lagern austretende Öl wird im Gehäuse gesammelt und zurückgeführt.

Gleitlagerung mit aerostatischer Schmierung

Das Funktionsprinzip beruht darauf, dass Luft unter Druck den Vorkammern über Düsen zugeführt wird. Der Luftdruck muss so groß sein, dass die Spindel von den Lagerschalen abgehoben wird und sich im Luftfilm drehen kann. In dem erzeugten Luftspalt baut sich das Druckfeld auf.

Die Bauformen sind analog hydrostatischen Gleitlagern. Die Luftzuführung kann über Luftdüsen zu den Vorkammern bzw. durch poröses Sintermetall direkt zu den Lagerflächen erfolgen. Die Luft fließt über den Lagerspalt direkt in die Umgebung ab. Maßnahmen zur Geräuschminderung sind oft notwendig.

Diese Art der Lagerung ist (fast) verschleißfrei und besitzt geringste Reibwerte. Demgegenüber stehen geringe Tragfähigkeit und Steifigkeit. Die Aufwändungen für Fertigung (Düsen, Vorkammern) und Betrieb (Luftaufbereitung u. a. Entzug von Wasser- und Fettteilchen aus der Luft) sind nicht unerheblich.

Die Genauigkeit (vgl. Abb. 3.112) aerostatisch gelagerter Spindel ist beachtlich und wird bisher von keinem anderen Lagersystem erreicht. Trotz hoher Anschaffungs- und Betriebskosten kann man auf ihren Einsatz in Feinbearbeitungsmaschinen und Maschinen der Mikroproduktionstechnik nicht verzichten.

Mit dem in Abb. 3.113 dargestellten prinzipiellen Aufbau erreicht man mit Werkzeugaufnahmen für Bohren und Senken bis 11 mm Spitzendrehzahlen von 120.000 min^{-1} bei 600 W Leistung. Die Rundlaufgenauigkeiten in radialer und axialer Richtung werden mit 0,05 μm angegeben.

Lagerung mit elektromagnetischem Funktionsprinzip

Dieses Prinzip wird überwiegend bei Motorspindeln angewandt. Im Stator angeordnete Elektromagnete ziehen den Rotor (Hauptspindel) an. Dabei wirken die Anzugskräfte gegenüberliegender Magneten so, dass die Spindel im Magnetfeld schwebt. Berührungslose Sensoren messen die Lage der Spindel. Weicht diese von der Sollvorgabe ab, werden die Magnetkräfte durch Ansteuern der Elektromagnete entsprechend verändert. Die dafür notwendigen Regelkreise müssen in der Lage sein, auf äußere Einflüsse (Schnittkraftschwankungen, Zahneingriffsstöße u. a.) schnell und in der richtigen Größe zu reagieren. Beim Betrieb solcher Systeme dürfen die äußere Kräfte und die dynamischen Kräfte aus der Rotation der Spindel nicht so groß werden, dass die Tragfähigkeit der Magnetfelder überschritten wird. Dies führt unweigerlich zum Durchschlagen der Welle. Für diesen Fall sind mechanische Auffanglager (z. B. Wälzlager) vorhanden, die die Spindel vor einem Zusammentreffen mit den Magnetlagern auffangen. Des Weiteren dürfen statisch und dynamisch bedingte Lageänderungen der Spindel zulässige Werte nicht überschreiten. Die Genauigkeit der Spindel würde darunter leiden. Diese Art der Lagerung besitzt sehr geringe Reibungsverluste, die Steifigkeit und Dämpfung sind über den Regelkreis der Magnetlager beeinflussbar und eine teilweise Rotorauswuchtung ist durch die Lagerung möglich. Demgegenüber stehen der erhebliche Fertigungsaufwand, die notwendigen Fanglager und die hohen Anschaffungskosten.

3.5 Baugruppe „Hauptspindel" 219

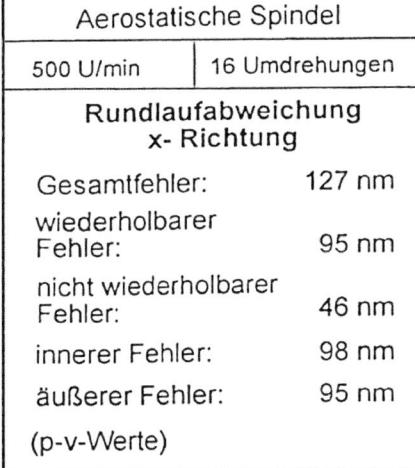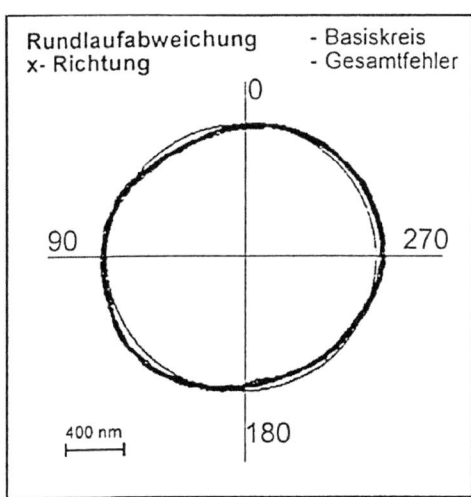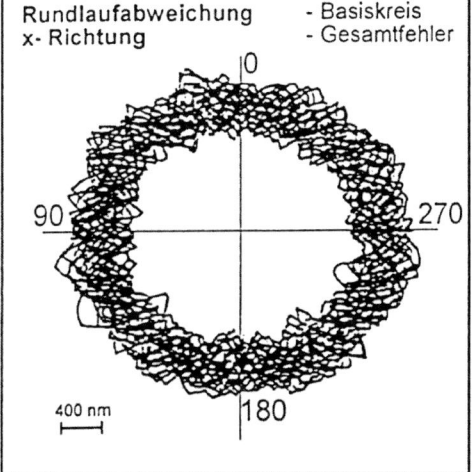

Abb. 3.112 Rundlaufgenauigkeit wälzgelagerter und aerostatisch gelagerter Spindeln (FHG IPT Aachen)

Von Seiten der Lagerung ist die Drehzahl theoretisch unbegrenzt. Allerdings ergeben sich Einschränkungen aus der Rotorfestigkeit sowie der Beherrschung der hohen Fliehkräfte.

Vorteilhaft ausgenutzt werden kann, dass man die Spindel im Bereich des Luftspaltes zwischen Wellendurchmesser und Fanglagerinnendurchmesser durch Ansteuern der Magnetlager bewegen kann. Geschieht dies drehwinkelabhängig, ist z. B. die gezielte Herstellung unrunder Bohrungen möglich.

In Abb. 3.114 ist eine ausgeführte aktiv magnetgelagerte Fräs- und Bohrspindel gezeigt. Zu erkennen sind die zwei radialen und das doppelseitig wirkende Axiallager. Am vorderen und hinteren Ende der Spindel sind die zusätzlichen Fanglager (Wälzlager) ange-

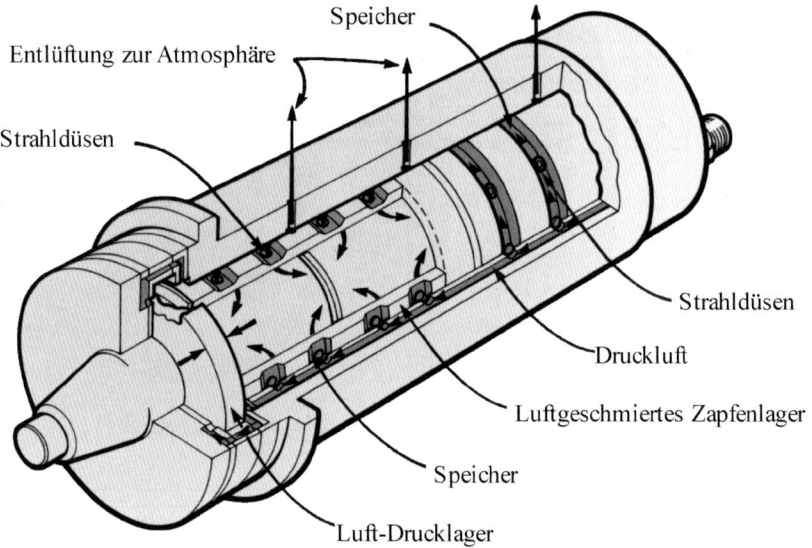

Abb. 3.113 Beispiel einer luftgelagerten Hauptspindel. (nach Werkbild: Westwind Air Bearings, Großbritannien)

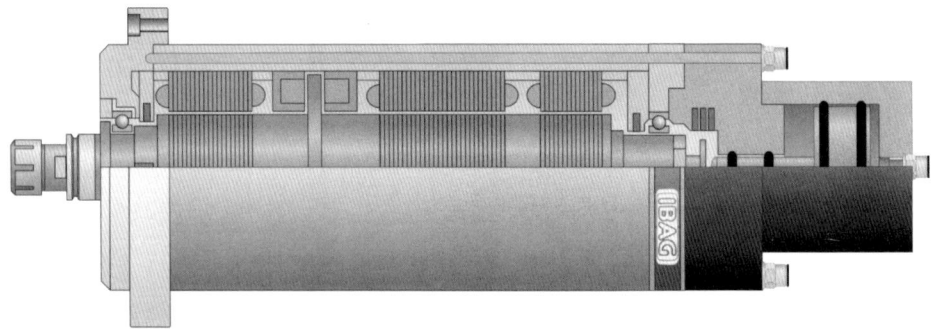

Abb. 3.114 Aufbau einer magnetgelagerten Motorspindel. (Werkbild: IBAG Schweiz)

ordnet. Sie berühren die Spindel bei Normalbetrieb nicht. Das Spiel zwischen Welle und Fanglager ist etwa gleich der Hälfte des Luftspiels im elektromagnetischen Radiallager (ca. 2 mm). Sensoren für die Messung der radialen und axialen Lage sowie der Werkzeugspannung sind vorhanden. Technische Daten dieser Spindel sind beispielsweise:

Werkzeugaufnahme	HSK E 25	HSK E 50
Maximale Drehzahl	80.000 min^{-1}	40.000 min^{-1}
Leistung bis	10 kW	60 kW
Maximale Lagerkraft im vorderen/hinteren Radiallager	500 N / 250 N	1.400 N / 700 N
Maximale Lagerkraft im Axiallager	500 N	1.500 N

Die folgende Tabelle 3.12 gibt einen Überblick zu den Einsatzgebieten typischer Lagerungen an Werkzeugmaschinen.

Tab. 3.12 Einsatzgebiete verschiedener Lagerarten an Werkzeugmaschinen

Lagerart	Bevorzugte Einsatzbereiche
Gleitlager mit hydrodynamischer Schmierung	Feinbearbeitungsmaschinen Schleifspindellagerungen (Ausführung häufig mit Mehrflächengleitlagern oder in Kombination mit Wälzlagern) Feinbohrspindellagerungen (Ausführung mit Mehrflächengleitlagern)
Gleitlager mit hydrostatischer Schmierung	Großwerkzeugmaschinen und Sondermaschinen Spindellagerung von Bohr- und Fräswerken Planscheibenlagerung von Karusselldrehmaschinen Spindellagerung von Schleifmaschinen
Gleitlager mit aerostatischer Schmierung	Feinbearbeitungsmaschinen Spindellagerung hochtouriger Schleifmaschinen (z. B. Innenrundschleifmaschinen) Tischlagerung von Messmaschinen
Gleitlager mit elektromagnetischem Funktionsprinzip	Konzipiert für HSC-Maschinen und Sondermaschinen Spindellagerung von Feinfräsmaschinen Spindellagerung von Schleifmaschinen
Wälzlager	Universeller Einsatz in verschiedenen Werkzeugmaschinen Rollenlager bevorzugt bei großen Spindelbelastungen (z. B. Fräsmaschinen, Drehmaschinen) Kugellager bevorzugt bei mittleren Spindelbelastungen (z. B. Bohrmaschinen, Schleifmaschinen, Bearbeitungszentren)

Literaturverzeichnis

1. SKC Gleittechnik GmbH (Hrsg.): Gleitbeläge, Konstruktionsrichtlinien. Rödental (1996)
2. Heinrich Kuhn Reaktionsharz-Technik (Hrsg.): Neuentwicklung PTFE-EP Verbundgleitbelag für Werkzeugmaschinen. Nürtingen (1995)
3. Berthold, H., Freier, E., Mader, K.: Werkzeugmaschinen, 5. Lehrbrief. Technik, Berlin (1977)
4. Schönfeld, R.: Hydrostatische Führungen hoher Steife auch ohne Umgriff. Der Konstrukteur 9/92
5. Opitz, H. (Hrsg.): Aufbau und Auslegung hydrostatischer Lager und Führungen …, Berichte über die VDW-Konstrukteur Arbeitstagung am 21. und 22.2.1969
6. INA Lineartechnik (Hrsg.): Linearführungen. Homburg (Saar) (1998)
7. DIN (Deutsche Norm) 804 Lastdrehzahlen für Werkzeugmaschinen, Nennwerte, Grenzwerte, Übersetzungen. Beuth, Berlin (1977)
8. DIN ISO (Deutsche Norm) 4378 ff. Gleitlager. Beuth, Berlin (1999)
9. Krauss Maffei Automatisierungstechnik (Hrsg.): Bestell- und Projektionsdaten für Linearmotortechnik. München (1997)
10. Grosser, P.: Schnelle Schiene – Vorteile von Linearmotoren im Maschinenbau, fertigung Juni (1998)
11. Indramat GmbH (Hrsg.): Synchron-Linearmotoren. Lohr am Main (1997)

12. DIN (Deutsche Norm) 55026ff., Werkzeugmaschinen, Spindelköpfe mit Zentrierkegel ..., Beuth, Berlin (1980)
13. Fritz, E., Haas, W., Müller, H.K.: Berührungsfreie Spindelabdichtung im Werkzeugmaschinenbau, Konstruktionskatalog, Berichte aus dem Institut für Maschinenelemente, Nr. 39, Universität Stuttgart (1991)
14. NSK-RHP Deutschland GmbH (Hrsg.): Standard-Kugelgewindetriebe und Zubehör. Ratingen (1997)
15. Kluge, J.: Entwurfgrundlagen zur Berechnung, Gestaltung und Dimensionierung von Werkzeugmaschinen-Hauptspindeln für Fertigungsverfahren mit geometrisch bestimmter Schneide. Dissertation, TU Chemnitz, Fakultät für Maschinenbau und Verfahrenstechnik (1993)
16. Weck, M.: Werkzeugmaschinen, Band 2. VDI, Düsseldorf. Springer, Berlin Heidelberg (2005)
17. Peeken, H., Benner, J.: Berechnung von hydrodstatischen Radial- und Axiallagern, Goldschmidt informiert..., 2/84 Nr. 61 Gleitlagertechnik. Th. Goldschmidt AG, Chemische Fabriken, Essen, Mannheim (1984)
18. Voll, H.: Gestaltung und Auslegung von Hauptspindeln und deren Lagerungen für Werkzeugmaschinen unter Berücksichtigung technischer und ökonomischer Aspekte. Dissertation, TU Dresden, Fakultät für Maschinenwesen (1993)

4 Ausgeführte spanende Werkzeugmaschinen

Nach dem Vorstellen einer Methode zum Festlegen der Bewegungsstruktur spanender Werkzeugmaschinen werden in den folgenden Abschnitten jeweils ein allgemeiner Überblick zur Maschinenart gegeben und einige ausgewählte Werkzeugmaschinen dargestellt. Damit sollen der prinzipielle Aufbau und wichtige Spezifika der Maschinen erläutert werden. Eine umfassende Darstellung aller Maschinenarten ist aufgrund der Variantenvielfalt nicht möglich und dem Anliegen dieses Buches auch nicht zuträglich.

4.1 Bewegungsstruktur spanender Werkzeugmaschinen

Beim Entwurf der Aufbauprinzipien für Maschinen zur Herstellung ebener, rotationssymmetrischer (innen und außen) und gekrümmter Flächen sollten folgende wesentliche Anforderungen beachtet werden:
- Die technologisch notwendigen Bewegungen zwischen Werkstück und Werkzeug müssen realisiert werden.
- Die bewegten Werkstück-, Werkzeug- und Maschinenmassen sollten so gering wie möglich gehalten werden.
- Die Werkstück- und Werkzeughandhabung sollte einfach möglich sein.
- Die Baugruppenanordnung und ihre prinzipielle Gestaltung sollten die Grundsätze der statischen, dynamischen und thermischen Auslegung berücksichtigen.
- Die Ergonomie der Maschine sollte eine günstige Bedienung ermöglichen.
- Geringe Kosten sind anzustreben.

Für das Finden von Varianten zum Aufbauprinzip hat sich die im Folgenden dargestellte Vorgehensweise (in Anlehnung an [1]) bewährt.

1. Ansatz:

Die Analyse der spanenden Verfahren mit geometrisch bestimmter und geometrisch unbestimmter Schneide zeigt, dass bezüglich notwendiger flächenbildender Bewegungen und Schneidenanordnungen eine Einteilung in drei Verfahrensgruppen (Abb. 4.1) möglich ist.

I. Verfahrensgruppe: Einfache Schneide, die sich geradlinig oder drehend mit der Schnittbewegung gegenüber dem Werkstück bewegt. Diese Schnittbewegung schafft neben der Spanabnahme eine erste Dimension der entstehenden Fläche. Einordnen lassen sich hier die Verfahren Hobeln, Stoßen, Räumen, Drehen u. a.

II. Verfahrensgruppe: Eine oder mehrere Schneiden führen die Schnittbewegung rotatorisch an der Stirnfläche eines zylindrischen Werkzeuges aus. Die Rotationsachse des Werkzeuges steht rechtwinklig zur entstehenden Werkstückfläche. Die Schnittbewegung des Werkzeuges alleine schafft noch keine Dimension der herzustellenden Fläche. Die

Abb. 4.1 Definition von Verfahrensgruppen bei spanender Bearbeitung

Schnittgeschwindigkeit entspricht erster flächenbildender Bewegung

Verfahrensgruppe I:

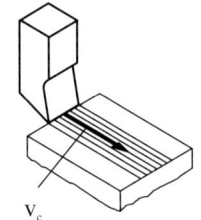
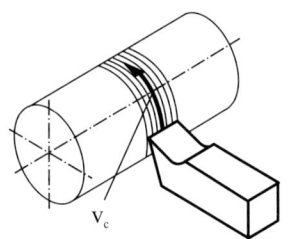

Schnittgeschwindigkeit ist keine flächenbildende Bewegung
Verfahrensgruppe II:

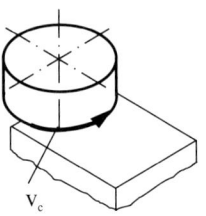
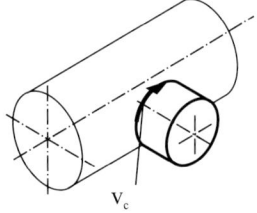

Verfahrensgruppe III:

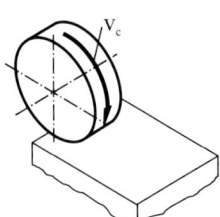
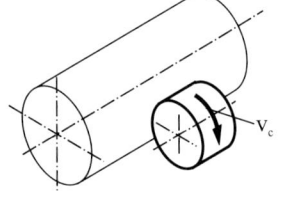

Verfahren Stirnfräsen, Bohren, Senken, Stirnschleifen u. a. entfallen auf diese Verfahrensgruppe.

III. Verfahrensgruppe: Eine oder mehrere Schneiden führen die Schnittbewegung rotatorisch an der Umfangsfläche eines zylindrischen Werkzeuges aus. Die Rotationsachse des Werkzeuges liegt parallel zur entstehenden Werkstückfläche. Auch hier erzeugt die Schnittbewegung des Werkzeuges alleine noch keine Dimension der herzustellenden Fläche. Die Verfahren Walzenfräsen, Reiben, Rundschleifen u. a. zählen zu dieser Verfahrensgruppe.

2. Ansatz:

Unabhängig vom 1. Ansatz kann man notwendige flächenbildende Bewegungen in Form und Lage zueinander definieren (Bewegungsprinzipien), die zur Erzeugung einer bestimmten Fläche notwendig sind. Aus zwei Bewegungen (I und II in Tab. 4.1) können die Flächen Ebene, Zylindermantel- oder Kugeloberfläche entstehen. Entscheidend ist, ob die flächenbildenden Bewegungen rotatorisch oder translatorisch sind, sowie ihre Lage zueinander.

Kommt eine dritte flächenbildende Bewegung (III) dazu (Rotation oder Translation), entstehen Freiformflächen (Abb. 4.2). Ist es dabei erforderlich, dass die Rotationsachse

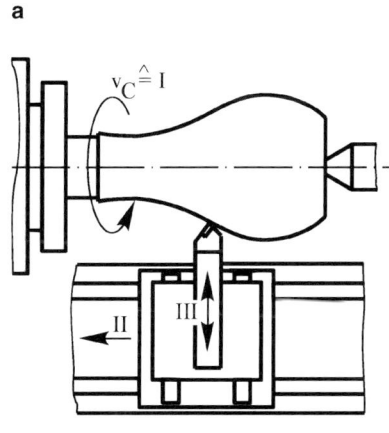

Abb. 4.2 Beispiele von Freiformflächen, die durch drei flächenbildende Bewegungen entstehen. **a** Drehen einer balligen rotationssymmetrischen Form, **b** Fräsen einer Freiformfläche (Werkbild: HERMLE Werkzeugmaschinen, Gosheim)

Tab. 4.1 Bewegungsprinzip zur Flächenbildung

Flächenbildende Bewegungen	Flächenformen		
III ↗ ↗ geradlinig - geradlinig	1 Ebene		
I ↗ ◯ II geradlinig - kreisend	2a Ebene	2b Zylinderoberfläche	
◯ II ↗ I kreisend - geradlinig	3a Ebene	3b Zylinderoberfläche	
◯ I ◯ II kreisend - kreisend	4a Ebene	4b Kugeloberfläche	

des Werkzeuges in einem bestimmten Winkel zur Schnittebene steht, sind neben den drei translatorischen Bewegungen weitere zwei rotatorische notwendig.

Durch Kombination der im Ansatz 1 definierten Verfahrensgruppen mit den im Ansatz 2 definierten Bewegungsprinzipien ergeben sich 21 mögliche Bewegungskombinationen zwischen Werkstück und Werkzeug an den Werkzeugmaschinen. Davon sind zwölf für die Herstellung ebener Flächen geeignet (Abb. 4.3). Sechs Bewegungskombinationen erzeugen rotationssymmetrische und drei kugelförmige Oberflächen. Nicht alle werden in realen Werkzeugmaschinen umgesetzt.

Die Tab. 4.2 beinhaltet eine mögliche Zuordnung der Fertigungsverfahren zu den definierten Verfahrensgruppen und Bewegungsprinzipien.

4.1 Bewegungsstruktur spanender Werkzeugmaschinen

Tab. 4.2 Beispiele für Fertigungsverfahren und deren Zuordnung zu den definierten Verfahrensgruppen und Bewegungsprinzipien

Verfahrensgruppe Bewegungsprinzip	I	II	III
1	Hobeln, Stoßen, Räumen, Feilen	Stirnfräsen und Stirnschleifen mit Längstisch	Umfangsfräsen, Umfangsflachschleifen
2 a	Stoßen von Stirnverzahnung		Umfangsfräsen von Stirnverzahnung mit Scheibenfräser
2 b	Stoßen von Längsnuten oder Verzahnung	Formfräsen von Verzahnung mit Schaftfräser	Umfangsfräsen von Stirnverzahnung mit Scheibenfräser
3 a	Plandrehen	Stirnfräsen und Stirnschleifen mit Rundtisch	
3 b	Längsdrehen	Drehfräsen	Einstechschleifen, Rundschleifen
4 a			
4 b	Kugeldrehen		

3. Ansatz:

Aus den vorhergehenden Betrachtungen sind die notwendigen span- und die flächenbildenden Bewegungen zwischen Werkzeug und Werkstück für das jeweilige Fertigungsverfahren bekannt. Um die Bewegungsstruktur zu vervollständigen, müssen weiterhin beachtet werden Bewegungen für

- unterschiedliche Fertigungsverfahren auf einer Maschine,
- verschiedene Anordnungen der Werkstücke und ggf. Werkzeuge auf einer Maschine,
- Positionierung von Werkstück zu Werkzeug,
- Werkzeug- und Werkstückwechsel,
- Messvorgänge u. ä.

Hierbei sind auch im Werkzeug gespeicherte flächenbildende Bewegungen zu berücksichtigen, die zum Beispiel durch die Schneidenanordnung (Räumen: Die Schneiden der Räumnadel verkörpern die Form der herzustellenden Flächen) oder durch die Werkzeuggröße (Formschleifen oder Formdrehen: Das Werkzeug ist breiter als die am Werkstück zu bearbeitende Fläche) entstehen können (Abb. 4.4).

Damit sind alle an der Werkzeugmaschine zwischen Werkstück und Werkzeug zu realisierenden Bewegungen bekannt.

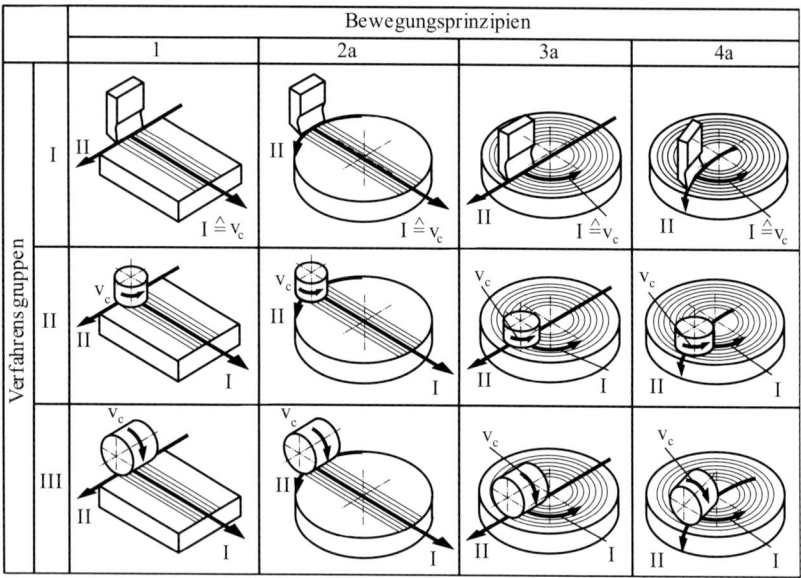

Abb. 4.3 Kombinationen von Bewegungsprinzipien und Verfahrensgruppen zur Herstellung ebener Flächen

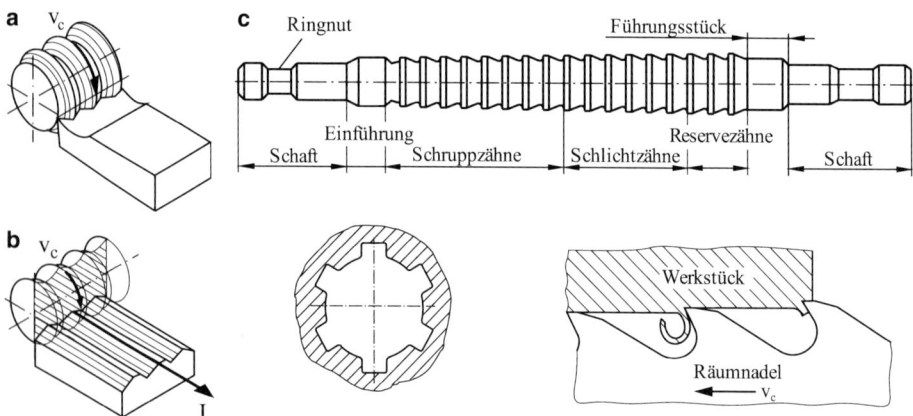

Abb. 4.4 Werkzeuge mit gespeicherten flächenbildenden Bewegungen. **a** Drehen mit Formmeißel, **b** Form-Umfangsschleifen, **c** Räumen

4. Ansatz:

Diese Bewegungen können jetzt den werkzeug- und/oder werkstücktragenden Seiten der Maschine zugeordnet werden. Da jede Führung in der Regel nur eine Bewegung zulässt, müssen die Bewegungsachsen nacheinander (Reihenstruktur) angeordnet werden. Ausgehend von einem örtlich feststehenden Bauteil (Fundament, Gestell) werden die notwendigen Bewegungsachsen der Werkzeug- und Werkstückseite zugeordnet. In Abb. 4.5 ist dies beispielhaft für drei notwendige translatorische Bewegungen (X, Y und Z entsprechend der Bezeichnung der NC-Koordinaten) und eine rotatorische Schnittgeschwindigkeit (v_c) ausgeführt. Fünf der möglichen vierundzwanzig Anordnungsvarianten sind abgebildet.

Neben dieser reihenstrukturierten Anordnung der Bewegungsachsen ist es möglich, sogenannte Parallelstrukturen [2] aufzubauen. Dabei wird die Maschinenstruktur so gewählt, dass die Bewegung an einer Strebe die Lage zwischen Werkzeug und Werkstück in mehreren Freiheitsgraden verändert.

An einem örtlich feststehenden Bauteil (Gestell) werden die notwendigen linearen Bewegungsachsen (Streben) schwenkbar angeordnet. Diese Streben tragen die eigentliche Bearbeitungseinheit (z. B. Motorspindel, Lasereinheit). Auch die Verbindungen zwischen den Streben und der Bewegungseinheit sind Gelenke. Durch die Änderung der Streben-

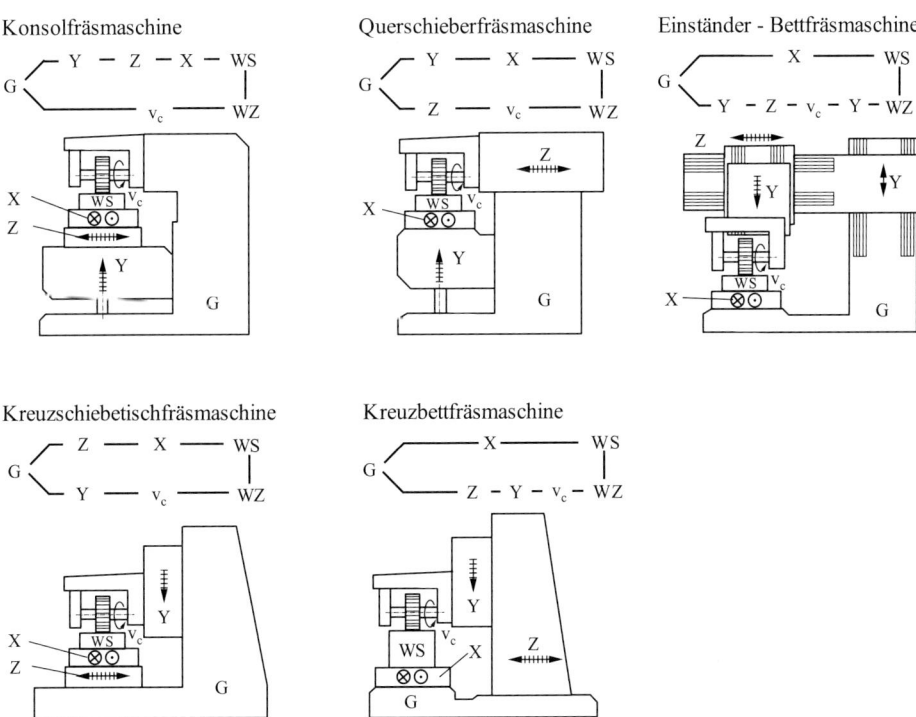

Abb. 4.5 Variante der Bewegungszuordnung am Beispiel von Waagerecht-Fräsmaschinen. G – Maschinenbett/-gestell, WS – Werkstück, WZ – Werkzeug

Abb. 4.6 Parallelstrukturierte Hexapod-Fräsmaschine 6X HEXA (Werkbild: MIKROMAT)

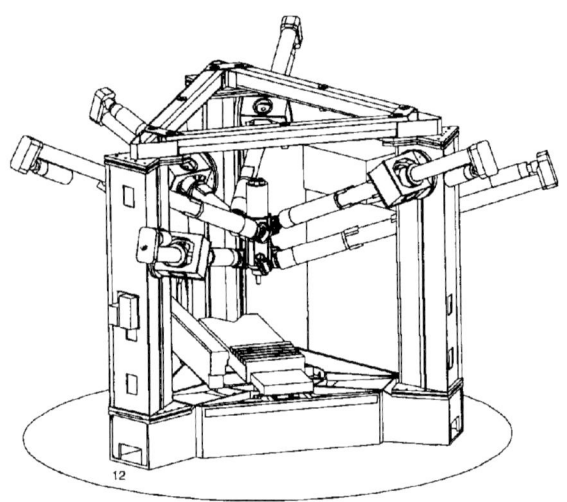

längen zwischen den Gelenken wird die Bearbeitungseinheit im Arbeitsraum bewegt. In Abb. 4.6 ist diese Aufbauform mit sechs Streben (HEXAPOD [3]) verwirklicht. Die zentral angeordnete Motorspindel kann einen Arbeitsraum von $(630 \times 630 \times 630)\,\text{mm}^3$ bedienen und dabei um bis zu 30° geschwenkt werden. Ähnlich ist die Struktur einer Maschine aufgebaut, die in Abb. 4.7 gezeigt wird. Auch hier sind fünf Streben vorhanden, die eine Frässpindel tragen, und durch Ändern der Strebenlängen zwischen den Gelenken wird der Werkzeugträger im Arbeitsraum positioniert. Aufgrund der Gelenkkonstruktion kann die Spindeleinheit aus der senkrechten Lage in die waagerechte und weiterhin 180° um die Senkrechte geschwenkt werden. Die Verwendung von drei Streben (TRIPOD [4]) zum Aufbau von parallelkinematischen Maschinenstrukturen ist auch möglich. Bei der in Abb. 4.8 gezeigten Struktur wird die Arbeitsspindel mit Hilfe von drei längenveränderli-

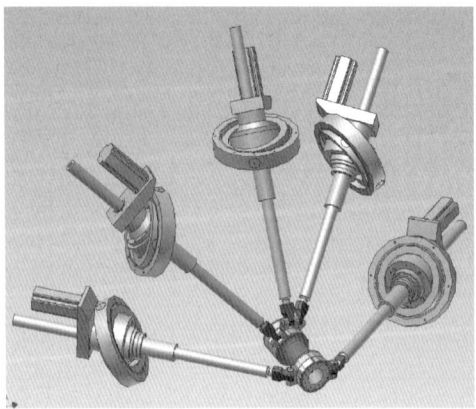 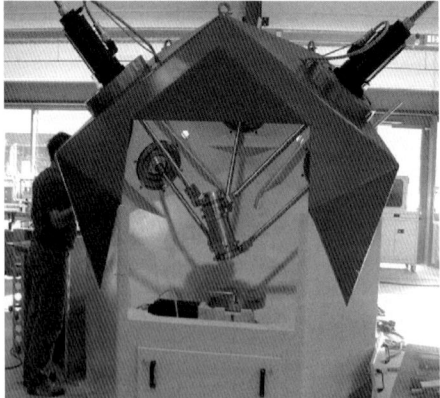

Abb. 4.7 Parallelstrukturierte Maschinen (Werkbild: METROM)

Abb. 4.8 Prinzip einer Kinematik mit Tripod-Basis (Werkbild: tricept, Schweden)

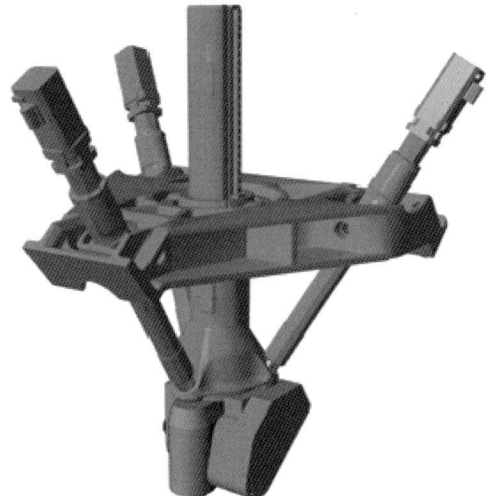

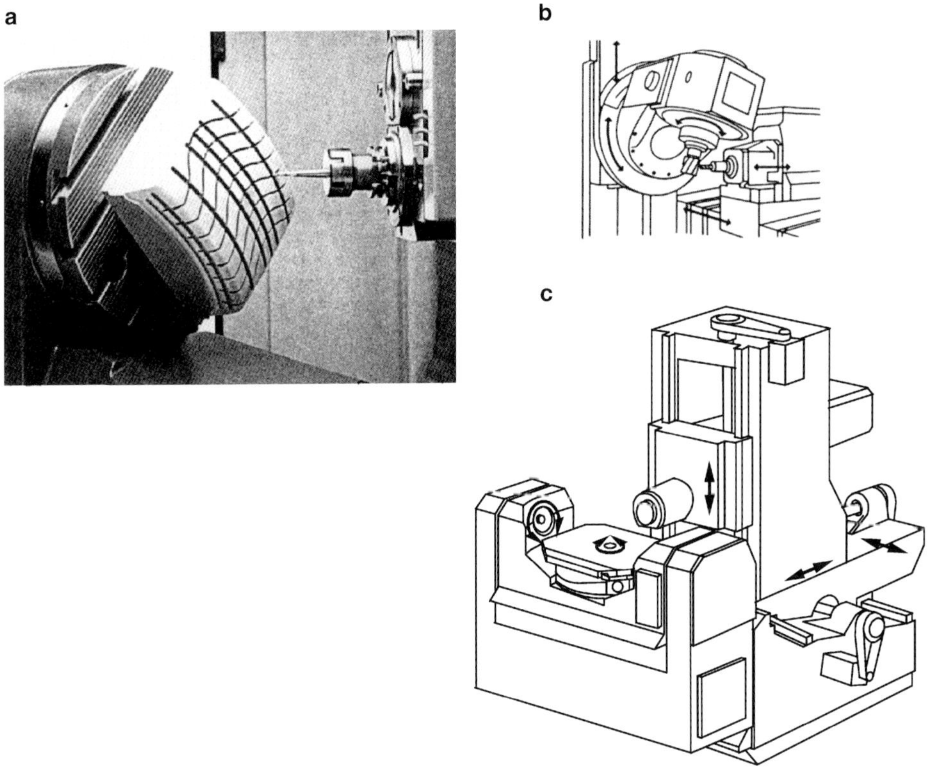

Abb. 4.9 Beispiele für ergänzende Bewegungen auf der Werkstückseite von Fräsmaschinen (z. T. Werkbild: MAHO). **a** Zweiachsiger NC-Rundtisch in Winkelbauweise, waagerechte Drehachse ($n \times 330°$) auf einem schwenkbaren Schlitten ($\pm 105°$); **b** Schwenkkopf mit waagerechter Achse und rechtwinklig dazu angeordneter Drehbewegung des Werkstückes; **c** Drehtisch mit senkrechter Drehachse auf einer schwenkbaren Baugruppe

chen Streben positioniert. Bei dieser Struktur ist eine zentrale Führungsstrebe notwendig, um die Lage eindeutig zu definieren (Sperrung der Drehung um die Längsachse). Diese Strebe besitzt keinen Antrieb.

Wesentlich andere Strukturen sind vorstellbar.

Sowohl in reihen- als auch in parallelstrukturierten Maschinen können ergänzende Bewegungen durch Zusatzbaugruppen realisiert werden, z. B. durch Schwenkköpfe, Teilapparate, Dreh- oder Schwenktische (Abb. 4.9) u. a.

Auf der Basis dieser Bewegungszuordnung können die Aufbaubilder der zu entwickelnden Maschine entworfen werden. Beachtet man dabei mindestens
- die Lage der Hauptspindel oder Schnittgeschwindigkeit (waagerecht, senkrecht oder veränderlich),
- mögliche Gestellarten (offen, geschlossen),
- maßstäblich die Größe des Arbeitsraumes und die Länge der Führungen,

ist eine erste Bewertung nach technischen und wirtschaftlichen Gesichtspunkten möglich, auf deren Basis die Entscheidung über die weitere Entwicklung der Maschine erfolgen kann.

4.2 Bohrmaschinen

Bohrmaschinen dienen zum Herstellen von Bohrungen mit den Verfahren Bohren mit Spiralbohrer, Einlippenbohrer u. a., Gewindeschneiden mit Gewindebohrer bei Verwendung eines Ausgleichsfutters, Senken und Reiben.

Die Klassifizierung und Bezeichnung erfolgt (Abb. 4.10)
- nach der Lage der Hauptspindel in Bohrmaschinen mit waagerechter, senkrechter oder schwenkbarer Hauptspindel,
- nach dem Gestellaufbau in Tisch-, Kastenständer-, Säulen-, Ausleger- (Radial-) oder Einständer-, Zweiständer- (Koordinaten-)Bohrmaschinen,
- nach der Anzahl der Hauptspindeln in Reihen- oder Mehrspindelbohrmaschinen,
- nach Werkstückart in Tiefloch- oder Koordinatenbohrmaschinen.

Als Hauptparameter wird in der Regel der maximal anwendbare (Spiral-)Bohrerdurchmesser zum Bohren ins Volle bei Stahl angegeben. Aber auch entsprechende Maximalwerte für die Bearbeitung von Gusswerkstoffen sowie das Gewindeschneiden sind üblich.

4.2.1 Ständerbohrmaschine

Konventionelle Säulenbohrmaschinen mit stufenlosem Antrieb können mit Handbedienung als auch mit der Einstellung automatisierter Abläufe ausgerüstet sein. Damit sind sowohl Arbeiten in der Klein- bis Mittelserienfertigung als auch Werkstattarbeiten effektiv möglich.

4.2 Bohrmaschinen

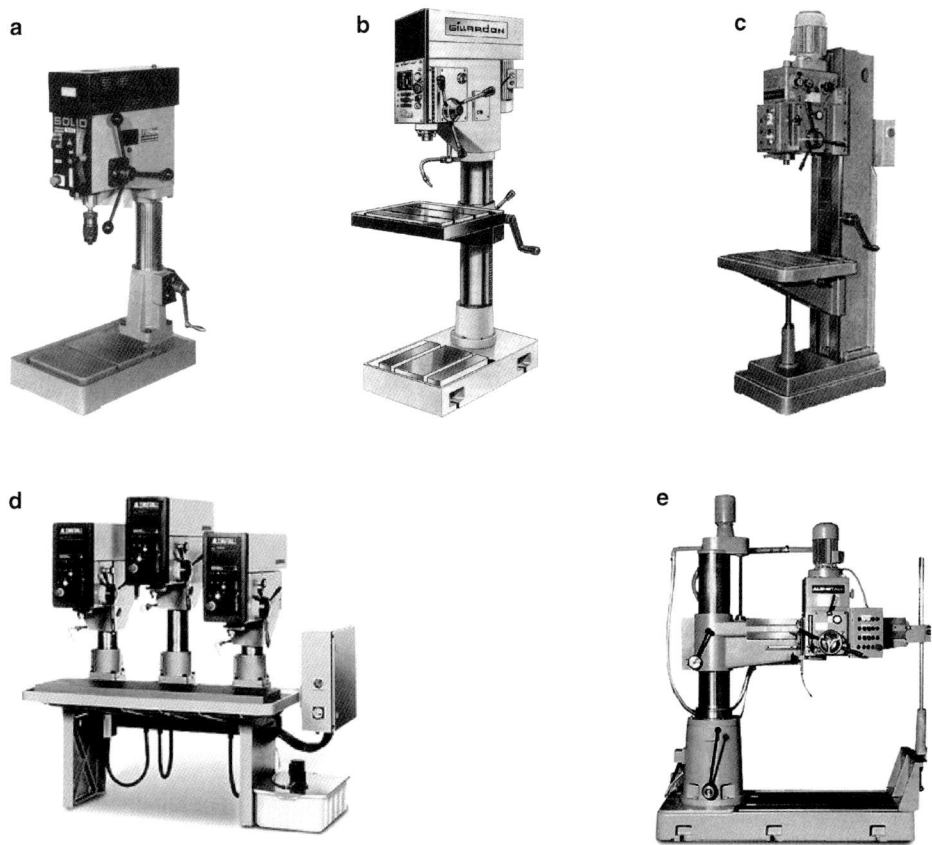

Abb. 4.10 Ausgewählte Aufbaubilder von Bohrmaschinen (Werkbild: ALZMETALL, IXION). **a** Tischbohrmaschine, **b** Säulenständerbohrmaschine, **c** Kastenständerbohrmaschine, **d** Reihenbohrmaschine, **e** Radialbohrmaschine

Der Hauptantrieb (Abb. 4.11) besteht im dargestellten Beispiel aus einem Drehstrom-Asynchron-Motor 1.1, der sein Drehmoment über ein stufenlos stellbares Regelscheibengetriebe 1.2–1.6 und wahlweise über zwei verschiedene konstante Riemenübersetzungen 1.7 auf die Hauptspindel überträgt. Die Wahl der konstanten Übersetzung erfolgt durch Stellen der Schaltkupplung 1.9. Die stufenlose Drehzahländerung wird realisiert durch axiales Verschieben der Riemenscheibe 1.2 mit Hilfe eines separaten Motors über den Zahnriemen 1.5. In Abhängigkeit hiervon verschiebt sich die durch Federn vorgespannte Abtriebsscheibe 1.6. Für die Messung der Hauptspindeldrehzahl ist der Impulszähler 1.8 verantwortlich.

Zur Erzeugung der Vorschubbewegung wird ein Schrittmotor 2.2 verwendet, der durch das Leistungsteil 2.1 angesteuert wird. Über den Zahnriemen 2.3, den Kugelgewindetrieb 2.4 mit Spindelmutter im Joch 2.5 wird die Pinole 3.5 und damit die Hauptspindel axial verschoben. Diese Bewegung kann auch über eine Handbedienung realisiert wer-

Abb. 4.11 NC-Bohrmaschine (Werkbild: ALZMETALL)

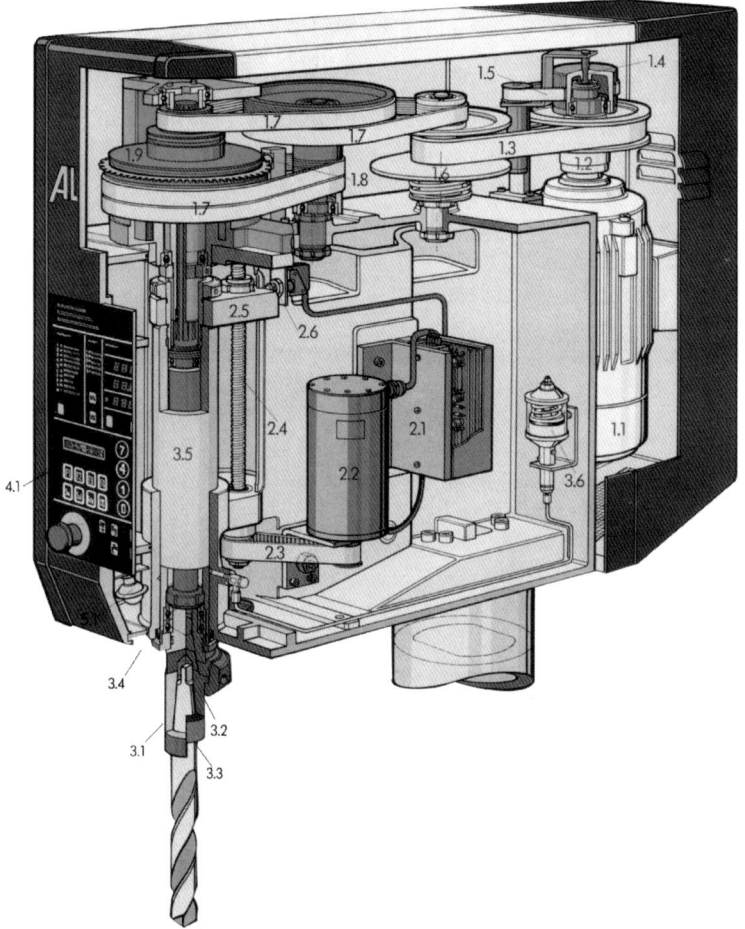

den, wobei das Zuschalten des automatischen Vorschubes über Taster in den Griffen erfolgt. Für die Begrenzung des Vorschubweges sind Referenztaster 2.6 vorhanden. Die Hauptspindel kann als sogenannte Langspindel mit Morsekegel-Aufnahme 3.1 oder als Steilkegelspindel 3.2 ausgeführt sein. Sie ist in der Pinole axial und radial gelagert. Die Pinole wird im Gehäuse geführt. Zur Schmierung dieser Führung ist der Schmierstoffgeber 3.6 vorhanden.

4.2.2 Radialbohrmaschine

Für die universelle Bearbeitung großer gehäuseförmiger Werkstücke werden Radialbohrmaschinen (auch Auslegerbohrmaschinen genannt) angewandt. Die Genauigkeit ist aufgrund des Positionierens nach dem Anreißen am Werkstück aber auch bei der Anwendung von NC-Steuerungen nicht allzu hoch. Bei entsprechend hohen Anforderungen an die Genauigkeit sind als Alternative Koordinatenbohrwerke einzusetzen.

4.2 Bohrmaschinen

Abb. 4.12 Beispiel einer Radialbohrmaschine (Werkbild: ALZMETALL).
a – Antriebsmotor für Bohrspindel, b – Hubmotor, c – Schalttafel, d – Drucktaster für Vorschubschaltung, e – Tiefenanschlag, f – Getriebeschaltung, g – Vorschubwahlschalter, h – Bohrschlittenklemmung, i – Zentralklemmung, j – Auslegerklemmung, k – Handrad für Bohrschlittenverstellung

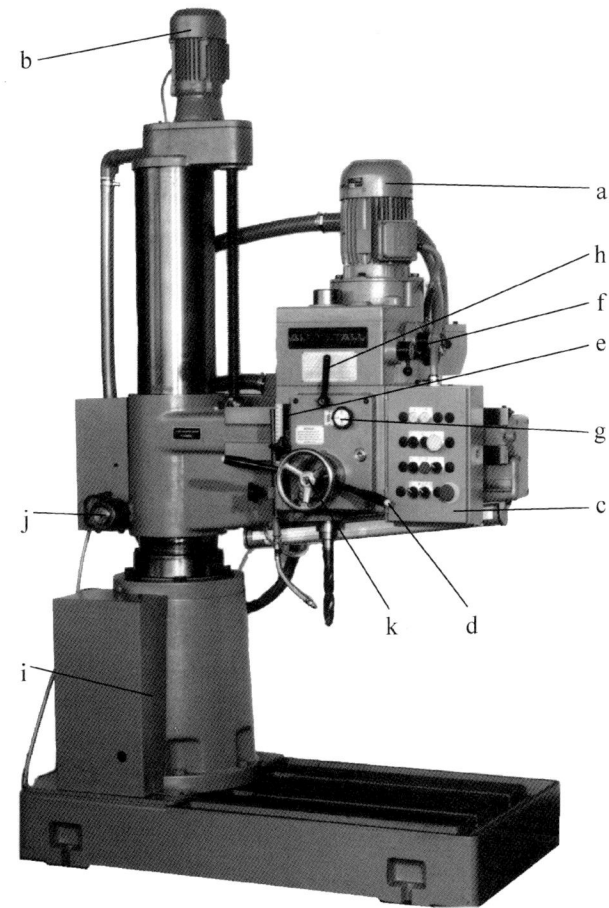

Radialbohrmaschinen (Abb. 4.12) bestehen im Allgemeinen aus Grundplatte, Säulenaufbau mit Hubgetriebe und Klemmsystem, den Spindelkasten mit Haupt- und Vorschubantrieb, Pinole und Bohrspindel sowie der Steuerung mit Bedientafel einschließlich Schalt- und Kontrollelementen.

Die Säule einer Radialbohrmaschine besteht aus Innen- und Außensäule. Die Innensäule ist fest mit der Grundplatte verschraubt. Über zwei Zylinderrollenlager und zur Aufnahme der Axialkräfte mit einem Drucklager versehen, ist die Außensäule auf der Innensäule drehbar gelagert. Mit einem elektrischen Spannkrafterzeuger wird die Schwenkbewegung des Auslegers und die Spindelstockverschiebung arretiert. Beim Lösen der Klemmung heben Druckfedern die Außensäule um Zentelmillimeter an und diese lässt sich mit dem Ausleger leicht schwenken. Zum Feststellen der Schwenkbewegung des Auslegers werden zwei kegelige Kreisringflächen aufeinander gepresst. Auf dem Hubgetriebe sitzt der Spannkrafterzeuger und der Hubmotor, der über Zahnräder die Trapezgewindespindel für die Höhenverstellung des Auslegers antreibt.

Den Hauptantrieb einer Radialbohrmaschine zeigt Abb. 4.13. Als Antrieb wird ein polumschaltbarer Drehstrommotor eingesetzt. Eine elastische Zwischenkupplung verbindet ihn mit dem Getriebe. Die für den Zerspanungsvorgang günstigste Drehzahl wird mit diesem Getriebe nach einem Tachometer eingestellt. Die Drehmomentenübertragung erfolgt zuerst über ein stufenlos stellbares Reibradgetriebe. Der hiermit erreichbare Stellbereich wird in einem folgenden Schaltgetriebe mit gehärteten, flankengeschliffenen Zahnrädern verdreifacht. Die wälzgelagerte Bohrspindel wird über eine Mitnehmerbuchse angetrieben.

Der Vorschub wird über kreisbogenverzahnte Kegelräder von der Hauptspindeldrehzahl abgeleitet und durch Schieberäder in die gewünschte Größe übersetzt. Die Paarung mit einem Hartgewebe-Kegelrad garantiert hier beispielsweise einen geräuscharmen, schwingungsgedämpften und verschleißarmen Lauf. Eine Überlastkupplung verhindert am Vorschubgetriebe das Überschreiten der maximalen Vorschubkraft.

Der Spindelvorschub kann über das Vorschubgetriebe oder von Hand mit Hilfe des Handrades zur Feinverstellung bzw. mit dem Doppelhebel für schnelle Bewegungen erfolgen. Am Skalenring kann die automatisch auslösbare Bohrtiefe eingestellt werden.

Die Maschine ist mit einer Werkzeugauswerfeinrichtung versehen.

Sie funktioniert mechanisch und erleichtert den Werkzeugwechsel. Außerdem ist sie Voraussetzung für die Anordnung des Morsekegels innerhalb der Lagerstellen, was eine verbesserte Werkzeugführung zur Folge hat.

4.2.3 Tiefbohrmaschine

Für die Herstellung tiefer Bohrungen (Länge zu Durchmesser größer 10) werden oft spezielle Bohrmaschinen (Abb. 4.15) verwendet, die man als Tieflochbohrmaschinen bezeichnet. Hinsichtlich des Aufbaus unterscheidet man Maschinen mit senkrechter oder waagerechter Hauptspindel.

Besonderheiten solcher Maschinen sind der einstellbare Ausspanzyklus, eine mögliche gegensinnige Drehbewegung des Werkstückes gegenüber der Drehung des Bohrers sowie die unbedingt notwendige innere Kühlschmierstoffzuführung durch das Werkzeug.

Die Maschinen bestehen aus dem Maschinengestell, welches den Bohrspindelkasten für den Werkzeugantrieb und den Hauptspindelkasten als Werkstückträger mit und ohne Antrieb aufnimmt. Die Führung des in der Regel langen Werkzeuges und Werkstückes übernehmen Bohrrohr-Dämpfungsbuchse, Boza – Bohrölzuführapparat und Laterne – für Aufbohrköpfe im Ziehverfahren (stehendes oder rotierendes Werkstück) (Abb. 4.14).

Anders aufgebaut ist das Tiefbohrwerk für prismatische Werkstücke (Abb. 4.16 und 4.17). Der Tisch zur Werkstückaufnahme ist in einer Koordinatenachse verschiebbar. Der Spindelstock mit der Bohrspindel lässt sich in den zwei anderen Richtungen bewegen. Der Aufbau ist analog dem eines Bearbeitungszentrums. Zusatzeinrichtungen wie Werkzeugwechsler und Speicher für 12 Werkzeuge, Wellenbohreinheit zur Aufnahme wellenförmiger Werkstücke und zur Erzeugung der zusätzlichen Drehbewegung, Schleifeinrichtung für Einlippen-Hartmetallbohrer sowie variables Zubehör für den Bohrarm machen diese Maschine universell einsetzbar.

4.2 Bohrmaschinen

Abb. 4.13 Beispiel zum Antrieb einer Radialbohrmaschine (Werkbild: Maschinenfabrik Herkules)

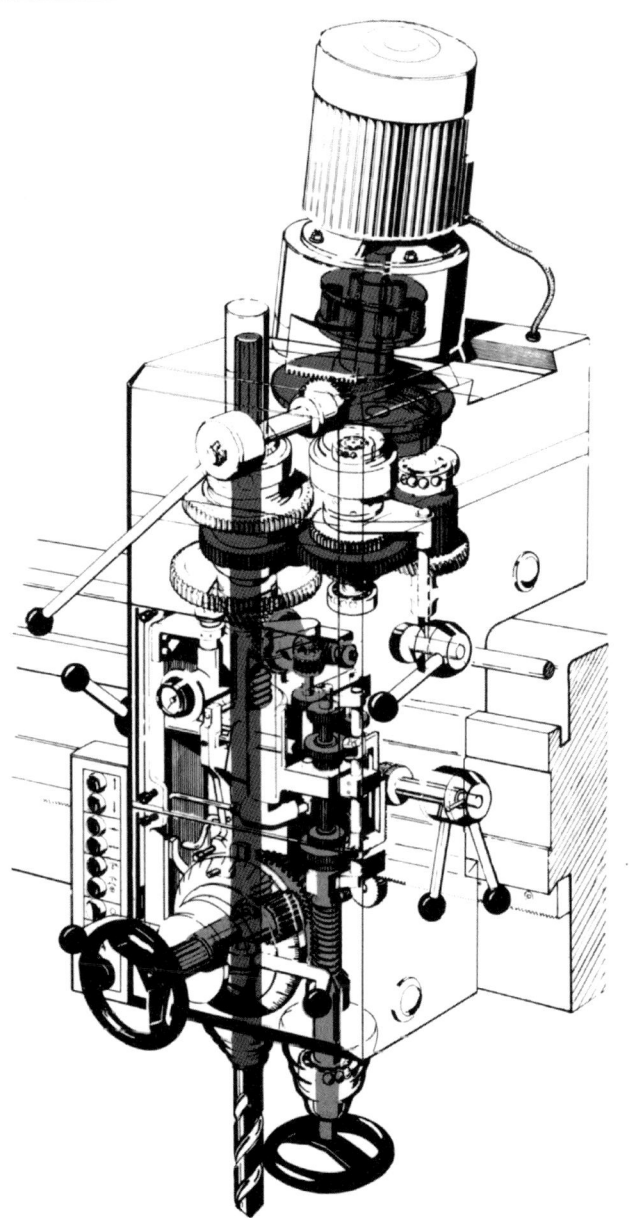

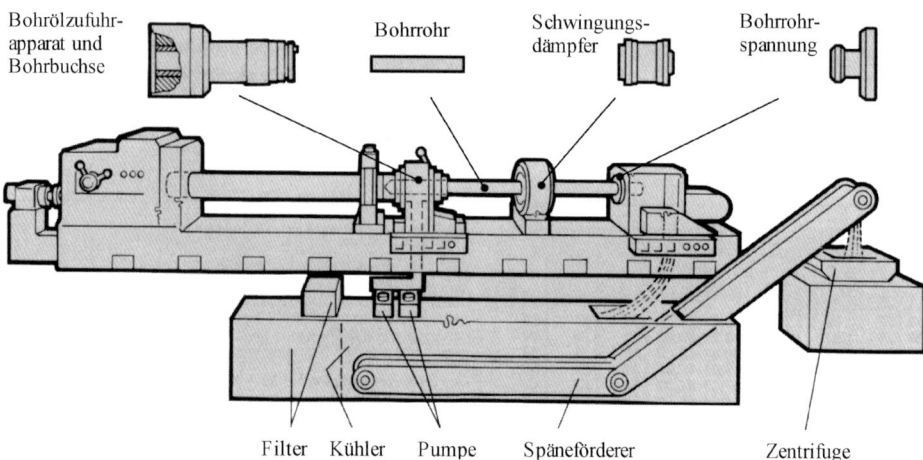

Abb. 4.14 Beispiel einer Tiefbohrmaschine für wellenförmige Teile (nach SANDVIK Coromant)

Abb. 4.15 Tiefbohrmaschine für extrem lange rotatorische Werkstücke (Werkbild: DS Wohlenberg)

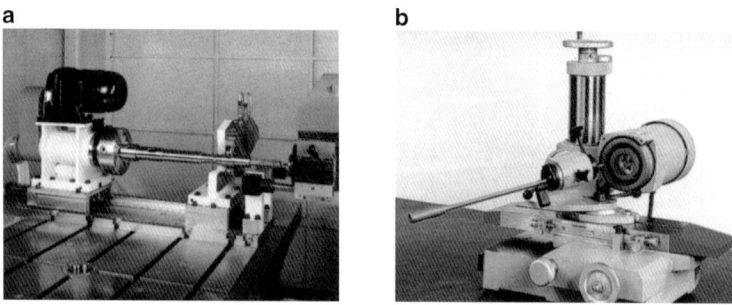

Abb. 4.16 Beispiele für Zubehör der Tiefbohrmaschine nach Abb. 4.17 (Werkbild: TBT). **a** Wellenbohreinheit mit Antrieb für die zusätzliche Drehbewegung, **b** Schleifeinrichtung für Einlippen-Hartmetallbohrer

4.2 Bohrmaschinen

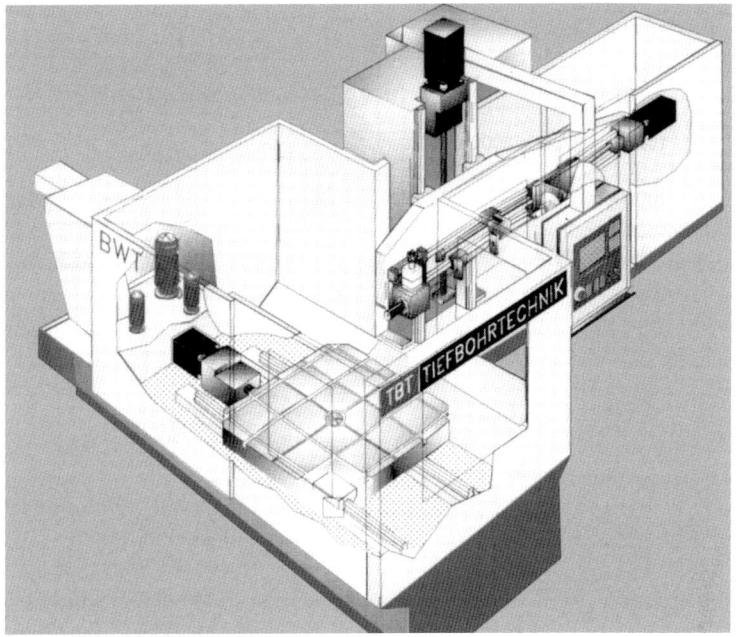

Abb. 4.17 Beispiel einer Tiefbohrmaschine für überwiegend prismatische Werkstücke (Werkbild: TBT)

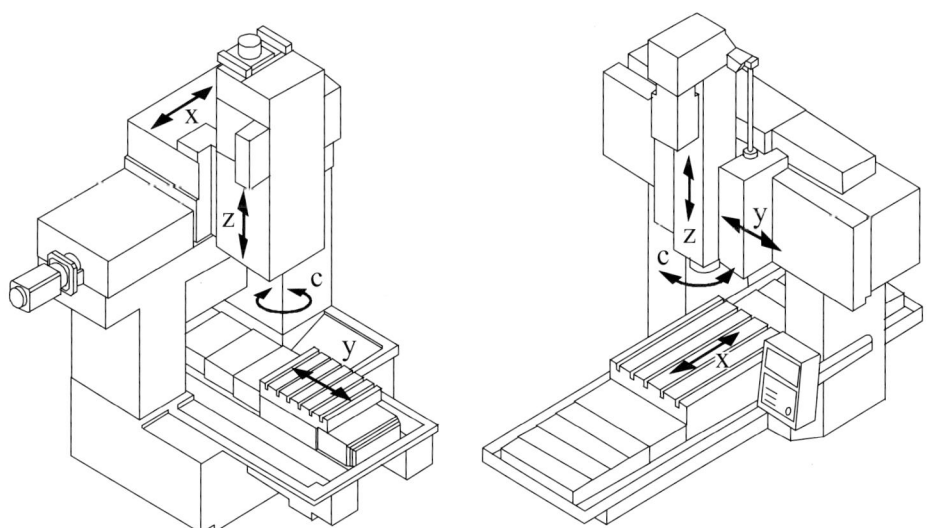

Abb. 4.18 Beispiele von Koordinatenbohrmaschinen (nach Werkbild: MIKROMAT)

4.2.4 Koordinatenbohrmaschine (Lehrenbohrwerke)

Die Fertigung genauer Bohrbilder in prismatischen und gehäuseförmigen Werkstücken besonders im Werkzeug-, Formen- und Modellbau realisiert man auf Koordinatenbohrmaschinen (Abb. 4.18). Gegenüber anderen Bohrmaschinen ist die Präzision der Bewegungen, die ausgezeichnete Positioniergenauigkeit, erhöhte Steifigkeit der Baugruppen gegenüber statischen, dynamischen und thermischen Einflüssen hervorzuheben. Die Maschinen besitzen drei translatorische Achsen und in der Regel auch die C-Achse zur Hauptspindeldrehung. Diese Achsen sind als NC-Achsen ausgeführt und mit hochauflösenden Messsystemen (< 0,001 mm) ausgestattet. Neben C-Gestellen sind auch Portalbauweisen üblich. Die Ausstattung der Maschinen mit Werkzeugspeicher und -wechsel sowie Palettenwechsel ist möglich.

Um den Einsatzbereich zu vergrößern, können die Baugruppen so ausgelegt werden, dass die Maschinen für Fräsarbeiten im Präzisionsbereich geeignet sind. Damit wird die Komplettbearbeitung von Werkstücken auf einer Maschine möglich, was wesentlich zur Qualitätsverbesserung beitragen kann. Diese Maschinen werden als Präzisions-Bohr- und -Fräsmaschinen bezeichnet.

4.3 Drehmaschinen

Die Vielzahl der Varianten von Drehmaschinen unterteilt und bezeichnet man
- nach der Anzahl der Hauptspindeln und ihrer Lage in Ein-, Zwei- und Mehrspindler, parallel- oder gegenüberliegenden Hauptspindeln,
- nach der Gestell-Bauform und der Hauptspindellage (Abb. 4.19) in
  - Maschinen mit waagerechter Hauptspindel: Flachbett, Schrägbett, Steilbett, Frontbett,
  - Maschinen mit senkrechter Hauptspindel: Senkrecht-Drehmaschinen mit Flachbett, Ein- bzw. Zweiständer Karusselldrehmaschinen, Über-Kopf-Drehmaschinen,
- nach der Aufnahme, Anordnung und Anzahl der Werkzeuge in Maschinen mit handbedienten Werkzeugträgern, mit automatisierten Revolverköpfen (Stern-, Trommel-, Kronenrevolver) dabei mit festen und angetriebenen Werkzeugen sowie Maschinen mit mehreren Revolverköpfen auf verschiedenen Schlitten,
- nach der Art der Steuerung in Maschinen mit Hand-, Nachform- bzw. NC-Steuerung,
- nach dem typischen Werkstücksortiment in Walzen-, Futterteil-, Plandrehmaschinen.

4.3.1 Leit- und Zugspindel-Drehmaschine

Besonders als universale Werkstattmaschine für Reparaturarbeiten aber auch für die Fertigung kleiner Stückzahlen wird die Leit- und Zugspindeldrehmaschine (Abb. 4.20) eingesetzt. Egal ob ausschließlich handgesteuert oder mit einer NC-Steuerung versehen, realisiert diese Maschine alle möglichen Dreharbeiten wie Längs- und Plandrehen, Außenge-

4.3 Drehmaschinen

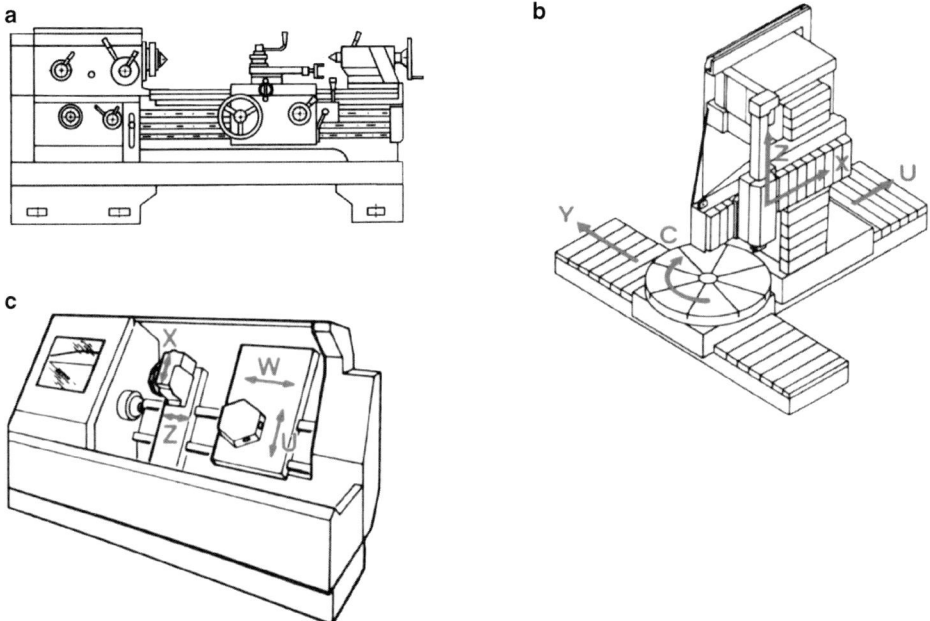

Abb. 4.19 Ausgewählte Aufbaubilder von Drehmaschinen. **a** konventionelle Leit- und Zugspindeldrehmaschine mit Flachbett (Werkbild: Knuth), **b** Einständer-Karuselldrehmaschine [5], **c** Schrägbettdrehmaschine mit zwei Revolverköpfen [5]

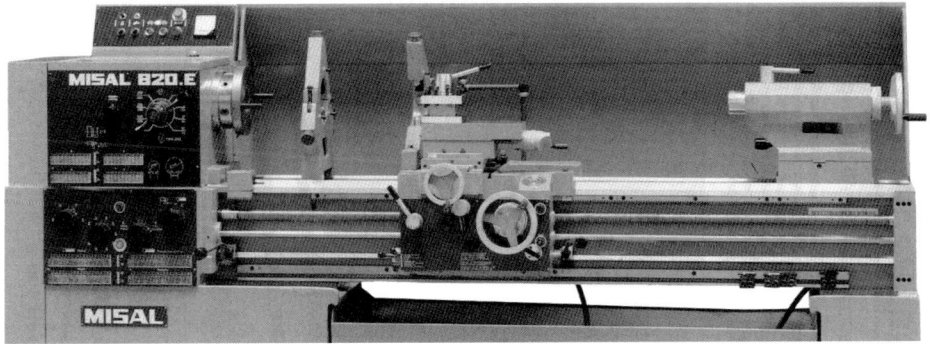

Abb. 4.20 Beispiel einer konventionellen Leit- und Zugspindeldrehmaschine (Werkbild: Misal)

windeschneiden, zentrisch Bohren, Senken, Reiben und Gewindebohren. Mit Zusatzeinrichtungen ist auch Unrunddrehen, Fräsen von achsparallelen Profilen sowie außermittiges Bohren möglich. Diese Maschinen gibt es für kleine Werkstücke mit Durchmessern von wenigen Millimetern bis extrem großen Werkstücken mit Durchmessern bis mehreren Metern und Längen über 10 m.

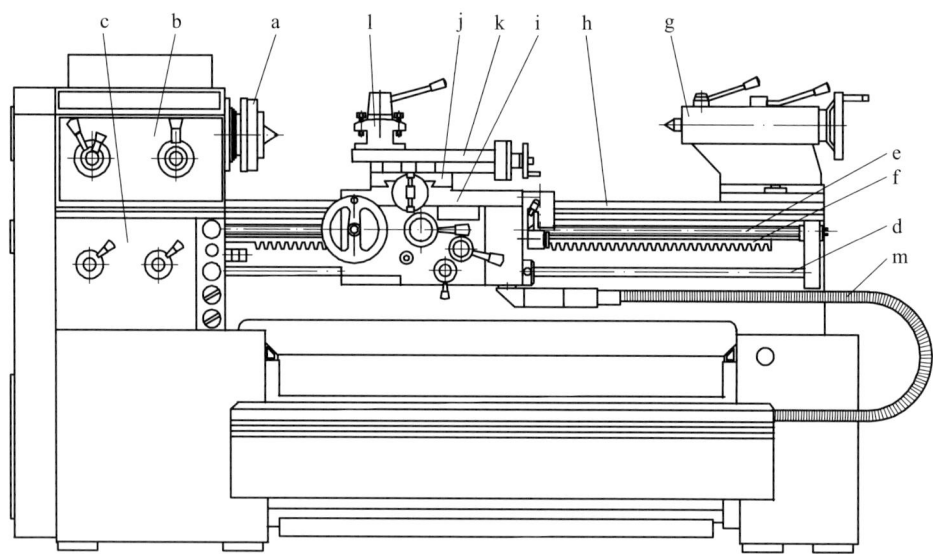

Abb. 4.21 Aufbaubeispiel einer konventionellen Leit- und Zugspindeldrehmaschine (nach Werkbild: Knuth). a – Hauptspindel, b – Spindelstock mit Hauptgetriebe, c – Vorschubgetriebe, d – Zugspindel, e – Leitspindel, f – Zahnstange, g – Reitstock, h – Führungsschienen am Flachbett, i – Längsschlitten, j – Quer(Plan-)schlitten, k – Meißelhalterschlitten, l – Meißelhalter, m – Kabelschlepp

Die Funktionen der wichtigsten Baugruppen sollen am Beispiel (Abb. 4.21) erläutert werden. Der Hauptantrieb ist im Spindelstock untergebracht und besteht aus einem Drehstrommotor dessen Leistung über ein mehrstufiges Getriebe auf die Hauptspindel übertragen wird. Von der Hauptspindeldrehzahl abgeleitet wird der abhängige Vorschub, den der Längsschlitten längs zur Werkstückachse bzw. der Planschlitten rechtwinklig zur Werkstückachse ausführt.

Die Größe des Vorschubes wird bei Längs- und Plandreharbeiten über ein Schaltgetriebe eingestellt und auf die Zugspindel übertragen. Diese besitzt eine Mitnehmernut in der die Passfeder eines im Längsschlitten gelagerten Zahnrades gleitet. Durch das Abwälzen dieses Zahnrades an einer am Maschinenbett befestigten Zahnstange wird der Längsschlitten bewegt. Für die Vorschubbewegung des Planschlittens wird die Drehzahl des Zahnrades auf eine Gewindespindel übertragen, die die am Planschlitten befestigte Spindelmutter verschiebt.

Zum Schneiden von Gewinde muss eine exakte Einstellung des Drehzahl-Vorschub-Verhältnisses erfolgen sowie der Vorschub möglichst spielfrei auf den Längsschlitten übertragen werden. Dazu wird die Anpassung der Hauptspindeldrehzahl über Wechselräder vorgenommen, deren Stufung und Zusammenstellung die genormten Steigungen der möglichen Gewinde repräsentiert. Die so erzeugte Drehzahl wird auf die Leitspindel (genau gefertigte Gewindespindel) übertragen und durch eine geteilte und schließbare

Mutter in die translatorische Bewegung des Längsschlittens umgewandelt. Zum Erhalten der Genauigkeit der Leitspindel wird diese nur zur Erzeugung der Schlittenbewegung beim Gewindeschneiden verwendet. Reitstock und Lünetten unterstützen die sichere Aufnahme rotationssymmetrischer Werkstücke.

4.3.2 NC-Schrägbett-Futter- und Stangenteildrehmaschine (Drehzelle)

Eine vielfältig eingesetzte Drehmaschinenart sind NC-Schrägbett-Drehmaschinen. Bedingt durch ihren Aufbau
- mit Schrägbett für gute Späneabfuhr und Zugänglichkeit des Arbeitsraumes,
- mit stufenlos stellbarer Hauptspindeldrehzahl und NC-Achsen in den Vorschubrichtungen für eine optimale Einstellung der Zerspanungsbedingungen sowie automatisierbaren Ablauf der Zerspanung,
- mit Revolverköpfen als Werkzeugträger mit zum Teil angetriebenen Werkzeugen sowie der Hauptspindel als C-Achse für die Fertigung verschiedenster Formelemente,
- mit separat geführtem Reitstock und Werkstückwechseleinrichtung für automatisierte Werkstückaufnahme

ergibt sich eine besondere Eignung dieser Maschinen zum Ausbau als Drehzellen und für ihre Integration in automatisierte und flexible Fertigungseinrichtungen. Die komplette Bearbeitung wellenförmiger Spitzen- und Stangenteile sowie von Futterteilen ist in der Regel möglich. NC-Schrägbettdrehmaschinen gibt es für kleinste Werkstücke mit Drehdurchmesser bis zu 50 mm und für große Werkstücke bis zu Durchmessern von 1 m bei Spitzenweiten bis zu 5 m.

Als Beispiel für eine kleine Maschine soll eine Präzisionsdrehmaschine (Abb. 4.22) vorgestellt werden. Bei einer Antriebsleistung von 9,5 kW ist die Bearbeitung von Drehteilen bis Durchmesser 125 mm und Länge bis 250 mm möglich.

Die Werkzeuge werden in einem Schaltrevolver mit 12 oder 16 Stationen aufgenommen. Dieser verfügt über 6 bzw. 8 Stationen mit Werkzeugantrieb zur Realisierung axialer und radialer Fräs-, Bohr- und Gewindeschneidarbeiten. Die Drehzahl der dabei eingesetzten Werkzeuge ist bis $6.000\,\text{min}^{-1}$ stufenlos programmierbar. Der Antrieb erfolgt über einen zentralen Asynchronmotor im Schaltrevolver. Der Einsatz von feststehenden Werkzeugen, deren Halterungen sich in linearer Anordnung neben dem Revolver befinden, ist möglich.

Der Antrieb der Hauptspindel erlaubt den C-Achs-Betrieb. Der somit realisierbare Betrieb der Spindel als „Rundachse" wird genutzt zum stufenlosen Positionieren des Werkstückes für Bohrarbeiten, zum Fräsen von Spiralnuten oder Bajonettkonturen am Umfang und zum Herstellen vielfältiger Konturen an der Stirnfläche durch die Interpolation mehrerer Achsen.

Aufgebaut auf einem dickwandigen Stahlsockel befindet sich ein massives, dreieckiges, verwindungssteifes 40°-Gussbett mit einer Dreipunktauflage. Der Gusskörper trägt durchgehärtete, breite Stahlführungen, welche direkt auf dem Bett montiert, geschliffen wurden. Der über die gesamte Länge aufliegende Kreuzschlitten verfügt über Kunst-

Abb. 4.22 Schrägbett-Drehmaschine (Werkbild: Spinner). a – Stahlsockel, b – Gussbett, c – Führungsleisten, d – Stahlverkleidung, e – Schaltrevolver, f – Spindelkasten, g – Einschubspindel, h – Querschlitten, i – Spänebehälter

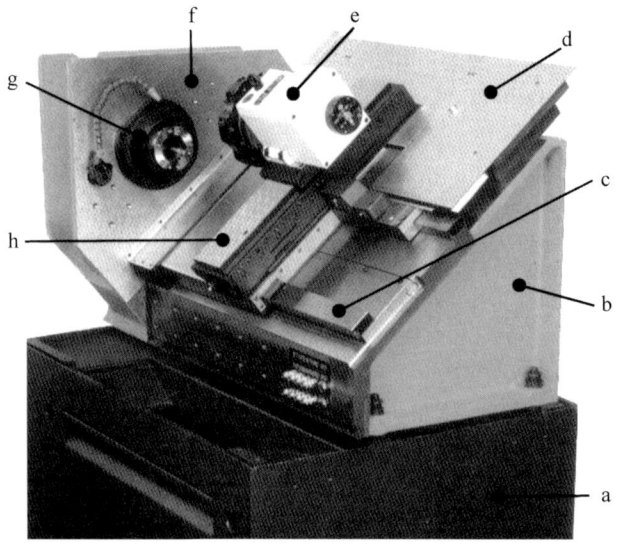

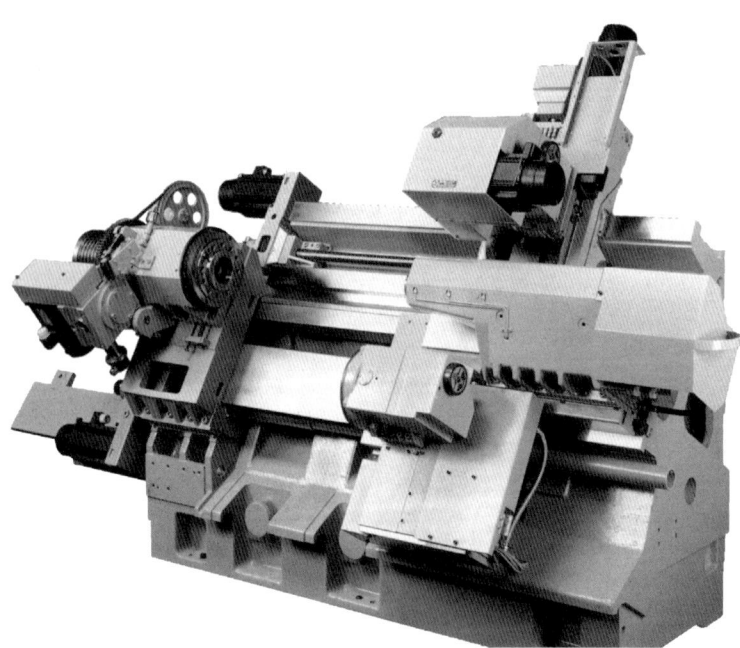

Abb. 4.23 NC-Schrägbettdrehmaschine (Werkbild: Gildemeister)

stoffbeschichtungen der Gegenführung und eine druckfreie Zentralschmierung. Zwischen den Führungen beider Achsen befinden sich lineare Messsysteme mit Glasmaßstäben zur direkten Messung der Schlittenposition als geschlossener Regelkreis. Eine Positioniergenauigkeit der Schlitten innerhalb 0,5 µm wird so erreicht. Die Vorschubspindeln befinden sich zwischen den Führungsflächen. Auf dem Querschlitten aufgesetzt befinden sich der Schaltrevolver oder die zusätzlichen linearen Werkzeugträger. Der massive Spindelkasten trägt die auswechselbare Einschubspindel mit ihren Spindellagern. Der Arbeitsraum ist durch eine nichtrostende Stahlverkleidung mit integrierten Abstreiflippen abgedeckt. Im Sockel befindet sich der Kühlmitteltank mit dem darauf befindlichen Spänebehälter direkt unter dem Späneschacht.

Den Aufbau einer mittelgroßen NC-Schrägbettdrehmaschine zeigen die Abb. 4.23 und 4.24. Man erkennt das Schrägbett und den darauf angeordneten Spindelstock einschließlich der Hauptspindel. Diese wird über einen stufenlos-stellbaren Motor mit Riementrieb angetrieben. Wellenförmige Werkstücke können mit Hilfe des Reitstockes abgestützt werden. Für die Aufnahme der Werkzeuge stehen zwei Revolverköpfe zur Verfügung, die jeweils auf einem Planschlitten und einem Längsschlitten angeordnet sind.

Die Anordnung einer Y-Achse im Werkzeugrevolver macht die Drehmaschine zum Bearbeitungszentrum, welches nahezu jede Geometrie mit den Verfahren Drehen, Bohren, Fräsen fertigen kann, die an einem wellenförmigen oder Futterteil auftritt. Mit einem

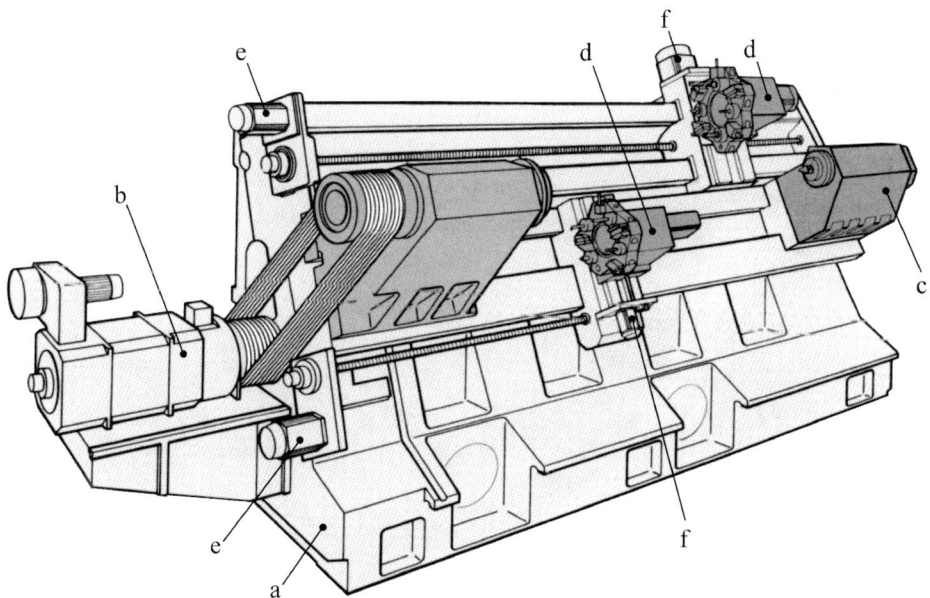

Abb. 4.24 NC-Schrägbettdrehmaschine (Werkbild: Gildemeister). *a* Schrägbett; *b* Hauptantriebsmotor, mit Riementrieb zur Hauptspindel; *b* Spindelstock mit Hauptspindel; *c* Reitstock; *d* Werkzeugrevolver mit Plan- und Längsschlitten; *e* Motor, Zahnriemengetriebe und Gewindespindel für Längsschlittenantrieb; *f* Motor für Planschlitten

Abb. 4.25 90°-Spindelkopf mit Y-NC-Achse für Drehmaschinen (Werkbild: Niles-Simmons). NC-Achsbezeichnung und Prinzipdarstellung des Erzeugens einer Y-Bewegung durch Schwenken der Werkzeugaufnahme (Werkbild: Mazak)

90°-Spindelkopf (Abb. 4.25), der einen Y-Verstellweg von 15 mm als echte NC-Achse besitzt und im Werkzeugrevolver aufgenommen wird, lassen sich z. B. Passfedernuten im Rahmenfräsverfahren herstellen, die maximal 28 mm breit sein können.

Für die Bearbeitung langer, schlanker Wellen oder weit ausgespannter Hülsenteile kann die Maschine über im Programm positionierbare Lünettenschlitten verfügen.

4.3.3 Senkrecht-(Karussell-)Drehmaschine

Unter Karussell-Drehmaschinen (Abb. 4.26) versteht man in der Regel sehr große Maschinen mit Drehtischdurchmesser von mindestens 1 m.

Die Ausführung erfolgt überwiegend in Modulen (Abb. 4.27). Zum Beispiel aus verschiedenen wählbaren Ständer-, Traversen-, Tisch- und Werkzeugträgerbaugruppen

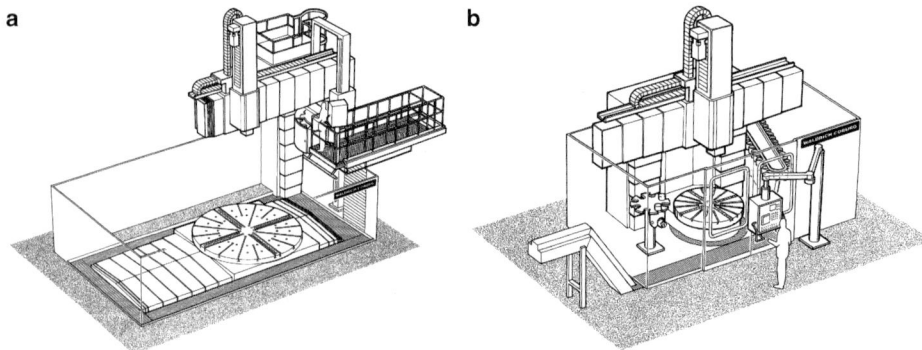

Abb. 4.26 Beispiele von Aufbauvarianten (Werkbild: Waldrich Coburg). **a** Einständer-Bauweise mit verschiebbaren Tischuntersatz, **b** Doppelständer-Portalbauweise

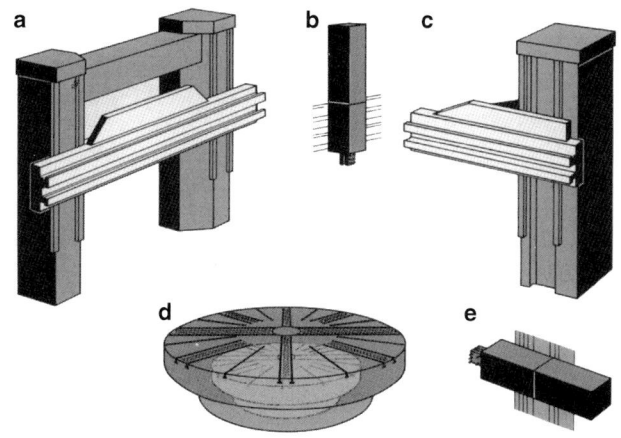

Abb. 4.27 Module für Karussell-Drehmaschinen (Werkbild: Dörries Scharmann). **a** Ständer und Querbalken in Zweiständerbauweise, **b** Querbalkensupport mit Meißelschieber, **c** Ständer und Querbalken in Einständerbauweise, **d** Drehtisch mit Unterbau, **e** Seitensupport

einschließlich der gewünschten Antriebe. Die Ausstattung der Maschinen mit mehreren Tischen zur hauptzeitparallelen Werkstückvorbereitung, mit Werkzeugspeicher und automatischem Werkzeugwechsel ist üblich. Wahlweise können auch andere Fertigungsverfahren, wie z. B. Fräsen, Bohren und Schleifen durch entsprechende Antriebs- und Werkzeugträgersysteme integriert werden. Durch den Einsatz von numerisch gesteuerten Achsen (drei auf der Werkzeugseite und eine auf der Werkstückseite) können mit Maschinen entsprechend Abb. 4.26b sowohl Aufgaben einer Senkrechtdrehmaschine als auch eines Portalfräswerkes, Horizontalbearbeitungszentrums bzw. eines Senkrechtkoordinatenbohrwerkes realisiert werden. Bei der Vielzahl unterschiedlicher Aufgaben ist die Werkzeugversorgung besonders wichtig. Auch hierbei erweist sich ein gestaffeltes ausbaufähiges System aus verschiedenen Modulen als günstig. Zum Beispiel bestehend aus: Pick-up-Station für 20 Werkzeuge, Kettenmagazin bis 60 Werkzeuge oder Handhabungssystem für 120 und mehr Werkzeuge.

Auf Drehmaschinen dieser Größenordnung erfolgt die Aufnahme der Werkzeuge in der Regel in Meißelschiebern mit quadratischem Querschnitt (Abb. 4.28). Die Schieberbewegung selbst kann als NC-Achse ausgebildet sein, um möglichst kleine Massen während bestimmter Vorschub- oder Zustellbewegungen bewegen zu müssen. In der Mitte des Meißelschiebers kann eine Hauptspindel zur Aufnahme rotierender Werkzeuge angeordnet sein. Die Drehwerkzeuge, Schwenkköpfe mit separat angetriebenen Werkzeugen oder auch Messtaster werden direkt im Meißelschieber gespannt.

Das in Abb. 4.29 dargestellte Beispiel einer Planscheibenlagerung zeigt eine Konstruktion, die weitestgehend unempfindlich gegen die Ortslage der Belastung ist. Dies wird erreicht durch eine steife Gestaltung der Planscheibe und deren Unterbau mit dem Zahnkranz, dem groß gewählten axialen Auflagedurchmesser und das axiale und radiale Vorspannen der Wälzlager. Besonders wichtig für den sicheren Betrieb bei wechselnden Bearbeitungskräften ist ein geringes Flankenspiel zwischen Zahnkranz und Ritzel. Auf der Basis guter Verzahnungsqualität erreicht man es durch Kontrolle und Korrektur während

Abb. 4.28 Meißelschieber (Werkbild: Dörries Scharmann). *a* Drehwerkzeug, *b* Fräswerkzeug

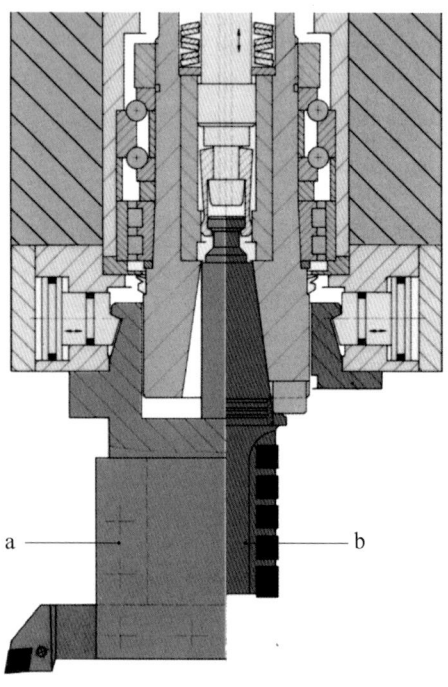

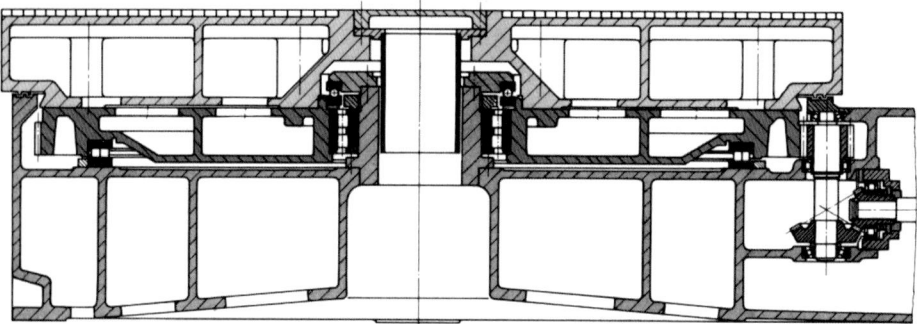

Abb. 4.29 Beispiel der Planscheibenlagerung einer Karussell-Drehmaschine (Werkbild: Dörries Scharmann)

der Montage. Das Antriebsritzel ist im Normalfall schrägverzahnt, gehärtet und geschliffen. Für besondere Ansprüche an die Genauigkeit kann die Axiallagerung hydrostatisch ausgeführt werden.

Die Vorteile einer vertikalen Drehbearbeitung
- genaue und sichere Werkstückspannung durch Eigengewichtsauflage
- hohe Bearbeitungsgenauigkeit durch vertikale Spindelanordnung; Spannmittel und Werkstückgewicht übertragen keine Biegemomente auf die Hauptspindel
- gute Zugänglichkeit zum Arbeitsraum (Spannmittel, Werkzeug, Werkstück)

4.3 Drehmaschinen

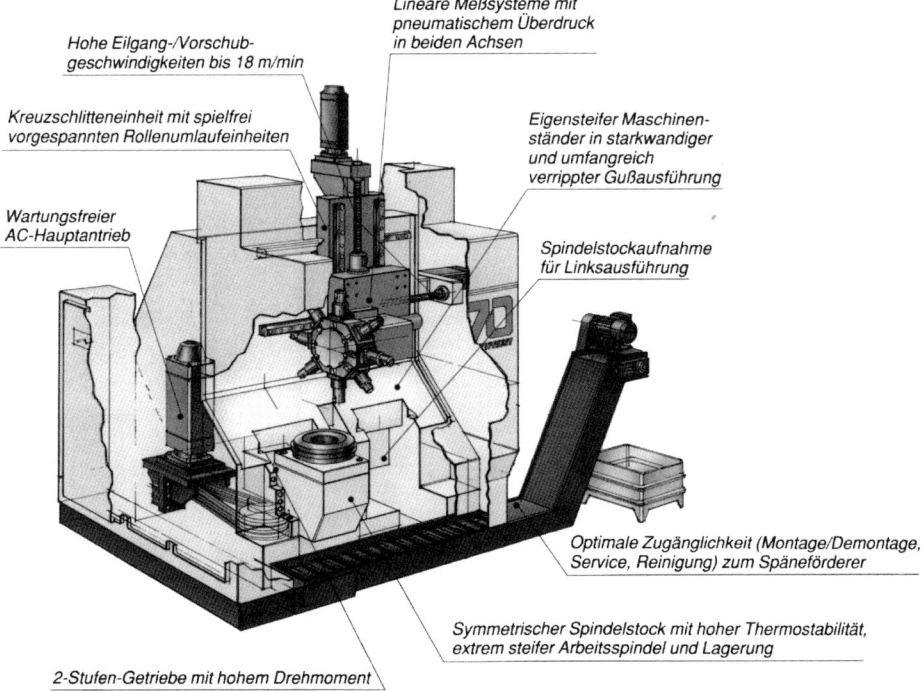

Abb. 4.30 Beispiel einer Senkrecht-Drehmaschine (Werkbild: DIEDESHEIM/THYSSEN)

- einfaches und schnelles Be- und Entladen auch bei schweren Werkstücken sowohl manuell als auch mit automatischen Ladesystemen
- platzsparende Aufstellung

sind auch für kleinere Werkstückgrößen interessant. Abbildung 4.30 zeigt den Aufbau solch einer Maschine. Neben dem kompakten Aufbau der Maschine ist der freie Spänefall (durch steil angeordnete Leitbleche unterstützt) hervorzuheben. Somit ist kein Wärmeeintrag in das Maschinengestell möglich. Im Zusammenspiel mit dem thermosymmetrischen Gestell-, Spindelstock- und Kreuzschlittenaufbau ist ein gutes thermisches Verhalten der Gesamtmaschine zu erwarten.

4.3.4 Drehautomaten

Für die Fertigung kleiner bis mittelgroßer Werkstücke in hohen Stückzahlen eignen sich Drehautomaten. Durch mehrere Werkzeugschlitten mit mehreren Werkzeugen (*Mehrschlittendrehautomaten*) sind sie in der Lage, eine Vielzahl von Formelementen möglichst schnell und zum Teil zeitlich parallel zu fertigen. Das Arbeiten von Stange oder mit automatisierter Rohteilzuführung und Fertigteilabführung ermöglichen einen bedienerarmen

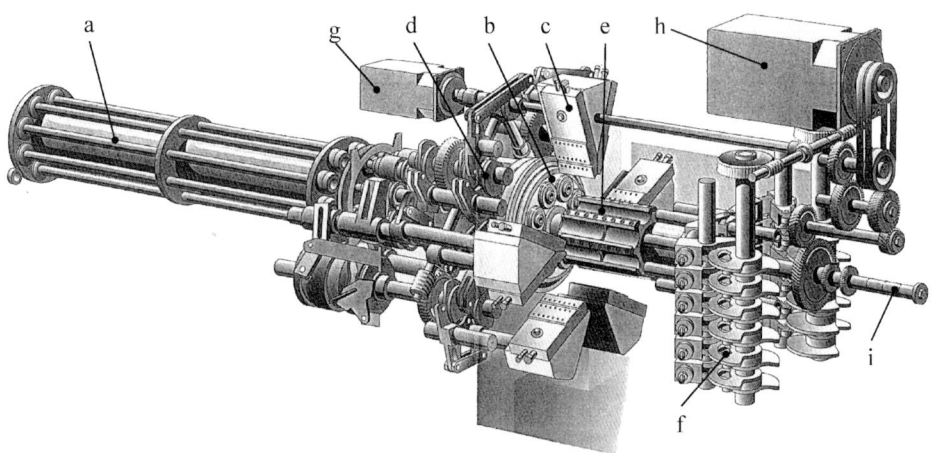

Abb. 4.31 Mehrspindeldrehautomat für Stangenmaterial (Werkbild: PITTLER TORNOS). a – Stangenmagazin, b – Spindeltrommel mit acht Hauptspindeln, c – Querschlitten für die Aufnahme der Einstechwerkzeuge, d – Kurvenscheiben und Hebelmechanismen für die Bewegung der Querschlitten, e – Aufnahmen für die Längsschlitten, f – Kurvenscheiben und Hebelmechanismen für die Bewegung der Längsschlitten, g – Motor für Vorschub- und Trommelschaltbewegungen, h – Motor für den Hauptantrieb, i – Zentralwelle für den Antrieb der Hauptspindeln

Betrieb. Ist die Zahl der notwendigen Arbeitsschritte größer als auf einem Mehrschlittendrehautomat realisierbar oder muss die Stückzeit weiter verkürzt werden, kann die Aufteilung der Arbeitsschritte auf mehrere parallel angeordnete Hauptspindeln (Mehrspindeldrehautomaten) vorgenommen werden. Die Realisierung der Steuerungsaufgaben erfolgt dabei mechanisch über Kurven oder elektrisch über NC-Steuerungen. Auch Mischformen sind bekannt.

Diese Maschinenarten sind in der Regel für ein bestimmtes, eng begrenztes Teilespektrum ausgelegt und es werden für den Anwender individuell zugeschnittene Lösungen angeboten.

Das Beispiel eines Mehrspindeldrehautomaten ist in Abb. 4.31 dargestellt. Diese Maschine besitzt

- acht Hauptspindeln, die in der Spindeltrommel aufgenommen sind,
- unabhängig voneinander verfahrbare Längsschlitten,
- acht Querschlitten.

Den Antrieb übernehmen zwei AC-Motoren (für Drehzahl und Vorschub getrennt), deren Drehzahl für eine optimale Wahl der Bearbeitungsbedingungen stufenlos einstellbar ist. Die Schlittenbewegungen werden durch Kurven gesteuert. Diese Mechanik ist durch einzelne oder mehrere NC-Schlitten ergänzbar.

Der Arbeitsraum eines NC-Mehrschlittendrehautomaten für kleine wellenförmige oder kurze Werkstücke ist in Abb. 4.32 dargestellt. Der Hauptantrieb ermöglicht den C-Achsbetrieb.

4.3 Drehmaschinen

Abb. 4.32 Arbeitsraum mit Werkzeugschlitten und Darstellung der NC-Achsen eines Einspindel-Revolver-Drehautomaten (Werkbild: Gildemeister)

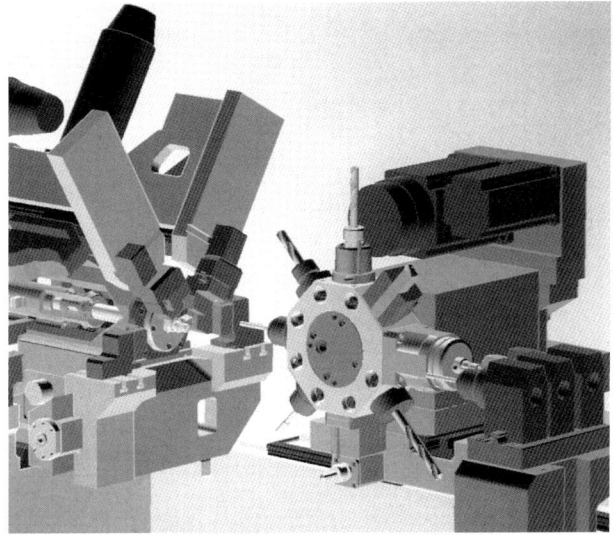

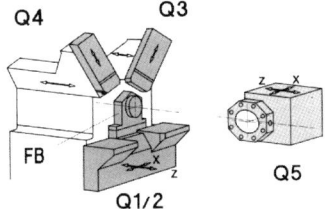

Kurze Stückzeiten werden durch simultane Mehrmeißelbearbeitung mit vier Kreuzschlitten (Abb. 4.33) erreicht. Hierzu sind acht gesteuerte Achsen notwendig.

- Der Kreuzschlitten Q 1/2 ist bahngesteuert und verfährt in Längsrichtung zusammen mit der Führungsbuchse.
- Die Kreuzschlitten Q 3 und Q 4 sind ebenfalls bahngesteuert und unabhängig von der Führungsbuchse bzw. vom Schlitten Q 1/2 einsetzbar.
- Alle Schlitten eignen sich zum Konturdrehen, Stechen und Gewindestrehlen.

Abhängig von der Bearbeitung ist somit der gleichzeitige Einsatz von bis zu vier Werkzeugen möglich. Auf dem bahngesteuerten Kreuzschlitten Q 5 befindet sich ein 8-Stationen-Revolver. Er arbeitet durchschaltend mit Richtungslogik und ist mit innerer Kühlmittelzuführung sowie mit vier angetriebenen Stationen ausgerüstet. Er kann eingesetzt werden für Innen-, Außen- und rückseitige Bearbeitung, sowie für Bohr- und Fräsoperationen.

Für die Bearbeitung der Werkstückrückseite wird das Werkstück von einer in den Werkzeugrevolverkopf integrierten rotierenden Abgreifeinrichtung während des Abstechens übernommen und den feststehenden Werkzeugen auf dem Linearwerkzeugträger zugeführt. Dabei ist die simultane Vorderseitenbearbeitung des folgenden Werkstückes möglich. Auf dem Linearwerkzeugträger können bis zu vier Werkzeugaufnahmen aufgebaut werden.

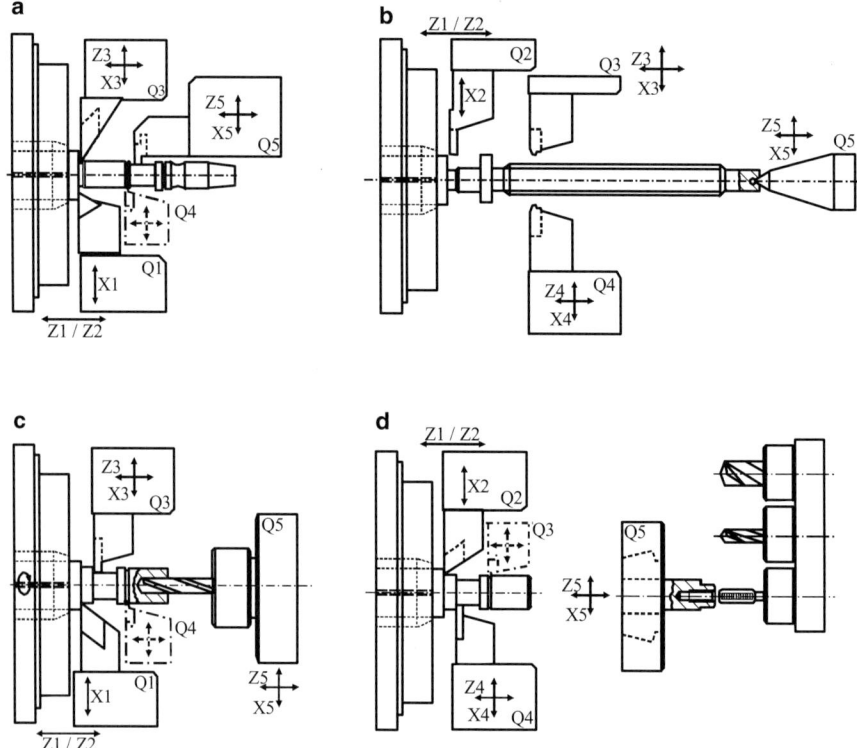

Abb. 4.33 Bearbeitungsbeispiele für einen Einspindel-Revolver-Drehautomat (Werkbild: Gildemeister). Einsatz von **a** bis zu 4 Außendrehwerkzeugen, **b** bis zu 3 Außendrehwerkzeugen und Abstützung durch Revolver, **c** bis zu 3 Außendrehwerkzeugen und Innenbearbeitung durch Revolver, **d** bis zu 3 Außendrehwerkzeugen und rückseitige Bearbeitung mit der Revolverspindel

Die Zuführung des neuen Werkstückes erfolgt beim Arbeiten von Stange durch eine hydraulisch einstellbare Führungsbuchse, welche formschlüssig durch die Antriebsspindel mitgenommen wird oder beim Arbeiten mit Futterteilen durch eine separate Werkstückzuführung.

Die Steuerung ermöglicht es, Werkstückmaße während des Bearbeitungsprozesses zu korrigieren. Dadurch werden gleichbleibend maßhaltige Teile produziert. Mit dem Servohandrad lassen sich Drehzahl und Vorschub in %-Schritten überlagern oder die Schlitten in vorwählbaren Bereichen von 0,1 bis 0,001 mm verfahren.

4.3.5 Frontdrehmaschinen und Überkopf-(Pick-up-)Drehmaschinen

Als Beispiele für die Weiterentwicklung der Drehmaschinen zu Bearbeitungszentren sollen die beiden folgenden Maschinen vorgestellt werden.

Sie eignen sich in besonderer Weise für die automatisierte Fertigung von Futterteilen und sind mit Werkzeugrevolvern ausgestattet, die sowohl starre als auch angetriebene

4.3 Drehmaschinen

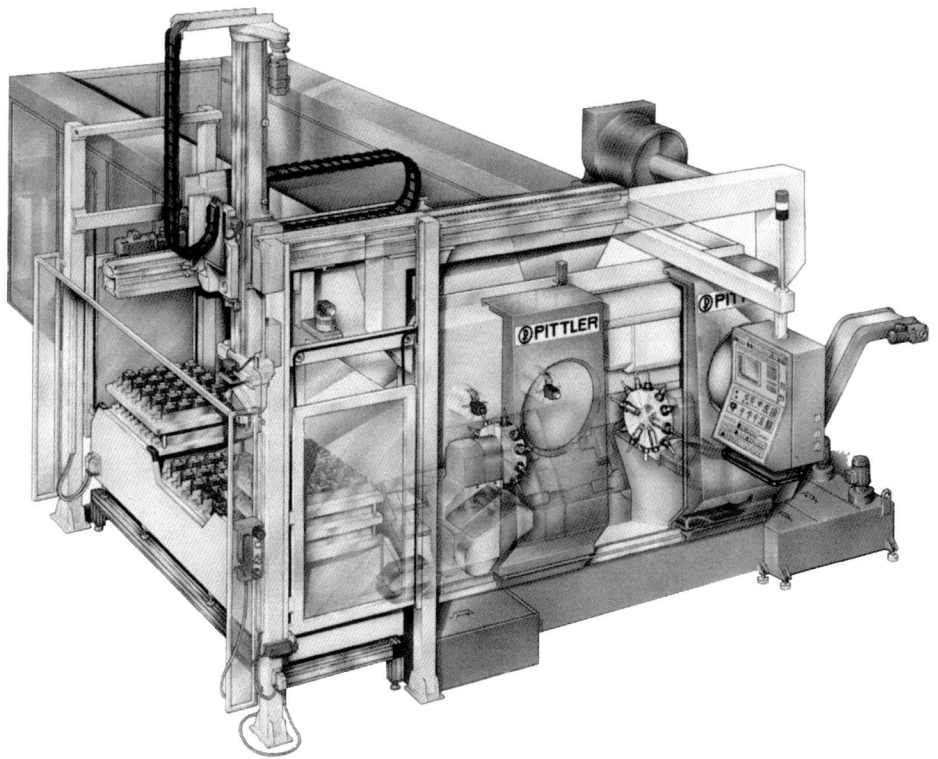

Abb. 4.34 Frontdrehmaschine als Bestandteil eines flexiblen Bearbeitungssystem (Werkbild: PITTLER)

Werkzeuge aufnehmen können. Somit sind neben den Drehverfahren auch die Verfahren Bohren, Gewindeschneiden und Fräsen möglich. Werkstückspeicher und Werkstückwechseleinrichtungen sorgen für bedienerarmen Betrieb. Die Maschinen können mit Messtastern ausgestattet werden, so dass die Qualitätskontrolle in der Maschine erfolgen kann. Entsprechende Steuerungstechnik erlaubt die selbständige Korrektur von Maßabweichungen durch Zustellung oder Wechsel der Werkzeuge bzw. gibt eine Fehlermeldung nach außen.

Das in Abb. 4.34 dargestellte Bearbeitungssystem besitzt als Basis eine Frontdrehmaschine mit zwei Hauptspindeln und einem querorientiertem Maschinenbett. Als Werkzeugträger fungieren zwei Flachrevolver. Der Einsatz von Stern- oder Trommelrevolver sowie Blockwerkzeugen ist möglich. Die Beschickung mit Werkstücken übernimmt ein Portalroboter und der Palettenspeicher. Die Steuerung lässt die automatische Umstellung auf andere Werkstücke zu und macht die Einrichtung damit zum Bearbeitungssystem.

Besonders in der automatisierten Fertigung kleiner Futterteile (Futterdurchmesser bis ca. 160 mm, Umlaufdurchmesser bis ca. 220 mm haben sich Drehmaschinen mit hängender Hauptspindel (Abb. 4.35) einen festen Platz erobert. Auf der Werkstückseite führt

Abb. 4.35 Pick-up-Drehmaschine (Werkbild: EMAG). a – Maschinengestell, b – Aufstellelemente, c – Hauptspindel als Motorspindel (C-Achse), d – Portalschlitten (X-Achse), e – Pick-up-Spindelaufnahme (Z-Achse), f – Werkzeugrevolver, g – Werkstücktransportband, h – Elektroschrank, i – Kühlsystem, j – Spänetransport

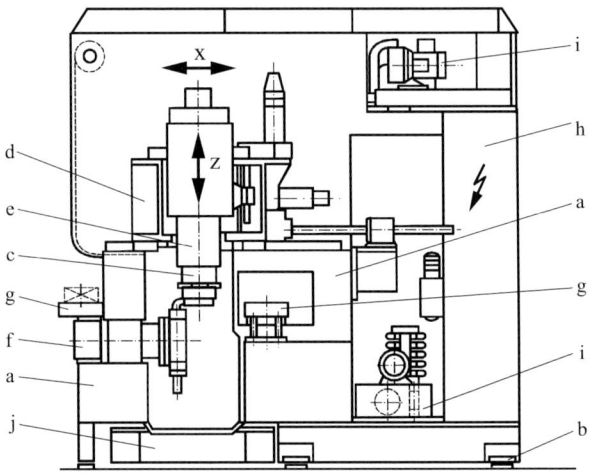

die Hauptspindel (als Pick-up-Spindel bezeichnet) die Schnittbewegung, den axialen (Z-Achse) und den radialen Vorschub (X-Achse) aus. Diese Achse wird ebenfalls für den Werkstücktransport zum Werkstückspeicher genutzt und mit der Z-Achse das Werkstück auf dem Transportband abgelegt bzw. von ihm entnommen. Auf der Werkzeugseite befindet sich der Werkzeugrevolver, der feste und angetriebene Werkzeuge in den Arbeitsraum einschwenkt. Bei diesem Maschinenkonzept ist somit der Werkstückwechsel ohne zusätzliche Greifertechnik möglich. Freier Spänefall, besonders für die Trocken- und HSC-Bearbeitung erforderlich, ist gewährleistet.

Hinsichtlich des Maschinenaufbaus besteht die Maschine beispielsweise aus einem U-förmigen Maschinenbett aus Mineralguss und dem Portalschlitten. Für die Führung in Z-Richtung werden wälzende Kompaktführungen verwendet. Die Führung der Pinole (Z-Achse) erfolgt hydrostatisch. In die Maschine ist ein Kühlsystem integriert, was alle genauigkeitsbestimmenden Baugruppen auf konstanter Temperatur hält. Dieses sichert gemeinsam mit der geometrischen Genauigkeit sowie dem statischen und dynamischen Verhalten der Maschine die notwendige Fertigungsgenauigkeit. Die Drehspindel ist als Motorspindel ausgeführt und besitzt die C-Achsfunktion.

Dieses Maschinenkonzept kann man auch als Mehrspindler (Abb. 4.36) ausführen. Die Integration von Messsystemen zum Erfassen der Werkstückgenauigkeit (In-Process-Messung) und der Anbau einer Wälzfräseinrichtung zur Verzahnungsherstellung an den Futterteilen ist bekannt [6].

4.4 Fräsmaschinen

Neben den Drehmaschinen ist die Gruppe der Fräsmaschinen einschließlich der sich aus ihnen entwickelten Bearbeitungszentren eine mit der größten Vielfalt verschiedener Ausführungen. Die Vorschub- und Einstellbewegungen, die immer in den drei translatorischen Achsen und unter Umständen auch in zwei rotatorischen Achsen (5-Achsen-Maschinen)

4.4 Fräsmaschinen

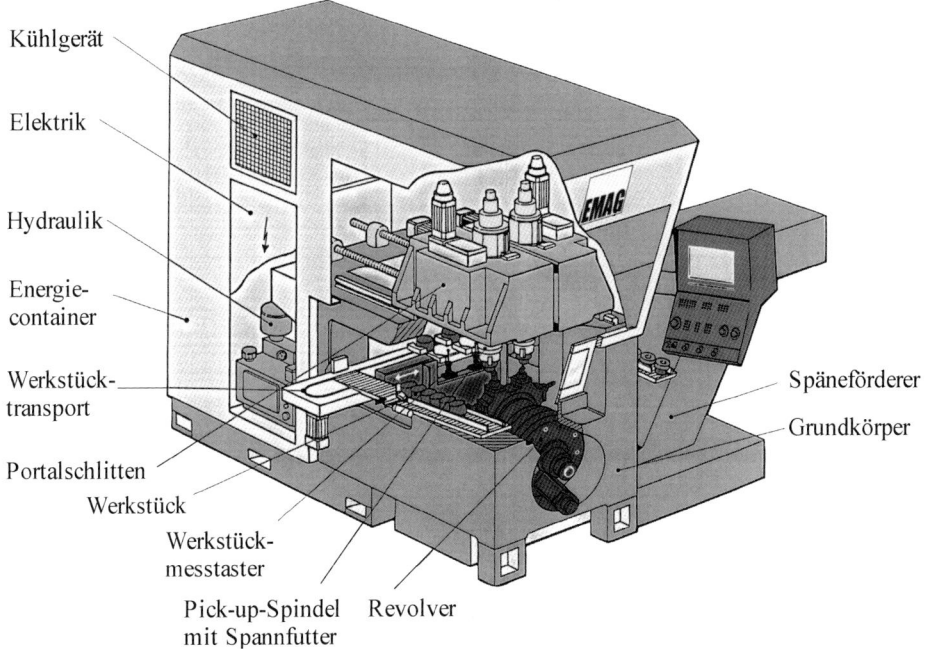

Abb. 4.36 Doppelspindel Pick-up-Drehmaschine (Werkbild: EMAG)

erfolgen müssen, können sowohl den werkzeug- als auch den werkstücktragenden Baugruppen zugeordnet werden (Abb. 4.37). Allein daraus ergeben sich eine Vielzahl von Aufbauvarianten, die wiederum mit verschiedenen Gestellformen ausführbar sind (vgl. Abb. 4.5).

Außer diesen Kriterien verwendet man weitere zur Systematisierung und Bezeichnung von Fräsmaschinen
- die Lage der Hauptspindel: waagerechte, senkrechte oder schwenkbare Spindel
- die Gestaltung der Gestellbaugruppen: offen, geschlossen, Baugruppen aufgesetzt, seitlich angesetzt, als Schieber integriert usw.
- die Ausführung der Antriebe zur Anwendung verschiedener Verfahren wie Fräsen, Bohren, Schleifen, Messen, ...
- die Anordnung mehrerer Hauptspindeln, mehrerer Bearbeitungsplätze oder verschiedener Tischvarianten
- die Integration von Werkstück- und Werkzeugwechsel sowie deren Bereitstellung
- die Art der Steuerung: von Hand, verschiedene Kopiersteuerung, NC-Steuerungen

4.4.1 Konsolfräsmaschinen

Für die Bearbeitung kleiner bis mittelgroßer Werkstücke sowie zur Werkzeugfertigung und für den Werkstattbetrieb werden bevorzugt Konsolfräsmaschine in verschiedenen Bauweisen eingesetzt. Die Lage der Hauptspindel ist waagerecht (mit Gegenhalter) oder

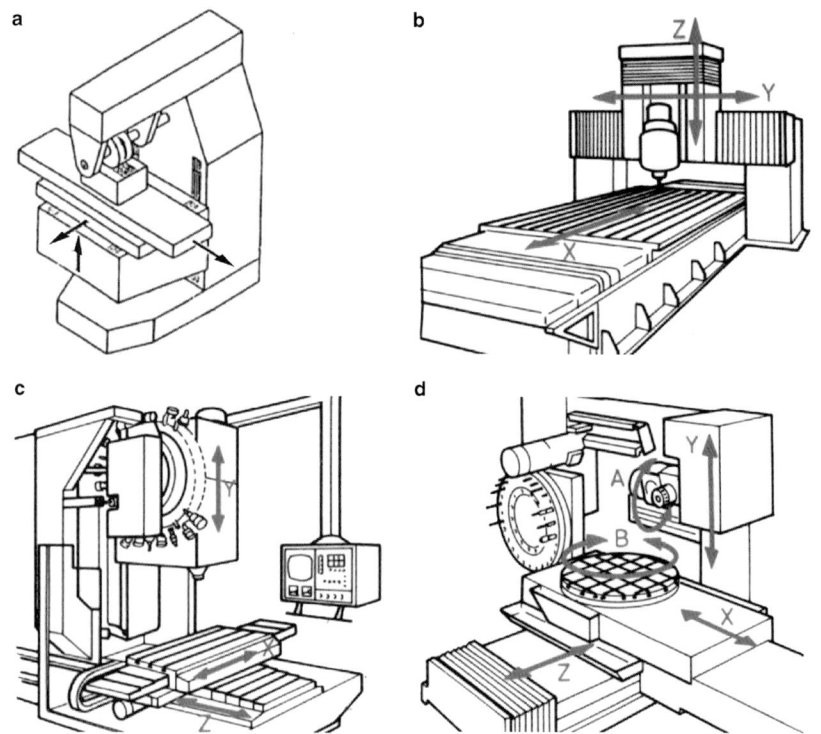

Abb. 4.37 Beispiele für die Zuordnung der Vorschub- und Einstellachsen bei Fräsmaschinen [7]. **a** Konsolfräsmaschine, **b** Bettfräsmaschine, **c** 3-Achsen-Bearbeitungszentrum, **d** 5-Achsen-Bearbeitungszentrum

senkrecht. Der Anwendungsbereich wird vergrößert durch z. B.
- einen beidseitig um 45° schwenkbaren senkrechten Spindelkopf,
- die Führung der Hauptspindelbaugruppe in einer axial verstellbaren Pinole mit einstellbarer Wegbegrenzung,
- das Vorhandensein einschwenkbarer Senkrecht-Spindelköpfe bei waagerecht Maschinen,
- den Einsatz von Universal-Schwenkköpfen,
- die Möglichkeit des Tischkippens oder -schwenkens,
- den Anbau von Teileinrichtungen zur Werkstückaufnahme.

Für den Werkstattbetrieb geeignete Konsolfräsmaschinen sind in den Abb. 4.38 und 4.39 dargestellt. Die Maschine besitzt ein Gussgestell, bestehend aus Grundplatte, Ständer mit angesetztem Konsol und Tisch auf der Werkstückseite sowie Querschieber und schwenkbarem Spindelkopf auf der Werkzeugseite.

Der Frässpindelantrieb erfolgt durch einen stufenlos stellbaren Motor mit nachgeschaltetem zweistufigem Getriebe. Die so erzeugten Spindeldrehzahlen werden auf die im Querschieber gelagerte waagerechte Hauptspindel bzw. auf die im schwenkbaren Spin-

4.4 Fräsmaschinen

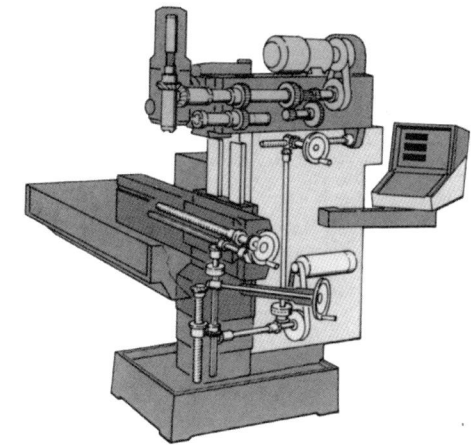

Abb. 4.38 Konsolfräsmaschine mit waagerechter und senkrechter, schwenkbarer Hauptspindel (Werkbild: MAHO)

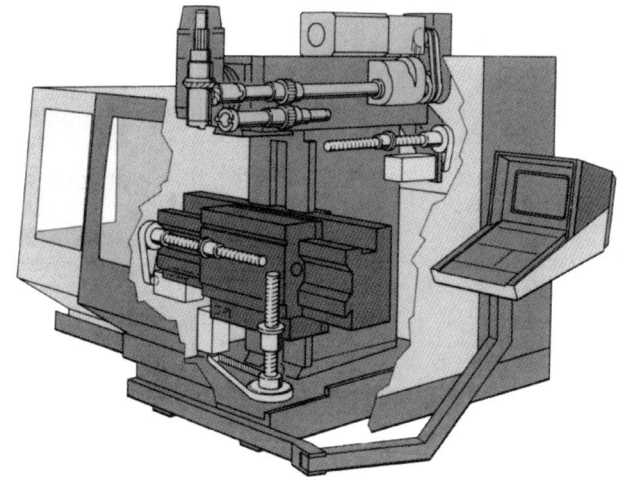

Abb. 4.39 NC-Konsolfräsmaschine mit waagerechter und senkrechter, schwenkbarer Hauptspindel (Werkbild: MAHO)

delkopf angeordnete Hauptspindel übertragen. Die automatische Werkzeugspannung ist in beiden Hauptspindeln vorgesehen.

Die Vorschub- bzw Einstellbewegung von Konsol, Tisch und Querschieber erfolgt von einem zentralen stufenlos stellbaren Motor. Mechanische Handräder unterstützen das Einrichten der Maschine.

Konsolfräsmaschinen sind in der Regel mit automatischer hydraulischer Konsolabsenkung versehen. Sie gewährleistet, dass während des Eilrücklaufes das Konsol um etwa 0,7 mm zum Schutz der Werkstückoberfläche und der Werkzeugschneide abgesenkt wird.

Zur Realisierung häufig wiederkehrender Bewegungsabläufe (Abb. 4.40) besitzen Konsolfräsmaschinen (auch andere Fräsmaschinen) entsprechende Steuermechanismen. Sie sind bei konventionellen Maschinen als Nockensteuerungen aufgebaut und bei NC-Maschinen in Programmen gespeichert.

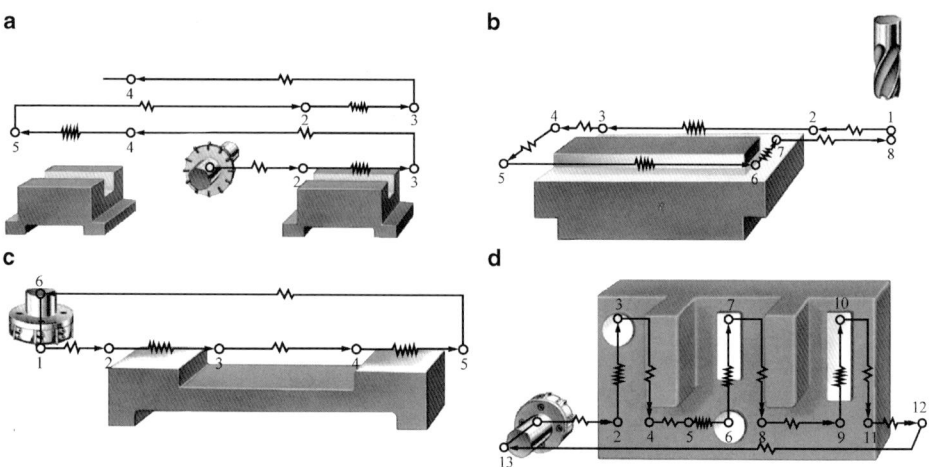

Abb. 4.40 Automatisierte Bewegungsabläufe bei Fräsmaschinen. **a** Sprungtischfräsen, **b** Rahmenfräsen, **c** Pendelfräsen, **d** Kammfräsen

Abb. 4.41 Universal-Werkzeugfräsmaschine mit automatischem Schwenkkopf und um zwei Achsen schwenkbarem Maschinentisch (Werkbild: TOS Kurim, Tschechien)

In Konsolbauweise entstehen auch sogenannte Universal-Werkzeugfräsmaschinen (Abb. 4.41). Für die Aufnahme der in der Regel geringen bis mittelschweren Werkstückmassen und der niedrigen Bearbeitungskräfte eignet sich dieses Aufbauprinzip. Besonderheiten gegenüber Konsolfräsmaschinen für allgemeine Fertigungsaufgaben sind die große Anzahl an möglichen Bewegungen und Einstellungen bei hoher Präzision sowie

4.4 Fräsmaschinen

eine Vielzahl möglicher Zusatzbaugruppen. Die Bedienung erfolgt von Hand oder über NC-Steuerung. Für diese Werkstattmaschinen sind in der Regel keine Werkzeug- oder Werkstückwechseleinrichtungen vorgesehen.

4.4.2 Kreuztisch- und Kreuzbettfräsmaschinen

Werden die Werkstückmassen größer, ist die Werkstückbewegung in vertikaler Richtung nicht vorteilhaft. Man legt diese Bewegungsachse auf die Werkzeugseite und benötigt zwangsläufig einen Kreuztisch auf der Werkstückseite.

Eine so aufgebaute Fräsmaschine mit einem Arbeitsbereich von $(600 \times 500 \times 400)\,\text{mm}^3$ (längs × quer × senkrecht) zeigt Abb. 4.42. Der Ständer ist mit dem Bett der Maschine verschraubt und trägt Antrieb und Führungen für den Spindelstock. In ihm ist die Hauptspindel gelagert, die über einen Zahnriemen von einem frequenzgeregelten Asynchronmotor angetrieben wird. Die dargestellte Maschine ist mit einem Werkzeugspeicher und entsprechender Wechseleinrichtung ausgerüstet, so dass sie als Fräszentrum bezeichnet werden muss.

Wird eine weitere der drei rechtwinklig zueinander liegenden Bewegungen auf die Werkzeugseite verlagert und durch eine Ständerbewegung ausgeführt, entsteht eine Kreuzbettmaschine (Abb. 4.43). Das Maschinenbett trägt die rechtwinklig zueinander angeordneten Führungen für den Tisch (einzige werkstückseitige Bewegung) und für den Ständer. An diesem verfährt der Spindelstock senkrecht.

Ausgerüstet mit einem NC-Schwenkkopf und einem NC-Drehtisch besitzt die Maschine 5 NC-Achsen. Durch die Ausstattung der Maschine mit Werkzeugspeicher und -wechseleinrichtung sowie Werkstückpalettenwechsel wird sie zum Bearbeitungszentrum ausgebaut.

Abb. 4.42 Senkrecht-Fräszentrum (Werkbild: MAHO)

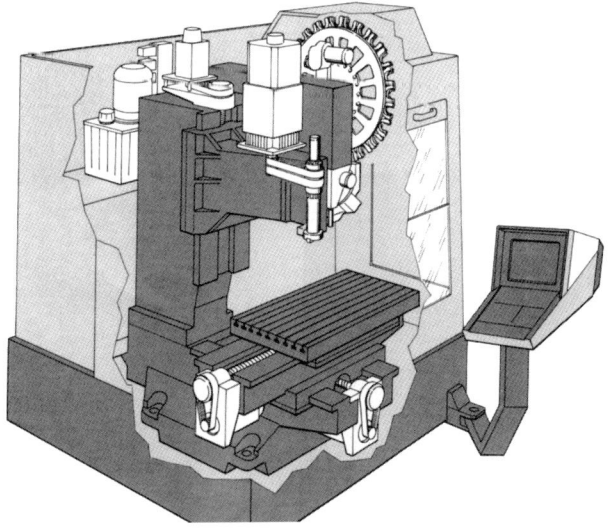

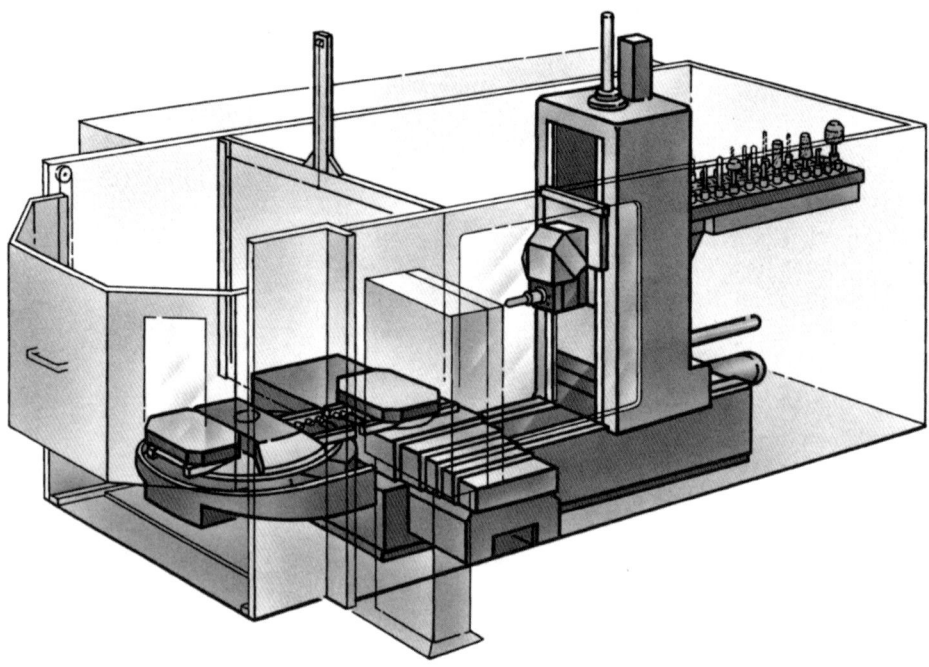

Abb. 4.43 Kreuzbettfräsmaschine (Werkbild: HELLER)

NC-Schwenkköpfe für Fräsmaschinen können zum Beispiel wie in Abb. 4.44 dargestellt aufgebaut sein. Man erkennt die vom Hauptantrieb kommende waagerecht angeordnete Welle (a), die über eine Kegelradverzahnung eine um 45° geschwenkt angeordnete Welle (b) antreibt. Beide Wellen sind im Spindelstock gelagert. Mit Hilfe einer Zahnkupplung (c) wird das Drehmoment auf eine Welle (d) im Schwenkkopf übertragen. Diese Welle treibt über ein Kegelradpaar die Hauptspindel (e) an. Die Welle (d) und die Hauptspindel sind im Schwenkkopf gelagert. Dieser lässt sich um die Achse der Welle (d) drehen und dabei wird die Hauptspindel geschwenkt.

4.4.3 Bettfräsmaschinen

Bettfräsmaschinen sind für die Bearbeitung von Gestellbauteilen und ähnlichen großen, kompakten Werkstücken vorgesehen. Auf der Werkstückseite liegt in der Regel nur eine oder keine Vorschub- oder Einstellbewegung, damit die großen Werkstückmassen möglichst wenig bewegt werden müssen. Der Aufbau ist oft modular und kann den Erfordernissen des Anwenders angepasst werden. Grundsätzlich unterscheidet man Ein- und Zweiständerbauweise.

Ein Beispiel für eine Einständer-Bettfräsmaschine zeigt Abb. 4.45. Die Werkstücke werden auf verschiedenen ortsfesten Aufspannplatten aufgespannt. Dies kann parallel zur

4.4 Fräsmaschinen

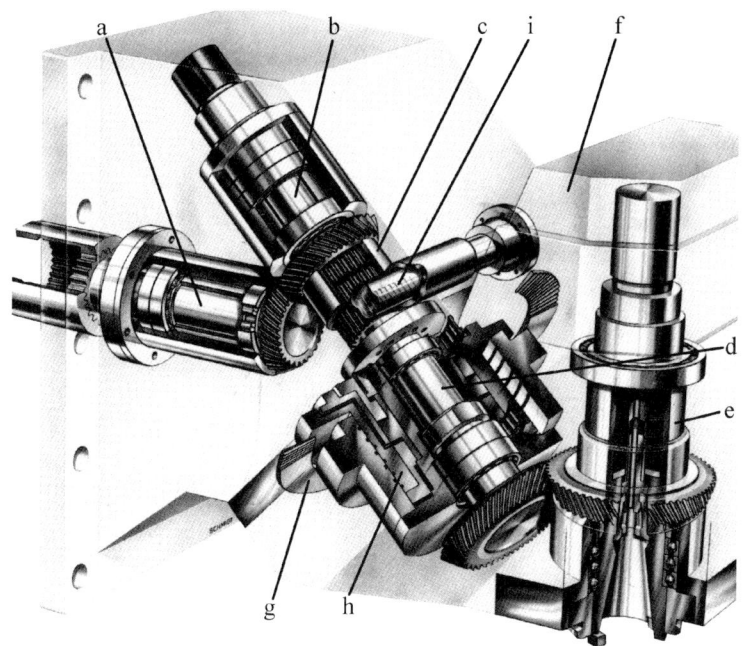

Abb. 4.44 NC-Schwenkopf für eine Fräsmaschine (Werkbild: Heckert). a – Antriebswelle, b – Zwischenwelle, c – Zahnkupplung, d – Zwischenwelle, e – Hauptspindel, f – Schwenkteil, g – Hirthverzahnung für Lagesicherung des Schwenkteiles, h – hydraulische Löseeinheit für Schwenkteil, i – Antrieb für Schwenkbewegung

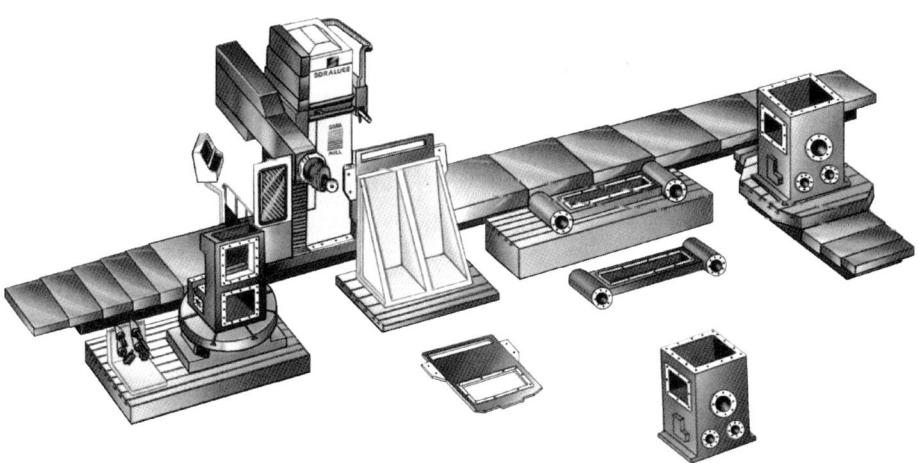

Abb. 4.45 Einständer-Bettfräsmaschine (Werkbild: SORALUCE)

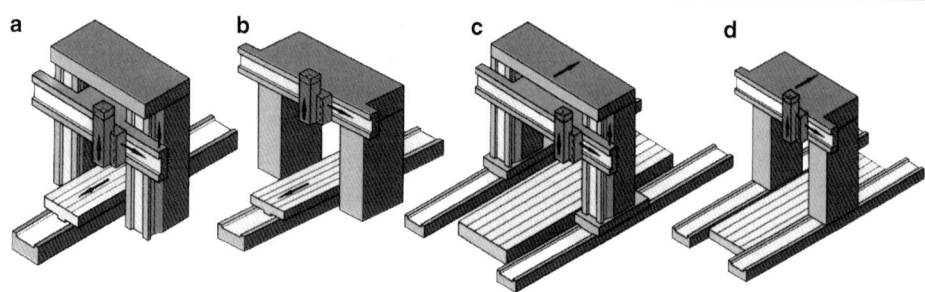

Abb. 4.46 Beispiele für den Aufbau von Bettfräsmaschinen (Werkbild: DROPP&REIN). Tischausführung mit **a** beweglichem und **b** festem Querträger, Gantry-Ausführung mit **c** beweglichem und **d** festem Querträger

Bearbeitung erfolgen. Alle Vorschub- und Einstellbewegungen werden durch die Werkzeugseite der Maschine ausgeführt. Mit Hilfe von auf den Aufspannplatten angeordneten Drehtischen lässt sich eine 5-Seitenbearbeitung realisieren. Ist die Maschine mit einer entsprechenden Steuerung, Werkzeugspeicher und -wechseleinrichtung ausgerüstet, kann sie als flexibles Bearbeitungszentrum eingesetzt werden.

Verschiedene Aufbauprinzipien von Zweiständer-Bettfräsmaschinen sind in Abb. 4.46 dargestellt. Bei den Varianten a und b fährt der Tisch unter dem Ständer hindurch. Damit die gesamte Tischlänge überstrichen wird, muss das Maschinenbett doppelt so lang wie der Tisch sein. Ein anderes Konzept stellen Bettfräsmaschine in GANTRY-Bauweise (Varianten c und d) dar. Hier fährt der Ständer am feststehenden Maschinenbett (mit der Werkstückaufspannfläche) entlang. Der benötigte Platz bei gleicher Werkstückgröße ist im Vergleich zum Maschinenaufbau nach a oder b nur noch halb so groß. Der Ausbau dieser Maschine mit Werkzeugspeicher und -wechsler zum Fräszentrum ist üblich. Durch den Anbau entsprechender Supporte sind auch die Bearbeitungsverfahren Ausspindeln, Bohren, Gewindeschneiden, Hobeln und Schleifen möglich. Diese Vielseitigkeit ist für eine effektive und genaue 5-Seitenbearbeitung besonders vorteilhaft.

Diese Zweiständer-Bettfräsmaschinen werden auch als Portalfräsmaschinen bezeichnet. Eine Kenngröße ist der Portaldurchgang. Bezüglich der Breite liegt er zwischen ca. 2 m und 10 m und in der Höhe zwischen ca. 2 m und 9 m. Die maximale Werkstücklänge kann anwenderbezogen ausgeführt werden. Dabei sind 10 m keine Seltenheit. Die Supporte für Fräs-, Bohr-, Schleif- und andere Bearbeitungsverfahren haben Antriebsleistungen bis 125 kW.

Die Anordnung und den Aufbau der Haupt- und Nebenantriebe, die Führungen und die Gestellbauteile einer Zweiständer-Bettfräsmaschine in Gantry-Bauweise zeigt Abb. 4.47. Die Führungen sind als Wälzführungen mit Rollenumlaufschuhen ausgebildet. Die Vorschubbewegungen des Spindelstockes und des Quersupportes erzeugt jeweils ein stufenlos stellbarer Motor mit angeflanschtem Getriebe und direkter Riemenübersetzung auf die Vorschubspindel. Für die Bewegung der Werkzeugseite längs des Maschinenbettes ist eine spielarme Synchronbewegung der beiden Ständer notwendig. Die Spielarmut wird erreicht

4.4 Fräsmaschinen

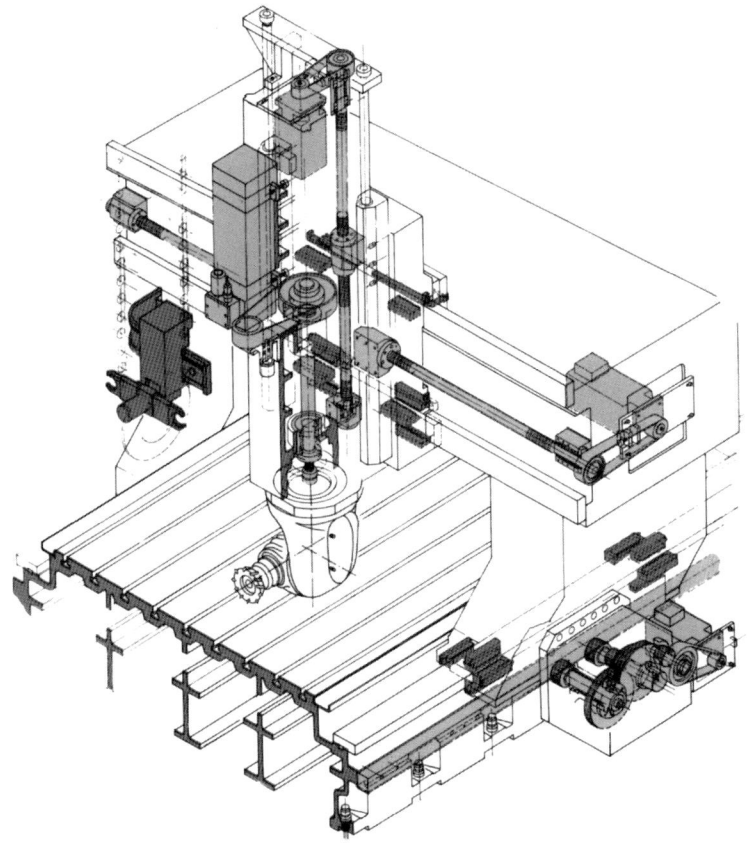

Abb. 4.47 Bettfräsmaschine in GANTRY-Bauweise (Werkbild: DANOBAT)

durch zwei Antriebsritzel, die gegeneinander vorgespannt in die Zahnstange am Maschinenbett eingreifen. An beiden Ständern befinden sich jeweils ein Antrieb mit stellbarem Motor und ein Messsystem für die Ständerposition. Die Motoren werden so angesteuert, dass die geforderte synchrone Bewegung der Ständer gewährleistet ist.

Der Antrieb für die Werkzeugspindel ist durch den eingesetzten Asynchronmotor stufenlos stellbar. Das Werkzeug wird in der Hauptspindel eines Zweiachsen-Schwenkkopfes aufgenommen. Dieser ermöglicht eine 5-Seitenbearbeitung.

4.4.4 NC-Waagerecht- oder Senkrecht-Bearbeitungszentrum und Fertigungszellen

Aus den Fräsmaschinen haben sich die Bearbeitungszentren durch die Integration von Werkzeugwechsel und Werkzeugspeicher entwickelt. Oft sind diese Maschinen auch mit Werkstückwechsel und Werkstückspeicher ausgerüstet, so dass sie als Fertigungszellen bezeichnet werden.

Diese Maschinen sind geeignet für die Fertigungsverfahren Fräsen, Bohren, Senken, Gewindeschneiden, Reiben und sind in der Regel so aufgebaut, dass eine Mehrseitenbearbeitung möglich ist. Die Auslegung für einen breiten Leistungs-, Drehmomenten- und Drehzahlbereich lässt sowohl Schrupp- als auch Schlichtbearbeitungen großer Flächen und kleine Formelemente zu. Die Gestaltung der Maschinenbaugruppen muss erforderliche Genauigkeiten, Einsatz bei Nass- und Trockenbearbeitung und die eventuelle Integration in automatisierte Fertigungsabläufe berücksichtigen. Besondere Anforderungen werden an Kenngößen wie Span-zu-Span-Zeit und die Palettenwechselzeit gestellt. Die NC-Steuerung ist in der Regel eine Bahnsteuerung mit bis zu fünf und mehr Achsen. Sie muss Funktionen für Werkzeugüberwachung, Messaufgaben und die Kommunikation mit peripheren Einrichtungen beinhalten. Hinsichtlich der Aufbauprinzipien sind alle auch bei Fräsmaschinen bekannte Varianten vorhanden. Eine Vielzahl von Bearbeitungszentren basiert auf der Konsol-, Kreuztisch-, Kreuzbett- oder Bettbauweise (vgl. vorherige Abschnitte).

Das in Abb. 4.48 dargestellte Bearbeitungszentrum besitzt eine waagerecht angeordnete Hauptspindel, hat eine Werkstückaufspannfläche mit den Kantenlängen 500 mm × 500 mm und ist als Kompaktmaschine ausgelegt.

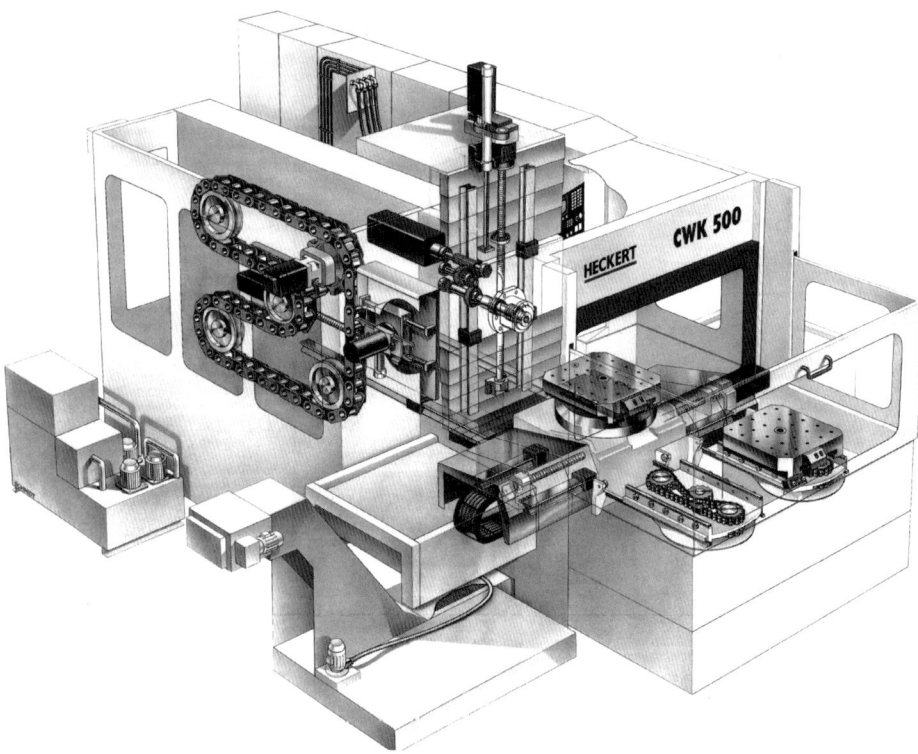

Abb. 4.48 Beispiel eines kompakten Waagerecht-Bearbeitungszentrums (Werkbild: HECKERT)

4.4 Fräsmaschinen

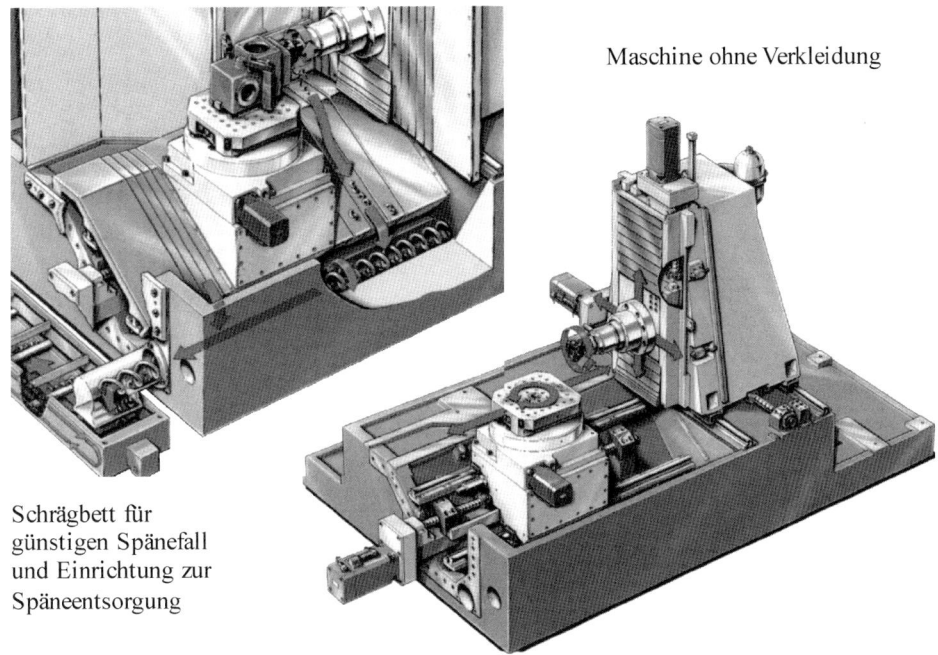

Maschine ohne Verkleidung

Schrägbett für
günstigen Spänefall
und Einrichtung zur
Späneentsorgung

Abb. 4.49 Schrägbett bei einem Bearbeitungszentrum (Werkbild: HECKERT)

Auf der Werkzeugseite liegt neben der Ständerbewegung auch die Führung des Spindelstock (hier als Rahmenständersupport bezeichnet) einschließlich des hydraulischen Gewichtsausgleichs. Die Anordnung dieses Führungssystems innerhalb eines Rahmenständers garantiert optimale Steifigkeitsverhältnisse. Alle Führungen sind als Wälzführungen ausgeführt und die bewegten Baugruppen werden über Wälzschraubtriebe von geregelten Motoren angetrieben.

Für eine Fünfseitenbearbeitung ist der Maschinentisch als Dreh- oder Schwenktisch aufgebaut. Mit dem Drehtisch ist auch Drehfräsen, also die Herstellung zylindrischer Flächen oder Kurven möglich.

Auf der Werkstückseite liegt nur eine Bewegung, diese der Tischbaugruppe. Bei der Maschinenausführung mit Tischgröße 400 mm × 400 mm ist das Kreuzbett im Bereich dieser Tischführung als Schrägbett (Abb. 4.49) zur Sicherung eines optimalen Spänefalls ausgebildet. Die zweite Führung am Kreuzbett trägt den Ständer, der die Z-Bewegung ausführt. Das Bett selbst kann als Gusskonstruktion aus Gusseisen oder Polymerbeton ausgeführt werden.

Der Hauptantrieb (Abb. 4.50) besteht aus einem digital drehzahl- und lagegeregeltem Asynchronmotor mit integriertem Messsystem und der Hauptspindelbaugruppe. Die Verbindung erfolgt über eine torsionssteife aber biege-, axial- und radialelastische Kupplung (Zahnkupplung). Unter Berücksichtigung der möglichen Einschaltdauer ergibt sich das im Diagramm (Abb. 4.51) dargestellte Leistungs-Drehmomenten-Drehzahl-Verhalten.

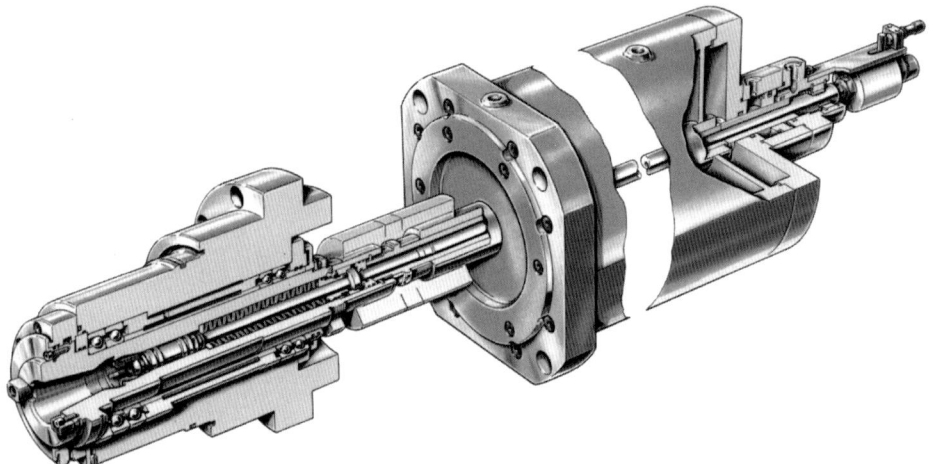

Abb. 4.50 Beispiel eines direkten Hauptantriebes bei einem Bearbeitungszentrum (Werkbild: HECKERT)

Abb. 4.51 Leistungs-Drehmomenten-Drehzahl-Verhalten eines Bearbeitungszentrums (Werkbild: HECKERT)

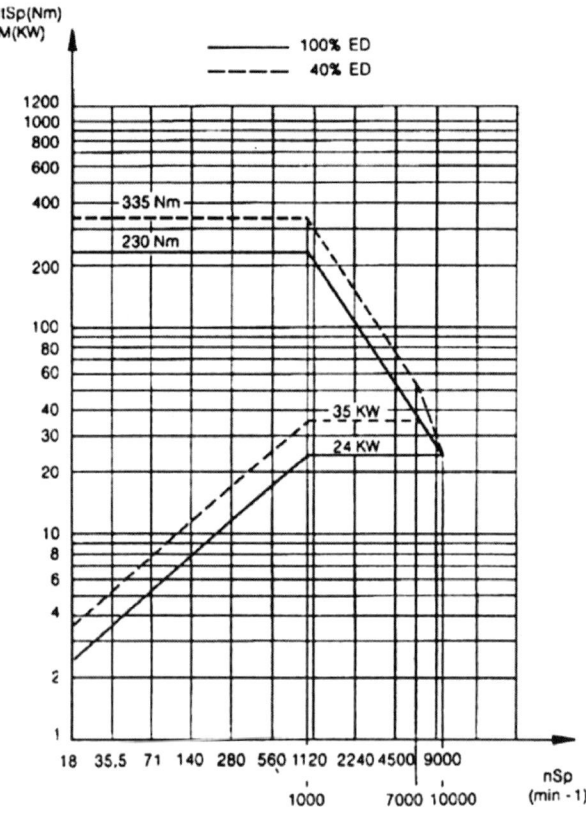

4.4 Fräsmaschinen

Durch die Hauptspindel hindurch ist sowohl der Transport von Kühlschmierstoff als auch Druckluft zum Reinigen der Werkzeugbestimmflächen bei Werkzeugwechsel möglich. Außerdem nimmt die Hauptspindel die Werkzeugspanneinrichtung auf. Durch ein Federpaket wird die notwendige Kraft zum Einziehen des Werkzeugkegels aufgebracht. Beim Lösen wird das Federpaket hydraulisch zusammengedrückt und dabei die Spannklauen zum Öffnen in Richtung Werkzeug geschoben.

Mitentscheidend für die erreichbare Produktivität auf einem Bearbeitungszentrum ist die Span-zu-Span-Zeit, also die Zeit, die benötigt wird, um nach einer Bearbeitung das Werkzeug vom Werkstück zu trennen, den Werkzeugwechsel durchzuführen und danach Werkstück und Werkzeug wieder zusammenzuführen.

Bei der beschriebenen Maschine sind dazu die folgenden Schritte notwendig (Abb. 4.52):
- Der Ständer fährt mit dem Werkzeug in den geöffneten Doppelgreifer, in dessen zweitem Greifer sich das neue Werkzeug befindet (1).
- Der Greifer schließt und fasst damit das zu wechselnde Werkzeug.
- Die Zange zur Werkzeugspannung im Hauptspindelkegel öffnet sich.
- Der Greifer zieht das Werkzeug aus dem Hauptspindelkegel (2).
- Der Doppelgreifer schwenkt um 180° (3).
- Der Greifer fährt den Werkzeugschaft in den Hauptspindelkegel (4).
- Die Zange zur Werkzeugspannung im Hauptspindelkegel schließt.
- Der Greifer öffnet sich.
- Der Ständer fährt mit dem eingewechselten Werkzeug in den Bearbeitungsraum (5).

Diese Schritte werden bei der dargestellten Maschine mit Werkzeugen bis 10 kg Masse in 5 s ausgeführt.

Hauptzeitparallel wird das alte Werkzeug im Speicher (hier Kettenmagazin) abgelegt und ein neues Werkzeug entnommen. Mit diesem stellt sich der Doppelgreifer in die Wechselposition zur Hauptspindel.

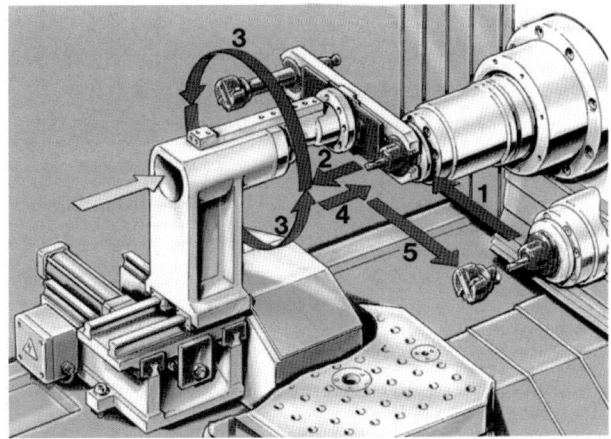

Abb. 4.52 Werkzeugwechsel an einem Bearbeitungszentrum (Werkbild: HECKERT)

Einen prinzipiell anderen Aufbau besitzt das in Abb. 4.53 dargestellte Senkrecht-Bearbeitungszentrum. Ein geschlossenes Gestell ist in Fahrständerbauweise mit dem Bett verbunden. Dieses Bett trägt die Werkstückaufspannfläche und führt keine Bewegungen aus. Alle NC-Koordinaten liegen auf der Werkzeugseite. Der Hauptantrieb besteht aus Motor und Hochfrequenzspindel mit orientiertem Spindelhalt.

Ein Senkrecht-Bearbeitungszentrum mit mehreren Bearbeitungsplätzen und der Möglichkeit, mehrere Spindelstöcke in die Maschine zu integrieren, zeigt Abb. 4.54. Auch bei dieser Maschine liegen drei Bewegungsachsen auf der Werkzeugseite. Die Werkstückaufnahme mit Dreh- oder Schwenktischen ermöglicht die 5-Seitenbearbeitung. Hingewiesen werden soll auf das Schrägbett, auf welchem die Ständerführung angeordnet ist. Die Abdeckung ermöglicht einen günstigen Spänefall.

An dieser Maschine wurde ein anderes Konzept für den Werkzeugwechsel (Abb. 4.55) realisiert. Der Doppelgreifer ist geteilt. Doppelgreifer und Werkzeugspeicher (hier Kettenmagazin) bewegen sich mit dem Spindelstock und sind hinter der Hauptspindel angeord-

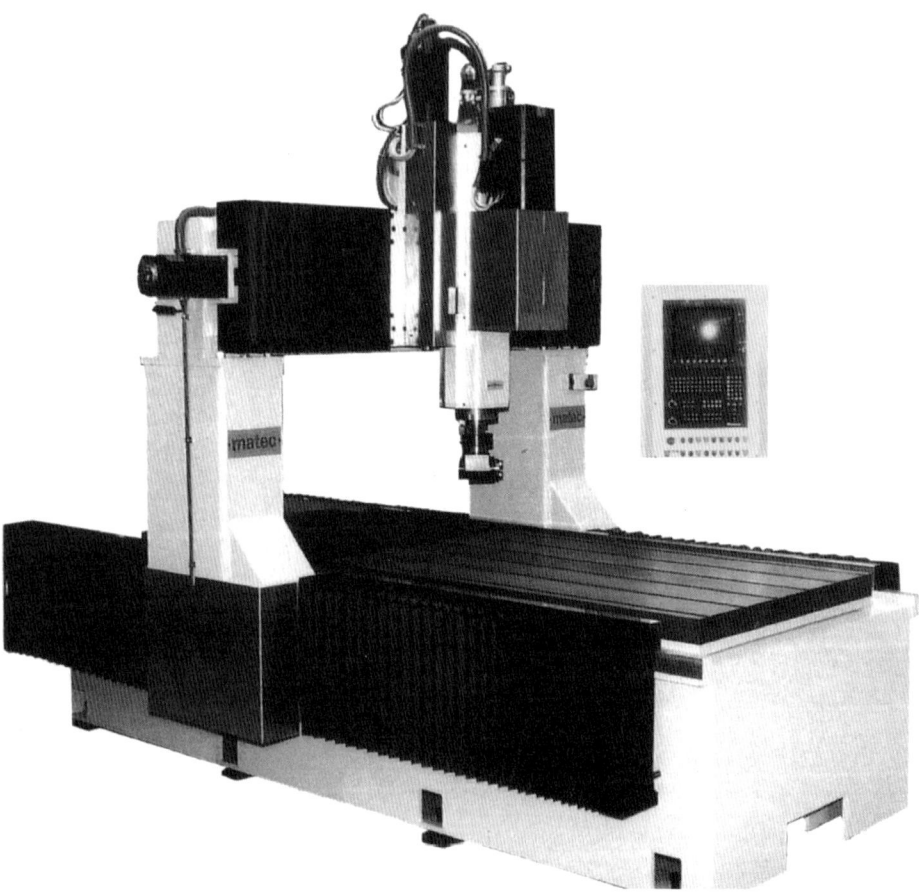

Abb. 4.53 Senkrecht-Bearbeitungszentrum, Darstellung ohne Werkzeugwechsel (Werkbild: matec)

4.4 Fräsmaschinen

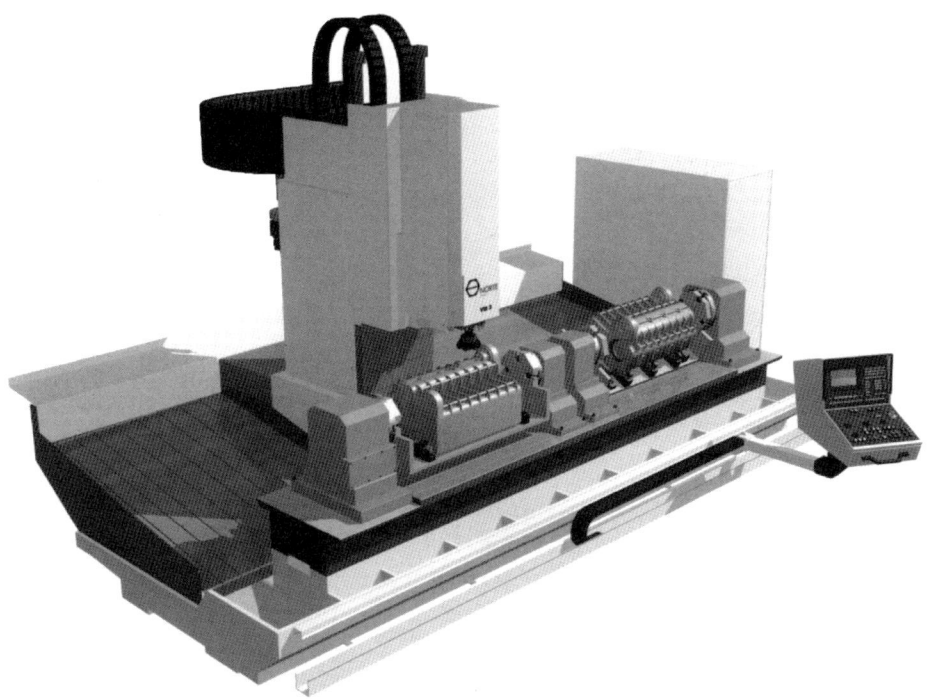

Abb. 4.54 Senkrecht-Bearbeitungszentrum (Werkbild: FRITZ WERNER)

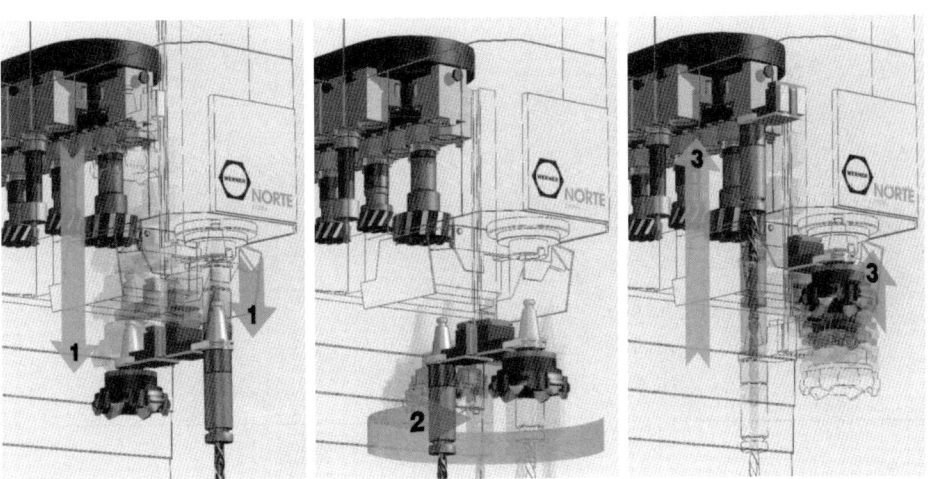

Abb. 4.55 Werkzeugwechsel an einem Senkrecht-Bearbeitungszentrum mit geteiltem Doppelgreifer (Werkbild: FRITZ WERNER)

net. Ein Greifer umschließt geöffnet immer das Werkzeug in der Hauptspindel. Zum Werkzeugwechsel fährt der Ständer in Wechselposition (nur Kollisionsfreiheit mit Werkstück), der Greifer an der Hauptspindel schließt und die Werkzeugzange im Hauptspindelkegel wird geöffnet. Die eine Greiferhälfte zieht das Werkzeug aus dem Hauptspindelkegel und zeitparallel bringt die zweite Greiferhälfte das neue Werkzeug in die Wechselposition. Danach schwenkt der Greifer. Die eine Greiferhälte fährt das Werkzeug in den Hauptspindelkegel, das Werkzeug wird gespannt und der Greifer öffnet. Zeitparallel dazu kann der Ständer in die Bearbeitungsposition fahren. Unabhängig davon wird das alte Werkzeug durch die zweite Greiferhälfte im Magazin abgelegt und ein neues übernommen. Span-zu-Span-Zeiten von ca. 1 s sind erreichbar.

Den prinzipiellen Gestellaufbau einer Fertigungszelle mit waagerechter Hauptspindel und senkrechter Werkstückaufspannfläche (Tisch) zeigt Abb. 4.56. Der Vorteil dieser Werkstückaufnahme besteht im freien Spänefall, dem leichten Reinigen der Werkstücke sowie der möglichen 5-Seiten-Bearbeitung.

Die Speicherung der Werkstücke auf Paletten in einem Kettenmagazin begrenzt die Werkstückgröße (hier bis 250 kg). Mit Hilfe einer Übergabestation werden die Paletten mit den aufgespannten Werkstücken in den Arbeitsraum der Maschine übergeben und Paletten mit fertigen Werkstücken dem Speicher zugeführt. Die Übernahme von der Ladestation und die Rückgabe zu ihr (Werkstück-Aufspannplatz) erfolgt an der gleichen Station des Palettenspeichers und parallel zur Hauptzeit also unabhängig vom Bearbeitungsprozess (Abb. 4.57).

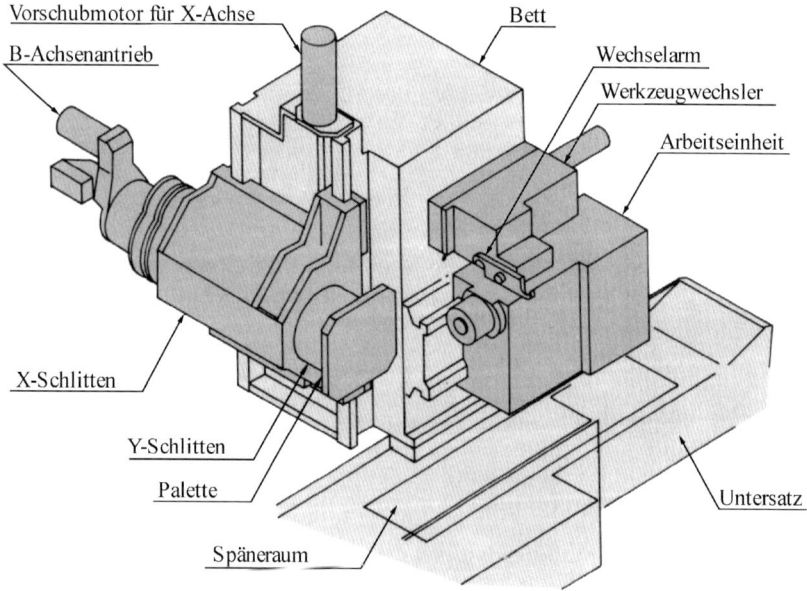

Abb. 4.56 Maschine mit senkrechter Werkstückaufnahme (Werkbild: TSUGAMI)

4.5 Spanende Werkzeugmaschinen mit translatorischer Schnittbewegung

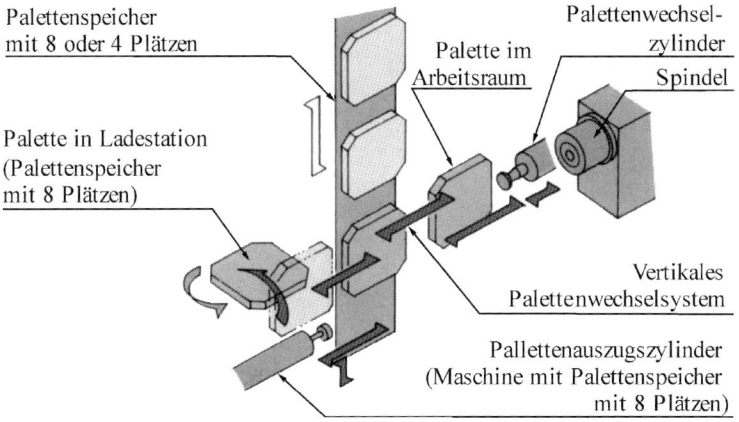

Abb. 4.57 Automatischer Palettenwechsel (Werkbild: TSUGAMI)

4.5 Spanende Werkzeugmaschinen mit translatorischer Schnittbewegung

Aus der Gruppe der spanenden Werkzeugmaschinen mit translatorischer, überwiegend geradliniger Schnittbewegung sollen im Weiteren als Vertreter beispielhaft Hobelmaschinen, Stoßmaschinen, Nutenziehmaschinen sowie Räummaschinen behandelt werden.

4.5.1 Hobelmaschinen

Für die Bearbeitung von geradlinig verlaufenden Flächen an mittelgroßen bis großen Werkstücken werden oft Hobelmaschinen eingesetzt. Im Unterschied zu den Stoßmaschinen führt das Werkstück, aufgespannt auf den Maschinentisch, die waagerecht liegende Schnittbewegung aus. Alle anderen notwendigen Vorschub- und Einstellbewegungen liegen auf der Werkzeugseite (Abb. 4.58). Die Maschinen ähneln in ihrem Gestellaufbau Bettfräsmaschinen mit verschiebbarem Tisch (Abb. 4.46). Auch bei den Hobelmaschinen gibt es Ein- und Zweiständerausführungen und neben einem oder mehreren Hobelschlitten können auch Schlitten mit angetriebenen Fräs-, Bohr- und Schleifsupporten vorhanden sein. Die Zustellung der Hobelmeißelträger (Supporte) in zwei linearen Richtungen und einer rotatorischen mit Hilfe von NC-Achsen ist vorhanden. Damit ist das Hobeln von verschiedensten Profilen möglich.

Gegenüber Bettfräsmaschinen muss der Tischantrieb (Hauptantrieb) einer Hobelmaschine größere Leistungen bereitstellen. Dies resultiert aus den Schnittkräften und den notwendigen Schnittgeschwindigkeiten. Außerdem sollte der Rückhub mit erhöhter Geschwindigkeit ausgeführt werden, was besonders in den Endlagen hohe Beschleunigungs- und Bremskräfte erfordert. Ausgeführt werden die Tischantriebes für Hobelmaschinen als mechanische (vgl. Beispiel 3.4) oder hydraulische Antriebe (Abb. 4.59). Diese besitzen

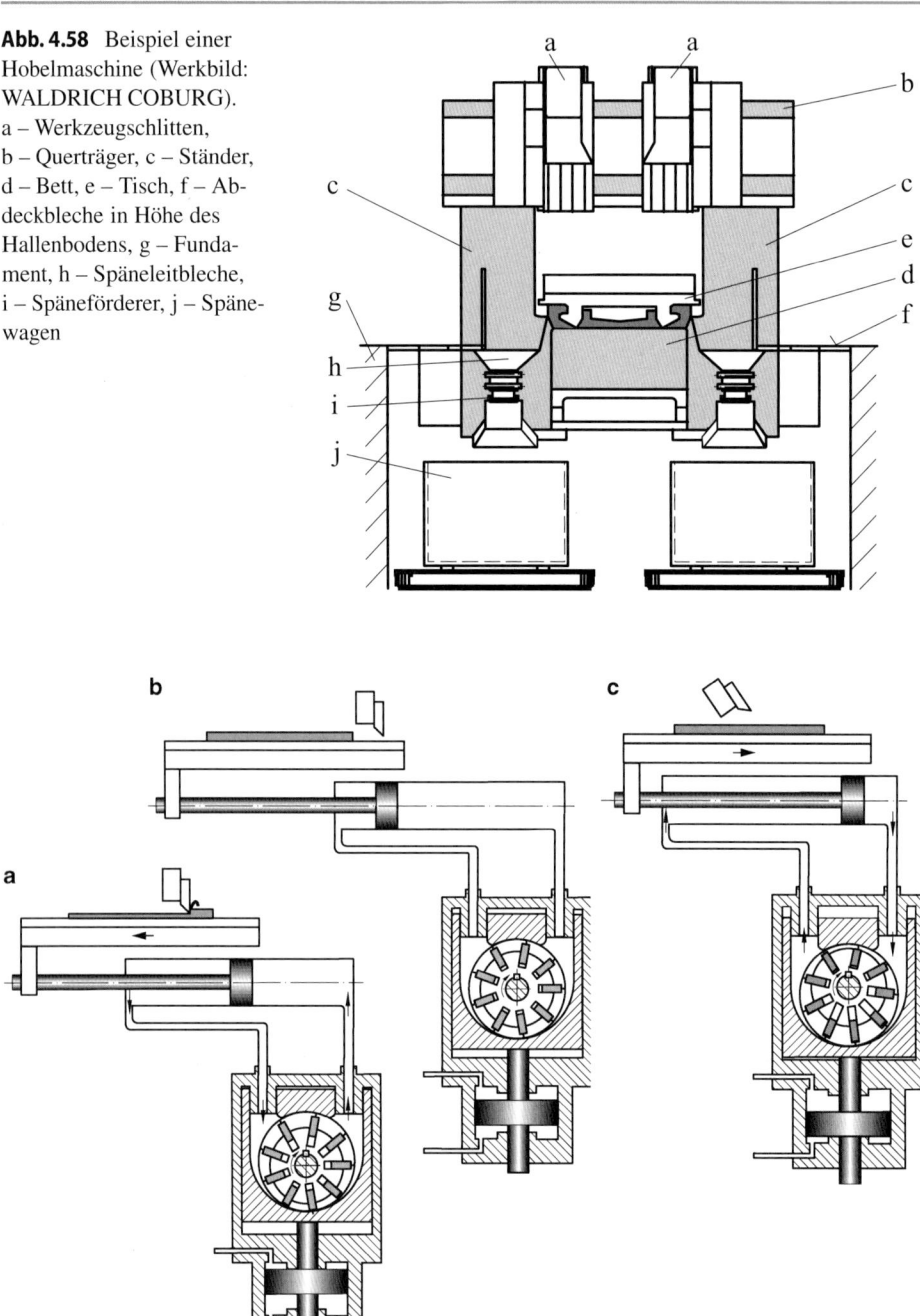

Abb. 4.58 Beispiel einer Hobelmaschine (Werkbild: WALDRICH COBURG). a – Werkzeugschlitten, b – Querträger, c – Ständer, d – Bett, e – Tisch, f – Abdeckbleche in Höhe des Hallenbodens, g – Fundament, h – Späneleitbleche, i – Späneförderer, j – Spänewagen

Abb. 4.59 Prinzip des hydraulischen Hauptantriebes einer Hobelmaschine mit Stelleinrichtung der Flügelzellenpumpe (nach Werkbild: WALDRICH COBURG). **a** Arbeitshub, **b** Tisch „Halt", **c** Eilrücklauf

gegenüber mechanischen Antrieben den Vorteil, dass sie keine Rädergetriebe benötigen und demzufolge weniger kinetische Energie für Beschleunigungsvorgänge aufgebracht werden muss. Die hydraulische Pumpe wird durch einen Drehstrommotor mit konstanter Drehzahl angetrieben. Die Tischgeschwindigkeit und die Richtung der Tischbewegung werden durch radiales Verschieben des Pumpengehäuses mit Hilfe eines Steuerkolbens eingestellt. Während des Steuervorganges bleibt der Tisch über Kolbenstange und Kolben mit dem Ölkreislauf verbunden. Sanftes und präzises Umsteuern des Tisches auch bei kurzen Hüben und Unabhängigkeit zwischen Arbeits- und Rückzugsgeschwindigkeit können stufenlos realisiert werden.

4.5.2 Stoßmaschinen

Für die Herstellung geradlinig verlaufenden Flächen an kleinen Werkstücken eignen sich Stoßmaschinen (alte Bezeichnung Kurzhobler). Die Schnittbewegung wird durch den Werkzeugträger (Stößel) senkrecht oder waagerecht ausgeführt. Die schrittweise Vorschubbewegung sowie die Einstellbewegungen liegen oft auf der Werkstückseite. Neben hydraulischen Antrieben sind vor allem Kurbelmechanismen als Hauptantriebe vorhanden. Zur Umsetzung der schwingenden Bewegung der Kurbelschleife in die erforderliche geradlinige Bewegung des Werkzeugschlittens werden die in Abb. 4.60 dargestellten Prinzipien angewendet.

Die unterschiedlichen zur Verfügung stehenden Drehwinkel (Abb. 4.61) für den Vor- und Rücklauf ergeben bei konstanter Kurbeldrehzahl verschieden große Geschwindigkeiten. Der größere Kurbelwinkel 2α wird für den flachen Verlauf der Arbeitsgeschwindigkeit v_A genutzt. Im Bereich des Kurbelwinkels 2β erhöht sich die Stößelgeschwindigkeit v_R, was für den Rückhub von Vorteil ist.

Eine ausgeführte Stoßmaschine zeigt Abb. 4.62. Charakteristische Größen sind
- größter Stößelhub (bis ca. 900 mm),
- Hobelbreite (bis ca. 750 mm),
- maximale Arbeitshöhe (bis ca. 500 mm),

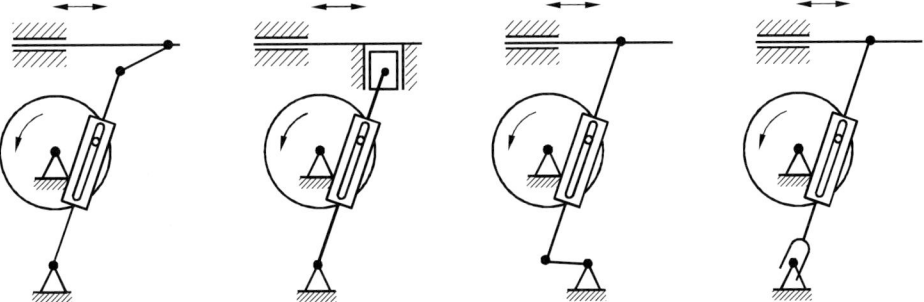

Abb. 4.60 Aufbauprinzipien von Kurbelschleifen für Stoßmaschinen

- Hubzahl (ca. $(10\ldots112)\,\text{min}^{-1}$),
- Vorschub (ca. $(0{,}2\ldots4)\,\text{mm/Doppelhub}$),
- Antriebsleistung (bis ca. $10\,\text{kW}$).

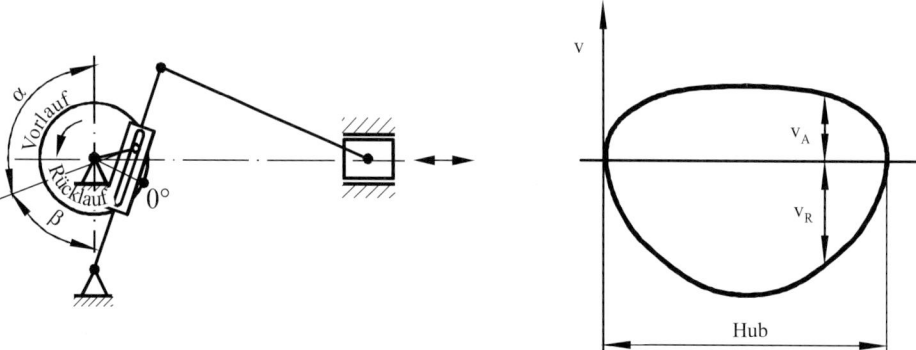

Abb. 4.61 Geschwindigkeitsverlauf des Werkzeugschlittens einer Stoßmaschine mit Kurbelschleifenantrieb

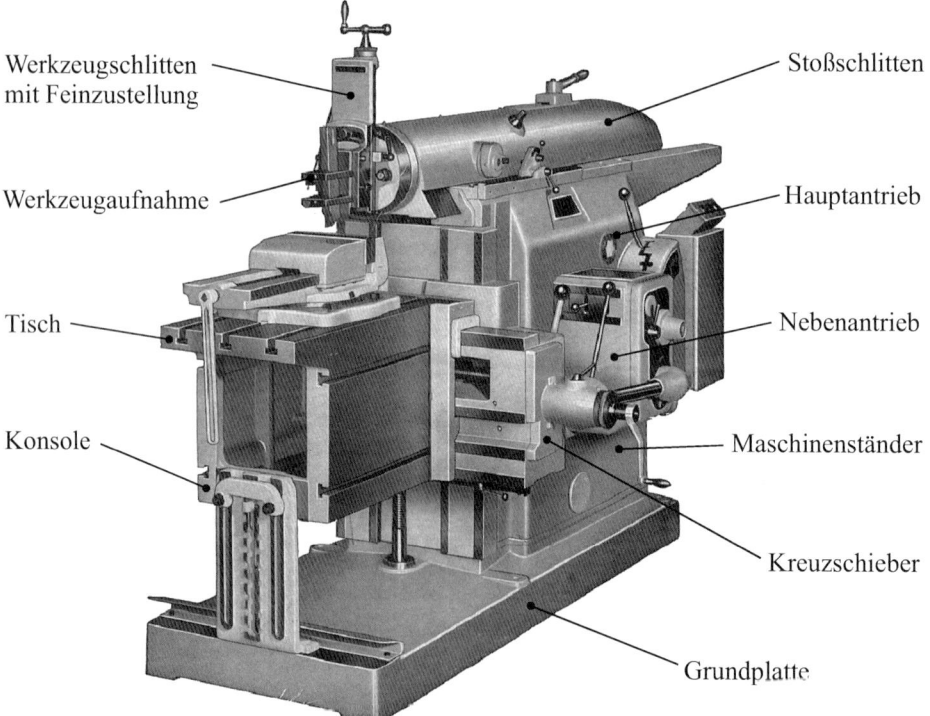

Abb. 4.62 Beispiel einer Stoßmaschine (Werkbild: Schlenker)

Außerdem werden die Größe der Tischaufspannfläche, die Vorschübe in horizontaler und vertikaler Richtung, die Werkzeugaufnahme und andere geometrische Parameter angegeben.

4.5.3 Nutenzieh- und -stoßmaschinen

Diese Maschinen dienen der Herstellung von Nuten in Bohrungen aber auch an Außenflächen (Abb. 4.63). Die Hauptbewegung (Zieh- oder Stoßgeschwindigkeit) ist überwiegend senkrecht angeordnet und wird bei einer Vielzahl von Maschinen hydraulisch erzeugt. Die Anordnung des Hauptantriebes kann sowohl oberhalb des Maschinentisches als auch unterhalb (besonders bei großen Ziehwegen) erfolgen.

In Abb. 4.64 ist die ziehende Arbeitsweise dargestellt. Ein Doppelhub beinhaltet
- den Arbeitshub mit der Spanabnahme nach unten (Werkzeughalter und Vorschubstange gleichzeitig),
- die Abhebebewegung des Werkzeuges vom Nutengrund, um die Schneide des Werkzeuges nicht zu beschädigen, durch Relativbewegung zwischen Werkzeughalter und Vorschubstange,
- den Rückhub (Werkzeughalter und Vorschubstange gleichzeitig),
- die radiale Zustellung der Schneide durch eine senkrechte Relativbewegung zwischen Werkzeughalter und Vorschubstange.

Gegenüber Räummaschinen sind diese Maschinen flexibler, erreichen aber nicht die beim Räumen übliche Produktivität. In der Regel arbeiten diese Maschinen ziehend. Um Nuten in Grundbohrungen einzubringen, ist aber auch die stoßende Arbeitsweise vorgesehen. Durch Aufnahme der Werkstücke in Teilapparaten lassen sich Mehrfachnuten (Keilprofile) in die Werkstücke einarbeiten. Für die Herstellung nicht achsparalleler Nuten (z. B. Drallnuten) werden Dreh- aber auch Kreuztische verwendet, die abhängig von der Ziehbewegung über die NC-Steuerung die Lage des Werkstückes verändern. Maschinen mit NC-Steuerungen sind hinsichtlich ihrer Flexibilität vielfältig einsetzbar. Außerdem beinhalten die Programme Algorithmen zur optimalen Schnittaufteilung, stellen Anlauf- und Überlaufwege selbstständig ein und geben weitere Fertigungshilfen. Durch die Integration der Möglichkeit zum Räumen wird das Einsatzgebiet dieser Maschinen von manchen Herstellern erweitert.

4.5.4 Räummaschinen

Abhängig von der Werkzeuggestaltung unterscheidet man
- Räummaschinen für die Anwendung von Räumnadeln für Flach- bzw. Profilräumen (Abb. 4.65),
- Kettenräummaschinen für die Anwendung von auf Ketten angeordneten Räummessern,
- Drehräummaschinen für die Anwendung von scheibenförmigen Werkzeugen, auf denen die Räumschneiden spiralförmig angeordnet sind.

Abb. 4.63 Keilnutenziehmaschine bis 1800 mm Ziehlänge (nach Werkbild: BALZAT). a – Teilapparat, b – Klemmung der Messerführungsstange, c – Messerführungsstange, d – Vertikal verfahrbarer Auslegerschlitten, e – Ausleger schwenkbar mit hydraulischer Verriegelung, f – Ständer, g – Bedieneinheit, h – Teiltisch, i – Antriebsmotor für Hydraulik des Zieh- und Vorschubschlittens

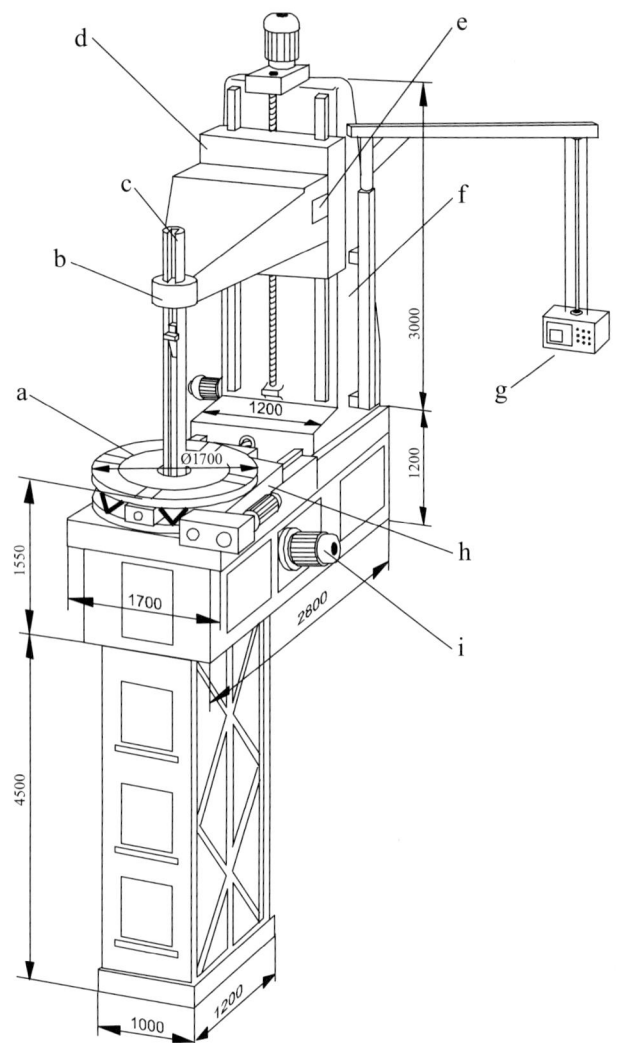

4.5 Spanende Werkzeugmaschinen mit translatorischer Schnittbewegung 277

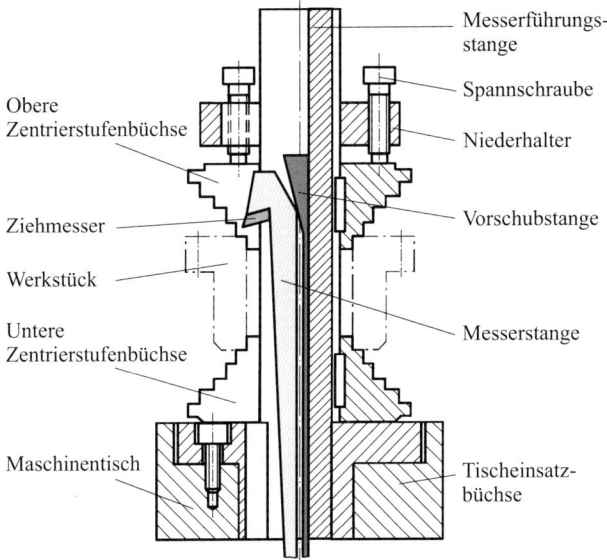

Abb. 4.64 Werkzeug- und Werkstückanordnung beim Nutenziehen (nach Werkbild: BALZAT)

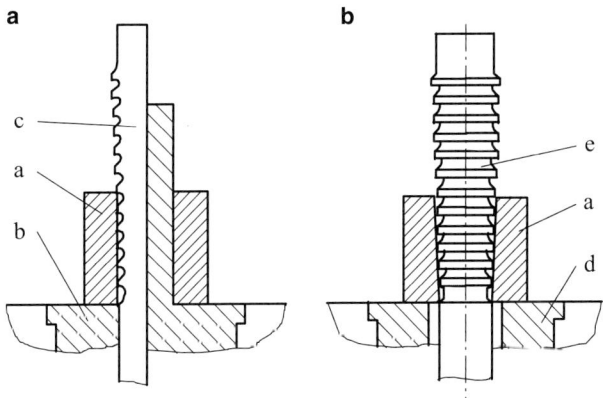

Abb. 4.65 Werkzeug und Werkstückaufnahme beim Räumen. **a** Flachräumen, **b** symmetrisches Profilräumen. a – Werkstück, b – Werkstückaufnahme und Flachwerkzeugführung, c – Flachwerkzeug, d – Werkstückauflage, e – Profilräumwerkzeug

Während die beiden letztgenannten Maschinen hauptsächlich als Sondermaschinen in der Massenfertigung üblich sind, besitzen Räummaschinen mit Räumnadeln als Werkzeug einen gewissen universellen Charakter. Hinsichtlich des Aufbaus gibt es diese Maschinen mit waagerechter oder senkrechter Hubbewegung (Abb. 4.66) bei Anwendung eines hydraulischen oder mechanischen Antriebes. Die Erweiterung des Einsatzbereiches dieser Maschinen mit Teileinrichtungen für die Werkstückaufnahme ist üblich.

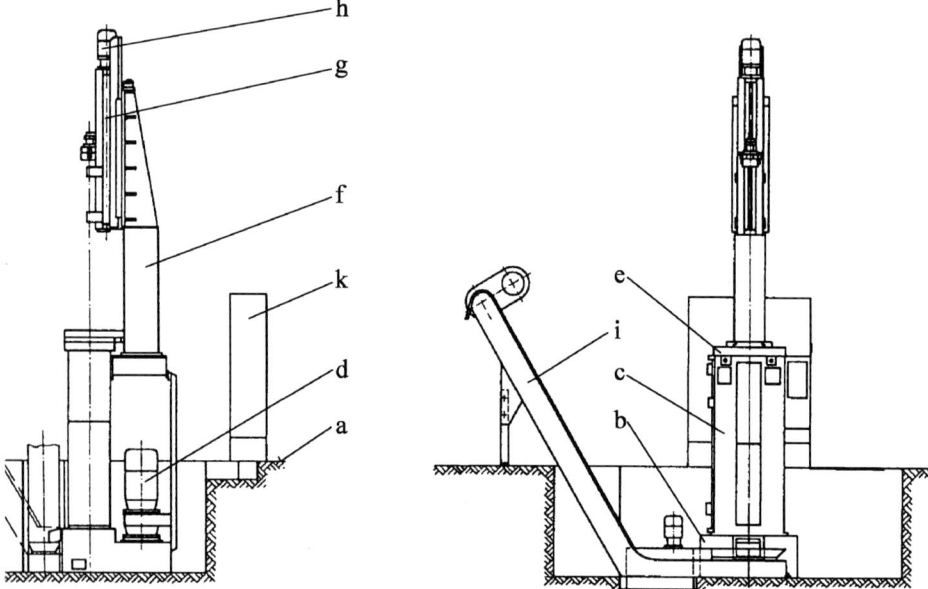

Abb. 4.66 Beispiel einer Senkrechträummaschine mit bis zu 2 m Hub (nach Werkbild: HÖNNEMA). a – Hallenboden, b – Maschinenfuß mit Kühlschmierstoffbehälter, c – Gestell mit Führung für die Zugbrücke, d – Räumspindelantrieb, e – Maschinentisch, f – Maschinenständer mit Führung für den Zubringerschlitten, g – Zubringerschlitten, h – Zubringerantrieb, i – Späneförderer, k – Schaltschrank

4.6 Schleifmaschinen

Obwohl beim Schleifen ähnlich wie beim Fräsen stirn- und umfangsschneidende Werkzeuge Anwendung finden und ähnliche Formelemente am Werkstück hergestellt werden, unterscheiden sich Schleifmaschinen wesentlich von Fräsmaschinen. Dies resultiert aus
- der Genauigkeit im Mikrometer-Bereich und den sich daraus ergebenden Forderungen hinsichtlich geometrischer Genauigkeit, statischer und dynamischer Steifigkeit, thermischen Verhaltens und der Steuerung,
- den höheren Schnittgeschwindigkeiten,
- den höheren Zustellgenauigkeiten und kleineren Zustellgeschwindigkeiten,
- dem Aufwand für Sicherheitseinrichtung und ggf. automatisiertes Auswuchten,
- der in die Maschine integrierten Abrichteinrichtung,
- der Kühlschmierstoffaufbereitung u. a.

Eine Möglichkeit der Klassifizierung von Schleifmaschinen auf der Basis des Verfahrens ist in Abb. 4.67 dargestellt. Andere Bezeichnungen beziehen sich auf die Werkstückart z. B. Futterteilschleifmaschine, Wälzlager-Außenrundschleifmaschinen u. a.

4.6 Schleifmaschinen

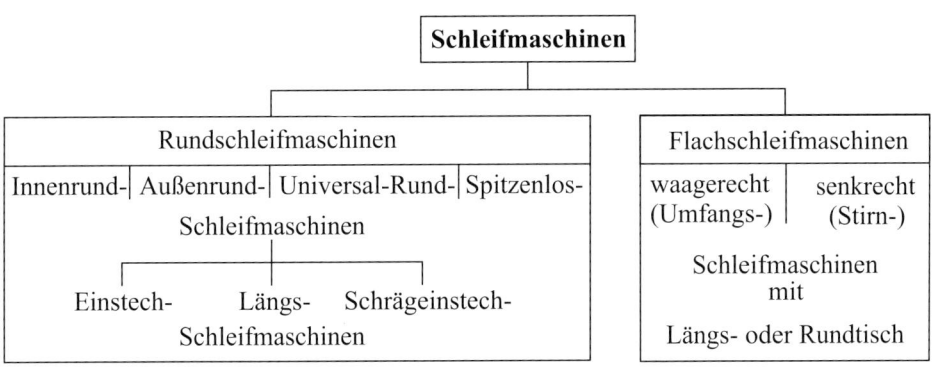

Abb. 4.67 Klassifizierung der Schleifmaschinen nach dem Schleifverfahren

4.6.1 Universal-Außen- und Innenrundschleifmaschine

Für den universellen Einsatz auch im Werkstattbetrieb sind Außen- und Innenrundschleifmaschinen hervorragend geeignet. Mit ihnen sind alle wesentlichen Schleifoperationen an rotationssymmetrischen Werkstücken möglich.

Die wichtigsten Baugruppen von Rundschleifmaschinen sind (Abb. 4.68)
- das Maschinenbett zur Aufnahme aller andern Baugruppen,
- der Zustellschlitten einschließlich seines Antriebes zur Realisierung der Zustell- oder Einstechvorschubbewegung (X),

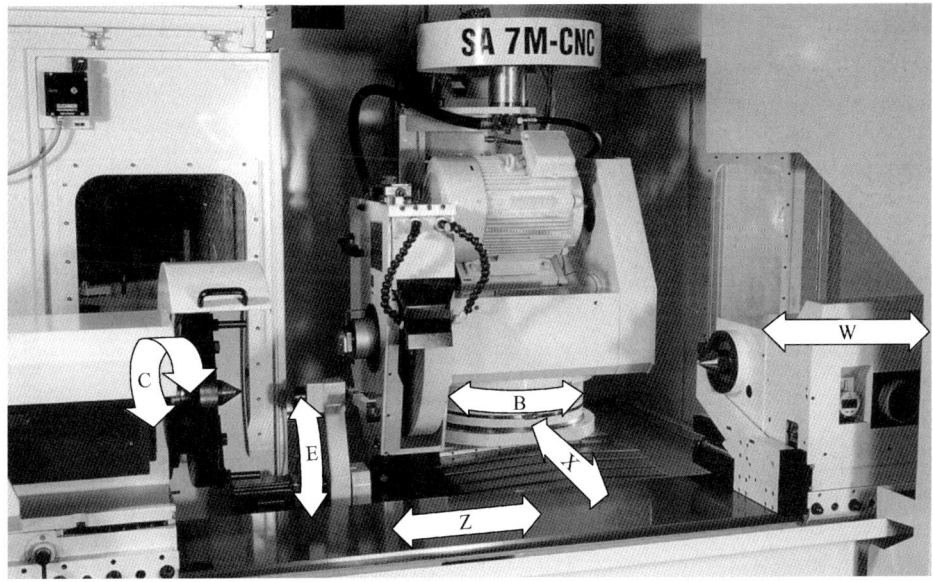

Abb. 4.68 Beispiel einer Außenrundschleifmaschine; Arbeitsraum mit Bezeichnung der NC-Achsen (Werkbild: Schleifmaschinenwerk Chemnitz)

- der Werkzeugspindelstock mit der Schleifspindel, ihrer Lagerung und ihrem Antrieb,
- der Längsschlitten (Tisch) (Z) mit seinem Antrieb zur Realisierung des Längsvorschubes bzw. der notwendigen Einstellungen in dieser Achse,
- der Werkstückspindelstock mit der Werkstückspindel (C), deren Lagerung und Antrieb,
- der Reitstock (W) unter Umständen mit eigenem Antrieb und ggf. Lünetten zur Aufnahme wellenförmiger Werkstücke,
- die Abrichteinrichtung, bestehend aus dem Abrichtwerkzeug sowie Antrieben und Führungen zu dessen Bewegung gegenüber der Schleifscheibe,
- die Kühlschmierstoffanlage mit Aufbereitung und Zuführung zum Arbeitsraum,
- Mess- und Steuerungstechnik für den automatisierten Ablauf eines Schleifzyklus (z. B. Axialtaster-Einschwenken (E)) bzw. zur Integration der Maschine in automatisierte Fertigungsabläufe,
- Weitere Einstellmöglichkeiten zur Erweiterung des Einsatzbereiches (z. B. Schleifspindelstock-Schwenkbewegung (B) zur Nutzung einer zweiten Schleifspindel am Schleifspindelstock), Möglichkeiten der Nutzung sind in Abb. 4.69 dargestellt.
- Einhausung und Absaugeinrichtung sind zur Minimierung möglicher Umweltbelastungen unerlässlich.

Ein Schleifspindelstock mit Schwenk- und Zustellschlitten ist in Abb. 4.70 dargestellt. Die Besonderheit dieses Aufbaus besteht in der Möglichkeit die Zustell- oder Einstechbewegung in einem einstellbaren Winkel zur Werkstückachse realisieren zu können. Damit ist sogenanntes Schrägeinstechschleifen möglich.

In Abb. 4.71 ist beispielhaft der Aufbau eines Schleifspindelstockes abgebildet. Die Hauptspindel mit dem Kegel zur Schleifscheiben-Aufnahme ist aus Nitrierstahl mit einer Oberflächenrauheit von 0,05 µm gefertigt. Der zulässige Rundlauffehler beträgt 0,25 µm. Diese Genauigkeit wird gewährleistet durch die radiale Lagerung der Schleifspindel in Spezialbronze-Lagern mit hydrodynamischer Schmierung. Die axiale Lagerung erfolgt über zwei Axial-Rillenkugellager hinter dem Nebenlager. Der Antrieb der Schleifspindel ist querkraftfrei über eine wälzgelagerte Riemenscheibe realisiert.

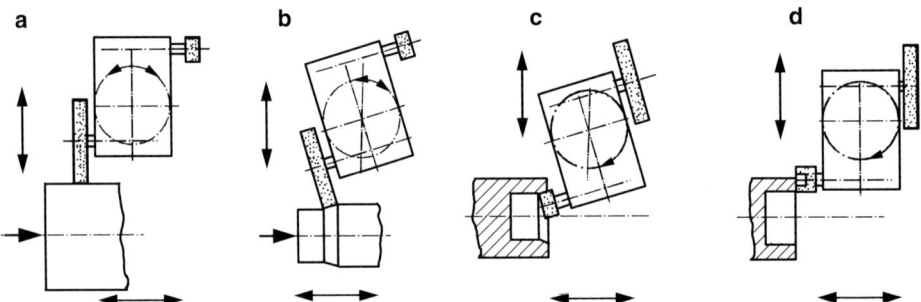

Abb. 4.69 Bearbeitungsbeispiele für Außenrundschleifmaschinen mit schwenkbarem Werkzeugspindelstock und zwei Schleifspindeln (Außenrundschleifen **a** zylindrisch, **b** keglig; **c** Innenrundschleifen; **d** Planschleifen)

4.6 Schleifmaschinen

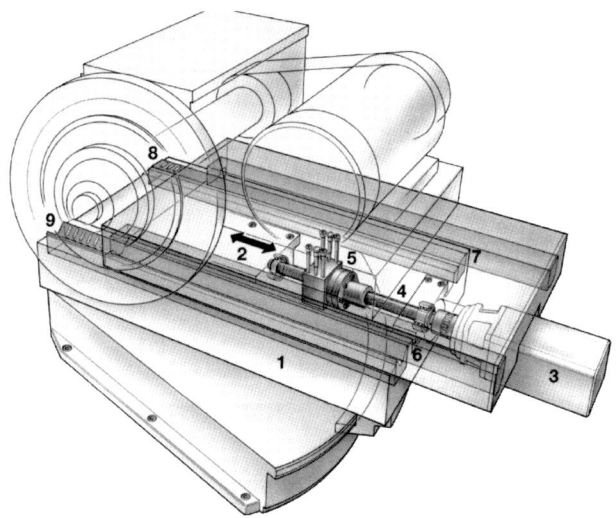

Abb. 4.70 Schleifspindelstock mit Schwenkführung zum Schrägeinstechschleifen (Werkbild: Schleifmaschinenwerk Chemnitz). 1 – Drehteil, 2 – Schieber mit Schleifspindelstock, 3 – Drehstromservomotor, 4 – Kugelumlaufspindel, 5 – Kugelumlaufmutter, 6 – V-Führung, 7 – Flachführung, 8 – Schleifspindel, 9 – Schleifkörper

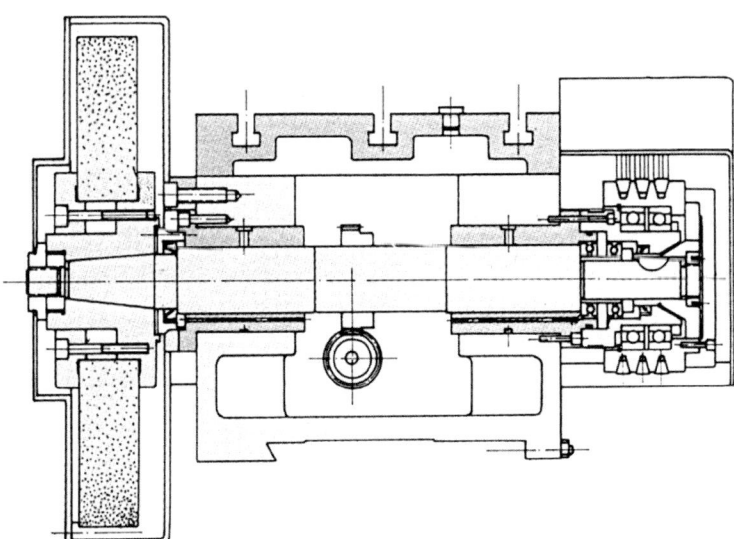

Abb. 4.71 Schleifspindelstock einer Außenrundschleifmaschine (Werkbild: Schleifmaschinenwerk Chemnitz)

Die Zustellung der Schleifscheibe über ein Vorschubhandrad erfolgt mit 1 μm Genauigkeit. Dabei werden Verformungen durch Maschinenerwärmung kompensiert.

Auch die Werkstückaufnahme hat für die Genauigkeit der herzustellenden Werkstücke große Bedeutung. In der dargestellten Maschine ist die Werkstückspindel aus Nitrierstahl – Oberflächen-Rauheit von 0,05 μm und Rundlauffehler von 0,25 μm – in Spezialbronze-Lager mit hydrostatischer Schmierung gelagert. Der Antrieb über einen Riemen ist querkraftfrei.

Als erreichbare Genauigkeiten werden bei dieser Maschine z. B. angegeben:

Abmessungstoleranzen	Standardschleifen	± 1 μm
	Schleifen mit Messsteuerung	± 0,635 μm
Kegelneigung	Standardschleifen	5 μm/m
Geometrische Toleranzen		
Formfehler bei Aufnahme des Werkstückes zwischen Spitzen		0,25 μm
Aufnahme des Werkstückes freiragend am Werkstückspindelstock		0,50 μm
Oberflächengüte (Rauheit)	Standardschleifen	0,05 μm.

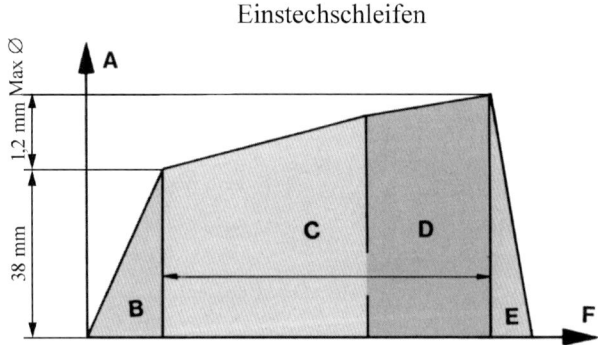

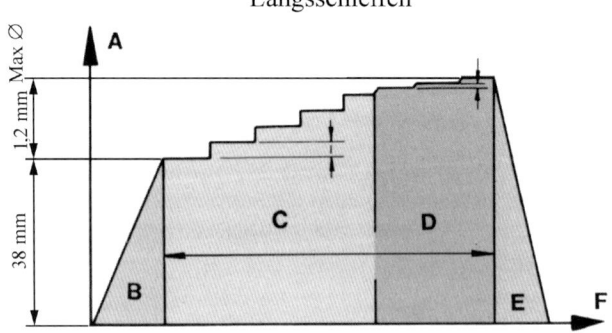

Abb. 4.72 Beispiele von Schleifzyklen beim Außenrundschleifen mit Messsteuerung (Werkbild: Schaudt). A – Zustellung, B – Eilgangzustellung, C – 1. Arbeitsgeschwindigkeit, D – 2. Arbeitsgeschwindigkeit, E – Schleifscheibenrückstellung, F – Zeit

4.6 Schleifmaschinen

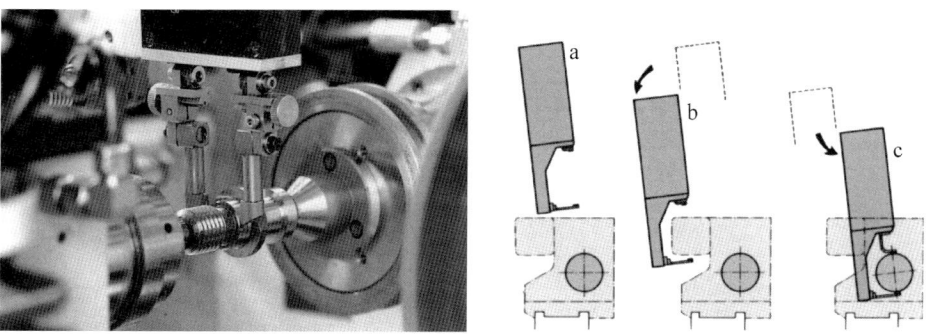

Abb. 4.73 Messeinrichtung im Arbeitsraum und Prinzip des Einschwenkens der Messeinrichtung zum Werkstück (Werkbild: Erwin Junker, Schaudt)

Für den automatischen Ablauf des Schleifprozesses ist es notwendig, die gewollten Bewegungen in einem sogenannten Schleifzyklus (Abb. 4.72) festzulegen. Das geschieht mit Hilfe der Steuerung. Prinzipiell muss man dabei zwischen Einstechschleifen und Längsschleifen unterscheiden.

Beim Einstechschleifen wird im dargestellten Beispiel mit zwei Vorschubgeschwindigkeiten, die in Hub und Geschwindigkeit programmierbar sind, gearbeitet. Die automatische Maßkontrolle (Abb. 4.73) löst den automatischen Schleifscheiben-Rückzug aus, sobald das gewünschte Werkstückmaß erreicht ist.

Beim Längsschleifen wellenförmiger Teile erfolgt die Schleifscheibenzustellung schrittweise nach jeder Hin- und Herbewegung. Auch hier wird mit zwei Zustellungbeträgen gearbeitet und nach dem Erreichen des Werkstückmaßes der automatische Schleifscheibenrückzug eingeleitet.

In beiden Fällen kann eine zusätzliche Zeit für das Ausfunken der Schleifscheibe, vor dem Zurückziehen des Schleifspindelstockes programmiert werden. Diese wird bei Werkstücken mit sehr engen Formtoleranzen und/oder bei unzulässiger Durchbiegung des Werkstücks angewandt. Die Messsteuerung löst diese Zeit aus, wenn am Werkstück noch ein kleines Aufmaß vorhanden ist. Ohne dass eine weitere Zustellung erfolgt, wird die Schleifbewegung zwischen Werkstück und Werkzeug (beim Längsschleifen auch der Längsvorschub) ausgeführt. Die Verformungen von Maschine, Werkstückaufnahme und Werkstück gehen zurück und während dieser Zeit (des Ausfunkens) wird noch Material zerspant.

Zum Abrichten der Schleifscheiben sind an den Schleifmaschinen je nach Notwendigkeit handbetätigte bis NC-gesteuerte Abricht- und Profiliereinrichtungen vorhanden. Ihre Steuerung erfolgt elektromechanisch oder auch hydraulisch. Als Abricht- und Profilierwerkzeuge werden eingesetzt Einkorndiamanten, Diamantfliesen, Form- und Profilrollen. Diamantrollen können zur Verbesserung ihrer Wirksamkeit auf Hochfrequenz-Spindeln montiert sein. Um verschiedene Abrichtwerkzeuge zur Verfügung zu haben, gibt es Abrichtrevolver mit NC-Antrieb und 4-Sternkopf. Die Auslösung des Abrichtzyklus erfolgt

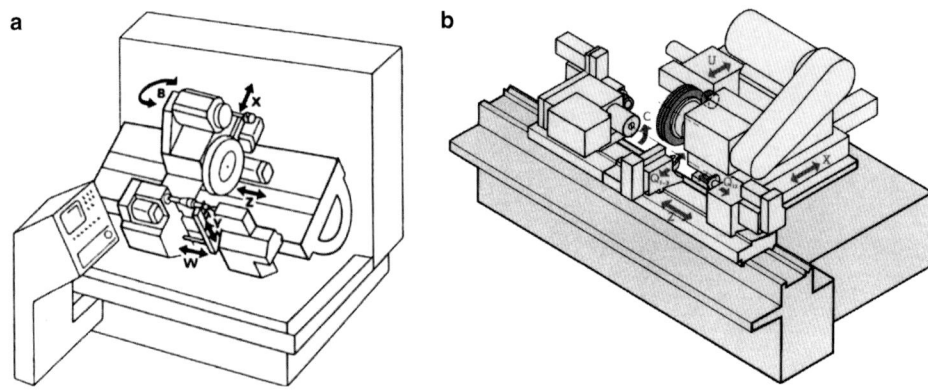

Abb. 4.74 Rundschleifmaschinen (Werkbild: Schaudt). **a** Universelle Schrägbett-Rundschleifmaschine, **b** Flexible Produktionsrundschleifmaschine mit Geradbett. X – Zustellung der Schleifscheibe, Z – Längsvorschub des Tisches und damit des Werkstücks, C – Werkstückdrehung, U – Zustellung des Abrichtwerkzeuges, Q_{1-2} – Meßtasterbewegungen, Q_{13} – Reitstockbewegungen

drucktasterbetätigt, zählwerkbetätigt oder mit Hilfe von frequenzabhängigen Sensoren (Schwingungen, Rattern). Das Abrichten kann verbunden sein mit dem selbsttätigen Zustellen des Schleifspindelstockes zum Ausgleich des Schleifscheibenabtrags.

Das Führen des Abrichtwerkzeuges erfolgt
- eben und ohne Schablone,
- über eine Nachformeinrichtung nach einer Schablone,
- durch Schwenken um einen Drehpunkt zur Profilierung konkave und konvexe Radien,
- durch Verschieben in zwei Koordinatenrichtungen mit zwei NC-Achsen zur Profilierung beliebiger Oberflächen.

Die Universal-Außen- und Innenrundschleifmaschine ist eine typische Maschine für die Einzel- und Kleinserienfertigung sowie den Werkstattbetrieb.

Für andere Außen- und Innenrundschleifaufgaben gibt es speziell ausgerüstete Schleifmaschinen. Ihr Aufbau wird den Anforderungen angepasst. Bekannt sind Gerad- und Schrägbettausführungen mit unterschiedlicher Anzahl von Bewegungsachsen (Abb. 4.74), integrierten Werkstück- und auch Werkzeugwechseleinrichtungen, verschiedene Messsteuerungen u. a.

4.6.2 CNC-Außenrundschleifmaschine mit CBN- oder Diamantscheiben

Für das NC-Außenrund- und Konturschleifen mit CBN- (kubisches Bornitrit) oder Diamantscheiben ist die in Abb. 4.75 dargestellte Außenrundschleifmaschine konzipiert. Sie besteht aus der Grundmaschine mit Einhausung, der Steuerung mit Bedientableau, der Absaug- und Luftreinigungseinrichtung. An der Rückseite angeordnet sind der Schalt-

4.6 Schleifmaschinen

Abb. 4.75 NC-Außenrundschleifmaschine mit CBN- oder Diamantscheiben (Werkbild: Erwin Junker)

schrank, das Hydraulikaggregat und die Kühlschmierstoffaufbereitung mit Hochdruckpumpe. Die Maschine kann mit Einrichtungen wie Werkstückspeicher und -wechsler ergänzt werden.

Geschliffen wird mit einem nur wenige Millimeter breiten, äußerst verschleißarmen, superharten CBN- oder diamantbelegtem Schleifkörper (Abb. 4.76). Die Abnutzung des Schleifkörpers ist äußerst gering, so dass die Bearbeitung von bis zu 200.000 Werkstücken zwischen den Abrichtvorgängen möglich wird. Dieser Schleifkörper arbeitet nicht mit der Peripherielinie wie beim konventionellen Rundschleifen, sondern mit einem Peripheriepunkt. Erzeugt wird dieser „Punkt" durch die geschwenkte Anordnung der Schleifkörperachse zur horizontalen Werkstückachse. dieser Punkt ermöglicht es auch, dass eine Vielzahl technisch herstellbarer Werkstückkonturen in einer Einspannung mit äußerst geringen Schnittkräften und bei optimaler Kühlung des Schleifpunktes hergestellt werden kann.

In Abb. 4.77 wird der Arbeitsraum einer Schleifmaschine mit CBN-Schleifscheibe gezeigt. Man erkennt den Werkstückspindelstock mit der Werkstückspindel (a) und den Reitstock mit der Reitstockpinole (b).

Als Werkstückaufnahmen werden Zentrierspitzen verwendet, die mikrometergenau in die Aufnahmen der Werkstückspindel und der Reitstockpinole eingewechselt werden können. Dazu dienen hydraulisch betätigte Wechselsysteme. Die axiale Spannkraft für die wechselbare Werkstückzentrieraufnahme (c) (Hohlkörner oder Körnerspitze) ist programmierbar. Mit Hilfe des Schleifspindelstockes (d) ist eine μm-genaue Schleifkörperbewegungen der NC-Achsen in X- und Z-Richtung möglich. Die Schleifspindeldrehzahl wird bei dieser Maschine mit Hilfe eines Direktantriebes (Motorspindel) erzeugt. Die hier angewandte Lösung für die Aufnahme des Schleifkörpers mittels 3-Punkt-Zentrierung und Bajonettverschluss zeigt Abb. 4.76. In die Schleifspindel integriert ist ein elektronisches Auswuchtsystem. Der Schleifprozess kann mit Hilfe des in Abb. 4.78 gezeigten berührenden Inprozessmesssystems gesteuert werden.

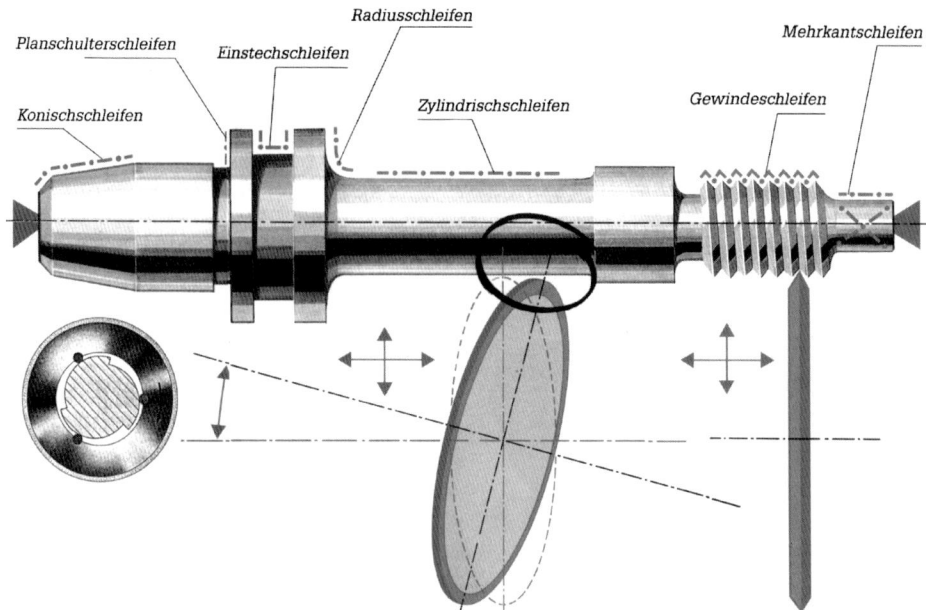

Abb. 4.76 Werkstückkontur und Lage des Werkzeuges (Werkbild: Erwin Junker)

Abb. 4.77 Arbeitsraum der NC-Außenrundschleifmaschine mit CBN-Scheibe (Werkbild: Erwin Junker)

4.6 Schleifmaschinen

Abb. 4.78 Inprozessmessung beim Außenrundschleifen (Werkbild: Erwin Junker)

4.6.3 Futterteilschleifmaschine

Für das Schleifen kleiner bis mittelgroßer Futterteile in der Serienfertigung ist die in Abb. 4.79 dargestellte Maschine vorgesehen. Sie besteht aus einer Basismaschine, die durch verschiedene Module dem Werkstücksortiment des Anwenders angepasst werden kann.

Die Basismaschine umfasst
- den Maschinenständer,
- die Tischbaugruppe zur Aufnahme der Erweiterungsmodule,
- die Werkstückspindel als Hülsenspindel in Präzisionslagerung, vorbereitet zur Aufnahme unterschiedlicher Spannmittel,

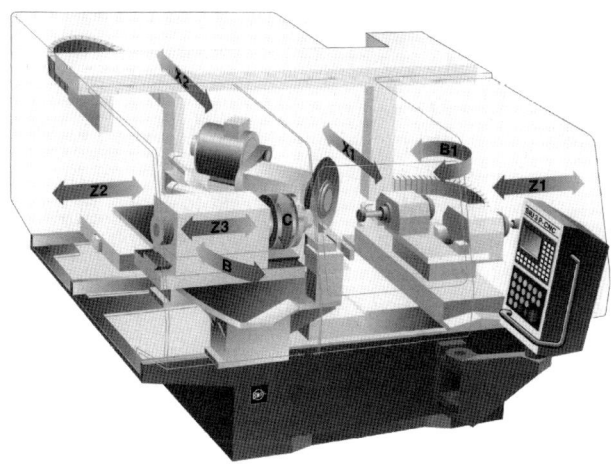

Abb. 4.79 Beispiel einer Futterteilschleifmaschine (Werkbild: Berliner Werkzeugmaschinenfabrik)

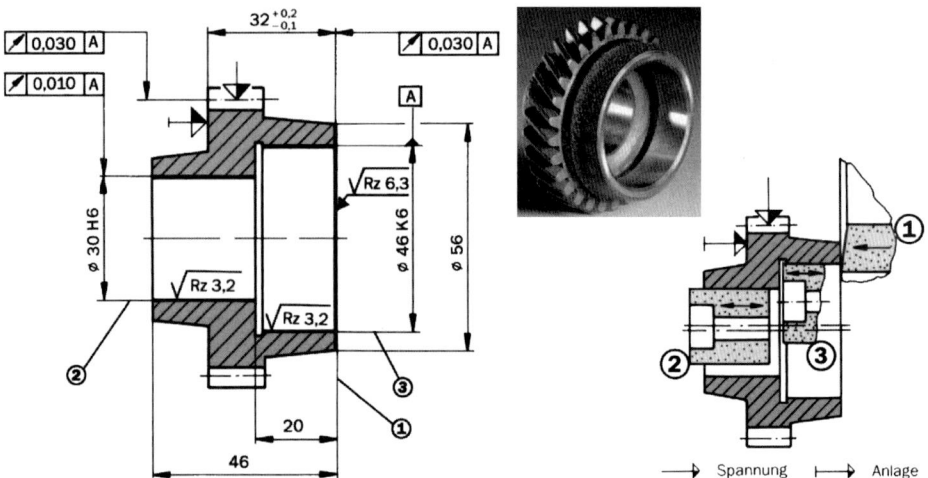

Abb. 4.80 Typisches Werkstück einer Futterteilschleifmaschine (Werkbild: Berliner Werkzeugmaschinenfabrik). Werkstoff: 16MnCr5; Härte: 59...61 HRC; Schleifaufmaß: ① – 0,2 mm Stirnschleifeinrichtung, ② und ③ – 0,3 mm Innenschleifspindel; Stückzeit: 110 s + Werkstückwechselzeit

- das NC-Tischsystem mit den NC-Achsen X1 und Z1,
- die Maschinenverkleidung, die Bedienerschutz gewährleistet.

Die Führungen in den einzelnen Linearachsen basieren auf vorgespannten Schrägprismen-Wälzführungen. Alle Antriebe sind als Direktantriebe ausgeführt und garantieren im Zusammenspiel mit hochauflösenden Messsystemen die notwendigen Genauigkeiten. Im dargestellten Beispiel (für Werkstücke analog Abb. 4.80) sind zwei Schleifsysteme in der Maschine angeordnet. Auf das NC-Tischsystem mit den Achsen X1 und Z1 ist ein Mehrspindel-Revolver (B1) mit zwei Schleifspindeln aufgesetzt. Möglich wäre auch ein Revolver mit vier Spindeln, eine parallele Doppelspindel-Schleifeinheit oder eine manuell schwenkbare ($\pm 6°$) Einspindel-Schleifeinheit.

Das zweite Schleifsystem (in der Regel zum Außenschleifen) ist auf die Tischbaugruppe zur Aufnahme der Erweiterungsmodule aufgesetzt. Im Beispiel wurde ein Kreuztischsystem mit den NC-Achsen X2 und Z2 und eine Außenschleifeinheit mit Stellantrieb für die Schleifspindel gewählt. Diese kann mit Schleifkörperwechseleinrichtung, automatischer Spannung für Schleifkörperaufnahme und interner automatischer Auswuchteinrichtung ausgerüstet sein. Anstelle des Kreuztisches ist für Schrägeinstecharbeiten auch eine Schrägeinsteckeinheit mit nur einer NC-Achse U2 anwendbar.

Auch auf der Werkstückseite können durch den Einsatz spezieller Module die Einsatzbereiche der Maschine vergrößert werden. Dazu zählen zum Beispiel
1. Werkstückspindel mit NC-Achse C für das Unrundschleifen,
2. Werkstückschwenktische mit NC-Achse B für die Kegelbearbeitung,
3. Werkstücktisch mit NC-Achse Z3 für die automatische Werkstück-Längspositionierung.

Verschiedene Einrichtungen wie Schleifdornwechsler für automatischen Werkzeugwechsel, Beschickungs- und Speichereinrichtungen zur kundenspezifischen Systemautomatisierung können in diese Maschinen integriert werden. Damit sind bei hoher Produktivität Futterteile mit hauptzeitparallelen Arbeitsschritten herstellbar. Ein typisches Werkstück zeigt Abb. 4.79.

4.6.4 Flachschleifmaschine

Flachschleifmaschinen gibt es für kleine (Computerteile) und für große Werkstücke (Maschinenbetten). Ein oder mehrere Werkstücke werden auf Längs- oder Rundtische aufgespannt und realisieren mit diesen die Vorschubbewegung. Alle anderen notwendigen Bewegungen liegen in der Regel auf der Werkzeugseite. Dabei unterscheidet man Maschinen mit senkrechter Hauptspindel für Stirnschliff und Maschinen mit waagerechter Hauptspindel für Umfangsschliff. Die Werkstückaufnahme erfolgt für kleine bis mittelgroße Werkstücke durch Magnetspannplatten. Bei großen über Spanneisen oder spezielle Vorrichtungen. Hinsichtlich des Gestellaufbaus haben sich C- und O-Gestell durchgesetzt.

Als Beispiel ist in Abb. 4.81 der Aufbau einer Flachschleifmaschine dargestellt. Man erkennt deutlich das Kreuzbett mit den Führungen für die Tischlängsbewegung (X-Achse) und die Ständerquerbewegung (Z-Achse). Am Ständer befindet sich die dritte Achse für die Spindelstockhubbewegung (Y-Achse). Alle Linearführungen sind als hochpräzise vorgespannte Wälzführungen mit Führungswagen ausgeführt. Die Antriebe in allen Achsen erfolgen über Drehstromservomotoren, Zahnriementrieb und Kugelgewindetrieb. Den Schleifscheibenantrieb übernimmt in der Regel ein Drehstrommotor mit konstanter Drehzahl (i. B. $1450\,\text{min}^{-1}$).

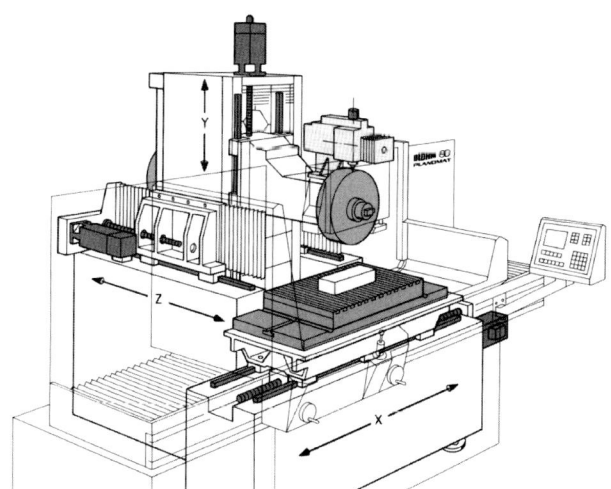

Abb. 4.81 Beispiel einer Flachschleifmaschine mit waagerechter Hauptspindel und Längstisch (Werkbild: BLOHM)

Abb. 4.82 Konturabrichtgerät mit zwei bahngesteuerten Achsen (Werkbild: BLOHM)

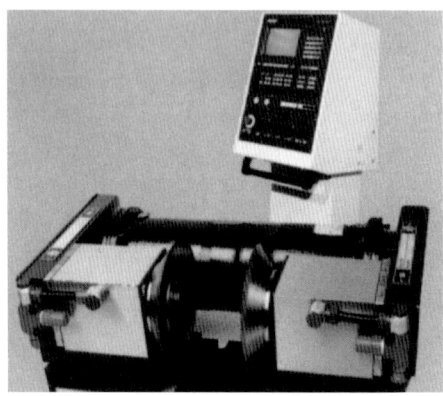

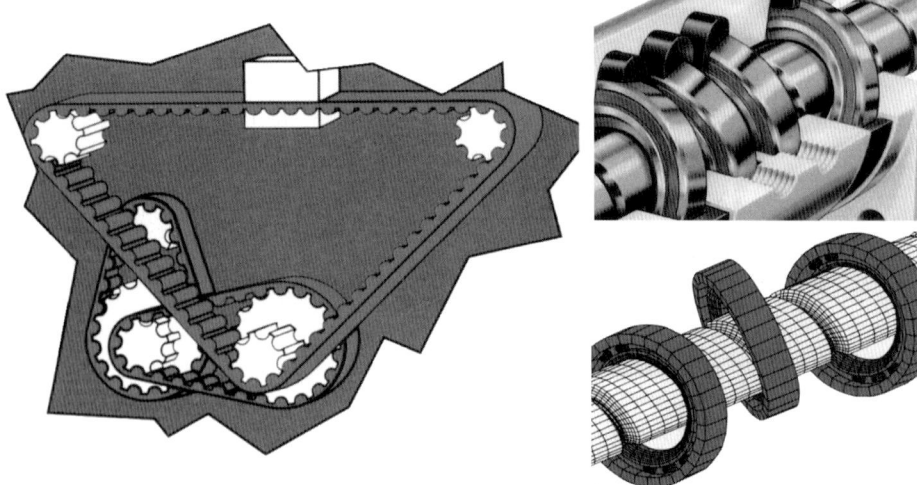

Abb. 4.83 Zahnriementrieb und Wälzringgewindetriebe zum Antrieb des Tisches (Werkbild: Geibel & Hotz)

Am verschiebbaren Einrichtpult sind elektronische Handräder für die Ständerquerverstellung und die Schleifkopfsenkrechtverstellung angeordnet. Mit Hilfe eines Joysticks können alle Einrichtbewegungen durchgeführt werden.

Verschiedene Abrichtgeräte können in die Maschine integriert werden, z. B. ein mit einem Einzelkorndiamanten arbeitendes (Abb. 4.81) oder ein 2-Achsen bahngesteuertes Konturabrichtgerät mit Abrichtscheiben (Abb. 4.82).

Die Gestaltung des Tischantriebes bei hohen Hubzahlen (200 Hübe/min) und kleinen Tischwegen ist nicht ganz unproblematisch. Neben den bekannten Kugeltrieben haben sich Zahnriementriebe und spezielle Wälzringgewindetriebe (Abb. 4.83) bewährt. Hier werden Kugellager als lastübertragende Elemente zwischen Mutter und Spindel eingesetzt. Die speziell geformten Innenringe der Kugellager greifen in das Spindelgewinde ein und wälzen sich auf dessen Gewindeflanken ab. Standardmuttern besitzen vier Kugellager, die wechselseitig mit Federn gegen die Spindel angestellt sind und somit als vorgespanntes System ein geringstmögliches Umkehrspiel und einen Wirkungsgrad von 98 % garantieren.

4.6.5 Spitzenlos-Außenrundschleifmaschinen

Abweichend gegenüber anderen Schleifmaschinen ist bei Spitzenlos-Außenrundschleifmaschinen die Art der Werkstückaufnahme (Abb. 4.84). Auf einem Lineal liegend befindet sich das Werkstück zwischen der Schleifscheibe (Drehzahl n_{WZ}) und der Regelscheibe (Drehzahl n_{RS}). Von dieser wird es aufgrund der Haftreibung zwischen ihr und dem Werkstück in Drehbewegung n_{WS} versetzt und damit der notwendige rotatorische Vorschub für das Rundschleifen erzeugt. Durch Verschieben der Regelscheibe radial zur Schleifscheibe erfolgt die Werkstückzustellung, welche für die Maßgenauigkeit zuständig ist.

Die Regelscheibe ist ihrer Form nach ein Rotationshyperbolit und besteht aus Kunstharz oder Hartgummi. Die Drehachse der Regelscheibe ist in der Maschine unter einem kleinen Winkel zur Schleifscheibenachse, zum Lineal und somit auch zur Werkstückachse angeordnet. Dadurch entstehen am Werkstück axiale Kraftkomponenten, welche das Werkstück axial verschieben wollen. Wird diese Bewegung zugelassen, schiebt sich das Werkstück durch den Schleifspalt (axialer Vorschub f_{ax}). Man nennt dies Spitzenlos-Durchgangsschleifen. Wird die axiale Bewegung des Werkstückes durch Anschläge verhindert spricht man vom Spitzenlos-Einstechschleifen. Durch Modifikation der Regel- und der Schleifscheibe ist es möglich auch nichtzylindrische Werkstückflächen herzustellen (Abb. 4.85).

Gegenüber Außenrundschleifmaschinen entfällt der Längsschlitten mit dem Werkstückspindelstock sowie dem Reitstock. Dafür wird der Regelscheibenspindelstock mit Antrieb für die Regelscheibe und die Abrichteinrichtung benötigt. Zur Positionierung

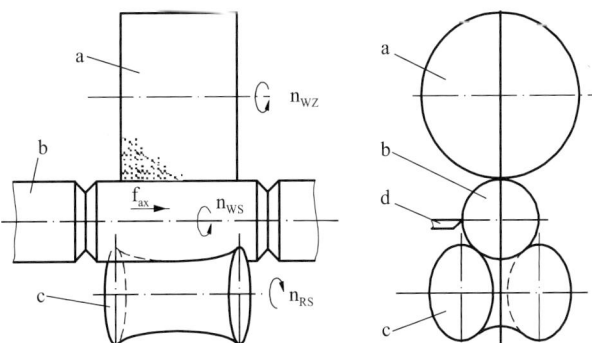

Abb. 4.84 Werkstückaufnahme beim Spitzenlos-Außenrundschleifen und Bearbeitungsbeispiele.
a – Schleifscheibe, b – Werkstücke, c – Regelscheibe, d – Auflagelineal

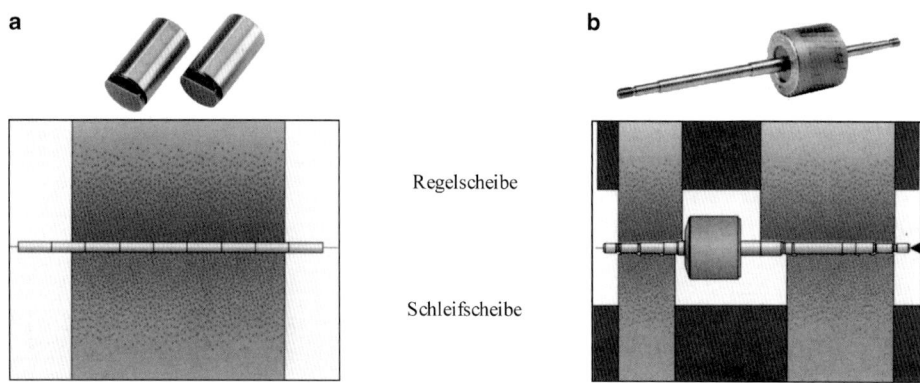

Abb. 4.85 Typische Werkstücke für **a** Spitzenlos-Durchgangsschleifen (Planetenradbolzen), **b** Spitzenlos-Einstechschleifen (Elektromotorenwellen) (Werkbild: MIKROSA)

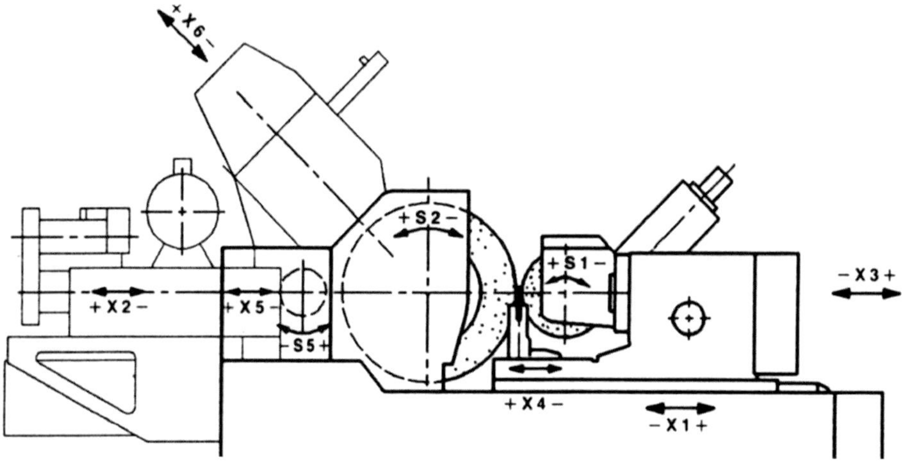

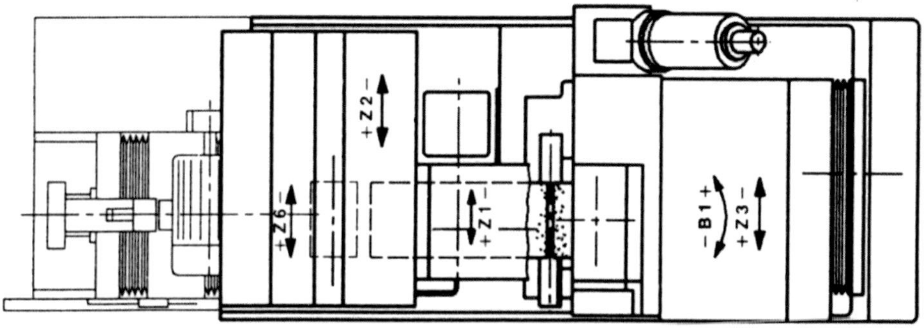

Abb. 4.86 Aufbau einer Spitzenlos-Außenrundschleifmaschine (Werkbild: MIKROSA)

4.6 Schleifmaschinen

dieser Baugruppe ist ein Kreuzschlitten notwendig. In Abb. 4.86 sind alle notwendigen Achsen für eine NC-Spitzenlos-Außenrundschleifmaschine einschließlich der dazu gehörigen Baugruppen eingezeichnet.

NC-gesteuerte Achsen sind bei dieser Maschine vorgesehen für

- den Antrieb der Schleifspindel S2 und der Regelscheibenspindel S1,
- das Positionieren der Werkstückauflage in Längsrichtung X4,
- das Positionieren der Regelscheibe zum Schwenken des Lagerwinkels B1 und der Einstellung von Einstech- oder Durchgangschleifen X1,
- das Positionieren der Schleifspindel in Axialrichtung Z1,
- das Vorprofilieren der Schleifscheibe die Querbewegung Z6 und die Zustellung X6 der Abrichtpinole,

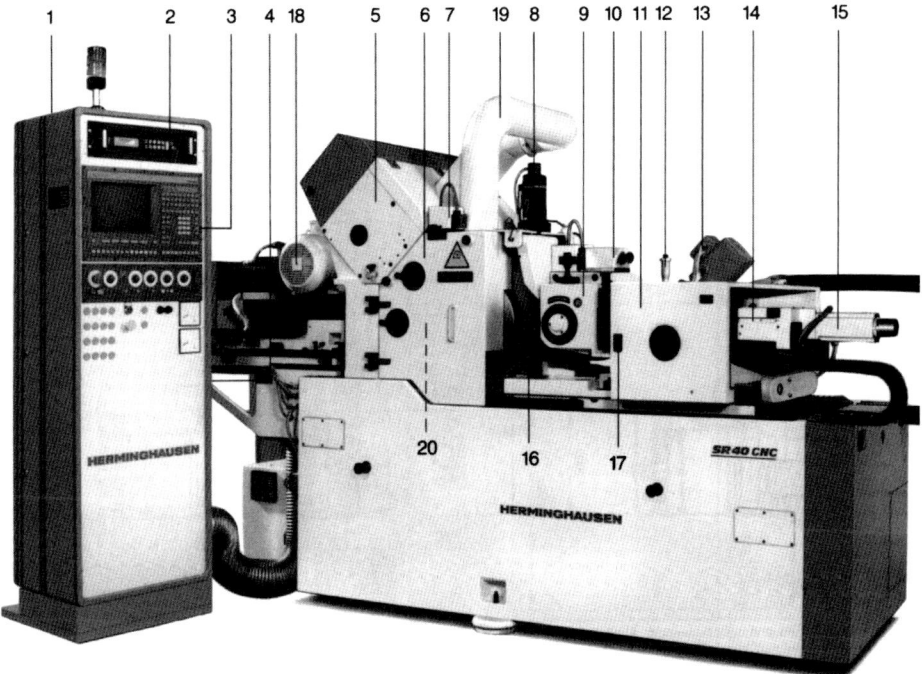

Abb. 4.87 Maschinenbild einer Spitzenlos-Außenrundschleifmaschine (Werkbild: HERMINGHAUSEN). 1 – Bedienpult mit NC-Steuerung, 2 – Automatische Auswuchteinrichtung, 3 – Bedientafel der Steuerung mit Monitor, 4 – Steckdose für elektronisches Handrad, 5 – Motor für das Abrichten der Schleifscheibe, 6 – Schleifspindelstock mit Schutzhaube, 7 – Elektrische Verriegelung der Schutzhaube, 8 – Servomotor für Axialverstellung, 9 – Regelscheibenspindelstock, 10 – Schwenkeinrichtung für vorderes Regelscheibenspindellager, 11 – Lagerwinkel, 12 – Neigungsverstellung des Regelscheibenspindelstockes, 13 – Motor Regelscheibenspindelantrieb, 14 – Abrichteinrichtung der Regelscheibe, 15 – Motor für das Abrichten der Regelscheibe, 16 – Werkstückauflagehalterung, 17 – Axialverstellung der Regelscheibe, 18 – Diamantprofilrolleneinrichtung, 19 – Absauganlage, 20 – Automatische Auswuchteinrichtung

- das Profilieren und Abrichten der Schleifscheibe mit einer Diamantprofilrolle, deren Antrieb S5 und Verstellung X5 sowie die Querbewegung Z2 und die Zustellung der Abrichtpinole X2,
- das Profilieren und Abrichten der Regelscheibe, die Querbewegung Z3 und die Zustellung der Abrichtpinole X3.

Zu einer kompletten Spitzenlos-Außenrundschleifmaschine gehören weitere periphere Einrichtungen (Abb. 4.87).

4.7 Verzahnmaschinen

4.7.1 Einteilung und notwendige Bewegungen bei spanenden Verzahnmaschinen

Spanende Verzahnmaschinen werden, wie andere Werkzeugmaschinen auch, entsprechend der zu bearbeitenden Werkstückmenge und notwendigen Flexibilität mit unterschiedlichem Automatisierungsgrad angeboten:
- Maschinen mit konventionellen Antrieben für Haupt- und Nebenbewegung und der mechanischen Verbindung abhängiger Bewegungen,
- NC-Maschinen mit numerischen Steuerungen für die Antriebe einschließlich elektronisch realisierter Verknüpfung abhängiger Bewegungen,
- Verzahnzellen, zusätzlich mit Einrichtungen zum automatischen Werkzeugwechsel,
- Verzahnzentren, zusätzlich mit Einrichtungen zum automatischen Werkstückwechsel,
- Verzahnsysteme, bei denen ein automatisierter Informations-, Werkstück- und Werkzeugfluss zwischen Maschinen und Einrichtungen vorhanden ist.

Um die Funktion und den Aufbau spanender Verzahnmaschinen zu verstehen, sollen zunächst die zur Anwendung kommenden Herstellverfahren erläutert werden. Man unterteilt diese zweckmäßigerweise in die eigentlichen Fertigungsverfahren und die Erzeugungsverfahren.

Die spanenden *Fertigungsverfahren*, verantwortlich für den Zerspanprozess, sind nach DIN 8580 (DIN 8589) gegliedert. In Abb. 4.88 werden die zur Zahnradherstellung genutzten Verfahren aufgeführt. Die für die Zerspanung notwendigen Bewegungen (Schnitt- und Vorschubbewegung) sind analog den Aussagen in Abschn. 2.1 zu betrachten. Der Aufbau der Werkzeuge wird im Zusammenhang mit den Maschinen erläutert.

Die *Erzeugungsverfahren* (Abb. 4.89) sind verantwortlich für das Entstehen der Verzahnung. Man unterscheidet Formen und Wälzen.

Beim *Formen* ist das Profil der herzustellenden Zahnlücke im Werkzeug gespeichert (Profilwerkzeug). Damit ist das Werkzeug abhängig von Modul und der Zähnezahl des Werkstückes. Diese Verfahren sind besonders geeignet für die Massenfertigung. Eine diskontinuierliche, rotatorische oder translatorische Teilbewegung, die die Anzahl der Zähne

4.7 Verzahnmaschinen

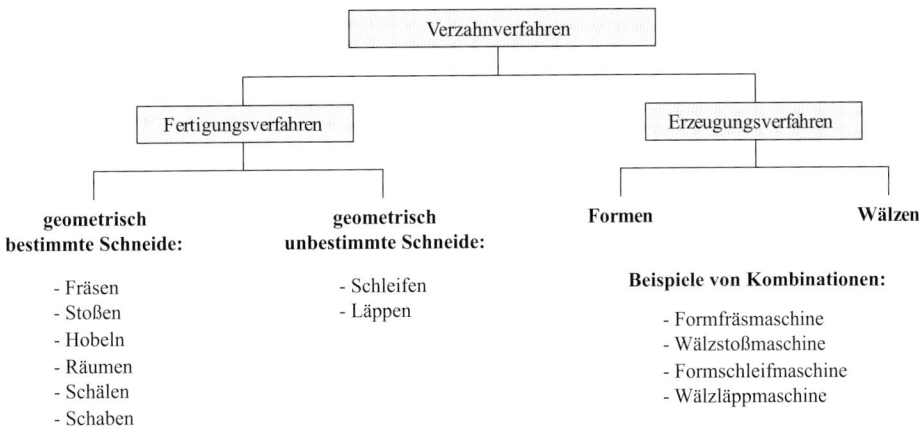

Abb. 4.88 Spanende Verfahren zur Herstellung von Verzahnung

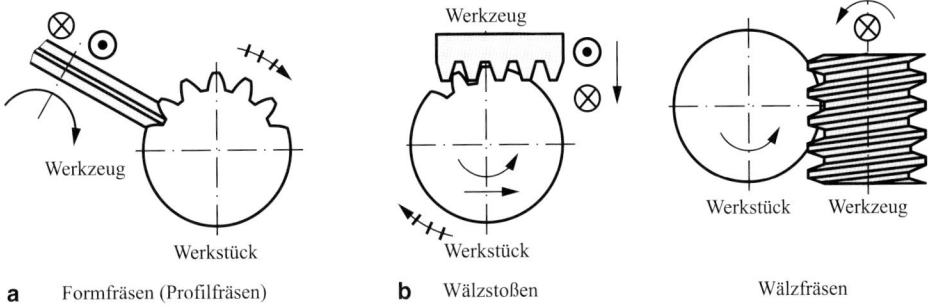

Abb. 4.89 Erzeugungsverfahren zur Herstellung von Verzahnung. **a** Formverfahren, **b** Wälzverfahren

erzeugt, wird immer dann benötigt, wenn das Werkzeug eine Zahnlücke oder mehrere, aber weniger als benötigt, vergegenständlicht.

Beim *Wälzen* (Abb. 4.90) entsteht das Zahnprofil durch maschinenseitig realisierte Bewegungen zwischen dem Werkstück und einem Werkzeug, welches ein Gegenrad, das Bezugsprofil oder einen Teil davon darstellt. Dieses Werkzeug ist überwiegend modulabhängig.

Neben den Zerspanungsbewegungen werden die Wälzbewegung, die die Flankenform erzeugt, und die Teilbewegung benötigt. Letzere kann eine kontinuierliche, rotatorische Bewegung des Werkstücks sein *(kontinuierliches Wälzverfahren)* oder erfolgt diskontinuierlich *(Teilwälzverfahren)*, wenn das Werkzeug eine Zahnlücke oder mehrere, aber weniger als benötigt, darstellt. Für die Herstellung von Evolventeverzahnung muss die Wälzbewegung, das Abrollen, eine Gerade auf einem Kreis zwischen Werkzeugschneide und Werkstück erzeugen. In einer Maschine wird dies realisiert in Form von Rotation oder Translation von Werkstück und/oder Werkzeug (erster und zweiter Teil der Wälz-

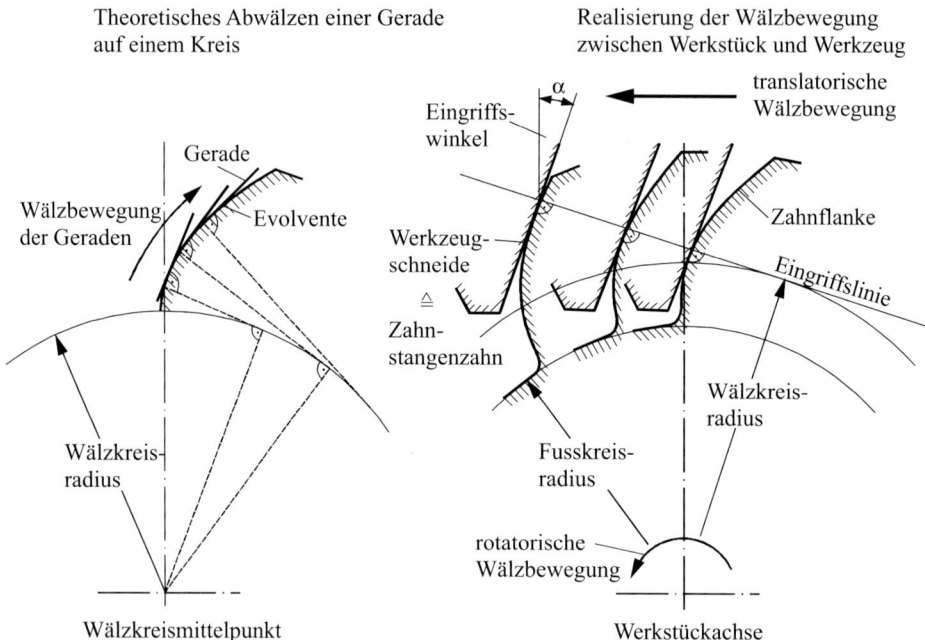

Abb. 4.90 Erzeugung einer Zahnflanke mit Evolventenform durch Wälzen

bewegung). Die Kombination von Erzeugungs- und Fertigungsverfahren ergibt das Herstellverfahren, dessen Bezeichnung auch für die Maschinenbenennung verwendet wird. Beispiele sind in Abb. 4.88 angeführt.

Zusammenfassung der notwendigen Bewegungen beim Verzahnen
- Schnittbewegung zum Erzeugen der einmaligen Spanabnahme (kontinuierlich oder schrittweise)
- Vorschubbewegung zur Aufrechterhaltung der Spanabnahme (kontinuierlich oder schrittweise, von der Schnittbewegung abhängig oder nicht, bezogen auf die Werkzeugachse (radial, axial, tangential))
- Wälzbewegung erzeugt die Zahnflankenform
- Teilbewegung erzeugt Anzahl der Zähne am Werkstück (kontinuierlich oder schrittweise)

Zur Maschinencharakteristik dient weiterhin die Bauart der zu bearbeitenden Werkstücke. Nach den Zahnradgetriebearten (Abb. 4.91) teilt man ein in Zylinderräder, Kegelräder, Schraubräder und Schnecken/Schneckenräder.

Zylinderräder
Sie besitzen eine parallel zur Rotationsachse angeordnete Verzahnung. Diese befindet sich am Außen- oder Innendurchmesser und kann gerad-, schräg- oder doppelschrägverzahnt

4.7 Verzahnmaschinen

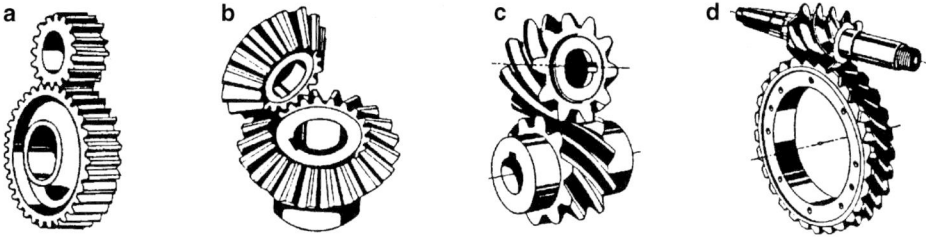

Abb. 4.91 Bauformen von Zahnradstufen. **a** Zylinderradstufe, **b** Kegelradstufe, **c** Schraubräderstufe, **d** Schnecke-Schneckenrad-Stufe

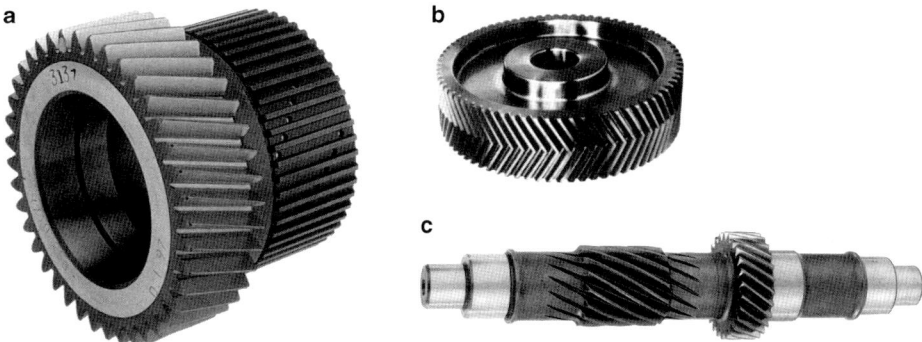

Abb. 4.92 Bauformen von Zylinderrädern. **a** außen schrägverzahntes Zylinderrad mit einer geradflankigen Steckverzahnung (Foto: Fässler), **b** Zahnrad mit echter Pfeilverzahnung, **c** Ritzelwelle mit zwei Schrägverzahnungen (Foto Pfauter)

(echte oder unechte Pfeilverzahnung) ausgeführt sein (Abb. 4.92). Der Grundkörper ist in der Regel ein Kreiszylinder. Abweichend (Abb. 4.93) davon gibt es z. B. bei Pumpen ovale bzw. elliptische Zylinder.

Als Stirnschnittprofil (Zahnform) findet überwiegend die Kreisevolvente Anwendung. Damit verbunden ist ein geradflankiges Bezugsprofil (Abb. 4.94), was zur Folge hat, dass
- ein einfaches Werkzeug entsteht,
- gleiches Bezugsprofil bei gleicher Teilung verwendet werden kann,
- beliebige Paarungen verschiedener Durchmesser mit einem Werkzeug herstellbar sind,
- unterschiedliche Profilverschiebungen zu veränderbaren Achsabständen genutzt werden können, ohne die Kinematik zu beeinflussen.

Sonderprofile sind Zykloiden, Triebstock, Kreisbogen, Kettenräder, Keilwellen usw.

Form und Abmessungen der zylindrischen Verzahnung werden durch die zugehörige Planverzahnung festgelegt. Darunter versteht man eine Zahnplatte (Bezugszahnplatte) die paarbar mit gerad- und schrägverzahnten Rädern gleichen Moduls ist.

Die Bezugsprofile sind für evolventenverzahnte Zahnräder im Maschinen- und Schwermaschinenbau in DIN 867 bzw. für Zahnräder in der Feinwerktechnik in DIN 58400

Abb. 4.93 Verzahnungsbeispiel für einen Hydromotor (Werkbild: HYDROSTER)

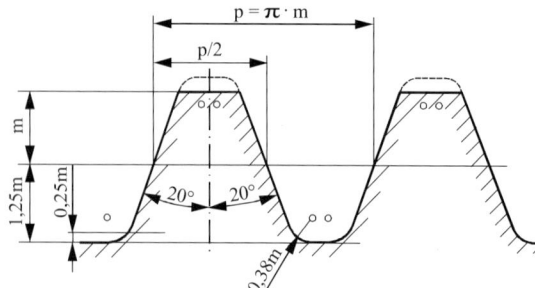

Bezugsprofil für ein Zahnrad
p - Teilung
m - Modul
Profilwinkel 20°
Zahnhöhe 2,25 m
Zahnkopfhöhe 1,00 m
Zahnfußhöhe 1,25 m
Kopfspiel 0,25 m
Fußrundung 0,38 m

Bezugsprofile für Verzahnwerkzeuge

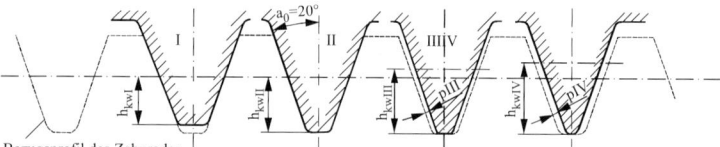

Abb. 4.94 Bezugsprofil für Evolventenverzahnung. Werkzeugprofile: Bezugsprofil I für die Fertigbearbeitung, z. B. für Verzahnungen, die mit Werkzeugen der Profile III und IV vorbearbeitet wurden. Bezugsprofil II für die Fertigbearbeitung von Verzahnungen. Bezugsprofile III und IV für die Vorbearbeitung von Verzahnungen, um die Bearbeitungszugabe p für die nachfolgende Bearbeitung herzustellen

festgelegt. Für das zugehörige Verzahnwerkzeug ist DIN 3972 bzw. DIN 58412 anzuwenden. Der Unterschied zwischen dem Bezugsprofil des Zahnrades zum Werkzeug ergibt sich durch

- die zu bearbeitenden Flächen z. B. Zahnkopfdurchmesser am Werkstück wird nicht bearbeitet, Zahnfuß am Werkstück wird nicht geschliffen,
- notwendige Aufmaße für nachfolgende Bearbeitungsschritte.

Außerdem können Profilkorrekturen in das Werkzeug eingearbeitet sein z. B. Höhenballigkeit, Kopfrücknahme, Fußrücknahme und ähnliches, die nicht genormt sind.

Kegelräder

Entsprechend dem Flankenlinienverlauf unterscheidet man gerad-, schräg- oder bogenverzahnte (mit Kreis-, Evolventen- oder Zykloidenform) Kegelräder (Abb. 4.95).

Als Kegelwälzgetriebe werden Kegelradanordnungen mit senkrecht aufeinanderstehenden und sich schneidenden Drehachsen bezeichnet. Im Gegensatz dazu werden achsversetzte Kegelradanordnungen Kegelschraubgetriebe oder Hypoidgetriebe genannt.

Als Zahnflankenform wird auch bei Kegelrädern überwiegend die Kreisevolvente angewandt. Verschiedene Profil- und Flankenlinienkorrekturen an Kegelrädern sind üblich.

Formen und Abmessungen der Kegelradverzahnung werden durch die zugehörige Planradverzahnung festgelegt. Das Planrad ist ein gedachtes Kegelrad, dessen Teilfläche eine kreisförmige Planfläche senkrecht zur Planraddrehachse bildet (Abb. 4.96). Diese Planradverzahnung (DIN 3971) ist durch den Planradteilkreis, das Bezugsprofil, die Größen in der Planradteilebene und die Kopf- und Fußmantelflächen gekennzeichnet. Das Werkzeug ist so ausgebildet, dass es während seiner Bewegung einen Zahn oder eine Flanke eines Zahnes des gedachten Planrades darstellt.

Die geometrischen Hauptgrößen bogenverzahnter Kegelräder sind die gleichen, lediglich die Zahnleitlinien sind gekrümmt. Der Verlauf der Zahnradlängskrümmung ist von dem zum Einsatz kommenden Fertigungsverfahren abhängig und kann, von der Kegelspitze aus gesehen, rechtssteigend (Rechtsspirale genannt) oder linkssteigend (Linksspirale genannt) sein. Zu einem rechtsspiraligen Tellerrad gehört ein linksspiraliges Ritzel und umgekehrt. Die Spiralrichtungen werden allgemein so gewählt, dass die durch die Hauptdrehrichtung entstehenden Kräfte das Ritzel von der Tellerradachse abdrängen.

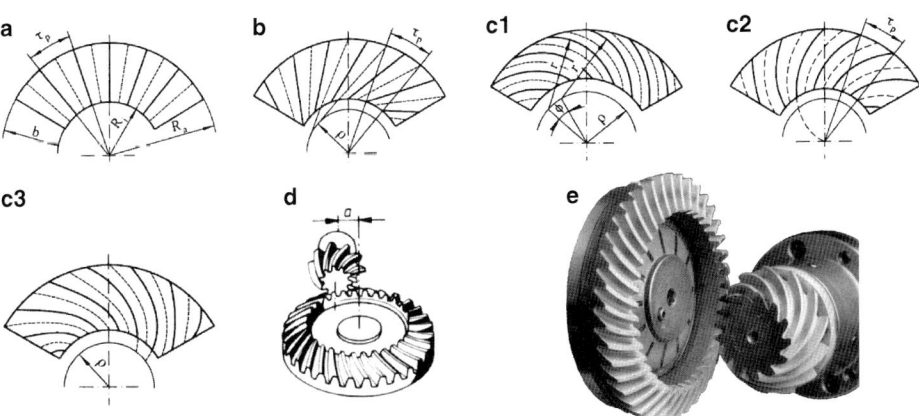

Abb. 4.95 Bauformen von Kegelrädern und Kegelradstufen. Flankenlinienverlauf: **a** Geradverzahnung; **b** Schrägverzahnung; **c** Bogenverzahnungen: **c1** Kreisbogenverzahnung, **c2** Evolventenverzahnung, **c3** Zykloidenverzahnung; **d** Hypoidkegelräderstufe (linkssteigendes Rad mit rechtssteigendem Ritzel, Achsversatz A); **e** Hypoidkegelräderstufe (rechtssteigendes Rad mit linkssteigendem Ritzel, Achsen versetzt, Foto: Gleason)

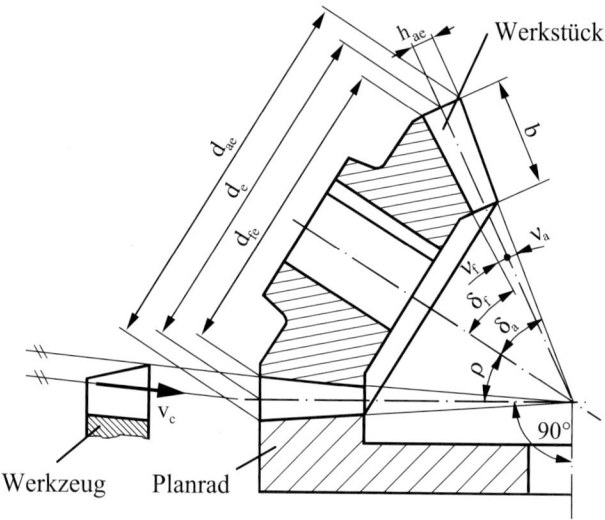

Abb. 4.96 Kegelrad mit gedachtem Planrad

Zylinderschraubräder

Unter gekreuzten Achsen laufende Zylinderräder mit unterschiedlichen Schrägungswinkeln (Achswinkel entspricht Schrägungswinkelsumme) werden als Schraubräder bezeichnet.

Schnecken/Schneckenräder

Die Drehachsen von Rad und Schnecke sind miteinander gekreuzt (Abb. 4.91). Das Rad kann zylindrisch (gerad- oder schrägverzahnt) oder dem Durchmesser der Schnecke angepasst (Globoidrad) ausgeführt sein. Bei den Schnecken unterscheidet man nach der Gangzahl und der äußeren Form. Hinsichtlich des zweiten Gesichtspunktes gibt es Zylinderschnecken und Globoidschnecken. Diese sind durch eine gekrümmte Mantelfläche dem Durchmesser des Rades angepasst.

Weiterführende Ausführungen zu Zahnradarten und ihren geometrischen Größen sind [8] zu entnehmen.

Im Folgenden werden ausgewählte Maschinen, hinsichtlich ihres Einsatzbereiches, der Bewegungsabläufe und des Aufbaus erläutert.

4.7.2 Wälzstoßmaschinen

Der Vorteil des Verfahrens „*Wälzstoßen*" liegt in der Bearbeitungsmöglichkeit von Bundrädern und anderen Rädern, die keinen großen Werkzeugüberlauf zulassen.

Für Zylinderräder

Wälzstoßmaschinen für Zylinderräder werden zur Vor- und Endbearbeitung bis zu Verzahnungsqualität 6 DIN 3962 eingesetzt. Die Werkstückabmessungen betragen bis zu 12 m Durchmesser bei Werkstückgewichten bis 220 t.

Als Werkzeuge sind Kammstahl oder Schneidrad möglich.

4.7 Verzahnmaschinen

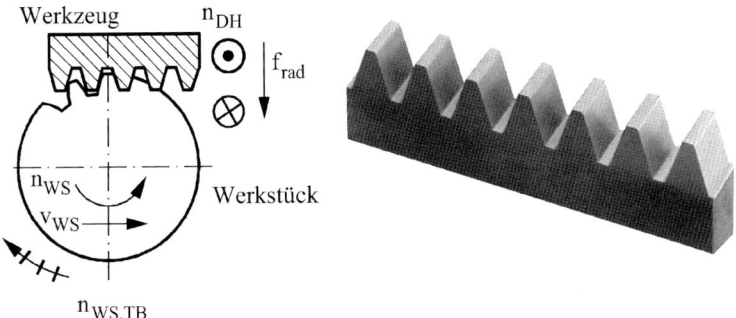

Abb. 4.97 Werkzeug und Werkstück sowie notwendige Bewegungen beim Wälzstoßen mit Kammstahl (Werkbild: Lorenz)

Werkzeug: Kammstahl

Der Kammstahl ist ein Zahnstangensegment mit Bezugsprofil (geradflankig) (Abb. 4.97) und dem herzustellenden Modul so angeschliffen, dass sich Spanwinkel, Freiwinkel und Keilwinkel ergeben.

Die notwendigen Bewegungen sind charakteristisch für ein typisches Teilwälzverfahren.

Das Werkzeug führt die Schnittbewegung, in Form einer Doppelhubzahl n_{DH} aus. Sie muss hinsichtlich ihrer Größe und Lage so eingestellt werden, dass die Verzahnungsbreite vollständig überstrichen wird. Bei extrem breiten Verzahnungen lassen manche Maschinen eine Bearbeitung in zwei Schnitten zu. Beim Rückhub müssen Werkzeug und Werkstück durch Abheben des Werkzeugs voneinander getrennt werden, um Beschädigungen zu vermeiden.

Die Wälzbewegung wird durch Translation v_{WS} (Teil der Wälzbewegung) und Rotation n_{WS} (Teil der Wälzbewegung) des Werkstücks realisiert. Die Rotation des Werkstücks entspricht gleichzeitig einem rotatorischen Vorschub. Ist das Werkstück am Werkzeug abgewälzt erfolgt das Zurückwälzen. Um die folgenden Zähne einzuarbeiten, muss eine Teilbewegung $n_{WS,TB}$ durch das Werkstück ausgeführt werden (Teilwälzverfahren).

Werkstück und Werkzeug werden zu Beginn der Bearbeitung so zueinander positioniert, dass sich das Werkzeug außerhalb des Werkstücks in Höhe des Kopfkreises befindet. Während die Schnitt- und Wälzbewegung ausgeführt werden wird das Werkzeug (oder Werkstück) auf Schnitttiefe zugestellt v_{ZB}. Bei Verzahnungen, die nicht in einem Zyklus auf volle Zahnhöhe gestoßen werden können, erfolgt nach einer Werkstückumdrehung eine Zustellung, der sogenannte radiale Vorschub f_r.

Bei der Herstellung von Schrägverzahnung muss die Stößelführung um den Schrägungswinkel β geschwenkt werden.

Die beschriebenen Bewegungen sind voneinander abhängig und werden in der Wälzstoßmaschine durch mechanische Verbindungen oder elektronische Steuerungen miteinander verknüpft. Diese Zusammenhänge werden in sogenannten kinematischen Ketten

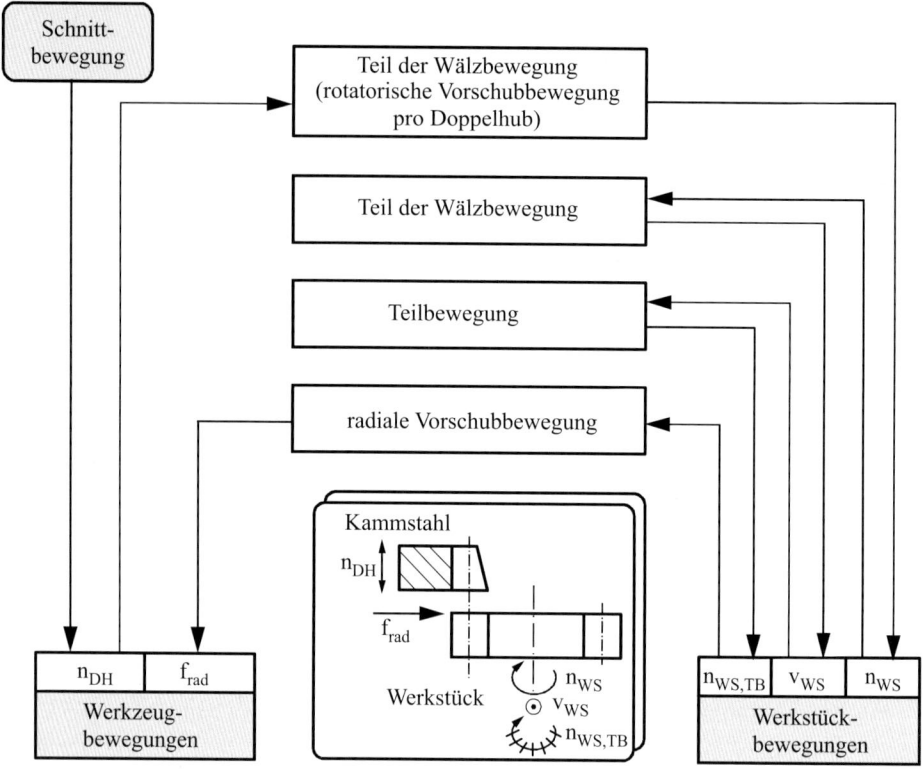

Abb. 4.98 Abhängigkeit der Bewegungen beim Wälzstoßen mit Kammstahl

dargestellt (Abb. 4.98) und in folgender Reihenfolge bestimmt:
- Berechnung der Doppelhubzahl aus der Schnittgeschwindigkeit und dem Hub

$$n_{DH} = \frac{v_c}{2H}, \qquad H = b_{WS} + l_{an} + l_{über}. \tag{4.1}$$

- Berechnung der Werkstückdrehzahl aus dem Vorschub pro Zahn, also abhängig von der Hubbewegung des Werkzeugs und entspricht gleichzeitig dem ersten Teil der Wälzbewegung (vereinfacht ohne Beachtung der Werkstückverschiebung)

$$n_{WS} = \frac{f_z}{\pi \cdot z_{WS} \cdot m_{WS}}. \tag{4.2}$$

- Berechnung der Verschiebegeschwindigkeit des Werkstücks aus geforderter Zähnezahl und Modul am Werkstück, entspricht dem zweiten Teil der Wälzbewegung

$$v_{WS} = \pi \cdot z_{WS} \cdot m_{WS} \cdot n_{WS}. \tag{4.3}$$

4.7 Verzahnmaschinen

Die Größe der Teilbewegung ergibt sich aus dem Verhältnis der Anzahl Zähne des Kammstahls zur geforderten Zähnezahl des Werkstückes

$$n_{\text{WS,TB}} = \frac{z_{\text{WZ}}}{z_{\text{WS}}}. \tag{4.4}$$

Nach einer Werkstückumdrehung wird die radiale Zustellbewegung ausgeführt.

Werkzeug: Schneidrad

Das Schneidrad ist ein Gegenzahnrad mit dem herzustellenden Modul so angeschliffen, dass Spanwinkel, Freiwinkel und Keilwinkel an jedem Zahn vorhanden sind. Aufgrund der Werkzeuggestaltung ergibt sich ein kontinuierliches Wälzverfahren. Zu Beginn der Bearbeitung werden Werkstück und Werkzeug so zueinander positioniert, dass sich die Kopfkreise berühren und ihre Mittelpunkte in radialer Vorschubrichtung fluchten.

Die Schnittbewegung wird durch die Doppelhubzahl n_{DH} des Schneidrades realisiert (Abb. 4.99). Beim Rückhub ist auch hier das Abheben des Werkzeugs zu beachten.

Die Wälzbewegung entsteht durch Rotation des Werkstückes n_{WS} und Rotation des Werkzeugs n_{WZ}. Diese Werkstückdrehzahl ist gleichzeitig der rotatorische Vorschub und die kontinuierliche Teilbewegung.

Der radiale Vorschub f_{rad} (eigentlich Zustellung) wird für das Anschneiden und das Zustellen auf Zahntiefe benötigt und in Abhängigkeit von der Werkstückdrehung erzeugt.

Die Herstellung schrägverzahnter Zylinderräder mit Schneidrad kann nicht durch eine Schrägstellung der Stößelführung erfolgen. Das Schneidrad repräsentiert im Zusammenhang mit seiner Hubbewegung einen Zylinder, der beim Kippen seiner Achse zur Achse des Werkstücks dieses nur an einem Punkt berührt. Das würde zur Erzeugung eines Rotationshyperbolides führen. Das Werkzeug muss, um schrägverzahnte Zylinderräder mit

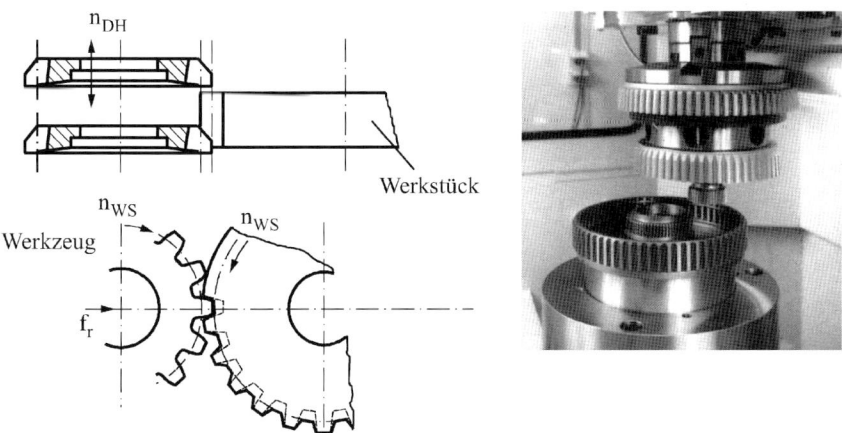

Abb. 4.99 Werkzeug und Werkstück sowie notwendige Bewegungen beim Wälzstoßen mit Schneidrad (Werkzeug – Werkbild: Lorenz)

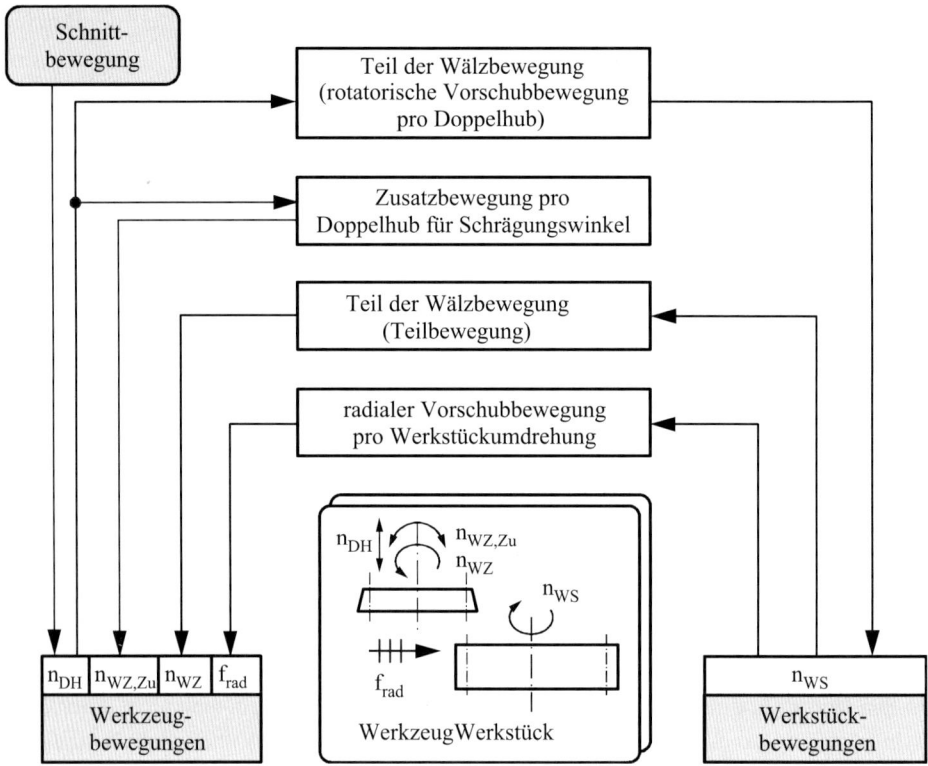

Abb. 4.100 Abhängigkeit der Bewegungen beim Wälzstoßen mit Schneidrad

dem Schneidrad herstellen zu können, eine zusätzliche Drehbewegung $n_{WS,Zu}$ überlagert zum Doppelhub ausführen. Abbildung 4.100 zeigt die Abhängigkeit der Bewegungen die innerhalb einer Wälzstoßmaschine mit Schneidrad zu realisieren sind. Ähnlich wie bei der Maschine mit Kammstahl kann man die Größe der Bewegungen bestimmen:

- Berechnung der Doppelhubzahl aus der Schnittgeschwindigkeit und dem Hub

$$n_{DH} = \frac{v_c}{2H}, \qquad H = b_{WS} + l_{an} + l_{über}. \tag{4.5}$$

- Berechnung der Werkstückdrehzahl aus dem Vorschub pro Zahn und damit abhängig von der Hubbewegung des Werkzeugs. Die Werkstückdrehzahl entspricht gleichzeitig dem I. Teil der Wälzbewegung:

$$n_{WS} = \frac{f_z}{\pi \cdot z_{WS} \cdot m_{WS}} \cdot n_{DH} \tag{4.6}$$

- Berechnung der Werkzeugdrehzahl aus geforderter Zähnezahl am Werkstück und der Zähnezahl des Werkzeugs bei Beachtung der Werkstückdrehzahl. Die Werkzeugdreh-

4.7 Verzahnmaschinen

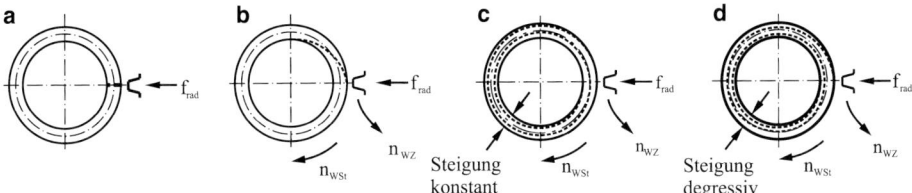

Abb. 4.101 Zustellvarianten bei numerisch gesteuerter Wälzstoßmaschinen (nach Werkbild: Lorenz). **a** Tauchen ohne Wälzen, **b** Tauchen mit Wälzen innerhalb einer Teildrehung des Werkstücks, **c** Spiralig mit konstantem und **d** mit degressiven Radialvorschub Tauchen und Wälzen

zahl entspricht dem II. Teil der Wälzbewegung:

$$n_{WZ} = n_{WS} \cdot \frac{z_{WS}}{z_{WZ}} \tag{4.7}$$

Die radiale Zustellbewegung wird bei NC-gesteuerten Wälzstoßmaschinen nach wählbaren Regimen ausgeführt. Sie sind in Abb. 4.101 dargestellt. Nach dem Erreichen der gewünschten Zahntiefe ist grundsätzlich noch eine Werkstückumdrehung zu wälzen.

Für die Realisierung dieser Bewegungen sind verschiedene Prinzipien vorstellbar. In älteren Maschinen wurden ausgehend von einem Hauptantrieb alle Schlitten- und Tischbewegungen über mechanische Getriebe erzeugt. Diese aufwändigen Konstruktionen sind abgelöst worden durch numerisch gesteuerte Achsen, deren Synchronität in gewünschten Verhältnissen durch digitale Regelungen ermöglicht werden. Ein typischer Getriebeplan wird in Abb. 4.102 gezeigt.

Die in Abb. 4.103 dargestellte Wälzstoßmaschine besitzt 9 NC-Achsen und ermöglicht damit eine Vielzahl numerisch gesteuerter Einstellungen und Bewegungen. Ein stufenlos stellbarer Asynchronmotor erzeugt über ein Kurbelgetriebe die Hubzahl (O-Achse), die bei dieser Maschine zwischen 30 und 900 DH/min liegt. Durch Regelung des Motors kann die Stößelgeschwindigkeit über den Hub variiert werden. Das ist besonders für eine konstante Schnittgeschwindigkeit während der Zerspanung und für einen beschleunigten Rückhub von Vorteil. Die Größe des Hubes und seine Lage werden abhängig von der Verzahnungsbreite und deren Aufspannlage im Arbeitsraum durch die NC-Achsen L und Z realisiert.

Die Erzeugung der Rotationen von Stoßspindel (C-Achse) und Werkstücktisch (D-Achse) erfolgt durch jeweils einen stufenlos stellbaren Asynchronmotor und spielfreie Schnecke-Schneckenrad-Übersetzung. Mit Hilfe von digitalen Geschwindigkeitsreglern und durch digitalen Zwanglauf zwischen den beiden Achsen wird Größe und Verhältnis der beiden Wälzbewegungen exakt eingehalten. In Abhängigkeit der Stößelbewegung kann der Wälzbewegung der C-Achse die Zusatzdrehung für die Schrägverzahnung durch die numerische Steuerung überlagert werden. Die X-Achse, bei dieser Maschine als Verschiebung des Ständerschlittens realisiert, ermöglicht die radiale Positionierung des

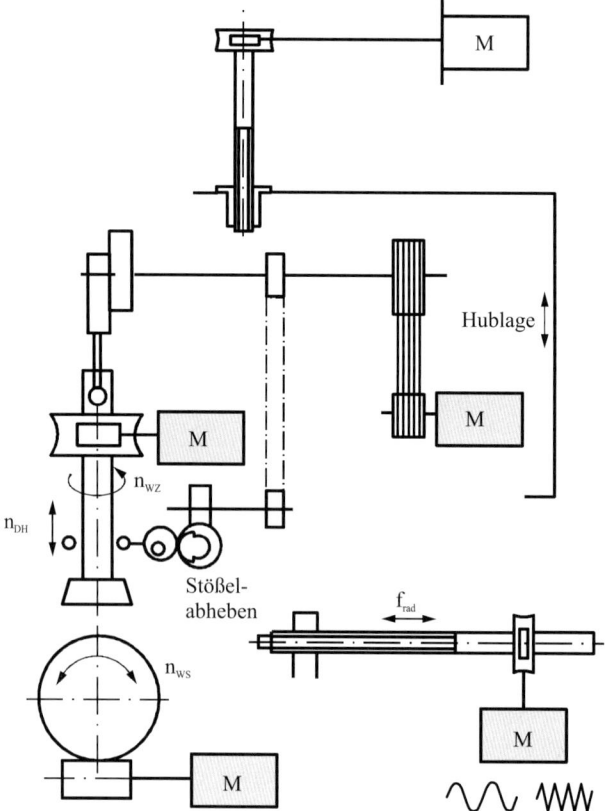

Abb. 4.102 Getriebeplan einer numerisch gesteuerten Wälzstoßmaschine mit Schneidrad (Werkbild: Lorenz)

Werkzeugs vor und die Ausführung des radialen Vorschubs während der Zerspanung. Durch Verknüpfen dieser Achse mit der Werkstück (D-) und/oder Werkzeugdrehbewegung (C-Achse) ist es möglich mit verschiedenen Regimen das Werkzeug auf Zahntiefe zu fahren. Außerdem können, bei Verwendung entsprechender Werkzeuge, Verfahren wie Teilwälzen, Formstoßen und verzahnungsuntypische Verfahren wie Drehen und Entgraten durchgeführt werden.

Für Kegelräder

Wälzstoßmaschinen für Kegelräder werden für die Herstellung gerad- und schrägverzahnter Kegelräder in den Qualitäten IT 7 nach DIN 3962 eingesetzt. Ausgeführte Maschinen gibt es für Werkstückdurchmesser 400 mm, Modul bis 12 mm.

Als Werkzeuge werden Stoßmeißel verwendet, die im Zusammenhang mit der Schnittbewegung einen Planradzahn darstellen.

4.7 Verzahnmaschinen

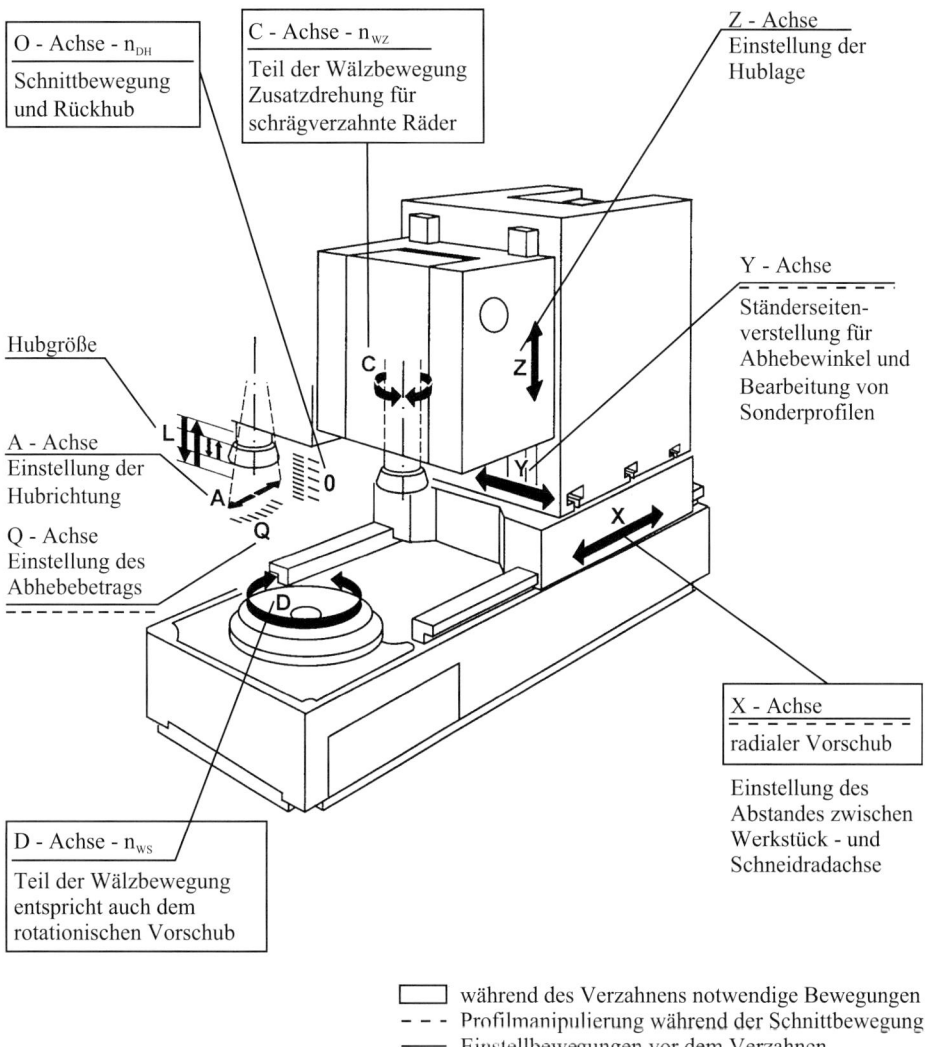

O - Achse - n_{DH}
Schnittbewegung und Rückhub

C - Achse - n_{WZ}
Teil der Wälzbewegung
Zusatzdrehung für schrägverzahnte Räder

Z - Achse
Einstellung der Hublage

Hubgröße

Y - Achse
Ständerseitenverstellung für Abhebewinkel und Bearbeitung von Sonderprofilen

A - Achse
Einstellung der Hubrichtung

Q - Achse
Einstellung des Abhebebetrags

X - Achse
radialer Vorschub
Einstellung des Abstandes zwischen Werkstück- und Schneidradachse

D - Achse - n_{WS}
Teil der Wälzbewegung entspricht auch dem rotationischen Vorschub

☐ während des Verzahnens notwendige Bewegungen
- - - Profilmanipulierung während der Schnittbewegung
—— Einstellbewegungen vor dem Verzahnen

Abb. 4.103 Numerisch gesteuerte Wälzstoßmaschine mit Schneidrad (Werkbild: Lorenz)

Abb. 4.104 Einmeißelverfahren zum Wälzstoßen von Kegelrädern

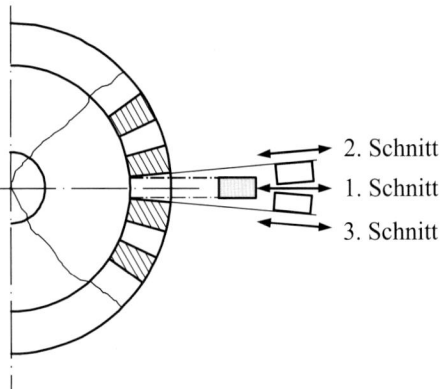

Einmeißelverfahren

Der Stoßmeißel ist mit zwei Flankenwinkeln versehen. In einem ersten Schnitt werden die Zahnlücken vorbearbeitet (Abb. 4.104). Danach ist der Stoßschlitten in Richtung einer Zahnflanke zu schwenken und die Bearbeitung dieser Flanke kann ausgeführt werden. Ein weiterer Schnitt ist für die zweite Zahnflanke notwendig. Die erläuterten drei Schnitte repräsentieren einen Planradzahn, der in jeder Werkstücklücke abgewälzt werden muss.

Zweimeißelverfahren

Zwei Stoßmeißel, die auf getrennten Schlitten wechselseitig die Schnittgeschwindigkeit ausführen, stellen den Planradzahn dar (Abb. 4.105). Jeder Meißel bearbeitet eine Zahnlückenflanke und einen Teil des Zahngrundes. Die gleichzeitig bearbeiteten Zahnflanken können zu unterschiedlichen Zahnlücken gehören. Auch hier ist das Abwälzen in jeder Werkstückzahnlücke während der Stoßbewegung notwendig. Gegenüber dem Einmeißelverfahren ergibt sich eine höhere Produktivität.

Die Bewegungen können bei Kegelrad-Wälzstoßmaschinen in verschiedenen Folgen ablaufen. Notwendig sind aber immer (Abb. 4.106)
- die Schnittbewegung als Doppelhubzahl n_{DH} der Werkzeuge mit der Abhebebewegung,
- die Wälzbewegung in der Zahnlücke zur Erzeugung der Flankenform zusammengesetzt aus dem Drehen des gedachten Planrades n_{PR} (Werkzeugkopf) und der Werkstückdrehung n_{WS} (Rundtisch) (entspricht auch dem rotatorischen Vorschub),

Abb. 4.105 Zweimeißelverfahren zum Wälzstoßen von Kegelrädern. **a** in einer Zahnlücke, **b** in zwei Zahnlücken

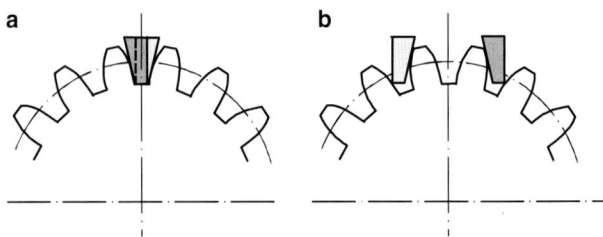

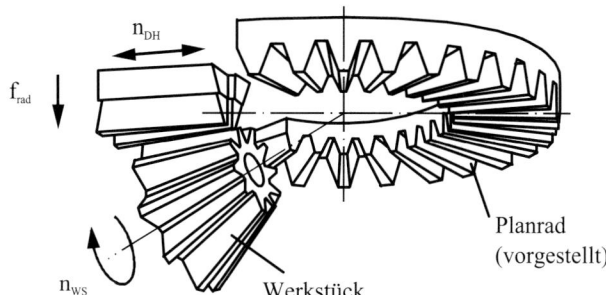

Abb. 4.106 Bewegungen beim Wälzstoßen von Kegelrädern

- das Eintauchen der Stoßmeißel in die Zahnlücke (radial f_{rad} oder tangential durch Einwälzen des Werkstücks n_{PR}),
- die Teilbewegung, um das Werkzeug von der fertiggestellten Zahnlücke in die als nächste herzustellende Lücke zu positionieren. Diese Bewegung erfolgt während des beschleunigten Zurückwälzens und wird realisiert durch Aussetzen der Werkzeugkopfdrehung, bis das Werkstück um eine Teilung weiter gedreht ist.

4.7.3 Wälzfräsmaschinen

Gegenüber dem Fertigungsverfahren Stoßen ermöglicht das Fräsen eine kontinuierliche Schnittgeschwindigkeit. Der Rückhub entfällt und erhöht damit die Produktivität von Wälzfräsmaschinen gegenüber Wälzstoßmaschinen.

Für zylindrische Zahnräder und andere zylindrische Profile

Das Verfahren des Wälzfräsens, so wie es heute überwiegend realisiert wird, wurde 1897 patentiert und die ersten nach diesem Prinzip arbeitenden Maschinen wurden in den Pfauter-Werken Chemnitz gebaut. Zylinderrad-Wälzfräsmaschinen sind weit verbreitete produktive Universalmaschinen für die Herstellung gerad- und schrägverzahnter zylindrischer Zahnräder sowie anderer Profile an überwiegend zylindrischen Werkstücken.

Die Palette der Maschinen reicht von kleinsten Werkstückdurchmessern bis 4 m und entsprechendem Modul bis 45 mm. Je nach eingesetztem Werkzeug und gewählten Zerspanungsparametern sind Verzahnungsqualitäten nach DIN 3962 von 6 bis 5 möglich.

Als Werkzeug wird ein *Wälzfräser* verwendet. Er besteht aus geradverzahnten Zahnstangen, mit dem gleichen Modul wie das herzustellende Zahnrad, die am Umfang eines Zylinders axial versetzt angeordnet sind, so dass sich eine Schnecke ergibt (Abb. 4.107). Die Zähne der Zahnstange sind ähnlich wie bei einem Kammstahl angeschliffen und haben somit am Zahnkopf und den Zahnflanken Schneiden.

Vor Beginn des Fräsvorganges sind Werkstück und Werkzeug so zueinander zu positionieren, dass die Steigungsrichtung des Wälzfräsers mit der Zahnflankenrichtung am herzustellenden Zahnrad übereinstimmt und die gewollte Zahntiefe eingestellt ist.

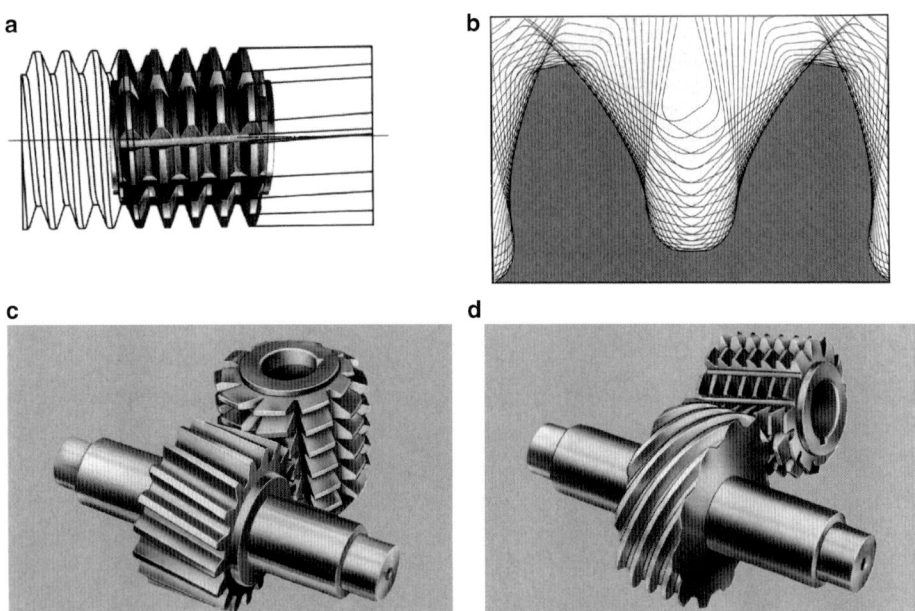

Abb. 4.107 Wälzfräser (nach [9]) und Lage zwischen Werkstück und Werkzeug. **a** Ableitung der Wälzfräserform aus einem Schneckenprofil und einem Zylinder mit Spannuten, **b** Hüllschnitte zur Erzeugung einer Evolventenverzahnung, **c** Wälzfräsen eines Schrägstirnrades, **d** Wälzfräsen eines Schraubenrades

Die notwendigen Bewegungen sind charakteristisch für ein kontinuierliches Wälzverfahren.

Durch Drehen des Fräsers n_{WZ} entsteht die Schnittgeschwindigkeit (Abb. 4.108) und gleichzeitig eine *axiale Verschiebung* der Zahnstange, die einem Teil der Wälzbewegung entspricht. Je nach Gangzahl (ein- oder zweigängig) des Wälzfräsers, entspricht der tangential zurückgelegte Weg des Zahnstangenprofils während einer Umdrehung ein oder zweimal der Teilung. Das Werkstück muss dementsprechend gedreht n_{WS} werden (zweiter Teil der Wälzbewegung). Die Wälzbewegungen sind analog den Bewegungen an einer Schnecke-Schneckenrad-Übersetzung zu verstehen. Die zweite Wälzbewegung realisiert gleichzeitig den rotatorischen Vorschub und entspricht der Teilbewegung, da die entstehende Zähnezahl von ihr abhängt. Die Evolvente einer Zahnflanke entsteht aus den Hüllschnitten, die während einer Wälzfräserumdrehung ausgeführt werden. Die Qualität der Evolvente ist also abhängig von der Anzahl der Zahnstangen (oder Spannuten) am Fräserumfang.

Für die Bearbeitung der Zahnbreite des Werkstücks ist ein axialer Vorschub f_{ax} notwendig. Er ist verantwortlich für die Qualität in Flankenrichtung. Für größere Zahn- oder Profiltiefen kann eine radiale Zustellung erforderlich werden.

Durch Verschieben des Werkzeugs während der Bearbeitung in seiner Achsrichtung f_{tan} ist ein annähernd gleichmäßiger Verschleiß des Wälzfräsers über seine Länge

4.7 Verzahnmaschinen

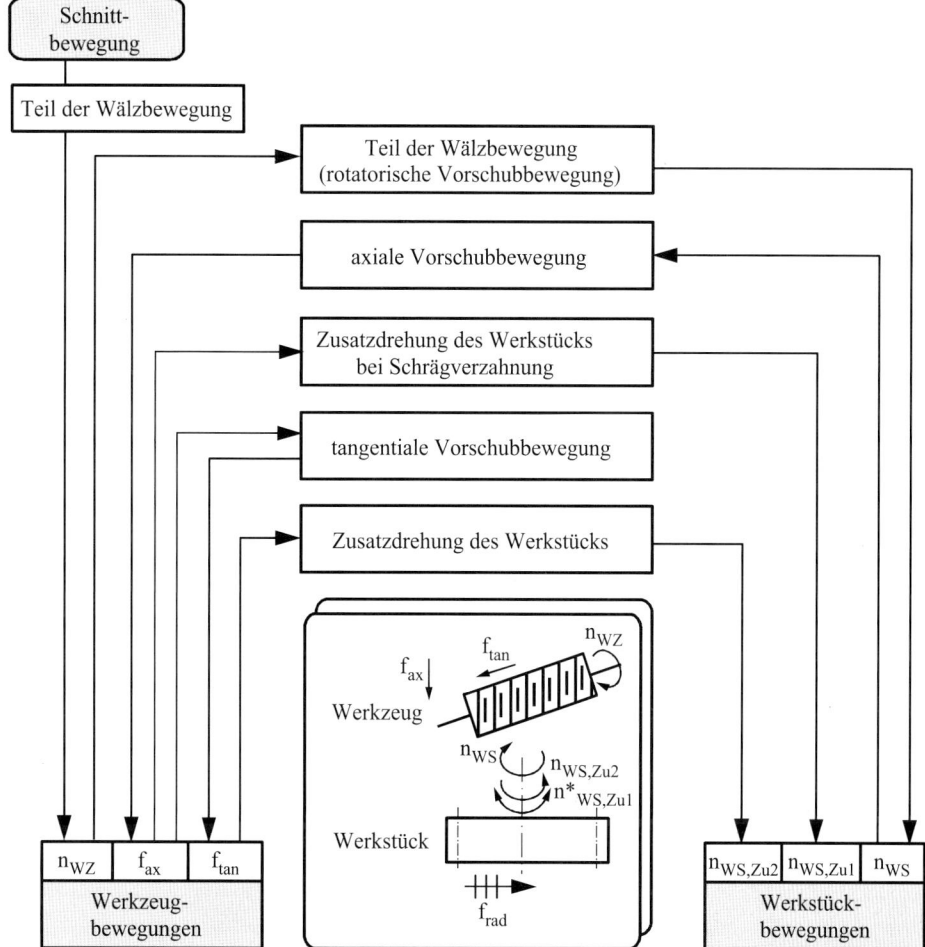

* bei Schrägverzahnung je nach Flankenwinkel

Abb. 4.108 Bewegungen und ihre gegenseitigen Abhängigkeiten beim Wälzfräsen gerad- und schrägverzahnter Zylinderräder

erreichbar. Diese Bewegung, die einem Verschieben der Zahnstange entspricht, muss durch eine Zusatzdrehung des Zahnrades $n_{WS,Zu2}$ ausgeglichen werden.

Beim Fräsen schrägverzahnter Räder ist zu beachten, dass die Schrägstellung des Wälzfräsers bei Ausführung des Axialvorschubs zum tangentialen Verschieben der Zahnstange führt. Auch diese Bewegung ist durch eine Zusatzdrehung des Werkstücks $n_{WS,Zu1}$ auszugleichen. Alle beschriebenen Bewegungen sind voneinander abhängig.

$$n_{WZ} = \frac{v_c}{\pi \cdot d_0} \tag{4.8}$$

$$n_{WS} = n_{WZ} \cdot \frac{g_{WZ}}{z_{WS}} = \frac{v_c}{\pi \cdot d_0} \cdot \frac{g_{WZ}}{z_{WS}} \tag{4.9}$$

$$v_{\mathrm{f,ax}} = n_{\mathrm{WS}} \cdot f_{\mathrm{z}} = \frac{v_{\mathrm{c}}}{\pi \cdot d_0} \cdot \frac{g_{\mathrm{WZ}}}{z_{\mathrm{WS}}} \cdot f_{\mathrm{z}} \tag{4.10}$$

$$n_{\mathrm{WS,Zu1}} = v_{\mathrm{f,ax}} \cdot \frac{\tan \beta}{\pi \cdot d_0} \tag{4.11}$$

$$n_{\mathrm{WS,Zu2}} = \frac{v_{\mathrm{F,tan}}}{\pi \cdot d_0} \tag{4.12}$$

Zur Realisierung dieses Verzahnverfahrens ist die in Abb. 4.109 gezeigte Wälzfräsmaschine geeignet. Alle notwendigen Bewegungen werden durch NC-Achsen erzeugt:

- A-Achse: Einstellung der Lage von Fräsersteigung zur Zahnradflankenrichtung durch Schwenken des Drehteils
- B-Achse: Fräserdrehung n_{WZ} zur Realisierung der Schnittgeschwindigkeit und des ersten Teils der Wälzbewegung

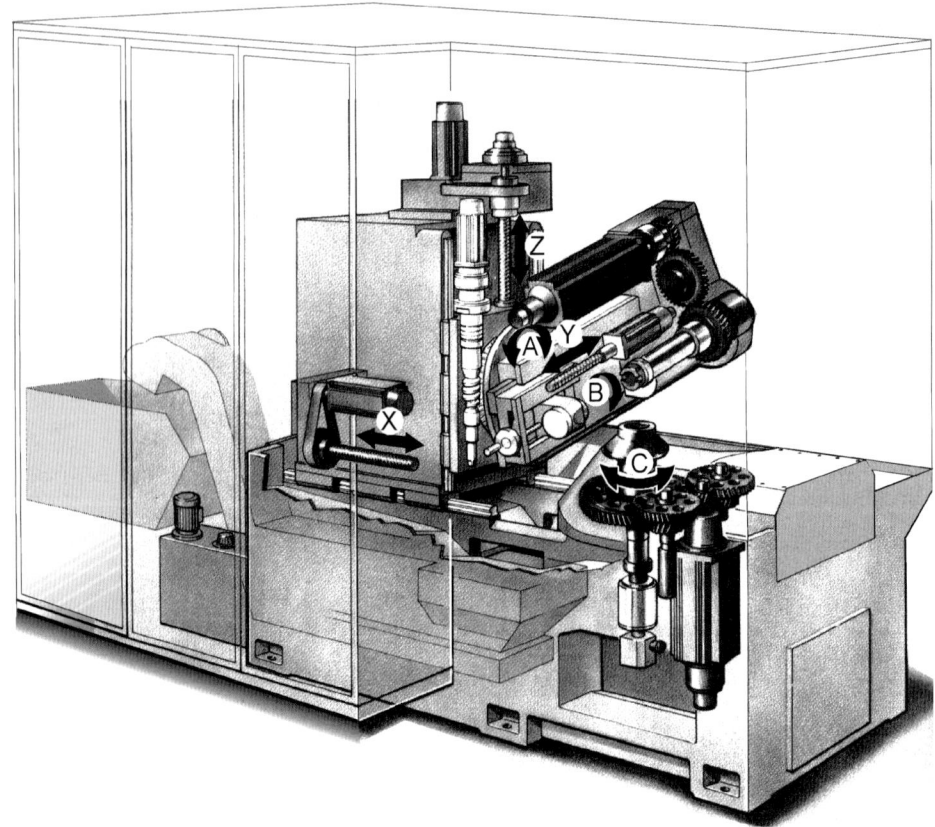

Abb. 4.109 NC-6-Achsen-Wälzfräsmaschine (Werkbild: Liebherr)

4.7 Verzahnmaschinen

- C-Achse: Werkstückdrehung n_{WS} als zweiten Teil der Wälzbewegung mit überlagerten Zusatzdrehungen $n_{WS,zu1}$ und $n_{WS,zu2}$ zur Erzeugung von Schrägverzahnungen sowie zum Ausgleich der Shiftbewegung
- Z-Achse: Axialer Vorschub f_{ax} ausgeführt durch den Spindelstock
- X-Achse: Radiale Zustellung f_{rad} durch Verschieben der Ständerbaugruppe
- Y-Achse: Shiftbewegung des Werkzeugschlittens auf dem Drehteil

Durch Steuerung der radialen Zustellbewegung in Abhängigkeit vom axialen Vorschub ist die Manipulation der Flanken am Werkstück möglich.

Für Kegelräder
Die wesentlichen Verfahren zum Fräsen von Kegelrädern sind in Abb. 4.110 gegliedert nach dem Herstellverfahren und dem verwendeten Werkzeug aufgeführt.

Profilfräsen mit Scheibenfräser
Mit einem Scheibenfräser, dessen Schneiden entsprechend der gewollten Zahnlückenform geschliffen sind, wird eine geradverlaufende Zahnlücke hergestellt. Dazu sind zwei Schnitte (jeweils rechte und linke Zahnflanke) notwendig, wobei Werkstück und Werkzeug zueinander so positioniert werden, dass die Zahnprofilverjüngung über der Zahnbreite entsteht. Die Bearbeitung erfolgt auf Universalfräsmaschinen bei Verwendung einer Teileinrichtung, um das Werkstück entsprechend der gewünschten Zähnezahl zum Werkzeug zu positionieren. Die Genauigkeit der hergestellten Kegelräder ist gering und die Produktivität des Verfahrens niedrig.

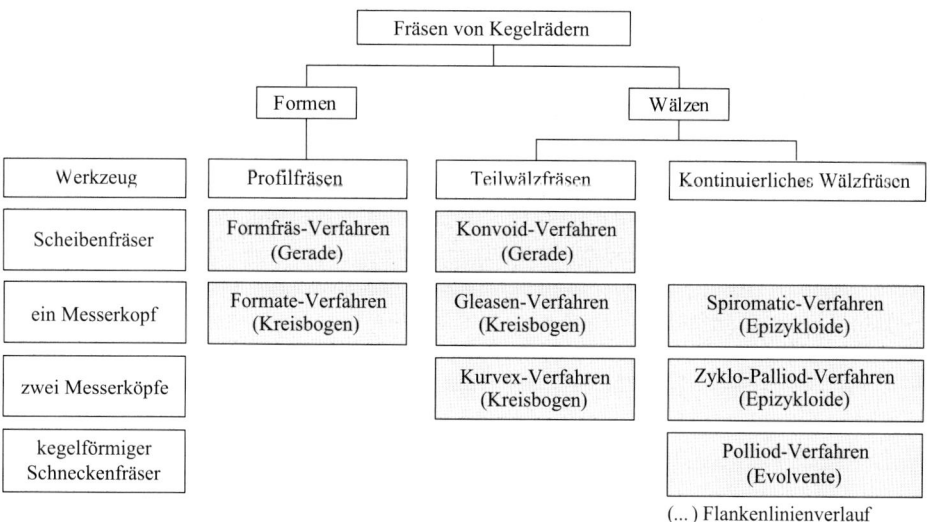

Abb. 4.110 Fräsverfahren für Kegelräder

Formate-Verfahren

Das Werkzeug ähnelt einem Messerkopf, dessen Schneiden analog eines Räumwerkzeuges abgestuft sind und damit den Vorschub sowie die gewünschte Zahnlückenform speichern. Oft werden geradflankige Schneiden verwendet, so dass auch ein geradflankiges Zahnprofil entsteht.

Bei einer Umdrehung des Messerkopfes wird eine Zahnlücke vollständig ausgearbeitet (kein Wälzen) und danach das Werkstück weiter geteilt. Dazu ist ein größeres Segment des Werkzeugs ohne Schneiden vorgesehen. Das Verfahren wird auf Universalfräsmaschinen mit Teileinrichtung realisiert. Es können hohe Stückzahlen kostengünstig hergestellt werden, wobei die Qualität niedrig ist. Oft wird das Verfahren zur Vorbearbeitung von Tellerrädern eingesetzt.

Konvoid-Verfahren

Mit diesem Teilwälzverfahren ist die Herstellung geradverzahnter Zahnräder in groben IT-Qualitäten möglich. Ausgeführte Maschinen arbeiten mit Werkzeugdurchmesser bis ca. 450 mm und es lassen sich Kegelräder bis Durchmesser 600 mm mit Modul bis 10 mm bearbeiten.

Als Werkzeug werden zwei geradflankige Scheibenfräser eingesetzt, deren Schneiden wechselweise in der Zahnlücke schneiden und die einen Zahn des Planrades verkörpern (Abb. 4.111). Die Fräser führen die Schnittbewegung n_{WZ} aus. Sie werden nicht in Zahnrichtung bewegt, so dass eine gekrümmte Zahnflussebene entsteht. Der Tiefenunterschied ist abhängig vom Durchmesser der Scheibenfräser und der Breite des herzustellenden Zahnrades.

Die Scheibenfräser werden zum Werkstück so angeordnet, dass die Krümmung des Zahngrundes möglichst gering ist. Ihre Lage zueinander muss 2-mal den Eingriffswinkel verkörpern, damit die gewünschte Planradzahnform entsteht. Durch Anordnen der Schneidenbahnen nicht senkrecht zur Drehachse der Werkzeuge, sondern geneigt auf einer Kegelfläche wird eine Balligkeit der Zahnflanke erreicht. Diese trägt zur Verbesserung des Tragbildes bei.

Für die Erzeugung der evolventenförmigen Flanken wälzen Werkstück und Werkzeug aneinander ab. Dazu muss sich das Werkstück um seine Achse n_{WS} und das Werkzeug um die gedachte Planradachse n_{PR} drehen. Nach dem Wälzen einer Zahnlücke erfolgt das beschleunigte Rückwälzen und der Teilvorgang $n_{WS,TB}$.

Hinsichtlich des Arbeitsablaufes unterscheidet man zwei Prinzipien:
- Bei kleinerem Modul (bis ca. 6 mm) tauchen die Scheibenfräser in das stillstehende Werkstück ein. Das Werkstück wälzt danach am Werkzeug ab, indem der Wälzkegel auf der Wälzebene des gedachten Planrades abrollt. So wird eine Zahnlücke nach der anderen hergestellt.
- Bei größerem Modul schruppt man alle Zahnlücken durch Eintauchen in das stillstehende Werkstück vor. Danach werden die einzelnen Zahnlücken mit Schlichtvorschub ausgewälzt.

Ritzel und Rad werden auf der gleichen Maschine hergestellt.

Abb. 4.111 Werkzeug und Werkstück beim Konvoid-Verfahren

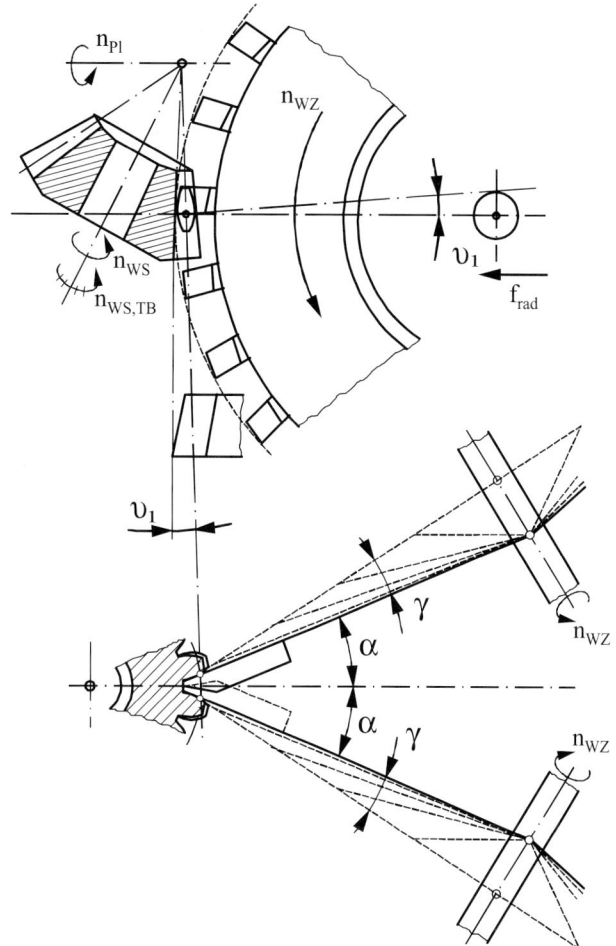

Gleason-Verfahren

Dieses Teilwälzverfahren ist eines der am häufigsten angewandten. Man erzeugt damit kreisbogenverzahnte Kegelräder bis Stirnmodul 16 mm und Werkstückdurchmesser bis ca. 630 mm.

Das Werkzeug ist ein Messerkopf, dessen Schneiden einen Planradzahn mit dem zu fertigenden Modul darstellen. Der Messerkopf dreht sich um seine Achse n_{WZ} und erzeugt damit die Schnittgeschwindigkeit.

Die Flugbahn der Schneiden liegt in der Planradteilebene und die Fräserachse ist so positioniert, dass ein gewünschter Abschnitt des Flugkreises sich am Werkstück abbildet. Unter diesen Bedingungen entsteht ein Zahnradgrund, der parallel zum Teilkegelwinkel verläuft und die Zahnlücke ist über der Kegelradbreite parallel. Das Gegenrad müßte demzufolge einen parallelen Zahn besitzen.

Für das Wälzen (Abb. 4.112) wird das Werkstück n_{WS} um seine Achse und das Werkzeug n_{PR} um die gedachte Planradachse gedreht. Nach der Herstellung einer Zahnlücke

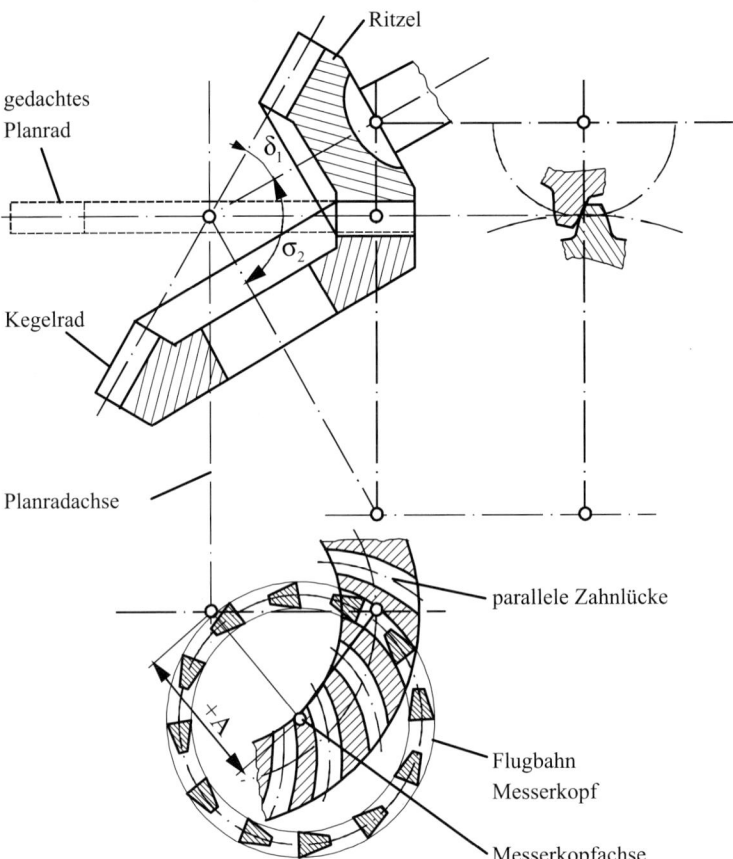

Abb. 4.112 Werkzeug und Werkstück beim Gleason-Verfahren. A – Abstand zwischen Messerkopf- und Planradachse, σ_1 – Teilkegelwinkel, δ_2 – Achskreuzungswinkel

wird weitergeteilt. Der Verfahrensablauf kann auch hier durch Einwälzen mit anschließendem Fertigwälzen oder durch Einstechen (Schruppen) aller Zahnlücken und folgendem Wälzen unter Schlichtbedingungen erfolgen.

Bei der in Abb. 4.113 dargestellten Kegelradfräsmaschine nach dem Gleason-Verfahren liegt die Drehachse des Schwenktisches in der Planradteilebene. Bevor die beschriebenen Bewegungen ausgeführt werden können, sind folgende Einstellungen notwendig:

- Teilkegelwinkel des Werkstücks durch Drehen des Schwenktisches einstellen
- Spitze des Werkstückteilkegelwinkels durch horizontales Verschieben des Werkstückspindelstockes auf die Drehachse des Schwenktisches positionieren
- Werkstückspindelachse durch vertikales Verschieben der Werkstückaufnahme zur Wälztrommelachse (Achse des gedachten Planrades) positionieren. Bei Kegelradstufen mit sich schneidenden Achsen ist der Abstand Null. Bei Hyboidgetrieben ist er in entsprechender Größe zu wählen.

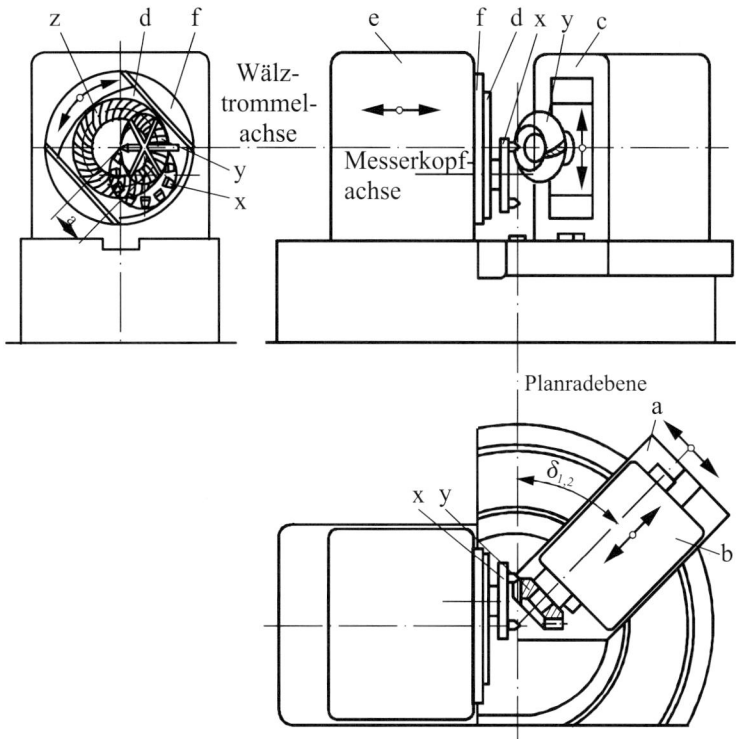

Abb. 4.113 Kegelrad-Wälzfräsmaschine nach dem Gleason-Prinzip. a – Schwenktisch, b – Spindelstock, c – Werkstückträger, d – Messerkopfschlitten, e – Wälzspindelstock, f – Wälztrommel, x – Messerkopf, y – Werkstück, z – gedachtes Planrad

- Messerkopfachse durch Verschieben des Messerkopfschlittens zur Werkstückachse positionieren, um den geforderten Spiralwinkel abhängig von der Messerkopfgröße einzustellen
- Messerkopfebene in die Planradteilebene durch Verschieben des Messerkopfschlittens positionieren

Werden an der Kegelrad-Wälzfräsmaschine die genannten Einstellungen vorgenommen, so entstehen bei über der Zahnbreite angenommener gleicher Zahnhöhe parallele Zahnlücken und über die Zahnbreite unterschiedliche Zahndicken (Abb. 4.114a). Für Rad und Gegenrad ergeben sich dadurch sehr unterschiedliche Zahnformen, was eine Beeinträchtigung der Übertragungsfähigkeit bedeuten würde. Um einen Ausgleich herzustellen, werden über die Zahnbreite in der Zahnhöhe verjüngte Zähne hergestellt (Abb. 4.114b). Das wird erreicht, indem man die Messerbahnen des Messerkopfs parallel zur Fußebene der Verzahnung (um den Winkel ϑ_f geneigt zur angenommenen Planradebene) verlaufen lässt. Dieser Winkel ϑ_f muss zwischen Planradteilebene und Fräserteilebene eingestellt werden, damit das Werkzeug während der Wälzbewegung entsprechend geschwenkt wird.

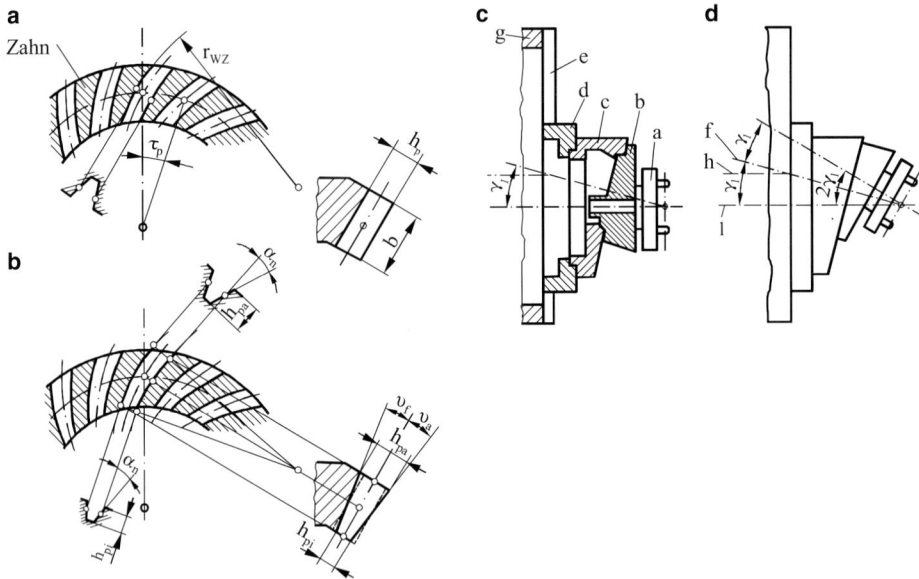

Abb. 4.114 Zahnhöhenmodifikation beim Gleason-Prinzip. a – Messerkopf, b – Messerkopfaufnahme, c – Hülse, d – Messerkopfschlitten, e – Messerkopfschlittenführung, f – Messerkopfachse geschwenkt gegenüber Wälztrommelachse, g – Wälztrommel, h – Wälztrommelachse, l – Messerkopfachse parallel zur Wälztrommelachse

Dazu ist die in Abb. 4.114 schematisch gezeigte Anordnung des Werkzeuges zur Wälztrommel notwendig.

In der in Abb. 4.114 c gezeigten Stellung verläuft die Messerkopfachse parallel zur Wälztrommelachse. Beim Drehen der Messerkopfaufnahme, deren Drehachse um den Winkel γ_1 gegenüber der Messerkopfachse geneigt ist, wird der Messerkopf gegenüber der Wälztrommelstirnfläche geneigt. Wird die Aufnahme in der Hülse um 180° gedreht, ist die größtmögliche Messerkopfschiefstellung von $2 \cdot \gamma_1$ erreicht (Abb. 4.114 d). In Bezug zum angenommenen Planrad wird sie durch Drehen der auf dem Schlitten gelagerten Messerkopfaufnahme festgelegt.

Spiromatic-Verfahren

Bei diesem Verfahren wird als Werkzeug ein Messerkopf verwendet, dessen Schneiden spiralförmig so angeordnet sind, dass bei einer Werkzeugumdrehung die Schneiden sich um ein Mal die Teilung verschieben (Abb. 4.115). Die Werkzeugschneiden verkörpern also einen Planradzahn, der sich bei einer Werkzeugumdrehung um die Teilung verschiebt.

Für dieses kontinuierliche Wälzfräsverfahren sind folgende Bewegungen notwendig:
- die Drehung des Werkzeuges n_{WZ} um seine Achse, die die Schnittgeschwindigkeit erzeugt und gleichzeitig, durch Drehen des gedachten Planrades um einen Zahn, einen Teil der Wälzbewegung repräsentiert,

Abb. 4.115 Werkzeug und Werkstück beim Spiromatic-Verfahren nicht im Eingriff

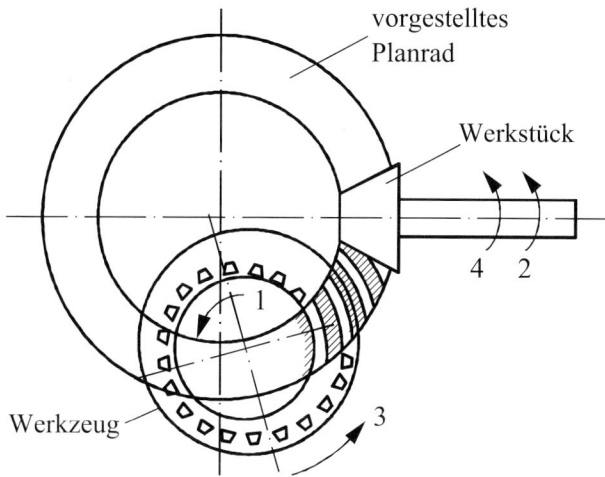

- die Drehung des Werkstücks n_{WS} in Abhängigkeit von der Werkzeugdrehzahl und der herzustellenden Werkstückzähnezahl. Diese Bewegung entspricht dem zweiten Teil der Wälzbewegung und gleichzeitig der Teilbewegung.

Die Werkzeugschneiden überstreifen das Werkstück auf einer Epizykloide. Dabei erreichen sie die gewünschte Zahntiefe am Werkstück nur in einem Punkt. Um die gesamte Zahnbreite in voller Tiefe zu bearbeiten ist

- die Drehung des Werkzeugs n_{Pl} um den Planradmittelpunkt notwendig. Diese Bewegung entspricht einem rotatorischen Vorschub, der kontinuierlich in Abhängigkeit von der Werkstückdrehung ausgeführt wird.
- eine Zusatzdrehung $n_{WS,Z1}$ zum Ausgleich der Planraddrehung erforderlich.

Zyklo-Palloid-Verfahren

Das Werkzeug besteht aus zwei synchron angetriebenen Messerköpfen, deren Schneiden innen oder außen schneiden (Abb. 4.116). Jeweils eine Schneide von jedem Messerkopf bildet eine Schneidengruppe, die die rechte und linke Flanke des Planradzahnes darstellen. Durch Verändern des Abstandes der Fräsermittelpunkte zueinander erzeugt man

- den Zahnöffnungswinkel,
- die gewünschte Breitenballigkeit.

Die Anzahl der Schneidengruppen entspricht der Werkzeuggangzahl, da die Bewegungen zwischen Werkstück und Werkzeug so abgestimmt sind, dass die Schneidengruppen in unterschiedliche Werkstückzahnlücken eingreifen.

Notwendig sind:

- die synchrone Drehzahl der Messerköpfe n_{WZ} als Schnittgeschwindigkeit und Teil der Wälzbewegung
- die Drehzahl des Werkstücks n_{WS} als weiterer Teil der Wälzbewegung abhängig von Werkzeuggangzahl und Werkstückzähnezahl

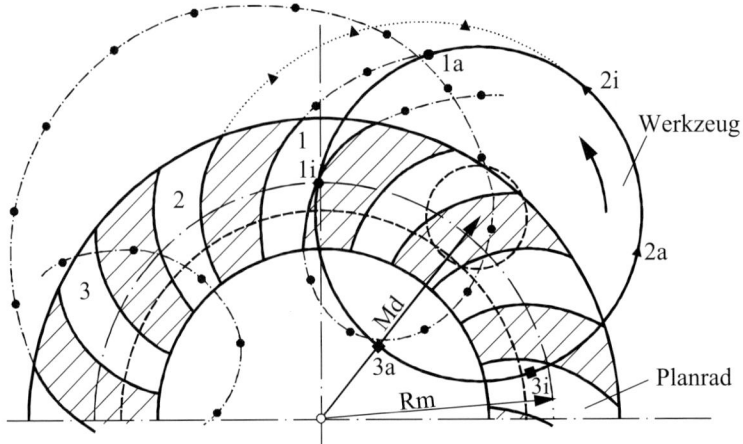

Abb. 4.116 Schneidenflugbahn beim Zyklo-Palloid-Verfahren. a – Schneide außen, i – Schneide innen

Diese Bewegungen hätten je Zahnlücke nur einen rechten und einen linken Schnitt zur Folge, deshalb sind weiterhin erforderlich:
- die Drehung des Fräsers, um die Panradachse n_{Pl} in Abhängigkeit von der Werkstückdrehung. Diese Bewegung wird auch zum Einwälzen auf Zahntiefe genutzt.
- eine Zusatzdrehung $n_{WS,Z1}$ des Werkstückes zum Ausgleich der Planraddrehung

Der Zahnflankenverlauf entsteht als Zykloide. Charakteristisch für Kegelradverzahnungen, die nach dem Zyklo-Palloid-Verfahren hergestellt sind, ist der entlang der Zahnbreite parallel hohe Zahn. Im Zusammenspiel mit der möglichen Tragbildgestaltung macht dies die Verzahnung unempfindlich gegenüber Einbaumaßabweichungen. Einen möglichen modifizierten Aufbau des Werkzeuges für dieses Verfahren zeigt Abb. 4.117.

Maschinen für die Kegelradbearbeitung mit rotierenden Messerköpfen sind in der Regel so aufgebaut, dass sie mehrere Verfahrensprinzipien und Abwandlungen davon zulassen. Zum Beispiel (Abb. 4.118) das Einstechen ohne Wälzbewegung, die Herstellung von selbst zentrierenden Stirnverzahnungen und die Fertigung von Hyboidkegelrädern.

Palloid-Verfahren

Dieses Verfahren ähnelt dem Wälzfräsen zylindrischer Verzahnung mit Wälzfräsern.

Zur Kegelradfertigung wird ein schneckenförmiges Werkzeug verwendet, welches auf einem Kegel angeordnet ist.

Die Entstehung der Werkzeugform kann man sich wie folgt vorstellen (Abb. 4.119):
- Auf einem Planrad mit bogenförmiger Verzahnung wird ein Kegel abgewälzt.
- Die Planradzähne bilden sich schneckenförmig auf der Mantelfläche des Kegels ab.
- Durch Unterbrechen des Schneckenprofils mit achsparallelen Spannuten entstehen Schneiden und damit die kegelförmige Frässchnecke.

4.7 Verzahnmaschinen

Abb. 4.117 Aufbau des Werkzeuges beim Zyklo-Palloid-Verfahren (nach Werkbild: Klingelnberg). i – Innenmesserkopf, a – Außenmesserkopf, r – Flugkreisradius, ExB – Balligkeitsexzentrizität, I – Innenschneider, MI – Mittelschneider innen, A – Außenschneider, MA – Mittelschneider außen, Moi – Innenmesserkopfachse, Moa – Außenmesserkopfachse

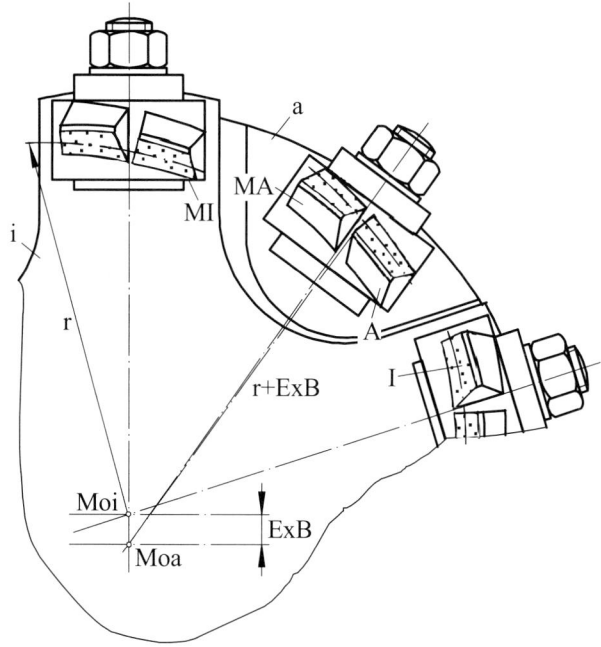

Abb. 4.118 Werkzeug und Maschinenaufbau beim Zyklo-Palloid-Verfahren (nach Werkbild: Klingelnberg). NC-Achsen: A – Wälzvorschub, B – Werkstückdrehung, C – Werkstückschwenken, D – Werkzeugdrehung, E – Werkzeugpositionieren, V – Einstellen der Maschinendistanz, X – Tauchvorschub, Y – Werkstückpositionieren, Z – Achsversetzung

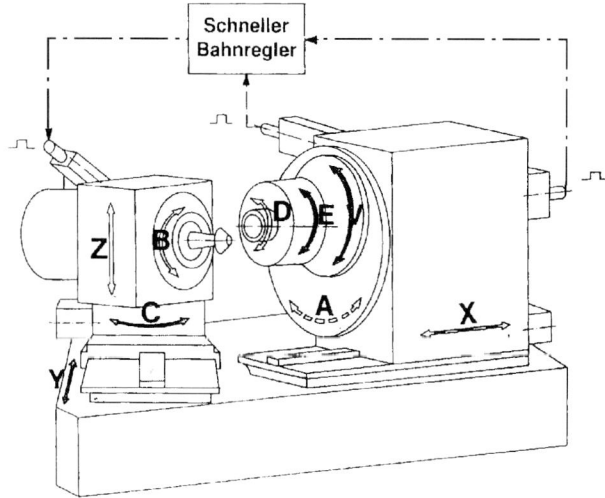

Durch Hohlschleifen des Kegels ist eine gezielte Erzeugung von balligen Tragflächen möglich.

Notwendige Bewegungen sind:

- Drehung des Werkzeugs n_{WZ} als Schnittbewegung und Teil der Wälzbewegung
- Drehung des Werkstücks n_{WS} als Teil der Wälzbewegung in Abhängigkeit von der Werkstückdrehzahl

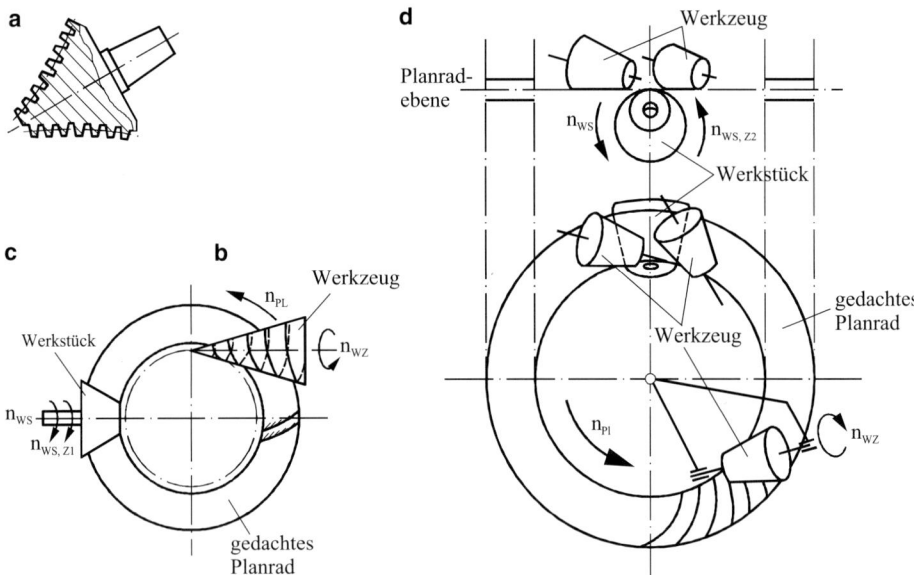

Abb. 4.119 Werkzeug und Werkstück beim Palloid-Verfahren. **a** Werkzeug mit Hohlschliff, **b** kegliges Werkzeug wälzt am gedachten Planrad, **c** Werkstück wälzt am gedachten Planrad, **d** notwendige Bewegungen zwischen Werkstück und Werkzeug

- Drehung des Werkzeugs um die Planradachse n_{Pl}, damit die gesamte Kegelradbreite überfräst wird
- Zum Ausgleich dieser Bewegung muss sich das Werkstück mit drehen $n_{WS,Z1}$.
- Die Drehung des Werkzeugs um die Planradachse bewirkt eine axiale Verschiebung des Schneckenprofils (ähnlich wie beim axialen Verschieben des Wälzfräsers bei der Bearbeitung schrägverzahnter Zylinderräder), die durch eine weitere Zusatzdrehung des Werkstücks $n_{WS,Z2}$ ausgeglichen werden muss.

4.7.4 Zahnradschabmaschinen

Durch Zahnradschaben kann die Qualität vorverzahnter, ungehärteter Werkstücke verbessert werden, indem Vorschub- und Hüllschnittmarken beseitigt werden. Als Werkzeug wird ein Schabrad verwendet. Es entspricht einem schrägverzahnten Gegenzahnrad, dessen Zahnflanken durch rechtwinklig zu ihnen liegende Spannuten (Abb. 4.120) unterbrochen sind.

Wälzen Werkstück und Schabrad unter dem notwendigen Achskreuzungswinkel aneinander ab, erhält man in Zahnflankenrichtung eine Schnittbewegung, die die Spanabnahme realisiert. Die Zahnflanken berühren sich momentan nur in einem Punkt. Um die Werkstückbreite zu bearbeiten, ist deshalb eine Vorschubbewegung (Axial-, Diagonalschaben)

4.7 Verzahnmaschinen

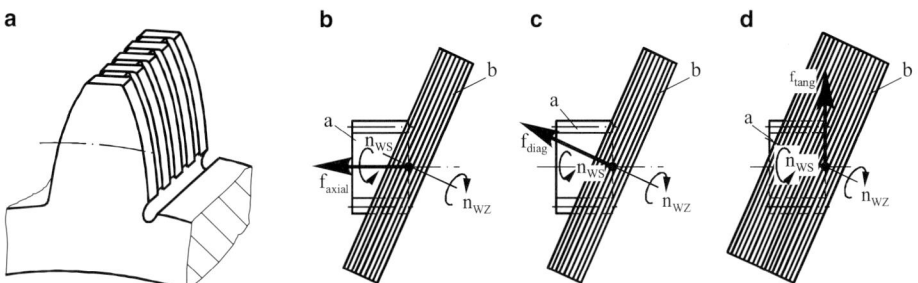

Abb. 4.120 Schaben von Zahnrädern: **a** Zahn eines Schabrad, a – Werkstück, b – Schabrad. Notwendige Bewegungen: **b** Axialschaben, **c** Diagonalschaben, **d** Tangentialschaben

oder die Modifikation des Schabrades (Tauchschaben) bzw. beides (Tangentialschaben) notwendig. Der Vorschub kann kontinuierlich oder in mehreren Schritten erfolgen. Durch entsprechende Korrekturen am Schabrad kann man am Werkstück ein Profil erzeugen, welches den zu erwartenden Härteverzug berücksichtigt.

Die notwendigen Bewegungen werden im Aufbau der Maschinen unterschiedlich angeordnet. Ein Beispiel zeigt Abb. 4.121. Die Werkstückaufnahme erfolgt zwischen den Spitzen der Spannreitstöcke, welche über die NC-Achsen A und B positioniert werden. Der Werkzeugkopf trägt den Antrieb des Schabrades, welches fliegend auf die Hauptspin-

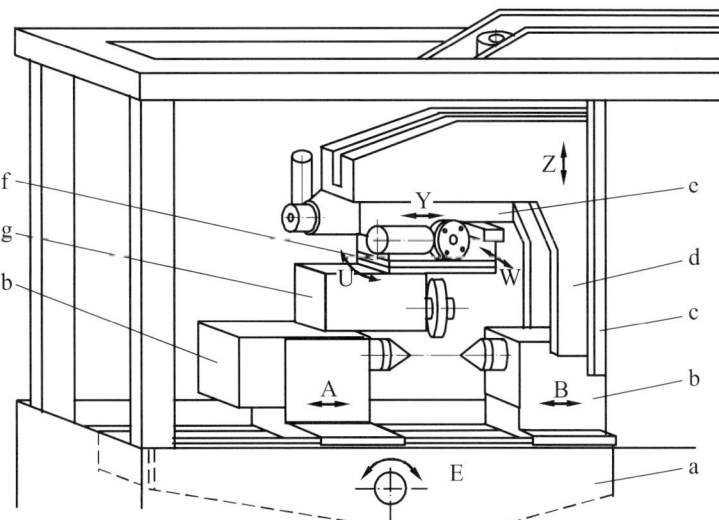

Abb. 4.121 Beispiel einer Zahnradschabmaschine (Werkbild: SICMAT Italien). a – schwenkbarer Werkstückträger, b – Reitstock und Werkstückspindelstock, c – Maschinenständer, d – Radialschlitten, e – Axialschlitten, f – Tangentialschlitten, g – Schwenkschlitten mit Werkzeugspindel mit Antrieb

del gespannt ist. Der Werkzeugkopf lässt sich in Richtung der NC-Achse U schwenken und damit der Achskreuzungswinkel einstellen. Dieser Schwenkschlitten besitzt eine Führung für die W-Achse gegenüber dem Kreuzschlitten, welcher sich in Y-Achsrichtung relativ zum Senkrechtschlitten bewegen kann. Die radiale Zustellung (Z-Achse) erfolgt durch den kompakt gestalteten und am Maschinenständer geführten Senkrechtschlitten.

4.7.5 Zahnradschleifmaschinen

Maschinen für das Schleifen von Verzahnungen sind hinsichtlich ihrer Kinematik prinzipiell analog den Verzahnungsfräsmaschinen aufgebaut. Dies resultiert aus der Ähnlichkeit der Werkzeuge und der notwendigen Bewegungen.

Besonderheiten sind
- andere absolute Größen der Bewegungen,
- erhöhte Forderungen an die Genauigkeit,
- verfahrensbedingte Einrichtungen zum Abrichten und Auswuchten der Schleifscheibe, zur Kühlschmierstoffversorgung und zur Prozesssteuerung.

In der Regel werden nur die Zahnflanken geschliffen. Zahnfuß und -kopf bleiben vorbearbeitet (Abb. 4.122).

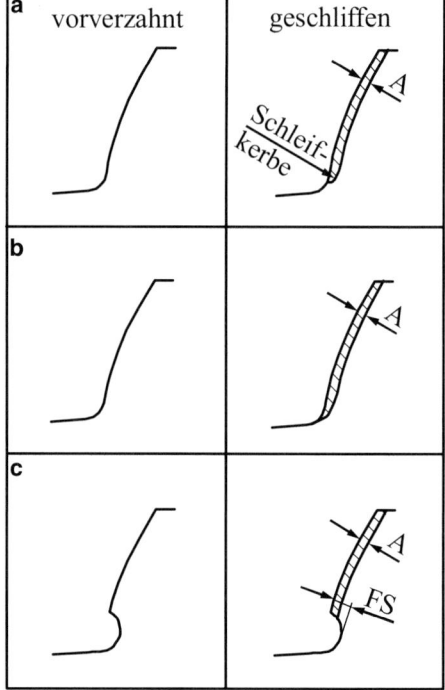

Abb. 4.122 Bearbeitungszugaben an Verzahnung für das Schleifen. **a** ungünstige Kerbe am Zahnfuß, **b** Werkzeug mit Kopfradius, um die Zahnfußausrundung mit zu schleifen, **c** Protuberanzwerkzeug bei der Vorbearbeitung; A – Schleifaufmaß, FS – Fußfreischnitt

4.7 Verzahnmaschinen

Bei Verwendung eines Schleifscheibenprofiles ohne Kopfradius und einem vorbearbeiteten Werkstück ohne Zahnflankenmodifikation entsteht im Zahnfußbereich des Werkstückes eine Schleifkerbe, die zu einer Spannungskonzentration führt. Um dies zu vermeiden, kann man das Schleifwerkzeugprofil mit einem Kopfradius versehen und die Zahnfußausrundung am Werkstück mitschleifen. Eine andere Möglichkeit besteht in der Verwendung von Vorbearbeitungswerkzeugen mit Protuberanzprofil. Hierbei wird der Zahnfuß soweit frei geschnitten, dass bei der Endbearbeitung lediglich die Zahnflanke geschliffen wird. Das Maß des Freischnittes muss optimiert werden, um die Kerbe vollständig zu vermeiden.

Für zylindrische Stirnräder

Verfahrensseitig unterscheidet man Formen und Wälzen. Dabei stellt die Schleifscheibe die Zahnlücke (beim Formen) bzw. die Zahnstangenflanken (beim Wälzen) dar.

Die Formverfahren (Abb. 4.123) ermöglichen in der Regel einen einfachen Maschinenaufbau. Die Bearbeitung anderer Werkstücke (veränderte Zähnezahl oder Modul) erfordern entweder das Neuprofilieren der Schleifscheibe oder ihren Wechsel.

Beim Wälzschleifen mit zylindrischer Schleifschnecke kann ein Werkzeug für die Herstellung von Zahnrädern unterschiedlicher Zähnezahl aber gleichem Modul angewandt werden.

Noch flexibler sind Maschinen, die mit zwei Tellerschleifscheiben (Abb. 4.124) arbeiten. Die unterschiedlichen Einstellungen der Schleifkörper ermöglichen die Herstellung

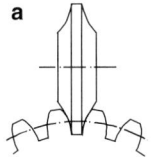 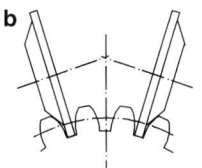 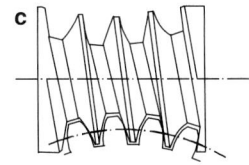

Abb. 4.123 Formschleifverfahren für zylindrische Zahnräder. **a** mit einer Profilscheibe (radial), **b** mit zwei Profilscheiben (tangential), **c** mit globoider Schleifschnecke (Achskreuzungswinkel ungleich 90°)

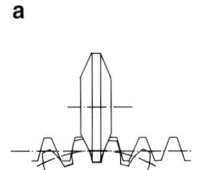 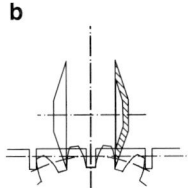 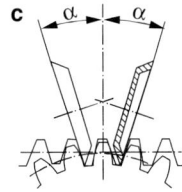 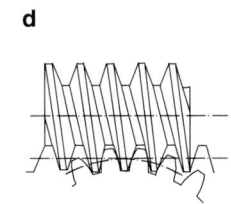

Abb. 4.124 Wälzschleifverfahren für zylindrische Zahnräder. **a** mit Doppelkegelscheibe, **b** mit zwei Tellerscheiben (0°-Verfahren), **c** mit zwei Tellerscheiben (α-Verfahren), **d** mit zylindrischer Schleifschnecke (Achskreuzungswinkel 90°)

von Zahnflanken bei verschiedenen Modulen. Allerdings arbeiten diese Maschinen im Teilwälzverfahren, was hinsichtlich der diskontinuierlichen Teilbewegung, der damit verbundenen Nebenzeiten und eventuell entstehenden Teilungsfehler nachteilig sein kann.

Die oben beschriebenen Verfahren können sowohl als Zweiflanken- oder als Einflankenschliff ausgeführt werden. Beim Zweiflankenschliff bearbeitet die Schleifscheibe zwei Flanken gleichzeitig und beim Einflankenschliff werden die rechte und die linke Flanke nacheinander bearbeitet.

Maschine zum Formschleifen mit Profilkegelscheibe

Eine Maschine zum Schleifen beliebiger Stirnradverzahnungen für Werkstücke bis Durchmesser 420 mm mit konventionellen oder CBN-Schleifscheiben zeigt Abb. 4.125. Für das Schleifen sind drei bahngesteuerte NC-Achsen untereinander gekoppelt:

- C-Achse: Werkstückdrehung als Ausgleichbewegung zum vertikalen Vorschub beim Schleifen von Schrägverzahnung, zur Flankenlinienmodifikation in Abhängigkeit vom vertikalen Vorschub bzw. zum Teilen von Zahnlücke zu Zahnlücke und als Ausgleichbewegung beim Einflankenschliff
- H-Achse: Vertikaler Vorschub
- Y-Achse: Radialer Vorschub (Zustellung)

Um die Schleifscheibe in Flankenrichtung des Werkstückes zu positionieren, wird die Schleifscheibe einschließlich ihres Antriebes geschwenkt (NC-Achse B). Das Abrichtgerät kann mit Hilfe der NC-Achsen P und R die Schleifscheibe profilieren.

Die Modifikation des Zahnprofiles (z. B. Zahnkopfrundung und Zahnfußhinterschnitt, sogenanntes K-Profil) wird bei diesen Maschinen durch entsprechende Profilierung der

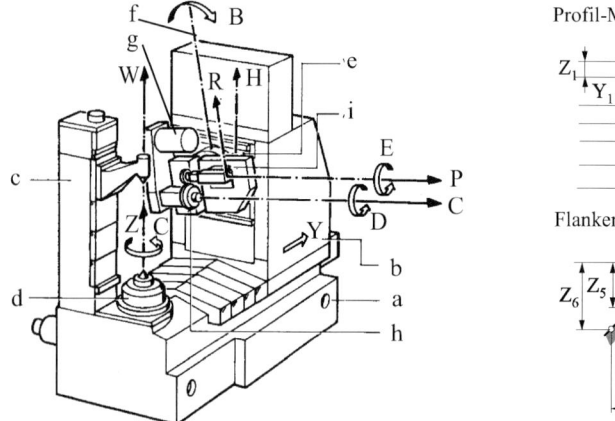
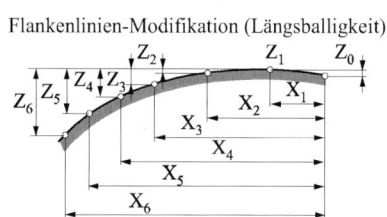

Abb. 4.125 NC-Zahnrad-Schleifmaschine zum Formschleifen mit Profilkegelscheibe (Werkbild: Oerlikon-Maag). a – Bett, b – Ständer, c – Gegenhalter, d – Rundtisch, e – Vorschubschlitten, f – Schwenkeinrichtung, g – Schleifscheibenantrieb, h – Schleifscheibe, i – Abrichteinrichtung

4.7 Verzahnmaschinen

Schleifscheibe erreicht. Die Veränderung der Flankenlinie (z. B. Längsballigkeit) wird durch Änderung der Lage zwischen Werkstück und Werkzeug während der vertikalen Vorschubbewegung erzeugt.

Maschine zum Teilwälzschleifen mit Kegelscheibe

Der prinzipielle Aufbau einer Maschine zum Teilwälzschleifen mit Kegelscheibe soll an einer NC-Maschine mit sieben NC-Achsen (Abb. 4.126) beschrieben werden. Als Werkzeug wird eine geradflankige Schleifscheibe eingesetzt, die beim Zweiflankenschliff die Form des Zahnstangenzahnes und damit die Breite der Zahnlücke besitzen muss und beim Einflankenschliff spitz ausläuft. Für den Einflankenschliff soll die Funktion der Maschine beschrieben werden.

Vor Beginn des Schleifprozesses sind folgende Einstellungen an der Maschine notwendig:

- B-Achse: Der Schleifspindelschlitten einschließlich seiner Führung wird in die Flankenrichtung des Werkstückes (Schrägungswinkel) geschwenkt.
- O- und Z-Achse: Hubgröße und -lage werden in Abhängigkeit von der Verzahnungsbreite und der Lage im Arbeitsraum gewählt.
- Bei mittiger Stellung des Drehtisches zur Schleifscheibensymmetrie wird durch Drehen des Werkstückes (C-Achse) eine Zahnlücke zur Schleifscheibe ausgerichtet. Dieser Vorgang wird durch entsprechende Sensorik und die Steuerung der Maschine ausgeführt, gleichzeitig wird hiermit die Lage der Aufmaße in den Zahnlücken erfasst. Die gemessenen Werte dienen der optimalen Zustellung.

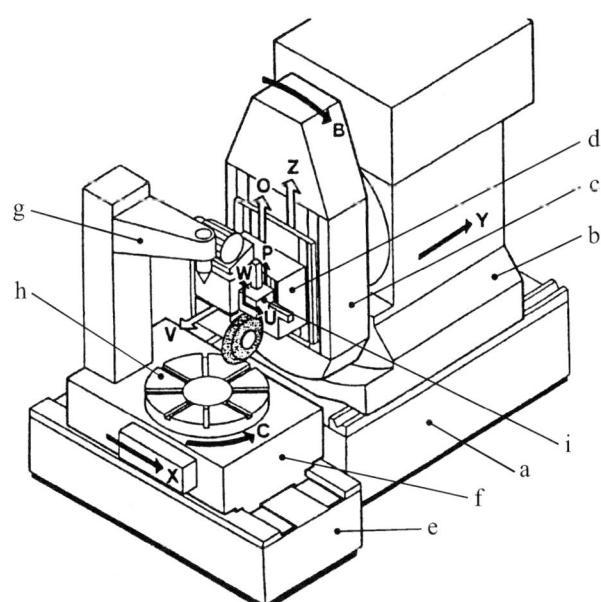

Abb. 4.126 NC-Zahnrad-Schleifmaschine zum Wälzschleifen mit Kegelscheibe (Werkbild: Niles Berlin). a – Ständerbett, b – Ständer, c – Schwenkeinrichtung, d – Schleifschlitten, e – Bett, f – Tischschlitten, g – Gegenhalter, h – Rundtisch, i – Abrichteinrichtung

Die Größe und Lage der Wälzbewegung berechnet die Steuerung aus den Werkstückdaten. Nach Einschalten der Schleifscheibendrehzahl fährt der Ständer die Schleifscheibe auf Schleiftiefe in die Zahnlücke (Y-Achse) und der „axial"-Vorschub des Schleifschlittens wird ausgeführt. Danach beginnt der Schleifprozess mit z. B. folgendem Ablauf:
- Zustellung des Schleifaufmaßes an der rechten Zahnflanke durch Drehen des Werkstückes (C-Achse)
- Ausführen der ersten und zweiten Wälzbewegung (C- und X-Achse) durch das Werkstück an der rechten Zahnflanke, bis das Werkstück aus dem Werkzeug herausgewälzt ist
- Beginn des Rückwälzen und Ausführen des Totgangausgleiches, so dass die linke Zahnflanke bearbeitet wird
- Teilen des Werkstückes und Bearbeiten der nächsten Zahnlücke
- Sind alle Zahnlücken des Werkstückes bearbeitet, kann die weitere Zustellung des Schleifaufmaßes erfolgen.

Dieser Prozess wird mehrfach wiederholt und somit die erforderliche Qualität der Verzahnung erzeugt.

Für das Abrichten der Schleifscheibe ist ein Abrichtgerät in die Maschine integriert, welches durch die NC-Achsen W, U und P Modifikationen der Profile zulässt.

Die in Abb. 4.126 dargestellte Maschine eignet sich besonders für die Einzelteil- und Kleinserienfertigung und erreicht Verzahnungsqualität 4 nach DIN 3962.

Maschine zum kontinuierlichen Wälzschleifen mit zylindrischer Schleifschnecke
In die Schleifscheibe wird schneckenförmig das Zahnstangenprofil eingearbeitet [10]. Dazu werden Diamant-Rollen (mit Diamantsplittern besetzte Profilierwerkzeuge) NC-gesteuert an der Schleifscheibe vorbeigefahren. Die Profilierwerkzeuge können unterschiedlich aufgebaut sein (Abb. 4.127): Doppelkegel-Diamantscheiben, Einkegel-Diamantscheiben, Satz-Diamantrollen, Diamantrolle für ganze Scheibe und durch Flankenlinienkorrekturen die Schleifschnecke so abrichten, dass modifizierte Evolventenprofile am Werkstück entstehen.

Vor Beginn der Zahnradbearbeitung sind
- die Flankenrichtung von Schleifschnecke und Zahnrad in Übereinstimmung zu bringen. Dies erfolgt durch Schwenken des Werkstücks (Abb. 4.128, A-Achse) oder Werkzeugs.
- Werkstück und Werkzeug so zueinander zu drehen, dass Schleifscheiben- und Werkstückprofil ineinander greifen.

Während des Schleifprozesses sind folgende Bewegungen notwendig (Abb. 4.129):
- die Drehzahl n_{WZ} der Schleifscheibe zur Realisierung der Schnittgeschwindigkeit: Diese Drehung des Werkzeuges bewirkt ein axiales Verschieben des Zahnstangenprofils, was einem Teil der Wälzbewegung entspricht.

4.7 Verzahnmaschinen

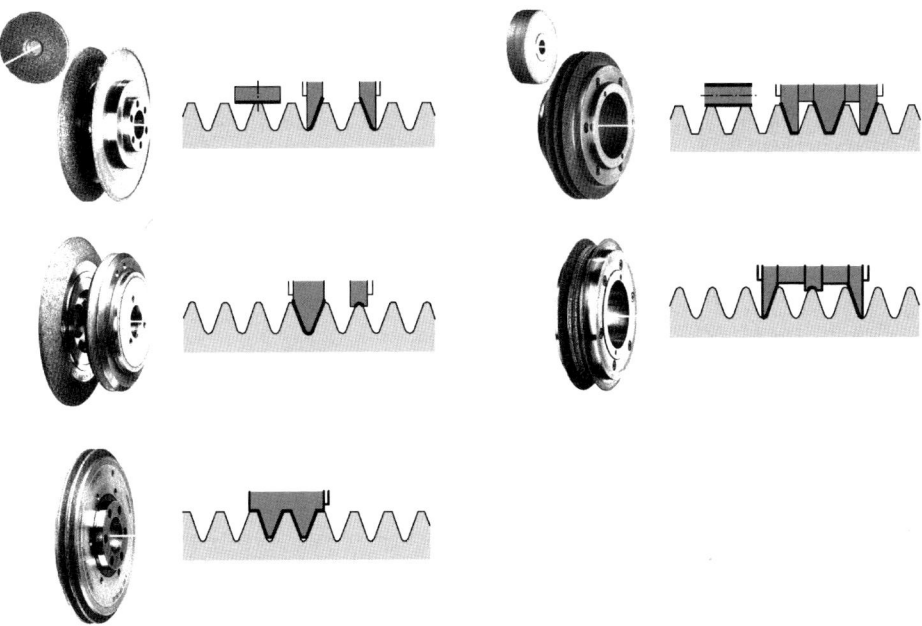

Abb. 4.127 Abrichten von Schleifschnecken mit Zahnstangenprofil (Werkbild: Reishauer)

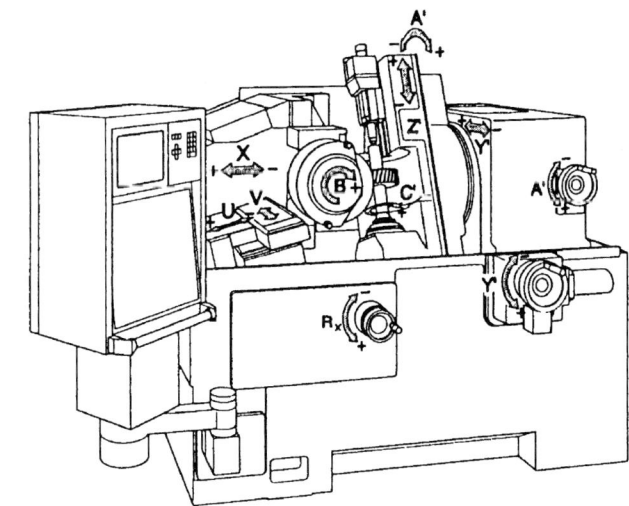

Abb. 4.128 Beispiel des Aufbaues einer Wälzschleifmaschine mit Schleifschnecke (nach Reishauer), NC-Achsen: A – Schwenkwinkeleinstellung, B – Werkzeugdrehung, C – Werkstückdrehung, X – radiale Zustellung, Y – Shiftvorschub, Z – axialer Vorschub. Für die Profilierung der Schleifschnecke: D1 und D2 – Winkeleinstellung der Profiliergeräte, E1 und E2 – Drehachsen der Diamantscheiben, U – Profilierzustellung, V – Profiliervorschub

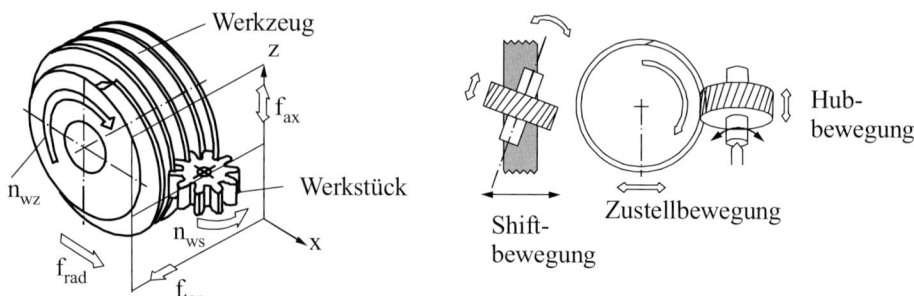

Abb. 4.129 Verfahrenskinematik beim Wälzschleifen mit zylindrischer Schleifschnecke (Werkbild: Reishauer)

- die Drehzahl des Werkstückes n_{WS} als zweiten Teil der Wälzbewegung und gleichzeitig Teilbewegung:
  Die Größe der Drehzahl ist abhängig von der Gangzahl der Schleifschnecke und der Zähnezahl des Werkstückes.
- der Axialvorschub f_{ax} des Werkstückes, um die Zahnbreite vollständig zu bearbeiten:
  Erfolgt diese Bewegung nicht in Richtung des Schrägungswinkels am Werkstück, ist eine Zusatzdrehung des Werkstücks $n_{WS,Z1}$ notwendig (vgl. Wälzfräsen).
- die Shiftbewegung f_{tan} zur Ausnutzung der Breite der Schleifscheibe:
  Auch diese Bewegung muss zur Einhaltung des Wälzverhältnisses durch eine Zusatzdrehung des Zahnrades $n_{WS,Z2}$ ausgeglichen werden.
- die radiale Zustellung der Schleifscheibe f_{rad} zum Erreichen des Fertigmaßes:
  Modifikationen des Flankenlinienverlaufes können durch Steuerung der radialen Zustellung in Abhängigkeit vom axialen Vorschub erreicht werden.

Die Kinematik einer solchen Wälzschleifmaschine mit Schleifschnecke stellt hohe Anforderungen an die Maschinensteuerung (Abb. 4.130). Die erforderliche Drehzahl der Schleifscheibe wird durch die Drehzahlsteuerung (DS) aufrechterhalten. Mit Hilfe des Winkelschrittgebers (G1) erfasst man sowohl die Drehzahl als auch den momentanen Drehwinkel der Schleifscheibendrehung. Der Winkelschrittgebers (G2) realisiert diese Aufgabe für die Werkstückdrehung. Mit Hilfe der Zentrierelektronik (ZE) und dem elektronischen Getriebe (EG) ist die richtige Positionierung zwischen Werkstückverzahnung und Schleifschneckenprofil möglich. Dabei können unterschiedliche Aufmaße in Zahnrichtung aber auch zwischen den Zähnen sowie Zahnflankenrichtungsfehler gemittelt werden um kleinstmögliche Bearbeitungszeiten zu erreichen. Das Verhältnis im Zwanglauf zwischen Werkstück- und Werkzeugdrehzahl wird durch die Maschinensteuerung (SSE) vorgegeben und unter beachten der Schleifscheibendrehzahl (G1) das verstärkte Signal (Verstärker V) für den Werkstückantrieb (WA) erzeugt. Die Werkstückdrehzahl wird unter Berücksichtigung von Störgrößen (Störgrößenbeobachter SB) geregelt (Regler R). Ver-

4.7 Verzahnmaschinen

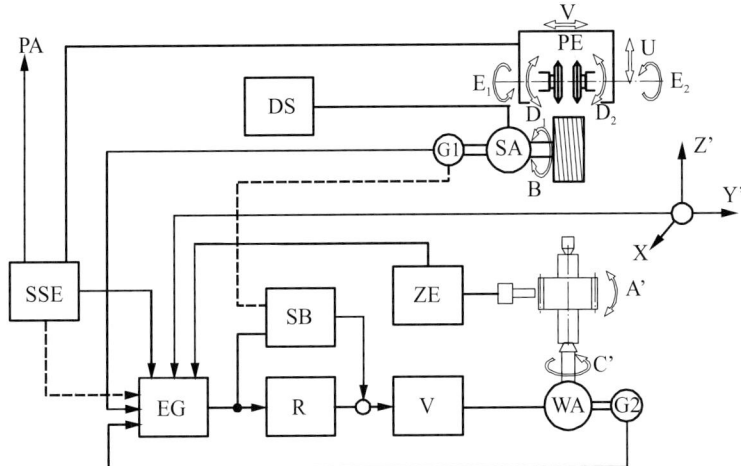

Abb. 4.130 Blockschaltbild der Achskopplung der Maschine nach Abb. 4.128 (nach Werkbild: Reishauer)

einfacht sind in Abb. 4.130 die Ankopplungen der radialen Zustell-, Shift- und axialen Vorschubachse sowie die Steuerung der NC-Achsen zur Schleifschneckenprofilierung dargestellt.

Maschine zum kontinuierlichen Profilschleifen mit globoidförmiger Schleifschnecke

In die Schleifscheibe wird globoidförmig eine Profilschnecke eingearbeitet. Dies geschieht mit einem diamantbeschichteten und werkstückspezifischen Zahnrad (Profilierwerkzeug), das alle geforderten Modifikationen der Zahnflanken beinhaltet. Während des Abrichtvorganges wälzen Schleifschnecke und Profilierwerkzeug entsprechend dem Verhältnis Gangzahl zu Zähnezahl aneinander ab. Wichtig ist, dass durch zusätzliches Drehen des Profilwerkzeuges nach rechts und links die Lücken der Schleifschnecke um mindestens das Schleifaufmaß breiter profiliert werden.

Die profilierte Schnecke berührt das Werkstück (Abb. 4.131) über eine definierte maximale Breite, die durch Verändern des Achskreuzungswinkels beeinflusst werden kann. Die Zahnradbreite wird nun so gewählt, dass sie unterhalb dieses Wertes liegt. Damit ist keine axiale Vorschubbewegung notwendig. Diese Einstellung erfolgt bereits beim Abrichten der Schleifschnecke.

Nach dem Einspannen des zu schleifenden Werkstückes muss dieses in seiner Drehlage zum Schleifscheibenprofil positioniert werden. Danach fährt die Schleifschnecke im Eilgang auf die volle Profiltiefe der Verzahnung (radiale Zustellung) und die Spanzustellung (Drehvorschub) kann erfolgen. Diese wird durch eine zusätzliche Drehung (Abb. 4.132) des Werkstückes zur Wälzbewegung realisiert. Während des Schleifvorganges sind demzufolge die Drehzahl der Schleifschnecke und des Zahnrades notwendig. Sie beinhalten

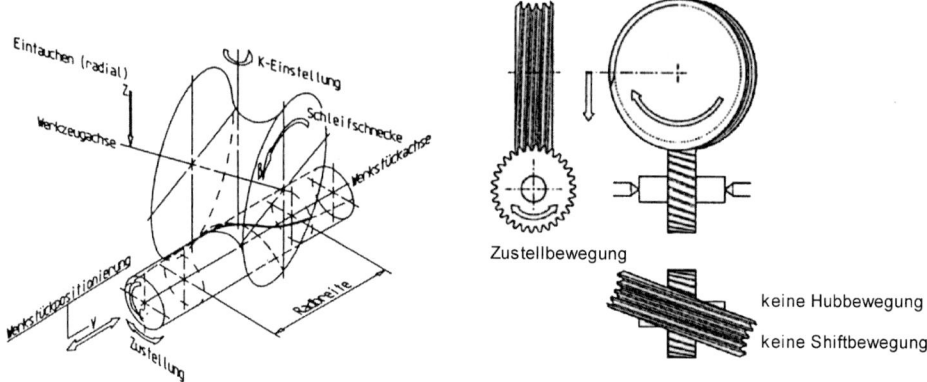

Abb. 4.131 Kinematik beim Wälzschleifen mit globoidförmiger Schleifschnecke (nach Werkbild: Reishauer)

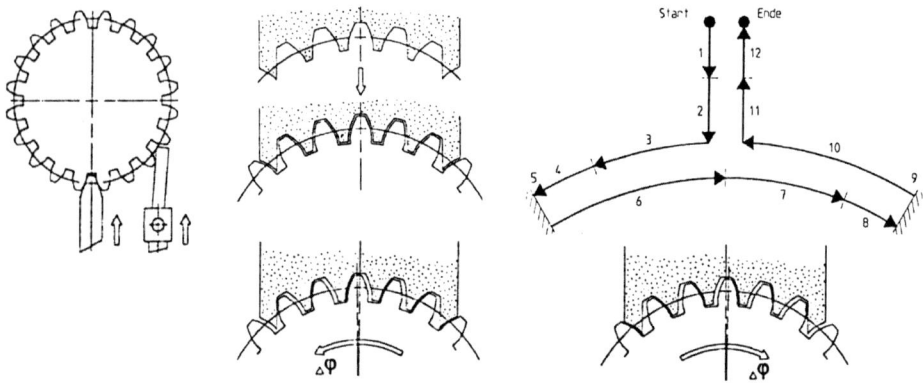

Abb. 4.132 Radiale Zustellung und Drehvorschub beim Wälzschleifen mit globoidförmiger Schleifschnecke (nach Werkbild: Reishauer). a Positionieren; b Verfahrensablauf: 1 – Eilgang vor, 2 – Eintauchen, 3 – Schruppen links, 4 – Schlichten links, 5 – Ausfunken links, 6 – Rückstellen links, 7 – Schruppen rechts, 8 – Schlichten rechts, 9 – Ausfunken rechts, 10 – Rückstellen rechts, 11 – Ausfahren, 12 – Eilgang zurück

die notwendigen Zerspanungs- und Profilierbewegungen, wie Schnitt-, Vorschub-, Wälz- und Teilbewegung.

Aufgrund der realtiv geringen Anzahl notwendiger Bewegungen und Einstellung ist der Aufbau der Maschine einfach (Abb. 4.133) und die Herstellung von Verzahnungen hoher Genauigkeit möglich.

Wälzschleifen von Kegelrädern

Für das Wälzschleifen von Kegelrädern sind analoge Bewegungen wie für das Wälzfräsen von Kegelrädern notwendig. Bei Verwendung von Tellerscheiben (analog Scheibenfrä-

4.7 Verzahnmaschinen

Abb. 4.133 Beispiel einer Wälzschleifmaschine mit globoidförmiger Schleifschnecke (nach Werkbild: Reishauer). NC-Achsen: B – Werkzeugdrehung, C′ – Werkstückdrehung. Als Einstellachsen dienen: A – Schrägungswinkeleinstellung, X – radiale Zustellung, Z′ – axialer Vorschub

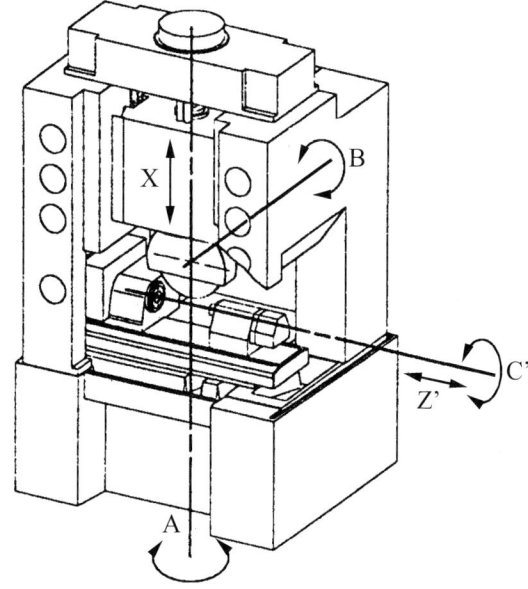

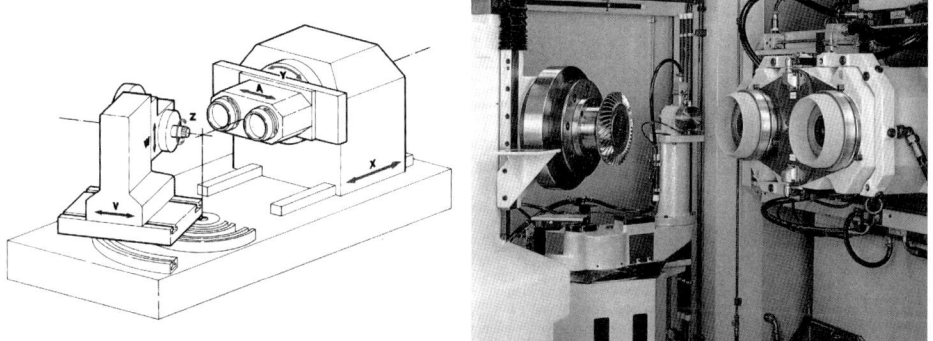

Abb. 4.134 Maschinenaufbau beim Wälzschleifen mit Topfscheiben (nach Werkbild: Klingelnberg). NC-Achsen: A – Lage des Werkzeuges zur Planradachse, X – Zahntiefenzustellung, Y – Planraddrehung, Z – Werkstückdrehung, V – Werkstückzustellung in die Planradteilebene, W – Achsversatz zwischen Werkstück- und Planradachse

sern) folgt die Kinematik dem Konvoid-Verfahren und bei Verwendung von Topfscheiben dem Gleason-Verfahren (Abb. 4.134).

Eine Besonderheit stellen NC-Kegelrad-Schleifmaschinen (Abb. 4.135) nach dem spirex-Schleifverfahren dar. Sie arbeiten kontinuierlich. Das Werkzeug ist ein kegelradähnliches CBN-beschichtetes Schleifzahnrad, welches gegenüber dem Werkstück stark achsversetzt angeordnet ist. Dadurch entstehen beim Abwälzen Relativbewegungen in

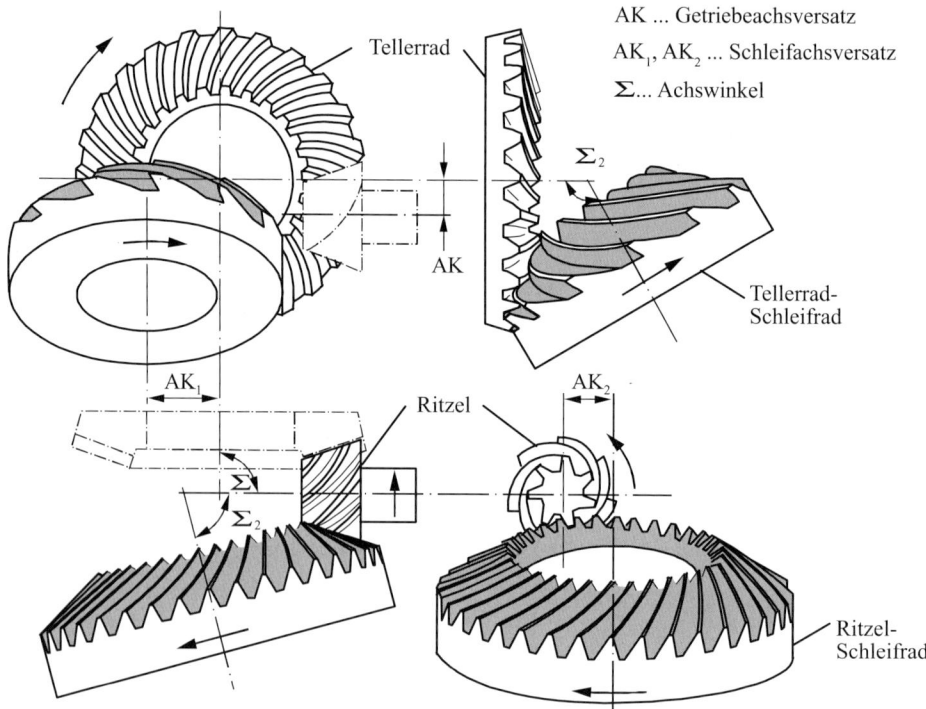

Abb. 4.135 Verfahrenskinematik beim Wälzschleifen mit Schleifkegelzahnrad (nach Werkbild: Oerlikon)

Flankenrichtung und quer dazu, die eine Schnittgeschwindigkeit darstellen und die Spanabnahme realisieren.

Für die herzustellende Kegelradpaarung ist jeweils getrennt für Ritzel und Tellerrad solch ein Schleifzahnrad herzustellen. Diese Investition macht das Verfahren ausschließlich für die Massenfertigung wirtschaftlich.

4.7.6 Wälzhonmaschinen

Für die Hartbearbeitung von Zahnrädern wird neben dem Schleifen das Bearbeitungsverfahren Honen eingesetzt. Besonders in der Massenfertigung genauer, laufruhiger, gerad- und schrägverzahnter Zylinderräder hat es sich durchgesetzt.

Man unterscheidet zwischen Außen- und Innenhonen (Abb. 4.136). Das Werkzeug ist ein außen- oder innenverzahntes Honrad mit keramisch gebundenen Schleifkörnern bzw. aus Stahl mit CBN-Beschichtung. Es ist gerad- oder schrägverzahnt und hat den gleichen Modul wie das zu bearbeitende Rad. Dabei sind die Verzahnungskorrekturen in das Honrad eingearbeitet. Die Breite ist üblicherweise so groß, dass sie die Werkstückbreite

4.7 Verzahnmaschinen

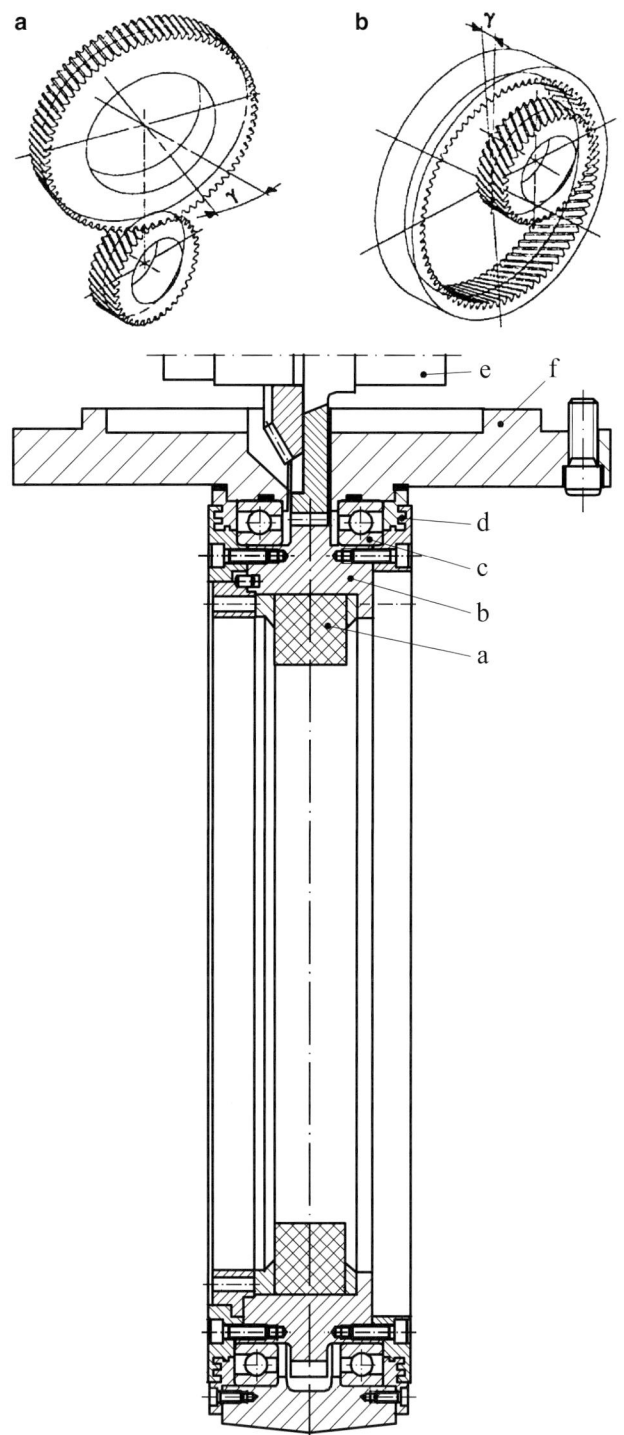

Abb. 4.136 Verfahrenskinematik beim **a** Außen- und **b** Innenhonen. γ – Achskreuzungswinkel

Abb. 4.137 Werkzeugaufnahme beim Innenhonen (Werkbild: Pfauter). a – Honkörper, b – Honring mit Werkzeugaufnahme und Antriebsverzahnung, c – Honringlagerung, d – berührungsfreie Dichtung, e – Antriebswelle mit Kegelrad und Antriebsritzel, f – Gehäuse mit Schwenkführung

Abb. 4.138 Zahnrad-Innenhonmaschine (Werkbild: Gleason-Hurth)

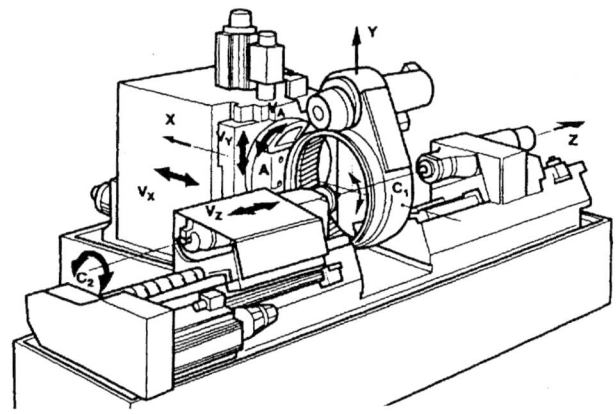

vollständig überstreift. Die Vorprofilierung erfolgt z. B. durch eine diamantbelegte Doppelkegelscheibe im Einzelteilverfahren. Die genaue geometrische Zahnform wird danach auf der Honmaschine mit einem diamantbelegtem Abrichtrad erzeugt. Die Aufnahme eines Honrades zum Innenhonen ist in Abb. 4.137 dargestellt.

Während des Honvorganges liegt der Achskreuzungswinkel zwischen Werkzeug und Werkstück bei 8° bis 15°. Damit entstehen beim Abwälzen Relativbewegungen zwischen den Schleifkörnern des Honrades und der Werkstückflanke, die zum Abnehmen von Spänen führen.

Der Aufbau einer Zahnrad-Innenhonmaschine zeigt Abb. 4.138. Das Honrad wird mit Hilfe der Achsen X radial und Y tangential positioniert. Mit der A-Achse erfolgt die Einstellung des Achskreuzungswinkels. Die Drehung des Honrades um seine Achse (C1) und die Drehung des Werkstückes um seine Achse (C2) werden als Wälzbewegungen bezeichnet. Diese Achsen dienen gleichzeitig der Positionierung von Honradzahn zu Werkstückzahnlücke. Wird nur die Honradachse angetrieben (normale Ausführung) läuft das Werkstück frei mit. Dabei können z. B. Teilungsabweichungen am Zahnrad nicht beseitigt werden. Der Zwanglauf zwischen C1 und C2 beseitigt diesen Zustand. Die axiale Positionierung des Werkstückes erfolgt mit Hilfe des Werkstück- und Reitstockschlittens durch die Z-Achse. Während des Honens arbeitet die X-Achse als radiale Zustellung.

Literaturverzeichnis

1. Tränkner, G. (Hrsg.): Taschenbuch Maschinenbau, Band 3/I, S. 560 ff. Verlag Technik, Berlin (1978)
2. Neugebauer, R.: Chemnitzer Parallelstruktur-Seminar, Berichte aus dem IWU Band 1. Fraunhofer Institut für Werkzeugmaschinen und Umformtechnik, Chemnitz (1998)
3. Neugebauer, R., Wieland, F., Schwaar, M., Gohritz, A.: Hexapod-Werkzeugmaschine für die Hochgeschwindigkeitsbearbeitung. ZwF **9** (1997)

4. Tönshoff, H.K., Soehner, C., Georg, V.: Parallelroboter für die Laserbearbeitung. EuroLaser, Heft **4/97**, 32–35 (1997)
5. Philips GmbH (Hrsg.): Das Automatisierungskonzept für Drehzellen. Kassel (1994)
6. EMAG: Wälzfräsen einmal ganz anders. mav 12-1996
7. Philips GmbH (Hrsg.): Das Automatisierungskonzept für Bohr- und Fräsmaschinen sowie Bearbeitungszentren. Kassel (1994)
8. Zirpke, K.: Zahnräder. Fachbuchverlag Leipzig (1989)
9. Speyer, K.-H.: CNC-Wälzfräsen, Die Bibliothek der Technik 8. verlag moderne industrie, Landsberg/Lech (1991)
10. Delavy, J.-F.; Cadisch, J., Thyssen, W., Schäche, P., Schwaighofer, R.: Reishauer Fibel – Verzahnungsschleifen. Reishauer AG, Zürich (1992)

5 Baugruppen schneidender und umformender Werkzeugmaschinen

In den folgenden Abschnitten sollen ausschließlich charakteristische Besonderheiten der Baugruppengestaltung bei schneidenden und umformenden Werkzeugmaschinen behandelt werden, wie sie bei Pressmaschinen (vgl. Abb. 1.4) typisch sind. Die im Kap. 4 für spanende Werkzeugmaschinen dargestellten Zusammenhänge sind sinngemäß auch hier anzuwenden.

5.1 Gestelle schneidender und umformender Werkzeugmaschinen

Im Gegensatz zu Gestellen spanender Werkzeugmaschinen, die überwiegend bezüglich der notwendigen Genauigkeit ausgelegt werden, dimensioniert man Gestellbauteile schneidender und umformender Werkzeugmaschinen hinsichtlich der ertragbaren Spannungen. Aufgrund der in der Regel großen Prozesskräfte treten demzufolge auch beachtliche Verformungen auf. Ihre Auswirkungen auf den Prozessablauf, die Werkzeuge und Werkstücke sind zu beachten. Man unterscheidet nach dem Verlauf des Kraftflusses offene (C-Gestell) und geschlossene Gestelle (O-Gestell) (Abb. 5.1).

C-Gestelle gibt es in Ein oder Doppelständerbauart (Abb. 5.2). Bei der Einständerbauart befindet sich an einem senkrechten Ständer oben der Hauptantrieb. Das ist bei mechanischen Pressen die quer zur Vorderseite gelagerte Hauptwelle und bei hydrauli-

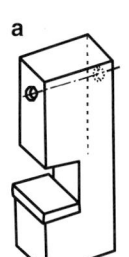 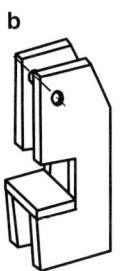 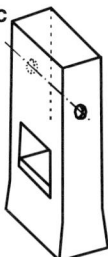 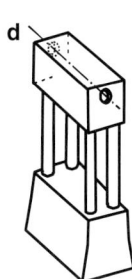

Abb. 5.1 Bauarten von Gestellen schneidender und umformender Werkzeugmaschinen. C-Gestelle: **a** Einständer-, **b** Doppelständerbauart. O-Gestelle: **c** Zweiständer-, **d** Säulenbauart

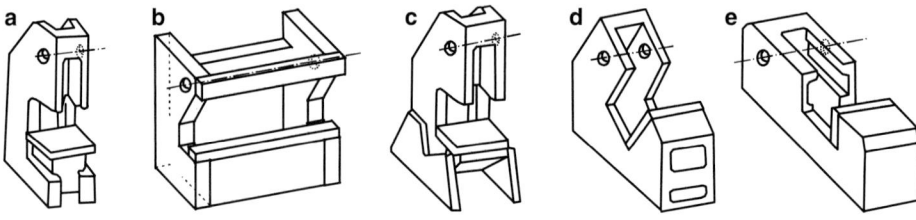

Abb. 5.2 Weitere Ausführungsarten von Doppelständergestellen. **a** Grundbauart mit verstellbarem Tisch, **b** breite Bauart, **c** neigbarer, **d** geneigter und **e** liegender Ständer

schen Pressen der Zylinder mit dem Kolben. Im Kopfteil sind in der Regel weiterhin die Führungen für den Werkzeugträger angeordnet. Der Tisch ist fest oder höhenverstellbar am Ständer angebracht.

Bei der Doppelständerbauart werden zwei parallele Ständer (oder Wände) an der Kopf- und Tischseite miteinander verbunden. Bei mechanischem Hauptantrieb kann die Hauptwelle längs oder quer zur Vorderseite angeordnet werden.

O-Gestelle werden in Zweiständer- oder Säulenbauart hergestellt. Bei der Zweiständerbauart kann das Gestell bei kleineren Ausführungen aus einem Teil bestehen. Bei größeren Maschinen werden ein Kopf- und ein Fußteil mit zwei Seitenteilen verschraubt. Zum Erreichen einer möglichst hohen statischen Steifigkeit und zum Mindern des nichtlinearen Einflusses der Fugen werden die Gestellbauteile verspannt. Dies erfolgt über Dehnanker (lange Schrauben), die entweder im erwärmten Zustand montiert werden und nach dem Abkühlen eine genügend hohe Vorspannung zwischen den Bauteilen erzeugen (Abb. 5.3) oder mit Hilfe von Hydraulikzylindern vorgespannt werden.

Bei Säulengestellen werden die Seitenteile durch vier Säulen ersetzt, die vorgespannt sind.

Hinsichtlich der Bauweise unterscheidet man Guss- und Stahlschweißkonstruktionen. Dabei werden Grauguss mit Lamellengrafit und niedrig legierte Sondergusseisen für kleine und mittlere Maschinen sowie Stahlguss für schwere Maschinen eingesetzt. Die Stahlplattenbauweise (Abb. 5.4) wird besonders bei Kleinserien, Sonderanfertigungen und schweren Maschinen bevorzugt. Schweißkonstruktionen sind spannungsarm zu glühen und können einteilig oder mehrteilig ausgeführt werden. Mischbauweisen sind möglich.

Die in Abb. 5.3c gezeigte Konstruktion ist für Nennpresskräfte größer 10.000 kN geeignet. Im Weiteren gilt das im Abschn. 3.2 ausgeführte. Eine Verbindung mehrerer Ständer zu einem Pressengestell ist besonders bei räumlich großen Maschinen üblich.

Die Berechnung erfolgt bezüglich gefährdeter Querschnitte und elastischer Formänderung. Dazu werden Methoden der FEM-Berechnung angewandt.

Die Auslegung der Dehnanker muss in Abstimmung mit dem Gestell erfolgen. Analog vorgespannten Schrauben erfolgt die Darstellung der Zusammenhänge zwischen Beanspruchung und Verformung von Dehnanker und Gestell in einem Kraft-Dehnungs-Diagramm (Abb. 5.5). Gestell und Dehnanker werden mit der Vorspannkraft F_V beansprucht.

5.1 Gestelle schneidender und umformender Werkzeugmaschinen

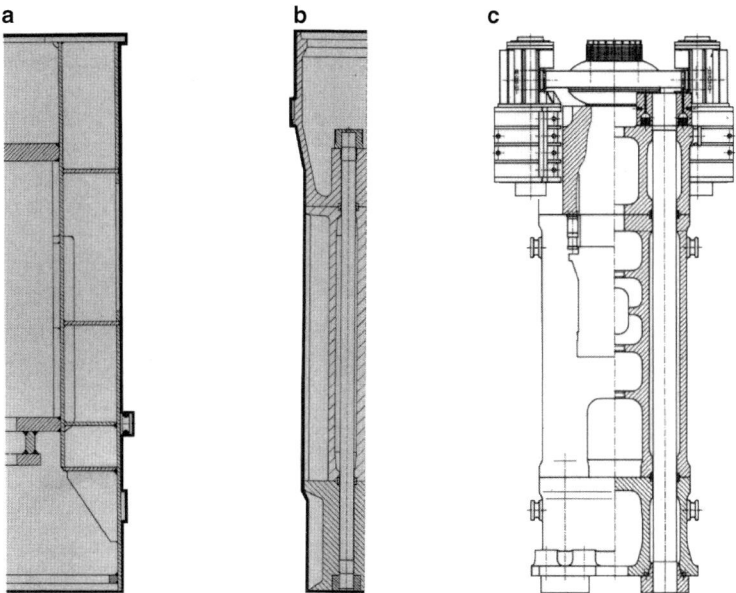

Abb. 5.3 Gestelle von Pressen (Werkbild: Lasco). Gestelle einer hydraulischen Presse mit Ölbehälter im Kopfstück. **a** einteilig und **b** mehrteilig mit Dehnanker, **c** mehrteiliges Gestell einer Spindelpresse mit Dehnanker und Antrieb im Kopfstück

Abb. 5.4 Pressengestell in Stahlschweißkonstruktion (Werkbild: Heilbronn)

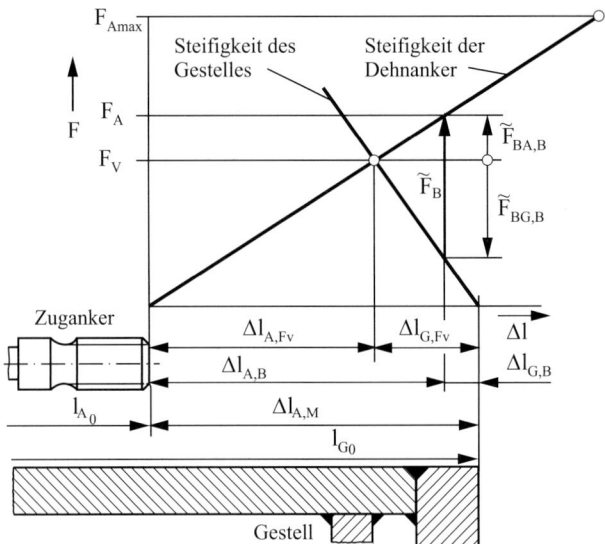

Abb. 5.5 Spannungs-Dehnungs-Diagramm für Dehnanker

Die Steifigkeitskennlinien
- für den Dehnanker mit positiver Steigung aufgrund der Zugbeanspruchung und
- für das Gestell mit negativer Steigung aufgrund der Druckbeanspruchung

sind im Diagramm so eingezeichnet, dass sie sich in Höhe der Vorspannkraft schneiden. Durch die Beanspruchung mit der Vorspannkraft wird der Dehnanker um den Betrag $\Delta l_{A,Fv}$ gedehnt und das Gestell um den Betrag $\Delta l_{G,Fv}$ gestaucht. Wirkt, bezogen auf einen Dehnanker, die Betriebskraft F_B, so wird dieser mit der Zusatzkraft $F_{BA,B}$ beansprucht und zusätzlich um den Betrag $\Delta l_{A,B}$ gedehnt. Das Gestell wird durch die Entlastungskraft $F_{BG,B}$ entlastet und die Stauchung verringert sich auf den Betrag $\Delta l_{G,B}$. Wären Dehnanker und Gestell nicht miteinander verspannt, würde die gleiche Betriebskraft F_B (im Beispiel sind die Beträge von F_B und F_V gleich groß) den Dehnanker um den Betrag $\Delta l_{A,Fv}$ dehnen. Man erkennt deutlich, dass die Verformung größer und somit die Steifigkeit des Pressengestells niedriger ist. Aus den Zusammenhängen im Spannungs-Dehnungs-Diagramm kann man folgende Auslegungskriterien ableiten:

- Eine bessere Gesamtsteifigkeit der Maschine bei gleicher Vorspannung ergibt sich, wenn die Steifigkeit des Gestelles gegenüber der Steifigkeit der Dehnanker erhöht wird.
- Die Vorspannkraft muss um eine Sicherheit größer als die Entlastungskraft des Gestelles sein. Wird dies nicht garantiert entsteht bei der Beanspruchung eine Fuge zwischen den Gestellteilen.
- Vorspann- und Zusatzkraft dürfen die maximal zulässige Zugkraft F_{Amax} der Dehnanker nicht überschreiten. Bruch oder bleibende Verformung des Dehnankers wären die Folge.

Steifigkeit von Gestell und Antrieb

Die Steifigkeit in Richtung der Stößelbewegung (Längssteifigkeit) wird bei schneidenden und umformenden Werkzeugmaschinen sowohl von der Steifigkeit der Gestellteile als auch von der Steifigkeit des Antriebes bestimmt. Beide federnden Elemente liegen in Reihe. Damit ergibt sich die Gesamtverformung f_{ges} als Summe der Gestell- f_G und Antriebsverformung f_A

$$f_{ges} = f_G + f_A \,. \tag{5.1}$$

Ersetzt man die Verformungen durch die Steifigkeitsgleichung und beachtet, dass die aus der Bearbeitung resultierenden und sowohl auf das Gestell als auch auf den Antrieb wirkenden Kräfte gleich groß sind, ergibt sich die Gesamtsteifigkeit zu

$$\frac{1}{c_{ges}} = \frac{1}{c_A} + \frac{1}{c_G} \quad \text{oder} \quad c_{ges} = \frac{c_A \cdot c_G}{c_A + c_G} \,. \tag{5.2}$$

Aus Gl. (5.2) wird deutlich, dass zum Erzielen einer ausreichend großen Gesamtsteifigkeit die Steifigkeiten von Gestell und Antrieb gut aufeinander abgestimmt, das heißt annähernd gleich groß sein müssten. Konstruktiv bedingt erreicht man Verhältnisse von

$$c_G \approx (2 \ldots 4) \, c_A \,. \tag{5.3}$$

Eine zu niedrige Längssteifigkeit bewirkt bei schneidenden und umformenden Werkzeugmaschinen

- ein Ansteigen der nicht nutzbaren Federungsarbeit und verschlechtert damit den Wirkungsgrad,
- ein ungewolltes Verändern des Geschwindigkeits-Weg-Verlaufes des Stößels, was zu Störungen des Umformprozesses führen kann,
- einen ungewollt hohen Verschleiß des Werkzeuges und Genauigkeitsverlust der Werkstücke,
- eine Erhöhung der Kontaktzeit zwischen Werkzeug und Werkstück, was zu schädigender Erwärmung des Werkzeuges und zur Abkühlung des Werkstückes (beim Warmumformen) führen kann.

Am Stößel der umformenden Werkzeugmaschinen treten auch Kräfte rechtwinklig zur Hubrichtung auf. Der Quotient aus Querkraft und daraus resultierender Verlagerung wird als Quersteifigkeit bezeichnet. Diese Kenngröße wird überwiegend bestimmt durch die Gestaltung der Stößelführung.

Analog wie bei spanenden Werkzeugmaschinen dargestellt, kann man auch bei umformenden Maschinen Steifigkeiten zwischen Tisch und Stößel definieren, bei denen Belastungsrichtung und Verformungsrichtung nicht übereinstimmen. Besonders wichtig ist hier die Kippsteifigkeit. Sie drückt die Winkelverlagerung des Stößels bezüglich der Tischaufspannfläche – hervorgerufen durch außermittige Bearbeitungskräfte – aus. Die Kippsteifigkeit wirkt sich überwiegend auf die Qualität der Werkstücke aus, beeinflusst den Ablauf des Umformprozesses und führt zu erhöhtem Werkzeugverschleiß. Man wirkt ihr entgegen durch konstruktive Maßnahmen wie

- Anwendung von Mehrpunktantrieben,
- Gestaltung von Stößelführungen mit hoher Steifigkeit,
- Gestaltung der Werkzeuge so, dass außermittige Kräfte nach Möglichkeit gemindert werden,
- Anordnung von Kippungskompensationseinrichtungen.

5.2 Stößelführungen

Bei schneidenden und umformenden Werkzeugmaschinen hat die Stößelführung eine besondere Bedeutung. Sie muss während des Hubes den Stößel und meist eine Werkzeughälfte führen, auftretende Querkräfte in das Gestell weiterleiten und das Verkanten des Stößels (Abb. 5.6) in zulässigen Grenzen halten. Der Reibwert in der Stößelführung beeinflusst die Antriebskräfte. Bei sich selbst positionierenden oder in sich geführten Werkzeugen kann es notwendig werden, die Stößelführung in der Zeit des geschlossenen Werkzeuges zu lösen, um damit Überbestimmungen zu vermeiden.

Als Führungsprinzipien kommen überwiegend hydrodynamische Gleit- und rollengelagerte Wälzführungen zum Einsatz. Die Anordnung kann als Schwalbenschwanz- oder Rechteckführung u. a. (Abb. 5.7) erfolgen. Überbestimmungen sowohl im Umgriff als auch in gleichen Ebenen werden aufgrund großer Ausdehnungen oder zum Verbessern der Steifigkeit bewusst (Abb. 5.8) angewendet. Die dadurch notwendigen Ausrichtarbeiten während der Montage und die Einstellungen der Spiele werden akzeptiert.

5.3 Antriebe schneidender und umformender Werkzeugmaschinen

Man unterscheidet auch bei schneidenden und umformenden Werkzeugmaschinen zwischen Haupt- und Nebenantrieb sowie Hilfsantrieben.

Hauptantriebe realisieren die translatorische oder rotatorische Bewegungen der Umformwerkzeuge, die die Schneid- oder Umformbewegung darstellen. Diese Bewegungen werden überwiegend aus der rotatorischen Bewegung eines Elektromotors erzeugt und

Abb. 5.6 Stößelkippung

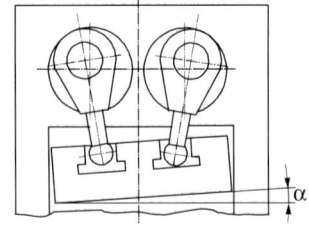

5.3 Antriebe schneidender und umformender Werkzeugmaschinen

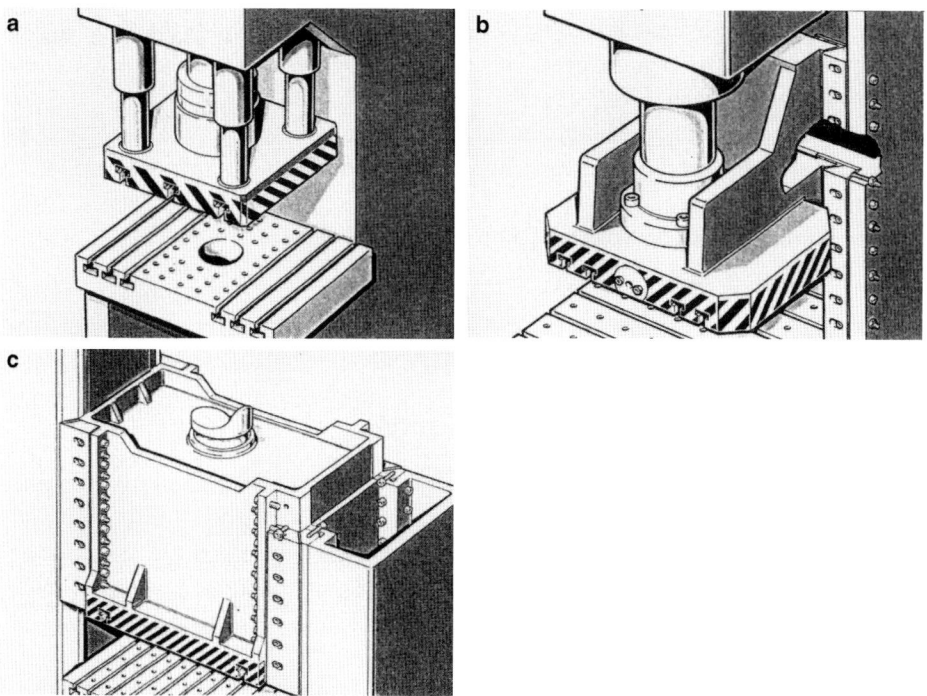

Abb. 5.7 Stößelführungen bei Pressen (Werkbild: DUNKES). **a** Säulenführung, **b** Prismenführung bei Einständerbauart, **c** Prismenführung im Zweiständerbauart

Abb. 5.8 8-Bahnen-Stößelführung (Werkbild: Schuler)

durch mechanische, hydraulische oder pneumatische Getriebe in die Werkzeugbewegungen umgewandelt. Bei Hämmern wird auch die Energie des freien Falls genutzt. Einen Überblick dazu gibt Abb. 5.9.

Je nach Lage des Antriebes im Kopf- oder Fußteil der Maschine spricht man von Ober- oder Unterantrieb (Abb. 5.10). Als Mehrpunktantrieb wird ein Antrieb des Stößels mit Hilfe mehrerer Pleuel bezeichnet. Das sind in der Regel Zwei- oder Vierpunktantriebe, die eine bessere Aufnahme außermittiger Kräfte ermöglichen.

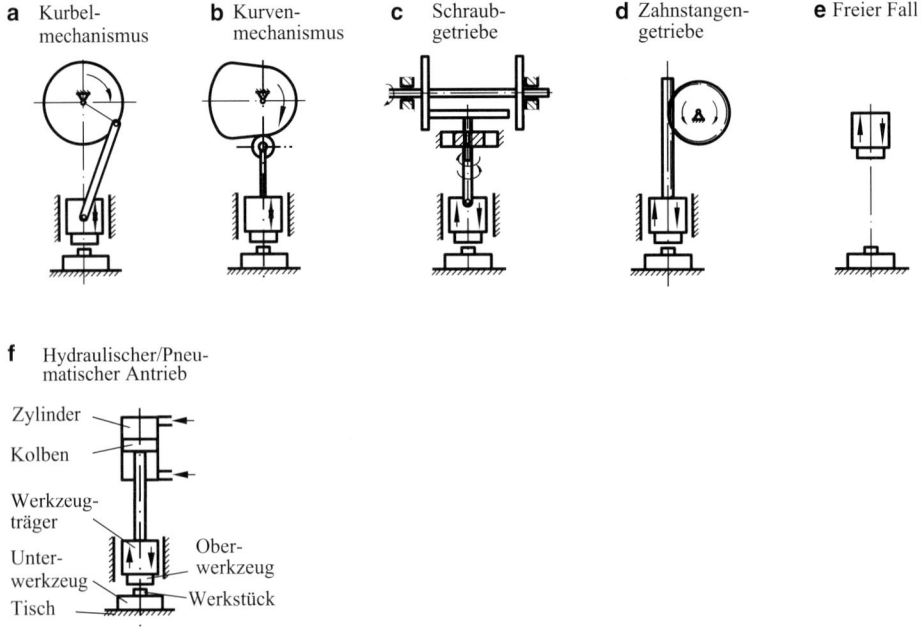

Abb. 5.9 Hauptsächliche Antriebsprinzipien bei schneidenden und umformenden Werkzeugmaschinen mit geradliniger Hauptbewegung

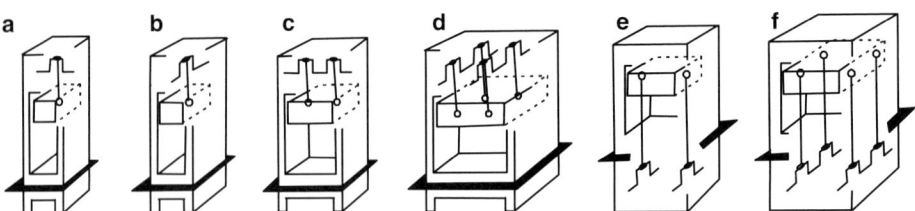

Abb. 5.10 Kurbelpressen mit Einpunkt- bzw. Mehrpunktantrieben sowie Ober- und Unterantrieb. **a** Einpunktantrieb mit längsgelagerter Kurbelwelle, **b** Einpunktantrieb mit quergelagerter Kurbelwelle **c** Zweipunktantrieb mit längsgelagerten Kurbelwellen, **d** Vierpunktantrieb mit quergelagerten Kurbelwellen, **e** Zweipunktunterantrieb, **f** Vierpunktunterantrieb

Als Nebenantriebe werden separate Antriebe für Auswerfer, Niederhalter, Ziehkissen u. Ä. bezeichnet.

Nach dem Funktionsprinzip des Antriebes klassifiziert man die schneidenden und umformenden Werkzeugmaschinen in kraft-, weg- und energiegebundene. Charakteristisch ist bei

- energiegebundenen Maschinen, dass sie ein bestimmtes Arbeitsvermögen (Energie) aufgrund der mit einer bestimmten Geschwindigkeit bewegten Masse zur Verfügung stellen und vollständig abgeben. Die Kraft stellt sich dabei prozessabhängig ein.
- weggebundenen Maschinen, dass die am Stößel zur Verfügung stehende Kraft abhängig vom Stößelweg ist. Sie wird außerdem mechanisch begrenzt.
- kraftgebundenen Maschinen, dass eine maximale Kraft über den Stößelweg zur Verfügung steht. Die Kraftgröße und die Stößelgeschwindigkeit können über den Stößelweg weitestgehend gesteuert werden.

In den folgenden Abschitten werden ausgewählte Zusammenhänge dieser drei Antriebsprinzipien erläutert.

5.3.1 Hauptantriebe weggebunder Maschinen

Weggebundene Maschinen besitzen in der Regel ein ungleichmäßig übersetzendes Getriebe zur Umwandlung der rotatorischen Bewegung in eine translatorische. Dabei werden oft Kurbelgetriebe (Abb. 5.11) eingesetzt. Abhängig von ihrem Aufbau erzeugen sie ein charakteristisches Kraftverhalten über dem Kurbelwinkel und damit dem Stößelweg. Aufgrund der Bedeutung von Schubkurbelgetrieben werden die prinzipiellen Zusammenhänge am Beispiel eines solchen Getriebes dargestellt (vgl. [1]).

Zur Erzeugung der Hauptbewegung werden bei weggebundenen Maschinen mit Kurbelgetriebe Motor-Schwungrad-Antriebe eingesetzt. Der prinzipielle Aufbau ist in Abb. 5.12 an drei Beispielen dargestellt. Die Anordnung von Bremse, Kupplung und konstanter Übersetzung ist variabel.

Der Elektromotor erzeugt eine kreisende Bewegung, die in die geradlinige Bewegung des Werkzeugtragers umgewandelt werden muss.

Die verfahrensbedingt notwendige Arbeit wird nur auf einem Teil des Stößelweges vor dem unteren Totpunkt benötigt. Müsste der Motor diese Arbeit während der kurzen zur Verfügung stehenden Zeit abgeben, wäre er mit großer Leistung auszulegen. Bei Motor-Schwungrad-Antrieben wird während der Arbeitsphase ein Teil der notwendigen Arbeit aus der kinetischen Energie des Schwungrades entnommen. Der Motor muss nun in der Lage sein, bis zur nächsten Arbeitphase diese Energie dem Schwungrad wieder zuzuführen und es somit aufzuladen.

Eine kleine Masse des Schwungrades erreicht man durch hohe Drehzahl desselben. Dies wiederum kann aber dazu führen, dass eine Übersetzung zwischen Schwungradwelle und Hauptwelle notwendig wird, um die Drehzahl der gewünschten Hubzahl anzupassen. Für die Arbeitsweise im Einzelhub sind Kupplung und Bremse erforderlich.

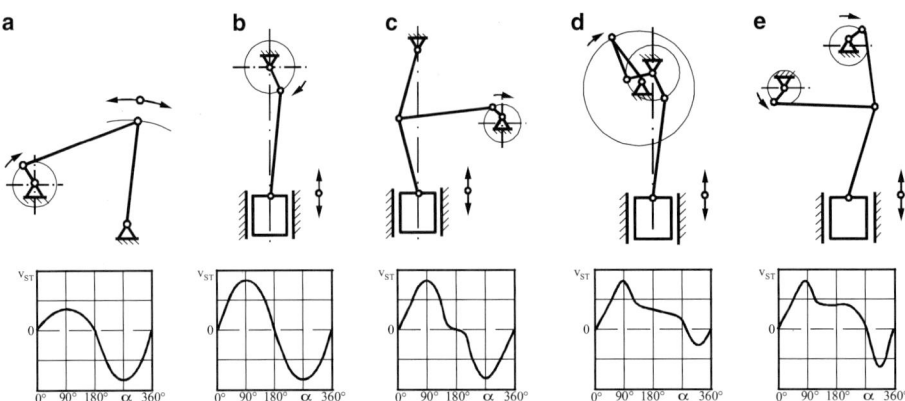

Abb. 5.11 Kurbelgetriebe. **a** Kurbelschwinge, **b** Schubkurbel, **c** Kniehebel, **d** Schleppkurbel, **e** Doppelkurbel (v_{St} – Stößelgeschwindigkeit, α – Kurbelwinkel)

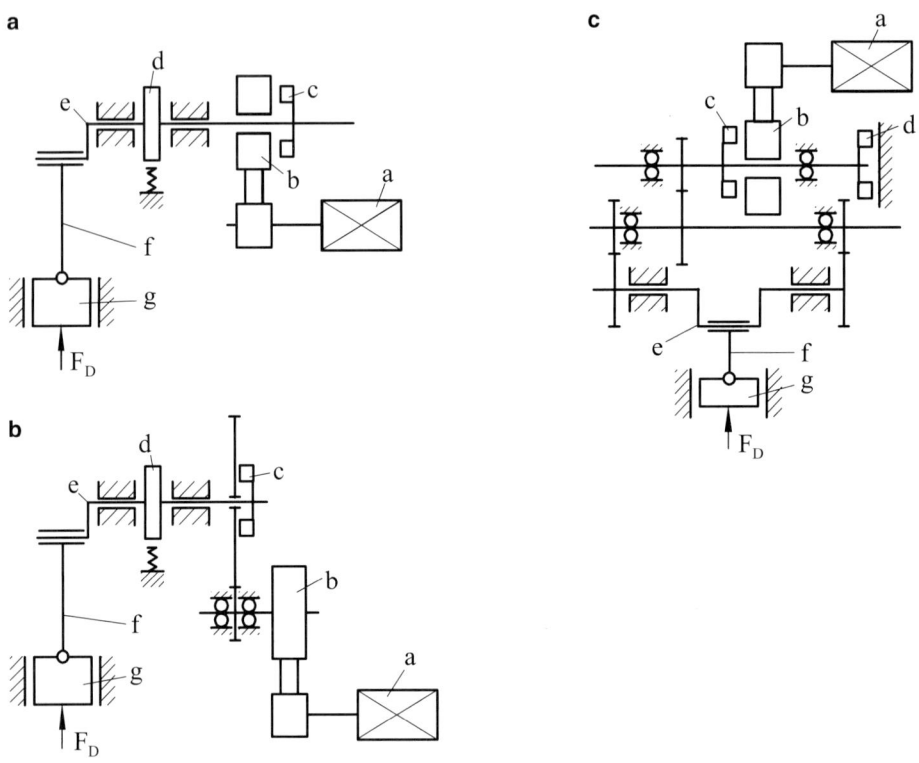

Abb. 5.12 Motor-Schwungrad-Antrieb mit Schubkurbelgetriebe. **a** Schwungrad auf der Exzenterwelle gelagert, **b** Zahnradpaar zwischen Schwungrad und Exzenterwelle, **c** Doppelter Kurbelwellenantrieb. a – Motor, b – Schwungrad, c – Kupplung, d – Bremse, e – Exzenter- bzw. Kurbelwelle, f – Pleuel, g – Stößel

Auslegung des Motors

Die Wahl des Motors erfolgt auf der Basis der für einen Einzelhub notwendigen Motorarbeit W_{Mot}. Im Einzelnen sind dies
- die Beschleunigungsarbeit beim Kuppeln W_a,
- die Reibungsarbeit im Getriebe bei Leerlauf $W_{R,\text{leer}}$,
- die Beschleunigungsarbeit zum Aufladen des Schwungrades W_S.

Die Beschleunigungsarbeit des Schwungrades beinhaltet die Arbeitsanteile, die während des Umform- oder Schneidvorganges als Energie vom Schwungrad abgegeben wurden:
- die Reibarbeit unter Last $W_{R,\text{Last}}$,
- die Federungsarbeit W_F,
- die Nutzarbeit W_N.

$$W_S = W_{R,\text{Last}} + W_F + W_N \tag{5.4}$$

$$W_{\text{Mot}} = W_a + W_{R,\text{leer}} + W_S = W_a + W_{R,\text{leer}} + W_{R,\text{Last}} + W_F + W_N \tag{5.5}$$

Bei der Bestimmung dieser einzelnen Arbeitsanteile sollten folgende Zusammenhänge beachtet werden:
- Die Beschleunigungsarbeit errechnet sich aus dem Massenträgheitsmoment J_a der zu beschleunigenden Massen (bezogen auf die Motorwelle) und der Winkelgeschwindigkeit $\omega_{\text{Mot,leer}}$ der Motorwelle im Leerlauf

$$W_a = \frac{1}{2} J_a \cdot \omega^2_{\text{Mot,leer}}. \tag{5.6}$$

- Die Reibleistung im Leerlauf muss mit Hilfe experimenteller Untersuchungen ermittelt werden. Im Entwurf gilt näherungsweise

$$W_{R,\text{leer}} = 0{,}16 \left(\frac{1}{9{,}81} \cdot F_{\text{nenn}} \right)^{1,5} \cdot 9{,}81$$

$$\text{mit } W \text{ in [Nm] und } F \text{ in [kN]}. \tag{5.7}$$

- Die Reibarbeit unter Last ist abhängig vom verwendeten Kurbelmechanismus sowie dem angewandtem Umform- oder Schneidverfahren. Experimentell ermittelte Kennlinien werden zur Bestimmung der Nutzarbeit und der Reibarbeit unter Last herangezogen. Dazu wird die Fläche unter dem Verlauf der erforderlichen Schneid- oder Umformkraft F_U über der Kurbellänge (Hebelarm) l_K im Bereich des genutzten Kurbelwinkels (α_1 bis α_2) berechnet

$$W_{R,\text{Last}} + W_N = \int_{\alpha_1}^{\alpha_2} F_U \cdot l_K \cdot d\alpha. \tag{5.8}$$

Abb. 5.13 Prinzipielles Drehzahl-Momenten-Verhalten eines Asynchronmotors

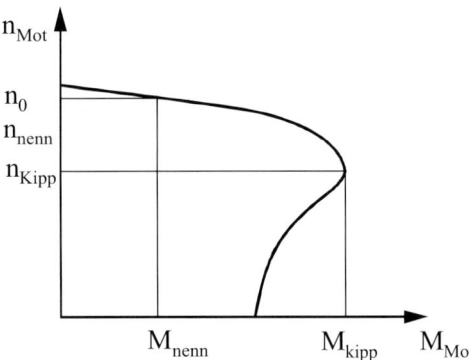

- Die Federungsarbeit ist die Arbeit, die während der Arbeitsphase die Maschine verformt und somit nicht als Nutzarbeit zur Verfügung steht. Sie ergibt sich aus Umformkraft F_U und Maschinensteifigkeit c_{ges}

$$W_F = \frac{F_U^2}{2 c_{ges}}. \tag{5.9}$$

- Die Nutzarbeit ist in Abhängigkeit vom Umform- oder Schneidverfahren zu ermitteln.

Unter Berücksichtigung der Hubzahl n_H erhält man die vom Motor durchschnittlich abzugebende Leistung $P_{\text{mot,mittel}}$

$$P_{\text{Mot,mittel}} = W_{\text{Mot}} \cdot n_H. \tag{5.10}$$

Die Nennleistung des auszuwählenden Motors setzt man $(20\ldots25)\%$ höher an. Bei der Motorwahl ist zu beachten, dass bei Energieentzug in der Arbeitsphase aus dem Schwungrad die Motordrehzahl mit genügend hoher Sicherheit über der Motorkippdrehzahl n_{Kipp} (Abb. 5.13) bleibt. Ein Aufladen des Schwungrades ist sonst nicht möglich. Als Richtwerte gelten ein Drehzahlabfall gegenüber der Nenndrehzahl n_{nenn} von etwa 30% bei Einzelhub und bei Dauerhub von etwa 10%.

Auslegung des Schwungrades

Die während des Schneid- oder Umformvorganges dem Schwungrad zu entziehende Arbeit W_S ist abhängig vom Schwungmoment J_S und dem Winkelgeschwindigkeitsabfall $2\pi(n_{S2} - n_{S1})$ des Schwungrades. Dabei entspricht n_{S1} der Drehzahl des Schwungrades im Ausgangszustand und n_{S2} der Drehzahl nach Entnahme der Schwungradarbeit

$$W_S \approx \frac{1}{2} J_S \cdot \left[4\pi^2 \cdot \left(n_{S1}^2 - n_{S2}^2 \right) \right]. \tag{5.11}$$

5.3 Antriebe schneidender und umformender Werkzeugmaschinen

Durch Gleichsetzen der Gln. (5.4) und (5.11) sowie unter Beachten der während des Schneid- oder Umformvorganges vom Motor abgegebenen Arbeit W_M ergibt sich für Dauerhub (Beschleunigungsarbeit gleich Null)

$$J_S = \frac{W_N + W_{R,Last} + W_F - W_M}{2\pi^2 \cdot (n_{S1}^2 - n_{S2}^2)} \ . \tag{5.12}$$

Sind die Kurbelwinkel zu Beginn α_1 und Ende α_2 des Arbeitsvorganges bekannt, lässt sich die während dieser Zeit abgegebene Motorarbeit überschlägig berechnen

$$W_M \approx P_{Mot,Nenn} \cdot \frac{\alpha_2 - \alpha_1}{360° \cdot n_H} \ . \tag{5.13}$$

Kräfte und Momente am Schubkurbeltrieb

Das an der Hauptwelle vorhandene Kurbelmoment M_K (Abb. 5.14) resultiert aus der im Abstand des Kurbelradius R wirkenden Tangentialkraft F_T

$$M_K = R \cdot F_T \ . \tag{5.14}$$

Diese bewirkt unter Berücksichtigung des Kurbelwinkels α und des Pleuelstangenverhältnisses λ (Kurbelradius zu Pleuellänge, bei ausgeführten Maschinen 0,2...0,1) die am Stößel wirkende Schneid- oder Umformkraft F_U

$$F_T = F_U \cdot \left(\sin\alpha \pm \frac{\lambda}{2}\sin 2\alpha\right) \ . \tag{5.15}$$

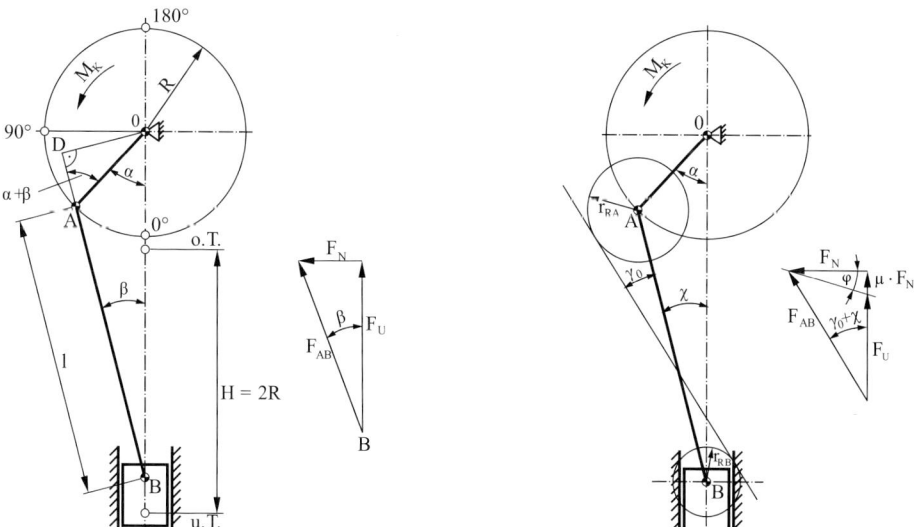

Abb. 5.14 Kräfte und Momente am Schubkurbelgetriebe. R – Kurbellänge, l – Pleuellänge, H – Hub, F_U – Umformkraft, F_{AB} – Pleuelkraft, M_K – Antriebsdrehmoment, F_n – Querkraft

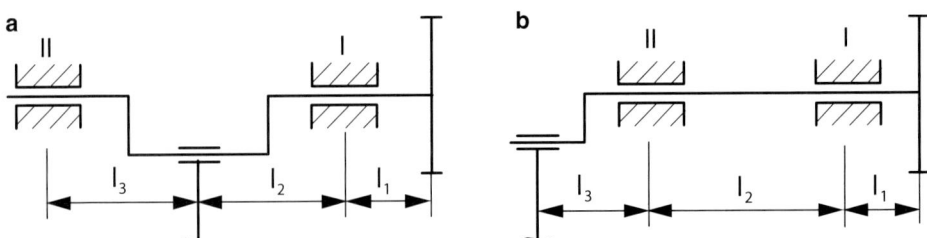

Abb. 5.15 Kurbelwellen mit **a** Pleuellager zwischen den Kurbelwellenlagern und **b** stirnseitigem Pleuellager

Somit ist das erforderliche Kurbelmoment

$$M_{K,\,erf} = F_U \cdot R \cdot \left(\sin\alpha \pm \tfrac{\lambda}{2}\sin 2\alpha\right). \tag{5.16}$$

In dieser Gleichung bleiben die Reibverhältnisse in den Lagerstellen der Kurbel (Kurbellager) sowie zwischen Kurbel und Pleuel (Pleuellager) und zwischen Pleuel und Stößel (Stößellager) unberücksichtigt. Sollen sie mit beachtet werden, so kann dies durch Einführen eines Reibhebels l_{reib} in Gl. (5.16) geschehen

$$M_{K,\,erf} = F_U \cdot \left[R \cdot \left(\sin\alpha \pm \tfrac{\lambda}{2}\sin 2\alpha\right) + l_{\text{reib}}\right]. \tag{5.17}$$

Der Reibhebel berechnet sich bei Pleuellager zwischen den Kurbelwellenlagern nach

$$l_{\text{reib}} = \mu \cdot \left[r_A(1 \pm \lambda) + r_B\lambda + r_0\right] \tag{5.18}$$

und für Kurbelwellen mit stirnseitigem Pleuellager (Abb. 5.15) nach

$$l_{\text{reib}} = \mu \cdot \left[r_A(1 \pm \lambda) + r_B\lambda + r_{0\text{I}}\frac{l_3}{l_2} + r_{0\text{II}}\frac{l_2 + l_3}{l_2}\right]. \tag{5.19}$$

Hierbei gilt + für druckbeanspruchtes und − für zugbeanspruchtes Pleuel. Die geometrischen Verhältnisse (5.14) werden durch die Radien im Kurbellager $r_{0\text{I, II}}$, im Pleuellager r_A und im Stößellager r_B sowie die Abstände $l_{1,2,3}$ der Kurbellager beachtet. Für die Reibwerte μ wählt man zum Beispiel für

- Kurbelpressen $\mu = 0{,}04\ldots 0{,}06$,
- Exzenterpressen $\mu = 0{,}03\ldots 0{,}04$,
- Schneidautomaten mit Unterantrieb $\mu = 0{,}01\ldots 0{,}02$.

Nutzbare Kraft am Stößel

Das zulässige Drehmoment an der Kurbelwelle wird begrenzt durch die Festigkeit der Kurbelwelle und der Antriebszahnräder. Deshalb steht nur ein zulässiges Drehmoment $M_{K,\,zul}$ und die daraus resultierende zulässige Schneid- oder Umformkraft $F_{U,\,zul}$ am Stößel zur Verfügung

$$F_{U,\,zul} = \frac{M_{K,\,zul}}{R \cdot \left(\sin\alpha \pm \frac{\lambda}{2} \sin 2\alpha\right) + l_{reib}}. \tag{5.20}$$

Bei der Berechnung zur Auswahl einer Kurbelpresse kann man den Einfluss der Reibung vernachlässigen und das Pleuelstangenverhältnis $\lambda = 0$ setzen. Damit vereinfacht sich Gl. (5.20) wesentlich und die folgenden Zusammenhänge sind herleitbar.

Bei einem Kurbelwinkel $\alpha = 90°$ vor unterem Totpunkt ist der wirksame Hebelarm (Nenner in Gl. (5.20)) am größten und somit die zulässige Kraft am kleinsten. Bei abnehmendem Kurbelwinkel und kleiner werdendem Hebelarm steigt die Kraft bei gleichem Moment steil an (Abb. 5.16) und erreicht im unteren Totpunkt (u. T.) theoretisch den Wert unendlich. Zum Schutz der im Kraftfluss liegenden Bauteile ist es erforderlich, diese Kraft zu begrenzen. Eine Überlastsicherung, in der Regel zwischen Pleuel und Stößel angeordnet, überträgt nur die Nennkraft F_{nenn} der Presse. Diese wird bei einer Vielzahl von Anwendungen in Deutschland bei 30° vor dem unteren Totpunkt festgelegt. Andere Festlegungen sind möglich. Zum Beispiel wird bei Maschinen für das Prägen, also für kleine Umformwege mit großen Endkräften, ca. 10° vor dem unteren Totpunkt bevorzugt. Im Gegensatz dazu werden bei Maschinen für das Tiefziehen die Ziehkräfte über einen großen Umformweg benötigt. Das Festlegen der Nennkraft bei 90° bis 70° vor dem unteren Totpunkt ist notwendig.

Ist der Hub veränderlich, ist die Nennkraft F_{nenn} bei einem Nennhub H_{nenn} definiert. Mit kleiner werdendem Hub verschiebt sich die nutzbare Stößelkraft zu höheren Werten. Mit größer werdendem Hub wird demzufolge der zulässige Bereich der Ausnutzung der Leistung kleiner und die Nennkraft ist auf einem kürzeren Weg verfügbar.

Bei der Dimensionierung eines solchen Antriebes bzw. bei der Auswahl einer Maschine für eine Fertigungsaufgabe ist der Verlauf der Prozesskraft (F_{Verf} in Abb. 5.16) im Zusammenhang mit dem Stößelkraftverlauf zu betrachten. Zwei Kriterien müssen eingehalten werden:

- die maximal notwendige Prozesskraft darf nicht größer als die Nennkraft der Presse werden,
- die notwendige Prozessarbeit (Fläche unter dem Prozesskraftverlauf) darf die Nennarbeit der Presse nicht übersteigen.

Wird das erste Kriterium nicht eingehalten, spricht die Überlastsicherung der Presse an. Im zweiten Fall würde sich die Drehzahl des Schwungrades so weit verringern, dass ein volles Aufladen nicht möglich wäre. Die Presse würde stehen bleiben.

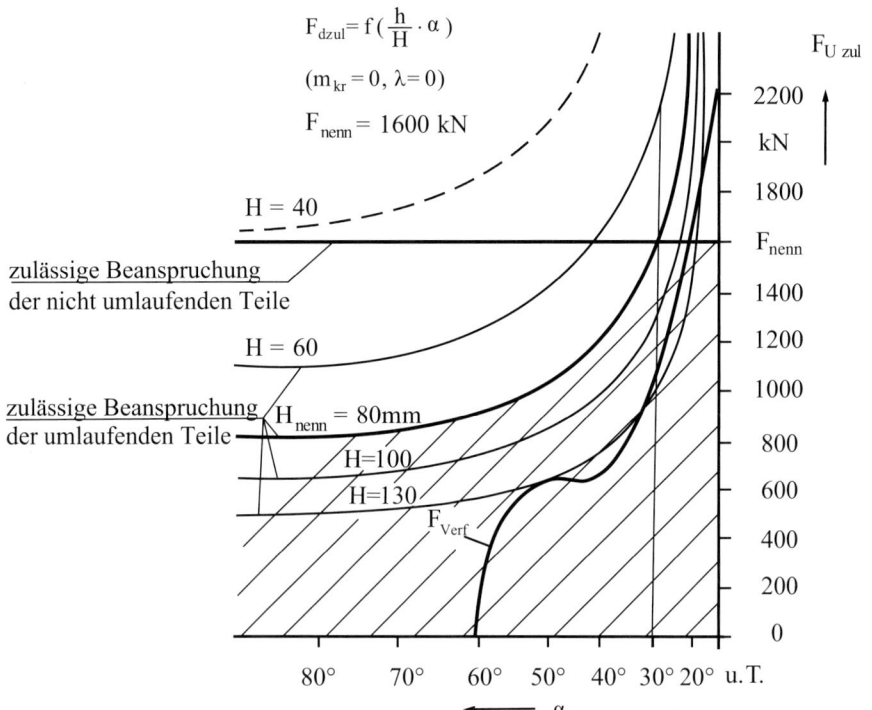

Abb. 5.16 Kraft-Kurbelwinkel-Verlauf am Stößel bei Antrieben mit Schubkurbelgetriebe und verstellbarem Hub

Die dargestellten Zusammenhänge sind analog auf Exzenterpressen anwendbar. Gegenüber Kurbelpressen ist hier die Hubgröße in einem Bereich gestuft oder stufenlos veränderbar. Diese Hubgrößeneinstellung (Abb. 5.17) erfolgt mit Hilfe einer Exzenterbuchse, die zwischen dem Exzenterzapfen der Kurbelwelle und dem Pleuel angeordnet ist. Das Pleuellager gleitet demzufolge auf der Exzenterbuchse. Durch relatives Verdrehen der Exzenterbuchse zum Exzenterzapfen kann der Hub im Bereich von H_{max} bis H_{min} eingestellt werden. Während des Arbeitshubes ist die Exzenterbuchse z. B. mit Hilfe einer Stirnverzahnung lagefest mit der Exzenterwelle verbunden

$$H_{max} = 2\,(\text{Exz1} + \text{Exz2})\,, \tag{5.21}$$

$$H_{min} = 2\,(\text{Exz1} - \text{Exz2})\,. \tag{5.22}$$

Wird eine Hubgröße zwischen den beiden Extremwerten eingestellt, beträgt der eingestellte Stößelhub

$$H = 2 \cdot \text{Exz}_{ges}\,. \tag{5.23}$$

Dabei kommt es zwangsläufig zum sogenannten Stößelvorfall (Abb. 5.18). Die Kurbelwelle hält beim Auskuppeln so an, dass ihre Exzentrizität in Richtung des oberen Totpunktes liegt. Die Exzentrizität der Exzenterbuchse ist demgegenüber um den Winkel δ verdreht.

5.3 Antriebe schneidender und umformender Werkzeugmaschinen

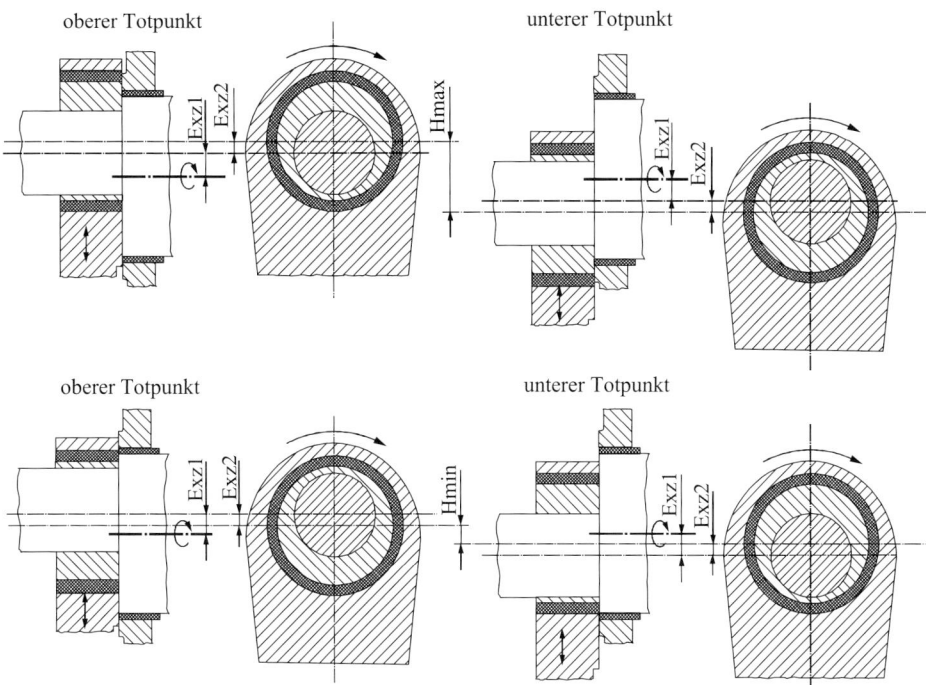

Abb. 5.17 Prinzip der Hubverstellung an einer Exzenterpresse. Exz1 – Exzentrizität der Exzenterwelle, Exz2 – Exzentrizität der Exzenterbuchse

Abb. 5.18 Geometrische Verhältnisse des Stößelvorfalls an einer Exzenterpresse

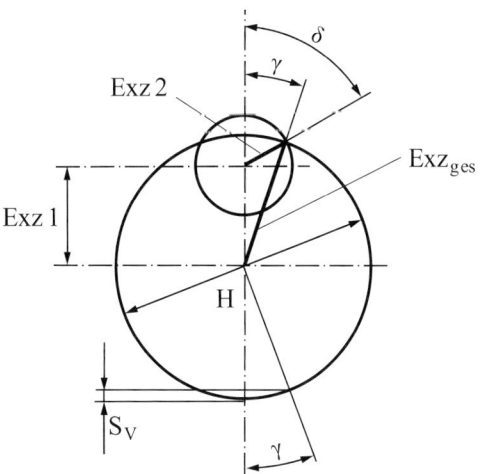

Die Gesamtexzentrizität weicht demzufolge von der oberen Totpunktlage um den Winkel γ ab.

$$\text{Exz}_{\text{ges}} = \text{Exz1}^2 + \text{Exz2}^2 + 2 \cdot \text{Exz1} \cdot \text{Exz2} \cdot \cos\delta \ . \tag{5.24}$$

Der Stößelvorfall beträgt

$$S_V \approx \text{Exz}_{\text{ges}} - (\text{Exz1} + \text{Exz2} \cdot \sin\delta) \ . \tag{5.25}$$

Der Stößel hat sich also bereits wieder um diesen Weg in Richtung des unteren Totpunktes gesenkt.

Ein Beispiel für den konstruktiven Aufbau einer gestuften Hubgrößenverstellung an einer Exzenterpresse zeigt Abb. 5.19. Die zwischen Pleuel und Kugelzapfen des Stößellagers angeordnete Gewindespindel dient der Einstellung der Hublage.

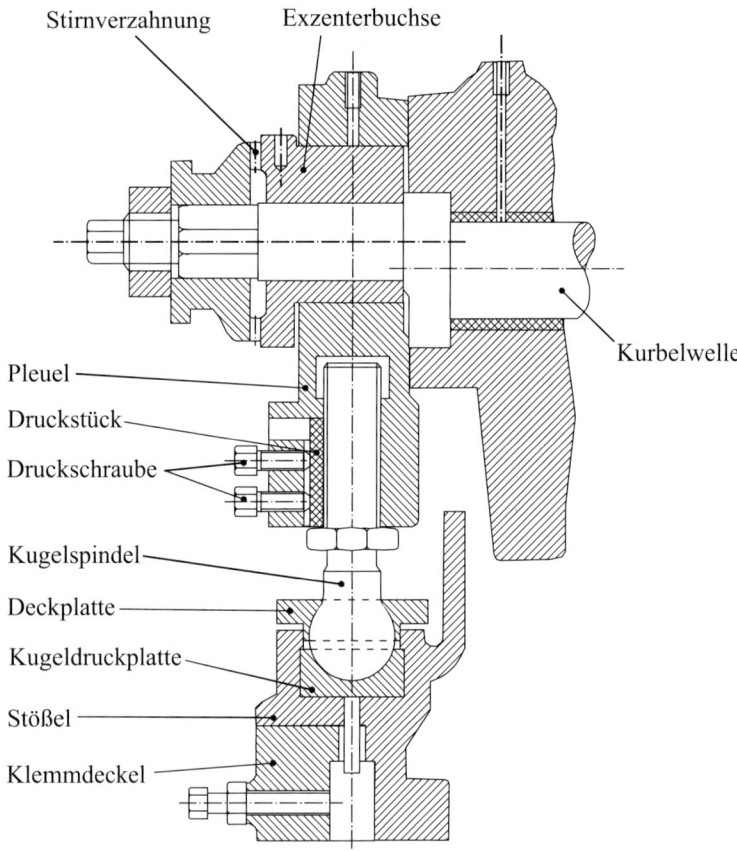

Abb. 5.19 Konstruktive Gestaltung einer gestuften Hubverstellung

5.3.2 Hauptantriebe energiegebundener Maschinen

Man unterscheidet nach dem Prinzip des Antriebes in Fall-, Oberdruck- und Gegenschlaghämmer (Abb. 5.20) sowie Spindelpressen (Abb. 5.21 und 5.22). Charakteristisch ist, dass die Massen des Antriebes (Bär, Schwungrad) auf eine Geschwindigkeit beschleunigt werden und diese Bewegungsenergie beim Auftreffen auf das Werkstück als Umformarbeit genutzt wird. Für die Beschleunigung werden der freie Fall oder/und Luft-, Dampf- oder Öldruck bzw. das Drehmoment eines Elektromotores und Schwungrades genutzt.

Gespeicherte kinetische Energie

Da die Werkzeughälften bei energiegebundenen Maschinen am Ende des Umformvorganges immer zum Stillstand kommen, lässt sich die gespeicherte kinetische Energie W_{kin} aus den bewegten Massen von Oberbär m_{oB}, Unterbär m_{uB}, Stößel m_{St} und den Auftreffgeschwindigkeiten v bzw. aus dem Massenträgheitsmoment des Schwungrades J und dessen

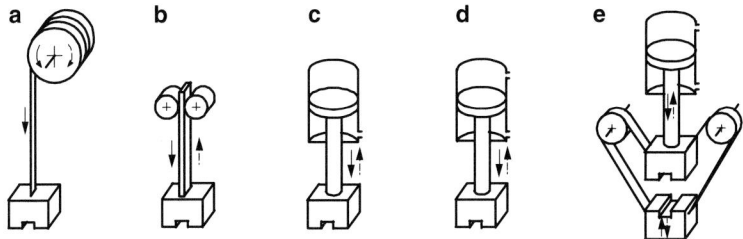

Abb. 5.20 Antriebsprinzipien von Hämmern. **a** Riemenfallhammer, **b** Brettfallhammer, **c** Aufzughammer, **d** Oberdruckhammer, **e** Gegenschlaghammer

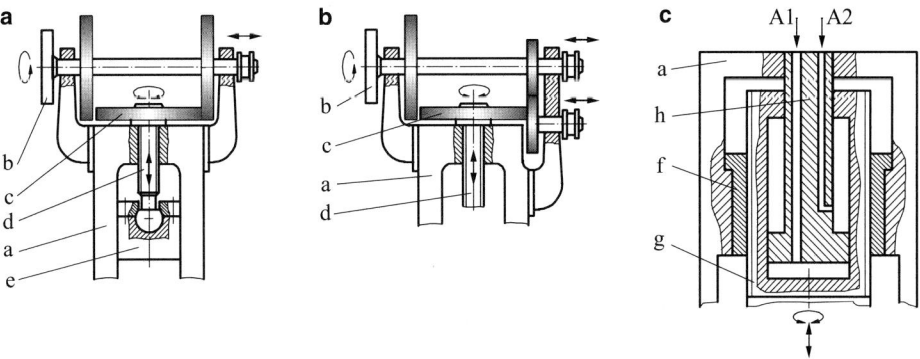

Abb. 5.21 Antriebsprinzipien von Spindelpressen mit verdreh- und verschiebbarer Spindel sowie fester Mutter. **a** Dreischeiben-Spindelpresse, **b** Vierscheiben-Spindelpresse, **c** Hydraulische Spindelpresse. a – Gestell mit Mutter, b – Antrieb, c – Schwungscheibe, d – Spindel, e – Stößel, f – Mutter, g – hydraulischer Zylinder mit Außengewinde (Spindel), h – hydraulischer Kolben mit Ölzuführung

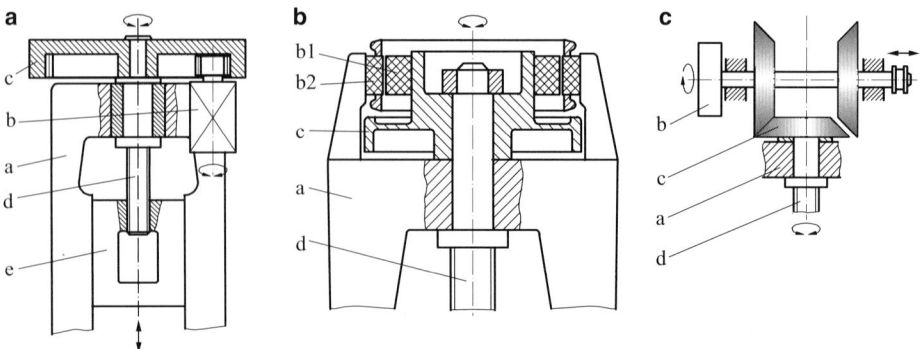

Abb. 5.22 Antriebsprinzipien von Spindelpressen mit verdrehbarer Spindel und verschiebbarer Mutter. **a** Einscheiben-Spindelpresse, **b** Direktangetriebene Spindelpresse, **c** Kegelscheiben-Spindelpresse. a – Gestell mit Spindellagerung, b – Antrieb, b1 – Rotor, b2 – Stator, c – Schwungscheibe, d – Spindel, e – Stößel mit Mutter

Winkelgeschwindigkeit ω berechnen

$$W_{\text{kin}} = \tfrac{1}{2} m_{\text{oB}} \cdot v^2 \quad \text{für Fall- und Oberdruckhämmer,} \tag{5.26}$$

$$W_{\text{kin}} = \tfrac{1}{2} (m_{\text{oB}} + m_{\text{uB}}) \cdot v^2 \quad \text{für Gegenschlaghämmer,} \tag{5.27}$$

$$W_{\text{kin}} = \tfrac{1}{2} m_{\text{St}} \cdot v^2 + \tfrac{1}{2} J \cdot \omega^2 \quad \text{für Spindelpressen.} \tag{5.28}$$

Nutzbare Energie bei Hämmern

Die nutzbare Energie W_{Nutz}, die die Maschine für einen bestimmten Umformvorgang zur Verfügung stellen muss, ergibt sich aus der erforderlichen Umformarbeit W_{Umf} und dem Wirkungsgrad des Schlages (Schlagwirkungsgrad η_S)

$$W_{\text{kin}} \geq W_{\text{Nutz}} = \frac{W_{\text{Umf}}}{\eta_S}. \tag{5.29}$$

Der Schlagwirkungsgrad ist ein Ausdruck für das Verhältnis zwischen gespeicherter kinetischer Energie und Rücksprungenergie $W_{\text{Rück}}$, die durch den Rücksprung von Bär und Schabotte (Ober- und Unterbär) nicht genutzt werden kann

$$\eta_S = \frac{W_{\text{Umf}}}{W_{\text{kin}}} = \frac{W_{\text{kinz}} - W_{\text{Rück}}}{W_{\text{kin}}} = 1 - \frac{W_{\text{Rück}}}{W_{\text{kin}}}. \tag{5.30}$$

Ersetzt man in der obigen Gleichung die kinetischen Energien durch die Geschwindigkeiten (vor dem Auftreffen/nach dem Rücksprung) von Bär (v_B/v_B^*) und Schabotte ($v_{\text{Sch}}/v_{\text{Sch}}^*$) und durch die Massen von Bär m_B und Schabotte m_{Sch}, kann man schreiben

$$\eta_S = \frac{1 - S^2}{1 + m_B/m_{\text{Sch}}} \quad \text{mit} \quad S = \frac{v_B - v_B^*}{v_{\text{Sch}} - v_{\text{Sch}}^*}. \tag{5.31}$$

Das Verhältnis zwischen den Geschwindigkeitsdifferenzen bezeichnet man auch als Stoßfaktor S. Für ihn gibt es empirisch ermittelte Richtwerte. Zum Beispiel für das Vorschmieden im Gesenk $S = 0{,}15\ldots 0{,}4$, Fertigschmieden $S = 0{,}5\ldots 0{,}65$ und für Prellschläge $S = 0{,}75\ldots 0{,}8$.

Isolierung der Hammeraufstellung

Unmittelbar nach dem Stoß besitzt die Schabotte die kinetische Energie W_Sch

$$W_\text{Sch} = \frac{1}{2}\, m_\text{Sch} \cdot v_\text{Sch}^2 \,. \tag{5.32}$$

Diese Energie wirkt als Erschütterung auf die Umgebung und muss konstruktiv abgefangen werden. Dazu nutzt man Gummimatten, Fundamentblöcke oder/und einstellbare Feder-Dämpfer-Elemente.

Kennt man die Summe aller Steifigkeiten der Isolatoren c_iso, ist die Berechnung der Stoßkraft auf das Fundament möglich

$$F_\text{St} = v_\text{Sch} \cdot \sqrt{2\, c_\text{iso} \cdot m_\text{Sch}} \,. \tag{5.33}$$

Diese Größe dient der Fundamentauslegung.

Zu beachten ist weiterhin, dass die Eigenfrequenz der Maschine einschließlich ihrer Aufstellung und die Impulsfrequenz durch den Arbeitsprozess nicht zu Resonanzerscheinungen führen dürfen.

Nutzbare Energie bei Spindelpressen

Die gespeicherte kinetische Energie ergibt sich aus den rotatorisch und den translatorisch bewegten Massen des Antriebes (vgl. Gl. (5.28)). Diese kinetische Energie steht zum Teil als Umformkraft über dem Stößelweg oder als Impulsarbeit bis zum Stillstand des Stößels zur Verfügung. Es ist auch möglich, beide Teile zu nutzen (Biegevorgang mit Endprägen).

Bei der Berechnung der Nutzarbeit ist der Wirkungsgrad der Spindelpresse η_SP und die nicht nutzbare Arbeit zu ihrer Auffederung W_F (aufgrund der Auffederungskraft F_F) zu berücksichtigen. Eine hohe Steifigkeit c_SP der Spindelpresse ist von Vorteil

$$W_\text{Nutz} = W_\text{kin} \cdot \eta_\text{SP} - W_\text{F} \quad \text{mit} \quad W_\text{F} = \frac{F_\text{F}^2}{2\, c_\text{SP}} \,. \tag{5.34}$$

5.3.3 Hauptantriebe kraftgebundener Maschinen

Unter diesen Antrieben versteht man im Allgemeinen hydraulische Systeme. Mit Hilfe eines Hydraulikzylinders wird die Energie eines Ölstromes in die Bewegung des Kolbens und der Öldruck in Kolbenkraft gewandelt. Der Hydraulikkolben überträgt seine Kraft unmittelbar auf den Stößel. Vorteile solcher kraftgebundenen Antriebe gegenüber

den weggebundenen (mechanischen) sind
- Maximalkraft über dem gesamten Stößelweg vorhanden,
- oberer sowie unterer Totpunkt und damit Hubgröße und Hublage frei einstellbar,
- Kraft-Hub- und Geschwindigkeits-Hub-Verlauf einstellbar,
- Anhalten des Stößels während des gesamten Hubes auch im unteren Totpunkt möglich,
- Sicherung gegenüber Überlastung in der Hydraulik integriert.

Dem gegenüber stehen als Nachteile
- höhere installierte Leistung aufgrund des schlechten Wirkungsgrades durch mehrfache Energieumwandlung (Druckstromerzeugung, z. T. Speicherung und Rückwandlung) sowie Wärmeentwicklung durch Reibung in den Ventilen, Drosseln, Leitungen, Pumpe und Zylinder),
- vorhandene Leckverluste (Umweltschutz),
- Lärmbelästigung durch Hydraulikaggregat.

Den prinzipiellen Aufbau eines hydraulischen Antriebes zeigt Abb. 5.23. Als Pumpen werden überwiegend Axialkolbenpumpen eingesetzt. Damit sie die unterschiedlichen benötigten Fördermengen bereitstellen können, werden sie durch stufenlos stellbare Motoren angetrieben bzw. ihr Fördervolumen ist stellbar. Die parallele Zuschaltung weiterer Pumpen bei Bedarf ist möglich.

Für eine bessere Nutzung der installierten Pumpen kann man den Einsatz hydraulischer Speicher vorsehen. Diese stellen, über Regelventile gesteuert, bei Bedarf einen zusätzlichen Ölstrom zur Verfügung und werden bei kleinen Stößelgeschwindigkeiten bzw. Stillstand des Stößels wieder aufgeladen. Damit kann man die installierte Pumpenleistung verringern, muss aber Wirkungsgradverluste in Kauf nehmen.

Um den typischen Kraft-Weg- und Geschwindigkeits-Weg-Verlauf bei schneidenden und umformenden Werkzeugmaschinen mit hydraulischen Antrieben effektiv zu realisieren, wurden Differentialkolben (Abb. 5.24) entwickelt. Ihre Funktion beruht darauf, dass zwei Kolben ineinander angeordnet sind, und wird im Folgenden erläutert.

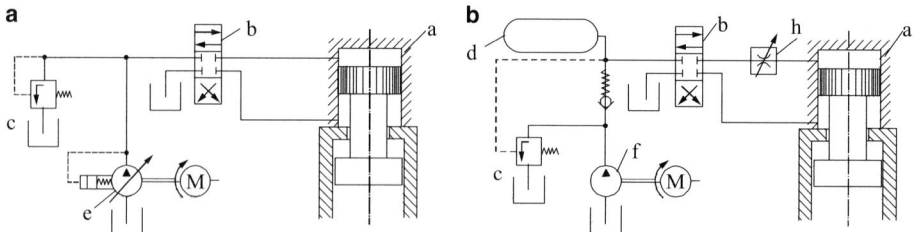

Abb. 5.23 Prinzipieller Aufbau eines hydraulischen Pressenantriebes: **a** Pumpenantrieb, **b** Speicherantrieb. a – Hydraulikzylinder der Presse, b – Wegeventil, c – Druckbegrenzungsventil, M – Motor, d – Hydrospeicher, e – Verstellpumpe mit Regler, f – Konstantpumpe, g – Rückschlagventil, h – Proportionalventil (regelbar)

Abb. 5.24 Prinzipieller Aufbau eines Differentialkolbens

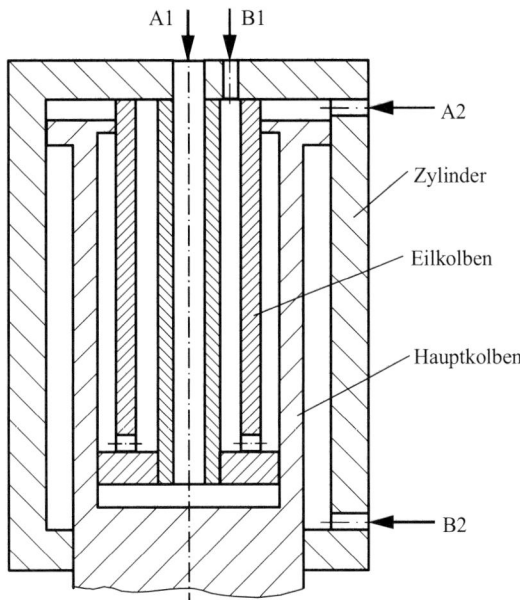

- Für den schnellen Vorlauf des Arbeitskolbens wird der Anschluss A1 mit dem gesamten Förderstrom beaufschlagt. Aufgrund der kleinen Kolbenfläche erfolgt eine schnelle Bewegung mit geringer Kraft. Am Anschluss A2 wird Öl aus dem Vorfüllbehälter angesaugt. Das Öl aus den sich verkleinernden Zylinderräumen wird über die Anschlüsse B1 und B2 herausgedrückt.
- Wird die Umformkraft benötigt, teilt man den Ölstrom auf die Anschlüsse A1 und A2. Die Geschwindigkeit des Kolbens wird sich aufgrund des größeren zu füllenden Volumens verringern und die Kolbenkraft aufgrund der größeren Kolbenflächen vergrößern.
- Nachdem der untere Totpunkt erreicht ist, beginnt der Rückhub. Durch Beaufschlagen der Anschlüsse B1 und B2 erreicht man eine noch niedrige Kolbengeschwindigkeit bei nicht zu geringer Abstreifkraft. Das Öl aus den nichtbeaufschlagten Kolbenräumen muss herausgedrückt werden (A1 und A2).
- Soll der Rückhub mit maximaler Geschwindigkeit erfolgen, wird der gesamte Ölstrom auf den Anschluss B1 geleitet. Die Kolbenkraft verringert sich nochmals. Außerdem muss Öl über den Anschluss B2 angesaugt werden.

Zur Berechnung der am Kolben zur Verfügung stehenden Kraft F und Geschwindigkeit v benötigt man den Öldruck p, den Ölstrom Q und die beaufschlagte Kolbenfläche A

$$F = p \cdot A \,, \tag{5.35}$$

$$v = Q \cdot A \,. \tag{5.36}$$

Umgekehrt ist es möglich, nach Festlegen des Druckes in der Hydraulikanlage und geforderter Umformkraft und Kolbengeschwindigkeit, die benötigte Kolbenfläche und den Ölstrom zu bestimmen und damit den Antrieb auszulegen. Hierbei ist der Wirkungsgrad des hydraulischen Systems, auftretende Reibkräfte sowie die Verwendung von Speichern u. a. zu berücksichtigen.

5.3.4 Nebenantriebe (Ziehkissen, Niederhalter und Ausstoßer)

Für die sichere und erweiterte Funktion schneidender und umformender Maschinen sind Nebenantriebe notwendig zum
- Umformen gleich- oder gegenläufig zum Hauptstößel (z. B. Ziehkissen),
- Halten von Werkstückabschnitten während des Prozesses (Niederhalter),
- Ausbringen der Werkstücke oder der Abfälle aus den Werkzeughälften (Ausstoßer),
- Klammern von Werkzeughälften (z. B. bei Waagerecht-Schmiedemaschinen).

Die notwendigen Bewegungen dieser Nebenantriebe können erzeugt werden
- durch die direkte Integration mechanischer Elemente in den Stößel und werden somit von der Hauptbewegung abgeleitet,
- durch mechanische Getriebe ausgehend von der Drehzahl der Kurbelwelle,
- durch einen separaten elektromechanischen, hydraulischen oder pneumatischen Antrieb.

Im Weiteren sollen einige typische Beispiele vorgestellt werden.

Einfach in ihrem Aufbau und ihrer Handhabung sind Ausstoßerbrücken. Sie werden z. B. im Stößel mechanischer Pressen angeordnet (Abb. 5.25). Der Ausstoßerstift durchdringt das Oberwerkzeug und setzt beim Abwärtshub auf das Werkstück auf. Die Ausstoßerbrücke, die auf dem Ausstoßerstift aufliegt, ist unabhängig vom Stößel in einer Nut desselben geführt. Bleibt während des Aufwärtshubes das Werkstück in der oberen Werkzeughälfte hängen (konstruktiv bewusst so gestaltet), schlägt der Ausstoßerbalken an den Anschlagschrauben an und der Ausstoßerstift drückt das umgeformte Werkstück aus der Werkzeughälfte.

Ein anderes Prinzip eines mechanischen Ausstoßers ist in Abb. 5.26 dargestellt. Der Ausstoßerstift im Stößel wird durch die Schwenkbewegung des Pleuels über einen Hebel angetrieben. Mit Hilfe einer auf der Kurbelwelle befestigten Kurvenscheibe und eines Hebelmechanismus wird der Ausstoßerstift im Unterwerkzeug betätigt.

Niederhalter werden z. B. an Scheren, Blechbiege- und Tiefziehmaschinen benötigt. Sie haben die Aufgabe, vor dem Umform- oder Schneidprozess auf das Werkstück aufzusetzen und es mit einer definierten Kraft zu klemmen. Die Bewegung der Niederhalter kann – wie in Abb. 5.27 dargestellt – von der Hauptbewegung abgeleitet werden. Dazu dienen Kurvenscheiben, Kurbelmechanismen oder auch Kombinationen aus beiden. Niederhalter mit hydraulischem (Abb. 5.28) oder pneumatischem Antrieb sind vorstellbar. Den Aufbau eines mechanischen Niederhalters, dessen Funktion über eine Kurvenscheibe auf der Kurbelwelle gesteuert wird, zeigt Abb. 5.29.

5.3 Antriebe schneidender und umformender Werkzeugmaschinen

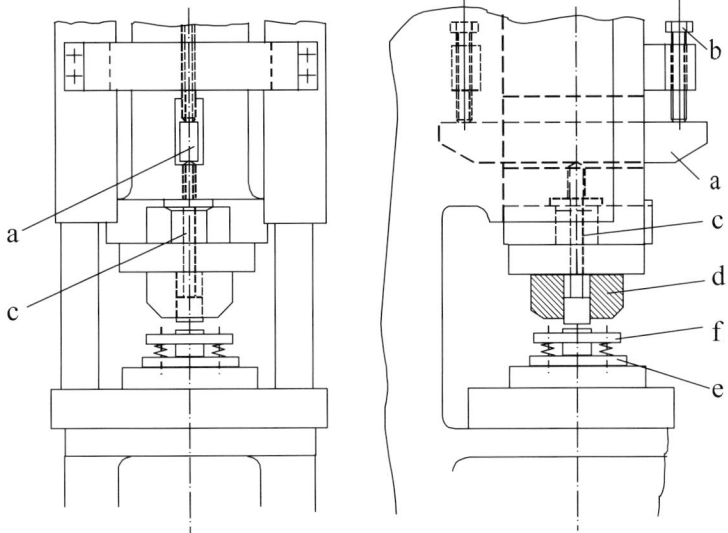

Abb. 5.25 Ausstoßer im Stößel einer Kurbelpresse. a – Ausstoßerbrücke, b – einstellbarer Anschlag, c – Ausstoßerstift, d – Oberwerkzeug, f – Unterwerkzeug, e – Abstreifer

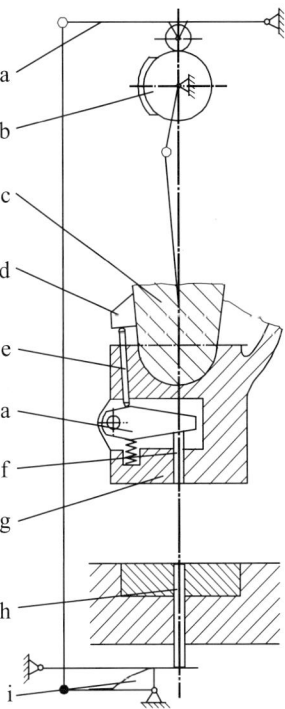

Abb. 5.26 Mechanisch angetriebener Ausstoßer. a – Hebel, b – Kurbelwelle mit Kurvenscheibe, c – Pleuel, d – Anschlag, e – Stift, f – oberer Ausstoßer, g – Stößel, h – unterer Ausstoßer, i – Kurvenscheibe

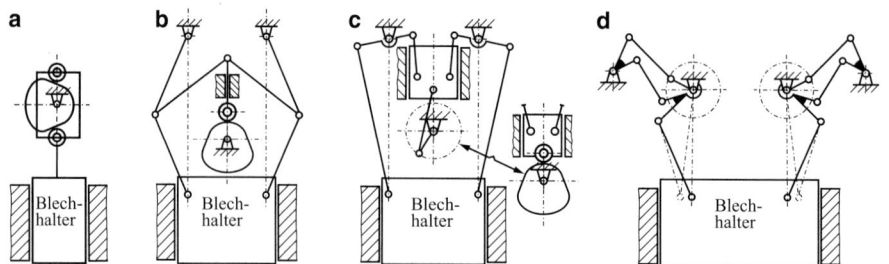

Abb. 5.27 Mechanische Niederhalter, deren Antrieb von der Exzenter- oder Kurbelwelle abgeleitet wird Erzeugen der geradlinigen Bewegung durch: **a** Kurvenscheibe, **b** kurvengesteuertes Kniehebelgetriebe, **c** Kurbelgetriebe mit Hilfsstößel, **d** Mehrkurbelgetriebe

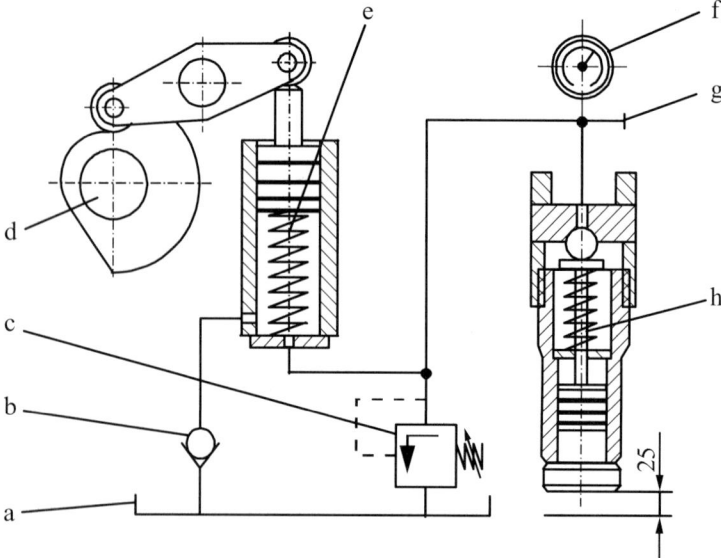

Abb. 5.28 Hydraulischer Niederhalter. a – Ölbehälter, b – Rückschlagventil, c – Druckbegrenzungsventil, d – Kurbelwelle mit Kurvenscheibe, e – Kolben zur Druckerzeugung, f – Manometer, g – Entlüftung, h – Zylinder mit Niederhalterkolben

Das Verfahren Tiefziehen stellt besondere Anforderungen an den Prozessablauf und damit an die Maschine. Tiefziehpressen werden mit einfach, zweifach und dreifach wirkenden Antrieben (Abb. 5.30) ausgerüstet.

Einfach wirkende Systeme werden in der Regel bei flachen Werkstücken eingesetzt. Wie in den vorangegangenen Ausführungen zu den Antrieben dargestellt, führt der Hauptantrieb die Umformbewegung als einzige angetriebene Bewegung aus. Die Ronde wird durch in das Werkzeug integrierte federnde Elemente am Rand gehalten. Diese heben das fertige Werkstück aus dem Werkzeug oder es wird über Ausstoßer aus der oberen Werkzeughälfte herausgedrückt.

5.3 Antriebe schneidender und umformender Werkzeugmaschinen

Abb. 5.29 Mechanischer Niederhalter einer Tafelschere. a – Rückholfeder, b – Kurvenscheibe, c – Obermesser, d – Untermesser, e – Einstellung der Niederhalterkraft, f – Niederhalter

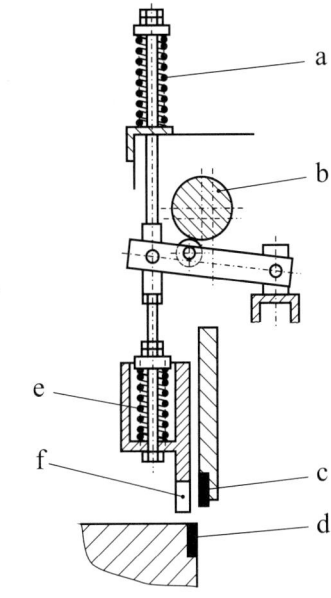

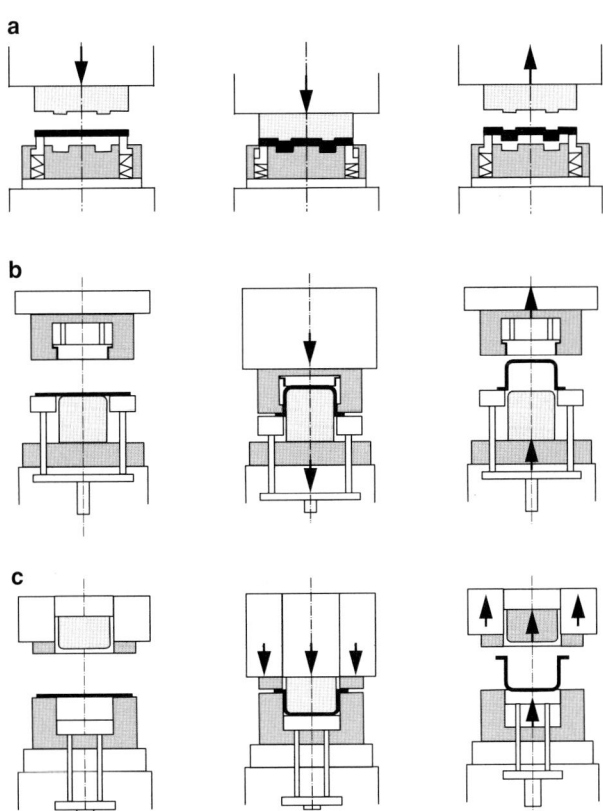

Abb. 5.30 Einfach (**a**), zweifach (**b**) und dreifach (**c**) wirkende Antriebe bei Tiefziehpressen

Bei einem zweifach wirkenden System kommt ein Ziehkissen zum Einsatz. Dieses kann wie dargestellt im Tisch der Maschine eingebaut sein. Ziehkissen wirken als Gegenhalter zum Halten der Ronde während des Ziehvorganges und als Auswerfer nach Beenden des Umformvorganges. Bei zweifach wirkenden Systemen ist das Ziehkissen mit einem separaten Antrieb ausgestattet. Dieser lässt eine stufenlose Steuerung der Gegenhaltekraft und erhöhte Ausstoßgeschwindigkeiten zu. Besonders bei der Herstellung komplizierter Tiefziehteile kann eine prozessabhängige Steuerung der Haltekraft und damit des Nachfließens von Werkstoff vorteilhaft sein.

Bei einem dreifach wirkenden System kommt neben dem Ziehkissen ein zusätzlicher Niederhalter zum Einsatz. Beide Einrichtungen besitzen einen separaten Antrieb. Der Niederhalter hält die Ronde am Rand während des Ziehvorganges und kann danach als Abstreifer genutzt werden. Das Ziehkissen dient als Auswerfer, kann aber auch zum Halten der Ronde eingesetzt werden.

Die Antriebe der Ziehkissen gibt es als mechanische, pneumatische und hydraulische. Letztere werden aufgrund der damit verbundenen vorteilhaften Eigenschaften oft eingesetzt (Abb. 5.31). Die Ziehkissenkraft wird beim Niedergang des Stößels durch die vier Plungerzylinder und die dazugehörigen Drucksäulen auf die Eckbereiche des Blechhalters am Werkzeug übertragen. Die Zieheinrichtung wird nach dem Erreichen des unteren Totpunktes durch den in der Mitte der Hubbrücke angeordneten Hubzylinder in die obere Endlage zurückgefahren. Mit Hilfe entsprechender hydraulischer Proportionalventiltechnik wird ein schwingungsfreies Einfahren in die obere Lage erreicht.

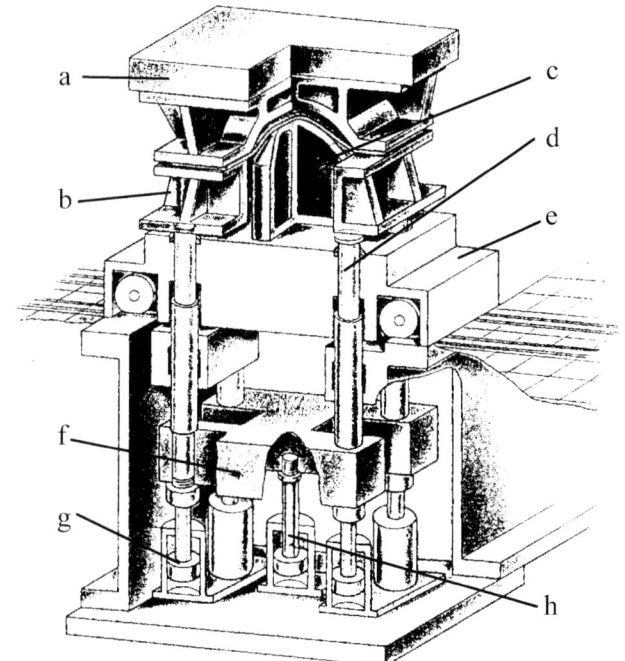

Abb. 5.31 Hydraulisches Tiefziehkissen einer mechanischen Presse (Werkbild: Schuler). a – Stößel mit Oberwerkzeug, b – Blechhalter, c – Unterwerkzeug, d – Drucksäulen, e – verfahrbarer Werkzeugträger, f – Hubbrücke, g – Plungerzylinder der Zieheinrichtung, h – Hubzylinder

5.4 Handhabeeinrichtungen

Ähnlich wie bei spanenden Werkzeugmaschinen sind auch bei schneidenden und umformenden Werkzeugmaschinen Einrichtungen zum Zu- und Abführen der Ausgangsmaterialien, Zwischenformen und Werkstücke notwendig. Dieser Abschnitt gibt beispielhaft einen Überblick über die Vielzahl der möglichen Handhabetechniken.

Transportiert werden müssen Bleche, Ronden, Bandmaterial, Draht und auch massive Teile.

Hinsichtlich der Aufgaben des Menschen in solchen Einrichtungen unterscheidet man in Manipulatoren und selbstständig arbeitende Einrichtungen.

Bei Manipulatoren übernimmt dieser die körperlich schwere Arbeit und der Bediener führt die Bewegung des Gerätes (Abb. 5.32).

Selbstständig arbeitende Einrichtungen kann man beispielsweise klassifizieren bezüglich

- des Transportgutes (Band, Streifen, Bleche, Ronden, Massivteile),
- der Greiferart (Zangen, Sauger, Magnete),
- der Anzahl von Freiheitsgraden (möglichen Bewegungen),

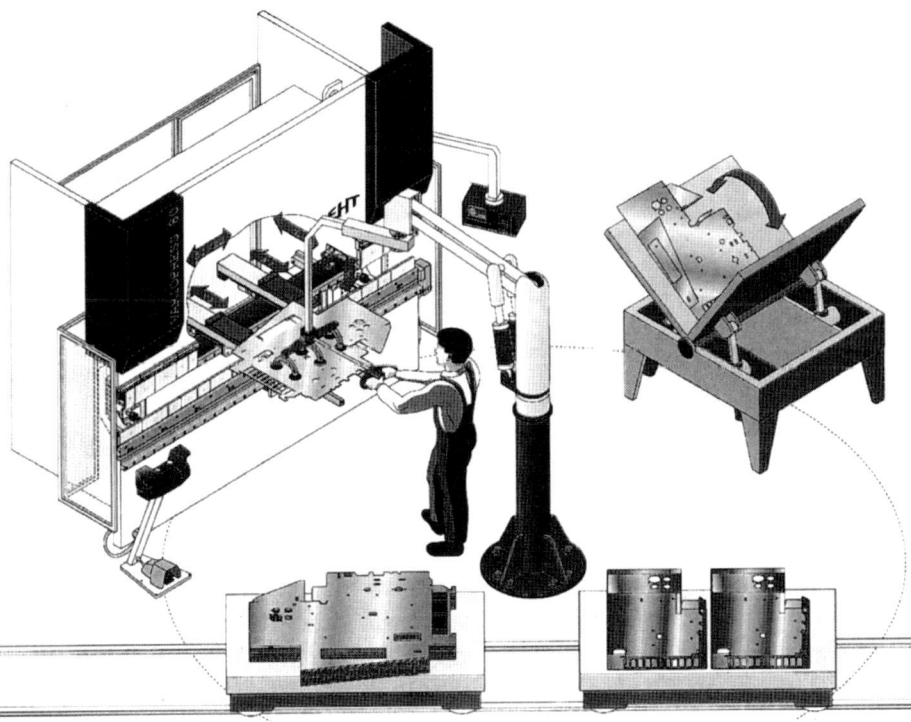

Abb. 5.32 Manipulator (Werkbild EHT)

- der Kopplung zur Umformmaschine (unabhängig, mechanisch verbunden, direkt in den Arbeitsraum integriert),
- der Art der Programmierung (fest bis frei programmierbar).

Die Ausstattung der Handhabetechnik mit Sensoren zur Überwachung der Funktion ist üblich.

Im Weiteren sollen einige typische Beispiele für Handhabetechnik an schneidenden und umformenden Werkzeugmaschinen vorgestellt werden (vgl. auch Abschn. 6.4).

Der in Abb. 5.32 vorgestellte Manipulator übernimmt das Tragen der Blechteile. Der Bediener handhabt die Sauger und führt das Werkstück zwischen Ablage, Maschine und Wendeplatz.

Für die Zuführung von Bandmaterial (Abb. 5.33) werden Vorschubgeräte eingesetzt. Sie arbeiten entweder mit Walzen (Abb. 5.34) oder mit Zangen (Abb. 5.35). In beiden Fällen muss das Band nach dem Abrollen von der Haspel gerichtet werden. Dafür wird es durch leicht angestellte Rollen gezogen. Eine Beschädigung des Materials besonders bei beschichteten Blechen ist auszuschließen.

Für die Entnahme geschnittener Blechteile und ihr kratzfreies Stapeln stehen z. B. Einrichtungen wie in Abb. 5.36 dargestellt zur Verfügung. Das geschnittene Blechteil wird auf Rollen abgelegt, aus dem Bearbeitungsraum abgesenkt und mit Hilfe von Saugern durch eine Transporteinrichtung aufgenommen. Diese legt es kratzfrei auf den Blechstapel, der von einer Stapeleinrichtung (Hubpalette) entsprechend seiner Höhe abgesenkt wird. Diese Teileentnahme- und Stapelstation ist so gestaltet, dass die Entsorgung von Blechabfall im Innenraum der Schere möglich ist.

Greifer-Transfer-Einrichtungen werden für den Transport von Blechen und Ronden in verschiedenen Bearbeitungsstufen in die Presse, zwischen Pressen und aus der Presse eingesetzt. Sie greifen das Transportgut seitlich. Voraussetzung für ihre Funktion ist eine genügend hohe Eigensteife des Werkstückes. Die Transfereinrichtung muss neben dem unter Umständen notwendigen Schließen der Greifer weiterhin eine Schließ-, eine Hub-

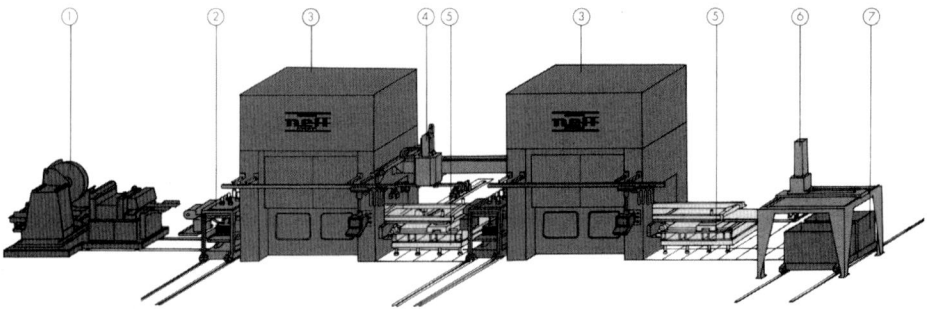

Abb. 5.33 Hydraulische Pressenlinie (Werkbild Neff). ① – Bandanlage in Kurzbauform und Bandendenschweißung, ② – Platinenentstapeleinrichtung, ③ – Hydraulische Presse, ④ – Overhead-Feeder, ⑤ – NC-Transfer, ⑥ – Gantry-Roboter, ⑦ – Stapeleinrichtung

5.4 Handhabeeinrichtungen

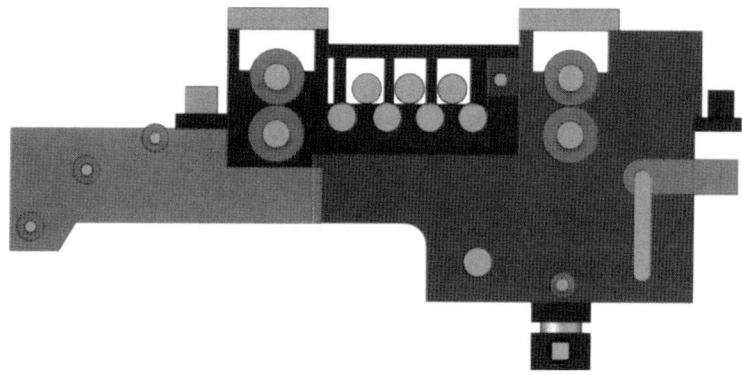

Abb. 5.34 Prinzip eines Walzenvorschubgerätes mit Richteinrichtung (Werkbild Schoen)

Abb. 5.35 Zangenvorschub für Blechteile (Werkbild Schoen)

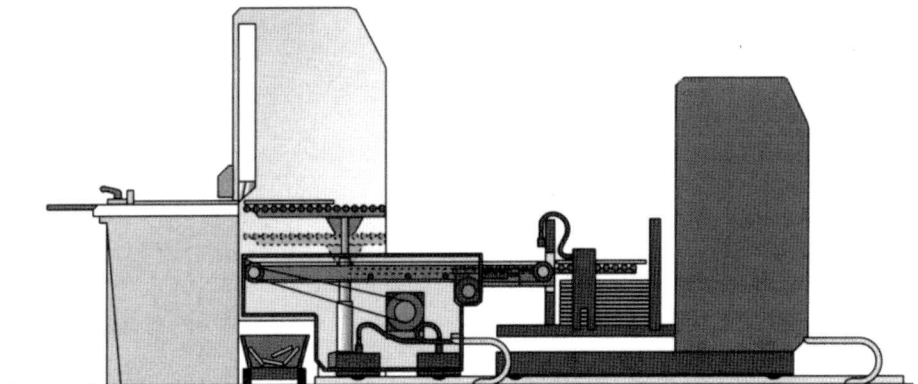

Abb. 5.36 Einrichtung zur Entnahme und zum Stapeln von Blechen an einer Tafelschere (Werkbild EHT)

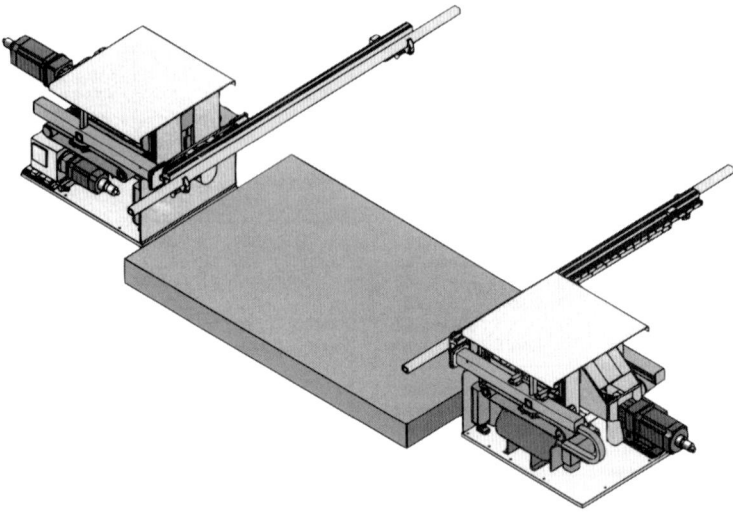

Abb. 5.37 Beispiel einer Greifer-Transfer-Einrichtung (Werkbild Erfurt)

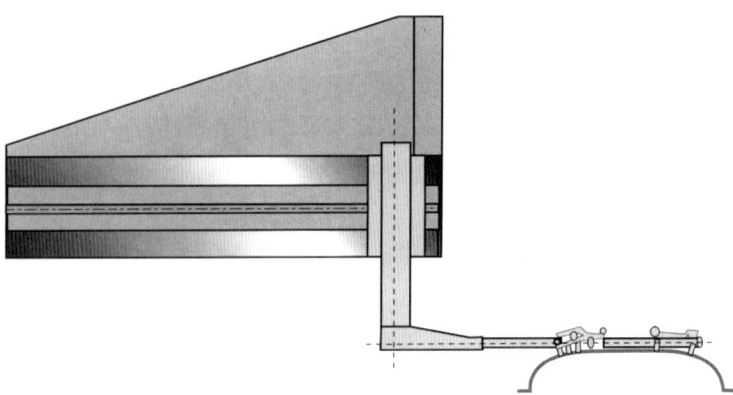

Abb. 5.38 2D-Feeder (Werkbild Erfurt)

und eine Transportbewegung realisieren (Abb. 5.37). Die Bewegungen der Transfereinrichtung sind in Hublänge und Hublage programmierbar und steuerungstechnisch über eine elektronische Welle mit dem Pressenantrieb verbunden.

Für das Handhaben von weniger eigensteifen Blechteilen beim Beschicken von Pressen, dem Transport zwischen Pressen und der Entnahme fertiger Teile haben sich Feeder (Abb. 5.38) bewährt. Sie gibt es in verschiedenen Ausführungen. In der Regel realisieren sie eine Hebe- und eine Transportbewegung der Greifereinheit. Diese besteht aus pneumatischen Saugern, Magneten oder anderen Greifern. Auch die Bewegungen des Feeders sind programmierbar und über die Steuerung mit dem Pressenantrieb verbunden.

 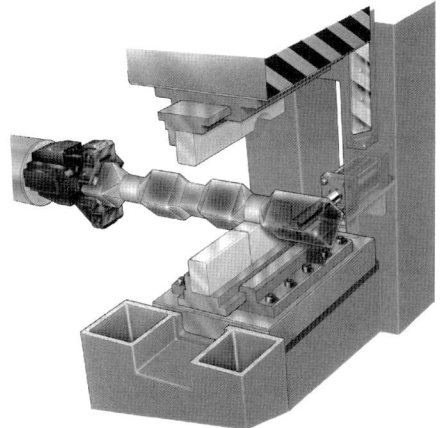

Abb. 5.39 Robotereinsatz beim Schmieden (Werkbild Lasco)

Für das Handling schwerer und warmer Massivumformteile (z. B. beim Schmieden) setzt man beispielsweise Roboter mit entsprechenden Greifern ein. Der in Abb. 5.39a dargestellte Roboter für Werkstückgewichte von 10 bis 500 kg besitzt vier programmierbare Achsen und kann damit das Werkstück um die Senkrechte des Ständers schwenken, in der Höhe und in der Armrichtung verschieben und um die Armrichtung drehen. Das Zusammenwirken dieses Roboters mit einer Reckschmiedepresse zeigt Abb. 5.39b. Man erkennt die mögliche Verschiebung der Recksättel durch hydraulische Zylinder. Mit Hilfe beider Einrichtungen und einer entsprechenden Steuerung ist das automatische Reckschmieden möglich.

Einen hängend angeordneten Roboter für ähnliche Aufgaben beim Schmieden schwerer Werkstücke zeigt Abb. 5.40. Die hydraulische Presse zusammen mit dem Roboter und der Steuerung vergegenständlichen eine automatische Reckanlage. Dabei besteht der Roboter aus der Zange, dem Drehwerk, der Wippeinrichtung, dem Wagen mit Antrieb und dem Gestell mit den Wagenlaufschienen. Die Wippeinrichtung besitzt eine Einrichtung zum waagerechten Halten des Werkstückes. Das Fahren und Drehen des Manipulators erfogt mit Hilfe eines hydrostatischen Antriebes. Die Konstruktion ist so gestaltet, dass auftretende Stöße sicher durch hydraulische Dämpfer und andere Einrichtungen abgefangen werden.

5.5 Sicherheitseinrichtungen an schneidenden und umformenden Werkzeugmaschinen

Zur Sicherheit des Bedienpersonals, der Werkzeuge, Werkstücke und der Maschine sind an schneidenden und umformenden Werkzeugmaschinen sowohl bei deren Konstruktion als auch bei deren Nutzung besondere Einrichtungen notwendig.

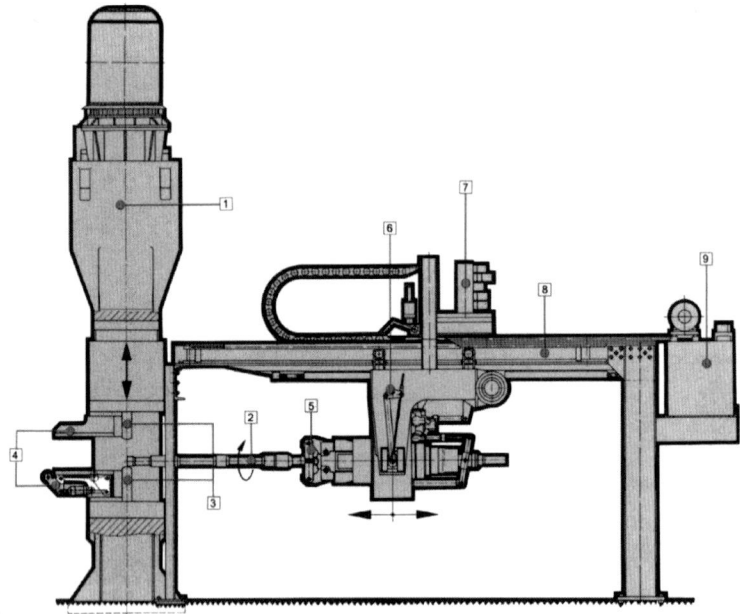

Abb. 5.40 Hydraulische Vielzweckpresse mit hängend angeordnetem Roboter zum automatisierten Schmieden (Werkbild Lasco) 1 – Hydraulische Presse, 2 – Werkstück, 3 – Werkzeug (Recksättel) 4 – Richtplatten, 5 – drehbare Zangen, 6 – Manipulatorwagen, 7 – Steuerblock für die Hydraulik, 8 – Fahrträger (geschweißt), 9 – hydraulisches Antriebsaggregat

Um die Arbeitssicherheit des Bedienungspersonals zu gewährleisten, sind die einschlägigen Gesetze und Unfallverhütungsvorschriften [2] strikt zu beachten. Die nachfolgenden Ausführungen zeigen ausgewählte maschinentechnische Aspekte und dienen nicht als Ersatz bzw. Wiedergabe der verbindlichen oben genannten Vorschriften.

Zum Schutz des Bedienpersonals sind, abhängig von der eingestellten Betriebsart *Einzelhub*, *Dauerhub* oder *Einrichtbetrieb*, bestimmte Einrichtungen und Steuerungsabläufe an den umformenden und schneidenden Werkzeugmaschinen zu realisieren.

Grundsätzlich ist der Arbeitsraum gegen Zugriff während des Umform- oder Schneidprozesses zu sichern. Dies erfolgt durch Gitter, Lichtschranken und andere Sperrmechanismen, die direkt mit der Steuerung des Antriebes gekoppelt sind. Werden diese Sicherheitseinrichtungen während des Hubes (in der Regel bei der Betriebsart *Dauerhub*) geöffnet, muss

- der Stößel beim Abwärtshub sofort stillgesetzt werden,
- der Stößel beim Aufwärtshub nach Erreichen des oberen Totpunktes anhalten.

Die Maschine darf nach solch einem Vorgang erst nach Beheben der Störung von einer dazu berechtigten Person (Einrichter) wieder in Betrieb genommen werden können.

Wird die Maschine von Hand beschickt und ist der Arbeitsraum nicht vollständig gesichert (oft bei der Betriebsart *Einzelhub*), sind weitere Sicherheitsvorkehrungen zu treffen:

- Nach dem Beschicken der Maschine darf die Hubbewegung nur durch Mehrhandbedienung ausgelöst werden, das heißt, bei einem Bediener das Drücken von zwei Tastern, bei zwei Bedienern das Drücken von vier Tastern usw.
- Wird ein Taster vor Erreichen des unteren Totpunktes losgelassen, erfolgt sofort das Stillsetzen des Stößels. Danach kann die Maschine nur durch eine berechtigte Person (Einrichter) wieder in Betrieb genommen werden.
- Beim Loslassen eines Tasters nach dem Durchfahren des unteren Totpunktes fährt der Stößel in den oberen Totpunkt und ist bereit für den nächsten Hub.

Für die Betriebsart *Einrichtbetrieb* gelten gesonderte Forderungen:
- Der Einrichtbetrieb darf nur durch berechtigtes und gesondert geschultes Personal ausgelöst werden.
- Die Stößelbewegung wird mit niedriger Geschwindigkeit beim Drücken eines Tippschalters ausgeführt. Beim Loslassen dieses Tippschalters wird der Stößel sofort stillgesetzt, lässt sich aber bei wiederholtem Drücken wieder bewegen. Diese Arbeitsweise ist während des gesamten Doppelhubweges möglich.

Zur Sicherheit des Bedienpersonals müssen weiterhin Not-Aus-Schalter an der Maschine vorhanden sein. Sie sind so anzuordnen, dass sie durch
- das Bedienpersonal schnell erreichbar sind,
- den Einrichter auch dann genutzt werden können, wenn er sich nicht auf der Bedienseite befindet,
- das Personal, welches die Maschine nicht bedient, ausgelöst werden können.

Alle diese technischen Maßnahmen müssen mit einer regelmäßigen Einweisung des Bedienpersonals verbunden werden.

Die Sicherung der Maschine und ggf. der Werkzeuge gegen Überbeanspruchung der Bauelemente wird durch im Kraftfluss der Maschine liegende Einrichtungen übernommen. Auch hierbei muss man kraft-, weg- und energiegebundene Maschinen unterscheiden.

Bei energiegebundenen Maschinen (z. B. bei Hämmern) legt man die Baugruppen der Maschine konstruktiv so aus, dass bei maximal möglicher Auftreffgeschwindigkeit die frei werdende Energie zu keinen Zerstörungen führen kann.

Bei kraftgebundenen Maschinen (z. B. hydraulischen Pressen) ist der Öldruck verantwortlich für die maximal auftretende Umform- oder Schneidkraft. Durch die Druckbegrenzung mit Hilfe von Druckbegrenzungsventilen (z. T. einstellbar) erreicht man, dass die maximal zulässige Kraft nicht überschritten wird, und sichert somit die Baugruppen vor Überlastung.

Bei weggebundenen Maschinen (z. B. Kurbel- oder Exzenterpressen) muss man unterscheiden zwischen den rotierenden und damit drehmomentbelasteten Bauteilen und den überwiegend durch Kräfte belasteten Bauteilen (vgl. Abb. 5.12). Das maximal auftretende Drehmoment begrenzt man durch steuerungsseitige Überwachung des Motormomentes oder Begrenzung des Übertragungsmomentes der Kupplung. Nutzt man die erste Variante, ist die Motormomentenbegrenzung während der Schwungradbeschleunigung unwirksam zu schalten. Abhängig vom Aufbau des Kurbelmechanismus erzeugt dieses begrenzte und konstante Moment abhängig vom Kurbelradius einen bestimmten Kraftverlauf an Pleuel und Stößel über dem Kurbelwinkel (vgl. Abb. 5.16). Im unteren und oberen Totpunkt kann die so erzeugte Kraft theoretisch unendlich groß werden. Für die konstruktive Dimensionierung des Kurbelmechanismus sowie der gesamten Maschine muss man diese Kraft begrenzen. Man definiert die Nennkraft, die bei Nennmoment und Nennkurbelradius 30° vor dem unteren Totpunkt am Stößel auftritt.

Das Überschreiten dieser Nennkraft z. B. durch unsachgemäßen Betrieb der Maschine muss unbedingt verhindert werden. Hierzu verwendet man Überlastsicherungen, die in der Regel am Ort des Auftretens dieser Kraft, also zwischen Pleuellager und Stößel, angeordnet werden. Ausführungen gibt es als
- mechanische Sicherungen z. B. Bruchplatte oder Kippgesperre (Abb. 5.41),
- hydraulische oder hydropneumatische Sicherung ohne Pumpe (Abb. 5.42),
- elektronische Überlastsicherungen.

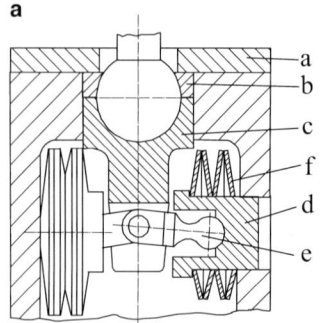 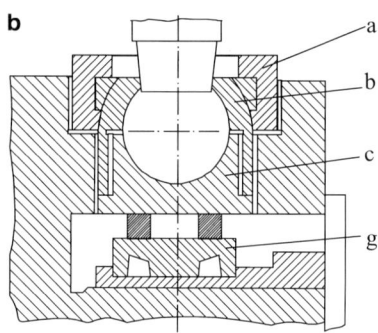

Abb. 5.41 Mechanische Überlastsicherungen. **a** Kippgesperre, **b** Bruchplatte. a – Deckplatte, b – Schließplatte, c – Kugelpfanne, d – Druckbolzen, e – Kniehebel, f – Tellerfedern, g – Bruchplatte

Abb. 5.42 Hydropneumatische Überlastsicherung

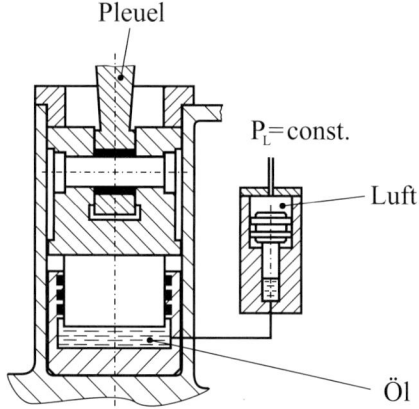

5.5 Sicherheitseinrichtungen an schneidenden und umformenden Werkzeugmaschinen

Diese Überlastsicherungen sind so dimensioniert, dass sie nach Überschreiten einer Sicherheitsspanne ansprechen, das heißt, die Kraftübertragung zwischen Pleuel und Stößel unterbrechen. Nach dem Beseitigen der Ursache für die Überlastung muss das Sicherungselement (z. B. Bruchplatte) ausgetauscht, die Einrichtung neu vorgespannt (z. B. Kniehebel) oder aktiviert (hydraulische Sicherung) werden.

Beispiel 5.1

Für umformende und schneidende Bearbeitungsaufgaben mit den dargestellten Kraft-Hubverhalten ist die jeweils kleinste geeignete mechanische Presse auszuwählen. Dazu steht eine Reihe von Exzenterpressen mit folgenden Daten (vereinfacht) zur Verfügung:

	Nennkraft [kN]	Kurbelmoment [kNm]	Arbeitsvermögen im Dauerhub [kNm]	Maximaler Hub [mm]
PED 10	100	1,0	0,16	80
PED 16	160	2,0	0,32	90
PED 25	250	4,0	0,63	100
PED 40	400	8,0	1,25	110
PED 63	630	16,0	2,50	125
PED 100	1000	32,0	5,00	140

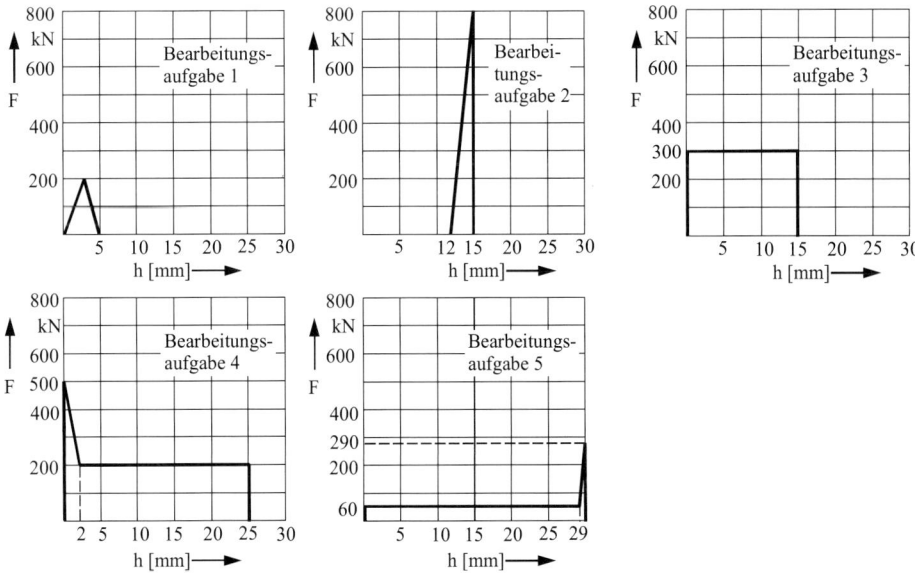

Kraft-Hub-Verhalten von umformenden und schneidenden Bearbeitungsaufgaben zum Beispiel 5.1

Bei der Lösung der Aufgabe wird angenommen, dass immer mit Maximalhub gearbeitet wird, das Arbeitsvermögen im Einzelhub doppelt so groß ist wie im Dauerhub und das Kurbelradius-Pleuellängen-Verhältnis Null gesetzt werden kann.

▶ **Lösung** Die einzelnen Bearbeitungsaufgaben werden nach dem gleichen Schema untersucht:
1. Auswahl der kleinsten möglichen Maschine nach der Forderung, dass die Nennkraft der Maschine größer oder gleich der maximalen Bearbeitungskraft sein muss.
2. Prüfung des an der ausgewählten Maschine vorhandenen Kurbelmomentes mit dem maximal zur Bearbeitung erforderlichen unter Beachtung der Beziehung $M_{k,\,erf} = F\sqrt{H \cdot h - h^2}$. Ist das vorhandene Kurbelmoment nicht ausreichend, ist die nächstgrößere Maschine zu wählen.
3. Berechnung des erforderlichen Arbeitsvermögens. Dazu ist aus den Diagrammen der Bearbeitungsaufgaben die Größe der Flächen unter den jeweiligen Kraftverläufen zu bestimmen. Der Vergleich des erforderlichen Arbeitsvermögens mit den durch die Maschine bereitgestellten zeigt, ob die Maschine im Dauer-, Einzelhub oder nicht eingesetzt werden kann. Im letzten Fall ist die nächstgrößere Maschine zu wählen.

Nach dem Abarbeiten des Lösungsschemas ergibt sich:
Für Bearbeitungsaufgabe 1: PED 25 ist im Einzel- und Dauerhub geeignet.
Für Bearbeitungsaufgabe 2: Keine der zur Verfügung stehenden Maschinen ist geeignet.
Für Bearbeitungsaufgabe 3: PED 63 ist im Einzelhub geeignet. Für den Dauerhub wird die PED 100 gewählt.
Für Bearbeitungsaufgabe 4: PED 100 ist im Einzelhub geeignet.
Für Bearbeitungsaufgabe 5: PED 63 ist im Einzel- und Dauerhub geeignet.

Beispiel 5.2

Zur Herstellung eines Schmiedeteiles soll eine Kurbelschmiedepresse eingesetzt werden. Bekannt sind von der Maschine

die Gesamtsteifigkeit $\quad c_{ges} = 5000\,\text{kN/mm}$,

der Nennhub $\quad H = 400\,\text{mm}$,

die Hubzahl $\quad n = 60\,\text{min}^{-1}$.

Die Fertigungsaufgabe verlangt eine maximale Kraft F von 10.000 kN und einen Umformweg h (am Werkstück) von 25 mm.

Das Kurbelradius-Pleuellängen-Verhältnis wird zur Vereinfachung der Berechnung mit Null angenommen.
a) Bestimmen Sie die Auffederung beim Wirken der Bearbeitungskraft!
b) Wie lange würden sich Werkstück und Werkzeug berühren, wenn die Fertigungsaufgabe auf einer als unendlich starr angenommenen Maschine realisiert wird?
c) Wie lange würden sich Werkstück und Werkzeug berühren, wenn die Fertigungsaufgabe auf der oben beschriebenen Maschine realisiert wird?

5.5 Sicherheitseinrichtungen an schneidenden und umformenden Werkzeugmaschinen

▶ **Lösung**

zu a) Unter Beachtung der Gesamtsteifigkeit der Presse berechnet sich die Auffederung zu

$$f = \frac{F}{c_{\text{ges}}} = \frac{10.000 \text{ kN mm}}{5000 \text{ kN}} = \underline{\underline{2 \text{ mm}}}.$$

Die ausgewählte Kurbelschmiedepresse federt bei der vorgegebenen Belastung zwischen Ober- und Unterwerkzeug 2 mm auf.

Die Berührungszeit zwischen Werkstück und Werkzeug berechnet man allgemein aus dem während des Umformvorganges zurückgelegten Kurbelwinkel α und der Drehzahl der Kurbelwelle (Hubzahl)

$$t = \frac{\alpha}{360° \cdot n}.$$

Bei einem angenommenen Kurbelradius-Pleuellängen-Verhältnis von Null ergibt sich der während des Umformvorganges zurückgelegte Kurbelwinkel α aus dem Kurbelradius R und dem Umformweg h

$$\alpha = \arccos\left(\frac{R-h}{R}\right) = \arccos\left(1 - \frac{2h}{H}\right) \quad \text{mit } H = 2R.$$

zu b) Für die starre Maschine ist somit

$$\alpha = \arccos\left(1 - \frac{2 \cdot 25 \text{ mm}}{400 \text{ mm}}\right) = 28{,}95°, \quad t = \frac{28{,}95° \cdot 60}{360° \cdot \min} = \underline{\underline{0{,}08 \text{ s}}}.$$

Die Berührungszeit zwischen Werkstück und Werkzeug bei der unendlich starren Maschine wäre 0,08 Sekunden.

zu c) Bei der Maschine mit definierter Gesamtsteifigkeit ist der Abstand zwischen Ober- und Unterwerkzeug um den Federweg zu verkleinern, damit ein maßhaltiges Werkstück entsteht. Dies bedeutet, dass im Abwärtshub das Werkzeug eher auf das Werkstück aufsetzt, danach die Maschine auffedert und sich im Aufwärtshub erst später vom Werkstück löst (jeweils 2 mm Auffederung).

Der Berührungswinkel vor dem unteren Totpunkt ist

$$\alpha_{\text{vuT}} = \arccos\left(1 - \frac{2 \cdot (25+2) \text{ mm}}{400 \text{ mm}}\right) = 30{,}12°.$$

Der Berührungswinkel nach dem unteren Totpunkt ist

$$\alpha_{\text{nuT}} = \arccos\left(1 - \frac{2 \cdot 2 \text{ mm}}{400 \text{ mm}}\right) = 8{,}11°.$$

Damit lässt sich die Berührungszeit berechnen

$$t = \frac{38{,}23° \cdot 60 \text{ s}}{360° \cdot 60} = \underline{\underline{0{,}1062 \text{ s}}}.$$

Die Berührungszeit zwischen Werkstück und Werkzeug vergrößert sich bei der Kurbelschmiedepresse mit realer Gesamtsteifigkeit auf 0,106 Sekunden.

Im Ergebnis dessen wird sich das Werkzeug mehr erwärmen und das Werkstück sich schneller abkühlen. Dies führt zum einen zu erhöhtem Werkzeugverschleiß und zum anderen zu einer Abnahme der Schmiedbarkeit des Werkstückes. Schlussfolgernd muss man die Forderung nach einer möglichst hohen Steifigkeit bei Schmiedepressen stellen.

Literaturverzeichnis

1. Müller, W., Heinenmnn, M.: Automatische Zweiständerpressen, mav 6-1997
2. DIN EN (Deutsche Norm Europanorm) 574: Sicherheit von Maschinen – Zweihandschaltungen – Funktionelle Aspekte; Gestaltungsleitsätze; Deutsche Fassung. Beuth, Berlin (1997)

6 Ausgeführte schneidende und umformende Werkzeugmaschinen

Die wirtschaftlichen Vorteile schneidender und umformender Verfahren gegenüber spanenden führen zu einem immer verstärkteren Einsatz der entsprechenden Werkzeugmaschinen. Besonders das Überführen der Ausgangsform in eine End- bzw. Zwischenform in kürzester Zeit durch eine kleinstmögliche Anzahl von Arbeitsstufen und dies bei keinem oder geringem Werkstoffverlust sind hervorzuheben. Des Weiteren können Werkstoffverfestigung und Erhaltung des Faserverlaufes im Werkstück zu verbesserten Festigkeitseigenschaften führen.

Eine mögliche Einteilung schneidender und umformender Werkzeugmaschinen nach [1] ist in Abb. 1.4 aufgezeigt. In den folgenden Abschnitten sollen einige ausgewählte typische Vertreter vorgestellt werden.

6.1 Weggebundene Maschinen

6.1.1 Exzenterpressen

Diese Pressenart kann verhältnismäßig einfach aufgebaut sein und trotzdem eine Vielzahl von Fertigungsaufgaben realisieren.

Exzenterpressen werden häufig in der Blechverarbeitung zur Realisierung der Verfahren Schneiden, Biegen und Ziehen flacher Teile eingesetzt. Sie sind gegenüber hydraulischen Pressen kostengünstig in Anschaffung und Betrieb.

Charakteristisch für diese Art von Pressen ist die einstellbare Hubgröße mit Hilfe der Exzenterbuchse auf der Kurbelwelle. Exzenterpressen werden oft mit längsgelagerter Kurbelwelle und Oberantrieb im C-Gestell sowie mit Oberantrieb im O-Gestell gebaut. Im zweiten Fall sind eine oder zwei quergelagerte Kurbelwellen vorhanden, die einen Zweipunkt- oder Vierpunktantrieb ermöglichen. Der Arbeitsbereich ist hinsichtlich der einstellbaren Hubgröße gegenüber Kurbelpressen variabler. Exzenterpressen gibt es für

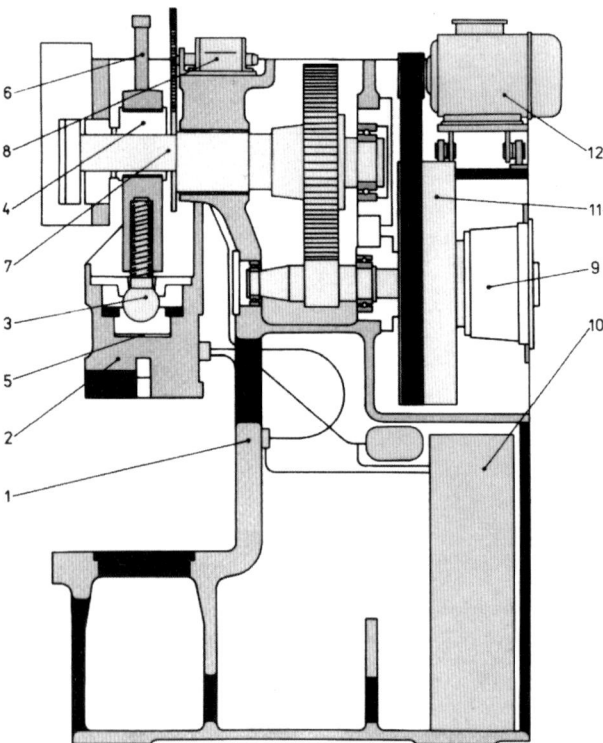

Abb. 6.1 Exzenterpresse (Werkbild: Smeral, Tschechien). 1 – Gussständer, 2 – Stößel, 3 – Elektrische Hublageneinstellung, 4 – Elektrische Hubgrößeneinstellung, 5 – Hydraulische Überlastsicherung, 6 – Hydraulischer Stößelgewichtsausgleich, 7 – Kurbelwelle, 8 – Antrieb für die Bewegung des Stößels beim Einrichten, 9 – Hydraulische Kupplung-Bremse-Kombination, 10 – Hydraulikaggregat, 11 – Schwungrad, 12 – Motor

Umformprozesse mit kleinen benötigten Kräften und Wegen in Tischausführung und für große Kräfte und Wege als frei stehende Maschinen.

In Abb. 6.1 ist der prinzipielle Aufbau einer Exzenterpresse mit Einpunktantrieb und C-Gussgestell gezeigt. Sie ist ausgelegt bis zu einer Nennkraft von 2.500 kN bei einem Nennhub von 6,8 mm vor dem unteren Totpunkt. Mit Hilfe von elektrischen Antrieben sind die Hubgröße in 13 Stufen von 30 bis 200 mm und die Hublage im Bereich von 125 mm einstellbar. Die maximale Hubzahl beträgt im Dauerhub 50 min^{-1} und im Einzelhub 30 min^{-1}. Weitere Beispiele sind in Abb. 6.2 dargestellt.

Bei Exzenterpressen für größere Nennkräft (ab ca. 4.000 kN) führt man den Stößelantrieb mit vier Pleuel (Abb. 6.3) aus. Dazu sind im Kopfstück der Presse zwei zur Tischrichtung quergelagerte Exzenterwellen vorhanden. Der Antrieb erfolgt vom Motor-Schwungrad-Antrieb ausgehend über doppelte Vorgelege.

6.1 Weggebundene Maschinen

Abb. 6.2 a Einständer- und b Zweiständer-Exzenterpresse (Werkbild: Smeral, Heilbronn)

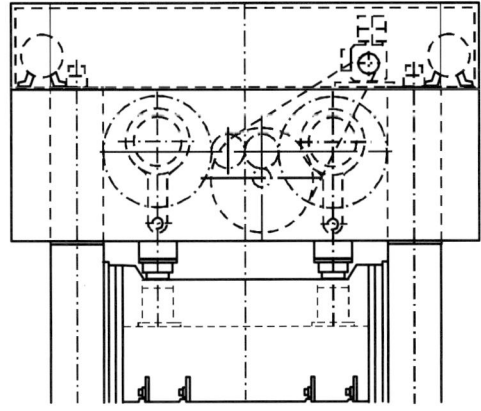
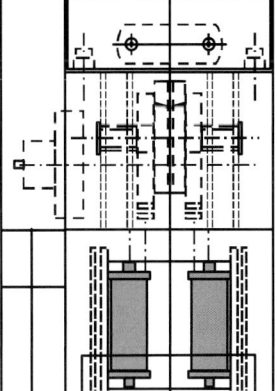

Abb. 6.3 Zweiständer-Exzenterpresse (Werkbild: Schuler)

6.1.2 Kurbelpressen

Kurbelpressen werden mit quer- oder längsgelagerten Kurbelwellen mit Ober- oder Unterantrieb in O-Gestellen gebaut. Die Hubgröße ist nicht einstellbar. Gegenüber Exzenterpressen können sie im Aufbau steifer ausgeführt werden. Ihr Einsatz ist vielfältig. Man muss auch hier zwischen Blech- und Massivumformung unterscheiden. Typisch sind

- zum Schneiden, Biegen und Pressen von kleinen bis mittelgroßen Blechteilen: Schneid- und Umformautomaten mit Unter- oder Oberantrieb,
- zum Tiefziehen von mittelgroßen bis großen Blechteilen: spezielle Tiefziehpressen mit Ober- oder Unterantrieb,
- zum Schneiden von Blechteilen: Tafelscheren,
- zum Schneiden von massiven Profilteilen: Knüppelscheren,
- zum Massivumformen z. B. Fließpressen, Schmieden: (universelle) Kurbelpressen,
- zum mehrstufigen Tiefziehen, Biegen und Schneiden: Stufenumformautomaten.

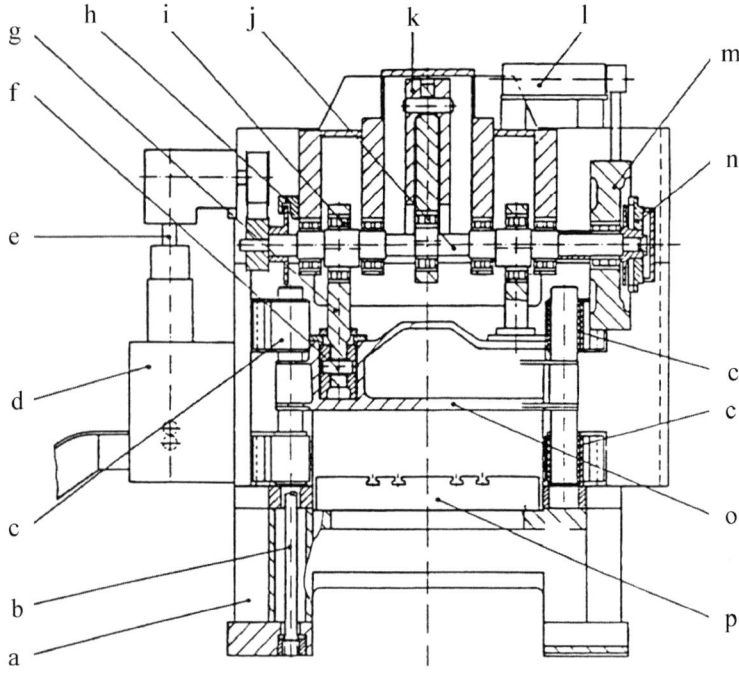

Abb. 6.4 Kurbelpresse mit Zweipunkt-Oberantrieb (Werkbild: Schuler). a – Gestell, b – Zuganker, c – Stößelführung, d – Bandvorschub, e – Vorschubantrieb, f – Überlastsicherung, g – Pleuel, h – Bremse, i – Pleuellager, j – Kurbelwelle, k – Masseausgleich, l – Antriebsmotor, m – Schwungrad, n – Kupplung, o – Stößel, p – Tischplatte

6.1 Weggebundene Maschinen

Den konstruktiven Aufbau einer sogenannten Schnellläuferpresse zeigt Abb. 6.4. Der Antrieb erfolgt durch einen stufenlos stellbaren Gleichstrommotor über einen Riementrieb auf die Schwungscheibe. Diese ist auf der doppelt gekröpften Kurbelwelle gelagert. Über Bremse und Kupplung kann die Kurbelwelle mit dem Schwungrad verbunden oder gegenüber dem Gestell gebremst werden. Die Kurbelwelle ist vierfach gelagert. Über zwei Pleuel wird der Stößel bewegt. Die erreichbaren Hubzahlen von $1.000\,\text{min}^{-1}$ bei Nennkraft bis $1.250\,\text{kN}$ sind beachtlich. Abbildung 6.5 vermittelt einen Eindruck von der Gesamtansicht dieser Presse. Sie ist aufgerüstet zu einer Schneidanlage. Gut zu erkennen ist die Bandzuführung, das Steuerpult und der Werkzeugwechselwagen für den automatischen Werkzeugwechsel. Der überflurliegende Pressenteil ist von einer Lärmschutzverkleidung umgeben, um die Geräuschbelastung in der Halle zu mindern.

Zur Abdeckung kundenspezifischer Einsatzbedingungen stellt man Kurbelpressen in modular aufgebauten Größenreihen her, die mit einer breiten Palette von Zusatzeinrichtungen ausgestattet werden können. Als Beispiel dafür ist in Abb. 6.6 eine mechanische Zweiständerpresse dargestellt. Die Baugruppen Tisch, Seitenständer, Kopfstück einschließlich Antrieb, Pressenstößel und Schiebetisch können in verschiedenen Größen miteinander kombiniert werden. Als Zusatzausrüstungen für spezielle Anwendungen stehen zur Verfügung
- Ziehkissen für den Einbau in Tisch und Stößel,
- hydraulische Blechniederhalter,
- Werkstücktransfer- und Werkzeugwechseleinrichtungen sowie,
- modifizierte Steuerungen.

Die Module dieser Presse sind konsequent als Schweißkonstruktionen ausgeführt. Durch entsprechende Gestaltung der verschweißten Fugen kann eine beachtliche Fugendämpfung erreicht werden. Der Schiebetisch wird beim Werkzeugwechsel vom Pressentisch gelöst und über Wälzführungen aus dem Werkzeugraum geschoben. Das Pressenunterteil besitzt ausreichend Platz zur Aufnahme der Zieheinrichtung. Man erkennt deutlich den be-

Abb. 6.5 Schneidanlage mit 1250 kN-Kurbelpresse (Werkbild: Schuler)

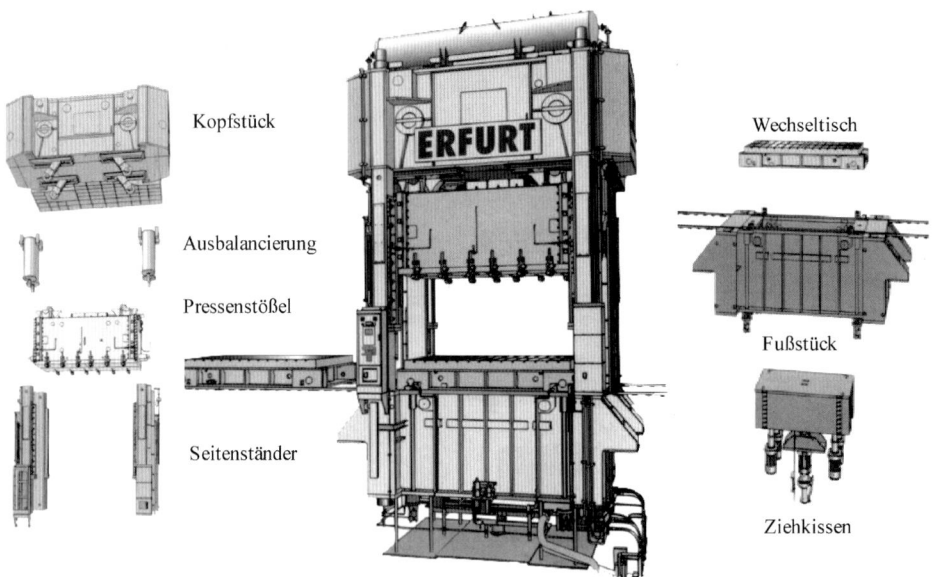

Abb. 6.6 Modular aufgebaute mechanische Zweiständerpresse (Werkbild: Umformtechnik Erfurt)

achtlichen Anteil der Presse, der unterflur angeordnet ist. In Abb. 6.6 nicht dargestellt sind die Hydraulikkomponenten für die Zieheinrichtung, die sich rechts unterflur anschließen würden.

Die Führung des Stößels ist üblicherweise als Achtfachführung ausgelegt, wobei alle Führungsflächen mit Hilfe von Druckleisten einstellbar sind. Der Stößel wird hydraulisch ausbalanciert und über vier Pleuel angetrieben. Vom Schwungrad (Abb. 6.7) ausgehend wird das Drehmoment auf zwei Zwischenwellen übertragen, die jeweils zwei Kurbelwellen antreiben. Jedes der vier Pleuel wird demzufolge von einer separaten Kurbelwelle bedient. Der Außenring des Lagers am Kurbelzapfen ist zum Gestell über ein Koppelelement angelenkt und über eine zweite Koppel mit dem Pleuel verbunden. Durch diese konstruktive Modifizierung des Kurbeltriebes erreicht man günstige Geschwindigkeits-Hub- und Kraft-Weg-Verhältnisse (vgl. Abb. 5.11) am Stößel. Bewusst wird die Auftreffgeschwindigkeit des Stößels reduziert und der Rückhub beschleunigt.

Durch die Integration von Ziehkissen in den Tisch oder den Stößel der Maschine erweitert sich ihr Anwendungsbereich. Dabei stehen unterschiedliche Ausführungen zur Verfügung. Zum Beispiel als pneumatisches Ziehkissen mit integriertem Luftbehälter (Abb. 6.8 a). Hier wird während des Ziehvorganges die überschüssige Luft gespeichert und steht danach während des Rückhubes zur Verfügung.

Ziehkissen mit hydraulischen Achsen (Abb. 6.8 b) ermöglichen im Ziehhub eine druckgesteuerte und im Rückhub eine weggesteuerte Arbeitsweise. Sie werden als Ein-, Mehr- und Vielpunktausführung angeboten.

6.1 Weggebundene Maschinen

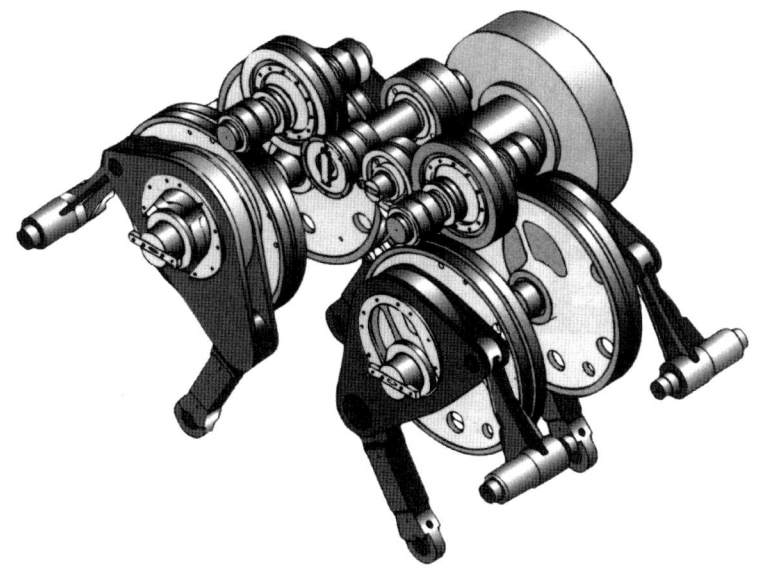

Abb. 6.7 Modifizierter Kurbeltrieb (Werkbild: Umformtechnik Erfurt)

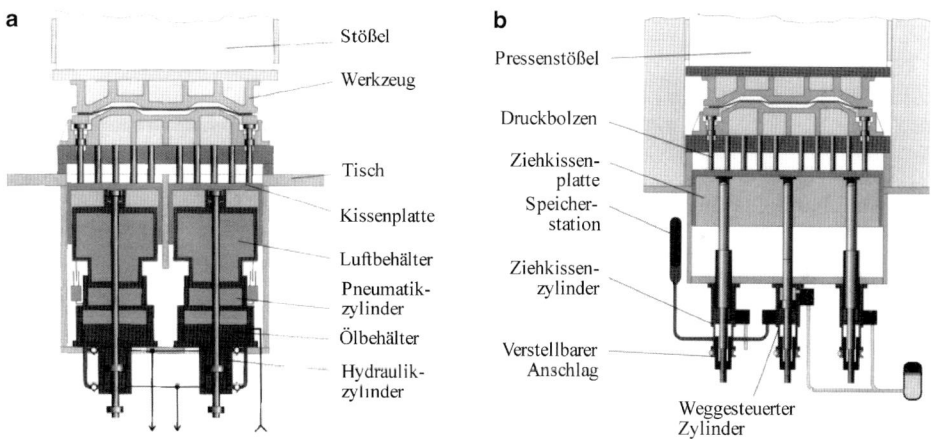

Abb. 6.8 Beispiele für **a** pneumatisches und **b** hydraulisches Ziehkissen (Werkbild: Umformtechnik Erfurt)

Die Mehr- und Vielpunkttechnik beinhaltet die variable Steuerung der Blechhaltekraft am Umfang der Ronde, was besonders bei unsymmetrischen Tiefziehteilen vorteilhaft ist.

Besonders für das Tiefziehen sind sogenannte Hybridantriebe der Pressenstößel (Abb. 6.9) interessant. Zwischen jedem Pleuel und dem Stößel sind hydraulische Zylinder angeordnet. Deren maximaler Hub beträgt ca. 30 mm bei Pressen mit Nennhub 250 mm und Nennkraft 4.000 kN [2]. Abhängig vom Hubweg des Stößels werden diese Zylinder angesteuert. Damit kann der durch den Kurbelmechanismus festgelegte

Abb. 6.9 Beispiele für einen Hybridantrieb des Pressenstößels (Werkbild: Umformtechnik Erfurt)

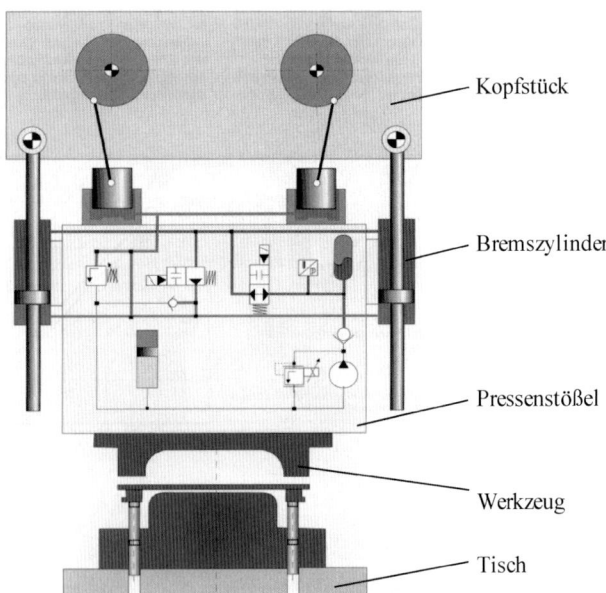

Geschwindigkeits-Weg-Verlauf des Stößels modifiziert werden. Sanftes Aufsetzen des Oberwerkzeuges auf das Blechteil und ruckfreies Beginnen des Ziehvorganges werden möglich, ohne die Hubzahl der Presse zu verringern. Bei entsprechender Steuerung ist auch die Kompensation der Stößelkippung möglich.

Die Blechhaltekraft kann auch mit Hilfe eines Blechhaltestößels erzeugt werden, dessen Bewegung von der Kurbelwelle abgeleitet wird (vgl. Abb. 5.28). Ein solcher ausgeführter Antrieb ist in Abb. 6.10 (Halbschnitt) dargestellt.

Man erkennt eine von zwei Kurbelwellen, an deren Antriebsrad (pfeilverzahnt) zu beiden Seiten die Kurbelzapfen angeordnet sind. Über eine zusätzliche Koppel wird die Bewegung auf die Pleuel und auf den Stößel (Ziehstößel) übertragen. Weiter außen befinden sich je Kurbelwelle weitere zwei Koppeln, die über die Blechhalterpleuel den Blechhalter bewegen. Sowohl die Koppeln des Stößels als auch die des Blechhalterantriebs sind gegen Lagerpunkte am Gestell über Koppeln gebunden.

Durch entsprechende Wahl der geometrischen Verhältnisse lassen sich Geschwindigkeits-Weg-Verläufe erzeugen, die dem Umform- oder Schneidprozess optimal angepasst sind. Dabei muss der Blechhalter zuerst aufsetzen. Danach erfolgt ohne Blechhalterbewegung die Ziehbewegung des Stößels. Nachdem der Ziehstößel aus dem Werkstück herausgefahren ist, muss der Blechhalter mit hoher Geschwindigkeit in den oberen Totpunkt fahren. Eine Vorstellung von der möglichen Größe solcher Antriebe in Großpressen vermittelt Abb. 6.11.

Im Sinne einer erhöhten Produktivität ist die Möglichkeit der flexiblen Änderung der Stößelgeschwindigkeit während eines Hubes, z. B. für ein optimiertes Bewegungsprofil, für Pendelhubbetrieb und Betrieb mit Rast (Abb. 6.12), von Vorteil. Kurbel- und Exzenter-

6.1 Weggebundene Maschinen

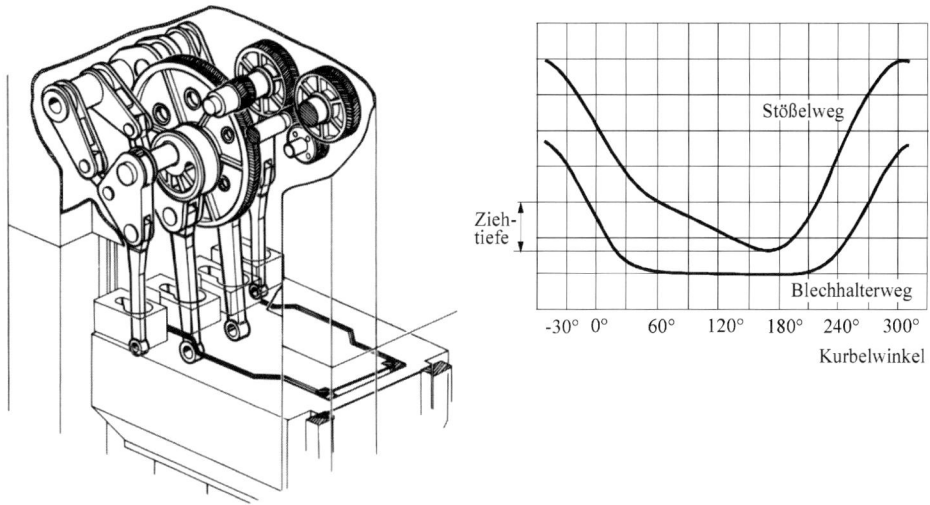

Abb. 6.10 Vierpunkt-Oberantrieb von Stößel und Blechhalter (Werkbild: Schuler)

Abb. 6.11 Beispiele eines Getriebe-Radsatzes vor der Montage (Werkbild: Schuler)

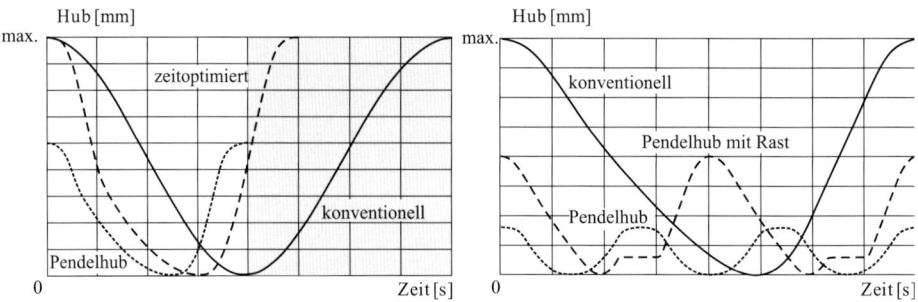

Abb. 6.12 Bewegungsprofile von Kurbel- und Exzenterpressen mit Servomotor (Quelle: Schuler)

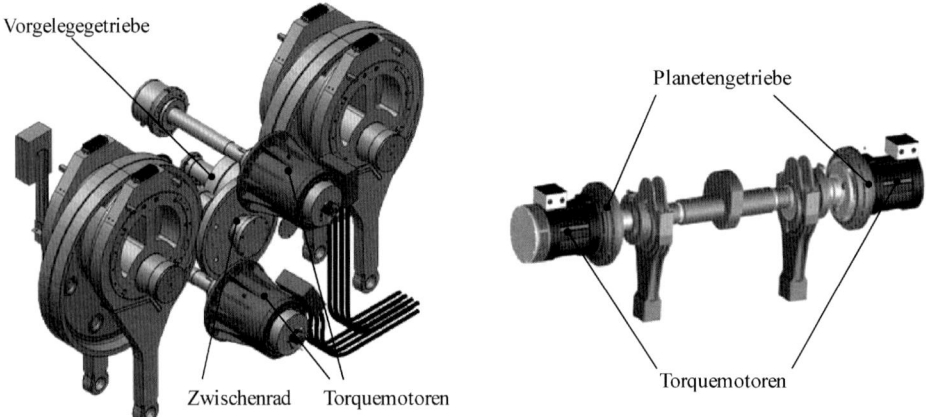

Abb. 6.13 Kurbel- und Exzenterantriebe mit Servomotor (Quelle: Müller Weingarten, Andritz Kaiser)

pressen mit Schwungradantrieb sind dafür wenig geeignet. Die Anwendung von Drehzahl geregelten Torquemotoren (engl. torque = Drehmoment) als Servoantrieb direkt an der Exzenter- bzw. Kurbelwelle oder mit zwischengeschaltetem Zahnradgetriebe lässt diese Änderungen der Geschwindigkeit zu (Abb. 6.13).

6.1.3 Kniehebelpressen

Diese Art von weggebundener Pressen werden angewendet für Umformoperationen, bei denen auf kleinen Hubwegen große Kräfte am Ende des Hubweges benötigt werden (z. B. Prägen, Kalibrieren, aber auch Fließpressen). Sie werden in der Regel mit geschlossenen Rahmen und großer Steifigkeit in stehender und liegender Bauweise ausgeführt.

6.1 Weggebundene Maschinen

Als Beispiel ist in Abb. 6.14 eine Kniehebelpresse mit Unterantrieb dargestellt. Das Pressengestell kann überflur oder teilweise unterflur aufgestellt werden. In ihm sind der Antrieb und die Führung für den beweglichen Pressenrahmen angeordnet. Ein stufenlos stellbarer Motor treibt die Schwungscheibe an. Über eine pneumatische Kupplungs-Brems-Kombination und ein Zahnradgetriebe wird das Drehmomnet auf die Kurbelwelle übertragen, die das Pleuel zum Kniehebel bewegt. Dieser stützt sich mit dem oberen Hebel am Gestell ab. Der andere Hebel ist am Rahmenständer angelenkt und drückt diesen während des Arbeitshubes nach unten. Das Oberwerkzeug, befestigt am Rahmenständer, bewegt sich somit nach unten in Richtung des Unterwerkzeuges, welches mit dem Tisch des Gestells still steht.

Zum Ausbalancieren des Rahmenständers (Abb. 6.15) werden zwei Pneumatikfedern eingesetzt. Dadurch belastet das Rahmengewicht nicht die Lager des Kniehebels und den Antrieb. Die Laufruhe der Presse wird deutlich verbessert.

Die Einfach- oder Mehrfachauswerfer können sowohl im Stößel als auch im Tisch angeordnet sein. Ihre Bewegungen werden z. B. von Kurvenscheiben gesteuert, die direkt von der Kurbelwelle angetrieben werden (Abb. 6.16). Damit ist höchste Synchronität der Bewegungen bei allen Hubzahlen gesichert.

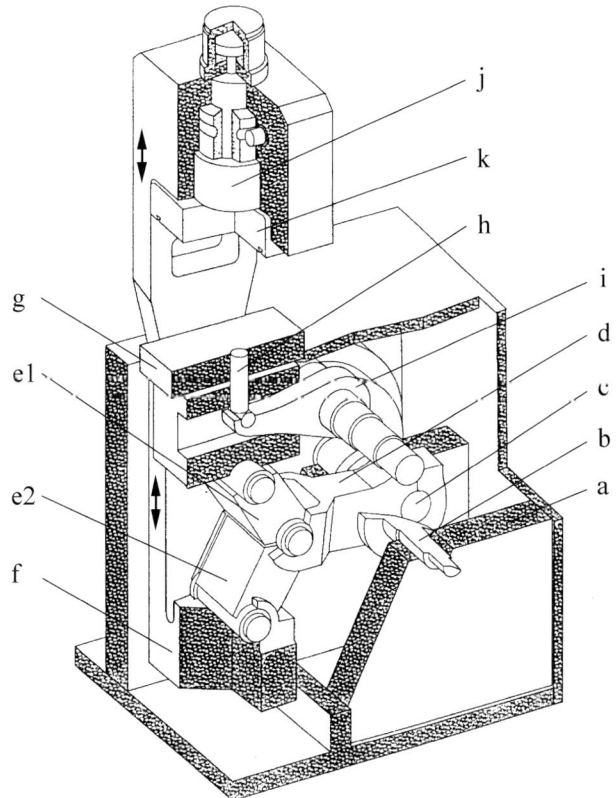

Abb. 6.14 Kniehebelpresse mit Unterantrieb (Werkbild: Gräbner). a – Pressengestell, b – Kurbelwelle, c – Pleuellager, d – Pleuel, e1 – Kniehebel angelenkt am feststehenden Pressengestell, e2 – Kniehebel angelenkt am beweglichen Pressenrahmen, f – Pressenrahmen, g – Tisch, h – Auswerfer, i – Hebelmechanismus für Auswerfer, k – Werkzeughalter, j – hydraulischer Auswerfer

Abb. 6.15 Ausbalancierung der Pressenrahmens an einer Kniehebelpresse mit Unterantrieb (Werkbild: Gräbner). ① – Pressenrahmen, ② – Oberwerkzeug, ③ – Maschinengehäuse, ④ – Kniehebel, ⑤ – Ausbalancierzylinder, ⑥ – Druckluftbehälter, ⑦ – Druckregelventil

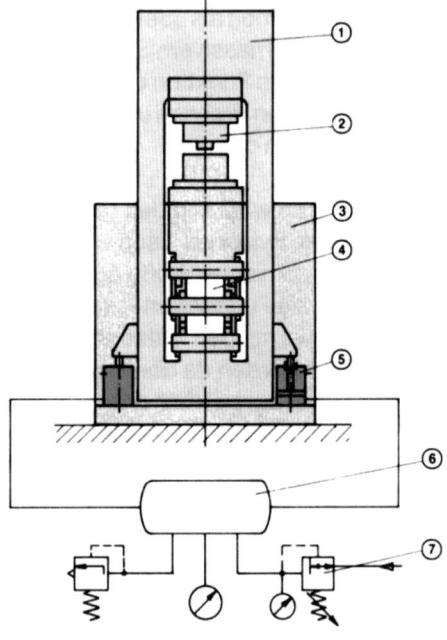

Abb. 6.16 Kurvengesteuerte Auswerfer (Werkbild: Gräbner). ① – im Stößel, ② – im Tisch

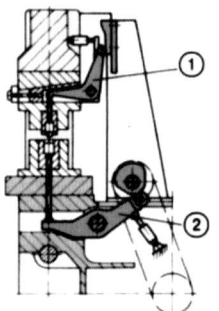

Eine modifizierte Variante einer Kniehebelpresse mit Oberantrieb zeigt Abb. 6.17. Hierbei ist das Kniehebelgelenk ersetzt durch einen Dreieckslenker. Er bewirkt, dass der Geschwindigkeitsverlauf des Stößels im Bereich des unteren Totpunktes verringert wird. Diese Eigenschaft des Antriebes ist besonders für Prägevorgänge wichtig. Schneller Vor- und Rückhub bei sanftem Aufsetzen auf das Werkstück sind die Vorteile dieser Konstruktion. Im unteren Totpunkt wird der Kniehebel nicht vollständig durchgedrückt. Somit ist ein Festfahren in der Strecklage nicht möglich.

Auf den Einbau einer Überlastsicherung wurde zu Gunsten der Steifigkeit verzichtet. Eine elektronische Überwachung schaltet die Presse ab. Der Stößel besitzt einen Zweipunktantrieb. Zwischen den beiden Anlenkpunkten am Stößel ist ein Zugbalken angeord-

6.1 Weggebundene Maschinen

net. Er nimmt die Zugkräfte zwischen den beiden Anlenkpunkten auf, so dass nur noch Druckkräfte auf den Stößel wirken.

Deutlich erkennt man in Abb. 6.17 das geschweißte Pressengestell (ohne Dehnanker) mit der Stößelführung. Diese ist als Achtfach-Rollenführung ausgebaut. Die wartungsfrei-

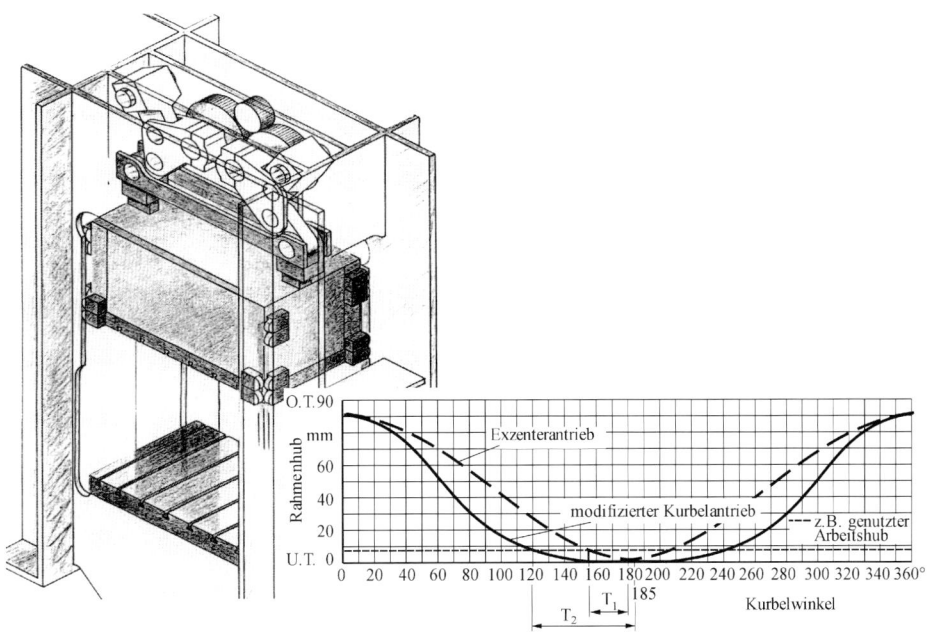

Abb. 6.17 Presse mit modifiziertem Kniehebel (Werkbild: Gräbner)

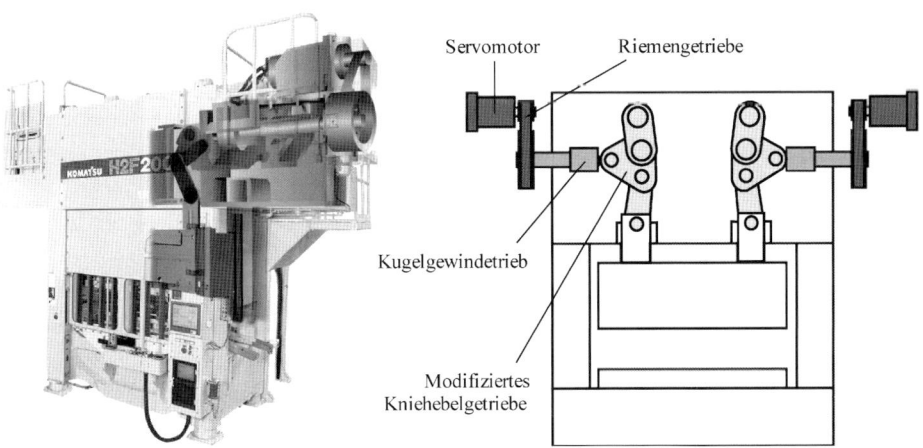

Abb. 6.18 Ausgeführte Kniehebelpressen mit Servomotor (Quelle: Komatsu, Miyoshi)

en Rollen laufen trocken auf gehärteten Stahlleisten. Damit bleibt der Werkzeugeinbauraum ölfrei.

Auch Kniehebelpressen können im Hauptantrieb mit Torquemotoren und somit ohne Schwungrad betrieben werden. An der abgebildeten Maschine (Abb. 6.18) wird die Motordrehbewegung über ein Riemengetriebe auf einen Kugelgewindetrieb übertragen. Dieser drückt den modifizierten Kniehebel in die gewünschte Lage. Ausgeführte Maschinen mit 2-Punkt- oder 4-Punkt-Stößelantrieb erzeugen Presskräfte bis 10.000 kN.

6.2 Energiegebundene Maschinen

Diese Maschinengruppe wird überwiegend zum Kalt- und Warmumformen von Massivteilen z. B. Schmieden, Gesenkschmieden, Prägen u. a., aber auch zum Biegen von Blechen mit Endkraft eingesetzt. Typische Vertreter sind Hämmer und Spindelpressen. Während Hämmer ihre Energie im Moment des Auftreffens auf das Werkstück abgeben, sind Spindelpressen in der Lage über einen gewissen Weg Umformarbeit zu leisten und danach die Restenergie abzugeben. Beiden ist eigen, dass der untere Totpunkt nicht durch die Geometrie des Antriebes vorgegeben ist, sondern sich durch das umgeformte Werkstück bzw. das geschlossene Werkzeug ergibt.

6.2.1 Hämmer

Ansicht und Aufbau eines senkrechten pneumatisch-hydraulischen Hammers zeigt Abb. 6.19. Im geschlossenen Rahmenständer aus Stahlguss sind die Schabotte und der Antriebszylinder feststehend angeordnet. Der Hammerbär besteht aus einem Schmiedestück und ist im unteren Teil prismatisch. Hier wird er an vier einstellbaren Führungsflächen geführt. Im oberen Teil hat der Bär eine zylindrische Form, die als Plunger (Kolben) des Pneumatikantriebs wirkt und gleichzeitig zusätzliche Führung ist.

Die Funktionsweise dieser Art Kurzhubhämmer besteht darin, dass der Bär eine durch Druckluft beschleunigte Bewegung ausführt und gleichzeitig der Ständer hydraulisch über ein Hebelgetriebe (Abb. 6.20) gegenläufig beschleunigt wird. Diese Art Hämmer hat den Vorteil, dass die direkte Stosswirkung auf das Fundament und die Umgebung gering sind. Zusätzliche Dämpfungselemente begrenzen diese Wirkungen weiterhin.

Der obere Teil des Hammergestells ist als Pneumatikzylinder ausgebildet. Die darin komprimierte Luft beschleunigt den Bären während des Arbeitshubes. Der Rückhub erfolgt durch Hydraulikzylinder. Parallel dazu wird die Rückschlagenergie des Bären zur Verdichtung der Luft genutzt. Nur die Luftmenge, die durch Undichtheiten entweicht, wird durch Druckluft ersetzt. Diese Lösung ist energetisch günstig. Durch pneumatisches Ausbalancieren des Ständers wird die notwendige hydraulische Energie für die gegenläufige Ständerbewegung reduziert.

6.2 Energiegebundene Maschinen

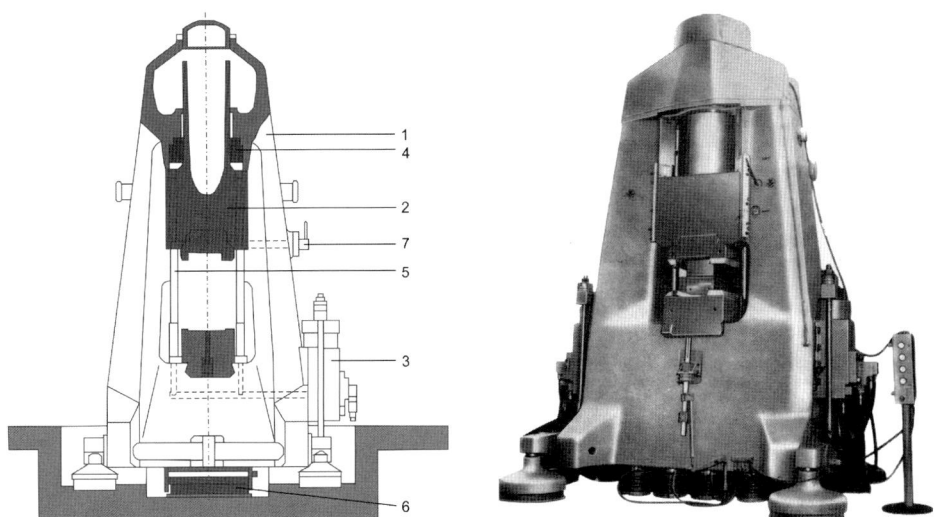

Abb. 6.19 Pneumatisch hydraulischer Hammer (Werkbild: Smeral, Tschechien). 1 – Ständer, 2 – Bär, 3 – Hydraulikverteiler mit Hebelsystem, 4 – Stoßdämpfer für Bären, 5 – Hydraulikzylinder, 6 – Ausbalancierung für den Ständer, 7 – Bärsicherung (mechanisch)

Abb. 6.20 Hebelgetriebe zur Bewegung des Ständers gegenläufig zum Bären (Werkbild: Smeral, Tschechien)

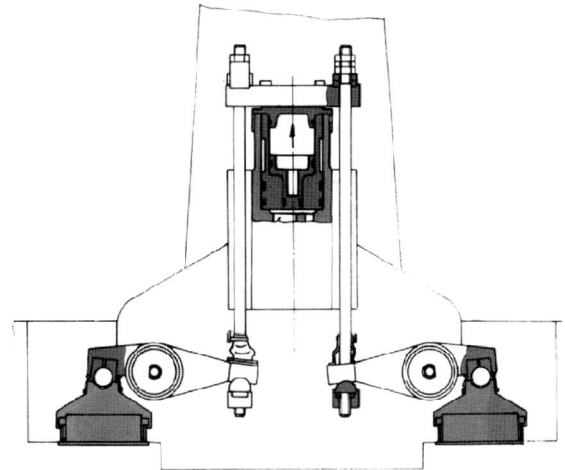

Die Steuerung des Hammers ermöglicht das Einstellen von bis zu acht aufeinander folgenden Bärschlägen mit unterschiedlicher Schlagenergie. Die Arbeitsweise Einzelhub und Einrichtbetrieb sind wählbar.

Im unteren Hammergestell ist ein hydraulischer Ausstoßer angeordnet. Die Größe des Auswerferweges und sein Einsatz sind programmierbar.

Hämmer mit elektro-ölhydraulischem Antrieb und elektronischer Steuerung sind vielseitig einsetzbar und können den Prozessbedingungen optimal angepasst werden. Ihr Einsatz erfolgt hauptsächlich zum Massivumformen wie Freiform- oder Gesenkschmieden.

Für die Massivumformung (z. B. Gesenkschmieden) großer Werkstücke, die ein Arbeitsvermögen größer als ca. 160 kJ benötigen, setzt man vorteilhaft Gegenschlaghämmer ein. Als Beispiel soll der Aufbau eines vollhydraulischen Gegenschlaghammers (Abb. 6.21) dargestellt werden.

Das Gestell ist analog wie in Abb. 5.3 zu sehen, als mehrteilige Stahlguss- und Schweißkonstruktion ausgeführt. Die Teile Grundplatte, Ständerverbund und Kopfstück sind mit Hilfe von Dehnankern verspannt. Zwischen der Maschine und dem Fundament sind kombinierte Feder-Dämpfungselemente angeordnet.

Abb. 6.21 Vollhydraulischer Gegenschlaghammer (Werkbild: Lasco)

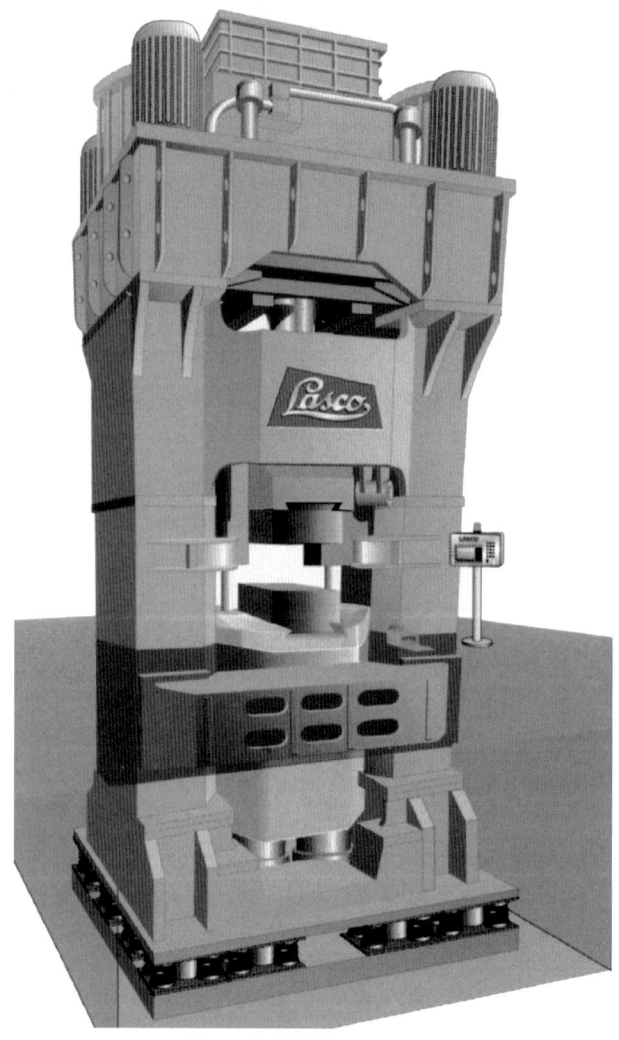

Hightech –
made by LASCO

Wo immer die Industrie härteste Anforderungen an Umformprozesse stellt, vertraut sie Werkzeugmaschinen von LASCO.
Weltweit innovativ und kompetent seit 1863.

Wir entwickeln, konstruieren und produzieren:

- **Hydraulische Gesenkschmiedemaschinen**
- **Hydraulische Pressen für die Massiv- und Blechumformung sowie die Pulvermetallurgie**
- **Spindelpressen**
- **Querkeil- und Reckwalzen**
- **Stauchanlagen**
- **Sondermaschinen**
- **Automatisierungen**

LASCO UMFORMTECHNIK
WERKZEUGMASCHINENFABRIK

LASCO Umformtechnik GmbH · Hahnweg 139 · 96450 Coburg
Telefon: + 49 (0)9561 642-0 · Fax: + 49 (0)9561 642-333
E-Mail: lasco@lasco.de · web: www.lasco.com

Die Pneumatikzylinder des Antriebes für den Unterbären sind auf der Grundplatte angeordnet. Im Kopfstück befindet sich der komplette hydraulische Antrieb einschließlich des Steuerblockes. Die Führungen für den Unterbären befinden sich an den Seitenteilen, die des Oberbären im Kopfstück.

Bei diesen Gegenschlaghämmern besitzen die Bären unterschiedliche Massen. Das Verhältnis Ober- zu Unterbär beträgt 1 : 4 bis 1 : 5. Die Antriebe sind so ausgelegt und gesteuert, dass die resultierende Bärauftreffgeschwindigkeit ca. 6 m/s beträgt. Dabei erreicht der Unterbär eine Endgeschwindigkeit von ca. 1 bis 1,2 m/s. Es bestehen ähnliche Verhältnisse wie bei Schabottehämmern.

Zwei Plunger (Kolbenstangen) drücken den Unterbären gegen zwei Luftkissen in die Ausgangslage. Diese Luftkissen dämpfen die Stöße, die beim Auseinanderfahren der Bären in den Endlagen auftreten.

6.2.2 Spindelpressen

Spindelpressen zeichnen sich durch robuste und übersichtliche Konstruktion sowie einfache Bedienung aus. Wie alle energiegebunden Maschinen besitzen sie keinen fixierten unteren Totpunkt, können unter Last nicht blockieren und es können kurze Druckberührungszeiten erreicht werden. Energiegünstig im Aufbau sind direkt angetriebene Spindelpressen (Abb. 6.22). Ein oder mehrere reversierbare Drehstrom-Asynchronmotoren treiben direkt und formschlüssig das Schwungrad an. Dieses ist fest mit der nicht verschiebbaren aber verdrehbaren Spindel verbunden. Das Gewinde der Spindel ist nicht selbsthemmend. Bei Drehung der Spindel verschiebt sich der Stößel. Er wird in einer einstellbaren Prismenführung geführt. Zum Halten in jeder beliebigen Stößellage ist eine pneumatisch oder hydraulisch betätigte Bremse vorhanden. Einer schwingungs- und körperschallisolierten Aufstellung der Maschine muss besondere Aufmerksamkeit geschenkt werden.

Die effektive Nutzung der Elektroenergie ermöglicht der Einsatz einer Steuerung, die den frequenzgeregelten Motor sowohl als Antrieb als auch als Generator nutzt. Außerdem ist durch die stufenlose Drehzahlwahl eine für den Arbeitsvorgang optimale Stößelenergie realisierbar.

Zu Beginn eines Arbeitshubes erfolgt das Beschleunigen des Stößels mit konstantem Moment. Dabei werden Spannung und Frequenz des Motors im gleichen Verhältnis erhöht, bis eine eingestellte Drehzahl erreicht ist. Diese Drehzahl kann höher liegen als die für die gewünschte Umformenergie notwendige. Ist dies der Fall wird die Drehzahl generatorisch abgebremst, das heißt der Motor wirkt als Generator und speist die zurückgewonnene Energie ins Netz. Hat das Antriebssystem die gewünschte Drehzahl erreicht wird der Antriebsmotor ausgeschaltet und der Stößel fährt bis zum Werkstückkontakt mit annähernd konstanter Geschwindigkeit. Beim Rückhub wiederholt sich dieser Vorgang in ähnlicher Art und Weise. Die Beschleunigung und die generatorische Bremsung sind so abgestimmt, dass die mechanische Bremse erst im oberen Totpunkt wirksam wird und nur

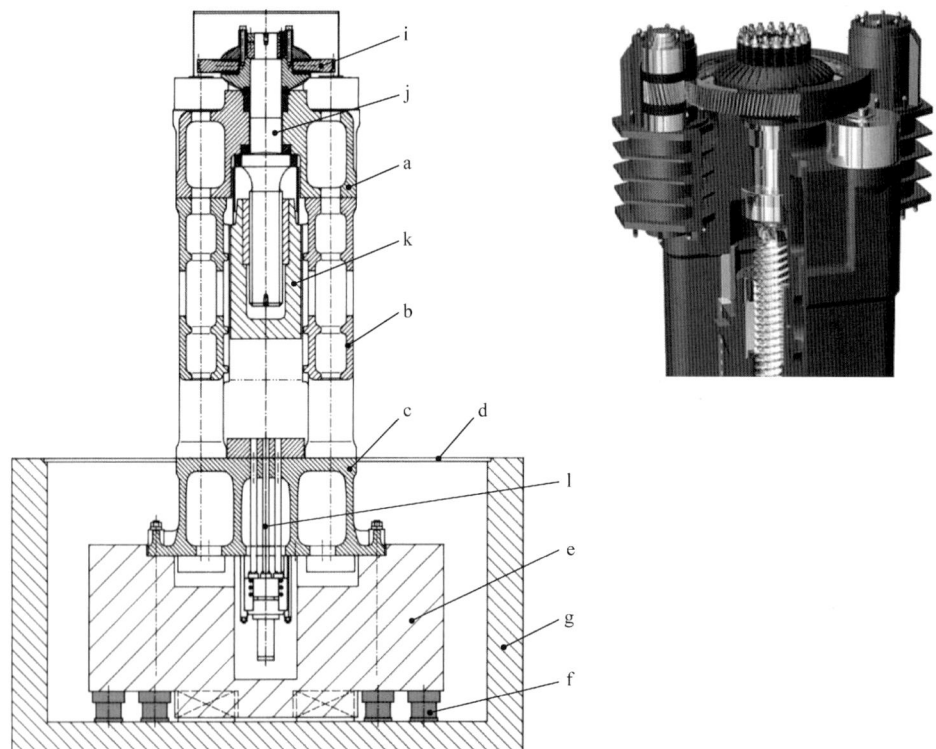

Abb. 6.22 Spindelpresse mit elektrischem Direktantrieb (Werkbild: Lasco). a – Kopfstück, b – Seitenteile, c – Fußstück, d – Hallenboden, e – Fundament, f – Dämpfer, g – Fundamentwanne, h – Motor, i – Schwungrad, j – Spindel, k – Stößel, l – Auswerfer

eine Haltefunktion wahrnimmt. Diese Vorgehensweise gewährleistet

- einen möglichst schnellen Vor- und Rückhub des Stößels und verringert somit diese unproduktiven Zeiten,
- die Einstellung der für den Prozess optimalen Auftreffgeschwindigkeit und verlängert damit die Standzeit der Werkzeuge,
- einen verbesserten elektrischen Wirkungsgrad gegenüber anderen Spindelpressen.

Bei Spindelkeilpressen wird die Energie des durch die Spindel angetriebenen Keiles bei der Übertragung auf den Stößel nochmals untersetzt. Gegenüber gewöhnlichen Spindelpressen sind kleinere Motoren für gleiche Arbeiten notwendig. Ein weiterer Vorteil dieses Aufbaues besteht darin, dass sich der Stößel großflächig am Keil und der Keil großflächig am Gestell in Führungen abstützen kann. Dadurch sind außermittige Belastungen im Arbeitsraum problemlos zu beherrschen und führen nicht zur Stößelkippung. Allerdings muss die Stößelführung die durch die Keilbewegung entstehenden Reibkräfte aufnehmen. Abbildung 6.23 zeigt den Aufbau einer direktangetriebenen Spindelkeilpresse. Man erkennt deutlich den verschiebbaren Keil mit seiner Keilabstützung, die Stößelführung,

6.2 Energiegebundene Maschinen

Abb. 6.23 Spindelkeilpresse
(Werkbild: Lasco)

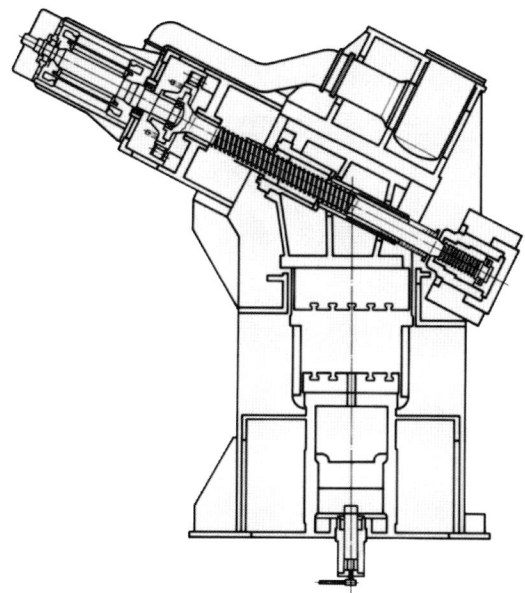

die beidseitig gelagerte Spindel mit Kupplung, Schwungrad und direkt angekuppelten Motor.

Der Einsatz der Spindelpressen erfolgt überwiegend zum Massivumformen (Stauchen, Prägen, Gesenkschmieden) aber auch zum Kalibrieren und Richten. Angewandt werden diese Pressen auch in der Pulvermetallurgie zum Verdichten und in der Montage zum Eindrücken u. Ä.

Werden die Spindeln von Spindelpressen direkt bzw. über eine konstante Übersetzung und ohne Schwungrad durch einen geregelten Torquemotor angetrieben, bezeichnet man sie als Servospindelpressen. Ein mögliches Funktionsprinzip ist in Abb. 6.25 dargestellt.

Bei der ausgeführten Maschinen in Abb. 6.25 wird der Stößel durch meherer Planetenrollengewindetriebe (Abb. 6.24) in Bewegung versetzt. Diese gleichförmig übersetzenden Getriebe sind speziell für die Erzeugung großer axialer Kräfte entwickelt wurden.

Abb. 6.24 Planetenrollengetriebe
(Quelle: SKF)

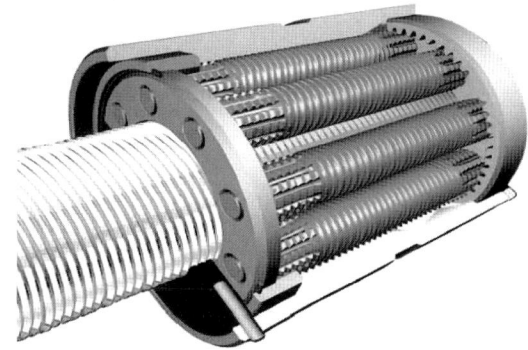

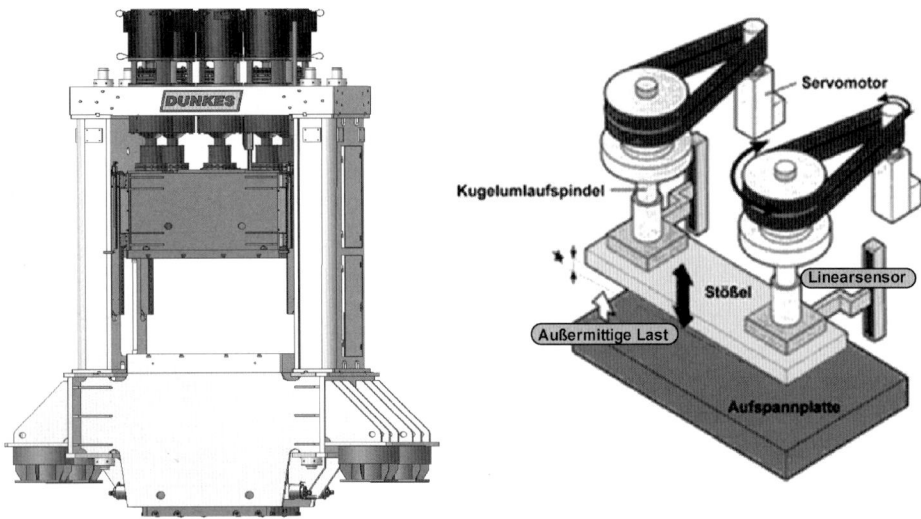

Abb. 6.25 Servospindelpresse und Funktionsprinzip des Stößelantriebes mit Kippungskompensation (Quelle: Dunkes, Komatsu)

6.3 Kraftgebundene Maschinen

Als Beispiele von schneidenden und umformenden Werkzeugmaschinen mit kraftgebundenem (hydraulischem) Hauptantrieb sollen zwei ausgewählte Pressen, eine hydaulische Tafelschere und eine Abkantpresse, dargestellt werden.

6.3.1 Hydraulische Pressen

Hydraulische Pressen werden als Einständer- (C-Gestell) und auch als Zweiständerpressen (O-Gestell) ausgeführt. Die mögliche Größe der Presskräfte überstreicht einen großen Bereich. Die Anwendungen sind vielfältig, z. B. für Biegen, Prägen, Kalibrieren, Nieten, Ein- und Auspressen, Ziehen, Schneiden. Für bestimmte Anwendungsfälle gibt es speziell ausgelegte und mit Handhabetechnik ausgerüstete Maschinen. Der Antrieb des Stößels kann über einen, zwei oder vier Hydraulikkolben erfolgen. Durch entsprechende Einrichtungen (Ziehkissen, Ausstoßer) kann die Presse zwei- und dreifach wirkend gestaltet werden.

Eine hydraulische Einständerpresse mit Presskraft bis 2500 kN ist in Abb. 6.26 gezeigt. Die Presskraft kann über ein Druckregulierventil stufenlos der Bearbeitungsaufgabe angepasst werden. Auch Hubgröße und -lage lassen sich mit Hilfe von Endtastern stufenlos einstellen.

Stanz- und Zieharbeiten sind ein typisches Aufgabengebiet hydraulischer Pressen (Abb. 6.27). Die abgebildete Maschine besitzt einen stark verrippten, geschweißten Ständer, der die notwendige Steifigkeit garantieren muss. Im Kopfteil der Presse ist der

Abb. 6.26 Hydraulische Einständerpresse (Werkbild: Müller Weingarten)

hydraulische Antrieb untergebracht. Er stellt das Medium für die Bewegung des Pressenstößels, des Ziehkissens, der Auswerfer und für alle Zusatz- und Hilfsfunktionen bereit. Der Stößel wird in einer Achtfach-Prismenführungen geführt. Um das Kippen des Stößels bei außermittigen Kräften zu vermeiden, ist eine hydraulische Parallelhaltung vorhanden. Die dafür vorgesehenen vier Hydraulikzylinder übernehmen auch die Schnittschlagdämpfung.

Der anspruchsvolle Aufbau einer dreifach wirkenden hydraulischen Ziehpresse ist in Abb. 6.28 zu erkennen. Die dargestellte Presse hat einen unterflur angeordneten Antrieb, der eine Nennkraft von 16.000 kN erzeugt. Man erkennt deutlich das dreigeteilte Gestell und die Zuganker zum Verspannen der Gestellbauteile. Alle Antriebe für die drei wirksamen Bewegungselemente (Ziehstößel, Blechhalterstößel und Ziehkissen) werden hydraulisch angetrieben und durch ein hydro-elektrisches System gesteuert.

6.3.2 Hydraulische Gesenkbiegepressen

Das Biegen größerer Blechteile (Verkleidungen, Schrankteile u. ä.) in der Klein- bis Mittelserienfertigung wird auf Gesenkbiegepressen vorgenommen. Im Gegensatz zu Schwenkbiegemaschinen erfolgt die Formgebung am Werkstück ausschließlich zwischen Stempel und Matrize durch Schließen der Werkzeuge. Als Umformbewegung ist nur die geradlinige Bewegung des Stempels erforderlich (Abb. 6.29).

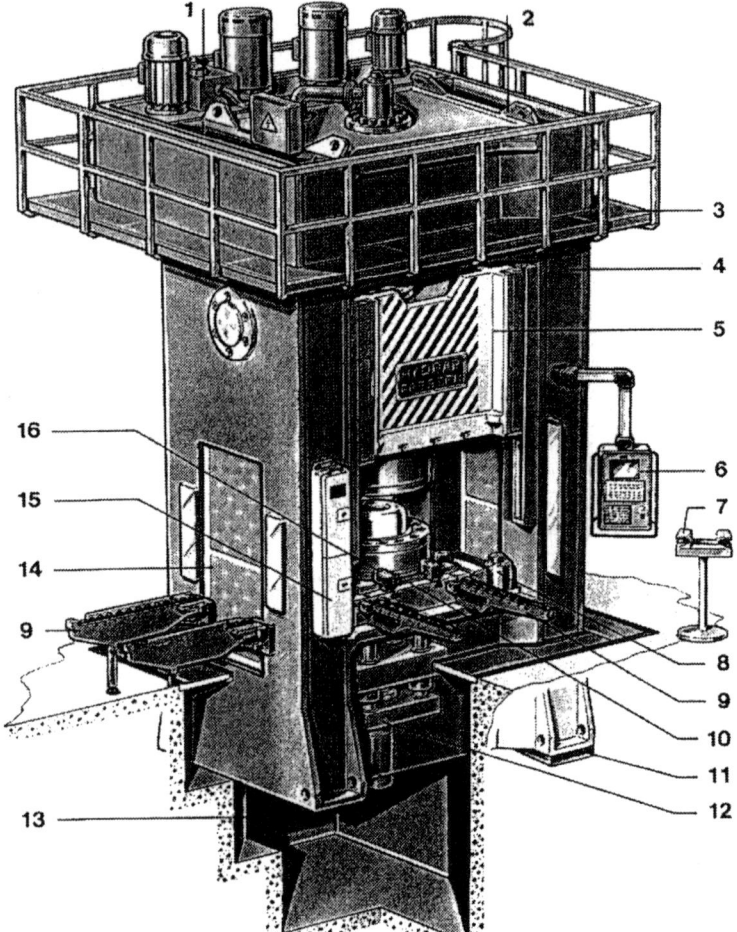

Abb. 6.27 Hydraulische Zweiständer Stanz- und Ziehpresse (Werkbild: HYDRAP). 1 – Hydraulischer Antrieb, 2 – Transportaufhängung, 3 – Wartungsbühne, 4 – Ständer, 5 – Stößel, 6 – Steuerung, 7 – Zweihand-Bedienpult, 8 – Schnittschlagdämpfung und Parallelhaltung, 9 – Konsole für den Werkzeugwechsel, 10 – Pressentisch, 11 – Schallschutzmatten, 12 – Ziehkissen, 13 – Raum für Wartungsarbeiten, 14 – seitlicher Gestelldurchbruch, 15 – Lichtschranke, 16 – hydraulische Werkzeugspannelemente

Gesenkbiegepressen können mit einem hydraulischen Antrieb ausgerüstet sein und durch entsprechende Werkstück- und Werkzeughandhabesysteme sowie eine Steuerung einen beachtlichen Automatisierungsgrad erreichen. Sind Werkzeugspeicher und -wechseleinrichtung vorhanden, bezeichnet man sie als Gesenkbiegezentren.

Der Aufbau eines hydraulischen Gesenkbiegezentrums ist in Abb. 6.30 dargestellt. Es besteht aus einem Doppelständer-C-Gestell. Auf dem Maschinentisch ist die Aufnahmeeinrichtung für das Unterwerkzeug (Matrize) angeordnet. Im Kopfstück der Presse

6.3 Kraftgebundene Maschinen

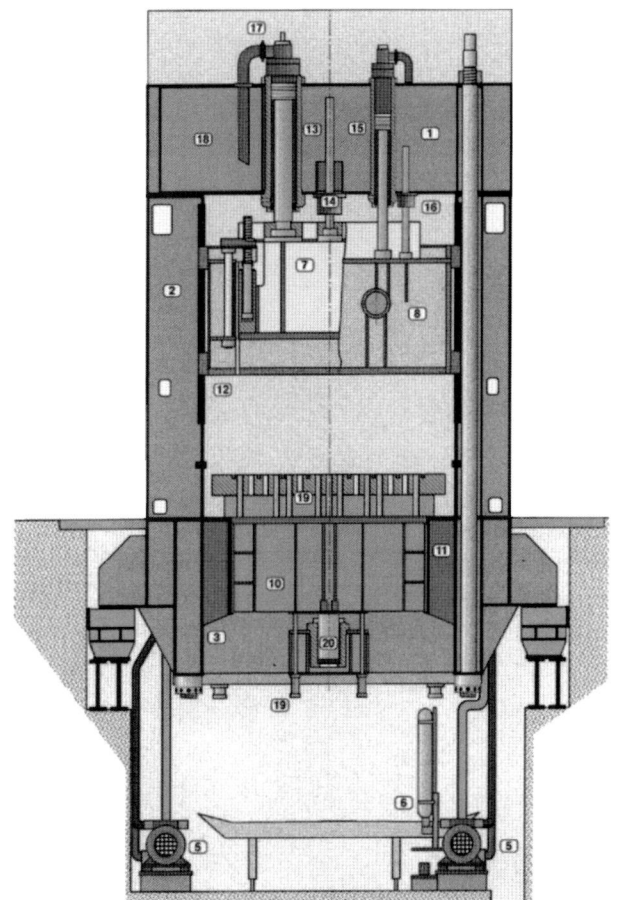

Abb. 6.28 Hydraulische Presse BZE 1600 (Werkbild: Müller Weingarten). 1 – Kopfstück, 2 – Seitenständer, 3 – Fußstück, 4 – Zuganker, 5 – Hydraulischer Antrieb (Hauptpumpen), 6 – Versorgungseinheit (Steuerdrucksystem), 7 – Ziehstößel, 8 – Blechhalterstößel, 9 – Pressentisch, 10 – Ziehkissen, 11 – Ziehkissenführung, 12 – Blechhalterführung, 13 – Ziehstößelzylinder, 14 – Stößelsicherung, 15 – Zylinder für Blechhalterstößel, 16 – Blechhaltersicherung, 17 – Vorfüllventil und Saugleitung, 18 – Ölbehälter, 19 – Hebezylinder für das Ziehkissen, 20 – Druckzylinder für das Ziehkissen

befindet sich der Biegestößel mit der Aufnahme für das Oberwerkzeug (Stempel). Der Biegestößel wird durch zwei Hydraulikzylinder bewegt. Die Bewegung der beiden Kolben und damit des Stempels erfolgt gesteuert. Dazu messen Drucksensoren den Arbeitsdruck in den Hydraulikzylindern. Mit Hilfe der Maschinensteuerung und entsprechender hydraulischer Servotechnik kann dieser Wert benutzt werden, um

- die Kraft an den Werkzeugen in vorgewählten zulässigen Grenzen zu halten,
- die Verformung der Seitenständer zu überwachen und zu kompensieren (dies erfolgt auch bei starker außermittiger Belastung),
- abhängig von der Biegekraft die Bombierung (Abb. 6.31) der Unterwange vorzunehmen,
- automatisch Dickenschwankungen des Materials auszugleichen.

Um einen zügigen Ablauf der Biegeoperationen mit diesen Maschinen zu realisieren, ist es notwendig, dass die Anschläge zum Positionieren der Werkstücke automatisch eingestellt werden. Abhängig von der Biegefolge wird dies durch die Steuerung realisiert. Je nach

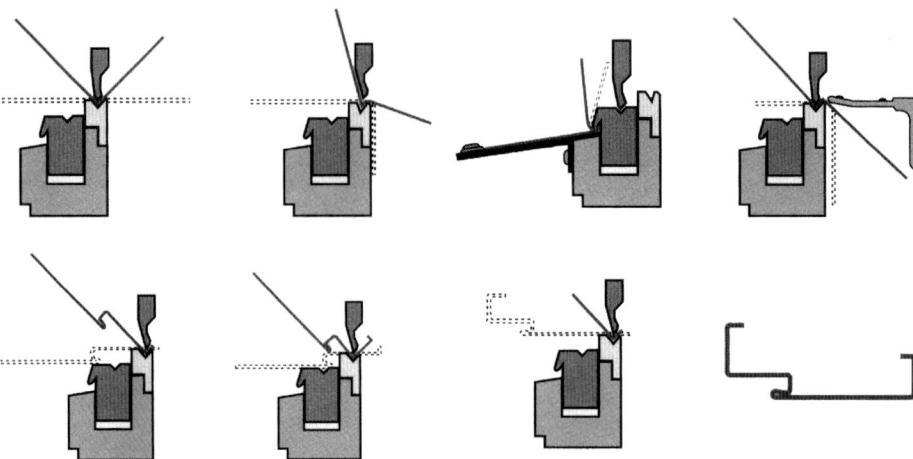

Abb. 6.29 Biegefolge auf einer Gesenkbiegemaschine für ein typisches Werkstück (Türzarge, Werkbild: EHT)

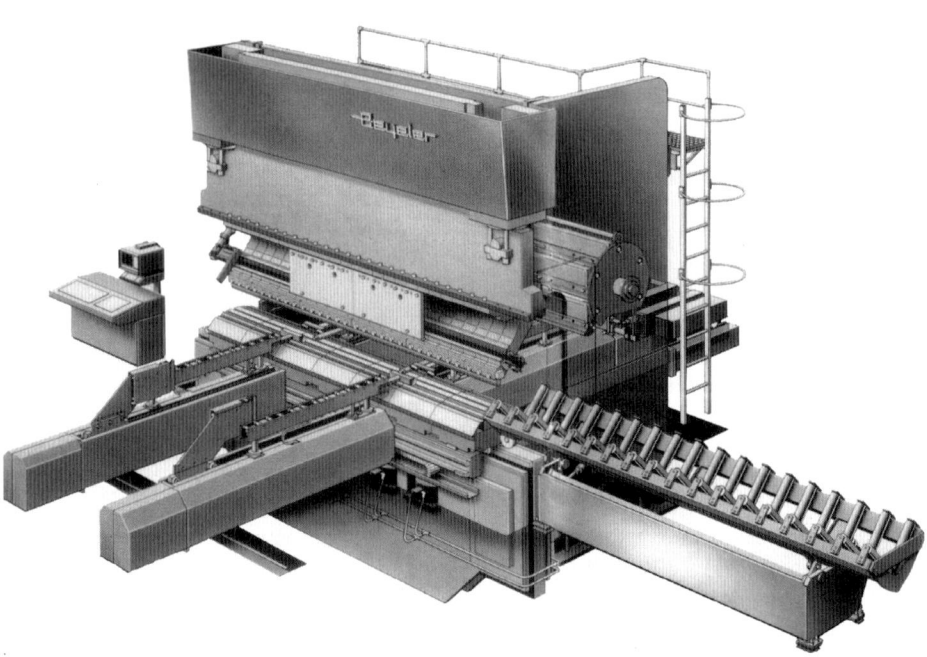

Abb. 6.30 Hydraulisches Gesenkbiegezentrum (Werkbild: Beyeler)

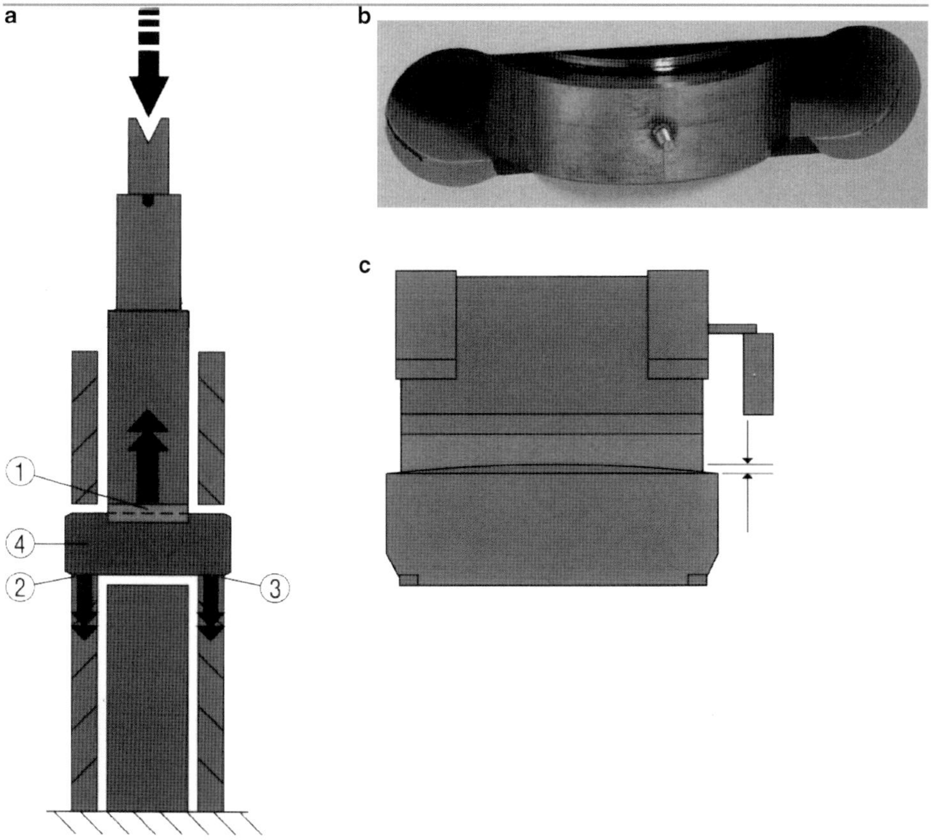

6.3 Kraftgebundene Maschinen

Abb. 6.31 Bombierung der Unterwange (Werkbild: Beyeler). **a** Kraftfluss: ① – Bombierkraft gegen die Unterwange, ② ③ – Bombierkraft gegen die Gestellwände, ④ – Bombierzylinder; **b** Bombierzylinder in der Unterwange; **c** Verformung der Unterwange bei Bombierung

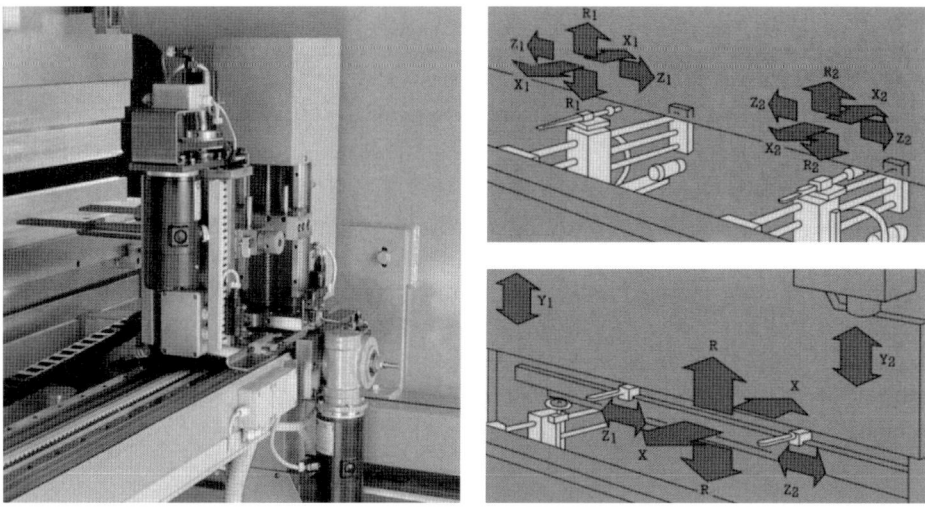

Abb. 6.32 NC-Achsen zum Positionieren der Anschläge (Werkbild: Fasti)

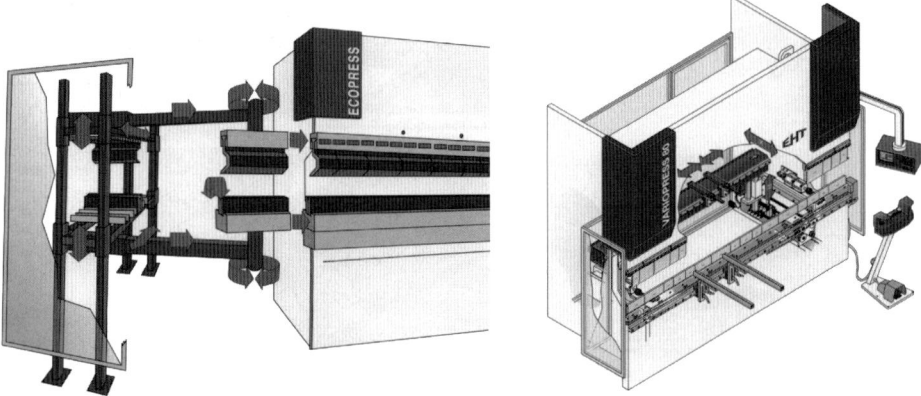

Abb. 6.33 Mechanisches Werkzeugspeicher- und -wechselsystem und NC-Achsen am hinteren Anschlag (Werkbild: EHT)

Ausstattungsgrad der Maschine sind dafür mehrere NC-Achsen für den Vorder- und Hinteranschlag vorhanden. Symmetrisches und asymmetrisches Positionieren der Anschläge (Abb. 6.32) ist möglich. Zur Vereinfachung der Werkzeughandhabung sind mechanische Werkzeugspeicher- und -wechselhilfen vorhanden (Abb. 6.33). Dabei können die Werkzeuge aus Segmenten bestehen und so auf die Biegelänge am Werkstück abgestimmt werden.

6.3.3 Hydraulische Scheren

Zum Schneiden von Blechteilen in der Einzelteilfertigung werden neben mechanisch angetriebenen Tafelscheren zunehmend Tafelscheren mit hydraulischem Antrieb (Abb. 6.34) eingesetzt. Durch NC-gesteuerte Bewegung der verschiedenen Einstellelemente wird bei wechselnden Werkstückabmessungen eine wesentliche Verkürzung der Hilfszeiten erreicht.

Die Maschinen bestehen in der Regel aus einem Rahmengestell an dem die Führungen und die Antriebszylinder (Abb. 6.35 b) für den Messerbalken, die Niederhalter sowie die Werkstückauflage und Anschläge angeordnet sind. Die Hydraulikanlage mit den Pumpen, Motoren und Steuerblöcken befindet sich unterhalb der Blechauflagefläche.

Bei der im Schnitt gezeigten Tafelschere (Abb. 6.35 a) wird der Messerbalken mit Hilfe von drei Paar vorgespannten Rollenführungen geführt. Aber auch Gleitführungen, aufgebaut aus Kulissen mit wartungsfreien Beschichtungen, sind üblich. Die Vorspannung, notwendig für eine korrekte Bewegung des Messerbalkens, wird durch den permanenten Druck des Rollenpaares C gegen den Messerbalken und damit gegen die Rollenpaare A und B erreicht. Für einen gratfreien und geraden Schnitt ist die Einstellung des Schneidspaltes und des Schnittwinkels abhängig von Material und Blechdicken erforderlich. Der

6.3 Kraftgebundene Maschinen

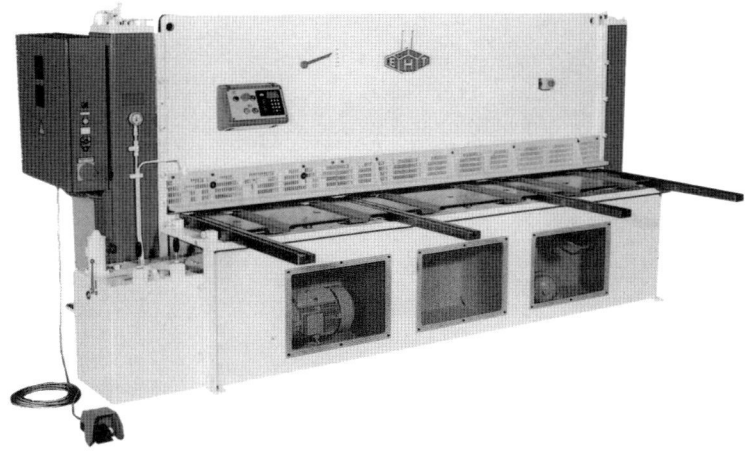

Abb. 6.34 Hydraulische Tafelschere (Werkbild: EHT)

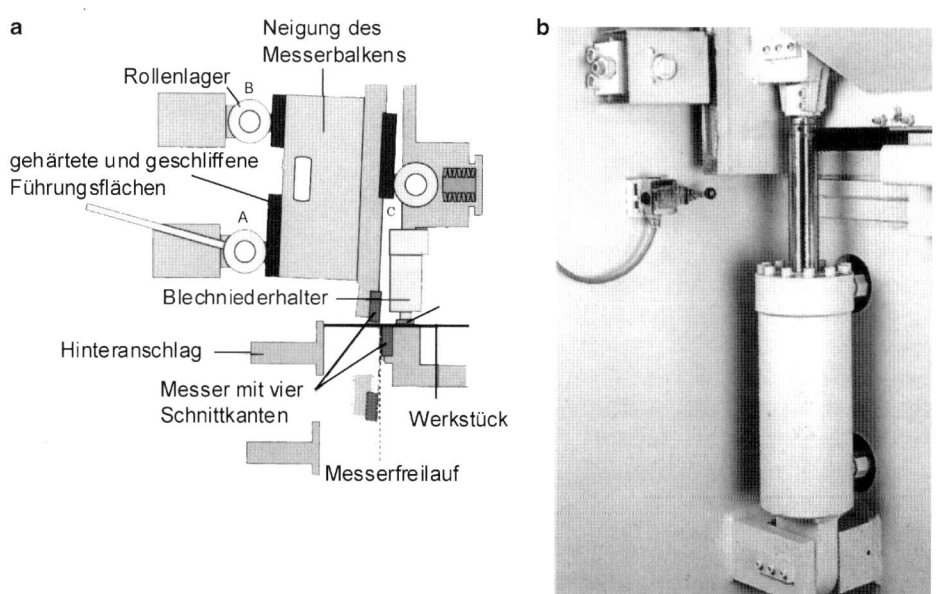

Abb. 6.35 a Schnitt durch den Arbeitsraum einer hydraulischen Tafelschere und **b** doppeltwirkender Hydraulikzylinder für die Bewegung des Messerbalkens (Werkbild: EHT)

Schneidspalt wird durch Verschieben des Rollenpaares A verändert. Dies erfolgt über ein an der Bedienseite angeordnetes Handrad oder mit Hilfe von Motoren durch Vorgabe der Einstellwerte in die Steuerung.

Der Blechniederhalter ist aus mehreren, voneinander unabhängigen Zylindern aufgebaut. Sie drücken das Blech vor dem Schneiden gegen den Tisch und halten es während des Schneidvorganges. Durch den Aufbau aus mehreren Zylindern ist das Ausgleichen von Blechunregelmäßigkeiten gewährleistet. Die Blechdicke muss nicht eingestellt werden.

Wichtig für einen maßgenauen Schnitt ist die Einstellung des hinteren Anschlages. Diese erfolgt angetrieben durch Elektromotoren und mit Hilfe eines Spindel-Mutter-Getriebes. Während des Schneidvorganges werden die Anschläge automatisch vom Blech weggefahren, um ein Einklemmen und damit verbundenes Verbiegen des Werkstückes zu vermeiden.

Wichtige Kenngrößen von Tafelscheren sind z. B. (Werte für HAST-E 16/31, Firma EHT)
- maximale Schneidleistung für Stahl (45 kg/mm^2) 16 mm,
- maximale Schneidkraft 863 kN und die maximale Schneidlänge 3.100 mm,
- die Anzahl Hübe pro Minute 7...28,
- Einstellbereich von Schnittwinkel 0,5°...2,5° und Schneidspalt (0,1...2,5) mm,
- Einstellbereich des Hinteranschlages 1.000 mm.

6.4 Schneid- und Umformanlagen

Der zunehmende Zwang zur effektiven Fertigung führte besonders in der Großserien- und Massenfertigung zur Automatisierung von Schneid- und Umformprozessen. Dazu wurden spezielle Anlagen entwickelt und gebaut, die eine oder mehrere Maschinen, die Handhabeeinrichtungen, die Materialbereitstellung und den Werkstückfluss zusammenführen.

Man unterscheidet in Einrichtungen, bei denen das zu fertigende Werkstück bis zur letzten Bearbeitungsstufe am band- oder streifenförmigen Ausgangsmaterial verbleibt, und Einrichtungen, bei denen ein Materialabschnitt (Ronde) in der ersten Arbeitsstufe geschnitten wird und dieser von Arbeitsstufe zu Arbeitsstufe transportiert werden muss.

Mehrere Arbeitsstufen können in einer Maschine durch einen oder mehrere Stößel bzw. durch mehrere verkettete Maschinen realisiert werden.

Beispielhaft sollen vorgestellt werden: eine Großteil-Transferpresse, eine hydraulische Pressenstraße, ein Hochleistungs-Schneid-(Stanz-)automat und eine Pressenanlage zur Verarbeitung von Bandmaterial.

6.4.1 Großteil-Transferpresse

Für die Formgebung an großen, instabilen Blechteilen (z. B. Karosserieteile) eignen sich bei entsprechenden Stückzahlen Großteil-Transferpressen [3]. Bei Transferpressen kann ein Stößel zum Einsatz kommen, der alle Werkzeugstationen bedient. Ein anderer Aufbau ist in Abb. 6.36 [4] dargestellt. Hier besitzt jede Werkzeugstation einen eigenen Kurbelwellen-Stößel-Antrieb. Alle Kurbelwellen werden über eine zentale Welle angetrieben.

6.4 Schneid- und Umformanlagen

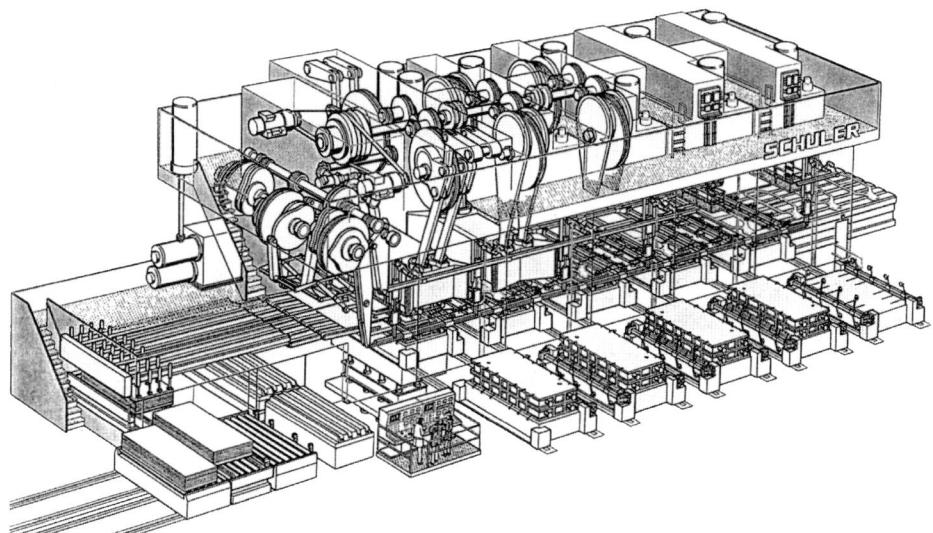

Abb. 6.36 Großteil-Transferpresse (Werkbild: Schuler)

Der Transfer der Blechteile von Station zu Station erfolgt mit Hilfe von saugerbestückten Traversen. Ihre Bewegung wird mechanisch direkt von der Kurbelwelle abgeleitet. Diese mechanische Verbindung sichert eine gute Abstimmung zwischen den notwendigen Umform- und Transportbewegungen. Einrichtungen für einen schnellen Werkzeugwechsel sowie für die Zuführung der Bleche, den Abtransport der fertigen Werkstücke und des Abfalls komplettieren die Anlage.

Im Vordergrund (Abb. 6.36) ist die Steuerzentrale der Anlage zu sehen. Aus den Größenverhältnissen zu den dargestellten Personen lassen sich die Abmessungen der Produktionseinrichtung abschätzen.

6.4.2 Hydraulische Pressenstraße für die Blechteilefertigung

Hydraulische Pressenstraßen für die Blechteilefertigung werden für die Fertigungsverfahren Tiefziehen, Stanzen, Schneiden, Prägen, Richten u. a. ausgelegt. Die abgebildete Pressenstraße (Abb. 6.37) besteht beispielsweise aus zwei hydraulischen Tiefziehpressen, die untereinander verkettet sind. Die Flexibilität dieser Einrichtung wird erreicht durch Schnellwechselsysteme für die Werkzeuge sowie verschiedene Handhabesysteme für die Materialzuführung (Haspel mit Richteinheit, Blechzuführung vom Stapel, Rondenzuführung) und die Werkstückentnahme und den Abtransport durch ein Transportband. Das Bereitstellen der Werkzeuge und die Vorbereitung der Handhabetechnik können parallel zur Hauptzeit und damit unabhängig von der laufenden Fertigung erfolgen.

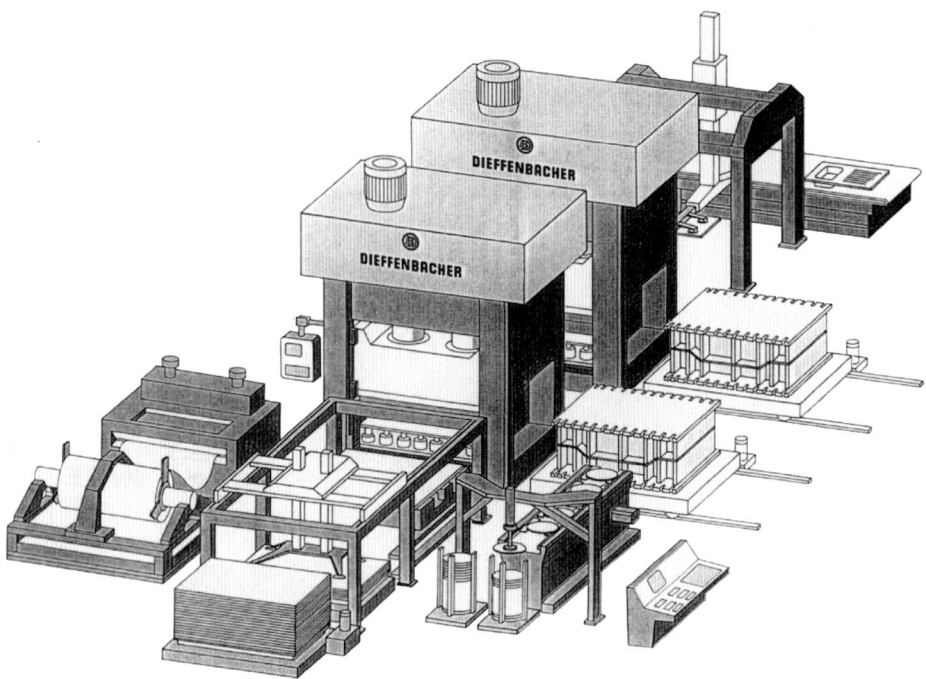

Abb. 6.37 Beispiel zum Aufbau einer hydraulischen Pressenstraße (Werkbild: Dieffenbacher)

6.4.3 Schneidautomat

Schneidautomaten (auch als Stanzautomaten bezeichnet) sind Exzenter- oder Kurbelpressen, die speziell für die Bearbeitung von Blech unter Anwendung von Einfach- oder Mehrfachwerkzeugen ausgelegt werden. Beispiele hergestellter Teilen sind in Abb. 6.38 dargestellt.

Die Maschinen zeichnen sich aus durch eine möglichst hohe Hubzahl bei kleinen Hubwegen. Synchron zur Hubzahl muss mit großer Genauigkeit der Vorschub des Materials realisiert werden. Die in Abb. 6.39 abgebildete Maschine besitzt eine querliegende Kurbelwelle die von einem frequenzgesteuerten Drehstrommotor angetrieben wird. Dieser ermöglicht die stufenlose Einstellung der Hubzahl im Bereich von 100 bis 1800 Hüben pro Minute.

Abb. 6.38 Beispiel für Werkstücke (Werkbild: Schuler)

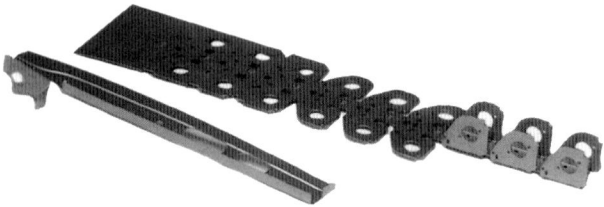

6.4 Schneid- und Umformanlagen

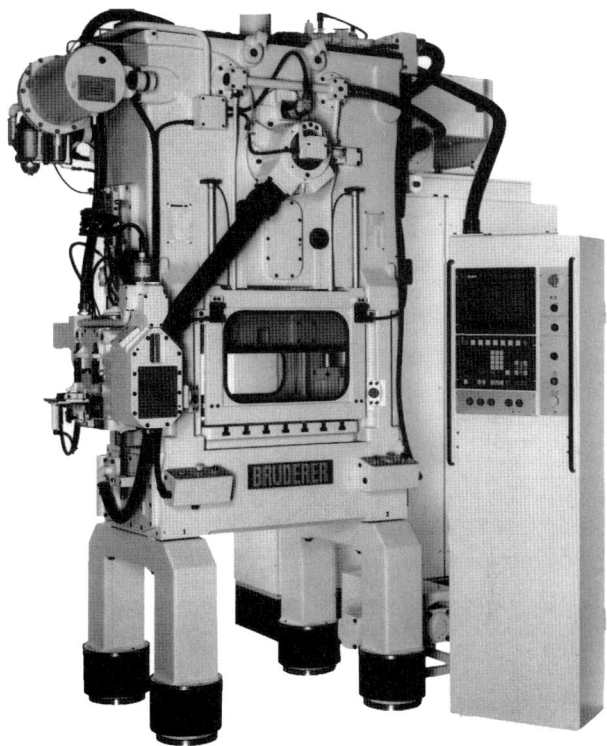

Abb. 6.39 Beispiel eines Hochleistungs-Stanzautomaten (Werkbild: Bruderer)

Zwangsgesteuert von der Kurbelwelle wird der Walzen- oder Zangenvorschub für das Bandmaterial angetrieben. In der Abbildung ist deutlich die dazu notwendige Gelenkwelle zu erkennen. Die Vorschubgröße kann stufenlos eingestellt werden.

Der Schneidautomat ist NC gesteuert. Dies garantiert eine einfache Bedienung und kurze Reaktionszeiten. Die Steuerung besitzt Schnittstellen, um mit den Steuerungen der peripheren Geräte zu kommunizieren. Das ist besonders notwendig, wenn die Maschine automatisiert betrieben werden soll, um ihre Produktivität voll zu nutzen.

Analog wie in Abb. 5.33 mit hydraulischen Pressen dargestellt, kann der Ausbau bis zu einer Pressenanlage zur Verarbeitung von Bandmaterial erfolgen. Das zu verarbeitende Bandmaterial wird automatisiert dem Schneidautomaten zugeführt. Dazu besteht die Anlage (Abb. 6.40) aus der Haspel mit Ladeeinrichtung für die Coils des Bandmaterials, einer Schweißeinrichtung zum Verbinden von Coilende und -anfang und der Richtmaschine. Das Vorschubaggregat – ausgeführt als Zangen- oder Walzenvorschubgerät – ist antriebsseitig entweder direkt mit dem Schneidautomaten verbunden (siehe Beispiel oben) oder besitzt einen eigenen Antrieb. In diesem Fall steht es direkt vor dem Schneidautomaten und ist mit ihm mechanisch verbunden. Ölsprüh- und Befettungseinrichtungen werden oft in den Bandzuführungskomplex integriert. Das Einführen des Bandes kann mit solchen Anlagen automatisiert bis zum Werkzeug erfolgen, was besonders bei der Herstellung kleiner Losgrößen vorteilhaft ist.

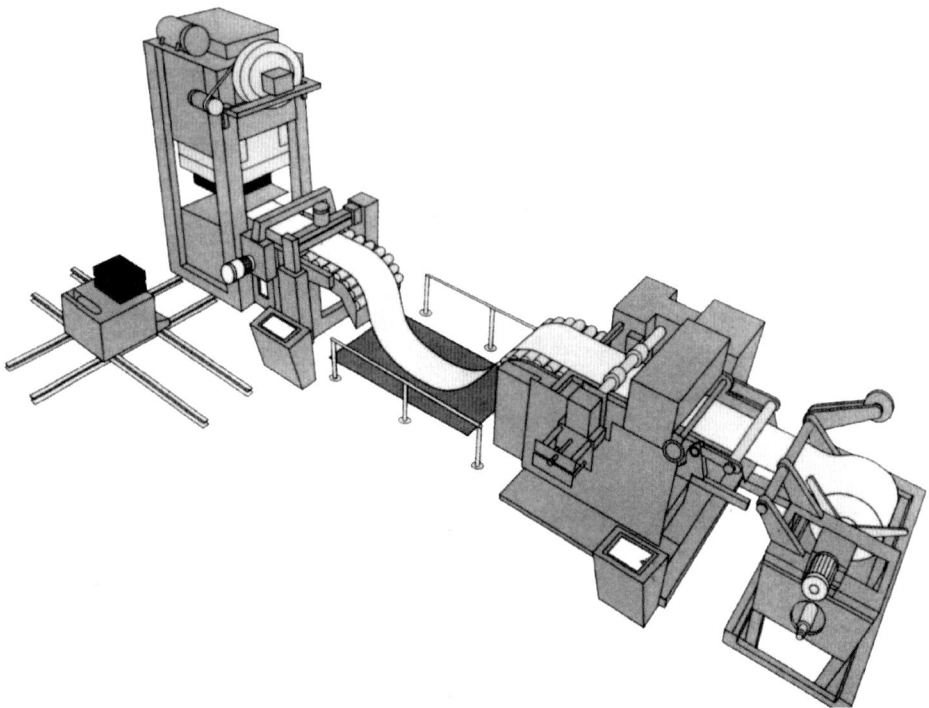

Abb. 6.40 Schneidautomat mit Bandzuführanlage und Werkzeugwechselwagen (Werkbild: Schuler)

Für den Abtransport der Werkstücke werden z. B. Magnetbänder und Stapeleinrichtungen genutzt. Weiterhin ist in der Schneidpresse für eine sichere Entfernung ausgeschnittener Blechabfälle und der zerschnittenen Blechbandreste zu sorgen. Dies geschieht oft durch Rutschen in Entsorgungsbehälter.

Durch entsprechende Aufnahmesysteme in der Presse wird ein schneller Wechsel der Werkzeuge ermöglicht. Dazu dienen auch Wechselwagen, die z. B. auf Schienen fahren und auf denen die Werkzeuge parallel zur Hauptzeit gewartet und auf den Einsatz vorbereitet werden können.

Literaturverzeichnis

1. Schuler GmbH (Hrsg.): Handbuch der Umformtechnik. Springer, Berlin, Heidelberg u. a. (1996)
2. Neugebauer, R. u. a.: Sächsische Fachtagung für Umformtechnik 24./25.11.94 Chemnitz, Tagungsband
3. Harsch, E., Viehweger, B.: Großteil-Transferpressen auf dem Vormarsch. WB Werkstatt und Betrieb, **132**(3) (1999)
4. Schuler Pressen GmbH & Co. (Hrsg.): Presswerkseinrichtungen für die Automobilindustrie. Göppingen

7 Abtragende Werkzeugmaschinen

In Anlehnung an DIN 8590 [1] ist die Einteilung der abtragenden Verfahren in Abb. 7.1 dargestellt. Wird dem Werkzeug „Wasserstrahl" ein abrasives Mittel zugesetzt, ist dieses Bearbeitungsverfahren auch dem Spanen mit geometrisch unbestimmter Schneide zuzuordnen. Da man in der Regel nur eines dieser Verfahren auf einer Maschine realisieren kann, werden abtragende Werkzeugmaschinen entsprechend klassifiziert. Als Beispiele solcher Maschinen sollen Schneid- und Senkerodiermaschinen, Laserstrahlbearbeitungsmaschinen und Wasserstrahlschneidanlagen betrachtet werden.

Abtragende Werkzeugmaschinen bestehen aus Baugruppen zur Erzeugung des energiereichen Werkzeuges (Einrichtungen zur Erzeugung des chemisch, elektrochemisch, thermisch oder mechanisch abtragenden Energieträgers). Dieses ist abhängig vom angewandten Verfahren und kann innerhalb der abtragenden Werkzeugmaschinen nicht verallgemeinert werden. Der Aufbau und die Funktion der Werkzeugbaugruppe werden verfahrensspezifisch im Zusammenhang mit den ausgeführten Maschinen erläutert.

Weiterhin sind Baugruppen notwendig, die das Werkzeug und das Werkstück aufnehmen und so führen, dass die Relativbewegung zwischen ihnen die Kontur des Werkstückes erzeugt bzw. die Kontur des Werkzeuges auf das Werkstück überträgt. Die zuletzt ge-

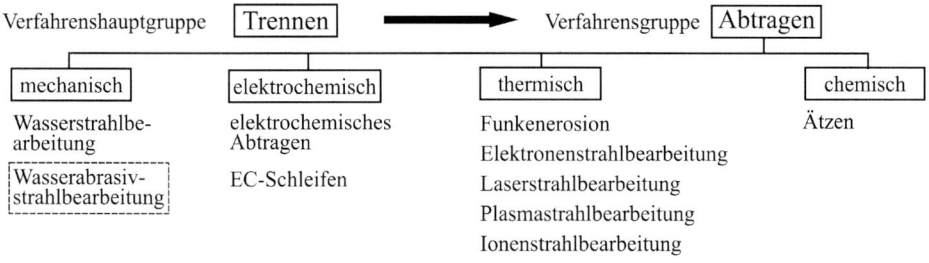

Abb. 7.1 Einteilung der abtragenden Verfahren

nannten Baugruppen ähneln sehr den im Kap. 3 besprochenen Baugruppen spanender Werkzeugmaschinen. Aufgrund dieser Tatsache wird deren Aufbau nicht nochmals behandelt.

Bedingt durch die Eigenschaften der abtragenden Verfahren
- Abtragvolumen pro Zeit bzw. Schneidgeschwindigkeit pro Zeit wesentlich geringer als bei spanenden Verfahren,
- thermische Belastung des Werkstückes gering

und der verhältnismäßig hohen Maschinen- und Anlagenkosten sowie deren beschränkter Einsatzfähigkeit werden diese Maschinen nur dann eingesetzt, wenn man mit umformenden oder spanenden Verfahren und Maschinen nicht zum Erfolg kommt. Dies ist vor allem der Fall bei
- extrem harten oder spröden Werkstoffen (z. B. Hartmetalle, hochlegierte Stähle, Keramiken),
- der Herstellung bestimmter Formelemente (z. B. kleinste Bohrungen, Hinterschnitte),
- thermisch empfindlichen Werkstoffen (z. B. vergütete Werkstücke, Glas, textile Gewebe).

7.1 Erodiermaschinen

Auf diesen Maschinen wird die Funkenerosion als abtragendes Fertigungsverfahren realisiert. Voraussetzung für die Bearbeitung ist eine ausreichende elektrische Leitfähigkeit des zu bearbeitenden Werkstückwerkstoffes. Der Materialabtrag erfolgt durch elektrische Funkenentladungen, die örtlich getrennt und kurzzeitig zwischen Elektrode und Werkstück in einer nichtleitenden Flüssigkeit (Dielektrikum) erfolgen. Die Einzelentladung teilt man in mehrere Phasen [2] ein. Dominierend sind Zünd-, Entlade- und Pausenphase (Abb. 7.2).

Zündphase:

Die Elektrode (+) als das Werkzeug wird in einen definierten Abstand (Arbeitsspalt) zum Werkstück (−) gebracht. Die anliegende elektrische Spannung bildet ein elektrisches Feld aus, das an den Stellen mit dem kleinsten Abstand leitfähige Partikel sammelt. Ist diese Brücke ausreichend leitfähig, beginnt der Stromfluss. Negativ geladene Teilchen (Elek-

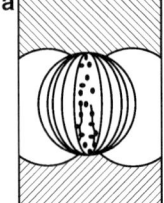 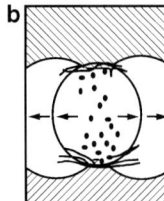 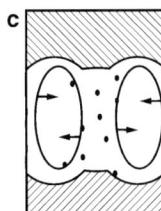

Abb. 7.2 Phasen der funkenerosiven Entladung zwischen Elektrode und Werkstück. **a** Zündphase, **b** Entladephase, **c** Pausenphase

tronen) werden in Richtung der positiven Elektrode und positive Teilchen (Ionen) zum negativen Werkstück beschleunigt. Dabei wird kinetische Energie stoßartig in Wärme umgewandelt, was zum Verdampfen des Dielektrikums in Form einer Plasma-Gasblase (Entladekanal, sichtbar als Funke) führt.

Entladephase:
Mit dem jetzt möglichen höheren Stromfluss dehnt sich der Entladekanal weiter aus. Durch die Trägheit des umgebenden Dielektrikums entsteht ein Gegendruck, der diese Ausdehnung begrenzt. Im Entladekanal zwischen Elektrode und Werkstück entsteht eine hohe Stromdichte, die zu einer intensiven partiellen Erwärmung führt. Der Werkstückwerkstoff wird aufgeschmolzen und zum Teil verdampft. Es entsteht ein Gleichgewichtszustand.

Pausenphase:
Durch Abschalten der Energiezufuhr (Spannung) bricht die Plasmagasblase in sich zusammen. Die Schmelze wird herausgeschleudert, erstarrt im Dielektrikum und wird durch selbiges aus dem Arbeitsspalt herausgespült. Die Pausenphase muss so dimensioniert sein, dass die Ionisierung im Entladekanal vollständig aufgelöst wird. Damit wird das Zünden einer neuen Entladung an einer anderen Stelle der Oberfläche garantiert. Die Bildung von Lichtbögen ist zu vermeiden. Diese Vorgänge wiederholen sich bis zu 100.000mal in der Sekunde. Die Polung von Werkstück und Werkzeug kann auch umgekehrt erfolgen.

Der prinzipielle Aufbau von Erodiermaschinen soll im Weiteren an ausgeführten Maschinen zum funkenerosiven Senken und funkenerosiven Schneiden dargestellt werden.

7.1.1 Senkerodiermaschinen

Werkstück und Werkzeug (Elektrode mit negativer Form der herzustellenden Werkstückkontur) werden im Arbeitsbehälter vom Dielektrikum umspült. Während des Abtragprozesses wird in der Regel die Elektrode in Richtung des Werkstückes abgesenkt (Abb. 7.3). Diese Bewegung muss so gesteuert werden, dass die elektroerosive Entladung stattfindet, danach das geschmolzene Material durch das Dielektrikum aus dem Arbeitsspalt entfernt wird, der Arbeitsspalt wieder so eingestellt wird, dass die nächste Entladung stattfinden kann und dabei der Werkstoffabtrag durch Zustellung ausgeglichen wird.

Das Spülen des Arbeitsspaltes kann erfolgen durch
- Hin- und Herbewegen der Elektrode in Einsenkrichtung (großflächige, nicht unterbrochene Elektroden) oder Rotation der Elektrode (rotationssymmetrische Flächen),
- Ansaugen oder Durchdrücken von Dielektrikum durch die Elektrode direkt in den Arbeitsspalt (Elektrode ist ein oder mehrfach durchbohrt),
- externe Erzeugung eines Flusses des Dielektrikums mit Hilfe von Düsen.

Abb. 7.3 Arbeitsraum und Bewegungen beim funkenerosiven Senken. a – Werkzeug, b – Werkstück, c – Arbeitsbehälter mit Dielektrikum, d – Tisch, e – Spüldüse, f – Spülbewegung, g – Spülkanal

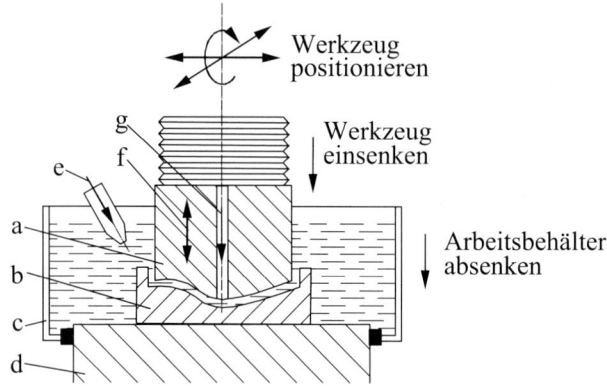

Werden der Einsenkbewegung weitere Bewegungen überlagert, können mit relativ einfachen Elektroden unterschiedliche Formelemente in das Werkstück gearbeitet werden.

Drei unterschiedliche Konzepte des Gestellaufbaues sind in Abb. 3.3 dargestellt. Einer Senkerodiermaschine in Portalbauweise zeigt Abb. 7.4. Auf der Werkzeugseite wurden drei Bewegungen angeordnet. Der Maschinentisch einschließlich des absenkbaren Behälters für das Dielektrikum führt eine Bewegung aus. Zu einer kompletten Anlage gehören außer der eigentlichen Maschine noch die NC-Steuerung für die Bewegung in den Maschinenkoordinaten, der Vorschubregelkreis zum sicheren Aufrechterhalten der richtigen Grö-

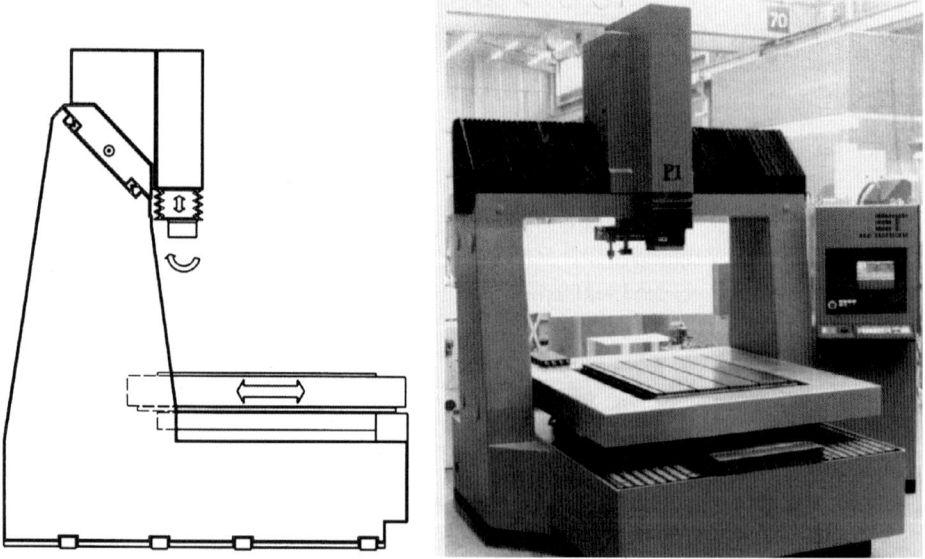

Abb. 7.4 Aufbauprinzip und Ansicht einer Maschine zum funkenerosiven Senken (Werkbild: AEG Elotherm)

ße des Arbeitsspaltes, der Generator zur Spannungserzeugung für den Abtragvorgang und die Aufbereitungsanlage für das Dielektrikum. Werkstück- und Werkzeugwechselsysteme können vorhanden sein. Oft besitzen diese Maschinen auch eine Feuerlöscheinrichtung.

Senkerodiermaschinen werden hauptsächlich eingesetzt für die Herstellung von Werkzeugen und Formen, aber auch für die Fertigung kleiner tiefer Bohrungen mit Durchmessern bis in den Mikrobereich. Das Erodierergebnis ist abhängig von einer Vielzahl von Einstellgrößen. Man bewertet es nach der Abtragrate, der erzielten Oberflächenqualität, Form- und Maßgenauigkeit sowie dem Elektrodenverschleiß. Beim Schruppen kann eine spezifische Abtragrate von bis zu $9\,\text{mm}^3/\text{A min}$ erreicht werden. Für Schlichtprozesse sind spezifische Abtragraten kleiner $0{,}3\,\text{mm}^3/\text{A min}$ üblich. Die Oberflächenqualitäten liegen im Bereich von $R_a > 3\,\mu\text{m}$ beim Schruppen, über $0{,}8\,\mu\text{m} < R_a < 3\,\mu\text{m}$ beim Schlichten und bis $0{,}2\,\mu\text{m} < R_a < 0{,}8\,\mu\text{m}$ beim Feinschlichten.

7.1.2 Schneiderodiermaschinen

Das Werkzeug (Elektrode) ist bei diesem Verfahren ein Draht, der kontinuierlich mit dem Abstand des Arbeitsspaltes durch das Werkstück gezogen wird (Drahtvorschub). Diese Bewegung ist mit dem Ab- und Aufwickeln des Drahtes verbunden. Das Werkstück und der geführte Draht befinden sich im Arbeitsbehälter und somit im Dielektrikum. Das Spülen im Spalt übernehmen in der Regel Düsen, die den Draht umschließen und an Ein- und Austritt des Drahtes aus dem Werkstück Dielektrikum zuführen. Den Verlauf des Schneidspaltes bestimmt die Relativbewegung zwischen Werkstück und Werkzeug. Sie wird in der Regel durch zwei Vorschubachsen ausgeführt, die den Arbeitsbehälter und das Werkstück oder die Drahtzuführung bewegen. Diese Vorschubachsen müssen in Abhängigkeit vom Arbeitsspalt gesteuert werden (Abb. 7.6). Durch Verschieben der unteren Drahtführung (Abb. 7.5) gegenüber der oberen sind Neigungen bis 30° herstellbar.

Die Anwendung dieser Maschinen erfolgt hauptsächlich bei der Herstellung von Elektroden, Stempeln und Matrizen für Schneidwerkzeuge und die Bearbeitung von Hartmetallwerkzeugen. Von einer Vielzahl von Faktoren sind die erreichbaren Geschwindigkeiten und die Oberflächenqualitäten abhängig. Typische Geschwindigkeiten liegen im Bereich von 1 bis 3 mm/min. Beim Feinstschlichten können Rauheiten $R_{\max} = 0{,}5\,\mu\text{m}$ erreicht werden.

Soll die Bearbeitung in der Mitte eines Werkstückes beginnen, muss vor dem Schneidprozess eine Startlochbohrung hergestellt werden. Bei gut spanbaren Werkstoffen erfolgt dies durch Bohren. In der Regel sind die Werkstoffe dafür aber nicht geeignet, so dass spezielle Maschinen (Abb. 7.7) oder Zusatzeinrichtungen zum Einsatz kommen. Sie basieren auf dem Prinzip des Senkerodierens und stellen geeignete Startlöcher her.

In diese Startlöcher muss dann der Draht eingefädelt werden. Spezielle Einrichtungen an den Schneiderodiermaschinen übernehmen diese Aufgabe. Mit Hilfe eines Strahles mit Dielektrikum und dem Messen des Rückpralldruckes sucht die Maschine die Mitte des Startloches (Abb. 7.8). Ist diese gefunden, wird der Drahtvorschub frei gegeben und

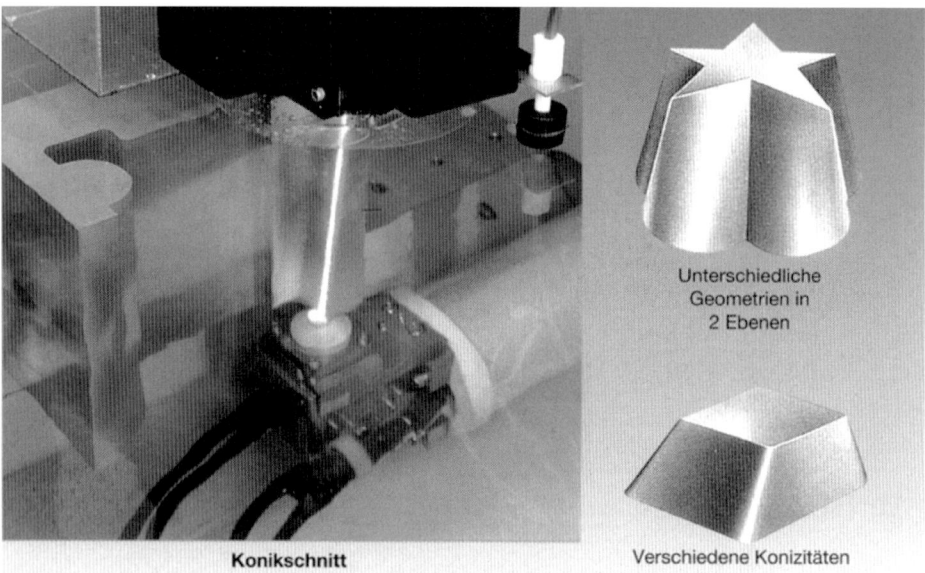

Abb. 7.5 Konisch-Schneiderodieren (Werkbild: Mitsubishi)

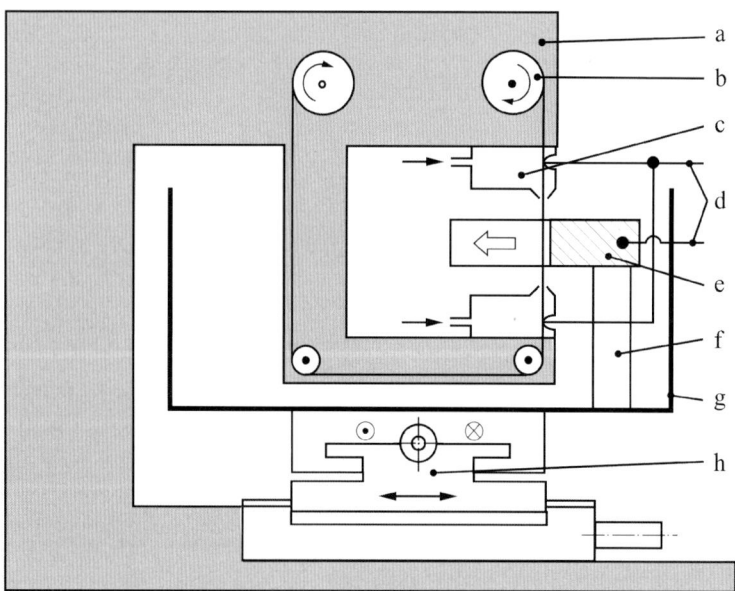

Abb. 7.6 Arbeitsraum und Bewegungen beim Schneiderodieren. a – Gestell, b – Drahtrolle, c – Drahtführung mit Spüldüse, d – Spannungszuführung, e – Werkstück, f – Werkstückträger, g – Arbeitsbehälter, h – Kreuztisch

7.1 Erodiermaschinen

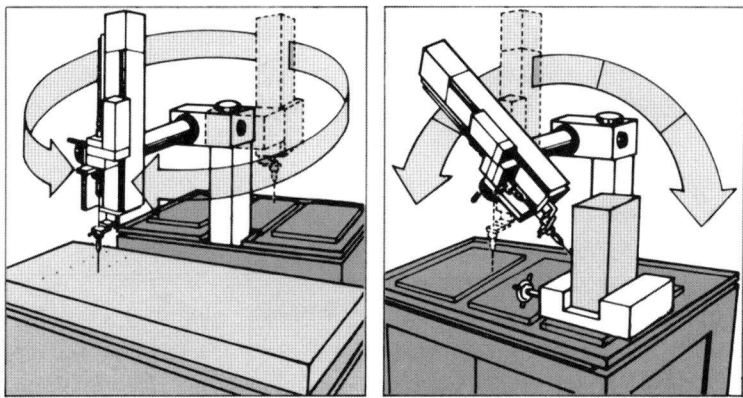

Abb. 7.7 Startlocherodieren (Werkbild: WDS)

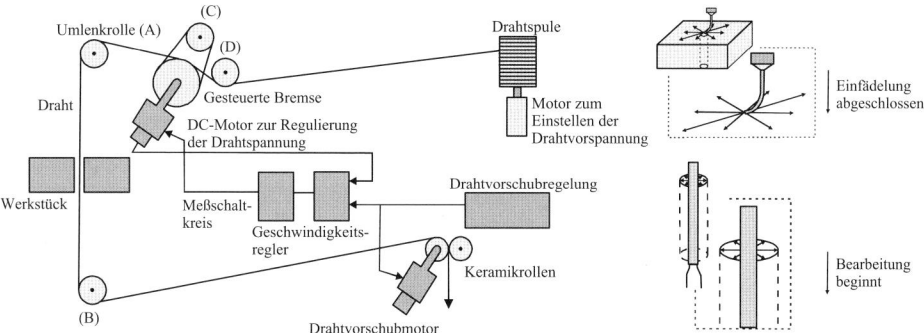

Abb. 7.8 Drahteinfädeleinrichtung und Drahtführung bei einer Maschine zum Schneiderodieren (Werkbild: Mitsubishi)

der Draht durch den Strahl durch das Startloch gefädelt. Auf der Werkstückgegenseite übernehmen Rollen die Führung des Drahtes bis zur Aufwickelrolle.

In Abb. 7.9 ist der Gestellaufbau einer Maschine zum Schneiderodieren dargestellt. Die Gestellbauteile wurden in Gusskonstruktion ausgeführt. Die Verrippung und die Thermosymmetrie wurden durch FEM-Berechnungen optimiert und sind Voraussetzung für das Erreichen einer hohen Genauigkeit. Die Führung der Bauteile zueinander erfolgt über vorgespannte Kompaktwälzelemente.

Die Maschine besitzt eine NC-Steuerung für die Bewegung in den Maschinenkoordinaten.

Diese Steuerung muss auch den Vorschubregelkreis zum sicheren Aufrechterhalten der richtigen Größe des Arbeitsspaltes beinhalten und den Drahtvorschub regeln. Zu einer kompletten Schneiderodieranlage gehören außerdem der Generator zur Spannungserzeugung für den Abtragvorgang und die Aufbereitungsanlage für das Dielektrikum.

Abb. 7.9 Maschine zum Schneiderodieren (Werkbild: Mitsubishi)

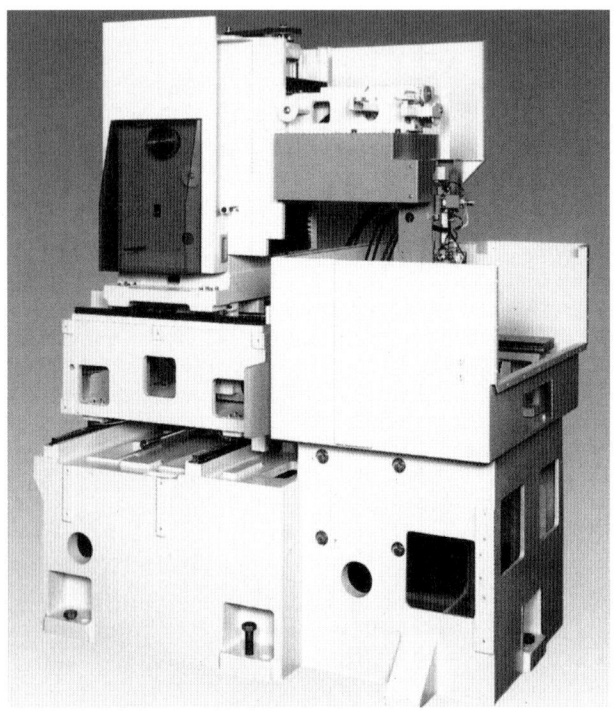

7.2 Laserbearbeitungsmaschinen

Die Laserstrahltechnologie wird bei einer Vielzahl von Bearbeitungsverfahren angewandt (z. B. Schneiden, Schweißen, Abtragen und Beschriften unterschiedlicher Materialien). Durchgesetzt hat sich diese Technologie auch bei der Oberflächenbearbeitung von Werkstücken, z. B. Härten, Beschichten und bei der Mikrobearbeitung. Bestimmte Verfahren des Rapid Prototyping arbeiten ebenfalls mit Laserstrahl. Die Besonderheiten des Laserlichtes sind, dass

- die Strahlung nur in einem eng begrenzten Wellenlängenbereich emittiert wird,
- der Strahl ohne Aufweitung und relativ verlustarm über große Strecken übertragen wird,
- sich die Energiedichte durch Fokussieren stark erhöhen lässt.

Diese ermöglichen eine gezielte Erhitzung eng begrenzter Zonen am Werkstück. Damit verbunden sind der Abtrag in engen Spalten mit hoher Genauigkeit sowie eine verzugsarme Bearbeitung. Innerhalb der Fertigungstechnik werden für die Materialbearbeitung Laser ab ca. 20 W angewandt. Dabei kommen zum Einsatz Nd:YAG-Festkörperlaser (ca. 1,06 μm Wellenlänge), CO_2-Gaslaser (ca. 10,6 μm Wellenlänge) und Diodenlaser.

Die Funktionsprinzipien dieser Laserquellen sollen im Folgenden mit ihren wesentlichen Eigenschaften erläutert werden [3]. Allen Laserquellen eigen ist, dass Atome, Ionen und Moleküle in einen definierten energiereichen und instabilen Zustand gebracht werden.

7.2 Laserbearbeitungsmaschinen

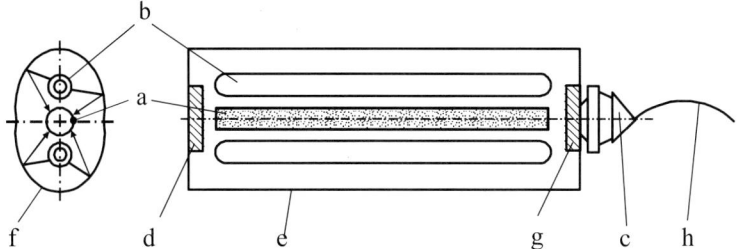

Abb. 7.10 Prinzipieller Aufbau eines blitzlampengepumpten Nd:YAG-Lasers. a – Kristall, b – Lampen, c – Strahladapter, d – Endspiegel, e – Resonator, f – doppelter Ellipsoid, g – Auskoppelspiegel, h – Lichtleitfaser

Beim Rücksprung in einen energetisch niedrigeren oder den Grundzustand wird Laserlicht mit einer eng begrenzten Wellenlänge emittiert.

Nd:YAG-Festkörperlaser

Ein mit Neodym-Ionen (Nd) dotierter Kristall ist von Blitz- oder Bogenlampen umgeben. Die Nd-Ionen werden durch die Lampen optisch angeregt und emittieren die Laserstrahlung. Die so erreichbaren maximalen Leistungen liegen bei ca. 4 kW. Der Wirkungsgrad solcher Laserquellen liegt unterhalb 5%. Durch Pulsen der Laser lassen sich kurzzeitig Leistungen bis 50 MW (Zeitdauer (1...0,01) ms) erzeugen (Abb. 7.10).

Als Pumplichtquelle für Festkörperlaser werden auch Diodenlaser eingesetzt. Dabei verbessert sich die Strahlqualität und der Gesamtwirkungsgrad steigt auf 10 bis 12%.

CO_2-Gaslaser

Bei dieser Laserquelle befinden sich in einem Resonator Kohlendioxid, Stickstoff und Helium. Die aktiven Komponenten sind dabei die CO_2-Moleküle. Durch elektrisch angeregte Glimmentladung werden zunächst die N_2-Moleküle beschleunigt. Diese geben ihre Energie durch Anstoßen an die CO_2-Moleküle weiter, wodurch diese in den energiereichen Zustand gehoben werden. CO_2-Gaslaser stehen mit Leistungen bis zu 45 kW zur Verfügung. Sie können gepulst arbeiten und erreichen einen Gesamtwirkungsgrad von ca. 15% (Abb. 7.11).

Diodenlaser

Beim Diodenlaser wird der Laserstrahl direkt von einer mikroelektronischen Diode erzeugt. Durch Bündeln von mehreren hundert Einzeldioden zu sogenannten Laserbarren lassen sich Leistungen von (20...50) W mit einem Wirkungsgrad von bis zu 50% realisieren. Das abgegebene Laserlicht mehrerer dieser Laserbarren kann zusammengeführt und fokussiert werden, so dass die für die Bearbeitung notwendige Energiedichte entsteht (Abb. 7.12).

Abb. 7.11 Prinzipieller Aufbau eines CO_2-Gaslasers, a – elektrische Pumpenergie, b – Gasabsaugung, c – Spiegel, d – Endspiegel, e – Resonator, f – Laserstrahl, g – Auskoppelspiegel

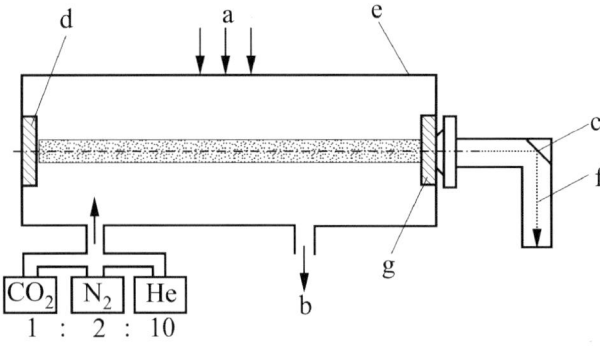

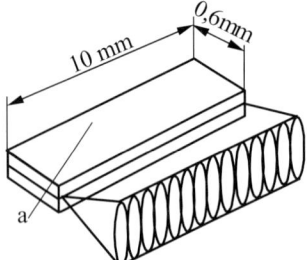
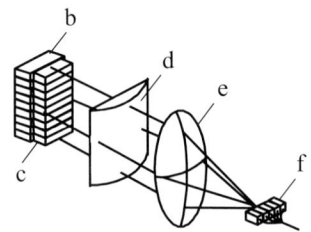

Abb. 7.12 Diodenlaserbarren und Strahlenführung bei einem Hochleistungsdiodenlaserbarren, a – Substruktur aus Einzelelementen oder Breitstreifenemittern, b – Diodenlaserstapel, c – Mikrooptik, d – Zylinderlinse, e – Fokussieroptik, f – Empfänger und Lichtleiter

Abb. 7.13 Laserkopf, a – Laserstrahl, b – Spiegel, c – Fokussierlinse, d – Schutzgas

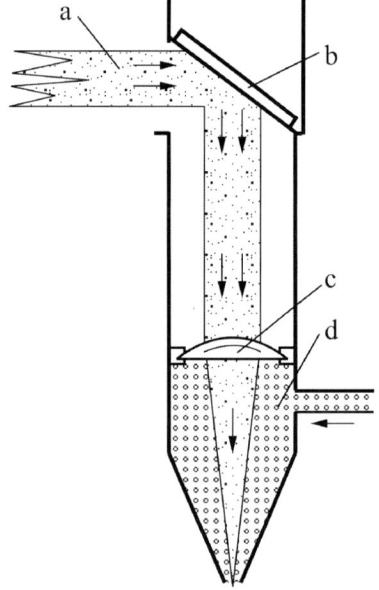

7.2 Laserbearbeitungsmaschinen

Abb. 7.14 Besäumen eines tiefgezogenen Stahlteils [4]

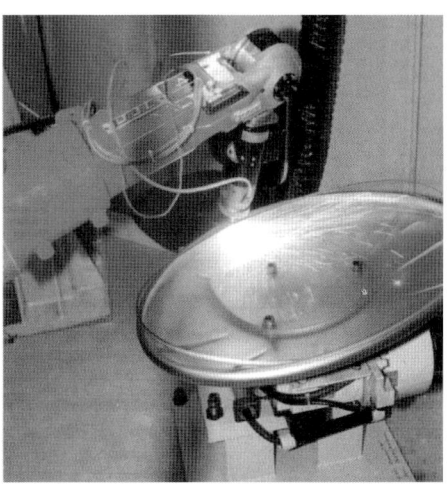

Abb. 7.15 Horizontal- und Vertikalmaschinen zum Abtragen mit Laser [5]

In die Laserbearbeitungsmaschine wird die Laserquelle integriert und der Laserstrahl über entsprechende Lichtleitsysteme zum Laserkopf (Abb. 7.13) an die Bearbeitungsstelle geführt. Abhängig von der Bearbeitungsaufgabe müssen die notwendigen Relativbewegungen zwischen Laserkopf und Werkstück ausgeführt werden. Dazu werden Anlagen verwendet, die lineare und/oder Schwenkachsen besitzen. Das Führen des Laserkopfes kann auch von Robotern oder Parallelkinematiken übernommen werden.

In Abb. 7.14 erkennt man einen entsprechenden Roboter. Sie ist vorgesehen für das Schneiden und Schweißen an Werkstücken mit 3D-Struktur. Das Licht einer 2,5 kW Nd:YAK-Laserquelle wird hierbei über einen Lichtwellenleiter (Durchmesser 1 mm) zum Bearbeitungskopf geführt. Das Aufbauprinzip von Konsolfräsmaschinen (vgl. Abschn. 4.4.1, S. 255) nutzen die in Abb. 7.15 dargestellten Laserbearbeitungsmaschinen [5]. Die Maschinen sind vorgesehen für das Bearbeitungsverfahren „Abtragen" an Werkstücken des Werkzeug- und Formenbaus. Die hier notwendige Bearbeitung von Freiformflächen macht es erforderlich, dass zwischen Laserkopf und Werkstück Bewe-

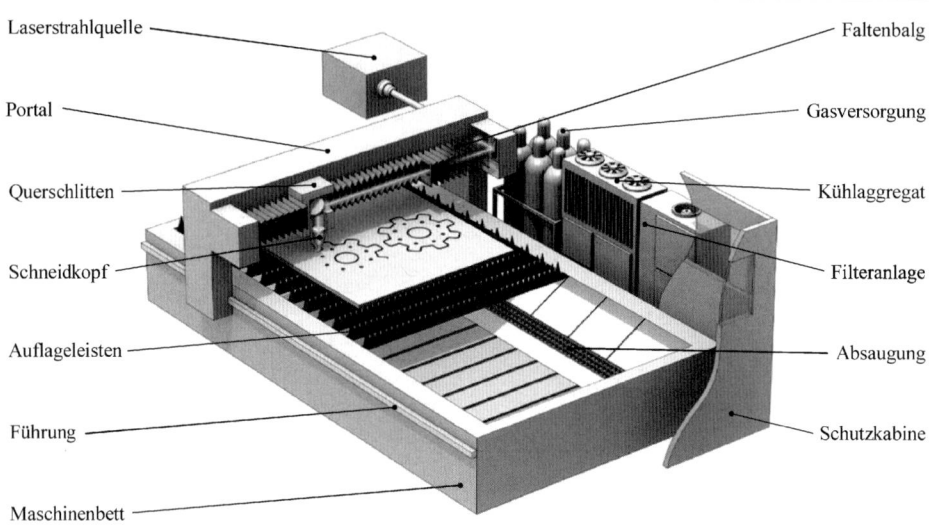

Abb. 7.16 Laserschneidanlage (Werkbild: Trumpf)

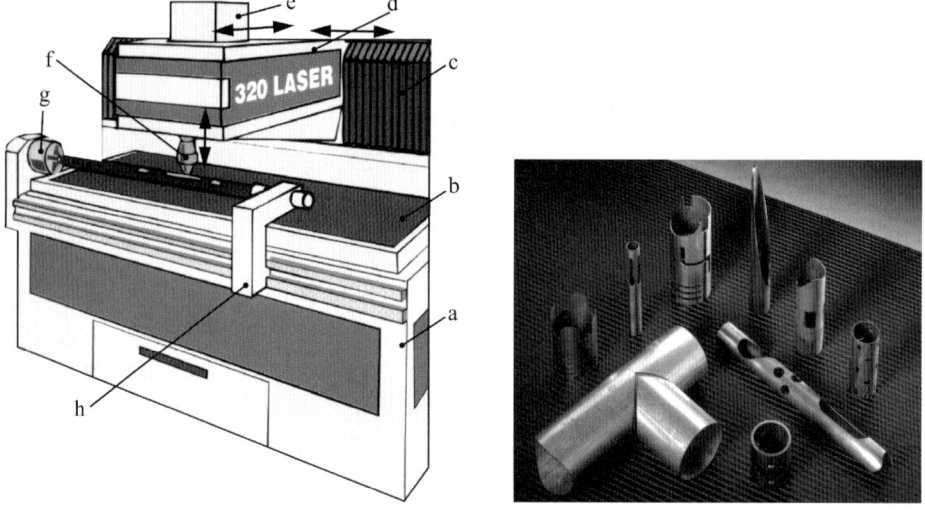

Abb. 7.17 Laserschneidanlage (Werkbild ADIGE), a – Maschinenbett, b – Tisch, c – Querträger, d – Ausleger, e – Pinole, f – Laserkopf, g – drehbare Werkstückaufnahme (z. B. Futter), h – Reitstock

gungen in fünf Freiheitsgraden erfolgen. Dazu ist die Vertikalmaschine neben den drei NC-Linearachsen mit einem NC-Schwenkkopf und einem NC-Drehtisch ausgerüstet. Bei der Horizontalmaschine ist die Werkstückaufnahme um zwei NC-Achsen schwenkbar. Beide Maschinen stellen somit 5-Achs-NC-Maschinen dar. Der Laserstrahl wird von einer CO_2-Laserstrahlquelle erzeugt und über Spiegelsysteme zum Bearbeitungskopf geleitet.

7.2 Laserbearbeitungsmaschinen 423

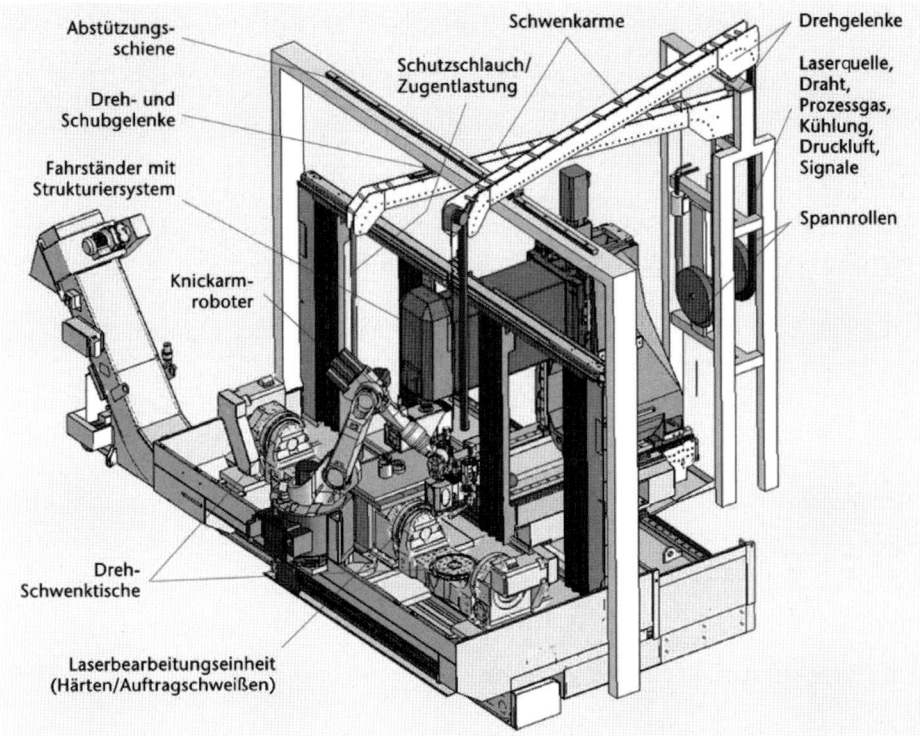

Abb. 7.18 Hybride Systemtechnik für die werkzeugmaschinenintegrierte Lasermaterialbearbeitung [6] (Bild WZL, IPT, Chiron)

Ein wichtiger Anwendungsbereich der Lasertechnologie ist das Schneiden von Blechen und Profilen. Eine Anlage zum Schneiden großer Bleche zeigt Abb. 7.16. Das Portal mit dem Schneidkopf überstreicht eine Arbeitsbreite bis 2,5 m und eine Arbeitslänge bis 4 m. Das Maschinengestell ist als Schweißkonstruktion ausgeführt. Der Antrieb des Portals erfolgt beiderseitig durch Linearmotoren. Sowohl die Portalbewegung (Y-Achse) als auch die Verschiebung des Schneidkopfes (X-Achse) werden als NC-Achsen mit Bahnsteuerung realisiert. Die Laserquelle (hier ein CO_2-Laser) ist außerhalb der Maschine angeordnet. Der Laserstrahl wird über Umlenkspiegel zum Schneidkopf geführt. Während des Schneidvorganges wird das Werkstück nicht bewegt. Der Abstand des Schneidkopfes zum Werkstück wird mit Hilfe einer berührungslosen Abstandsregelung konstant gehalten. Dies ist Bedingung, um einen sauberen Schnitt zu realisieren. Das Wechseln des Schneidkopfes wird durch eine Schnellwechseleinrichtung erleichtert und ist bei Verwendung voreingestellter Schneidköpfe automatisierbar.

Eine Laseranlage mit C-Gestell zeigt Abb. 7.17. Diese Maschine mit X-Achse bis 2,5 m und Y-Achse bis 1,25 m besitzt neben der Auflagefläche für Bleche auch die Möglichkeit,

Werkstücke schwenkbar aufzunehmen. Ist diese Schwenkeinrichtung als NC-Achse ausgeführt, können problemlos Rund-, Vierkant- und Rechteckrohre bearbeitet werden.

In beiden beschriebenen Maschinen ist durch entsprechende Laserköpfe das Laserbrennschneiden verschiedenster Werkstoffe (Baustahl, legierte Stähle, Leichtmetalllegierungen, Holz, Textilien, Leder, Acrylglas u. a.), das Laserschweißen, das Beschriften und das Oberflächenbearbeiten mit Laser möglich. Bei Bedarf ist die Ausrüstung mit anderen Strahlquellen oder Einrichtungen zum autogenen Brennschneiden möglich. Laserschneidmaschinen für die Blechbearbeitung werden oft mit Einrichtungen zum Nibbeln kombiniert.

Die in Abb. 7.18 dargestellte Anlage zeigt eine hybride Systemtechnik für die werkzeugmaschinenintegrierte Lasermaterialbearbeitung.

Bei der Anwendung von Werkzeugmaschinen, die energiereiche Strahlungen als Werkzeuge verwenden, ist besondere Aufmerksamkeit auf den Schutz des Bedienpersonales zu richten. Unter anderem ist auf den Schutz der Augen und der Haut vor Strahlungskontakt zu achten. Spezielle Einrichtungen für das Absaugen des entstehenden Staubes und seiner Entsorgung sind in die Maschinen zu integrieren. Bei der Bearbeitung brennbarer Werkstoffe ist Brandschutzvorsorge zu treffen.

7.3 Wasserstrahlschneidanlagen

Bei Wasserstrahlschneidanlagen (Abb. 7.20) wird ein Hochdruckwasserstrahl zum Trennen des Werkstückmaterials verwendet. Die Nutzung des Wasserstrahls zum Säubern, Aufrauen von Oberflächen bzw. zum Abtragen von Oberflächenschichten ist nicht Gegenstand dieser Maschinenart.

In dem Wasserstrahl können Feststoffpartikel (abrasive Zusätze) enthalten sein, die die mechanische Wirkung verstärken. Dabei unterscheidet man in Suspensions- und Injektionsstrahl. Der Suspensionsstrahl (gemischter Strahl) entsteht, indem mit Hilfe einer Düse, die auf dem Injektorprinzip arbeitet, der Wasserstrahl das Abrasivmittel ansaugt und mit dem Wasser vermischt. Der Behälter mit dem Zusatzmittel befindet sich im Druckkreis des Wassers (bis max. 700 bar). Der so entstandene gemischte Strahl wird danach in der Schneiddüse fokussiert. Mit dieser Strahlart erreicht man hohe Energiedichten bei relativ breiten Schnittfugen (z. B. Schnitttiefe bis 1 m in Stahlbeton bei Schnittfugenbreite ca. 3 mm). Die Anwendung erfolgt überwiegend in großtechnischen und auch transportablen Anlagen für Schneid- und Zerlegeaufgaben.

Für fertigungstechnische Aufgaben ist der Injektorstrahl besser geeignet. Er besteht aus ca. 10% Wasser, 1% Abrasivmittel und Luft. Er entsteht nach dem in Abb. 7.19 dargestellten Injektorprinzip. Man kann relativ geringe Strahldurchmesser erzeugen, was sich positiv als schmale Schnittfuge (ca. 1 mm) auswirkt. Die Energiedichte ist geringer als beim Suspensionsstrahl. Übliche Wasserdrücke liegen bei 3000 bis 3500 bar bei Durchsätzen von 2 bis 4 Liter Wasser und 0,2 bis 1 kg Abrasivmittel pro Minute.

7.3 Wasserstrahlschneidanlagen

Abb. 7.19 Erzeugungsprinzip eines Wasserstrahls mit Abrasivmittel als Injektorstrahl

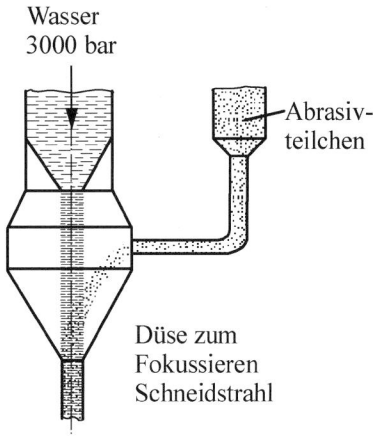

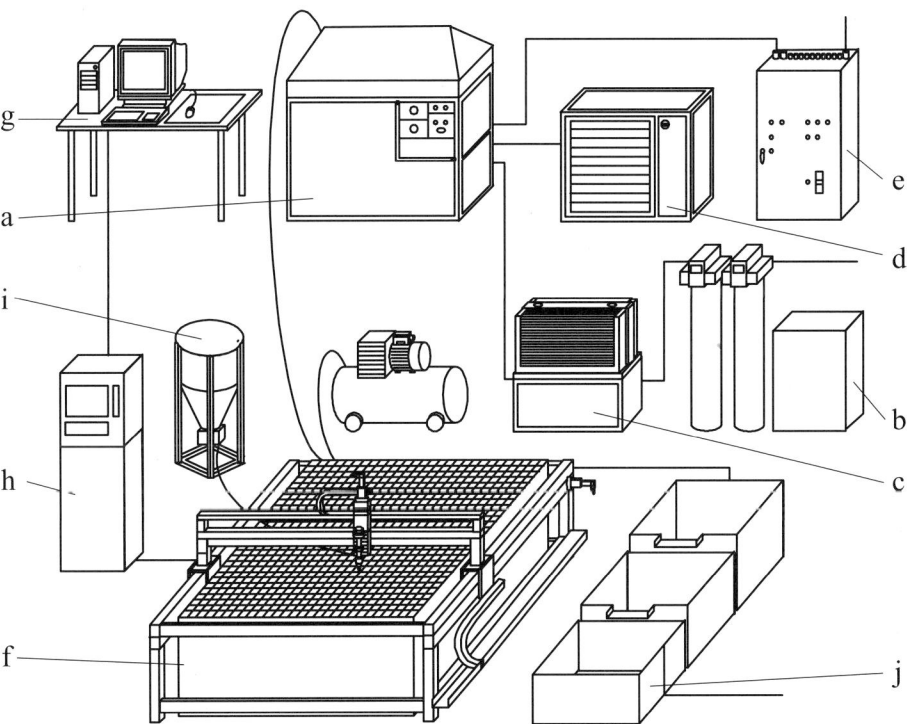

Abb. 7.20 Wasserstrahlschneidanlage (nach Werkbild: AWAC Tschechien), a – Hochdruckpumpe, b – Wasseraufbereitung, c – Filtersystem, d – Kühler, e – Elektroabscheider, f – Wasserstrahlschneidmaschine mit Strahlfänger, g – CAD/CAM-Arbeitsplatz, h – NC-Steuerung, i – Behälter und Dosiereinrichtung für Abrasivmittel, j – Absetzbecken

Abb. 7.21 Prinzip des hydraulischen Druckübersetzers

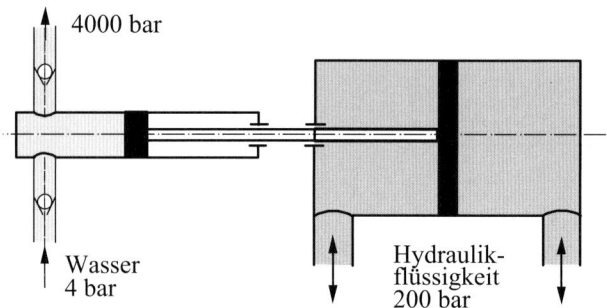

Eine Wasserstrahlschneidanlage besteht aus
- den Einrichtungen zur Druckerzeugung einschließlich des Schneidkopfs,
- der Wasseraufbereitungs- und der Entsorgungseinrichtung,
- der Maschine mit der Führung des Druckkopfes, der Werkstückaufnahme, dem Strahlfänger, der Absaugeinrichtung, der Einhausung und der Steuerung.

Die sichere und langzeitige Erzeugung des Wasserstrahles mit dem notwendigen hohen Druck und der Durchflussmenge entscheidet über die Anwendung und Leistungsfähigkeit der Wasserstrahlschneidanlage. Beim Injektionsstrahlschneiden verwendet man dazu z. B. hydraulische Druckübersetzer (Abb. 7.21). Oft verwendet wird dabei folgender Aufbau: Mit Hilfe einer Kolbenpumpe wird im so genannten Primärkreis ein Öldruck von ca. 200 bar erzeugt. Durch einen Übersetzungskolben wird dieser Druck anschließend in einen mehrfach höheren Wasserdruck (Übersetzungsverhältnis ca. 1 : 20) des Sekundärkreises umgewandelt. Koppelt man zwei Übersetzungskolben spiegelsymmetrisch, wird der Leerhub vermieden. Mit Hilfe von Druckspeichern wird der pulsierende Druckstrom geglättet. Hierbei kann man die Komprimierbarkeit des Wassers bei extremem Druck ausnutzen (bei 4000 bar ca. 13 %). Für die Erzeugung von 4000 bar bei Fördermengen von 0,5 bis 8 l/min sind elektrische Antriebsleistungen von 5,5 bis 90 kW erforderlich. Dauerarbeitsdrücke von 6.000 bar bei Spitzen drücken bis 6.500 bar sind im Produktionsbetrieb im Einsatz.

Alternativ ist die Anwendung von Hochdruckpumpen mit getrennt angetriebenen und um die Phasen verschoben arbeitenden Druckübersetzern zu sehen. Durch entsprechende Steuerung kann ein relativ gleichmäßiger Druckstrom erzeugt werden und die Druckspeicher werden unnötig. Das unter Druck stehende Wasser wird über Hochdruckrohre aus kalt verfestigtem Stahl, Drehverbindungen und Rohrspiralen dem Schneidkopf zugeführt. Kurz vor diesem befindet sich ein pneumatisch betätigtes Ventil zum Öffnen und Schließen.

Der Schneidkopf (Abb. 7.22) besteht aus
- einer Saphirdüse (Innendurchmesser 0,2 bis 0,4 mm) zum Erzeugen des Wasserstrahls,
- der Mischkammer mit seitlicher Zuführung des Abrasivmittels durch angesaugte Luft,

7.3 Wasserstrahlschneidanlagen

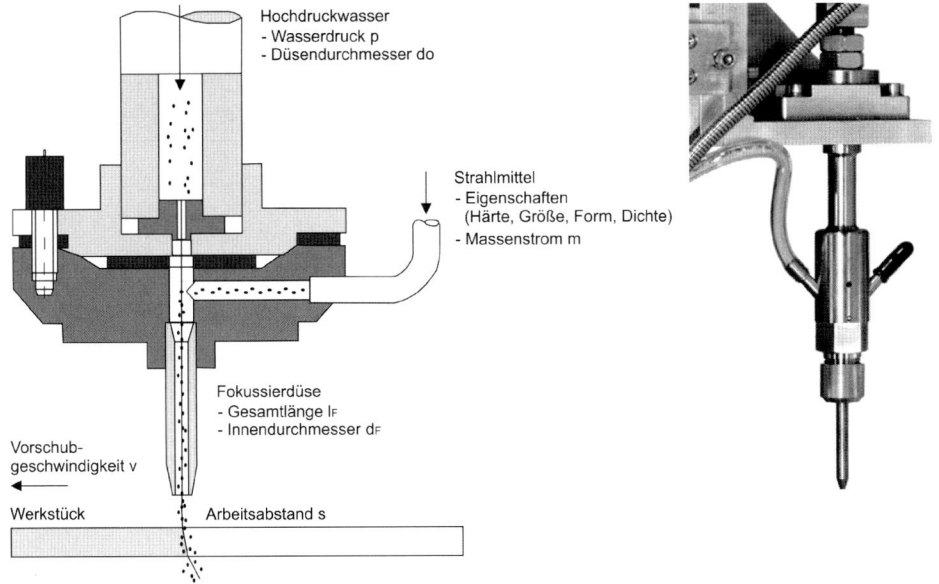

Abb. 7.22 Schneidkopf zum Wasserstrahlschneiden (Foto: Flow)

- dem Fokus, in welchem die Teilchen des Abrasivmittels durch den Wasserstrahl auf eine Geschwindigkeit von bis zu 500 m/s beschleunigt werden,
- der Fokussierdüse (Innendurchmesser 0,8 bis 1,5 mm, Bohrungslänge 40 bis 80 mm) zum Richten des Strahles.

Um die Restenergie des Strahles beim Austritt aus dem Werkstück abzufangen, werden Strahlfänger (Catcher) eingesetzt. Dabei handelt es sich um Wasserbehälter, die mit Steinen, Stahlkugeln oder ähnlichem gefüllt sein können.

Ausgeführte Maschine besitzen zum Führen des Schneidkopfes bis zu fünf NC-Achsen. Sie werden für eine Vielzahl von Werkstoffen (z. B. Gestein und Glas bis 120 mm, Metalle bis 80 mm) angewandt. Die Schneidgeschwindigkeit kann bei geringeren Materialstärken wesentlich erhöht werden. Die Qualität der Schnittflächen ist stark parameterabhängig. Maßgenauigkeiten besser 0,1 mm sind kaum erreichbar. Besonders bei konventionellen Wasserstrahlschneidanlagen sind bei hohen Trenngeschwindigkeiten deutliche Winkelfehler an der Schnittkante sowie starke Riefenbildung vorhanden.

Mit Hilfe der patentierten Technologie Dynamic Waterjet® können die beim Wasserstrahlschneiden typischerweise auftretenden Effekte wie Strahlnachlauf und Winkelfehler, automatisch kompensiert werden. Eine entsprechende Kinematik, die den Schneidkopf trägt, ermöglicht es, denselben in beliebige Richtungen zu neigen (Abb. 7.23), um so die unerwünschten Nebeneffekte des Wasserstrahlschneidens zu kompensieren. Die notwendigen Berechnungen finden intern in der Steuerung auf Basis komplexer mathematischer

 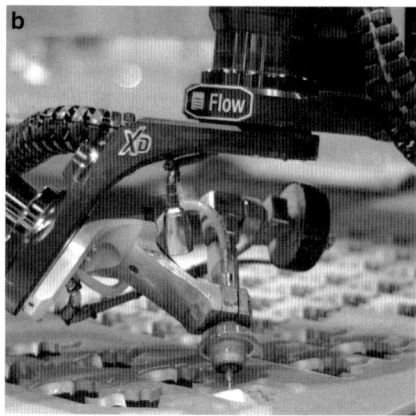

Abb. 7.23 Senkrechter Schneidkopf mit Spritzschutz (**a**) und geschwenkter Schneidkopf (**b**) einer Wasserstrahlschneidmaschine (Werkbild: Flow)

Modelle statt. Ohne Zutun des Maschinenbedieners wird die optimale Schrägstellung des Schneidkopfes berechnet und realisiert. Dadurch können mit wesentlich höheren Vorschüben und dicken Materialien Toleranzen im Bereich von weniger einem hundertstel Millimeter bei hohen Wiederholgenauigkeiten erreicht werden.

Eine ausgeführte Wasserstrahlschneidmaschine, die mit zwei Wasserstrahlen gleichzeitig (bis zu 4 Schneidköpfe [7]) arbeitet, ist in Abb. 7.24 dargestellt. Mit Hilfe des stufenlos regelbaren Hochdruckes bis 4.000 bar und dem Zusatz eines Abrasivmittels können här-

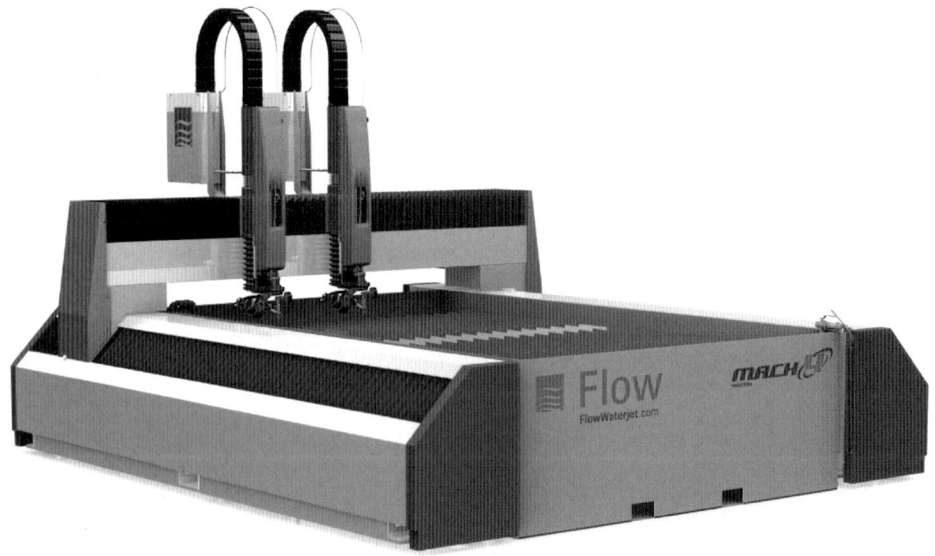

Abb. 7.24 Wasserstrahlschneidmaschine mit zwei Schneidköpfen (Werkbild: Flow)

teste Materialien (Metalle, Granit) geschnitten werden. Bei weichen Werkstoffen wird ein reiner Wasserstrahl verwendet. Die Maschine ist in Portalbauweise ausgeführt. Während der Bearbeitung ruht das Werkstück. Die Schneidköpfe werden bahngesteuert im geregelten Abstand und – wenn notwendig – unabhängig voneinander (am Portal und Abstand) über das Material geführt. Je Schneidkopf steht eine Hochdruckpumpe zu Verfügung.

Besonders bei spröden Materialien wie Glas, Keramik, Stein, laminierten Kunststoffen sowie Kompositwerkstoffen besteht beim Anbohren die Gefahr des Einreißens oder Aufplatzens der Oberfläche unter der Wucht des auftreffenden Wasserstrahls. Hier kann das mechanische Einbringen eines Startloches sinnvoll sein. Dazu steht ggf. eine Bohreinheit zur Verfügung, die numerisch gesteuert diese Aufgabe übernimmt. Alternativ können durch sofortiges Zuführen des Abrasivmittels zum Wasserstrahl solche mechanischen Beschädigungen vermieden werden.

Die Arbeitsweise von Wasserstrahlmaschinen kann hinsichtlich des Arbeitsschutzes und der Umweltbelastung als weitestgehend bedenkenlos eingeschätzt werden. Es besteht keine Gefährdung durch Gase, Stäube oder Strahlung. Die Auslegung und Ausführung der Hochdruck führenden Teile muss mit besonderer Sorgfalt und unter Einhaltung der geltenden Vorschriften erfolgen.

Der Abrasivsand (Garnet) ist ein Naturprodukt und gesundheitlich unbedenklich. Beim Schneidprozess wird der Abrasivsand mit Partikeln des zu schneidenden Werkstoffs versetzt. Je nachdem, welche Materialien geschnitten werden, kann der gebrauchte Abrasivsand umweltbelastend sein und muss dann entsprechend entsorgt werden. Soll der gebrauchte Abrasivsand wieder verwendet werden, muss er vom Wasser und den Verunreinigungen (Partikel des Schneidmaterials) getrennt und getrocknet werden. Während des Schneidvorgangs werden Schneidwasser, Abrasivsand und Schneidpartikel im Strahlfangbecken aufgefangen. Dabei setzt sich der mit Schneidpartikeln versetzte Abrasivsand am Beckenboden ab. Er kann von Zeit zu Zeit manuell entfernt oder mittels eines Abrasiventschlammungssystem kontinuierlich herausgespült und in einem Auffangbehälter gesammelt sowie vom Wasser getrennt werden. Bei Wiederverwendung wird der gebrauchte Abrasivsand dann einem Recyclingprozess zugeführt.

Literaturverzeichnis

1. DIN (Deutsche Norm) 8580 Fertigungsverfahren; Einteilung. Beuth, Berlin Juni (1974)
2. Weckerl, D.: Funkenerosion. Moderne Industrie, Landsberg/Lech (1989)
3. Waidelich, W. (Hrsg.): Laser in der Technik. Springer, Berlin, Heidelberg u. a. (1994)
4. Bockmann, R., Dickmann, K., Klein, R.M.: 3D-Schweißen und Schneiden mit „Laser-Roboter". Laser-Magazin **2** (1998)
5. Ahlers, R.-J.; Eberl, G.: Neue Laserpraxis im Werkzeugbau. Laserpraxis, Mai 1992, Supplement zu Hanser-Fachzeitschriften, Hanser, München (1992)
6. Rosen, C.-J., Breitbach, T., Brecher, C.: Hybride Systemtechnik für die werkzeugmaschinenintegrierte Lasermaterialbearbeitung. Laser Magazin **4** (2008)
7. Mit bis zu 4 Wasserstrahlen, mav **6** (1997)

Bildquellenverzeichnis

- ACO Severin Ahlmann GmbH & Co. KG, D-24768 Rendsburg, Abb.: 3.15
- ADIGE, SALA S.p.A., I-38056 Levico, Abb.: 7.17
- AEG Elotherm GmbH, D-41229 Remscheid, Abb.: 3.3 / 7.4
- Alzmetall Werkzeugmaschinenfabrik und Giesserei Friedrich GmbH & Co, D-83352 Altenmarkt/Alz, Abb.: 4.10 / 4.11 / 4.12
- Andritz Kaiser GmbH, D-75015 Bretten-Gölshausen, Abb.: 6.13
- Auerbacher Maschinenfabrik GmbH, D-08236 Ellefeld, Abb.: 3.9
- AWAC spol. S.r.o., CZ-10200 Prag, Abb.: 7.20
- BALZAT Werkzeugmaschinenfabrik GmbH und Co. KG, D-Kerpen, Abb.: 4.64 / 4.63
- Berges Antriebstechnik GmbH & Co. KG, D-51703 Marienheide, Abb.: 3.59
- Berliner Werkzeugmaschinenfabrik, D-12681 Berlin, Abb.: 4.79 / 4.80
- Beyeler Blechbearbeitungsmaschinen GmbH, D-99867 Gotha, Abb.: 6.30 / 6.31
- BLOHM Maschinenbau GmbH, D-21033 Hamburg, Abb.: 4.81 / 4.82
- Bruderer AG Stanzautomaten, CH-9320 Fransnacht, Abb.: 6.39
- Burkhardt + Weber Fertigungssysteme GmbH, D-72760 Reutlingen, Abb.: 3.10
- Butler Newall GmbH, D-65795 Hattersheim, Abb.: 3.84 / 3.85
- Danobat, E-20870 Elgoibar, Abb.: 3.30 / 4.47
- DECKEL MAHO GmbH, D-87459 Pfronten, Abb.: 4.9 / 4.38 / 4.39 / 4.42
- DÖRRIES SCHARMANN GMBH, D-41236 Mönchengladbach, Abb.: 4.27 / 4.29 / 4.28
- DR. JOHANNES HEIDENHAIN GmbH, D-83301 Traunreut, Abb.: 2.52 / 2.53
- DROOP & REIN GmbH & Co. KG, D-33611 Bielefeld, Abb.: 4.46
- E. Junker Maschinenfabrik GmbH, D-77787 Nordrach, Abb.: 4.75 bis 4.78
- EHT Werkzeugmaschinen GmbH, D-79331 Tenningen, Abb.: 5.32 / 5.36 / 6.29 / 6.33 bis 6.35
- EMAG Maschinenfabrik GmbH, D-73084 Salach, Abb.: 4.35 / 4.36

- FAG Kugelfischer Georg Schäfer KgaA, D-97402 Schweinfurt, Abb.: 3.104 / 3.105 / 3.108 / 3.109 / 3.111
- Fasti-Werk, Blechbearbeitungsmaschinen, D-42929 Wermelskirchen, Abb.: 6.32
- Fässler AG, CH-8600 Dübendorf, Abb.: 4.92
- FHG IPT Fraunhofer Institut für Produktionstechnologien, D-52074 Aachen, Abb.: 3.112
- Flow Europe GmbH, D-75015 Bretten, Abb.: 7.22 bis 7.24
- Fritz Struder AG GRANITAN-Engineering, CH 3602 Thun, Abb.: 3.6 / 3.7 / 3.8
- Fritz Werner Werkzeugmaschinen AG, D-12277 Berlin, Abb.: 4.54 / 4.55
- G. Boley GmbH & Co., D-73728 Esslingen, Abb.: 3.3
- Gebr. Heller Maschinenfabrik GmbH, D-72622 Nürtingen, Abb.: 4.43
- Geibel & Hotz GmbH, D-35315 Homberg/Ohm, Abb.: 3.30 / 4.83
- Gildemeister Drehmaschinen GmbH, D-33663 Bielefeld, Abb.: 4.23 / 4.24 / 4.32 / 4.33
- Gleason-Hurth Maschinen und Werkzeug GmbH, D-80809 München, Abb.: 4.138
- Gleason-Pfauter Maschinen und Werkzeug GmbH, D-71636 Ludwigsburg, Abb.: 4.92 / 4.95 / 4.137
- Gräbener Pressensysteme GmbH & Co. KG, D-57250 Netphen-Werthenbach, Abb.: 3.5 / 6.14 bis 6.17
- Hans Schoen GmbH - Hydraulische Pressen, D-45527 Hattingen, Abb.: 5.34 / 5.35
- Heckert - Chemnitzer Werkzeugmaschinen GmbH, D-09117 Chemnitz, Abb.: 3.2 / 3.97 / 3.106 / 4.44 / 4.48 bis 4.52
- Heilbronn Maschinenbau GmbH, D-74016 Heilbronn, Abb.: 5.4 / 6.2b
- Herminghausen, siehe MIKROSA Werkzeugmaschinen GmbH, Abb.: 4.87
- HERMLE Werkzeugmaschinen, D-78556 Gosheim, Abb.: 4.2
- HÖNNEMA GmbH, D-58739 Wickede/Ruhr, Abb.: 4.66
- HYDRAP Pressen Maschinenbau GmbH, D-73655 Plüderhausen, Abb.: 6.27
- Hyprostatik Schönfeld GmbH, D-73037 Göppingen, Abb.: 3.39
- IBAG Zürich AG, CH-8315 Lindau, Abb.: 3.114
- INA Wälzlager Schaeffler KG, D-91074 Herzogenaurach, Abb.: 3.83
- INA-Lineartechnik oHG, D-66424 Homburg (Saar), Abb.: 3.41 / 3.43 bis 3.46 / 3.49 / 3.50
- Indramat GmbH, D-97816 Lohr, Abb.: 3.60 / 3.63 / 3.64 / 3.65 / 3.74 / 3.78
- IXION, Maschinenfabrik Otto Häfner GmbH & Co. KG, D-22045 Hamburg, Abb.: 4.10
- Kabelschlepp GmbH, D-57074 Siegen, Abb.: 3.22
- Klingelnberg Söhne, D-42499 Hückeswagen, Abb.: 4.117 / 4.118 / 4.134
- KNUTH-Werkzeugmaschinen Schmalenbrook, D-24647 Wasbek, Abb.: 4.19 / 4.21
- KOMATSU INDUSTRIES EUROPE GmbH, D-65428 Rüsselsheim, Abb.: 6.18 / 6.25
- LASCO Umformtechnik GmbH, D-96450 Coburg, Abb.: 5.3 / 5.39 / 5.40 / 6.21 bis 6.23

Bildquellenverzeichnis

- Liebherr-Verzahnungstechnik GmbH, D-87437 Kempten, Abb.: 4.109
- Maschinenfabrik Diedesheim GmbH, D-74811 Mosbach, Abb.: 4.30
- Maschinenfabrik Herkules GmbH, D-04610 Meuselwitz, Abb.: 4.13
- Maschinenfabrik J. Dieffenbacher GmbH & Co., D-75031 Eppingen, Abb.: 6.37
- Maschinenfabrik Lorenz GmbH, D-76243 Ettlingen, Abb.: 4.97 / 4. 101 / 4.101 bis 4.103
- matec Maschinenbau GmbH, D-73274 Notzingen, Abb.: 4.53
- METROM Mechatronische Maschinen GmbH, D-09232 Hartmannsdorf, Abb.: 4.7
- Mikromat Werkzeugmaschinen-GmbH, D-01239 Dresden, Abb.: 4.6 / 4.18
- MIKROSA Werkzeugmaschinen GmbH, D-04179 Leipzig, Abb.: 4.85 bis 4.86
- Mitsubishi Electric Europe B.V., D-40880 Ratingen, Abb.: 7.5 / 7.8 / 7.9
- Müller Weingarten AG, D-88250 Weingarten, Abb.: 6.13 / 6.26 / 6.28
- NADELLA Wälzlager GmbH, D-70597 Stuttgart, Abb.: 3.43
- Niles Werkzeugmaschinen GmbH Berlin, D-13088 Berlin, Abb.: 4.126
- Niles-Simmons Industrieanlagen GmbH, D-09117 Chemnitz, Abb.: 3.56 / 4.25
- NSK-RHP Deutschland GmbH, D-40880 Ratingen, Abb.: 3.77
- Oerlikon Maschine, I-20161 Milano, Abb.: 3.1
- Oerlikon, CH-8023 Zürich, Abb.: 4.125 / 4.135
- Pittler GmbH, D63225 Langen, Abb.: 4.34
- PITTLER TORNOS Werkzeugmaschinen GmbH, D-04159 Leipzig, Abb.: 4.31
- Reishauer AG, CH-8304 Wallisellen-Zürich, Abb.: 4.127 bis 4.133
- Röhm GmbH, D-89565 Sontheim/Brenz, Abb.: 3.91
- ROSA Ermando, MI-20027 Rescaldina, Abb.: 3.42
- S. Dunkes GmbH, D-73230 Kirchheim/Teck, Abb.: 5.7 / 6.25
- Sandvik Tooling Deutschland GmbH, D-40549 Düsseldorf, Abb.: 4.14
- Schaudt Maschinenbau GmbH, D-70305 Stuttgart, Abb.: 3.5 / 4.72 bis 4.74
- Schleifmaschinenwerk Chemnitz, Schaudt Maschinenbau GmbH, D-09232 Hartmannsdorf, Abb.: 4.68 / 4.70 / 4.71
- Schlenker & Cie GmbH, D-78132 Hornberg, Abb.: 4.62
- Schuler Pressen GmbH & Co, D-73009 Göppingen, Abb.: 5.8 / 5.31 / 5.36 / 6.3 bis 6.5 / 6.10 bis 6.12 / 6.38 / 6.40
- SICMAT, I-10044 Pianezza, Torino, Abb.: 4.121
- SKF Linearsysteme GmbH, D-63303 Dreieich-Sprendlingen, Abb.: 3.48 / 6.24
- Smeral Brno, CR-65825 Brno, Abb.: 6.1 / 6.2a / 6.19 / 6.20
- SMT TRICEPT AB, SE-721 22 Vasteras, Abb.: 4.8
- SNFA, I-59309 Valenciennes Gedex, Abb.: 3.102
- SORALUCE Grupo Danobat, E-20570 Bergara, Abb.: 4.45
- Spinner Werkzeugmaschinenfabrik GmbH, D-82054 Sauerlach, Abb.: 4.22
- SZIM Budapest, H-1475 Budapest, Abb.: 3.96
- TBT Tiefbohrtechnik GmbH, D-72581 Dettingen/Erms, Abb.: 4.16 / 4.17
- THK Düsseldorf, D-40589 Düsseldorf, Abb.: 3.80
- TOS KUŘIM - OS, a.s., CZ-602 00 Brno, Abb.: 4.41

- TSUGAMI Corporation, Tokyo 105, Japan, Abb.: 4.56 / 4.57
- Umformtechnik Erfurt GmbH, D-99086 Erfurt, Abb.: 5.37 / 5.38 / 6.6 bis 6.9
- UNION Werkzeugmaschinen GmbH Chemnitz, D-09116 Chemnitz, Abb.: 2.1
- Walter Neff GmbH Maschinenbau, D-76149 Karlsruhe, Abb.: 5.33 / 3.66
- WDS – Funkenerosionsmaschinen Vertriebs-GmbH, D-73061 Ebersbach, Abb.: 7.7
- Werkzeugmaschinenfabrik Adolf Waldrich Coburg GmbH & Co, D-96450 Coburg, Abb.: 4.26 / 4.58 / 4.59
- Westwind Air Bearings, Poole, Großbritannien, Abb.: 3.113
- WOHLENBERG Werkzeugmaschinen GmbH, D-30179 Hannover, Abb.: 4.15
- Yamazaki Mazak Deutschland GmbH, D-73037 Göppingen, Abb.: 4.25

Der Vollständigkeit halber sind auch Firmen aufgeführt, die als solche nicht mehr existent sind.

Sachwortverzeichnis

A
Abrichteinrichtung, 280
Abrichten von Schleifscheiben, 37, 283
Abtragende Verfahren, 411
Antrieb
    bei Umformmaschinen, 344
    Klassifizierung, 137
Arbeitsgüte, 75
Asynchronmotor, 150, 183
Aufbohrkopf, 236
Außenrundschleifmaschine, 284
Aussetzbetrieb, 150
Ausstoßer, 362

B
Bär, 357
Bearbeitungssystem, 253
Bearbeitungszentrum, 254, 263, 264
Betriebsart, 150
Bettfräsmaschine, 191, 255, 260
Bezugspofil für Evolventenverzahnung, 297
Blechhaltestößel, 386
Bohrmaschinen, 232
    Koordinatenbohrmaschine, 240
    Radialbohrmaschine, 235
    Säulenbohrmaschine, 232
    Tieflochbohrmaschine, 236
    Tischbohrmaschine, 232
Bohrspindelkopf, 195
Bombierung, 401
Bruchplatte, 374

C
C-Achse, 240
CBN- oder Diamantscheibe, 284
CO_2-Gaslaser, 419

D
Dauerhub, 351
Dehnanker, 340
Dichtung, 192, 202
Dielektrikum, 413
Diodenlaser, 419
Doppelgreifer, 267
Doppelhubzahl, 308
Drahteinfädeleinrichtung, 415
Drehautomat, 250
Drehfräsen, 265
Drehmaschinen
    Aufbau, 240
    Karusselldrehmaschine, 246
    Leit- und Zugspindeldrehmaschine, 240
    Mehrspindeldrehautomat, 250
    NC-Drehmaschine, 243
    Pick-up-Drehmaschine, 253
Drehspindelkopf, 194
Drehtisch, 100
Drehzahlbild, 141
Drehzelle, 243
Dynamisches Verhalten, 61, 93

E
Einzelhub, 349
Evolventenform durch Wälzen, 295
Exzenterpresse, 379

F

Fahrständerbauweise, 268
Fall- und Oberdruckhammer, 358
Feeder, 370
Fertigungskosten, 48
Fertigungszelle, 263, 270
Flachschleifmaschine, 289
Fräsmaschinen, 255
    Bettfräsmaschine, 260
    für Verzahnung, 309
    Konsolfräsmaschine, 256
    Kreuztischfräsmaschine, 259
    Strukturen, 232
    Werkzeugaufnahme, 196
Frässpindel, 214
Frässpindelkopf, 194
Fräsverfahren für Kegelräder, 313
Fräszentrum, 259
Frontdrehmaschine, 252
Führung
    Eigenschaften, 104
    Einstellelemente, 100
    hydrodynamisch, 105
    hydrostatisch, 117
    Klassifizierung, 97
    Stößelführung, 344
    Wälzführungen, 126
Führungsbahnschutz, 102
Fünfseitenbearbeitung, 268
Funkenerosion, 412
Futterteilschleifmaschine, 287

G

Gantry-Bauweise, 262
Gegenschlaghammer, 358
Geometrische Genauigkeit, 56, 65
Geradführung, 100
Gesenkbiegepresse, 399
Gestellbauteil, 84, 339
    Ausführungen, 85
    Werkstoffe, 86
Getriebeplan, 141
Gewichtsausgleich, 265
Gleason-Verfahren, 315
Gleichstrommotor, 149, 182
Großteil-Transferpresse, 406
Gussbett, 243

H

Hammer, 357, 392
Handhabetechnik
    an schneidenden und umformenden Werkzeugmaschinen, 368
Haspel, 409
Hauptantrieb, 137
    energiegebundener Pessmaschinen, 357
    Entwurf, stufenlos, 154
    für rotatorische Bewegung, 140
    für translatorische Bewegung, 165
    kraftgebundener Pressmaschinen, 359
    weggebundene Pressmaschinen, 347
Hauptspindel, 192, 250, 267
    aerostatisch gelagert, 218
    Antrieb, querkraftfrei, 200
    elektromagnetisch gelagert, 218
    hydrodynamisch gelagert, 213
    hydrostatisch gelagert, 216
    Kraglänge, 198
    Lagerabstand, 198
    Lagerung, 197
    statische Steifigkeit, 198
    wälzgelagert, 205
    Wälzlagerauswahl, 211
Hauptzeit, 50
Herstellgüte, 75
Hexapod-Fräsmaschine, 230
Hilfsantrieb, 137
Hobelmaschine, 271
Hybridantriebe, 385
Hydraulische Presse, 398

I

Injektionsstrahl, 426

K

Kammstahl, 300
Karussell-Drehmaschine, 246
Kegelräder, 299
Keilnutenziehmaschine, 275
Kettenmagazin, 267
Kippgesperre, 374
Kniehebelpresse, 388
Kompaktführungselemente, 129
Konsolabsenkung, 257
Konsolfräsmaschine, 255
Konstantdrossel, 119
Konturabrichtgerät, 290
Konvoid-Verfahren, 314
Koordinatenbohrmaschine, 240

Sachwortverzeichnis

Kreuzbett, 289
Kreuzschlitten, 251
Kugelkäfig, 127
Kurbelgetriebe, 166, 273
Kurbelpresse, 382
Kurvenscheibe, 250
Kurzzeitbetrieb, 150

L
Längsschlitten, 242, 280
Laserbearbeitungsmaschine, 418
Leit- und Zugspindeldrehmaschine, 240
Leitspindel, 242
Linearmotor, 173
Lünette, 280

M
Mäandergetriebe, 185
Mehrflächengleitlager, 214
Mehrspindeldrehautomaten, 250
Mehrspindler, 240
Meißelhalter, 242
Meißelschieber, 247
Morsekegel, 195, 236
Motor-Schwungrad-Antrieb, 347
Motorspindel, 220

N
NC-Bohrmaschine, 233
NC-Drehtisch, 259
NC-Schrägbettdrehmaschine, 243
NC-Schwenkkopf, 259
Nebenantrieb, 137, 172
    abhängiger und unabhängiger, 138
    Anforderungen, 140
    Klassifizierung, 172
    Umwandlungsgetriebe, 184
Niederhalter, 362
Normalmengenschmierung, 210
Nortongetriebe, 185

O
Oberantrieb, 390
Öl-Kühlschmierung, 210
Öl-Minimalmengenschmierung, 210

P
Palettenwechsel, 270
Palloid-Verfahren, 320
Pick-up-Drehmaschine, 252
Pinole, 193, 235, 256
Planscheibe, 247
Planschlitten, 242
Pleuel, 346, 385
Polymerbeton, 265
Portalbauweise, 246
Präzisionsdrehmaschine, 243
Pressen
    Steifigkeit, 343
Pressenstraße, 406
Progressiv-Mengen-Regler, 120

R
Radialbohrmaschine, 235
Räummaschine, 277
Rahmenständer, 265
Regeldrossel, 119
Regelscheibe, 293
Reitstock, 243, 280
Ritzel/Zahnstangen-System, 166
Roboter, 371
Rundführung, 100
Rundschleifmaschine, 279

S
Schabotte, 358
Schlagwirkungsgrad, 358
Schleifmaschinen, 278
    Außen- und Innenrundschleifmaschine, 279
    Flachschleifmaschine, 289
    für Verzahnung, 326
    Futterteilschleifmaschine, 287
    Hauptspindel, 217
    Klassifizierung, 278
    Spitzenlos-Schleifmaschinen, 291
Schleifscheibe, 36
Schleifscheibenaufnahme, 195
Schnecke/Zahnstangen-System, 165
Schneidautomat, 408
Schneiderodiermaschine, 415
Schneidkeilgeometrie, 13
Schneidrad, 300
Schneidstoff, 17
Schnittbewegung, 11
Schnittkraft, 19
Schnittleistung, 22
Schrägbett, 243
Schraubgetriebe, 165
Schrittmotor, 182

Schubkurbelgetriebe, 347
Schwingungsarten, 94
Schwungrad, 347
Seitenführung, 99
Senkerodiermaschine, 413
Senkrechtdrehmaschine, 247
Shiftbewegung, 313
Spanbildung, 14
Spanende Verfahren
    Bohren, 25
    Drehen, 22
    Fräsen, 22
    Schleifen, 33
    Verzahnungsverfahren, 294
Spanungsgröße, 13
Span-zu-Span-Zeit, 267, 270
Spindel/Mutter-System, 165
Spindelflansch, 193
Spindelkopf, 246
Spindelpresse, 357, 395
Spindelstock, 242, 245
Spindeltrommel, 250
Spiromatic-Verfahren, 318
Spitzenlos-Außenrundschleifmaschine, 291
Standzeit, 15
Stangenmagazin, 250
Stanzautomat, 408
Stapeleinrichtung, 368
Statische Steifigkeit, 59, 67, 89, 198, 340
Stick-Slip-Effekt, 106
Stößelführung, 344
Stößelvorfall, 354
Stoßmaschine
    für prismatische Werkstücke, 271, 273
    für Verzahnung, 300
Stoßmeißel, 309

T
Tafelschere, 404
Teilwälzverfahren, 295
Thermisches Verhalten, 60
Tieflochbohrmaschine, 236
Tischantrieb, hydraulisch, 271
Tragführung, 99
Transfereinrichtung, 370

U
Überlastsicherung, 353, 374
Übersetzung, 141

Umformarbeit, 48
Umformende und zerteilende Verfahren
    Biegen, 44
    Fließpressen, 46
    Keilschneiden, 40
    Prägen, 46
    Stauchen, 46
    Tiefziehen, 43
Umformkraft, 48
Umgriffführung, 99
Universal-Schwenkkopf, 256
Unterantrieb, 389

V
Verzahnungsmaschinen
    Klassifizierung, 294
    Schabmaschine, 322
    Schleifmaschinen, 324
    Wälzfräsmaschine für Kegelräder, 315
    Wälzfräsmaschine für Zylinderräder, 309
    Wälzstoßmaschine für Kegelräder, 308
    Wälzstoßmaschine mit Kammstahl, 300
    Wälzstoßmaschine mit Schneidrad, 303
Vorschubbewegung, 11
Vorschubgeräte, 368
Vorschubkraft, 19

W
Waagerecht-Fräsmaschinen, 229
Wälzelemente, 126
Wälzfräser, 309
Wälzfräsmaschine, 309
Wälzhonmaschine, 334
Wälzlager, 205
Wälzschleifmaschine, 328
Wälzschraubtrieb, 165, 187
Wälzstoßmaschine, 305
Wälzverfahren, 295
Walzenvorschubgerät, 409
Wasserstrahlschneidanlage, 424
Wechselrädergetriebe, 185
Werkstückpalettenwechsel, 259
Werkstückqualität, 63
Werkstückspindelstock, 280
Werkzeug
    Schneidstoffe, 17
    Verschleiß, 15, 16
    Winkel, 14
Werkzeugmaschinen
    Abnahme, 54

Sachwortverzeichnis

　Anforderungen, 9
　Aufbau aus Baugruppen, 83
　Aufbauprinzipien, 223
　Automatisierungsgrad, 4
　Definition, 1
　Klassifizierung, 2
Werkzeugspanneinrichtung, 267
Werkzeugspanner, 196
Werkzeugspeicher, 240, 259
Werkzeugspindelstock, 280
Werkzeugwechsler, 236
Wirkbewegung, 11

Y
YAG-Festkörperlaser, 419

Z
Zahnradschabmaschine, 322
Zahnstangengetriebe, 166
Zangenvorschubgerät, 409
Zerspankraft, 18
Zerspanungsleistung, 22
Zerspanungsvorgang, 11
Ziehkeilgetriebe, 185
Ziehkissen, 362, 384
Zugspindel, 242
Zustellschlitten, 279
Zyklo-Palloid-Verfahren, 319
Zylinderrad, 297